수리통계학

제5판

송성주 · 전명식 지음

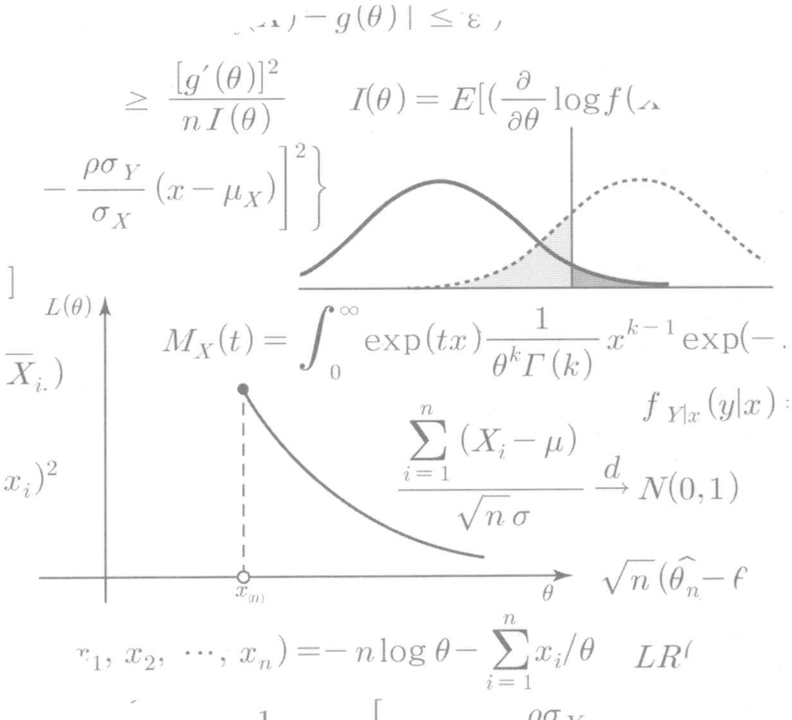

자유아카데미

머리말

1991년에 '수리통계학'이 출간된 이후 몇 번의 교정과 개정을 거쳤으나, 제4판 출간 이후로도 보완의 필요성이 더해져 제5판을 출간하게 되었다. 제5판도 이전과 마찬가지로 통계학을 전공하는 학부생 대상의 수리통계 강의 교재로 활용될 것을 염두에 두고 집필하였지만, 기초적인 확률론과 미적분학 지식이 있다면 혼자서도 충분히 습득할 수 있도록 배려하였다. 그동안의 강의 경험을 바탕으로, 학생들이 이해하기 어려워하는 부분에 대해서는 설명을 보강하였으며, 지나치게 엄격한 수리적인 설명을 배제하면서도 동기나 자연스러운 흐름을 통하여 주요 통계적 사고방식들의 핵심적인 메시지를 전하려고 노력하였다.

제5판에서는 전반적으로 설명을 좀 더 자세하고 매끄럽게 하였으며, 예제의 풀이 과정을 더 상세하게 함으로써 사용자의 이해를 돕고자 하였다. 특히 통계적 이론을 전개하는 데 기본이 되는 표본분포를 다루는 3장, 나아가 통계적 추론의 핵심에 해당하는 추정과 검정에 관한 4장과 5장의 내용을 보다 충실히 하려고 노력하였다. 7장에서는 다중선형회귀모형을 간략하게 추가함으로써 선형회귀모형에 대한 완성도를 제고하였다. 이러한 과정에 예제와 연습문제, 정의와 정리들을 추가하였고, 필요한 부분에서는 수리적인 엄밀함을 더하였으며, 몇 가지 기호들도 통일성 있게 정리하였다.

더 나은 책을 만들고자 나름대로 최선을 다하였으나 출간을 앞두고 많은 아쉬움이 남는다. 미진한 부분이 많음에도 불구하고 이 책이 수리통계를 공부하는 학생들에게 도움이 되기를 바라며, 더 깊고 넓은 통계학의 세계를 항해하는 데에 작은 출발이 된다면 더 바랄 것이 없겠다. 출간 후에라도 수정사항이 있을 경우에는 자유아카데미 홈페이지(www.freeaca.com) 자료실에 제공할 예정이다. 끝으로, 책이 나오는 데 많은 도움을 준 자유아카데미 관계자 여러분께 감사드린다.

2020년 1월
저자들 씀

차례

3장 표본분포 및 그의 근사

4장 추정

5장 가설검정

6장 분산분석

7장 선형 회귀분석

8장 비모수 통계방법

9장 범주형 자료의 분석

1장 확률이론

- 1.1 표본공간과 사건
- 1.2 확률의 정의
- 1.3 조건부 확률
- 1.4 경우의 수

어떤 현상에 대한 과학적 연구에 있어서 그 현상이 지니고 있는 성격 또는 특징에 대한 정확한 기술이나 예측을 하기 위하여 수리적인 모형을 활용하는 것은 매우 바람직하다. 예를 들면, 어떤 높은 지점에서 물체를 자유 낙하시켰을 때 시점 t에서의 낙하속도에 대한 수리모형으로 우리는 중력(g)과 시점(t)에 관한 속도(v)의 식으로 $v = gt$를 얻는다. 이러한 모형을 결정모형(deterministic model)이라고 하며, 이런 경우에는 몇 번이고 물체의 자유낙하를 반복 시행하더라도 중력과 시점이 정해지면 언제나 같은 속도가 구해진다. 이와는 달리 반복시행 때마다 나오는 결과가 찬스(chance)에 의존하는 다른 유형의 현상도 존재한다. 예를 들면, 동전을 10회 던졌을 때 앞면이 나오는 횟수는 고정되어 있는 것이 아니라 찬스에 의해 결정되며, 앞에서 언급한 결정모형은 부적절한 것이 된다. 이러한 경우를 연구하는 데에 있어서 사용될 수 있는 비결정 수리모형으로 통계적 정규성(statistical regularity)을 규명하기 위하여 **확률모형**(probability model)을 고려하기로 한다.

1.1 표본공간과 사건

확률모형을 전개하는 데에 있어서 필요한 몇 가지 용어들에 대해 우선 다음과 같이 살펴보자. 어떤 현상의 관찰결과를 얻기 위한 과정을 **실험**(experiment)이라고 하며, 모든 관찰 가능한 결과의 집합을 **표본공간**(sample space)이라고 한다. 또한 표본공간의 부분집합은 **사건**(event)이라고 한다. 표본공간은 S로, 사건은 A, B 등의 영문자로 표기한다. 이에 대한 이해를 돕기 위해 몇 가지 예를 들어본다.

예 1.1

동전을 3회 던지는 실험을 시행할 때, 동전의 앞면을 H로, 뒷면을 T로 표시하면, 다음의 8개 원소로 구성된 표본공간

$$S = \{HHH,\ HHT,\ HTH,\ THH,\ HTT,\ THT,\ TTH,\ TTT\}$$

이 존재한다. 이때 고려할 수 있는 사건으로 '2회 앞면이 나오는 것'을 들면 $A = \{HHT,\ HTH,\ THH\}$가 된다.

예 1.2

예 1.1의 실험에서 앞면이 나오는 횟수를 고려하면 표본공간은

$$S=\{0,\ 1,\ 2,\ 3\}$$

이 된다. 여기에서 고려할 수 있는 사건의 예로 '최소한 1번 앞면이 나오는 것'을 들면 $A=\{1,\ 2,\ 3\}$이 된다.

예 1.3

한 개의 동전을 뒷면이 나올 때까지 던진다고 하자. 이때 가능한 결과로는 동전의 앞면을 H로, 뒷면을 T로 표시하면

$$S=\{T,\ HT,\ HHT,\ HHHT,\ \cdots\}$$

가 된다. 이처럼 표본공간 S의 원소의 수가 때로는 무한개일 수도 있다. 이때 '3회째 뒷면'이 나오는 사건을 고려하면, 이는 $A=\{HHT\}$로 표현된다.

예 1.4

어떤 기계의 수명시간에 대한 측정을 한다고 하자. 이때 가능한 관찰값은 음이 아닌 실수가 되며, 따라서 적절한 표본공간은

$$S=\{x \mid 0 \le x < \infty\}$$

가 된다. 여기에서 '20시간 이상 작동할 것'을 관심 있는 사건으로 들면 $A=\{x \mid x \ge 20\}$가 된다.

이제 표본공간의 부분집합으로 표현되는 사건들의 공통부분과 합에 대해 다음과 같이 정의한다.

정의 1.1

사건 A와 B가 표본공간 S상에 정의되었다고 하자.

(1) 사건 A와 B에 동시에 속하는 사건을 A와 B의 **공통부분**(intersection)이라고 하고 $A\cap B$라고 표기한다.

(2) 사건 A 또는 B에 속하는 사건을 A와 B의 **합**(union)이라고 하고 $A\cup B$로 표기한다.

예 1.5

주사위를 1회 던져 나오는 눈의 수를 관찰하였다고 하자. 이때 표본공간은

$$S = \{1,\ 2,\ 3,\ 4,\ 5,\ 6\}$$

이 된다. 이제 사건 A를 짝수의 눈이 나오는 경우, 사건 B를 3의 배수가 나오는 경우라고 하면,

$$A = \{2,\ 4,\ 6\} \qquad B = \{3,\ 6\}$$

으로 표현된다. 이 경우 A와 B의 공통부분과 합은 각각

$$A \cap B = \{6\}$$
$$A \cup B = \{2,\ 3,\ 4,\ 6\}$$

이 된다.

정의 1.2

동일 표본공간 S상에 정의된 두 사건 A와 B의 공통부분이 없을 때, 즉 $A \cap B = \phi$이면 두 사건 A와 B는 **상호배반**(mutually exclusive)이라고 한다.

예 1.6

앞의 예 1.1에서 '최소한 한 번의 앞면'이 나오는 사건과 '모두 뒷면'이 나오는 사건은 공통부분이 없으므로 상호배반이다.

정의 1.3

사건 A가 표본공간 S상에 정의되어 있을 때, A에 포함되지 않는 모든 S의 원소의 집합을 A의 **여사건**(complement)이라고 하며 A^c로 표기한다.

예 1.7

예 1.5에서 '짝수의 눈'이 나오는 사건의 여사건은 '홀수의 눈'이 나오는 사건이 된다.

그런데 두 개 이상의 사건들 사이의 관계가 때로는 복잡하며, 이 경우 다음과 같은 벤 다이어그램(Venn diagram)들을 활용하면 편리하다.

먼저, A와 B의 합 $A\cup B$와 공통부분 $A\cap B$는 다음과 같다.

$A\cup B$

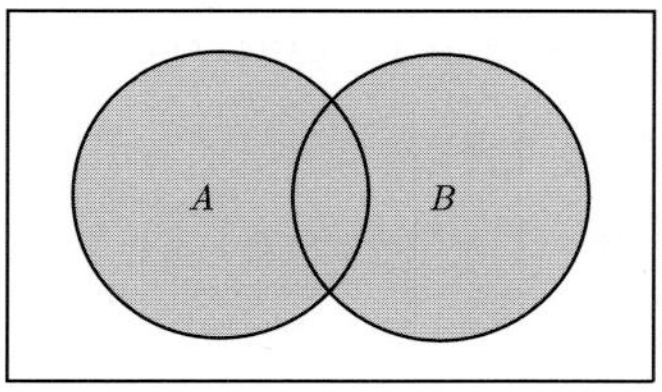

$A\cap B$

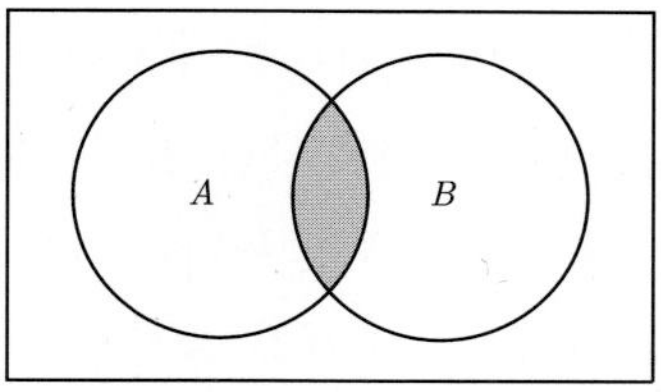

드 모르간(De Morgan)의 법칙에 의하면

$$(A\cup B)^c = A^c\cap B^c$$
$$(A\cap B)^c = A^c\cup B^c$$

이 성립하고 이를 벤 다이어그램으로 살펴보면 다음과 같다.

$(A\cup B)^c = A^c\cap B^c$

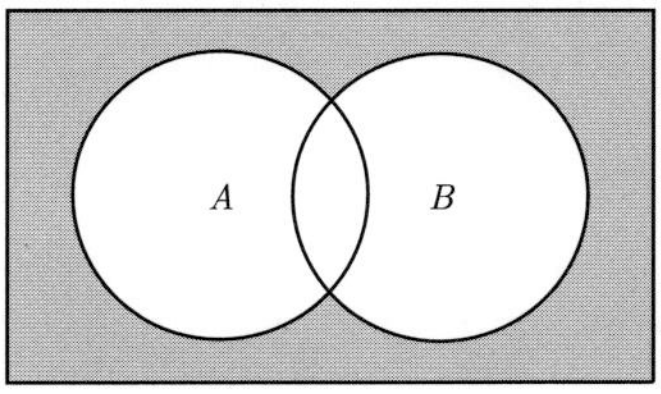

$(A\cap B)^c = A^c\cup B^c$

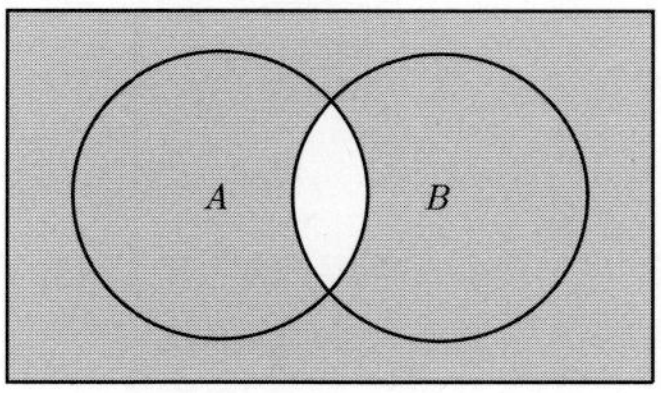

다음 벤 다이어그램은 세 사건 A, B, C에 대한 집합의 분배법칙을 나타낸 것이다.

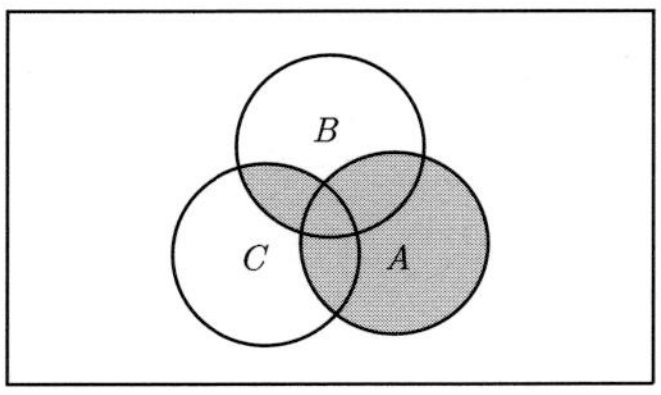

$A\cup(B\cap C) = (A\cup B)\cap(A\cup C)$

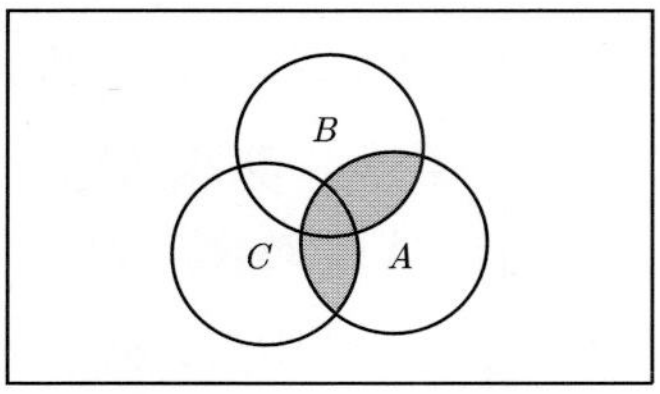

$A\cap(B\cup C) = (A\cap B)\cup(A\cap C)$

1.2 확률의 정의

여기에서는 표본공간 S의 부분집합으로 표현되는 사건에 대한 확률의 의미를 살펴보려고 한다. 역사적으로 볼 때, 확률을 정의하는 가장 오래된 방법은 표본공간이 유한개(N)의 결과들로 구성되고, 모든 가능한 실험결과들이 등확률로 일어나는 경우에 적용된다. 만약 사건 A가 M개의 실험결과를 포함한다면 사건 A가 일어날 확률, $P(A)$는 M/N이 된다는 것이다. 예를 들어, 동전을 2회 던졌을 때 1개의 앞면이 나올 사건 $A=\{HT, TH\}$에 대한 확률 $P(A)$를 생각해 보자. 동전을 2회 던졌을 때의 표본공간은 $S=\{HH, HT, TH, TT\}$이며, 동전의 앞면과 뒷면이 나올 가능성이 동일한 경우 표본공간에 속한 4개의 원소는 등확률로 일어난다고 가정할 수 있으므로, $P(A)=P(HT, TH)=2/4=1/2$이 된다. 그러나 때로 표본공간에 속한 원소들이 무한개가 될 수도 있고 모두 같은 확률을 갖는다는 가정이 맞지 않는 경우가 있어 이 방식으로 확률을 정의하는 것이 곤란할 수도 있다.

20세기에 들어와서는 다음과 같이 확률이 정의되기 시작하였다(Richard Von Mises, 1883~1953, 독일 수학자). 이것은 상대도수(relative frequency)의 극한을 사용하는 방법으로, 가장 널리 받아들여지는 확률의 해석이라고 할 수 있다. 어떤 실험을 1회 시행하면, 표본공간 S 내에서 사건 A가 일어나든지 아니면 여사건 A^c가 일어나든지(즉, A가 일어나지 않든지) 둘 중에 하나가 될 것이다. 이제 이 실험을 같은 조건에서 독립적으로 n회 반복하였을 때 사건 A의 발생횟수를 m이라고 하자. 이때 m/n의 값이 비결정적이기는 하지만, 시행횟수 n이 커짐에 따라 안정될 것으로 예상할 수 있다. 따라서 실험을 무한히 반복한다는 가정하에서 상대도수 m/n의 극한값을 사건 A가 일어날 확률 $P(A)$로 정의하게 된다. 예를 들어, 어떤 동전을 독립적으로 n회 반복해서 던졌을 때 앞면이 나오는 횟수를 m이라고 하자. 이때 m/n은 물론 고정된 상수가 아니며, 새로운 실험을 할 때마다 다른 값을 가질 것이다. 그러나 만일 n이 커짐에 따라 상대도수 m/n이 1/2로 수렴하면, 동전을 1회 던졌을 때 앞면이 나올 사건 A의 확률은 $P(A)=1/2$이 된다는 것이다(그림 1.1 참조). 이와 같은 확률의 정의 또는 해석은 표본공간이 무한이거나 실험결과들이 등확률로 일어나지 않는 경우에도 적용될 수 있으나, 어떤 사건에 대해서는 무한반복시행이 가능하지 않다는 등의 이유로 무의미한 경우가 있어 완전한 것은 못 된다.

이 외에도 확률을 불확실성에 대한 주관적 측도로 보는 접근방법도 있는데, 이는 베이지안(Bayesian) 통계의 근간이 되는 주관적 확률의 정의로서 $P(A)$를 A라는 사건

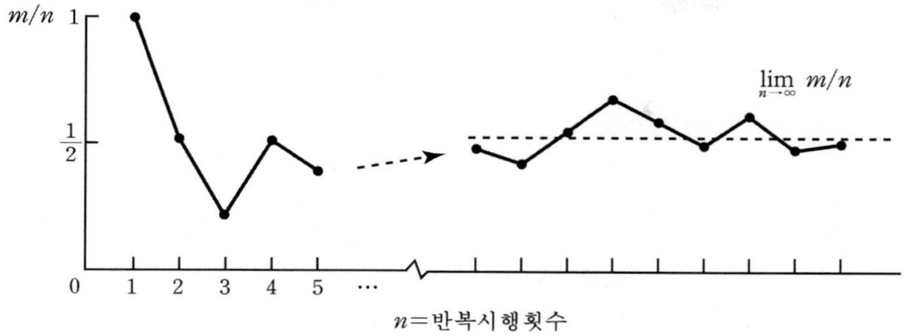

▸ **그림 1.1** ◂ 동전던지기의 한 독립반복시행에 있어서 앞면이 나오는 사건의 상대도수

이 일어나는 것에 대한 개개인의 믿음의 수준을 표현한다고 보는 것이다.[1)]

한편, 러시아의 수학자 콜모고로프(Andrei Kolmogorov, 1903~1987)는 확률을 공리적으로 정의하고자 하였으며 다음과 같은 공리가 확률을 정의하는 필요충분조건이 됨을 보였다.

확률공리

(1) 임의의 사건 A에 대하여 $P(A) \geq 0$이다.

(2) $P(S) = 1$이다.

(3) 표본공간 S에 정의된 사건열 $A_1,\ A_2,\ \cdots$가 있다고 하자. 이제 모든 $i \neq j$에 대하여 $A_i \cap A_j = \phi$이면 $P(\bigcup_{i=1}^{\infty} A_i) = \sum_{i=1}^{\infty} P(A_i)$이다.

공리적 접근방식에 의하면 확률이란 표본공간에 정의된 사건들의 집합을 정의역으로 하면서 위의 세 공리를 만족하는 함수로 정의된다. 고전적 확률정의나, 상대도수를 이용한 확률정의, 또 주관적 확률의 정의 등 각기 다른 방법으로 확률이 정의되더라도 위의 공리는 반드시 만족되어야 하며, 이러한 공리적인 확률의 정의에 기반을 두고 확률이론은 많은 발전을 이루게 되었다. 앞으로 이 책에서 전개할 확률이론도 이 공리적 확률에 기본을 두고 있다. 공리에 근거한 확률의 성질에는 다음 정리와 같은 것들이 포함된다.

정리 1.1

두 개의 사건 A와 B에 대하여 다음과 같은 성질들이 성립한다.

(1) $P(A^c) = 1 - P(A)$

1) 베이지안 방법은 이후 4장에서 조금 더 다루어지겠으나, 이 책의 주된 접근방식이 아님을 밝혀둔다.

(2) $P(\phi)=0$

(3) $A \subset B$이면 $P(A) \le P(B)$이다.

(4) $P(A \cup B) = P(A) + P(B) - P(A \cap B)$

증명 (1) $1 = P(S) = P(A \cup A^c) = P(A) + P(A^c)$ ($\because$ 공리 (3))

(2) $0 = 1 - P(S) = P(S^c) = P(\phi)$ ($\because$ 공리 (2)와 (1))

(3) $B = A \cup (B \cap A^c)$로 나타낼 수 있으며, $A \cap (B \cap A^c) = \phi$이므로 공리 (1)과 (3)에 의해

$$P(B) = P(A) + P(B \cap A^c) \ge P(A)$$

가 성립한다.

(4) $P(A) = P(A \cap B^c) + P(A \cap B)$, $\quad P(B) = P(B \cap A^c) + P(A \cap B)$이므로 자명하다. ■

예 1.8

예 1.1의 실험에서 표본공간 S에 속한 8개의 점들이 모두 같은 확률 1/8을 가졌다고 가정하고, 최소한 1개의 앞면이 나오는 사건을 A, 꼭 2개의 앞면이 나오는 사건을 B, 그리고 첫 번째 동전이 앞면이 나오는 사건을 C라고 하자. 그러면, A의 여사건은 $A^c = \{TTT\}$가 되며

$$P(A) = 1 - P(A^c) = 1 - \frac{1}{8} = \frac{7}{8}$$

이 된다. 또

$$P(B \cup C) = P(\{HHH,\ HHT,\ HTH,\ THH,\ HTT\}) = \frac{5}{8}$$

인데, 이는

$$\begin{aligned} &P(\{HHT,\ HTH,\ THH\}) + P(\{HHH,\ HHT,\ HTH,\ HTT\}) \\ &\qquad - P(\{HHT,\ HTH\}) \\ &\qquad = \frac{3}{8} + \frac{4}{8} - \frac{2}{8} = \frac{5}{8} \end{aligned}$$

와 같이 구할 수도 있다.

예 1.9

예 1.5의 실험에서 표본공간 $S=\{1, 2, 3, 4, 5, 6\}$에 속한 6개의 점들이 모두 같은 확률 1/6을 가졌다고 가정하자. 사건 A와 B를

$$A=\{2, 4, 6\} \qquad B=\{3, 6\}$$

으로 표현하면, $A \cap B=\{6\}$, $A \cup B=\{2, 3, 4, 6\}$이 된다. 여기에서

$$\begin{aligned} P(A \cup B) &= P(A)+P(B)-P(A \cap B) \\ &= \frac{3}{6}+\frac{2}{6}-\frac{1}{6} \\ &= \frac{2}{3} \end{aligned}$$

와 같음을 알 수 있다.

예 1.10

두 사건 A와 B가 표본공간 S에서 정의되어 있는데, 둘 중 적어도 한 사건이 일어날 확률이 0.3이고 A만 일어날 확률이 0.1이라고 하자. 이때 $P(A \cup B)=P(B)+P(A \cap B^c)$이므로 $P(B)=0.3-0.1=0.2$가 된다.

예 1.11

세 개의 사건 A, B, C가 표본공간 S에서 정의되어 있을 때, 정리 1.1의 (4)에 의해

$$\begin{aligned} P(A \cup B \cup C) &= P((A \cup B) \cup C) \\ &= P(A \cup B)+P(C)-P((A \cup B) \cap C) \\ &= P(A)+P(B)-P(A \cap B)+P(C)-P((A \cap C) \cup (B \cap C)) \\ &= P(A)+P(B)+P(C)-P(A \cap B)-P(A \cap C)-P(B \cap C) \\ &\quad +P(A \cap B \cap C) \end{aligned}$$

이므로 다음이 성립한다.

$$\begin{aligned} P(A \cup B \cup C) = P(A)+P(B)+P(C) \\ -P(A \cap B)-P(B \cap C)-P(A \cap C)+P(A \cap B \cap C) \end{aligned}$$

1.3 조건부 확률

이제 어떤 사건 A가 일어날 확률 $P(A)$를 구함에 있어, 사건 B가 일어났다는 사전정보가 $P(A)$에 어떤 변화를 주는가에 대해 살펴보고자 한다. 사건 B가 일어났다는 조건하에 A가 일어날 조건부 확률(conditional probability) $P(A \mid B)$의 정의는 다음과 같다.

정의 1.4

사건 A와 B가 표본공간 S상에 정의되어 있으며 $P(B) > 0$이라고 하자. 이때 B가 일어났다는 가정하의 사건 A가 일어날 **조건부 확률**은

$$P(A \mid B) = \frac{P(A \cap B)}{P(B)}$$

로 정의된다.

B가 일어났다는 것을 알게 되면 B^c에 포함되는 실험결과들은 관찰이 불가능하므로 전체 표본공간은 B로 국한되게 된다. 이때 조건부 확률 $P(A \mid B)$는 A 가운데 B에 포함되는 부분의 확률 $P(A \cap B)$의, 새로운 표본공간의 확률 $P(B)$에 대한 상대적 크기를 의미한다고 볼 수 있다. 위와 같이 정의된 조건부 확률의 예를 하나 살펴보고, 그의 성질들을 알아보자.

예 1.12

두 개의 동전을 던질 때 표본공간 $S = \{HH, HT, TH, TT\}$는 4개의 원소로 구성된다. 각 원소는 동일한 확률 1/4을 갖는다고 하자. 이제, 첫 번째 동전이 앞면(H)이라는 조건하에서 두 개의 동전이 모두 앞면(H)일 조건부 확률을 구해 보자. A를 첫 번째 동전이 앞면(H)이라는 사건 그리고 B를 두 번째 동전이 앞면(H)일 사건이라고 표기하면,

$$\begin{aligned} P(A \cap B \mid A) &= \frac{P(A \cap B)}{P(A)} \\ &= \frac{P\{HH\}}{P\{HH, HT\}} \end{aligned}$$

$$= \frac{\frac{1}{4}}{\frac{1}{2}}$$

$$= \frac{1}{2}$$

을 얻게 된다.

또 최소한 하나의 동전이 앞면(H)이라는 조건하에서 둘 다 앞면(H)일 조건부 확률을 구해 보자. C를 최소한 하나의 동전이 앞면(H)이라는 사건 그리고 D를 둘 다 앞면(H)일 사건이라고 표기하면,

$$\begin{aligned} P(C \cap D \mid C) &= P(D \mid C) \\ &= \frac{P\{HH\}}{P\{HH, HT, TH\}} \\ &= \frac{\frac{1}{4}}{\frac{3}{4}} \\ &= \frac{1}{3} \end{aligned}$$

을 얻을 수 있다.

이제 조건부 확률의 성질들을 알아보면, 서로 배반인 두 사건 A_1과 A_2에 대하여,

$$\begin{aligned} P(A_1 \cup A_2 \mid B) &= \frac{P[(A_1 \cup A_2) \cap B]}{P(B)} \\ &= \frac{P[(A_1 \cap B) \cup (A_2 \cap B)]}{P(B)} \\ &= \frac{P(A_1 \cap B) + P(A_2 \cap B)}{P(B)} \quad (\because (A_1 \cap B) \cap (A_2 \cap B) = \phi) \\ &= P(A_1 \mid B) + P(A_2 \mid B) \end{aligned}$$

이 성립하며, 이는 두 개 이상의 사건인 경우로도 쉽게 확장된다. 또한 $P(A \mid B) \geq 0$ 이며, $P(S \mid B) = P(B \mid B) = 1$이므로 조건부 확률도 앞의 확률의 공리를 만족함을 알 수 있다. 따라서 앞의 정리 1.1에서 성립됐던 확률의 성격들은 조건부 확률에서도 성립된다. 즉,

$$P(A^c \mid B) = 1 - P(A \mid B)$$
$$P(\phi \mid B) = 0$$
$$A_1 \subset A_2 \text{이면 } P(A_1 \mid B) \le P(A_2 \mid B)$$
$$P(A_1 \cup A_2 \mid B) = P(A_1 \mid B) + P(A_2 \mid B) - P(A_1 \cap A_2 \mid B)$$

이 성립한다.

예 1.13

두 개의 주사위를 던지는 실험을 하였다고 하자. 이때 표본공간은 다음의 그림에서와 같이 36개의 점으로 이루어진다.

(1, 1)	(1, 2)	(1, 3)	(1, 4)	(1, 5)	(1, 6)	← B
(2, 1)	(2, 2)	(2, 3)	(2, 4)	(2, 5)	(2, 6)	
(3, 1)	(3, 2)	(3, 3)	(3, 4)	(3, 5)	(3, 6)	
(4, 1)	(4, 2)	(4, 3)	(4, 4)	(4, 5)	(4, 6)	
(5, 1)	(5, 2)	(5, 3)	(5, 4)	(5, 5)	(5, 6)	
(6, 1)	(6, 2)	(6, 3)	(6, 4)	(6, 5)	(6, 6)	

'두 주사위의 눈의 합이 7'인 사건을 B라고 하고, '첫째 주사위의 눈이 짝수'인 사건을 A_1, '첫째 주사위의 눈이 3의 배수인 사건'을 A_2로 표기한다. 여기에서

$$\begin{aligned}
& P(A_1 \cup A_2 \mid B) = P((A_1 \cup A_2) \cap B \mid B) = P((A_1 \cap B) \cup (A_2 \cap B) \mid B) \\
&= P(\{(2,5), (4,3), (6,1), (3,4)\} \mid \{(1,6), (2,5), (3,4), (4,3), (5,2), (6,1)\}) \\
&= P(\{(2,5), (4,3), (6,1)\} \mid \{(1,6), (2,5), (3,4), (4,3), (5,2), (6,1)\}) \\
&\quad + P(\{(3,4), (6,1)\} \mid \{(1,6), (2,5), (3,4), (4,3), (5,2), (6,1)\}) \\
&\quad - P(\{(6,1)\} \mid \{(1,6), (2,5), (3,4), (4,3), (5,2), (6,1)\}) \\
&= \frac{3}{6} + \frac{2}{6} - \frac{1}{6} \\
&= P(A_1 \mid B) + P(A_2 \mid B) - P(A_1 \cap A_2 \mid B)
\end{aligned}$$

이 성립함을 볼 수 있다.

예 1.14

어떤 주머니에 w개의 하얀 공과 b개의 검은 공이 들어 있다. 하나의 공을 꺼내 그 색깔을 확인한 다음, 꺼냈던 공과 함께 같은 색깔의 공을 주머니에 a개 더 넣는다고 한다. 이러한 과정을 n회 계속한다고 하자. 이제, W_i와 $B_i(i=1, 2, \cdots, n)$를 각각 'i번째 꺼낸 공이 하얀 공'일 사건과 '검은 공'일 사건이라고 하자. 물론 W_i와 B_i는 서로 배반이며, k번째 공을 꺼낼 때 주머니 속에 있는 공의 수는 $w+b+(k-1)a$이므로, 어떤 특정한 공을 뽑을 확률은 $[w+b+(k-1)a]^{-1}$이다. 여기에서 $P(W_1 \cap W_2)$은

$$P(W_1 \cap W_2) = P(W_1)P(W_2 \mid W_1)$$

으로 표현함으로써 구할 수 있다. 먼저,

$$P(W_1) = \frac{w}{b+w},\ P(W_2 \mid W_1) = \frac{w+a}{b+w+a}$$

이므로

$$P(W_1 \cap W_2) = \frac{w}{b+w} \cdot \frac{w+a}{b+w+a}$$

이다. 마찬가지 방법으로

$$P(B_1 \cap W_2) = \frac{b}{b+w} \cdot \frac{w}{b+w+a}$$

이므로

$$\begin{aligned} P(W_2) &= P(W_1 \cap W_2) + P(B_1 \cap W_2) \\ &= \frac{w}{b+w} \cdot \frac{w+a}{b+w+a} + \frac{b}{b+w} \cdot \frac{w}{b+w+a} \\ &= \frac{w}{b+w} \end{aligned}$$

이다. 따라서 $P(W_1) = P(W_2)$가 되며, 마찬가지 방법으로 $P(B_1) = P(B_2)$가 성립한다. $P(W_i)$와 $P(B_i)$에 대한 일반적인 계산은 연습문제로 미룬다.

예 1.15

주머니 속에 빨간 공이 1개, 하얀 공이 9개 들어 있다. 이제 1개의 공을 무작위 비복원추출하는 것을 계속한다고 하자. 이 경우 4번째 추출한 공이 빨간 공일 확률을 구해 보자. R_4를 4번째 추출한 공이 빨간색일 사건, W_i를 i번째($i=1, 2, 3$) 추출한 공이 하얀색일 사건이라고 표기하자. 이때 빨간 공이 하나뿐이고 추출방법이 비복원이므로 4번째 빨간 공을 뽑을 사건은 $W_1 \cap W_2 \cap W_3 \cap R_4$으로 표현될 수 있다. 이제 그 확률을 구해 보면

$$\begin{aligned} & P(W_1 \cap W_2 \cap W_3 \cap R_4) \\ &= P(W_1)P(W_2 \mid W_1)P(W_3 \mid W_1 \cap W_2)P(R_4 \mid W_1 \cap W_2 \cap W_3) \\ &= \left[\frac{9}{10}\right]\left[\frac{8}{9}\right]\left[\frac{7}{8}\right]\left[\frac{1}{7}\right] \\ &= \frac{1}{10} \end{aligned}$$

을 얻을 수 있다. 이는 복원추출에 의한 확률과도 동일하다.

다음으로, 조건부 확률로부터 유래하는 몇 개의 중요한 정리와 그에 따른 예들을 살펴보기로 한다. 아래의 정리 1.2를 **전확률공식**이라고 한다.

정리 1.2

(전확률공식) 사건 $B_1, B_2, \cdots, B_k$는 상호배반이며 $(B_i \cap B_j = \phi,\ i \neq j)$, $\bigcup_{i=1}^{k} B_i = S$라고 하자. 이때 임의의 사건 A에 대하여,

$$P(A) = \sum_{i=1}^{k} P(B_i)P(A \mid B_i)$$

가 성립한다.

증명

$$\begin{aligned} P(A) &= P(A \cap S) \\ &= P[A \cap (\bigcup_{i=1}^{k} B_i)] = \sum_{i=1}^{k} P(A \cap B_i) = \sum_{i=1}^{k} P(B_i)P(A \mid B_i) \end{aligned}$$ ■

예 1.16

어떤 공장에 세 개의 생산라인이 있으며, 이들은 각각 전체 생산품의 50%, 30%, 20%를 만들어내며, 각각 2%, 5%, 10%의 불량품을 생산한다. 이제, 어떤 제품을 무작위로 추출하였을 때 불량품일 확률을 구해 보자. 무작위로 추출된 제품이 50% 생산라인으로부터의 것일 사건을 A, 30% 생산라인으로부터의 것일 사건을 B, 그리고 20% 생산라인으로부터의 것일 사건을 C라고 하자. 무작위로 추출한 제품이 불량품일 사건을 D라고 표기하면, 위 정리 1.2에 의해

$$\begin{aligned} P(D) &= P(A)P(D \mid A) + P(B)P(D \mid B) + P(C)P(D \mid C) \\ &= 0.5 \times 0.02 + 0.3 \times 0.05 + 0.2 \times 0.10 \\ &= 0.045 \end{aligned}$$

가 된다.

다음의 정리 1.3은 베이지안(Bayesian) 통계이론의 기초가 되는 베이즈 정리이다. 이 책에서는 베이지안 통계방법을 본격적으로 다루지는 않으나 다음 정리는 그 자체로도 응용성이 높다.

정리 1.3

(베이즈 정리) 사건 $B_1, B_2, \cdots, B_k$는 상호배반이며 ($B_i \cap B_j = \phi,\ i \neq j$), $\bigcup_{i=1}^{k} B_i = S$라고 하자. 이때 사건 A가 일어났다는 조건하에서 사건 B_j가 일어날 확률은

$$P(B_j \mid A) = \frac{P(B_j)P(A \mid B_j)}{\sum_{i=1}^{k} P(B_i)P(A \mid B_i)}$$

로 주어진다.

증명 조건부 확률의 정의에 의하여,

$$P(B_j \mid A) = \frac{P(A \cap B_j)}{P(A)} = \frac{P(B_j)P(A \mid B_j)}{P(A)}$$

가 성립한다. 그런데 정리 1.2에 의해서, $P(A)=\sum_{i=1}^{k}P(B_i)P(A\mid B_i)$이므로 위의 결과를 얻게 된다. ■

예 1.17

어떤 질병 A에 대한 양성(+)과 음성(−)반응을 나타내는 검사방법이 있다. 이 검사방법은 실제로 질병이 있을 경우 양성반응을 나타낼 확률이 $P(+\mid A)=0.95$이며, 질병이 없을 경우에 양성반응을 나타낼 확률이 $P(+\mid A^c)=0.10$이라고 한다. 그런데 어떤 집단에서 무작위추출한 사람이 질병을 가지고 있을 확률은 $P(A)=0.01$이다. 이제 어떤 사람이 검사반응에서 양성(+)을 나타냈을 때, 그 사람이 실제로 질병 A를 가졌을 확률 $P(A\mid +)$는 다음과 같이 구해진다.

$$\begin{aligned}P(A\mid +)&=\frac{P(A\cap +)}{P(+)}\\&=\frac{P(+\mid A)P(A)}{P(+\mid A)P(A)+P(+\mid A^c)P(A^c)}\\&=\frac{0.95\times 0.01}{0.95\times 0.01+0.10\times 0.99}\\&=0.088\end{aligned}$$

어떠한 질병이 있는지 없는지에 대한 검사를 받을 때 피검자가 관심을 가지는 확률은 질병이 있다는 가정하에서 양성반응을 보이는 확률이나 질병이 없다는 가정하에서 양성반응을 보이는 확률 등이 아니라, 검사결과가 양성으로 나왔을 경우 또는 검사결과가 음성으로 나왔을 경우 실제로 질병이 존재할 확률, 즉 $P(A|+)$ 또는 $P(A|-)$가 될 것이다. 이런 확률은 주어진 정보와 베이즈 정리를 가지고 위와 같이 쉽게 구할 수 있다. 계산결과를 보면 $P(+|A)=0.95$로 높은 데 비해서 $P(A|+)=0.088$로 많이 낮음을 알 수 있다. 이것은 A의 무조건부 확률, $P(A)$가 0.01로 낮기 때문인데, 그렇더라도 $P(A|-)=0.00056$에 비하면 훨씬 높은 수치이다.

예 1.18

각각 1, 2, 3으로 번호가 붙은 세 개의 주머니가 있는데, 그 안에 5개의 공이 들어 있다. 그런데 주머니 i에는 i개의 하얀 공과 $(5-i)$개의 검은 공이 들어 있다. 이제 주머니 하나를 무작위로 뽑고, 뽑힌 주머니 안에서 한 개의 공을 무작위로 꺼내는 실험을 하자. 이때 하얀 공이 뽑힐 확률을 구하고, 또 하얀 공이 뽑혔다는 조건하에 뽑힌 하얀 공이 3번 주머니에서 나왔을 확률을 구해 보면 다음과 같다. 사건 A는 하얀 공이 뽑히는 것을, B_i는 주머니 i가 뽑히는 것을 뜻한다고 하자. 이제 하얀 공이 뽑힐 확률은, 정리 1.2에 의하여

$$P(A) = \sum_{i=1}^{3} P(B_i)P(A \mid B_i) = \sum_{i=1}^{3} \left[\frac{1}{3}\right]\left[\frac{i}{5}\right] = \frac{6}{15}$$

으로 구해진다. 또한 베이즈 정리에 의하여,

$$P(B_3 \mid A) = \frac{P(B_3)P(A \mid B_3)}{\sum_{i=1}^{3} P(B_i)P(A \mid B_i)} = \frac{\frac{1}{3} \cdot \frac{3}{5}}{\frac{6}{15}} = \frac{1}{2}$$

을 구할 수 있다.

어떤 사건 A가 일어났다는 사실이 사건 B가 일어날 확률에 영향을 미치지 않는, 또는 반대로 사건 B가 일어났다는 사실이 사건 A가 일어날 확률에 영향을 미치지 않는 경우를 생각해 보자. 이를 확률을 사용하여 표현하면, $P(B \mid A) = P(B)$ 또는 $P(A \mid B) = P(A)$ (단, $P(A) > 0, P(B) > 0$)이 된다. 이러한 성질을 갖는 두 사건을 서로 독립이라고 한다. 이때 $P(A \cap B) = P(A) \cdot P(B \mid A)$ 또는 $P(A \cap B) = P(B) \cdot P(A \mid B)$를 활용하면 독립사건 A와 B에 대한 아래와 같은 정의를 이끌어낼 수 있다.

정의 1.5

두 사건 A와 B가

$$P(A \cap B) = P(A) \cdot P(B)$$

를 만족시키면 서로 **독립**(independent)이라고 한다.

예 1.19

52장으로 이루어진 한 벌의 카드묶음에서 1장의 카드를 무작위로 추출할 때 '킹(king)'을 뽑는 사건을 K, '다이아몬드(diamond)'를 뽑는 사건을 D라고 하면

$$P(K \cap D) = \frac{1}{52} = \frac{1}{13} \cdot \frac{1}{4} = P(K) \cdot P(D)$$

이므로 두 사건 K와 D는 서로 독립이다.

예 1.20

어떤 회로가 몇 개의 부품으로 이루어져 있는 문제를 고려해 보자. 예를 들어, 두 개의 독립부품이 고장이 없을 사건을 C_1과 C_2라고 하고, 각 부품이 고장이 없을 확률이 $P(C_1) = p_1$과 $P(C_2) = p_2$라고 하자. 이제 두 부품이 직렬로 연결되어 있을 때 이 회로가 제대로 작동할 확률은 각 부품이 고장이 없을 확률의 곱인

$$\begin{aligned} P(C_1 \cap C_2) &= P(C_1) \cdot P(C_2) \\ &= p_1 \cdot p_2 \end{aligned}$$

로 주어진다.

반면에, 두 부품이 병렬로 연결되어 있을 때에는 두 부품 중 하나만 작동하여도 되므로, 이 회로가 제대로 작동할 확률은

$$\begin{aligned} P(C_1 \cup C_2) &= P(C_1) + P(C_2) - P(C_1 \cap C_2) \\ &= p_1 + p_2 - p_1 \cdot p_2 \end{aligned}$$

으로 계산된다.

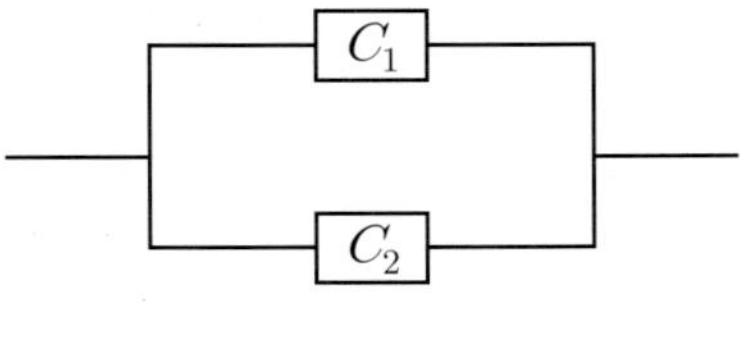

이제 두 개 이상의 사건들에 대한 독립을 고려하여 보자.

정의 1.6

n개의 사건 $A_1, A_2, \cdots, A_n$ 이 있다. 이제, 1부터 n까지의 자연수 중에서 가능한 임의의 k개의 첨자집합(index set) $i_1, i_2, \cdots, i_k$ $(k=1, \cdots, n)$에 대하여

$$P(A_{i_1} \cap A_{i_2} \cap \cdots \cap A_{i_k}) = P(A_{i_1})P(A_{i_2}) \cdots P(A_{i_k})$$

가 성립하면 사건 $A_1, A_2, \cdots, A_n$ 은 **서로 독립**(mutually independent)이라고 한다.

예 1.21

동전을 3회 던졌다고 하자. H_1을 첫 번째 던진 결과가 앞면(H)일 사건, T_2를 두 번째 던진 결과가 뒷면(T)일 사건, H_3를 세 번째 던진 결과가 앞면(H)일 사건이라고 하자. 각 시행에서 앞면(H)이 나올 확률은 1/2로 동일하다고 한다. 그러면

$$P(H_1) = P(T_2) = P(H_3) = \frac{1}{2}$$
$$P(H_1 \cap T_2) = P(HTH, HTT) = \frac{2}{8} = \frac{1}{2} \cdot \frac{1}{2} = P(H_1) \cdot P(T_2)$$

이므로 두 사건 H_1과 T_2는 서로 독립이다. 마찬가지 방법으로,

$$P(H_1 \cap H_3) = \frac{2}{8} = \frac{1}{2} \cdot \frac{1}{2} = P(H_1) \cdot P(H_3)$$
$$P(T_2 \cap H_3) = \frac{2}{8} = \frac{1}{2} \cdot \frac{1}{2} = P(T_2) \cdot P(H_3)$$

이므로 두 사건 H_1과 H_3, 그리고 T_2와 H_3는 서로 독립이다. 마지막으로,

$$P(H_1 \cap T_2 \cap H_3) = P(HTH) = \frac{1}{8} = \frac{1}{2} \cdot \frac{1}{2} \cdot \frac{1}{2} = P(H_1) \cdot P(T_2) \cdot P(H_3)$$

가 성립하므로 세 사건 H_1, T_2, H_3는 서로 독립이다.

예 1.22

어떤 상자에 0과 1로 만들어진 세 자리 숫자가 써진 8장의 카드가 아래 그림과 같이 들어 있다.

111	100	010	001
111	100	010	001

이제 1개의 카드를 무작위 추출하였을 때, 카드의 첫 번째 숫자가 1인 사건을 A, 두 번째 숫자가 1인 사건을 B, 그리고 세 번째 숫자가 1인 사건을 C라고 하자. 그러면 $P(A)=P(B)=P(C)=4/8=1/2$이며, $P(A\cap B)=P(B\cap C)=P(A\cap C)=2/8=1/4$이므로 사건 A, B, C는 둘씩 짝으로는 독립(pairwise independent)이다. 그러나

$$P(A\cap B\cap C)=\frac{2}{8}=\frac{1}{4}\neq\frac{1}{8}=P(A)\cdot P(B)\cdot P(C)$$

이므로 사건 A, B, C는 서로 독립이 아니다(not mutually independent).

1.4 경우의 수

유한개의 원소로 이루어진 표본공간을 형성하는 실험들 중에 모든 가능한 원소가 발생할 확률이 동일하다고 가정할 수 있는 예들이 있다. 이런 경우 어떤 사건 A가 일어날 확률은, $n(A)$를 사건 A가 발생할 수 있는 경우의 수, 그리고 N을 모든 가능한 경우의 수라고 할 때, $P(A)=n(A)/N$으로 정의되는 것이 타당하다. 여기에서는 이러한 확률계산에 도움이 되는 '경우의 수' 계산의 근본이 되는 순열과 조합을 간략히 다루기로 한다.

- **곱의 법칙** : 사건 A가 일어나는 방법이 m가지이고, 그 각각에 대하여 사건 B가 일어나는 방법이 n가지이면, 사건 A와 B가 동시에 일어나는 방법은 $m\times n$가지이다. 이러한 내용을 **곱의 법칙**(multiplication rule)이라고 한다.

- **순열** : 서로 다른 n개의 원소 중에서 r개를 선택하여 '순서 있게(ordered)' 늘어놓는 것을 n개에서 r개 택한 **순열**(permutation)이라고 하고, 늘어놓는 경우의 수를 ${}_nP_r$로 표현한다. 그런데 곱의 법칙에 의하면,

$$\begin{aligned} {}_nP_r &= n(n-1)(n-2)\times \cdots \times(n-r+1) \\ &= \frac{n\,!}{(n-r)\,!} \end{aligned}$$

로 계산된다(단, $0! = 1$로 정의한다).

- **조합** : 서로 다른 n개의 원소 중에서 '순서에 관계없이' r개를 선택할 때 이 r개로 이루어진 각각의 집합을 n개에서 r개 택한 **조합**(combination)이라고 하고, 선택하는 조합의 수를 $\binom{n}{r}$ 또는 ${}_nC_r$로 표현한다. 그런데

$$\begin{aligned} \binom{n}{r} &= \frac{{}_nP_r}{r\,!} \\ &= \frac{n\,!}{r\,!\,(n-r)\,!} \end{aligned}$$

로 계산된다. 이는 r개로 구성된 한 종류의 원소와 $(n-r)$개로 구성된 다른 종류의 원소를 전부 합친 n개의 원소를 늘어놓는 방법의 가짓수와 동등하다.

예 1.23

(이항정리) 다음의 이항전개식

$$(a+b)^n = \sum_{k=0}^{n}\binom{n}{k}a^k b^{n-k}$$

으로부터 **이항계수**(binomial coefficient) $\binom{n}{k}$는 $(a+b)^n$의 전개에서 $a^k b^{n-k}$의 계수가 됨을 알 수 있다. 나아가, 위의 이항전개식에서 $a=b=1$을 택함으로써

$$\sum_{k=0}^{n}\binom{n}{k} = (1+1)^n = 2^n$$

의 관계를 얻을 수도 있다.

앞의 이론을 $k(>2)$종류의 원소가 있는 경우로 확장하여 보자. k개의 집단이 각각 $r_i(i=1,\ 2,\cdots,\ k)$개의 한 종류 원소로 구성되어 있을 때, 전부 합친 $n(=r_1+r_2+\cdots+r_k)$개의 원소를 늘어놓는 방법의 가짓수는

$$\binom{n}{r_1\,r_2\cdots\,r_k}=\frac{n\,!}{r_1\,!\;r_2\,!\;\cdots\;r_k\,!}$$

로 계산된다.

예 1.24

(다항정리) 다음의 다항전개식

$$(a_1+a_2+\cdots+a_k)^n=\sum_{r_1+\cdots+r_k=n}\binom{n}{r_1\,r_2\cdots\,r_k}a_1^{r_1}a_2^{r_2}\cdots a_k^{r_k}$$

으로부터 **다항계수**(multinomial coefficient) $\binom{n}{r_1\,r_2\cdots\,r_k}$는 $(a_1+a_2+\cdots a_k)^n$의 전개에서 $a_1^{r_1}a_2^{r_2}\cdots a_k^{r_k}$의 계수가 됨을 알 수 있다.

이제, 가짓수의 계산이 어떤 사건이 일어날 확률을 구하는 데 도움이 되는 예를 들어보자.

예 1.25

n개의 공을 n개의 바구니에 임의로 넣을 때 모든 바구니가 한 개씩의 공을 갖게 될 확률은, n개의 공을 n개의 바구니에 임의로 넣는 경우의 수가 n^n이고 모든 바구니가 한 개씩의 공을 갖게 될 경우의 수가 $n\times(n-1)\times\cdots\times1$이므로 $\frac{n!}{n^n}$이다.

예 1.26

k개의 공을 $n(n>k)$개의 바구니에 임의로 넣을 때 모든 바구니가 한 개 이하의 공을 갖게 될 확률은, k개의 공을 n개의 바구니에 임의로 넣는 경우의 수는 n^k이고 모든 바구니가 한 개 이하의 공을 갖게 될 경우의 수가 $n\times(n-1)\times\cdots\times(n-k+1)$이므로 $\frac{{}_nP_k}{n^k}$이다.

예 1.27

어떤 주머니에 하얀 공이 5개, 검은 공이 10개 들어 있다. 이 주머니에서 3개의 공을 무작위로 추출하였을 때, 하얀 공이 2개, 검은 공이 1개 뽑힐 확률을 구해 보자. 그런데 추출하는 방법이 복원 또는 비복원이냐에 따라 확률의 계산방법이 달라지므로 두 경우로 나누어 풀기로 한다[논리전개의 편의를 위하여, 복원추출(sampling with replacement)은 순서를 고려하는 방법을, 비복원추출(sampling without replacement)은 순서를 고려하지 않는 방법을 택하여 해를 구하였다].

복원추출인 경우: 추출순서를 고려하여 전체 가능한 가짓수는 15^3이다. 그런데 역시 순서를 고려할 때, 하얀 공이 2개, 검은 공이 1개 뽑히는 방법의 가짓수는 각각 5^2과 10^1이다. 그러나 하얀 공을 뽑는 사건을 W, 검은 공을 뽑는 사건을 B로 표기할 때, WWB, WBW, BWW 모두 구하는 사건에 해당하므로 곱의 법칙에 의해 하얀 공이 2개, 검은 공이 1개 뽑히는 방법은 $3 \cdot 5^2 \cdot 10^1$가지이다. 따라서 구하고자 하는 확률은

$$\frac{3 \cdot 5^2 \cdot 10^1}{15^3}$$

이 된다.

비복원추출인 경우: 전체 15개의 공에서 순서에 관계없이 3개의 공을 추출하는 방법은 $\binom{15}{3}$가지가 있으며, 하얀 공이 2개, 검은 공이 1개 뽑히는 방법의 가짓수는 각각 $\binom{5}{2}$과 $\binom{10}{1}$이다. 곱의 법칙에 의해 하얀 공이 2개, 검은 공이 1개 뽑히는 방법의 가짓수는 $\binom{5}{2}\binom{10}{1}$가지이며, 따라서 구하고자 하는 확률은

$$\frac{\binom{5}{2}\binom{10}{1}}{\binom{15}{3}}$$

이 된다.

예 1.28

52개의 카드로 구성된 한 벌의 카드묶음으로 포커게임을 할 때, 각 참가자는 5장의 카드를 받게 된다. 어떤 사람이 5장의 카드를 받았을 때, 이 패가 스트레이트일 확률을 구해 보자. 스트레이트가 되려면 그림에 상관없이 숫자가 연속이어야 하는데, 5장 모두가 같은 그림이면서 숫자가 연속인 스트레이트 플러시는 제외하도록 하자. 숫자조합은 (에이스, 2, 3, 4, 5), (2, 3, 4, 5, 6),..., (10, 잭, 퀸, 킹, 에이스) 까지 될 수 있다. 우선 한 가지 가능한 숫자 조합, 예를 들어 (에이스, 2, 3, 4, 5)로 스트레이트가 나오는 경우의 수를 생각해 보면, 그림과 상관없이 이 숫자 조합을 뽑는 경우의 수는 4^5이고 이때 모두 같은 그림을 뽑는 경우의 수가 4이므로, 원하는 경우의 수는 4^5-4이다. 가능한 숫자 조합이 10개 있으므로 스트레이트가 되는 모든 경우의 수는 $10(4^5-4)$이다. 전체 가능한 경우의 수가 52개의 카드에서 5개의 카드를 고르는 경우의 수로 $\binom{52}{5}$이므로, 구하는 확률은 $\dfrac{10(4^5-4)}{\binom{52}{5}}=0.0039$이다.

연습문제 1장

01 2개의 사건 A와 B에 대해서, $P(A)=2/5$, $P(B)=2/5$, $P(A\cup B)=3/5$일 때, $P(A\cap B)$을 구하라.

02 $k(k>3)$개의 사건 $A_1,\cdots,A_k$ 에 대하여

$$P(\cup_{i=1}^{k}A_i)=\sum_{i=1}^{k}P(A_i)-\sum_{i<j}^{k}P(A_i\cap A_j)+\cdots+(-1)^{k-1}P(\cap_{i=1}^{k}A_i)$$

가 성립함을 보여라.

03 (Boole의 부등식) 사건열 A_1, A_2, $\cdots$ 에 대해서

$$P(\bigcup_{i=1}^{\infty}A_i)\le\sum_{i=1}^{\infty}P(A_i)$$

가 성립함을 보여라.

04 (Bonferroni의 부등식) 사건 A_1, A_2, $\cdots$, A_k 에 대하여

$$P(\bigcap_{i=1}^{k}A_i)\ge 1-\sum_{i=1}^{k}P(A_i^c)$$

이 성립함을 보여라(힌트: $\bigcap_{i=1}^{k}A_i=(\bigcup_{i=1}^{k}A_i^c)^c$와 Boole의 부등식).

05 공정한 동전을 4회 던졌다고 하자. 표본공간을 제시하고, 다음의 사건들에 대한 확률을 계산하라.

(1) "꼭 세 개의 앞면이 나올 사건"
(2) "최소한 한 번의 앞면이 나올 사건"
(3) "앞면이 나오는 횟수가 뒷면이 나오는 횟수보다 많을 사건"
(4) "최소한 1번의 앞면이 나왔다고 했을 때, 꼭 2번의 앞면이 나왔을 사건"

06 어떤 주머니에 3개의 하얀 공과 2개의 검은 공이 들어 있다. 두 개의 공을 비복원추출하는 경우, 첫 번째 공이 하얀색일 사건을 $W1$, 검은색일 사건을 $B1$, 그리고 두 번째 공이 하얀색일 사건을 $W2$, 검은색일 사건을 $B2$로 표기할 때, 다음의 확률을 계산하라.

(1) $P(W1)$

(2) $P(W2 \mid W1)$

(3) $P(B1)$

(4) $P(B2 \mid B1)$

07 어떤 주머니에 7개의 하얀 공과 3개의 검은 공이 들어 있다. 연속적으로 공을 비복원추출하는 경우, 네 번째 공이 검은색일 확률을 구하라.

08 예 1.14에서 n번째 꺼낸 공이 하얀색일 확률이 $w/(b+w)$임을 수학적 귀납법을 사용하여 증명하라.

09 두 사건 A와 B가 독립이라고 한다. 이때 A^c와 B도, A와 B^c도, 그리고 A^c와 B^c도 독립임을 보여라.

10 두 사건 A와 B에 대하여, $P(A)=0.5$, $P(A \cup B)=0.7$이라고 하자.

(1) A와 B가 상호배반이기 위한 $P(B)$의 값을 구하라.

(2) A와 B가 서로 독립이기 위한 $P(B)$의 값을 구하라.

11 2개의 공정한 주사위를 던졌을 때, 눈의 합이 7인 사건을 A라고 하자.

(1) 첫 번째 주사위가 4인 사건과 사건 A와는 서로 독립임을 보여라.

(2) 두 번째 주사위가 3인 사건과 사건 A와는 서로 독립임을 보여라.

12 어떤 주머니에 1, 2, 3, 4의 번호가 적힌 4개의 공이 들어 있다. 한 개의 공을 무작위 추출할 때, 사건 A, B, C를 각각 $A=\{1, 2\}$, $B=\{1, 3\}$, $C=\{1, 4\}$라고 하자. 예를 들어, A는 1번 공 또는 2번 공이 추출되는 사건을 말한다. 사건 A, B, C의 독립여부를 밝혀라.

13 어떤 공장에 두 개의 생산라인 A와 B가 있으며, 이들은 각각 전체 생산품의 80%와 20%를 만들어낸다고 한다. 그런데 생산라인 A는 2%의 불량품을, B는 5%의 불량품을 생산한다.

(1) 무작위추출한 어떤 제품이 불량품일 확률을 구하라.

(2) 무작위추출한 어떤 제품이 불량품이라고 할 때 그것이 생산라인 A로부터 만들어졌을 확률을 구하라.

14 어느 대학의 남학생과 여학생의 비율이 각각 60%와 40%이다. 그런데 남학생의 80%와 여학생의 30%가 흡연자라고 한다. 어느 학생이 흡연자라고 할 때 남학생일 확률을 구하라.

15 세 쌍의 부부가 공연티켓을 구매하여 6개의 좌석이 있는 같은 열에 앉게 되었다고 하자. 좌석의 선택은 완전히 랜덤하게 이루어진다고 가정하기로 한다.

(1) 편의상 세 쌍의 부부를 (H1, W1), (H2, W2), (H3, W3)이라고 하자. (H1, W1)이 서로 옆에 앉을 확률을 구하라.

(2) (H1, W1)이 서로 옆에 앉게 되었다고 할 때, 이들이 가장 왼쪽 두 자리에 앉게 될 확률을 구하라.

16 어떤 주유소를 찾는 고객들 중 40%는 보통 휘발유, 25%는 고급 휘발유, 35%는 경유를 주유하는데, 보통 휘발유를 주유하는 고객들 중 30%, 고급 휘발유를 주유하는 고객들 중 60%, 경유를 주유하는 고객들 중 50%는 주유탱크를 가득 채운다고 한다.

(1) 주유소를 찾은 어떤 고객이 경유를 가득 주유할 확률을 구하라.

(2) 주유소를 찾은 어떤 고객이 주유탱크를 가득 채웠을 때, 보통 휘발유를 주유했을 확률을 구하라.

17 양의 정수 $n > r$에 대하여 다음이 성립함을 보여라.

(1) $\binom{n}{r} = \binom{n}{n-r}$

(2) $\binom{n}{r} = \binom{n-1}{r-1} + \binom{n-1}{r}$

18 학생수가 n인 어느 학급의 생일을 조사하였다. 그런데 이들이 태어난 해는 모두 같으며, 그 해에는 365일이 있다고 한다. 이 학급에 생일이 같은 학생이 아무도 없을 확률을 구하라.

19 어느 제품의 회로는 4개의 부품이 병렬로 연결되어 있어서, 4개의 부품 모두 고장인 경우만 이 제품은 작동하지 않는다고 한다. 그런데 각 부품이 고장일 확률은 각각 0.1, 0.2, 0.3, 0.4이며, 고장일 사건은 서로 독립이라고 한다. 이 제품이 작동할 확률을 구하라.

20 어느 제품의 회로에서 전자부품이 고장일 확률은 0.05라고 한다. 이제, 이 부품을 n개 병렬로 연결함으로써 제품의 고장확률을 줄이고자 한다. 각 부품이 고장일 사건은 서로 독립이라고 한다. 이 제품이 고장일 확률을 0.01 이하로 하고자 할 때 필요한 부품의 개수 n을 구하라.

21 어떤 100개들이 제품 상자에 10개의 불량품이 들어 있다고 한다. 이 상자에서 20개의 제품을 무작위추출하였을 때 불량품이 2개 이하일 확률을 구하라.

22 52장으로 이루어진 한 벌의 카드묶음에서 5장의 카드를 무작위로 비복원추출했을 때 적어도 한 장 이상의 ‘에이스(ace)’를 뽑을 확률을 구하라.

23 3개의 공정한 주사위를 던졌을 때 눈의 합이 9일 확률과 10일 확률을 각각 구하여 비교하라.

24 하나의 공정한 주사위를 4회 던졌을 때 1의 눈을 최소한 1회 얻을 확률을 구하라. 나아가, 2개의 공정한 주사위를 24회 던졌을 때 두 주사위의 눈이 모두 1인 경우를 최소한 1회 얻을 확률을 구하고 앞서 구한 확률과 비교하라.

25 어떤 게임쇼에 참가한 출연자가 1, 2, 3의 숫자가 적힌 3개의 문 앞에 서 있는데 이 중 1개의 문 뒤에는 비싼 경품이 있고, 나머지 2개의 문 뒤에는 아무것도 없다고 가정하자 (3개의 문이 경품을 갖고 있을 확률은 동일하다). 이 출연자가 1개의 문을 선택하면 사회자는 남은 2개의 문 중에서 1개의 문을 열어서 보여 준다. 이때 사회자는 남은 2개의 문 중에서 경품이 없는 쪽의 문을 열게 되는데, 경품이 없는 문이 2개라면 그중에서 임의로 하나의 문을 연다. 이제 마지막으로 출연자는 마음을 바꿀 기회를 갖게 된다. 먼저 선택했던 문을 그대로 고수할 수도 있고, 열리지 않은 다른 문을 선택할 수 있다.

이 출연자가 1번 문을 선택한 후, 사회자가 2번 문을 열어서 보여 주었다고 하자. 이때 출연자는 경품을 탈 확률을 높이기 위해 마음을 바꾸어야 할까, 바꾸지 않아야 할까? 1번 문을 그대로 고수하는 경우와 마음을 바꾸어 3번 문을 선택하는 경우 각각에 대하여 경품을 탈 확률을 구하여 비교하라.

26 어떤 햄버거 가게의 해피밀 세트를 구입하면 4가지 종류의 장난감 중 하나를 임의로 넣어준다. 이 햄버거 가게에는 4가지 종류 모두 매우 많이 준비되어 있다고 가정하자. 해피밀 세트 6개를 한꺼번에 주문했을 때 2가지 종류 이하의 장난감을 받게 될 확률은 얼마인가?

27 어떤 주식의 현재 가격이 주당 1000원이라고 하자. 이 주식의 가격은 매일 한 번씩 변하는데 $\frac{2}{5}$의 확률로 100원이 오르거나 $\frac{3}{5}$의 확률로 80원이 내린다고 한다. 매일의 가격변화는 독립이라고 가정하자. 지금 이 주식 한 주를 1000원에 구입하였다면 3일 후에 손해를 보지 않을 확률을 구하라.

2장 확률변수

2.1 확률변수의 정의

1장에서 살펴본 표본공간 S는 수치적으로 또는 비수치적으로 표현될 수 있으나, 많은 경우 실험결과로부터 계산될 수 있는 어떤 수치적인 양이 관심의 대상이 된다. 예를 들어, 동전을 3회 독립적으로 반복하여 던졌을 경우 표본공간은 HHH, HHT, HTH, $\cdots$ 등으로 이루어지지만, 흔히 앞면이나 뒷면이 나오는 횟수 등 숫자로 표현할 수 있는 결과를 생각하게 된다는 것이다. 이 장에서는 표본공간 S에 정의된 사건들을 실수(real number)를 사용하여 나타내고, 1장에서 다루어진 확률을 이용하여 이 수치적 양에 대한 수리적 모형을 고려하기로 한다. 이때 실험결과를 표현하는 이 수치적 양을 **확률변수**(random variable)라고 하며, 이는 표본공간에서 정의되는 하나의 실함수(real-valued function)가 된다. 확률변수의 값은 랜덤한 실험결과에 따라 정해지므로 비결정적(non-deterministic)이지만 나올 수 있는 값들과 그 값들이 나올 가능성은 미리 생각해볼 수 있으며, 이를 이 확률변수의 **확률분포**(probability distribution)라고 한다. 어떤 확률변수든지 상응하는 확률분포를 가지며 확률분포는 여러 가지 방법으로 표현될 수 있다.

정의 2.1

확률변수 X는 표본공간 S에 정의된 실함수이다.

이제 동전을 3회 독립적으로 반복하여 던졌을 경우 관심 있는 변수로 X(=앞면이 나오는 횟수)를 생각해 보자. 이 경우 표본공간 S와 그에 대응하는 확률변수 X는 다음과 같다. 편의상 동전의 앞면은 H, 뒷면은 T로 표시한다.

S	X
HHH	3
HHT	2
HTH	2
THH	2
HTT	1
THT	1
TTH	1
TTT	0

이때 각 시행에서 동전의 앞면이 나올 확률을 p라고 하면 뒷면이 나올 확률은 $(1-p)$가 되며, 확률변수 X에 대응되는 확률분포는 원래의 표본공간 S를 고려하여 다음과

같이 구할 수 있다.

$$P(X=0)=P\{TTT\}=(1-p)^3,$$
$$P(X=1)=P\{HTT,\ THT,\ TTH\}=3p(1-p)^2,$$
$$P(X=2)=P\{HHT,\ HTH,\ THH\}=3p^2(1-p),$$
$$P(X=3)=P\{HHH\}=p^3.$$

엄밀한 의미에서, 표본공간 S에 정의된 확률과 변수 X에 대한 확률은 다른 표기를 사용하여야 하나 보통 혼동이 없으므로 그냥 P를 사용하기로 한다. 또한, 확률변수는 영문 대문자로 표기한다.

확률변수가 가질 수 있는 값은 앞의 예에서처럼 $\{0, 1, 2, 3\}$ 등으로 유한개(finite)일 수도 있고, $\{0, 1, 2, 3, 4, \ldots\}$ 등으로 셀 수 있는 무한개(countably infinite)일 수도 있으며, 때로 셀 수 없는 무한개(uncountably infinite)일 수도 있다. X가 어떤 특정사건이 일어날 때까지 걸리는 시간이라고 한다면 이 확률변수 X가 가질 수 있는 값의 영역은 $\{X>0\}$으로 표현될 수 있고, 이러한 반직선은 셀 수 없이 많은 값을 포함한다. X의 범위가 유한(finite)이거나 가산무한(countably infinite)이면 이 확률변수 X는 **이산형**(discrete)이라고 하고, 범위가 실직선상의 어떤 구간인 경우 **연속형**(continuous)이라고 한다. 일반적으로 고려되는 확률변수는 이산형이거나 연속형 둘 중의 하나이지만, 둘의 혼합형인 확률변수도 있을 수 있다. 예를 들어, 확률변수 X의 범위가 $\{1, 2, (5, 10)\}$과 같이 유한개의 값과 실구간으로 구성되어 있으면 이는 혼합형이라고 볼 수 있다.

2.2 확률밀도함수 및 확률분포함수

이 절에서는 확률변수의 분포형태를 나타내는 데에 사용되는 **확률밀도함수**(probability density function)와 **확률분포함수**(probability distribution function)를 다루기로 한다. 이산형 확률변수의 경우 그의 분포를 나타내는 확률밀도함수 $f(x)$의 조건은 다음과 같다.

(1) 모든 실수 x에 대하여, $f(x) \geq 0$이다.

(2) 확률변수 X가 가질 수 있는 유한 또는 가산무한개의 값 $x_1, x_2, \cdots$에 대하여

$$f(x_i) > 0 \text{이며} \sum_{\text{모든 } x_i} f(x_i) = 1 \text{이다.}$$

이산형 확률변수 X의 확률밀도함수 $f(x)$는 $P(X=x)=f(x)$를 만족하며 이를 **확률질량함수**(probability mass function)라고도 한다[2]. 반면 연속형 확률변수는 가질 수 있는 값이 셀 수 없는 무한개이기 때문에, 확률밀도함수가 가능한 값 하나하나에 확률을 부여하지 않고, 구간에 확률을 부여하게 된다. 그래서 연속형 확률변수 X의 경우 모든 실수 x에 대하여 $P(X=x)=0$이나, 그의 확률밀도함수 $f(x)$는

(1) 모든 실수 x에 대하여, $f(x) \geq 0$

(2) $\int_{-\infty}^{\infty} f(x)dx = 1$

이라는 조건을 만족하며, $-\infty < a < b < \infty$일 때, $\int_a^b f(x)dx = P(a \leqq X \leqq b)$로 확률이 주어지게 된다.

종합하면, 확률변수 X의 확률밀도함수가 $f(x)$일 때, 변수 X가 실직선상의 어떤 집합 A(예를 들면 구간 $(a, b]$)에 속할 확률은

$$P(X \in A) = \begin{cases} \sum_{x_i \in A} f(x_i), & X\text{가 이산형인 경우} \\ \int_A f(x)dx, & X\text{가 연속형인 경우} \end{cases} \tag{2.1}$$

로 주어진다. 이와 같이 이산형 확률변수와 연속형 확률변수의 차이는 많은 경우에 합을 나타내는 방법이 Σ와 $\int$로 다를 뿐이다. 또한, 이는 변수 X가 연속형인 경우 $P(X=a) = \int_a^a f(x)dx = 0$이라는 사실과도 잘 부합된다.

예 2.1

구간 (0, 3)에 정의된 함수 $f(x) = \frac{x^2}{9}$은 (1) $f(x) \geq 0$과, (2) $\int_0^3 \frac{x^2}{9}dx = 1$을 만족하므로 확률밀도함수이다. 이제 변수 X의 확률밀도함수가 $f(x)$이면, $0 < X < 2$일 확률은

2) 이 책에서는 혼동이 없는 한 연속형과 이산형 모두 확률밀도함수라는 용어를 사용하도록 하겠다.

$$P(0 < X < 2) = \int_0^2 \frac{x^2}{9} dx$$
$$= \frac{8}{27}$$

로 구해진다. 이를 그림으로 나타내면 다음과 같다.

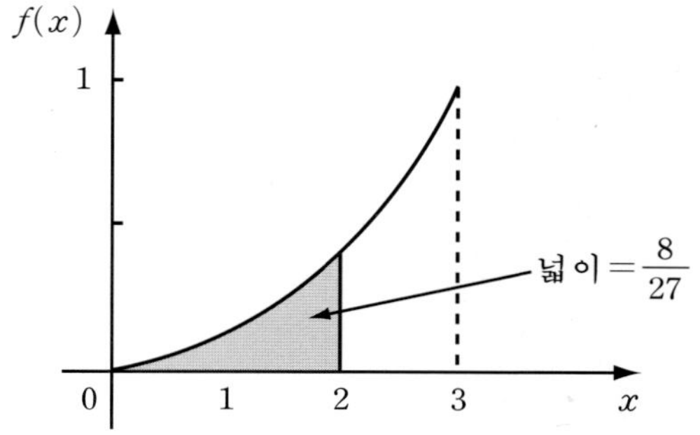

이와 같이 연속확률변수가 어떤 구간에 들어갈 확률은 그 구간에서 확률밀도함수의 적분으로, 그림에서 보면 확률밀도함수와 x축 사이의 면적과 같아진다.

또한, 확률변수의 분포를 표현하는 다른 방법으로 확률밀도함수를 누적하여 구할 수 있는 확률분포함수가 다음과 같이 정의된다.

정의 2.2

확률변수 X에 대한 확률분포함수 $F(x)$는

$$F(x) = P(X \leq x)$$

으로 정의된다(확률분포함수는 확률변수 X가 주어진 점 x 이하인 모든 값을 가질 확률을 누적한다는 점에서 **누적분포함수**(cumulative distribution function) 또는 **누적확률분포함수**라고도 한다).

주 편의상, 확률변수 X가 확률밀도함수 $f(x)$ 또는 확률분포함수 $F(x)$를 가지는 경우 $X \sim f(x)$ 또는 $X \sim F(x)$로 표기하기로 한다.

앞에서 정의된 확률분포함수 $F(x)$가 꼭 만족해야 할 성질을 증명 없이 살펴보면 다음 정리 2.1과 같다.

정리 2.1

함수 $F(x)$가 어떤 확률변수 X의 누적분포함수가 되는 필요충분조건은 다음과 같다.

$$\lim_{x \to -\infty} F(x) = 0$$

$$\lim_{x \to \infty} F(x) = 1$$

$$\lim_{h \to 0^+} F(x+h) = F(x)$$

$$a < b \text{이면 } F(a) \le F(b)$$

위와 같은 확률분포함수 $F(x)$는 확률밀도함수 $f(x)$를 사용하여

$$F(x) = \begin{cases} \sum_{x_i \le x} f(x_i), & X\text{가 이산형인 경우} \\ \int_{-\infty}^{x} f(t)dt, & X\text{가 연속형인 경우} \end{cases} \tag{2.2}$$

로 나타낼 수 있으며, 확률변수 X가 구간 $(a, b]$ 사이의 값을 가질 확률을 확률분포함수를 이용하면

$$P(a < X \le b) = F(b) - F(a) \tag{2.3}$$

으로 표현할 수 있다.

예 2.2

2.1절에서 소개된 예에서와 같이, 동전을 3회 독립반복하여 던졌을 경우 관심 있는 변수 X(=앞면의 수)의 확률밀도함수는 $p = 1/2$이라고 가정하면,

$$f(x) = \begin{cases} \frac{1}{8}, & x = 0 \text{ 인 경우} \\ \frac{3}{8}, & x = 1 \text{ 또는 } 2\text{인 경우} \\ \frac{1}{8}, & x = 3 \text{ 인 경우} \end{cases}$$

로 주어지고, 확률분포함수는

$$F(x) = \begin{cases} 0, & x < 0 \\ \dfrac{1}{8}, & 0 \le x < 1 \\ \dfrac{1}{2}, & 1 \le x < 2 \\ \dfrac{7}{8}, & 2 \le x < 3 \\ 1, & x \ge 3 \end{cases}$$

로 주어지며, 그림을 통해 다음과 같이 표현된다.

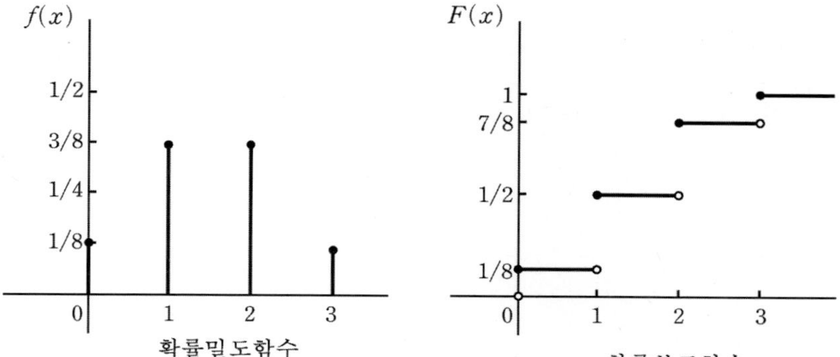

확률밀도함수 확률분포함수

예 2.3

연속형 확률변수 X의 확률밀도함수가

$$f(x) = \begin{cases} c(1+x)^{-2}, & x > 0\text{인 경우} \\ 0, & x \le 0\text{인 경우} \end{cases}$$

로 주어졌을 때 상수 c의 값을 구해 보고, $P(1 < X < 2)$를 확률분포함수를 사용하여 계산해 보자. 먼저,

$$\int_0^{\infty} f(x)\,dx = \int_0^{\infty} c(1+x)^{-2}\,dx = \left.\frac{-c}{1+x}\right|_0^{\infty} = 1$$

로부터 $c = 1$이 구해지며, 이에 대한 확률분포함수는

$$F(x) = \int_{-\infty}^{x} f(t)\,dt = \int_{0}^{x} (1+t)^{-2}\,dt$$
$$= \begin{cases} 1 - \dfrac{1}{1+x}, & x > 0\text{인 경우} \\ 0, & x \le 0\text{인 경우} \end{cases}$$

이다. 나아가,

$$P(1 < X < 2) = \int_{1}^{2} f(x)\,dx$$
$$= F(2) - F(1) \qquad \text{(식 (2.3)으로부터)}$$
$$= \frac{2}{3} - \frac{1}{2} = \frac{1}{6}$$

을 구할 수 있다. 이를 그래프로 표현하면 아래와 같다.

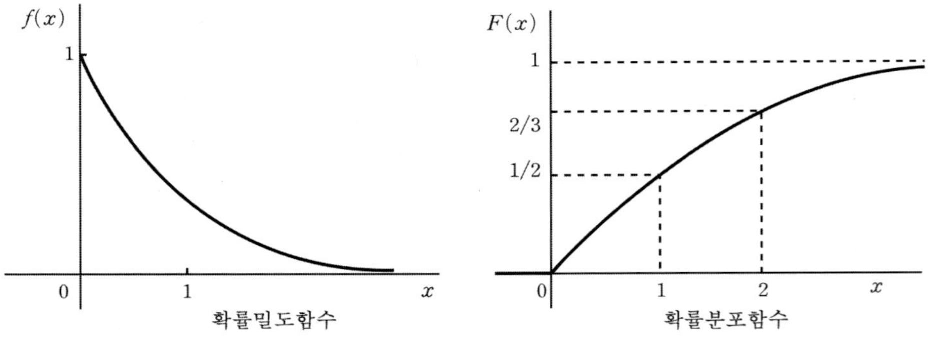

예 2.3에서와 같이 어떤 확률변수가 연속형인 경우 그의 확률밀도함수 $f(x)$와 확률분포함수 $F(x)$ 사이에는 다음 정리 2.2와 같은 관계가 성립한다.

정리 2.2

연속형확률변수 X의 확률밀도함수가 $f(x)$이고 확률분포함수가 $F(x)$이면, $f(x) = \dfrac{d}{dx}F(x)$를 만족한다.

증명 $F(x) = \int_{-\infty}^{x} f(t)\,dt$이므로 미분계산에 의하여 $f(x) = dF(x)/dx$이다. ■

예 2.4

함수 $F(x)=1-\exp(-x/\lambda)$ (단, $x>0$, λ는 양의 상수)는 정리 2.1을 만족하므로 어떤 연속형 확률변수 X의 확률분포함수가 된다. 이때 X의 확률밀도함수는

$$\begin{aligned} f(x) &= \frac{d}{dx}F(x) \\ &= \frac{1}{\lambda}\exp(-x/\lambda), \qquad x>0 \end{aligned}$$

가 된다.

2.3 결합 및 조건부 확률분포

2.3.1 결합 확률분포

앞 절에서는 관심 있는 확률변수가 하나인 경우의 분포를 생각하여 보았다. 그러나 많은 경우에 우리가 흥미를 가지는 현상은 관찰값이나 측정값들이 여러 개의 확률변수들 $X_1, X_2, \cdots, X_k$로 이루어져 있다. 가령, 어느 기계의 수명을 조사하기 위하여 반복하여 실험하였다든가, 어느 환자에 대한 건강기록을 구성하는 변수로 나이, 혈압, 몸무게 등을 생각한다든가, 아버지의 키와 아들의 키를 함께 생각한다든가 하는 경우들이다. 이처럼 여러 개의 확률변수들을 한꺼번에 고려하는 경우, 결합분포(joint distribution) 이론이 필요하게 된다. 편의상, k개의 확률변수 $X_1, X_2, \cdots, X_k$를 확률벡터(random vector) $\boldsymbol{X}=(X_1, X_2, \cdots, X_k)$로 표현하기도 한다. 우선 두 확률변수의 결합 확률밀도함수(joint probability density function)를 다음과 같이 정의하자.

정의 2.3

두 확률변수 X와 Y의 **결합 확률밀도함수** $f_{X,Y}(x, y)$는 X, Y가 이산형인 경우

$$f_{X,Y}(x, y) = P(X=x, Y=y)$$

로 정의되며, 연속형인 경우 이차평면상의 임의의 영역 A에 대하여,

$$P[(X, Y)\in A] = \iint_A f_{X,Y}(x, y)\,dx\,dy$$

를 만족하는 $f_{X,Y}(x,y)$로 정의된다.

이때 결합 확률밀도함수 $f_{X,Y}(x, y)$는 모든 실수 x, y에 대하여

(1) $f_{X,Y}(x, y) \geq 0$

(2) $\displaystyle\sum_{\text{모든 } x,y}\sum f_{X,Y}(x, y) = 1,$ X, Y가 이산형인 경우

$\displaystyle\int_{-\infty}^{\infty}\int_{-\infty}^{\infty} f_{X,Y}(x, y)dxdy = 1,$ X, Y가 연속형인 경우

이라는 조건들을 만족한다.

이제 두 확률변수가 이산형인 경우와 연속형인 경우의 결합 확률밀도함수의 예를 들어 보자.

예 2.5

(이산형) 4개의 빨간 공, 3개의 하얀 공, 그리고 2개의 검은 공이 들어 있는 주머니에서 3개의 공을 임의로 꺼냈을 때, X=하얀 공의 수, Y=검은 공의 수라고 하자. 이때 두 변수 X, Y의 결합 확률밀도함수는

$$f_{X,Y}(x, y) = \frac{\binom{3}{x}\binom{2}{y}\binom{4}{3-x-y}}{\binom{9}{3}}$$

$$(x = 0, 1, 2, 3; \quad y = 0, 1, 2; \quad 0 \leq x + y \leq 3)$$

으로, 아래와 같은 표로 나타낼 수 있다(다른 x, y값들에 대해서 $f_{X,Y}(x, y) = 0$이다).

		X			
		0	1	2	3
Y	0	4/84	18/84	12/84	1/84
	1	12/84	24/84	6/84	0
	2	4/84	3/84	0	0

예 2.6

(연속형) 두 확률변수 X(=TV 시청에 보내는 시간), Y(=숙제하는 데에 보내는 시간)의 결합 확률밀도함수가

$$f_{X,Y}(x, y) = xye^{-(x+y)}, \qquad x>0, \quad y>0$$

로 주어졌다고 할 때, $X \geq 2Y$의 확률은 다음과 같이 계산된다.

$$\begin{aligned}
P(X \geq 2Y) &= \int_0^\infty \int_0^{x/2} xye^{-(x+y)}\,dydx \\
&= \int_0^\infty xe^{-x}\left[\int_0^{x/2} ye^{-y}\,dy\right]dx \\
&= \int_0^\infty xe^{-x}[1-(x/2+1)e^{-x/2}]\,dx \\
&= \int_0^\infty xe^{-x}dx - \int_0^\infty xe^{-\frac{3}{2}x}dx - \int_0^\infty \frac{x^2}{2}e^{-\frac{3}{2}x}dx \\
&= -xe^{-x}\Big|_0^\infty + \int_0^\infty e^{-x}dx - \left\{-\frac{2}{3}xe^{-\frac{3}{2}x}\Big|_0^\infty + \int_0^\infty \frac{2}{3}e^{-\frac{3}{2}x}dx\right\} \\
&\quad - \left\{-\frac{1}{3}x^2e^{-\frac{3}{2}x}\Big|_0^\infty + \int_0^\infty \frac{2}{3}xe^{-\frac{3}{2}x}dx\right\} \\
&= 1 - \frac{12}{27} - \frac{8}{27} \\
&= \frac{7}{27}.
\end{aligned}$$

세 번째와 다섯 번째 등식을 얻기 위해 부분적분을 사용하였고, 여섯 번째 등식을 얻기 위해 $\lim_{x\to\infty} x^2e^{-x} = 0$의 성질을 이용하였다. 위의 확률계산을 위한 적분영역을 구하기 위해 다음의 그래프를 생각할 수 있는데, 어둡게 표시된 부분이 $X \geq 2Y$에 해당하며 이것은 $\{(x,y) : x>0,\ 0<y \leq x/2\}$로 쓸 수 있으므로 결합 확률밀도함수를 이 영역에서 적분하게 된다.

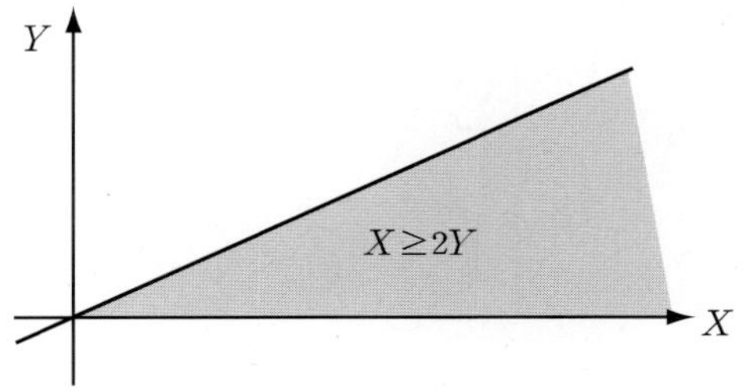

앞의 정의 2.3을 $k(>2)$개의 확률변수 $X_1, X_2, \cdots, X_k$ 로 확장하면 이들의 결합 확률밀도함수 $f(x_1, x_2, \cdots, x_k)$ 는 다음 두 조건을 만족한다.

(1) 모든 $(x_1, x_2, \cdots, x_k) \in R^k$ 에 대하여, $f(x_1, x_2, \cdots, x_k) \geq 0$ 이다.

(2) 이산형인 경우 $\sum \cdots \sum_{\text{모든}(x_1, \cdots, x_k)} f(x_1, x_2, \cdots, x_k) = 1$ 이며, 연속형인 경우

$$\int \cdots \int_{R^k} f(x_1, x_2, \cdots, x_k)\, dx_1 \cdots dx_k = 1\text{이다.}$$

또한, k차원 공간상의 임의의 영역 $A \subset R^k$에 대하여, $(X_1, X_2, \cdots, X_k) \in A$ 일 확률은

$$P[(X_1, X_2, \cdots, X_k) \in A] = \begin{cases} \sum \cdots \sum_{(x_1, \cdots, x_k) \in A} f(x_1, x_2, \cdots, x_k), & \text{이산형인 경우} \\ \int \cdots \int_A f(x_1, x_2, \cdots, x_k) dx_1 \cdots dx_k, & \text{연속형인 경우} \end{cases} \tag{2.4}$$

로 주어진다.

이제, 결합 확률밀도함수 $f(x_1, x_2, \cdots, x_k)$ 에 대한 결합 확률분포함수(joint probability distribution function)는 다음과 같이 정의된다.

정의 2.4

확률변수 $X_1, X_2, \cdots, X_k$ 의 결합 확률분포함수는

$$F(x_1, x_2, \cdots, x_k) = P(X_1 \leq x_1, X_2 \leq x_2, \cdots, X_k \leq x_k)$$

로 정의된다.

따라서 결합 확률밀도함수를 사용하면 결합 확률분포는

$$F(x_1, x_2, \cdots, x_k) = \begin{cases} \sum \cdots \sum_{\text{모든}\, t_i \leq x_i} f(t_1, t_2, \cdots, t_k), & \text{이산형인 경우} \\ \int_{-\infty}^{x_k} \cdots \int_{-\infty}^{x_1} f(t_1, t_2, \cdots, t_k) dt_1 \cdots dt_k, & \text{연속형인 경우} \end{cases} \tag{2.5}$$

로 표현된다. 또한 확률벡터가 연속형인 경우, 결합 확률밀도함수와 결합 확률분포함수 사이에는

$$f(x_1, x_2, \cdots, x_k) = \frac{\partial^k}{\partial x_1 \cdots \partial x_k} F(x_1, x_2, \cdots, x_k) \tag{2.6}$$

의 관계가 성립한다. 식 (2.5)와 (2.6)은 각각 식 (2.2)와 정리 2.2에 대한 자연스러운 연장이다. 그리고 일변량 확률분포함수가 가지는 성질 정리 2.1은 이변량 확률벡터 (X_1, X_2)에 대하여 다음 정리 2.3과 같이 일반화된다.

정리 2.3

함수 $F(x_1, x_2)$가 어떤 이변량 확률벡터 (X_1, X_2)의 결합 확률분포함수가 되는 필요충분조건은 다음과 같다.

모든 x_1에 대하여 $\lim_{x_2 \to -\infty} F(x_1, x_2) = F(x_1, -\infty) = 0$

모든 x_2에 대하여 $\lim_{x_1 \to -\infty} F(x_1, x_2) = F(-\infty, x_2) = 0$

$$\lim_{x_1 \to \infty,\ x_2 \to \infty} F(x_1, x_2) = F(\infty, \infty) = 1$$

모든 $a < b$, $c < d$에 대하여 $F(b, d) - F(b, c) - F(a, d) + F(a, c) \geq 0$

모든 x_1, x_2에 대하여

$$\lim_{h \to 0^+} F(x_1, x_2 + h) = \lim_{h \to 0^+} F(x_1 + h, x_2) = F(x_1, x_2)$$

예 2.7

두 변수 X, Y의 결합 확률분포함수가

$$F_{X,Y}(x, y) = xy \qquad (0 < x < 1,\ 0 < y < 1)$$

로 주어졌을 때 X, Y의 결합 확률밀도함수 $f_{X,Y}(x, y)$를 구하고 $P(X^2 < Y)$를 계산하여 보자. 앞의 식 (2.6)을 사용하면

$$\begin{aligned} f_{X,Y}(x, y) &= \frac{\partial^2}{\partial x \partial y} F_{X,Y}(x, y) \\ &= \frac{\partial^2}{\partial x \partial y} xy \\ &= 1 \qquad (0 < x < 1,\ 0 < y < 1) \end{aligned}$$

이 된다. 따라서 식 (2.4)에 의하면

$$P(X^2 < Y) = \int_0^1 \int_0^{\sqrt{y}} 1 \; dxdy$$
$$= \frac{2}{3}$$

가 된다. 예 2.6에서와 마찬가지로, 위의 확률을 계산하기 위하여 해당하는 적분영역을 아래 그림과 같이 표현할 수 있다.

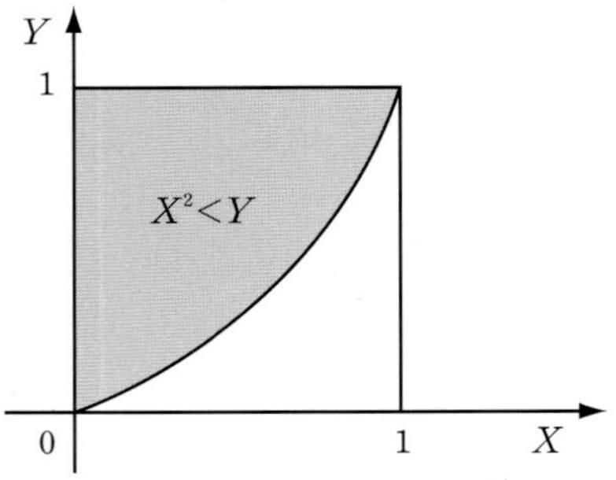

예 2.8

두 변수 X, Y의 결합 확률밀도함수가

$$f_{X,Y}(x,y) = 8xy, \qquad 0 < x < y < 1$$

일 때, $F_{X,Y}(x,y)$를 계산해 보자.

$$F_{X,Y}(x,y) = \int_{-\infty}^{x} \int_{-\infty}^{y} f_{X,Y}(t_1,t_2)dt_2dt_1$$

이므로, 이를 계산하면

$$F_{X,Y}(x,y) = \begin{cases} 0, & x \le 0 \text{ 또는 } y \le 0 \\ x^2(2y^2 - x^2), & 0 < x < y < 1 \\ x^2(2 - x^2), & 0 < x < 1, \, y \ge 1 \\ y^4, & 0 < y < \min\{x,1\} \\ 1, & x \ge 1, \, y \ge 1 \end{cases}$$

이 된다.

2.3.2 주변 확률분포

두 확률변수의 결합분포에 관심이 있더라도 경우에 따라서 각 변수만의 분포를 구할 필요가 있다. 두 확률변수 X, Y의 결합 확률밀도함수가 $f_{X,Y}(x, y)$로 주어졌을 때, 두 변수 X, Y 각각의 확률밀도함수 $f_X(x)$와 $f_Y(y)$를 **주변 확률밀도함수**(marginal probability density function)라고 하며, 이들의 관계가 다음 정리 2.4와 같이 주어진다.

정리 2.4

두 확률변수 X, Y의 결합 확률밀도함수가 $f_{X,Y}(x, y)$로 주어졌을 때, X와 Y 각각의 주변 확률밀도함수 $f_X(x)$와 $f_Y(y)$는

(i) 이산형인 경우

$$f_X(x) = \sum_{\text{모든 } y} f_{X,Y}(x, y), \qquad f_Y(y) = \sum_{\text{모든 } x} f_{X,Y}(x, y)$$

(ii) 연속형인 경우

$$f_X(x) = \int_{-\infty}^{\infty} f_{X,Y}(x, y)dy, \quad f_Y(y) = \int_{-\infty}^{\infty} f_{X,Y}(x, y)\,dx$$

로 구해진다.

증명 편의상 연속형의 경우만 다루기로 하겠으나, 이산형의 경우도 대동소이하다.

$$\begin{aligned} f_X(x) &= (d/dx)F_X(x) \\ &= (d/dx)P(X \le x, \quad -\infty < Y < \infty) \\ &= \frac{d}{dx}\left[\int_{-\infty}^{x}\int_{-\infty}^{\infty} f_{X,Y}(u, y)\,dydu\right] \\ &= \int_{-\infty}^{\infty} f_{X,Y}(x, y)\,dy \end{aligned}$$

■

위 정리 2.4의 내용은 $k(>2)$개의 변수에 대해서도 다음과 같이 자연스럽게 확장된다. 확률변수 $X_1, X_2, \cdots, X_k$의 결합 확률밀도함수가 $f(x_1, x_2, \cdots, x_k)$일 때, $X_i(1 \le i \le k)$의 주변 확률밀도함수는

(i) 이산형인 경우

$$f_{X_i}(x_i) = \sum_{x_1} \cdots \sum_{x_{i-1}} \sum_{x_{i+1}} \cdots \sum_{x_k} f(x_1, x_2, \cdots, x_k)$$

(ii) 연속형인 경우

$$f_{X_i}(x_i) = \int \cdots \int f(x_1, x_2, \cdots, x_k) dx_1 \cdots dx_{i-1} dx_{i+1} \cdots dx_k$$

로 주어진다.

이제 확률변수들이 이산형인 경우와 연속형인 경우의 결합 확률밀도함수의 예를 들어 보고, 각 변수들의 주변 확률밀도함수를 구해 보기로 한다.

예 2.9

(이산형) 모든 눈이 나올 확률이 동일한 주사위 하나를 n회 독립적으로 던졌을 때, 변수 X_1을 주사위의 눈이 1인 횟수, 변수 X_2를 주사위의 눈이 2 또는 3인 횟수, X_3를 주사위의 눈이 4, 5 또는 6인 횟수라고 하자. 이때 확률변수 X_1, X_2, X_3 $(= n - (X_1 + X_2))$의 결합 확률밀도함수는

$$f(x_1, x_2, x_3) = \frac{n!}{x_1!\, x_2!\, x_3!} (1/6)^{x_1} (2/6)^{x_2} (3/6)^{x_3}$$

(단, $x_1 = 0, 1, \cdots, n;\ x_2 = 0, 1, \cdots, n;\ x_3 = 0, 1, \cdots, n; x_1 + x_2 + x_3 = n$)

으로 주어진다. 따라서 주변 확률밀도함수는

$$\begin{aligned} f(x_1) &= \sum_{x_2} \sum_{x_3} f(x_1, x_2, x_3) \qquad (\text{단, } x_3 = n - (x_1 + x_2)) \\ &= \sum_{x_2=0}^{n-x_1} \frac{n!}{x_1!\, x_2!\, (n - x_1 - x_2)!} \left(\frac{1}{6}\right)^{x_1} \left(\frac{2}{6}\right)^{x_2} \left(\frac{3}{6}\right)^{n - x_1 - x_2} \\ &= \frac{n!}{x_1!\, (n - x_1)!} \left(\frac{1}{6}\right)^{x_1} \sum_{x_2=0}^{n-x_1} \frac{(n - x_1)! \left(\frac{2}{6}\right)^{x_2} \left(\frac{3}{6}\right)^{(n - x_1) - x_2}}{x_2!\, [(n - x_1) - x_2]!} \\ &= \frac{n!}{x_1!\, (n - x_1)!} \left(\frac{1}{6}\right)^{x_1} \sum_{x_2=0}^{n-x_1} \binom{n - x_1}{x_2} \left(\frac{2}{6}\right)^{x_2} \left(\frac{3}{6}\right)^{(n - x_1) - x_2} \end{aligned}$$

$$= \binom{n}{x_1}\left(\frac{1}{6}\right)^{x_1}\left(\frac{2}{6}+\frac{3}{6}\right)^{n-x_1}$$

$$= \binom{n}{x_1}\left(\frac{1}{6}\right)^{x_1}\left(\frac{5}{6}\right)^{n-x_1}$$

마찬가지 방법으로,

$$f(x_2) = \binom{n}{x_2}\left(\frac{2}{6}\right)^{x_2}\left(\frac{4}{6}\right)^{n-x_2}$$

$$f(x_3) = \binom{n}{x_3}\left(\frac{3}{6}\right)^{x_3}\left(\frac{3}{6}\right)^{n-x_3}$$

로 구해진다.

예 2.10

(연속형) 두 확률변수 X, Y의 결합 확률밀도함수가

$$f_{X,Y}(x, y) = xye^{-(x+y)}, \quad x>0, \quad y>0$$

로 주어졌다. 이때 X, Y의 주변 확률밀도함수는

$$f_X(x) = \int_0^\infty xye^{-(x+y)}\,dy = xe^{-x}, \quad x>0$$

$$f_Y(y) = \int_0^\infty xye^{-(x+y)}\,dx = ye^{-y}, \quad y>0$$

으로 각각 구해진다.

2.3.3 조건부 확률분포

여기서는 여러 개의 확률변수들 중 어떤 몇 개의 변수값이 주어졌다는 조건하에서 나머지 변수들의 분포에 대한 이론을 다루기로 한다. 이러한 분포이론은 후에 회귀분석 등에서 필수적으로 사용된다. 또한 이는 다음 절에서 다루어질 변수들 사이의 독립개념과도 깊은 관련이 있다. 우선 두 확률변수 X와 Y의 결합 확률밀도함수를 $f_{X,Y}(x, y)$라 고 하자. 이제, $X=x$가 주어졌을 때 조건부 확률변수 Y를 $Y \mid X=x$로 표기하면, $Y \mid X=x$의 조건부확률밀도함수(conditional probability density function)

$f_{Y|x}(y \mid x)$는 다음과 같이 정의된다(편의상 $Y \mid X = x$를 $Y \mid x$로 표기하기도 한다).

정의 2.5

$X = x$가 주어졌을 때, $Y \mid x$의 조건부 확률밀도함수는

$$f_{Y|X}(y \mid x) = \frac{f_{X,Y}(x,y)}{f_X(x)} \quad (\text{단, } f_X(x) > 0)$$

으로 정의된다.

위의 정의 2.5는 1장에서 다룬 사건에 대한 조건부 확률의 정의에 부합된다. 즉,

$$P(Y = y \mid X = x) = \frac{P(X = x,\ Y = y)}{P(X = x)} \quad (\text{단, } P(X = x) > 0)$$

이므로 위의 정의는 타당하다.

예 2.11

(예 2.5의 계속) 두 확률변수 X와 Y의 결합 확률밀도함수 $f_{X,Y}(x,\ y)$가 다음과 같이 주어져 있다.

Y \ X	0	1	2	3
0	4/84	18/84	12/84	1/84
1	12/84	24/84	6/84	0
2	4/84	3/84	0	0

여기에서 $X = x$가 주어지면, $Y \mid x$의 조건부 확률밀도함수 $f_{Y|X}(y \mid x)$는 다음과 같이 계산된다.

$f_{Y|X}(y \mid 0) = \dfrac{f_{X,Y}(0,\ y)}{f_X(0)}$이므로,

$$f_{Y|X}(0|0) = \frac{f_{X,Y}(0,\ 0)}{f_X(0)} = \frac{1}{5},\quad f_{Y|X}(1|0) = \frac{f_{X,Y}(0,\ 1)}{f_X(0)} = \frac{3}{5},$$

$$f_{Y|X}(2|0) = \frac{f_{X,Y}(0,\ 2)}{f_X(0)} = \frac{1}{5}$$

$f_{Y|X}(y \mid 1) = \dfrac{f_{X,Y}(1, y)}{f_X(1)}$ 이므로,

$$f_{Y|X}(0|1) = \frac{f_{X,Y}(1, 0)}{f_X(1)} = \frac{2}{5},\ f_{Y|X}(1|1) = \frac{f_{X,Y}(1, 1)}{f_X(1)} = \frac{8}{15},$$

$$f_{Y|X}(2|1) = \frac{f_{X,Y}(1, 2)}{f_X(1)} = \frac{1}{15}$$

$f_{Y|X}(y \mid 2) = \dfrac{f_{X,Y}(2, y)}{f_X(2)}$ 이므로,

$$f_{Y|X}(0|2) = \frac{f_{X,Y}(2, 0)}{f_X(2)} = \frac{2}{3},\ f_{Y|X}(1|2) = \frac{f_{X,Y}(2, 1)}{f_X(2)} = \frac{1}{3},$$

$$f_{Y|X}(2|2) = \frac{f_{X,Y}(2, 2)}{f_X(2)} = 0$$

$f_{Y|X}(y \mid 3) = \dfrac{f_{X,Y}(3, y)}{f_X(3)}$ 이므로,

$$f_{Y|X}(0|3) = \frac{f_{X,Y}(3, 0)}{f_X(3)} = 1,\ f_{Y|X}(1|3) = \frac{f_{X,Y}(3, 1)}{f_X(3)} = 0,$$

$$f_{Y|X}(2|3) = \frac{f_{X,Y}(3, 2)}{f_X(3)} = 0$$

예 2.12

두 확률변수 X와 Y의 결합 확률밀도함수 $f_{X,Y}(x, y)$가 다음과 같이 주어졌다고 하자.

$$f_{X,Y}(x, y) = x^2 e^{-x(y+1)}, \quad x > 0, \quad y > 0$$

여기에서 $X = x$가 주어지면, $Y \mid x$의 조건부 확률밀도함수 $f_{Y|X}(y \mid x)$는 아래와 같이 계산된다.

$$\begin{aligned} f_{Y|X}(y \mid x) &= f_{X,Y}(x, y)/f_X(x) \\ &= \frac{x^2 e^{-x(y+1)}}{\int_0^\infty x^2 e^{-x(y+1)}\, dy} \\ &= \frac{e^{-xy}}{\int_0^\infty e^{-xy} dy} \end{aligned}$$

$$= \frac{e^{-xy}}{0-(-1/x)}$$

$$= xe^{-xy}, \qquad y > 0.$$

위의 정의 2.5의 내용을 $k(>2)$개의 변수에 대해 확장하면 다음과 같다. 확률변수 $X_1, X_2, \cdots, X_k$의 결합 확률밀도함수가 $f(x_1, x_2, \cdots, x_k)$이고, $X=x_1$, $X=x_2$, $\cdots$, $X_i=x_i(i<k)$이 주어졌을 때, $(k-i)$개의 확률변수 $X_{i+1}, \cdots, X_k$의 조건부 확률밀도함수는

$$f(x_{i+1}, \cdots, x_k \mid x_1, x_2, \cdots, x_i) = \frac{f(x_1, x_2, \cdots, x_k)}{f(x_1, x_2, \cdots, x_i)} \tag{2.7}$$

단,

(i) 이산형인 경우

$$f(x_1, \cdots, x_i) = \sum_{x_{i+1}} \cdots \sum_{x_k} f(x_1, x_2, \cdots, x_k)$$

(ii) 연속형인 경우

$$f(x_1, \cdots, x_i) = \int_{-\infty}^{\infty} \cdots \int_{-\infty}^{\infty} f(x_1, x_2, \cdots, x_k) dx_{i+1} \cdots dx_k$$

로 주어진다.

2.3.4 독립확률변수

1장에서 다루었던 사건들 사이의 독립에 대한 개념으로부터 확률변수들 간의 독립을 다음과 같이 정의한다.

정의 2.6

두 확률변수 X와 Y는 임의의 실구간 A와 B에 대하여

$$P(X \in A, Y \in B) = P(X \in A) \cdot P(Y \in B)$$

가 성립할 때 서로 **독립**(independent)이라고 한다.

그런데, $X \in A$와 $Y \in B$는 사건을 나타내므로 앞의 정의 2.6은 두 사건 사이의 독립을 옮긴 것으로 볼 수 있다. 이제 위의 정의 2.6을 확률밀도함수를 사용하여 나타내면 다음 정리와 같다.

정리 2.5

두 확률변수 X와 Y가 서로 독립일 필요충분조건은

$$f_{X,Y}(x, y) = f_X(x) \cdot f_Y(y)$$

이다.

증명 두 확률변수가 연속형인 경우만 고려하기로 한다. 임의의 실구간 A와 B에 대하여

$$\begin{aligned}\int_B \int_A f_{X,Y}(x, y)\,dx\,dy &= P(X \in A,\ Y \in B) \\ &= P(X \in A) \cdot P(Y \in B) \\ &= \int_A f_X(x)\,dx \cdot \int_B f_Y(y)\,dy \\ &= \int_B \int_A f_X(x) \cdot f_Y(y)\,dx\,dy\end{aligned}$$

가 성립할 필요충분조건은 $f_{X,Y}(x, y) = f_X(x) \cdot f_Y(y)$이다. 이산형 확률변수에 대해서는 $\int$을 Σ로 바꾸어 같은 방법의 증명이 가능하다. ■

따라서 두 확률변수가 서로 독립일 필요충분조건은 결합 확률밀도함수가 주변 확률밀도함수들의 곱의 꼴로 표현되는 것이다. 그런데 $f_{X,Y}(x, y) = f_X(x) \cdot f_Y(y)$는 $F_{X,Y}(x, y) = F_X(x) \cdot F_Y(y)$와 동등하므로(참조: 연습문제 2.34) 분포함수를 활용하여 독립여부를 가릴 수도 있다. 앞에서 주어진 예 2.7 또는 예 2.10의 경우는, 정리 2.5에 의하여 살펴보면, 두 변수 X와 Y가 서로 독립임을 알 수 있다. 그러나 예 2.11의 두 변수 X와 Y는 서로 독립이 아님을 쉽게 볼 수 있다.

예 2.13

두 변수 X, Y의 결합 확률밀도함수가

$$f_{X,Y}(x, y) = \frac{2^{x+y}e^{-4}}{x!\,y!}, \qquad x, y = 0, 1, 2, \cdots$$

으로 주어졌을 때, X와 Y의 주변 확률밀도함수는 각각

$$f_X(x) = \sum_y f_{X,Y}(x, y) = \frac{2^x e^{-2}}{x\,!}, \qquad x = 0, 1, 2, \cdots$$

$$f_Y(y) = \sum_x f_{X,Y}(x, y) = \frac{2^y e^{-2}}{y\,!}, \qquad y = 0, 1, 2, \cdots$$

으로 계산되므로 $f_{X,Y}(x, y) = f_X(x) \cdot f_Y(y)$가 성립한다. 따라서 X와 Y는 서로 독립이다. 만약, 두 변수 X, Y의 결합 확률밀도함수가

$$f_{X,Y}(x,y) = \begin{cases} \dfrac{1}{2}, & 0 \le x \le y \le 2, \\ 0, & \text{다른 경우} \end{cases}$$

로 주어진다면, X와 Y의 주변 확률밀도함수는 각각

$$f_X(x) = \int_x^2 \frac{1}{2}dy = \frac{1}{2}(2-x), \qquad 0 \le x \le 2,$$

$$f_Y(y) = \int_0^y \frac{1}{2}dx = \frac{1}{2}y, \qquad 0 \le y \le 2$$

가 되어 $f_{X,Y}(x,y) = f_X(x) \cdot f_Y(y)$가 성립하지 않는다. 따라서 X와 Y는 서로 독립이 아니다.

위의 내용을 $k(>2)$개의 변수에 대해 확장하면, 확률변수 $X_1, X_2, \cdots, X_k$가 서로 독립일 필요충분조건은 이들의 결합 확률밀도함수가 k개의 주변 확률밀도함수의 곱과 같다는 것이다. 즉,

$$f(x_1, x_2, \cdots, x_k) = f_{X_1}(x_1) f_{X_2}(x_2) \cdots f_{X_k}(x_k)$$

이다. 따라서 확률밀도함수 $f(x)$를 갖는 모집단으로부터 크기가 n인 **랜덤표본**(random sample) $X_1, X_2, \cdots, X_n$을 얻었을 때 이들의 결합 확률밀도함수는

$$f(x_1, x_2, \cdots, x_n) = f(x_1) f(x_2) \cdots f(x_n) \tag{2.8}$$

으로 주어진다.

예 2.14

서로 독립인 3개의 확률변수 X_1, X_2, X_3의 공통된 확률밀도함수가 $f(x)=3x^2$, $0<x<1$이라고 하자. 이때 X_1, X_2, X_3의 결합 확률밀도함수는

$$f(x_1)f(x_2)f(x_3)=27x_1^2x_2^2x_3^2, \qquad 0<x_1,\ x_2,\ x_3<1$$

이다. 따라서, 예를 들면

$$\begin{aligned}
&P(X_1 \le 1/2,\ X_2 \le 1/2,\ X_3 \le 1/2) \\
&= \int_0^{1/2}\int_0^{1/2}\int_0^{1/2} 27x_1^2x_2^2x_3^2\,dx_1dx_2dx_3 \\
&= 27\int_0^{1/2} x_1^2dx_1 \cdot \int_0^{1/2} x_2^2dx_2 \cdot \int_0^{1/2} x_3^2dx_3 \\
&= \left(\frac{1}{8}\right)^3
\end{aligned}$$

으로 계산된다.

2.4 기댓값

확률밀도함수나 확률분포함수는 확률변수의 전체적인 성격을 설명하는데, 때로 우리는 몇 개의 수치로 확률분포의 성질을 요약하고자 하기도 한다. 이러한 확률분포의 성질을 요약하는 수치들 중의 하나로 변수의 기댓값(expectation)을 생각해 보기로 한다. 기댓값은 변수의 위치를 나타내는 중요한 모수로서 평균(mean)이라고도 불리는데, 확률변수 X의 기댓값 $E(X)$는 다음과 같이 정의된다.

정의 2.7

확률변수 X의 확률밀도함수가 $f(x)$일 때 X의 기댓값은

$$E(X)=\begin{cases} \displaystyle\sum_{\text{모든 } x_i} x_i f(x_i) & X\text{가 이산형인 경우} \\ \displaystyle\int_{-\infty}^{\infty} xf(x)dx & X\text{가 연속형인 경우} \end{cases}$$

가 된다. 단, $E(|X|) < \infty$ 이어야 한다. 때로는 $E(X)$의 값이 유한하지 않은 경우도 있으며, 이런 경우 기댓값(평균)이 존재하지 않는다고 말한다.

예 2.15

앞의 예 2.2에서와 같이 이산형 확률변수 X의 확률밀도함수가

$$f(x) = \begin{cases} \frac{1}{8}, & x = 0\text{인 경우} \\ \frac{3}{8}, & x = 1 \text{ 또는 } 2\text{ 인 경우} \\ \frac{1}{8}, & x = 3\text{인 경우} \end{cases}$$

로 주어졌다고 하자. 이때 X의 기댓값은

$$\begin{aligned} E(X) &= 0 \times \frac{1}{8} + 1 \times \frac{3}{8} + 2 \times \frac{3}{8} + 3 \times \frac{1}{8} \\ &= \frac{3}{2} \end{aligned}$$

으로 계산된다.

예 2.16

다음은 연속형 확률변수의 예를 들어보자. 확률변수 X의 확률밀도함수가 $f(x) = x^2/9$ (단, $0 < x < 3$)으로 주어졌을 때 X의 기댓값은

$$\begin{aligned} E(X) &= \int_0^3 \frac{x^3}{9} dx \\ &= \left. \frac{x^4}{36} \right|_0^3 \\ &= \frac{9}{4} \end{aligned}$$

가 된다. 또, 앞의 예 2.10에서 고려한 연속형 확률변수 X의 기댓값은

$$\begin{aligned} E(X) &= \int_0^\infty x f(x)\,dx \\ &= \int_0^\infty x^2 e^{-x}\,dx \\ &= -x^2 e^{-x} \Big|_0^\infty + \int_0^\infty 2x e^{-x}\,dx \\ &= 2 \end{aligned}$$

로 계산된다.

정의 2.7로부터 확률변수 X의 기댓값은 X가 가지는 값들에 해당하는 확률가중을 사용한 가중평균(weighted average)이라는 것을 알 수 있다. 확률변수 X의 함수인 $g(X)$의 기댓값 $E[g(X)]$는 변수 $Y=g(X)$의 확률밀도함수를 $f_Y(y)$라 할 때,

$$E_X[g(X)] = E_Y(Y) = \begin{cases} \displaystyle\sum_{\text{모든 } y_i} y_i f_Y(y_i), & \text{이산형인 경우} \\ \displaystyle\int_{-\infty}^{\infty} y f_Y(y)\,dy, & \text{연속형인 경우} \end{cases} \tag{2.9}$$

가 일반적으로 성립한다(여기에서 E_X와 E_Y의 아래첨자는 기댓값 계산에 사용되는 확률변수를 표현하기 위해 사용된 것이며, 혼동이 없으면 생략하기로 한다. $Y=g(X)$일 때 $f_Y(y)$를 구하는 방법은 2.7절에서 자세히 다루기로 한다). 그런데 X의 확률밀도함수를 알고 있다면, Y의 확률밀도함수를 따로 구할 필요 없이 아래와 같이 $E[g(X)]$를 구할 수 있고, 이를 $E[g(X)]$의 정의로 사용하기도 한다.

$$E[g(X)] = \begin{cases} \displaystyle\sum_{\text{모든 } x_i} g(x_i) f_X(x_i), & \text{이산형인 경우} \\ \displaystyle\int_{-\infty}^{\infty} g(x) f_X(x)\,dx, & \text{연속형인 경우} \end{cases} \tag{2.10}$$

따라서 $Y=g(X)$의 기댓값을 구하는 데는 식 (2.9)와 (2.10)을 사용하는 두 가지 방법이 가능하다.

예 2.17

예 2.10에서 고려한 바와 같이 연속형 확률변수 X의 확률밀도함수가 $f_X(x) = xe^{-x}\,(x>0)$일 때, $g(X)=X^2+5$의 기댓값은

$$\begin{aligned} E(X^2+5) &= \int_0^{\infty}(x^2+5)f_X(x)dx \\ &= \int_0^{\infty}x^3e^{-x}dx + \int_0^{\infty}5xe^{-x}dx \\ &= -x^3e^{-x}\Big|_0^{\infty} + \int_0^{\infty}3x^2e^{-x}dx + \int_0^{\infty}5xe^{-x}dx \\ &= -x^3e^{-x}\Big|_0^{\infty} - 3x^2e^{-x}\Big|_0^{\infty} + \int_0^{\infty}6xe^{-x}dx + \int_0^{\infty}5xe^{-x}dx \\ &= 11 \end{aligned}$$

로 계산되는데, $Y=X^2+5$의 확률밀도함수인 $f_Y(y)$를 구할 수 있다면 이것은 $\int_{-\infty}^{\infty}yf_Y(y)dy$의 값과 같게 된다.

2.4.1 기댓값의 성질

이제 기댓값의 구체적인 성질들을 살펴보기로 하자. 우선 식 (2.9)와 (2.10)으로부터 다음의 정리 2.6을 쉽게 유도할 수 있다.

정리 2.6

확률변수 X의 함수에 대한 기댓값은, 상수 a, b, c에 대하여

$$E(c) = c$$
$$E(aX+b) = aE(X)+b$$

를 만족한다.

증명 편의상, 연속형을 고려하면

$$E(c) = \int_{-\infty}^{\infty} c\,f(x)dx = c\int_{-\infty}^{\infty} f(x)dx = c$$

$$\begin{aligned} E(aX+b) &= \int_{-\infty}^{\infty}(ax+b)f(x)dx \\ &= a\int_{-\infty}^{\infty}xf(x)dx + b\int_{-\infty}^{\infty}f(x)dx \\ &= aE(X)+b \end{aligned}$$

가 성립한다. 이산형 확률변수에 대해서는 $\int$을 Σ로 바꾸어 같은 방법의 증명이 가능하다. ■

예 2.18

앞의 예 2.2에서와 같이 이산형 확률변수 X의 확률밀도함수가

$$f(x) = \begin{cases} \frac{1}{8}, & x=0\text{인 경우} \\ \frac{3}{8}, & x=1\text{ 또는 }2\text{인 경우} \\ \frac{1}{8}, & x=3\text{인 경우} \end{cases}$$

로 주어졌다고 하자. 이때 $8X+5$의 기댓값은 $E(X)=\frac{3}{2}$이므로

$$\begin{aligned} E(8X+5) &= 8E(X)+5 \\ &= 17 \end{aligned}$$

이다.

이제 n개의 확률변수 $X_1, X_2, \cdots, X_n$의 함수 $g(X_1, X_2, \cdots, X_n)$의 기댓값 $E[g(X_1, X_2, \cdots, X_n)]$은 결합 확률밀도함수가 $f(x_1, x_2, \cdots, x_n)$일 때,

(i) 이산형인 경우

$$E[g(X_1, X_2, \cdots, X_n)] = \sum_{x_1}\cdots\sum_{x_n} g(x_1, x_2, \cdots, x_n)f(x_1, x_2, \cdots, x_n)$$

(ii) 연속형인 경우

$$\begin{aligned} &E[g(X_1, X_2, \cdots, X_n)] \\ &= \int_{-\infty}^{\infty}\cdots\int_{-\infty}^{\infty} g(x_1, x_2, \cdots, x_n)f(x_1, x_2, \cdots, x_n)\,dx_1dx_2\cdots dx_n \end{aligned} \quad (2.11)$$

이 된다. 또한 앞의 식 (2.11)로부터 유도되는, 두 개 또는 그 이상의 확률변수에 대한 기댓값의 성질들로는 다음과 같은 것들이 있다.

(1) $E(aX+bY)=aE(X)+bE(Y)$ (단, a, b는 상수)

(2) $E(a_1X_1+a_2X_2+\cdots+a_nX_n)=a_1E(X_1)+a_2E(X_2)+\cdots+a_nE(X_n)$
(단, a_i는 상수, $i=1, 2, \cdots, n$)

이와 같은 성질들은 기댓값의 선형성(linearity)을 보여주는데, 이는 Σ이나 $\int$이 선형이므로 자연스러운 결과이다. 이제 앞에서와 마찬가지로, 변환된 확률변수 $Z=g(X, Y)$의 확률밀도함수를 $f_Z(z)$라 하면,

$$E[g(X, Y)]=E(Z)=\begin{cases}\displaystyle\sum_{\text{모든 } z_i} z_i f_Z(z_i), & \text{이산형인 경우}\\ \displaystyle\int_{-\infty}^{\infty} z f_Z(z)\,dz, & \text{연속형인 경우}\end{cases}$$

가 일반적으로 성립한다.

예 2.19

예 2.11에서 $g(X, Y)=XY$를 고려하여 XY의 확률분포를 구하면

XY	0	1	2	3	4	6
확률	$\frac{51}{84}$	$\frac{24}{84}$	$\frac{9}{84}$	$\frac{0}{84}$	$\frac{0}{84}$	$\frac{0}{84}$

와 같다. 따라서,

$$\begin{aligned}&E(XY)\\&=0\times\left(\frac{51}{84}\right)+1\times\left(\frac{24}{84}\right)+2\times\left(\frac{9}{84}\right)+3\times\left(\frac{0}{84}\right)+4\times\left(\frac{0}{84}\right)+6\times\left(\frac{0}{84}\right)\\&=\frac{42}{84}\\&=\frac{1}{2}\end{aligned}$$

이 된다.

또한 연속형 결합 확률밀도함수가

$$f_{X,Y}(x, y) = e^{-x-y} \qquad x > 0, \quad y > 0$$

로 주어졌을 때, $g(X, Y) = X + Y$의 기댓값은

$$\begin{aligned} E[g(X, Y)] &= \int_0^\infty \int_0^\infty (x+y)e^{-x-y}\,dxdy \\ &= \int_0^\infty e^{-y}\left(\int_0^\infty xe^{-x}\,dx\right)dy + \int_0^\infty e^{-x}\left(\int_0^\infty ye^{-y}\,dy\right)dx \\ &= 1+1 \\ &= 2 \end{aligned}$$

로 계산된다. 이는 물론 $E[g(X, Y)] = E(X) + E(Y)$ 이므로 X와 Y에 대한 주변 확률분포의 기댓값을 따로 구해 더한 것과 같은 결과를 얻게 된다.

한편 두 확률변수의 곱에 대한 기댓값에 대해서 두 확률변수가 서로 독립인 경우 다음과 같은 정리가 성립된다.

정리 2.7

두 확률변수 X와 Y가 서로 독립이면

$$E(XY) = E(X) \cdot E(Y)$$

가 성립한다. 또한, X와 Y의 함수인 $g(X)$와 $h(Y)$도 독립이며

$$E[g(X)h(Y)] = E[g(X)] \cdot E[h(Y)]$$

이다.

증명 편의상 첫 번째 증명은 두 확률변수가 모두 이산형인 경우만, 두 번째 증명은 모두 연속형인 경우만 고려한다.

$$\begin{aligned} E(XY) &= \sum_{\text{모든 } x,y}\sum xy\, f_{X,Y}(x, y) \\ &= \sum_{\text{모든 } x,y}\sum xy f_X(x) \cdot f_Y(y) \\ &= \sum_{\text{모든 } x} x f_X(x) \cdot \sum_{\text{모든 } y} y f_Y(y) \end{aligned}$$

$$= E(X) \cdot E(Y)$$

(단, 위 정리의 역은 성립하지 않는다. 참조: 연습문제 2.35) 또,

$$\begin{aligned} E[g(X)h(Y)] &= \int_{-\infty}^{\infty}\int_{-\infty}^{\infty} g(x)h(y)f_{X,Y}(x,y)\,dxdy \\ &= \int_{-\infty}^{\infty}\int_{-\infty}^{\infty} g(x)h(y)f_X(x)\cdot f_Y(y)\,dxdy \\ &= \int_{-\infty}^{\infty} g(x)f_X(x)dx \cdot \int_{-\infty}^{\infty} h(y)f_Y(y)\,dy \\ &= E[g(X)]\cdot E[h(Y)] \end{aligned} \tag{2.12}$$

가 성립한다. 이와 같은 결과 식 (2.12)는 마찬가지 논리에 의하여 이산형 확률변수에 대해서도 물론 성립한다. ■

2.4.2 분산과 공분산

이제, 확률변수 X의 변동을 나타내는 측도로서 X가 평균 $E(X)$로부터 흩어져 있는(또는 밀집된) 정도를 다음과 같이 $g(X)=[X-E(X)]^2$에 대한 기댓값으로 측정하고 분산(variance)이라고 정의한다. 이때 X가 그의 평균 $E(X)$로부터 멀리 떨어져 있는 경향이 많을수록 $[X-E(X)]^2$의 값도 커지는 경향이 있는데, 그런 경우 자연히 분산도 커지게 된다. 편의상 확률변수 X의 분산을 $Var(X)$ 또는 σ_X^2으로, 그리고 분산의 제곱근을 표준편차(standard deviation)라고 하고 $\sigma_X=\sqrt{Var(X)}$ 또는 $SD(X)$로 표기한다.

정의 2.8

확률변수 X의 흩어짐을 재는 데 사용되는 **분산**과 **표준편차**는

$$Var(X) = E[X-E(X)]^2$$

$$\sigma_X = \sqrt{Var(X)}$$

로 각각 정의한다.

그런데 위에 정의된 분산은 그 단위가 확률변수 X의 단위의 제곱이 된다. 가령, 변

수 X의 단위가 cm 이면 $Var(X)$의 단위는 cm^2이 된다. 이러한 점은 실제 문제에 있어서 변수 X의 흩어짐을 재는 데 비합리적이며, 따라서 분산의 제곱근으로 단위가 통일된 표준편차를 사용하여 변수의 흩어짐을 측정한다. 나아가, 확률변수 X를 그의 기댓값과 표준편차를 사용하여

$$Z = \frac{X - E(X)}{\sigma_X}$$

로 변환을 하면, Z는 평균이 0이고 분산이 1이 된다. 이러한 변환을 변수의 **표준화**(standardization)라고 한다.

한편, 확률변수 X의 분산은 $E(X)$와 $E(X^2)$을 사용하여 다음과 같이 나타낼 수도 있다.

$$\begin{aligned} Var(X) &= E[(X - E(X))^2] \\ &= E[X^2 - 2E(X)X + (E(X))^2] \\ &= E(X^2) - 2E(X)^2 + [E(X)]^2 \\ &= E(X^2) - [E(X)]^2 \end{aligned} \tag{2.13}$$

예 2.20

확률변수 X의 확률밀도함수가 $f(x) = \dfrac{4(1-x^3)}{3}$ $(0 < x < 1)$로 주어졌다. 이때

$$\begin{aligned} E(X) &= \int_0^1 \frac{4x(1-x^3)}{3}\,dx \\ &= \frac{4}{3}\left[\frac{x^2}{2} - \frac{x^5}{5}\right]_0^1 \\ &= \frac{2}{5} \end{aligned}$$

$$\begin{aligned} E(X^2) &= \int_0^1 \frac{4x^2(1-x^3)}{3}\,dx \\ &= \frac{4}{3}\left[\frac{x^3}{3} - \frac{x^6}{6}\right]_0^1 \\ &= \frac{2}{9} \end{aligned}$$

이므로, X의 분산은 식 (2.13)에 의하여

$$\begin{aligned} Var(X) &= E(X^2) - [E(X)]^2 \\ &= \frac{2}{9} - \frac{4}{25} = \frac{14}{225} \end{aligned}$$

가 된다.

이제 분산의 몇 가지 중요한 성질들을 살펴보면 다음과 같다.

정리 2.8

(1) 확률변수 X, Y에 대하여, $Y = aX + b$이면

$$Var(Y) = a^2 Var(X)$$

가 성립한다.

(2) 확률변수 X_1, X_2, $\cdots$, X_n 이 서로 독립이면

$$Var\left(\sum_{i=1}^{n} X_i\right) = \sum_{i=1}^{n} Var(X_i)$$

가 성립한다.

증명 (1) $Var(Y) = E[(aX+b) - E(aX+b)]^2$

$$\begin{aligned} &= E[aX - E(aX)]^2 \\ &= a^2 Var(X). \end{aligned}$$

(2) 편의상 $n=2$인 경우만 고려하기로 한다. 그 이후는 수학적 귀납법을 사용하여 증명할 수 있다.

$$\begin{aligned} Var(X_1 + X_2) &= E(X_1 + X_2)^2 - [E(X_1) + E(X_2)]^2 \\ &= E(X_1^2 + 2X_1X_2 + X_2^2) \\ &\quad - [E(X_1)^2 + 2E(X_1)E(X_2) + E(X_2)^2] \\ &= E(X_1^2) - E(X_1)^2 + E(X_2^2) - E(X_2)^2 \\ &= Var(X_1) + Var(X_2) \end{aligned}$$

■

예 2.21

확률변수 X의 확률밀도함수가

$$f_X(x) = 2x, \qquad 0 < x < 1$$

일 때 변수 $Y = 6X + 3$의 분산을 구해 보자.

$$E(X) = \int_0^1 x \cdot 2x dx = \frac{2}{3},$$
$$E(X^2) = \int_0^1 x^2 \cdot 2x dx = \frac{1}{2}$$

이므로,

$$Var(X) = E(X^2) - [E(X)]^2 = \frac{1}{2} - \left(\frac{2}{3}\right)^2 = \frac{1}{18}$$

이다. 따라서

$$Var(Y) = 6^2 Var(X) = 36 \cdot \frac{1}{18} = 2$$

로 주어진다.

예 2.22

두 확률변수 X와 Y의 결합 확률밀도함수가

$$f_{X,Y}(x, y) = 3e^{-3x}e^{-y}, \qquad 0 < x, y < \infty$$

로 주어졌다고 하자. 이때 두 확률변수의 함수 $g(X, Y) = 3X + Y$의 분산을 구해 보자. 그런데 정리 2.4를 이용하여 구한 X와 Y의 주변 확률밀도함수는 각각 $f_X(x) = 3e^{-3x}$, $f_Y(y) = e^{-y}$이며, $f_{X,Y}(x, y) = f_X(x) \cdot f_Y(y)$이므로 X와 Y는 서로 독립이다. 따라서

$$\begin{aligned} Var(3X + Y) &= 9\,Var(X) + Var(Y) \\ &= 9 \times \left(\frac{1}{9}\right) + 1 \\ &= 2 \end{aligned}$$

가 된다.

하나의 확률변수가 흩어진 정도를 측정하는 측도로서 분산을 생각했다면, 두 확률변수 X와 Y 사이의 흩어진 관계를 측정하는 측도로서 다음과 같이 정의되는 공분산(covariance)을 생각할 수 있다. 공분산은 X와 Y가 선형적으로 함께 움직이는 정도를 표현해 주는 측도라고 생각할 수 있다.

정의 2.9

두 확률변수 X, Y의 공분산은

$$\begin{aligned} Cov(X, Y) &= E[(X-EX)(Y-EY)] \\ &= E(XY) - E(X)E(Y) \end{aligned}$$

로 정의된다.

위의 정의 2.9로부터,

(1) $Cov(X, X) = Var(X)$이며 (2.14)

(2) 두 확률변수 X와 Y가 서로 독립이면 $Cov(X, Y) = 0$인 것도 쉽게 알 수 있다.

이제 다음의 정리들을 통하여 공분산에 대한 성질을 살펴보자.

정리 2.9

두 확률변수 X, Y의 공분산은 상수 a, b, c, d에 대하여

$$Cov(aX+b,\ cY+d) = ac\, Cov(X, Y)$$

과 같은 성질을 만족한다.

증명

$$\begin{aligned} Cov(aX+b,\ cY+d) &= E[(aX+b)(cY+d)] - E(aX+b)E(cY+d) \\ &= acE(XY) + E(adX) + E(bcY) + bd \\ &\quad - acE(X)E(Y) - E(adX) - E(bcY) - bd \\ &= ac[E(XY) - E(X)E(Y)] \\ &= ac\, Cov(X, Y) \end{aligned}$$

■

한편, 확률변수 $X_1, X_2, \cdots, X_n$이 서로 독립인 경우 이들의 합의 분산은 각 확률변수의 분산의 합이나(참조: 정리 2.8), 일반적인 경우는 다음의 정리 2.10과 같다.

정리 2.10

확률변수 $X_1,\ X_2,\ \cdots,\ X_n$이 있을 때,

$$Var\left(\sum_{i=1}^{n} X_i\right) = \sum_{i=1}^{n} Var(X_i) + 2\sum\sum_{j<k} Cov(X_j,\ X_k)$$

가 성립한다.

증명

$$\begin{aligned} Var\left(\sum_{i=1}^{n} X_i\right) &= E\left[\left(\sum_{i=1}^{n} X_i\right)^2\right] - \left[E\left(\sum_{i=1}^{n} X_i\right)\right]^2 \\ &= E\left(\sum_{i=1}^{n} X_i^2 + 2\sum\sum_{j<k} X_j X_k\right) \\ &\quad - \left[\sum_{i=1}^{n} (E(X_i))^2 + 2\sum\sum_{j<k} E(X_i)E(X_k)\right] E(X_i)E(X_k)\Big] \\ &= \sum_{i=1}^{n} [E(X_i^2) - (E(X_i))^2] + 2\sum\sum_{j<k} [E(X_j X_k) - E(X_j)\,E(X_k)] \\ &= \sum_{i=1}^{n} Var(X_i) + 2\sum\sum_{j<k} Cov(X_j,\ X_k) \end{aligned}$$

■

주 공분산은 X와 Y의 선형관계에 대한 측도로서, X가 증가할 때 Y가 증가하는 경향이 있으면 양의 값을, X가 증가할 때 Y가 감소하는 경향이 있으면 음의 값을 가진다. 측정단위의 영향을 받는 공분산의 단점을 보완하기 위해 제안된 상관계수에 대한 설명은 7장에서 자세히 다루기로 한다.

2.4.3 조건부 기댓값

정의 2.5에서 확률변수 X의 값이 x로 주어졌을 때, Y의 조건부 확률밀도함수는 $f_{Y|X}(y\,|\,x) = f(x,\ y)/f(x),\ f(x) > 0$으로 정의되었다. 이제 조건부 기댓값(conditional expectation)을 생각해 보자. 조건부 확률변수 $Y|X=x$의 기댓값은 $E(Y\,|\,X=x)$로 표기하고, 다음과 같이 정의한다.

정의 2.10

조건부 확률변수 $Y\,|\,X=x$의 조건부 기댓값은

$$E(Y|X=x)=\begin{cases}\displaystyle\sum_{\text{모든 } y_i} y_i f_{Y|x}(y_i|x) & X,\ Y\text{가 이산형인 경우} \\ \displaystyle\int_{-\infty}^{\infty} y f_{Y|x}(y|x)dy & X,\ Y\text{가 연속형인 경우}\end{cases}$$

로 정의된다.

예 2.23

예 2.12에서 $f_{X,Y}(x, y)=x^2 e^{-x(y+1)}$ $0<x,\quad y<\infty$일 때 $Y|x$의 조건부 확률 밀도함수는

$$f_{Y|x}(y|x)=xe^{-xy}, \qquad y>0$$

으로 주어졌으며, 따라서

$$\begin{aligned} E(Y|X=x) &= \int_{-\infty}^{\infty} y f_{Y|x}(y|x)\,dy \\ &= \int_0^{\infty} xye^{-xy}\,dy \\ &= -ye^{-xy}\Big|_0^{\infty} + \int_0^{\infty} e^{-xy}\,dy \\ &= \frac{1}{x} \end{aligned}$$

로 계산된다.

조건부 기댓값 $E(Y|X=x)$는 x에 대한 함수이므로, 이를 $g(x)=E(Y|X=x)$라고 표현할 수 있다. 이때 함수 $g(x)$의 x 대신에 확률변수 X를 사용한 $g(X)=E(Y|X)$는 역시 확률변수이다. 다음의 정리 2.11은 **이중 기댓값**(double expectation) **정리**라고 부르며, 기댓값을 계산할 때 유용하다.

정리 2.11

(이중 기댓값 정리) 두 확률변수 X, Y에 대하여

$$E[E(Y|X)]=E(Y)$$

가 성립한다.

증명 (이 성질은 $E|Y| < \infty$일 때 의미가 있음) 편의상 연속인 경우만 고려하면

$$\begin{aligned} E[E(Y|X)] &= \int_{-\infty}^{\infty} E(Y|x)\, f_X(x)\, dx \\ &= \int_{-\infty}^{\infty}\int_{-\infty}^{\infty} y\, f_{Y|x}(y|x)\, f_X(x)\, dy dx \\ &= \int_{-\infty}^{\infty} y \int_{-\infty}^{\infty} f(x,\, y)\, dx dy \\ &= \int_{-\infty}^{\infty} y\, f_Y(y)\, dy \\ &= E(Y) \end{aligned}$$

가 성립한다(세 번째 등식을 얻기 위해 두 적분의 순서를 바꾸게 되는데, Y의 기댓값이 존재하는 경우 적분의 순서를 바꿀 수 있다). ■

정리 2.11을 좀 더 일반화하면, 두 확률변수 X, Y와 함수 $g(x,\, y)$가 있을 때,

$$E[g(X,\, Y)] = E_X\{E[g(X,\, Y)|X]\}$$

가 성립한다. 단, 우변의 E_X의 아래첨자 X는 이 기댓값이 X의 확률분포를 이용하여 계산됨을 강조하기 위해 추가되었다.

예 2.24

두 변수 X, Y의 결합 확률밀도함수가

$$f_{X,Y}(x,y) = \begin{cases} \dfrac{1}{2}, & 0 \le x \le y \le 2, \\ 0, & \text{다른 경우} \end{cases}$$

로 주어졌다고 하자. 예 2.13에서, X와 Y의 주변 확률밀도함수가

$$f_X(x) = \int_x^2 \frac{1}{2} dy = \frac{1}{2}(2-x), \qquad 0 \le x \le 2,$$

$$f_Y(y) = \int_0^y \frac{1}{2} dx = \frac{1}{2} y, \qquad 0 \le y \le 2$$

와 같음을 보았다. $Y|X$의 조건부 확률밀도함수는 정의에 의해, $f_{Y|X}(y|x) =$

$\dfrac{1/2}{(2-x)/2}$, $x \le y \le 2$가 되고, 이를 이용하여 $0 \le x \le 2$일 때 $E(Y|X=x) = (2+x)/2$임을 알 수 있다. 그리고 $E(E(Y|X)) = \int_0^2 \frac{1}{2}(2+x) \times \frac{1}{2}(2-x)dx = \frac{4}{3}$이 되며, 위에서 구한 Y의 주변 확률밀도함수를 이용하면 이 값은 $E(Y)$와 같음을 쉽게 확인할 수 있다.

예 2.25

$x > 0$에서 X의 확률밀도함수가 $f_X(x) = \frac{1}{2}e^{-x/2}$와 같고, $Y|X=x$의 조건부 확률밀도함수가

$$f_{Y|X}(y|x) = \begin{cases} \dfrac{1}{x}, & 0 \le y \le x, \\ 0, & \text{다른 경우} \end{cases}$$

라고 할 때, $E(Y)$를 구해 보자. 주어진 조건부 확률밀도함수를 이용하면,

$E(Y|X=x) = \int_0^x y\frac{1}{x}dy = \frac{1}{2}x,\ x > 0$이 되고,

$$E(Y) = E(E(Y|X)) = \int_0^\infty \frac{1}{2}x \times \frac{1}{2}e^{-x/2}dx = \int_0^\infty ze^{-z}dz = 1$$

임을 알 수 있다. 여기에서 $z = \frac{x}{2}$로 치환하였고, 부분적분을 사용하였다.

다음의 정리 2.12는 두 확률변수가 독립인 경우 어느 한 변수의 기댓값이 다른 변수의 값에 관계없다는 직관적인 사실을 보여 준다.

정리 2.12

확률변수 X와 Y가 독립이면

$$E(Y|x) = E(Y),\ E(X|y) = E(X)$$

가 성립한다.

증명 $E(Y|x) = E(Y)$와 $E(X|y) = E(X)$는 서로 대칭이므로, 첫 번째 등식만 증명하기로 한다.

$$\begin{aligned} E(Y|x) &= \int_{-\infty}^{\infty} y f_{Y|x}(y|x)\,dy \\ &= \int_{-\infty}^{\infty} y \frac{f_X(x) f_Y(y)}{f_X(x)} dy \\ &= \int_{-\infty}^{\infty} y f_Y(y)\,dy \\ &= E(Y) \end{aligned}$$

■

다음은 조건부 확률변수 $Y|x$의 분산에 대해 알아보기로 한다. 먼저, 그에 대한 정의는 다음과 같다.

정의 2.11

$X=x$가 주어졌을 때, 확률변수 Y의 **조건부 분산**(conditional variance)은

$$Var(Y|x) = E[\{Y - E(Y|x)\}^2 | x]$$

로 정의된다.

주 위 정의에서

$$\begin{aligned} Var(Y|x) &= E[\{Y - E(Y|x)\}^2 \,|\, x] \\ &= E(Y^2 \,|\, x) - [E(Y|x)]^2 \end{aligned} \tag{2.15}$$

꼴로 표현할 수도 있다(참조: 식 (2.13)).

예 2.26

예 2.23에서 $x>0$인 x에 대해 $Y|x$의 조건부 확률밀도함수는 $y>0$일 때 $f_{Y|x}(y|x) = xe^{-xy}$으로, $E(Y|x) = 1/x$로 주어졌다. 그런데

$$\begin{aligned} E(Y^2 \,|\, x) &= \int_{-\infty}^{\infty} y^2 f_{Y|x}(y|x)\,dy \\ &= \int_0^{\infty} xy^2 e^{-xy}\,dy \\ &= -y^2 e^{-xy}\Big|_0^{\infty} + \int_0^{\infty} 2ye^{-xy}\,dy \\ &= \frac{2}{x^2} \end{aligned}$$

이므로

$$\begin{aligned} Var(Y|x) &= E(Y^2|x) - [E(Y|x)]^2 \\ &= \frac{2}{x^2} - \left(\frac{1}{x}\right)^2 \\ &= \frac{1}{x^2} \end{aligned}$$

이 된다.

다음의 정리는 정리 2.11의 이중 기댓값 정리와 더불어 유용하게 사용되는 정리로서 조건부 기댓값을 통해 분산을 분해하는 방법을 보여 준다.

정리 2.13

두 확률변수 X, Y에 대하여

$$Var(Y) = E[Var(Y|X)] + Var[E(Y|X)]$$

가 성립한다.

증명

$$\begin{aligned} E[Var(Y|X)] &= E\{E(Y^2|X) - [E(Y|X)]^2\} \\ &= E(Y^2) - E[E(Y|X)]^2 \\ &= E(Y^2) - [E(Y)]^2 - \{E[E(Y|X)]^2 - [E(E(Y|X))]^2\} \\ &= Var(Y) - Var[E(Y|X)] \end{aligned}$$

■

위 정리 2.13으로부터 조건부 분산과 무조건부(unconditional) 분산의 관계를 볼 수 있는데, 조건부 분산이 무조건부 분산보다 평균적으로 더 작다는 것($E(Var(Y|X) \leq Var(Y))$)을 알 수 있다. 물론 X와 Y가 서로 독립이면, $E(Y|X)$는 X에 의존하지 않으며, 따라서 $Var[E(Y|X)] = 0$이므로 두 종류의 분산은 동일하다. 또한, 조건부 기댓값, $E(Y|X)$의 분산은 확률변수, Y 자체의 분산보다 작음도 알 수 있는데 ($Var(E(Y|X)) \leq Var(Y)$), 이는 개별 개체의 산포보다 그룹별 평균의 산포가 작다는 것을 생각할 때 자명하다.

2.4.4 확률부등식

이제 확률변수의 기댓값에 근거한 몇 개의 유용한 확률부등식(probability inequality)에 대해 살펴보기로 하자.

정리 2.14

(마코프 확률부등식) 실함수 $u(x) \geq 0$라고 할 때, 확률변수 X는 임의의 상수 $c > 0$에 대하여,

$$P[u(X) \geq c] \leq \frac{E[u(X)]}{c}$$

를 만족한다.

증명 $A = \{x : u(x) \geq c\}$인 A에 대해,

$$\begin{aligned} E[u(X)] &= \int_{-\infty}^{\infty} u(x) f(x)\, dx \\ &= \int_A u(x) f(x)\, dx + \int_{A^c} u(x) f(x)\, dx \\ &\geq \int_A u(x) f(x)\, dx \\ &\geq \int_A c f(x)\, dx \\ &= c\, P[X \in A] \\ &= c\, P[u(X) \geq c] \end{aligned}$$

이므로 정리 2.14를 얻는다. ■

그런데 $u(x) = |x|^r$ $(r > 0)$을 택하면, 위 정리 2.14로부터 아래 (2.16)의 관계가 성립한다.

$$P[|X| \geq c] \leq \frac{E[|X|^r]}{c^r} \tag{2.16}$$

마코프(Markov) 확률부등식으로부터 유도가 가능하며 실제로 자주 활용되는 **체비셰프(Chebyshev) 확률부등식**의 내용은 다음과 같다.

정리 2.15

(체비셰프 부등식) 확률변수 X의 평균이 μ이고 분산이 $\sigma^2 < \infty$이면, 임의의 $k > 0$에 대하여

$$P[|X - \mu| \geq k\sigma] \leq \frac{1}{k^2}$$

이 성립한다.

증명 앞의 정리 2.14에서 $u(X) = (X-\mu)^2$, $c = k^2\sigma^2$을 사용하면

$$P[(X-\mu)^2 \geq k^2\sigma^2] \leq \frac{E(X-\mu)^2}{k^2\sigma^2} = \frac{1}{k^2}$$

이 구해진다. ■

체비셰프 부등식은

$$P(|X-\mu| < k\sigma) \geq 1 - \frac{1}{k^2} \tag{2.17}$$

의 꼴로도 표현될 수 있으며, 따라서 표준편차 σ가 존재하는 경우 변수 X와 평균 μ와의 차이에 대한 확률의 한계를 제공한다. 물론, 확률분포의 형태를 아는 경우 $P(|X-\mu| < k\sigma)$의 한계를 $1 - 1/k^2$보다 더 정확히 구할 수도 있다. 그러나 위 부등식은 $\sigma^2 < \infty$인 모든 확률변수에 대하여 성립한다는 장점을 가짐을 유의할 필요가 있다.

예 2.27

확률변수 X의 평균이 $\mu = 25$이고 분산이 $\sigma^2 = 16$이라 하자. 이 경우 X가 17과 33 사이의 값을 가질 확률의 하한은 체비셰프 부등식에 의하여

$$\begin{aligned} P(17 \leq X \leq 33) &= P(|X - 25| \leq 8) \\ &= P(|X-\mu| \leq 2\sigma) \\ &\geq 0.75 \end{aligned}$$

로 구할 수 있다.

다음의 코시－쉬바르쯔(Cauchy－Schwarz) 부등식은 뒤에 확률변수의 성질들을 증명하는 데 유용하게 활용되는데, 여기에서 일단 소개하기로 한다.

정리 2.16

(코시－쉬바르쯔 부등식) 두 확률변수 X, Y에 대해서 $E(X^2)<\infty$, $E(Y^2)<\infty$가 만족된다면,

$$[E(XY)]^2 \le E(X^2)\cdot E(Y^2)$$

이 성립한다(단, 등식은 어떤 상수 c에 대하여 $P(Y=cX)=1$인 경우에 성립함).

증명 $h(t)=E[(tX-Y)^2]=E(X^2)t^2-2E(XY)t+E(Y^2)$는 음이 아닌 이차함수이다. 이제 $h(t)>0$이면, $h(t)=0$의 해가 없어 이 이차함수의 판별식이 음이므로, $4[E(XY)]^2-4E(X^2)E(Y^2)<0$이 된다. 또 $h(t)=E[(tX-Y)^2]=0$이 $t=t_0$에서 성립하면 $E((t_0X-Y)^2)=0$이 되어야 하고, $(t_0X-Y)^2$이 항상 0 이상이므로 $P(t_0X=Y)=1$이 된다. 즉, 이 경우 좌변은 $[E(t_0X^2)]^2=t_0^2[E(X^2)]^2$이 되고 우변은 $t_0^2[E(X^2)]^2$으로 등호가 성립한다. ■

2.5 이산형 확률분포

이제 수리통계학에서 자주 사용되는 몇 가지 특정한 분포들에 대해 알아보자. 이 절에서는 일변량 변수로서 모수(parameter)들에 의해 그 성질이 결정되는 몇 가지 중요한 **이산형 확률변수**(discrete random variable)에 대해서 확률밀도함수 및 분포함수를 알아보고, 나아가 평균, 분산 등을 구해봄으로써 이 변수의 성격들을 살펴보고자 한다.

2.5.1 베르누이 분포

두 가지의 가능한 결과만을 갖는 시행(trial) 또는 실험(experiment)을 생각해 보자. 둘 중 하나를 '성공', 다른 하나를 '실패'라고 한다면 이 실험의 결과는 '성공' 또는

'실패' 중 하나로 나타난다. 이때 그 결과가 성공이면 1의 값을 가지고, 실패이면 0의 값을 가지는 확률변수 X를 베르누이(Bernoulli) 확률변수라고 하고 그 분포를 베르누이 분포라고 한다. '성공'일 확률이 p인 베르누이 확률변수 X의 확률밀도함수는

$$\begin{aligned} f(1) &= p \\ f(0) &= 1-p = q \end{aligned} \tag{2.18}$$

로 주어지고, 기댓값과 분산은 각각

$$\begin{aligned} E(X) &= 1 \times p + 0 \times (1-p) = p \\ Var(X) &= E(X-p)^2 \\ &= (0-p)^2 \times (1-p) + (1-p)^2 \times p \\ &= p(1-p) \end{aligned} \tag{2.19}$$

로 구해진다.

예 2.28

표본공간 S의 부분집합인 어떤 사건 A가 있다고 하자. 이때 확률변수 X를 A에 대한 지시함수(indicator function), 즉 $s \in S$에 대하여 $X(s) = I_A(s)$라고 하면 확률변수 X는 $p = P(A) = P(X=1)$인 베르누이 분포를 따른다. 지시함수 $I_A(\cdot)$는

$$I_A(s) = \begin{cases} 1, & s \in A \\ 0, & s \in A^c \end{cases}$$

와 같이 정의되는데 이를 $I(s \in A)$로 표기하기도 한다.

2.5.2 이항분포

확률변수 $X_1, \cdots, X_n$ 이 성공 확률이 p이며 서로 독립인 베르누이 시행(즉 $P(X_i = 1) = p$, $P(X_i = 0) = 1-p$)으로부터 얻은 것일 때, 그들의 합으로 나타내어지는 $X = \sum_{i=1}^{n} X_i$를 이항(binomial)확률변수라 한다. 여기에서 $X = \sum_{i=1}^{n} X_i$는 n회의 독립인 베르누이 시행에서 구한 '성공'의 횟수를 나타내게 되므로 $\{0, 1, 2, \cdots, n\}$ 중 하나의 값을 갖는다. 이와 같은 변수 X의 확률밀도함수는, $q = 1-p$일 때,

$$f(x) = \binom{n}{x} p^x q^{n-x} \quad (\text{단, } x = 0,\ 1,\ 2,\ \cdots,\ n) \tag{2.20}$$

이며 $X \sim B(n, p)$로 표기한다. 만약 $0, 1, \cdots, n$ 중 하나의 x에 대해 $X = x$라면, n번의 시행 중 x번의 성공과 $n-x$번의 실패가 있다는 뜻이고, 이에 상응하는 경우의 수는 n번의 시행 중 성공일 시행 x개를 정하는 것과 같으므로 $\binom{n}{x}$이다. 그중 특정한 하나의 시행결과의 열[예를 들어 $n = 4, x = 3$인 경우 (성공, 성공, 실패, 성공)과 같이 특정한 열]을 관찰할 확률은 $p^x q^{n-x}$이므로, $P(X = x)$는 $\binom{n}{x} p^x q^{n-x}$가 된다.

이러한 이항확률변수 $X \sim B(n, p)$의 기댓값과 분산은 각각

$$E(X) = E\left(\sum_{i=1}^{n} X_i\right) = \sum_{i=1}^{n} E(X_i) = np \tag{2.21}$$

$$Var(X) = Var\left(\sum_{i=1}^{n} X_i\right) = \sum_{i=1}^{n} Var(X_i) = npq \tag{2.22}$$

로 구할 수 있다.

예 2.29

어떤 주머니에 r개의 빨간 공과 w개의 하얀 공(단, $r + w = N$)이 들어 있다. 이제, n개의 공을 무작위 복원추출(sampling with replacement)하였을 때, 각 시행에서 빨간 공을 추출할 확률은 $p = r/N$로 동일하며, X를 추출된 n개의 공 가운데 빨간 공의 개수라고 하면 이의 확률밀도함수는

$$f(x) = \binom{n}{x} \left(\frac{r}{N}\right)^x \left(1 - \frac{r}{N}\right)^{n-x} \quad (\text{단, } x = 0,\ 1,\ 2,\ \cdots,\ n)$$

으로 주어진다.

앞의 이항확률변수는 다음과 같은 확장이 가능하다. 한 번의 실험(또는 관찰)에 있어서, $k(>2)$개의 상호배반인 사건 A_i가 관찰될 수 있는데 $\bigcup_{i=1}^{k} A_i = S$이며 $P(A_i) = p_i (i = 1, \cdots, k)$라고 가정하자(단, S는 전체표본공간임). 이런 실험을 n회 독립 반복시행했을 때 사건 A_i가 일어날 횟수를 X_i라고 하면, $X_1, X_2, \cdots, X_k$의 결합 확률밀도함수는

$$f(x_1,\ x_2,\ \cdots,\ x_k) = \frac{n!}{x_1!\,x_2!\cdots\ x_k!}\ p_1^{x_1}\,p_2^{x_2}\cdots\ p_k^{x_k} \qquad (2.23)$$

$$\Big(\sum_{i=1}^{k} p_i = 1\text{이며, } x_i\text{는 } 0 \le x_i \le n,\ \sum_{i=1}^{k} x_i = n\text{을 만족하는 정수임}\Big)$$

이 된다. 만약 $\boldsymbol{X}=(X_1, X_2, \cdots, X_k)$의 관찰값이 $(x_1, x_2, \cdots, x_k)$ 라면, n번의 시행 중 x_1번의 A_1, x_2번의 A_2, $\cdots$, x_k번의 A_k가 관측된다는 뜻이고, 이에 상응하는 경우의 수는 n번의 시행을 크기가 각각 $x_1, \cdots, x_k$인 k개의 그룹으로 나누는 것과 같으므로 $\begin{pmatrix} n \\ x_1\,x_2\cdots\ x_k \end{pmatrix} = \dfrac{n!}{x_1!x_2!\cdots x_k!}$이다. 그중 특정한 하나의 시행결과의 열을 관찰할 확률은 $p_1^{x_1}p_2^{x_2}\cdots p_k^{x_k}$이므로,

$$P((X_1,\ \cdots,\ X_k) = (x_1,\ \cdots,\ x_k)) = \frac{n!}{x_1!\cdots x_k!}\,p_1^{x_1}\cdots p_k^{x_k}$$

가 된다. 이때 확률벡터 $\boldsymbol{X}=(X_1,\ X_2,\ \cdots,\ X_k)$는 **다항분포**(multinomial distribution)를 따른다고 하며, $\boldsymbol{X} \sim \mathrm{MULT}\,(n, p_1, p_2, \cdots, p_k)$로 표기한다. 다항분포의 응용은 5장의 적합도 검정에서 자세히 다루어진다.

예 2.30

5번의 동일한 게임으로 구성된 어떤 시합(예를 들면 5세트로 구성된 테니스 경기나 야구의 한국시리즈)이 있어서, 두 선수 A, B 중 누구든지 먼저 3게임을 이기면 시합이 끝난다고 하자. 또, 선수 A가 n번의 게임을 할 경우 이기는 횟수는 $B(n, \frac{1}{2})$를 따른다고 하자. 즉, 매 게임에서 선수 A가 이길 확률은 $1/2$이고 게임 결과는 서로 독립이다. 편의상 무승부는 고려하지 않도록 하고, 이 시합에서 선수 A가 이기는 횟수 X에 대한 기댓값을 구해 보기로 한다. 먼저, 이 시합이 끝나기 위해 필요한 게임의 수 N은 확률변수로서 3, 4, 또는 5의 값을 가지며 그 확률밀도함수는

$$f_N(n) = \binom{n-1}{2}\left(\frac{1}{2}\right)^{n-1} \qquad (n = 3,\ 4,\ 5)$$

가 된다. 이제 정리 2.11을 이용하면

$$\begin{aligned} E(X) &= E_N[E(X\,|\,N)] = E_N[(N-3)\times\frac{1}{2} + 3\times\frac{1}{2}] \\ &= E_N\left(\frac{N}{2}\right) = \sum_{n=3}^{5}\frac{n}{2}\,f_N(n) \\ &= 2.0625 \end{aligned}$$

가 된다.

예 2.31

$(X_1, X_2, X_3) \sim \mathrm{MULT}(n, p_1, p_2, p_3)$라고 하자. 이때 $X_1 \sim B(n, p_1)$, $X_2 \sim B(n, p_2)$ 그리고 $X_2 | X_1 = x_1 \sim B(n - x_1, p)$, $p = p_2/(1-p_1)$이다. 이제 정리 2.11을 이용하면

$$\begin{aligned} E(X_1 X_2) &= E[E(X_1 X_2 | X_1)] \\ &= E[X_1 E(X_2 | X_1)] \\ &= E\left[\frac{X_1(n - X_1)p_2}{1 - p_1}\right] \\ &= \left[\frac{p_2}{1-p_1}\right][nE(X_1) - E(X_1^2)] \\ &= n(n-1)p_1 p_2. \end{aligned}$$

따라서

$$\begin{aligned} Cov(X_1, X_2) &= E(X_1 X_2) - (EX_1)(EX_2) \\ &= n(n-1)p_1 p_2 - (np_1)(np_2) \\ &= - n p_1 p_2 \end{aligned}$$

로 구해진다.

2.5.3 포아송 분포

시간이 지남에 따라 일어나는 어떤 특정한 사건 A(예를 들면, 어떤 고속도로 구간에서 일어나는 '대형사고', 어떤 전화교환대에 걸려오는 전화, 어떤 주유소에 주유를 위한 차량의 도착 등)의 발생횟수의 분포를 고려해 보자. 여기에서 사건 A의 발생횟수에 대해 다음과 같은 세 가지 성질이 성립한다고 가정한다.

(1) $\lim_{h \to 0} P$(길이가 h인 구간 내에서 사건 A가 1회 일어남)$/h = \lambda$,

(2) $\lim_{h \to 0} P$(길이가 h인 구간 내에서 사건 A가 2회 이상 일어남)$/h = 0$,

(3) 서로 겹치지 않는 두 구간 내에서 사건 A의 발생횟수는 서로 독립이다.

이제 주어진 시간 $t > 0$에 대하여 확률변수 $X(t)$를 구간 $[0, t]$ 내에서 사건 A가

발생하는 횟수라고 하면 $X(t)$의 확률밀도함수는 아래와 같이 유도된다. 우선, 논리의 전개를 위하여 구간 $[0, t]$를 n개의 길이가 같은 구간으로 아래와 같이 나눈다.

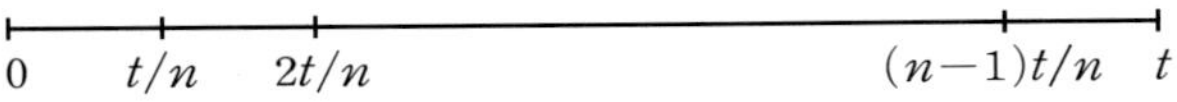

$$P(X(t)=x)=P(X(t)=x\text{이고 각 부분구간에서 1회 이하의 사건 } A\text{가 발생})$$
$$+P(X(t)=x\text{이고 최소한 1개의 부분구간에서 2회 이상의 사건 } A\text{가 발생})$$

이 될 수 있으므로

$$\begin{aligned}P(X(t)=x)=&P(x\text{ 개의 부분구간에서 꼭 1회씩 사건 } A\text{가 발생하고}\\&\quad\text{나머지 } (n-x)\text{개 부분구간에서는 발생하지 않음})\\&+P(X(t)=x\text{ 이고 최소한 1개 구간에서 사건 } A\text{가 2회 이상 발생함})\end{aligned}$$

이다. $n\to\infty$에 따라 $\dfrac{t}{n}$보다 0으로 더 빨리 수렴하는 것을 $\mathrm{o}\left(\dfrac{t}{n}\right)$로 표기하면, 하나의 부분구간에서 꼭 1회의 사건 A가 발생하는 확률은 가정에 의해 $\dfrac{\lambda t}{n}+\mathrm{o}\left(\dfrac{t}{n}\right)$이 되므로 $P(x$ 개의 부분구간에서 꼭 1회씩 사건 A가 발생하고 나머지 $(n-x)$개 부분구간에서는 발생하지 않음)은

$$\binom{n}{x}\left[\frac{\lambda t}{n}+\mathrm{o}\left(\frac{t}{n}\right)\right]^{x}\left[1-\frac{\lambda t}{n}-\mathrm{o}\left(\frac{t}{n}\right)\right]^{n-x}$$

이 된다. 그리고 이것은 부분구간의 개수가 커짐에 따라 $\dfrac{\exp(-\lambda t)(\lambda t)^x}{x\,!}$ 으로 수렴한다(참조: 정리 2.17의 증명).

한편,

$$\begin{aligned}P[X(t)=x&\text{ 이고 최소한 1개구간에서 사건 } A\text{가 2회 이상 발생함}]\\&\le P[\text{최소한 1개의 부분구간에서 2회 이상 발생함}]\\&=P\Big[\bigcup_{i=1}^{n} i\text{ 번째 부분구간에서 2회 이상 발생함}\Big]\\&\le\sum_{i=1}^{n}P[i\text{ 번째 부분구간에서 2회 이상 발생함}]\\&=n\cdot\mathrm{o}\left(\frac{t}{n}\right)\end{aligned}$$

는 부분구간의 개수가 커짐에 따라 0으로 수렴한다. $P(X(t)=x)$는 부분구간의 개수에 상관없이 같은 값을 가지므로, $n\to\infty$일 때의 극한값을 $P(X(t)=x)$로 볼 수 있다. 즉, 확률변수 $X(t)$의 확률밀도함수는

$$f(x)=\exp(-\lambda t)(\lambda t)^x/x\,!,\qquad x=0,\ 1,\ 2,\ \cdots$$

과 같이 주어진다. 만약 $t=1$이라면,

$$f(x)=\frac{\exp(-\lambda)\lambda^x}{x\,!},\qquad x=0,\ 1,\ 2,\ \cdots \tag{2.24}$$

이 되는데, 확률변수 X가 식 (2.24)와 같은 확률밀도함수를 가지면 이를 모수가 λ인 포아송(Poisson) 확률변수라고 하고 $X\sim\mathrm{POI}(\lambda)$로 표기한다. 사건 A가 위에서 언급된 세 가지 성질을 만족하면서 일어나는 경우 우리는 사건 A의 발생이 발생률 λ인 포아송 확률과정을 따른다고 말한다. 포아송 확률과정을 따르는 사건이 단위 시간에 발생하는 횟수는 $\mathrm{POI}(\lambda)$를 따르게 되고, 시간구간 $(t_1,t_2]$에서 발생하는 횟수는 $\mathrm{POI}(\lambda(t_2-t_1))$을 따르게 된다.

$X\sim\mathrm{POI}(\lambda)$의 기댓값은

$$\begin{aligned}E(X)&=\sum_{x=0}^{\infty}x\,\frac{\exp(-\lambda)\lambda^x}{x\,!}\\&=\lambda\exp(-\lambda)\sum_{x=1}^{\infty}\frac{\lambda^{x-1}}{(x-1)\,!}\\&=\lambda\end{aligned} \tag{2.25}$$

가 되며, 분산은

$$\begin{aligned}E[X(X-1)]&=\sum_{x=0}^{\infty}x(x-1)\frac{\exp(-\lambda)\lambda^x}{x\,!}\\&=\exp(-\lambda)\sum_{x=2}^{\infty}\frac{\lambda^x}{(x-2)\,!}\\&=\lambda^2\exp(-\lambda)\sum_{k=0}^{\infty}\frac{\lambda^k}{k\,!}=\lambda^2\end{aligned}$$

으로부터 $E(X^2)=\lambda^2+\lambda$를 이용하면,

$$
\begin{aligned}
Var(X) &= E(X^2) - [E(X)]^2 \\
&= \lambda^2 + \lambda - \lambda^2 \\
&= \lambda
\end{aligned} \tag{2.26}
$$

로 주어진다. 여기에서 포아송 분포의 평균과 분산이 동일함을 알 수 있다.

예 2.32

어떤 전화교환대에서 매분 평균적으로 2건의 통화가 이루어진다고 한다. 통화횟수가 포아송 확률과정을 따른다는 가정하에, 3분 동안에 5건 이상의 통화가 이루어질 확률을 구해 보면 다음과 같다. 확률변수 X를 3분 동안에 걸려온 통화횟수라고 하면 이는 포아송 확률변수이며, $\lambda = E(X) = 6$이다. 따라서

$$
\begin{aligned}
P(X \geq 5) &= 1 - P(X \leq 4) \\
&= 1 - \sum_{x=0}^{4} \frac{6^x e^{-6}}{x!} \\
&= 1 - 0.285 \\
&= 0.715
\end{aligned}
$$

이다.

포아송 분포에 의한 이항분포의 근사

다음의 정리는 포아송 분포와 이항분포의 근사관계를 이해하는 데 도움이 된다.

정리 2.17

확률변수 X가 $B(n, p)$ 분포를 따른다고 하자. 이때 n이 커짐에 따라 p가 0으로 수렴하되 $np = \lambda$를 만족하면, $x = 0, 1, 2, \cdots$ 에 대해서

$$
\lim_{n \to \infty} \binom{n}{x} p^x (1-p)^{n-x} = \frac{\exp(-\lambda)\lambda^x}{x!}
$$

이 성립한다.

증명 $\displaystyle \lim_{n \to \infty} \binom{n}{x} p^x (1-p)^{n-x} = \lim_{n \to \infty} \binom{n}{x} \left(\frac{\lambda}{n}\right)^x \left(1 - \frac{\lambda}{n}\right)^{n-x}$

$$= \lim_{n\to\infty} \frac{n!}{x!(n-x)!} \lambda^x \left(\frac{1}{n}\right)^x \left(1-\frac{\lambda}{n}\right)^{-x} \left(1-\frac{\lambda}{n}\right)^n$$
$$= \frac{\lambda^x}{x!} \lim_{n\to\infty} \frac{n!}{(n-x)!(n-\lambda)^x} \cdot \left(1-\frac{\lambda}{n}\right)^n$$

이다. 한편, $n\to\infty$에 따라 $(1-(\lambda/n))^n \to \exp(-\lambda)$이므로

$$\frac{n!}{(n-x)!(n-\lambda)^x} \to 1$$

이 성립함을 보이면 된다. 그런데, $n \to \infty$에서

$$\frac{n!}{(n-x)!(n-\lambda)^x} = \frac{n!}{(n-x)!n^x(1-\lambda/n)^x}$$
$$= \frac{n(n-1)\cdots(n-x+1)}{n^x(1-\lambda/n)^x}$$
$$= 1\times(1-\frac{1}{n})\times(1-\frac{2}{n})\times\cdots\times(1-\frac{x-1}{n})\times(1-\lambda/n)^{-x}$$
$$\to 1$$

이다. ■

예 2.33

일반적으로 위의 근사방법은 $n > 100$, $p < 0.01$인 경우 λ가 np에 가까울 때 효과적으로 이용할 수 있다. 예를 들어 $n = 50$, $p = 0.02$, $n = 100$, $p = 0.01$일 때와 $n = 200$, $p = 0.005$일 때, 이항분포와 포아송 분포($\lambda = np = 1$)에 의한 근사를 확률밀도함수를 통해 비교해 보면 다음 표와 같다. 같은 $\lambda = np$값을 갖는 경우에 n이 커질수록 이항분포의 확률이 포아송 분포의 확률과 더 가까워짐을 확인할 수 있다.

x	$B(50,0.02)$	$B(100,0.01)$	$B(200,0.005)$	POI(1)
0	0.364170	0.366032	0.366958	0.367879
1	0.371601	0.369730	0.368802	0.367879
2	0.185801	0.184856	0.184401	0.183940
3	0.060670	0.060999	0.061158	0.061313
4	0.014548	0.014942	0.015136	0.015328
5	0.002732	0.002898	0.002982	0.003066
	0.999522	0.999466	0.999436	0.999405

이와 같이 성공확률이 작으면서 서로 독립인 베르누이 확률변수들을 많이 더한 결과인 이항분포에 대한 포아송 근사방법의 타당성은 포아송 분포를 활용하는 데 도움을 준다. 가령, 어떤 고속도로 구간에서 1년 동안에 발생하는 교통사고의 횟수를 고려한다고 하자. 이 경우 많은 차량이 그 고속도로 구간을 통과할 것이고(n이 큼), 통과하는 각 차량의 사고 여부는 서로 독립이며 사고가 일어날 확률은 매우 작다고(p가 작음) 볼 수 있다. 그러므로 이항분포의 포아송 근사에 의하여 교통사고의 횟수에 대한 포아송 확률모형의 사용이 타당해 보인다.

주 이와 같이 포아송 분포에의 접근방법은 몇 개의 가정으로부터 시작하는 것과 정리 2.17에서와 같이 이항분포의 근사에 의한 두 가지 방법이 가능하다.

2.5.4 기하분포

'성공' 확률이 p인 베르누이 시행을 독립적으로 반복할 때, 첫 번째 '성공'이 일어날 때까지 걸리는 시행횟수를 X라고 하면 확률변수 X의 확률밀도함수는

$$f(x) = p(1-p)^{x-1} \quad (\text{단, } x = 1,\ 2,\ \cdots) \tag{2.27}$$

이 되며, 이를 기하(geometric)확률밀도함수라고 한다. 식 (2.27)은 $(x-1)$회의 실패 이후 1회의 성공으로 이루어진 서로 독립인 베르누이 시행이므로 자명한 결과이다. 편의상 $X \sim \mathrm{GEO}(p)$로 표기하기로 한다. 이제, X의 기댓값은

$$\begin{aligned} E(X) &= \sum_{x=1}^{\infty} xpq^{x-1} \quad (\text{단, } p+q=1) \\ &= \sum_{x=1}^{\infty} p\frac{d}{dq}q^x \\ &= p\frac{d}{dq}\sum_{x=1}^{\infty} q^x \\ &= p\frac{d}{dq}\frac{q}{(1-q)} \\ &= p(1-q)^{-2} \\ &= \frac{1}{p} \end{aligned} \tag{2.28}$$

이며(수렴하는 멱급수는 각 항별로 미분이 가능하다), 같은 방법으로

$$
\begin{aligned}
E(X(X+1)) &= \sum_{x=1}^{\infty} x(x+1)pq^{x-1} \\
&= p\sum_{x=1}^{\infty} \frac{d^2}{dq^2} q^{x+1} \\
&= p\frac{d^2}{dq^2} \sum_{x=1}^{\infty} q^{x+1} \\
&= p\frac{d^2}{dq^2}\{(1-q)^{-1}q^2\} \\
&= \frac{2}{p^2}
\end{aligned}
$$

이다. 따라서

$$
E(X^2) = \frac{2}{p^2} - \frac{1}{p} = \frac{1+q}{p^2}
$$

를 구할 수 있으므로, 분산은

$$
\begin{aligned}
Var(X) &= E(X^2) - (EX)^2 \\
&= \frac{1+q}{p^2} - \left(\frac{1}{p}\right)^2 \\
&= \frac{1-p}{p^2}
\end{aligned} \tag{2.29}
$$

로 계산된다.

예 2.34

매주 발행되는 어떤 복권의 당첨확률이 0.001이고, 복권이 당첨되는 사건들은 독립이라고 하자. 어떤 복권구입자가 매주 이 복권을 산다면, 처음 당첨될 때까지 소요되는 구매횟수 X의 확률밀도함수는 $f(x) = 0.001(1-0.001)^{x-1}(x=1,2,\cdots)$이 되며 $E(X) = 1/0.001 = 1000$, $Var(X) = (1-0.001)/(0.001)^2 = 999000$이다.

한편, 기하확률변수는 아래 정리 2.18에서 표현되는 바와 같은 **무기억성**(memoryless property)을 갖는다.

정리 2.18

$X \sim \text{GEO}(p)$이면, 임의의 자연수 j, k에 대하여,

$$P(X > j+k \mid X > j) = P(X > k)$$

가 성립한다.

증명 $P(X > k) = \sum_{j=k+1}^{\infty} p(1-p)^{j-1} = (1-p)^k \sum_{l=1}^{\infty} p(1-p)^{l-1} = (1-p)^k$ 이므로,

$$\begin{aligned} P(X > j+k \mid X > j) &= \frac{P(X > j+k)}{P(X > j)} \\ &= \frac{(1-p)^{j+k}}{(1-p)^j} \\ &= (1-p)^k \\ &= P(X > k). \end{aligned}$$

■

위 정리 2.18에서 $X \sim \text{GEO}(p)$이면 임의의 자연수 j, k에 대하여

$$P(X > j+k) = P(X > j) \times P(X > k)$$

가 성립함을 알 수 있다. 무기억성에 대한 구체적인 설명은 2.6절에 나올 지수분포에서 다루기로 한다.

2.5.5 음이항분포

'성공' 확률이 p인 베르누이 시행을 독립적으로 반복할 때 r개의 '성공'을 얻을 때까지 필요한 시행횟수를 X라고 하면, 확률변수 X의 확률밀도함수는

$$f(x; r, p) = \binom{x-1}{r-1} p^r (1-p)^{x-r} \qquad (x = r,\ r+1,\ \cdots) \tag{2.30}$$

이며, 이를 음이항(negative binomial) 확률밀도함수라고 한다. 편의상 $X \sim NB(r, p)$로 표기한다. 정해진 상수 $r \le n$에 대해 $X \sim NB(r, p)$이고 $Y \sim B(n, p)$인 경우, $X \le n$이라면 n번의 베르누이 시행에서 성공이 r번이거나 그 이상이었음을 의미하므로,

$$P(X \le n) = P(Y \ge r) = \sum_{k=r}^{n} \binom{n}{k} p^k q^{n-k}$$

이 성립한다(단, $p+q=1$). 실제로 '$X \le n$'은 'r개의 성공을 거두는데 n 이하의 시행횟수가 필요한' 사건이며, '$Y \ge r$'은 'n개의 시행에서 r개 이상의 성공을 거두는' 사건이므로 위 등식은 직관적으로 받아들여진다(확률변수 X의 이름을 음이항 확률변수라고 하는 것은 위의 관계식으로부터 유래한다). 또한, X_1, X_2, $\cdots$, X_r을 서로 독립인 GEO(p)라고 하면 이들은 베르누이 독립시행에서 첫 번째 성공이 나올 때까지의 시행횟수들이므로 그 합인 $X = X_1 + X_2 + \cdots + X_r$는 음이항 확률변수임을 쉽게 알 수 있다. 따라서 $X \sim NB(r, p)$의 평균과 분산은

$$E(X) = r\,E(X_1) = \frac{r}{p} \tag{2.31}$$

$$Var(X) = r\,Var(X_1) = \frac{rq}{p^2} \quad (\text{단, } p+q=1) \tag{2.32}$$

로 구할 수 있다.

예 2.35

7회의 동일한 게임으로 구성된 경기에서 두 개의 팀 A와 B가 겨루게 되었다고 하자. 4회를 먼저 이기는 팀이 우승을 하게 되고, 어떤 팀이든지 먼저 4회를 이기면 경기는 더 이상 계속되지 않고 종료된다. 이제 A팀이 각 게임에서 이길 확률을 0.7이라고 할 때 경기가 5회에서 종료될 확률을 구해 보자. A팀이 5회째 게임에서 4번째 승리를 거둘 사건을 $A5$ 그리고 B팀이 5회째 게임에서 4번째 승리를 거둘 사건을 $B5$라고 하자. 그러면 $P(A5)$는 $NB(4, 0.7)$을 따르는 확률변수가 5의 값을 가질 확률과 같으므로 $P(A5) = \binom{4}{3}(0.7)^4(0.3) = 0.28812$이고 $P(B5)$도 비슷하게 $P(B5) = \binom{4}{3}(0.3)^4(0.7) = 0.02268$로 계산되므로, 경기가 5회에서 종료될 확률은 $0.28812 + 0.02268 = 0.3108$이다.

2.5.6 초기하분포

어떤 주머니에 r개의 빨간 공과 w개의 하얀 공(단, $r+w=N$)이 들어 있다. 이제, n개의 공을 무작위 비복원추출(sampling without replacement)하였을 때, X를 빨간 공의 개수라고 하면 확률변수 X의 확률밀도함수는

$$f(x)=\frac{\binom{r}{x}\binom{N-r}{n-x}}{\binom{N}{n}},\ x=\max(0,\ n-N+r),\cdots,\ \min(r,\ n) \tag{2.33}$$

이며, 이를 초기하(hypergeometric) 확률밀도함수라고 하고 $X\sim \mathrm{HYP}(n,\ N,\ r)$로 표기한다. 여기서, $x>r$인 경우 $\binom{r}{x}=0$이고, $x<n-N+r$인 경우 $\binom{N-r}{n-x}=0$이므로 위의 확률밀도함수를 $x=0,\cdots,n$ 에 대해서 정의해도 무방하다. 물론, 위의 실험에서 추출방법이 복원추출(sampling with replacement)인 경우는 이항분포를 따른다(참조: 예 2.29). 이러한 초기하 확률변수 $X\sim \mathrm{HYP}(n,\ N,\ r)$의 기댓값은

$$\begin{aligned}E(X)&=\sum_{x=0}^{n}x\frac{\binom{r}{x}\binom{N-r}{n-x}}{\binom{N}{n}}=n\frac{r}{N}\sum_{x=1}^{n}\frac{\binom{r-1}{x-1}\binom{N-r}{n-x}}{\binom{N-1}{n-1}}\\&=n\frac{r}{N}\sum_{y=0}^{n-1}\frac{\binom{r-1}{y}\binom{N-1-r+1}{n-1-y}}{\binom{N-1}{n-1}}\\&=n\frac{r}{N}\end{aligned} \tag{2.34}$$

이고, 이때 마지막 등식은 $\frac{\binom{r-1}{y}\binom{N-1-r+1}{n-1-y}}{\binom{N-1}{n-1}}$이 $\mathrm{HYP}(n-1,N-1,r-1)$의 확률밀도함수임을 이용하여 얻는다. 또한,

$$E[X(X-1)]=\sum_{x=0}^{n}x(x-1)\frac{\binom{r}{x}\binom{N-r}{n-x}}{\binom{N}{n}}$$

$$= n(n-1)\frac{r(r-1)}{N(N-1)}\sum_{x=2}^{n}\frac{\binom{r-2}{x-2}\binom{N-r}{n-x}}{\binom{N-2}{n-2}}$$

$$= n(n-1)\frac{r(r-1)}{N(N-1)}\sum_{y=0}^{n-2}\frac{\binom{r-2}{y}\binom{N-2-r+2}{n-2-y}}{\binom{N-2}{n-2}}$$

$$= n(n-1)\frac{r(r-1)}{N(N-1)}$$

이므로 분산은

$$\begin{aligned} Var(X) &= E(X^2)-[E(X)]^2 = E[X(X-1)]+E(X)-[E(X)]^2 \qquad (2.35)\\ &= n(n-1)\frac{r(r-1)}{N(N-1)}+n\frac{r}{N}-n^2\frac{r^2}{N^2}\\ &= n\frac{r}{N}\left[(n-1)\frac{r-1}{N-1}+1-\frac{nr}{N}\right]\\ &= \frac{nr}{N}\left[\frac{(N-r)(N-n)}{N(N-1)}\right] \end{aligned}$$

으로 주어진다. $p=\frac{r}{N}$으로 정의한다면 위의 분산은 $np(1-p)\left(\frac{N-n}{N-1}\right)$로 쓸 수 있으며, 복원추출의 결과로 얻어지는 이항분포의 분산인 $np(1-p)$에 $\left(\frac{N-n}{N-1}\right)$이 곱해진 꼴이다. $\left(\frac{N-n}{N-1}\right)$은 비복원추출의 결과로 인해 모집단이 유한집합이 되기 때문에 나타나는 항이므로 유한모집단 수정항(finite population correction term)이라고 한다.

그런데 $X \sim \mathrm{HYP}(n, N, r)$일 때, $N\to\infty$, $r\to\infty$, $r/N\to p$이면

$$\lim_{N\to\infty,\, r\to\infty,\, r/N\to p}\frac{\binom{r}{x}\binom{N-r}{n-x}}{\binom{N}{n}}=\binom{n}{x}p^x(1-p)^{n-x}$$

이 성립한다. 따라서 $N(=r+w)$과 r이 충분히 큰 경우, 초기하분포의 근사에 이항분포를 활용할 수 있다.

예 2.36

어떤 상자에 100개의 전자제품이 포장되어 있다. 한 구입자가 이 상자에 10개의 부

품을 비복원 랜덤추출하여 불량품의 상태를 조사하려고 한다. 실제로 100개들이 상자 속에 30개의 불량품이 있을 때, 2개 이하의 불량품이 나올 확률을 구해 보자. X='불량품의 개수'라 하면 $X \sim \mathrm{HYP}(10, 100, 30)$이므로

$$\begin{aligned} P(X \le 2) &= \sum_{x \le 2} \frac{\binom{30}{x}\binom{70}{10-x}}{\binom{100}{10}} \\ &= 0.372857 \end{aligned}$$

이 된다. 이제, 이항확률분포에 의한 근삿값은

$$\begin{aligned} P(X \le 2) &= \sum_{x \le 2} \binom{10}{x} (0.3)^x (0.7)^{10-x} \\ &= 0.382783 \end{aligned}$$

로 비교적 정확한 값이 구해진다.

2.6 연속형 확률분포

2.5절에서는 이산형 확률변수의 몇 가지 분포를 알아보았다. 이 절에서는 역시 일변량 변수들로서 모수(parameter)들에 의해 그 성질이 결정되는 **연속형 확률변수**(continuous random variable)에 대해 살펴보기로 하자. 몇 가지 중요한 확률변수에 대하여 확률분포함수를 구하고 평균, 분산 등을 통해 각 변수의 성격들을 알아본다. 2.2절에서 이미 언급되었으나 다시 한 번 연속형 확률변수를 정의하면 이는 다음과 같다.

정의 2.12

확률변수 X가 임의의 실수 x에 대하여 $P(X=x)=0$을 만족하면 **연속형 확률변수**라고 한다.

2.6.1 균일분포

확률변수 X가 실구간 (a, b)상에 균일(uniform)하게 분포되어 있을 때 그의 확률밀도함수는

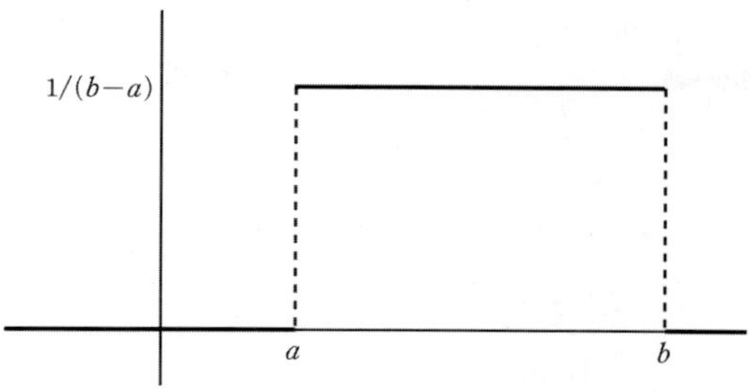

▸ **그림 2.1** ◂ $U(a,\, b)$의 확률밀도함수

$$f(x) = \begin{cases} 1/(b-a), & a \le x \le b\text{인 경우} \\ 0, & \text{그 외의 경우} \end{cases} \tag{2.36}$$

으로 주어지며 $X \sim U(a,\, b)$로 표기하기로 한다(참조: 그림 2.1). 예를 들어 컴퓨터 모의실험으로 0과 1 사이에서 난수(random number)를 생성하는 경우, 컴퓨터는 $U(0,1)$의 확률분포에서 숫자를 뽑아내게 되며, 이 경우 0과 1 사이의 난수는 $U(0,1)$을 따른다고 할 수 있다.

또한 $X \sim U(a,\, b)$의 확률분포함수는

$$\begin{aligned} F(x) &= \int_{-\infty}^{x} f(y)dy = \int_{-\infty}^{x} \frac{1}{b-a} I_{(a,b)}(y)dy \\ &= \begin{cases} 0, & x < a\text{인 경우} \\ (x-a)/(b-a), & a \le x < b\text{인 경우} \\ 1, & x \ge b\text{인 경우} \end{cases} \end{aligned}$$

로 계산된다(참조: 그림 2.2). 여기에서 $I_{(a,b)}(x)$는 예 2.28에서 정의된 지시함수이다.

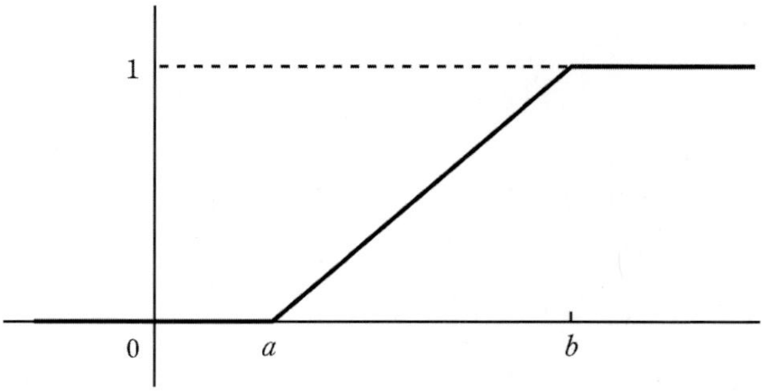

▸ **그림 2.2** ◂ $U(a,\, b)$의 확률분포함수

나아가 균일확률변수 $X \sim U(a, b)$의 기댓값과 분산은 다음과 같이 구해진다.

$$\begin{aligned} E(X) &= \int_a^b \frac{x}{b-a}\,dx \\ &= \frac{b+a}{2} \end{aligned} \tag{2.37}$$

$$\begin{aligned} Var(X) &= E(X^2) - (EX)^2 \\ &= \int_a^b \frac{x^2}{b-a}\,dx - \{(b+a)/2\}^2 \\ &= \frac{(b-a)^2}{12} \end{aligned} \tag{2.38}$$

2.6.2 지수분포

포아송 확률과정을 고려했을 때, 특정한 사건 A가 일어나고 다음에 또 다시 같은 사건이 일어날 때까지 걸리는 시간 W는 음이 아닌 값을 가지는 연속형 확률변수이다. 이제, 단위구간에서의 평균발생횟수가 λ인 포아송과정을 고려하면, 도착간격시간 (interarrival time) W의 확률분포함수는 $w > 0$인 w에 대하여,

$$\begin{aligned} F(w) &= P(W \le w) \\ &= 1 - P[\text{구간 } [0, w)\text{에서 사건 } A\text{가 일어나지 않음}] \\ &= 1 - \exp(-\lambda w) \end{aligned}$$

가 되므로, 이를 미분하면 W의 확률밀도함수는 $f_W(w) = \lambda \exp(-\lambda w)$, $w > 0$가 된다. 이 도착간격시간의 확률분포를 지수분포라고 하는데, $\theta = 1/\lambda$이라고 모수변환을 하여 구한 지수 확률밀도함수는

$$f(x) = \frac{1}{\theta}\exp(-x/\theta) \quad (x > 0) \tag{2.39}$$

로 주어지며 편의상 $X \sim \mathrm{EXP}(\theta)$로 표기한다. 이때 X의 확률분포함수는

$$\begin{aligned} F(x) &= \int_0^x \frac{\exp(-t/\theta)}{\theta}\,dt \\ &= 1 - \exp(-x/\theta) \end{aligned}$$

이다.

주 때로 $X \sim \mathrm{EXP}(\theta)$의 확률밀도함수를 $f(x) = \theta \exp(-\theta x),\ x > 0$로 정의하는 책들도 있다. 흔히 신뢰성이론이나 생존모형, 보험계리모형 등에서 이렇게 표현하곤 한다.

$X \sim \mathrm{EXP}(\theta)$의 기댓값과 분산은 각각

$$\begin{aligned} E(X) &= \int_0^\infty x \frac{1}{\theta} \exp(-x/\theta)\, dx \\ &= -x \exp(-x/\theta)\Big|_0^\infty + \int_0^\infty \exp(-x/\theta)\, dx \\ &= -\theta \exp(-x/\theta)\Big|_0^\infty \\ &= \theta \end{aligned} \tag{2.40}$$

$$\begin{aligned} Var(X) &= \int_0^\infty x^2 \frac{1}{\theta} \exp(-x/\theta)\, dx - \theta^2 \\ &= -x^2 \exp(-x/\theta)\Big|_0^\infty + \int_0^\infty 2x \exp(-x/\theta)\, dx - \theta^2 \\ &= 0 + 2\theta \int_0^\infty \frac{x}{\theta} \exp(-x/\theta)\, dx - \theta^2 \\ &= 2\theta E(X) - \theta^2 \\ &= 2\theta^2 - \theta^2 = \theta^2 \end{aligned} \tag{2.41}$$

으로 구해진다.

주 단위구간 내에서의 평균발생횟수가 λ인 포아송 과정의 사건 사이 소요시간의 평균값은 $\theta = \dfrac{1}{\lambda}$이 됨을 보았다. 이것은 포아송 확률변수에서 모수인 평균 λ가 크면 특정 사건의 발생횟수가 평균적으로 많아지는 반면, 특정 사건 사이의 소요시간은 평균적으로 작아진다는 것을 뜻한다. 그러므로, 발생횟수의 평균인 포아송 분포의 모수 λ와 도착간격시간의 평균인 지수분포의 모수 θ는 역의 관계를 가지고 있다.

예 2.37

어떤 화학물질에서 α – 입자가 10초당 평균 5개씩 포아송 과정을 따라 발생한다고 하자. 이때 첫 번째 입자가 발생될 때까지 걸리는 시간 X가 5초 이상일 확률을 구해

보자. 초당 발생될 α - 입자의 수의 기댓값은 $\lambda = 1/2$이므로 X의 확률밀도함수는

$$f_X(x) = (1/2)\, e^{-x/2}, \quad x \geq 0$$

이 된다. 따라서

$$\begin{aligned} P(X \geq 5) &= \int_5^{\infty} (1/2)\, e^{-x/2}\, dx \\ &= e^{-5/2} \\ &= 0.08208 \end{aligned}$$

이 된다.

이산형 확률변수 중에서 기하확률변수가 무기억 성질을 갖는 것처럼 연속형 확률변수 중에서는 지수확률변수가 동일한 성질을 지닌다.

정리 2.19

$X \sim \mathrm{EXP}(\theta)$이면, 양의 실수 a와 t에 대해서,

$$P(X > a + t \mid X > a) = P(X > t)$$

가 성립한다.

증명

$$\begin{aligned} P(X > a + t \mid X > a) &= \frac{P(X > a + t,\ X > a)}{P(X > a)} \\ &= \frac{P(X > a + t)}{P(X > a)} \\ &= \frac{\exp\{-(a + t)/\theta\}}{\exp\{-a/\theta\}} \\ &= P(X > t) \end{aligned}$$

■

위 정리의 의미를 살펴보자. 가령, 확률변수 X가 어떤 기계부품의 수명이라고 하면, $P(X > a + t \mid X > a)$는 시점 a에서 기계부품의 고장이 없을 때, 최소한 시간 t 만큼 더 고장이 없을 사건에 대한 확률을 뜻한다. 따라서 정리 2.19의 무기억 성질은 변수 X가 시점 a에서 그동안 기계부품의 고장이 없었다는 조건을 '기억'하지 않고, 앞

으로 시간 t만큼 더 고장이 없을 것만 고려한다는 것을 뜻하는 것으로, a시간만큼 일한 기계부품이 앞으로 t시간만큼 더 작동하는 확률이나 새 기계부품이 앞으로 t시간만큼 더 작동하는 확률이나 같다는 것이다.

2.6.3 정규분포

통계적 방법에서 가장 많이 이용되는 확률분포를 들라면 그것은 단연 정규분포일 것이다. 그 이유는 후에 다룰 중심극한정리 등을 통해 설명되겠으며, 여기서는 먼저 정규분포의 확률밀도함수를 제시하고 그의 성질을 알아보기로 한다. 확률변수 X의 확률밀도함수가

$$f(x) = \frac{1}{\sqrt{2\pi}\,\sigma} \exp[-(x-\mu)^2/2\sigma^2] \quad (-\infty < x < \infty) \qquad (2.42)$$

로 주어지면 X가 정규분포(normal distribution)를 따른다고 하며 $X \sim N(\mu, \sigma^2)$으로 표기하기로 한다(참조: 그림 2.3). 아래의 그림에서 보는 바와 같이 정규분포의 확률밀도함수는 모든 실수 값에서 0보다 큰 값을 가지면서 평균을 중심으로 대칭인 종 모양(bell-shaped)을 하고 있으며, 그 오목성이 $\mu \pm \sigma$에서 바뀌게 된다.

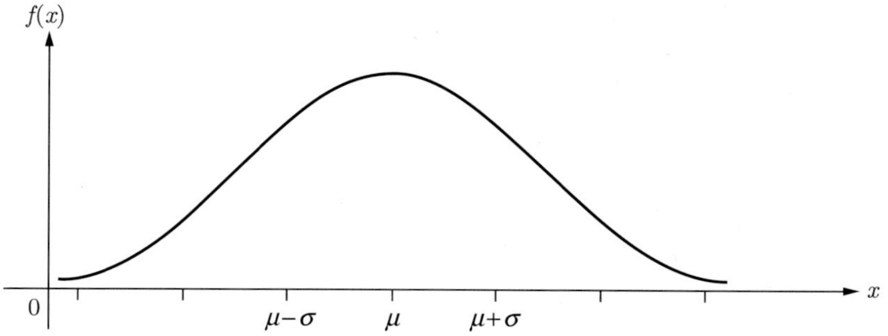

▸ **그림 2.3** ◂ $X \sim N(\mu, \sigma^2)$ 의 확률밀도함수

이와 같은 정규확률변수의 중요한 특징 중의 하나는 선형변환을 하여도 역시 정규분포를 따른다는 점이다. $X \sim N(\mu, \sigma^2)$일 때, 선형변환된 확률변수 $Y = aX + b$, $(a > 0$, b는 상수)의 분포는 다음과 같이 구해진다.

$$\begin{aligned} F_Y(y) &= P(Y \le y) \\ &= P(aX + b \le y) \end{aligned}$$

$$= P\left[X \le \frac{y-b}{a}\right]$$
$$= \int_{-\infty}^{\frac{y-b}{a}} \frac{1}{\sqrt{2\pi}\,\sigma} \exp[-(x-\mu)^2/2\sigma^2]\,dx$$
$$= \int_{-\infty}^{y} \frac{1}{\sqrt{2\pi}\,a\sigma} \exp\{-[\,t-(a\mu+b)]^2/(2a^2\sigma^2)\}\,dt \;\left(\because \frac{t-b}{a} = x\text{로 변환}\right)$$

따라서 Y의 확률밀도함수는

$$f_Y(y) = (d/dy)\,F_Y(y)$$
$$= \frac{1}{\sqrt{2\pi}\,a\sigma} \exp\{-[y-(a\mu+b)]^2/(2a^2\sigma^2)\}$$

이므로 $Y \sim N(a\mu+b,\, a^2\sigma^2)$임을 알 수 있다. $a<0$일 때 $Y \sim N(a\mu+b,\, a^2\sigma^2)$가 되는 것도 비슷하게 확인할 수 있다. 여기서, $Z = (X-\mu)/\sigma$라는 표준화 변환을 하면 Z의 확률밀도함수는

$$f_Z(z) = \frac{1}{\sqrt{2\pi}} \exp(-z^2/2) \qquad (-\infty < z < \infty) \tag{2.43}$$

로 주어진다. 이는 **표준정규분포**(standard normal distribution) $N(0,\,1)$의 확률밀도함수이며 통상적으로 $\phi(z)$로 표기한다. 또한 $\phi(z)$가 확률밀도함수의 조건을 만족하는가를 알아보면 식 (2.43)으로부터 $\phi(z) > 0$임은 자명하다. 그런데,

$$I = \int_{-\infty}^{\infty} \frac{1}{\sqrt{2\pi}}\, e^{-z^2/2}\,dz$$

이라 놓으면,

$$I^2 = \frac{1}{2\pi}\left[\int_{-\infty}^{\infty} e^{-x^2/2}\,dx\right]\left[\int_{-\infty}^{\infty} e^{-y^2/2}\,dy\right]$$
$$= \frac{1}{2\pi}\int_{-\infty}^{\infty}\int_{-\infty}^{\infty} \exp\left(-\frac{x^2+y^2}{2}\right) dx\,dy$$

이다. 여기에서 극좌표 변환 $x = r\cos\theta$, $y = r\sin\theta$을 활용하면,

$$|J| = r(\sin^2\theta + \cos^2\theta) = r$$

이 되므로,

$$\begin{aligned} I^2 &= \frac{1}{2\pi}\int_0^{2\pi}\int_0^{\infty} r\exp(-r^2/2)dr\,d\theta \\ &= \frac{1}{2\pi}\int_0^{2\pi}\int_0^{\infty}\exp(-t)dt\,d\theta\ (\text{단, } t=r^2/2) \\ &= \frac{1}{2\pi}\int_0^{2\pi}d\theta \\ &= 1 \end{aligned}$$

이므로 $I=\int_{-\infty}^{\infty}\phi(z)\,dz=1$을 만족하여 $\phi(z)$가 확률밀도함수임을 확인할 수 있다. 이제, 정규확률변수 $X\sim N(\mu,\ \sigma^2)$의 평균과 분산은

$$\begin{aligned} E(X) &= \int_{-\infty}^{\infty} x\frac{1}{\sqrt{2\pi}\,\sigma}\exp\left[-\frac{1}{2}\left(\frac{x-\mu}{\sigma}\right)^2\right]dx \\ &= \int_{-\infty}^{\infty}(\mu+\sigma z)\,\phi(z)\,dz\ \left(\because \frac{x-\mu}{\sigma}=z\text{로 변환}\right) \\ &= \mu\int_{-\infty}^{\infty}\phi(z)\,dz+\sigma\int_{-\infty}^{\infty}z\,\phi(z)\,dz \\ &= \mu \end{aligned}$$

$\int_{-\infty}^{\infty}z\phi(z)dz$는 $z\phi(z)$가 적분 가능한 기함수이므로 0이 된다. 그리고,

$$\begin{aligned} E(X^2) &= \int_{-\infty}^{\infty} x^2\frac{1}{\sqrt{2\pi}\,\sigma}\exp\left[-\frac{1}{2}\left(\frac{x-\mu}{\sigma}\right)^2\right]dx \\ &= \int_{-\infty}^{\infty}(\mu+\sigma z)^2\phi(z)\,dz \\ &= \mu^2\int_{-\infty}^{\infty}\phi(z)\,dz+2\mu\sigma\int_{-\infty}^{\infty}z\,\phi(z)\,dz+\sigma^2\int_{-\infty}^{\infty}z^2\phi(z)\,dz \\ &= \mu^2+\sigma^2\ \left(\because \int_{-\infty}^{\infty}z^2\,\phi(z)\,dz=\int_{-\infty}^{\infty}[\phi''(z)+\phi(z)]\,dz=1\right) \end{aligned}$$

이므로

$$\begin{aligned} Var(X) &= E(X^2)-[E(X)]^2 \\ &= \sigma^2 \end{aligned} \tag{2.44}$$

으로 구할 수 있다. 여기에서 $\int_{-\infty}^{\infty}\phi''(z)dz=\frac{d^2}{dz^2}\int_{-\infty}^{\infty}\phi(z)dz=0$이 된다.

또한, 표준정규확률변수의 누적확률분포함수는

$$\begin{aligned}\Phi(x) &= P(Z \le x) \\ &= \int_{-\infty}^{x} \phi(t)\,dt\end{aligned} \tag{2.45}$$

로 표현하며, 값이 부록 〈표 3〉에 계산되어 있다. 또한 확률밀도함수 $\phi(x)$가 0에 대하여 대칭이므로 누적확률분포함수는

$$\Phi(x) = 1 - \Phi(-x) \tag{2.46}$$

를 만족함을 알 수 있다.

정리 2.20

$X \sim N(\mu, \sigma^2)$이면, X의 확률분포함수는

$$F(x) = \Phi\left(\frac{x-\mu}{\sigma}\right)$$

로 나타내진다.

증명 $$\begin{aligned}F(x) &= P(X \le x) \\ &= P\left(\frac{X-\mu}{\sigma} \le \frac{x-\mu}{\sigma}\right) \\ &= \Phi\left(\frac{x-\mu}{\sigma}\right) \quad (\because (X-\mu)/\sigma \sim N(0, 1)\text{이므로})\end{aligned}$$

가 성립한다. ■

예 2.38

확률변수 X가 $N(25, 16)$을 따른다고 하자. 이때 X가 20과 35 사이에 있을 확률은

$$\begin{aligned}P(20 \le X \le 35) &= P\left[\frac{20-25}{4} \le \frac{X-25}{4} \le \frac{35-25}{4}\right] \\ &= \Phi(2.5) - \Phi(-1.25) \\ &= 0.9938 - 0.1056 \\ &= 0.8882\end{aligned}$$

로 구할 수 있다.

또한, $P(|X-25| \le c) = 0.9$ 를 만족하는 상수 c는

$$\begin{aligned} P(|X-25| \le c) &= P\left[-\frac{c}{4} \le \frac{X-25}{4} \le \frac{c}{4}\right] \\ &= \Phi\left(\frac{c}{4}\right) - \Phi\left(-\frac{c}{4}\right) \\ &= 0.90 \end{aligned}$$

으로부터 $c/4 = 1.645$이므로 $c = 6.58$로 계산된다.

2.6.4 이변량 정규분포

일변량 정규분포를 '다변량 정규분포'로 연장함에 있어 가장 간단한 경우인 이변량 정규분포(bivariate normal distribution)를 살펴보자. 다변량 정규분포는 7장의 회귀분석 등을 포함한 많은 통계적 방법에서 매우 중요한 역할을 한다.

이변량 정규확률벡터 (X, Y)의 결합 확률밀도함수는

$$f_{X,Y}(x, y) = \frac{1}{2\pi\sigma_X\sigma_Y\sqrt{1-\rho^2}} \tag{2.47}$$

$$\times \exp\left\{-\frac{1}{2(1-\rho^2)}\left[\left(\frac{x-\mu_X}{\sigma_X}\right)^2 - 2\rho\frac{x-\mu_X}{\sigma_X}\frac{y-\mu_Y}{\sigma_Y} + \left(\frac{y-\mu_Y}{\sigma_Y}\right)^2\right]\right\}$$

$$-\infty < x,\ y < \infty,\quad -\infty < \mu_X,\ \mu_Y < \infty,\quad 0 < \sigma_X,\ \sigma_Y < \infty,\quad -1 < \rho < 1$$

으로 주어지며, 이러한 경우에 $(X, Y) \sim BVN(\mu_X, \mu_Y, \sigma_X, \sigma_Y, \rho)$로 표기하기로 한다. 위의 결합 확률밀도함수에서 모수벡터$(\mu_X, \mu_Y, \sigma_X, \sigma_Y, \rho)$의 의미는 다음 정리 2.21에서 밝혀진다.

정리 2.21

이변량 정규확률벡터 $(X, Y) \sim BVN(\mu_X, \mu_Y, \sigma_X, \sigma_Y, \rho)$의 평균과 분산 그리고 공분산은

$$E(X) = \mu_X, \quad E(Y) = \mu_Y$$

$$Var(X) = {\sigma_X}^2, \quad Var(Y) = {\sigma_Y}^2, \quad Cov(X, Y) = \rho\sigma_X\sigma_Y$$

으로 주어진다.

증명 뒤 2.8절에 나오는 결합 적률생성함수를 사용하여 증명할 수 있으며, 연습문제로 남기도록 한다. ■

나아가, 이변량 정규분포의 주변분포는 다음의 정리와 같이 주어진다.

정리 2.22

이변량 확률벡터 (X, Y)가 $BVN(\mu_X, \mu_Y, \sigma_X, \sigma_Y, \rho)$ 분포를 가지면 X와 Y의 주변 확률분포는 $X \sim N(\mu_X, {\sigma_X}^2)$, $Y \sim N(\mu_Y, {\sigma_Y}^2)$으로 일변량 정규분포를 따른다.

증명 $f_X(x) = \int_{-\infty}^{\infty} f_{X,Y}(x, y)\,dy$에서 식 (2.47)에 $v = (y - \mu_Y)/\sigma_Y$로 변환하면

$$
\begin{aligned}
&f_X(x) \\
&= \int_{-\infty}^{\infty} \frac{1}{2\pi\sigma_X\sqrt{1-\rho^2}} \exp\left\{-\frac{1}{2}\left(\frac{x-\mu_X}{\sigma_X}\right)^2 - \frac{1}{2(1-\rho^2)}\left(v - \rho\left(\frac{x-\mu_X}{\sigma_X}\right)\right)^2\right\}dv
\end{aligned}
$$

가 되며, 다시 $\dfrac{v - \rho(x-\mu_X)/\sigma_X}{\sqrt{(1-\rho^2)}} = w$라는 변환을 시도하면

$$
f_X(x) = \frac{1}{\sqrt{2\pi}\,\sigma_X} \exp\left\{-\frac{1}{2}\left(\frac{x-\mu_X}{\sigma_X}\right)^2\right\}
$$

을 구할 수 있다. Y의 주변 확률밀도함수도 마찬가지 방법으로 구할 수 있다. ■

그런데 위의 식 (2.47)과 정리 2.22로부터 정규확률벡터 (X, Y)는 $Cov(X, Y) = 0$이면 결합 확률밀도함수가 주변 확률밀도함수의 곱의 꼴로 표현되므로 X와 Y가 서로 독립임을 알 수 있다. 이러한 사실은 정규확률변수의 경우 특별히 성립하는 것이며, 일반적으로는 성립하지 않는다는 것에 주의하자.

이제 $X = x$가 주어졌을 때, Y의 조건부 확률밀도함수는

$$
\begin{aligned}
&f_{Y|x}(y \mid x) \\
&= \frac{f_{X,Y}(x, y)}{f_X(x)} \qquad \text{(식 (2.47)과 정리 2.22를 이용하여)} \\
&= \frac{1}{\sqrt{2\pi}\,\sigma_Y\sqrt{1-\rho^2}} \exp\left\{-\frac{1}{2{\sigma_Y}^2(1-\rho^2)}\left[y - \mu_Y - \frac{\rho\sigma_Y}{\sigma_X}(x-\mu_X)\right]^2\right\} \qquad (2.48)
\end{aligned}
$$

으로 주어진다. 이는 평균과 분산이 각각

$$\begin{aligned} E(Y|x) &= \mu_Y + \rho \frac{\sigma_Y}{\sigma_X}(x - \mu_X) \\ Var(Y|x) &= {\sigma_Y}^2(1-\rho^2) \end{aligned} \tag{2.49}$$

인 정규확률변수의 확률밀도함수이므로 $Y|X = x \sim N(\mu_Y + \rho\frac{\sigma_Y}{\sigma_X}(x-\mu_X),$ $\sigma_Y^2(1-\rho^2))$가 된다. 만약 $\rho = 0$이면 $Y|X = x$의 분포는 Y의 주변분포와 같고, ρ의 절댓값이 커질수록 그 분산은 Y의 주변분포의 분산에 비해 점점 줄어들어 $\rho = \pm 1$이 되면 분산이 0인 퇴화분포(degenerate distribution)가 됨을 알 수 있다. 또, $\rho > 0$일 때 x의 값이 평균보다 크다면 Y의 평균이 μ_Y보다 커지고, x의 값이 평균보다 작다면 Y의 평균이 μ_Y보다 작아질 것이다. ρ가 X와 Y의 상관계수이므로 이와 같은 결과는 자명하다. 이와 연관된 내용들은 7장의 회귀분석에서 자세히 다루어질 것이다.

2.6.5 감마분포

여기서는 지수분포 등의 여러 가지 분포를 포함하는 분포족(familiy of distributions)인 감마분포(gamma distribution)에 대해 알아보려고 한다. 우선, 이에 필요한 감마함수의 정의는 다음과 같다.

정의 2.13

$\Gamma(k)$로 표기되는 감마함수는

$$\Gamma(k) = \int_0^\infty t^{k-1} e^{-t}\, dt \qquad (k > 0)$$

이다.

이와 같이 정의된 감마함수는

$$\Gamma(1) = \int_0^\infty e^{-t}\, dt = 1$$

이 되며, 다음과 같은 성질들을 가지고 있다.

$$
\begin{aligned}
&\text{(i)}\ \ \Gamma(k) = (k-1)\,\Gamma(k-1) \quad (k>1)\\
&\text{(ii)}\ \ \Gamma(n) = (n-1)\,! \qquad\qquad (n\text{은 자연수})\\
&\text{(iii)}\ \ \Gamma\left(\frac{1}{2}\right) = \sqrt{\pi}
\end{aligned}
\tag{2.50}
$$

감마함수의 성질로부터 유래되는 감마확률변수 X의 확률밀도함수는 양수인 θ와 k에 대해,

$$
f(x\,;k,\theta) = \frac{1}{\theta^{k}\,\Gamma(k)}\,x^{k-1}\exp(-x/\theta), \qquad x>0 \tag{2.51}
$$

으로 주어지며 $X \sim \mathrm{GAM}(k,\theta)$로 표기하도록 한다. 확률변수 $X \sim \mathrm{GAM}(k,\theta)$의 기댓값과 분산은 아래와 같이 구해진다. 먼저, 기댓값은

$$
\begin{aligned}
E(X) &= \frac{1}{\theta^{k}\,\Gamma(k)}\int_0^{\infty} x^{(1+k)-1}\exp(-x/\theta)\,dx\\
&= \frac{\theta^{1+k}\,\Gamma(k+1)}{\theta^{k}\,\Gamma(k)}\int_0^{\infty}\frac{1}{\theta^{1+k}\,\Gamma(k+1)}\,x^{(1+k)-1}\exp(-x/\theta)\,dx\\
&= \frac{\theta^{1+k}\,\Gamma(k+1)}{\theta^{k}\,\Gamma(k)} = k\theta
\end{aligned}
\tag{2.52}
$$

이다. 마찬가지 방법으로,

$$
E(X^2) = k(1+k)\,\theta^2
$$

을 구할 수 있으며, 따라서 분산은

$$
Var(X) = k(k+1)\,\theta^2 - (k\theta)^2 = k\theta^2 \tag{2.53}
$$

이다. 위의 감마분포에서 모수 k는 분포의 모양을 특징짓는 모수(형태모수, shape parameter)이며, $k=1$인 경우는 모수가 θ인 지수분포에 해당된다.

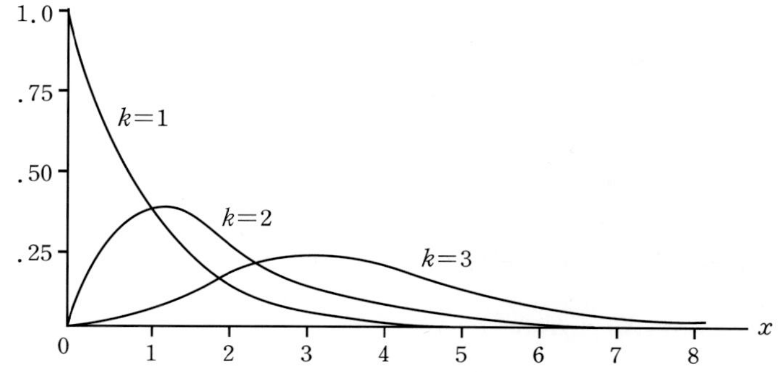

▸ **그림 2.4** ◂ $X \sim \mathrm{GAM}(1, k)$의 확률밀도함수

2.6.6 베타분포

구간 $(0, 1)$상의 연속형 확률변수의 분포를 표현하는 데 사용될 수 있는 베타분포(beta distribution)에 대해 다루어 보자. 먼저, 이에 필요한 베타함수의 정의는 다음과 같다.

> **정의 2.14**
>
> $\mathrm{B}(a, b)$로 표기되는 **베타함수**(beta function)는 $a > 0$, $b > 0$에서
>
> $$\mathrm{B}(a, b) = \int_0^1 x^{a-1}(1-x)^{b-1}\,dx$$
>
> 로 정의된다.

베타함수의 성질로부터 유래되는 베타확률변수 X의 확률밀도함수는

$$f(x\,; a, b) = \frac{1}{\mathrm{B}(a, b)}\, x^{a-1}(1-x)^{b-1} \qquad (0 < x < 1) \tag{2.54}$$

로 주어지며 $X \sim BETA(a, b)$로 표기한다. $X \sim BETA(a, b)$의 평균과 분산은 아래와 같이 구해진다. $k > -a$인 k에 대하여,

$$\begin{aligned} E(X^k) &= \frac{1}{\mathrm{B}(a, b)} \int_0^1 x^{k+a-1}(1-x)^{b-1}\,dx \\ &= \frac{\mathrm{B}(a+k, b)}{\mathrm{B}(a, b)} = \frac{\Gamma(a+k)\,\Gamma(b)}{\Gamma(a+b+k)} \cdot \frac{\Gamma(a+b)}{\Gamma(a)\,\Gamma(b)} \\ &= \frac{\Gamma(a+k)\,\Gamma(a+b)}{\Gamma(a)\,\Gamma(a+b+k)} \end{aligned} \tag{2.55}$$

이므로

$$E(X) = \frac{\Gamma(a+1)\,\Gamma(a+b)}{\Gamma(a)\,\Gamma(a+b+1)} = \frac{a}{a+b} \tag{2.56}$$

$$\begin{aligned} Var(X) &= E(X^2) - [E(X)]^2 = \frac{\Gamma(a+2)\,\Gamma(a+b)}{\Gamma(a)\,\Gamma(a+b+2)} - \left(\frac{a}{a+b}\right)^2 \\ &= \frac{(a+1)a}{(a+b+1)(a+b)} - \left(\frac{a}{a+b}\right)^2 = \frac{ab}{(a+b+1)(a+b)^2} \end{aligned} \tag{2.57}$$

로 계산된다(위의 기댓값을 계산하는 과정에서는 $\mathrm{B}(a,\, b) = \dfrac{\Gamma(a)\,\Gamma(b)}{\Gamma(a+b)}$ 를 이용하였다. 연습문제 2.56 참조).

그림 2.5에서 확인할 수 있듯이 베타분포는 모수 a, b의 값에 따라 구간 $(0,\, 1)$상에 여러 가지 분포형태를 포함한다($a=1$, $b=1$인 경우에는 $U(0,1)$이 된다). 적절한 변환을 이용하면, 베타분포는 임의의 유한구간(finite interval) 내의 값을 갖는 변수에 대한 확률모형으로 활용될 수 있다.

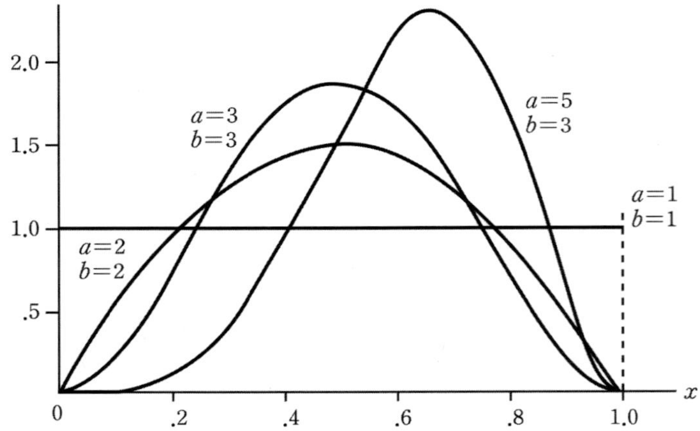

▸ 그림 2.5 ◂ $X \sim BETA(a,\, b)$의 확률밀도함수

2.6.7 그 외의 연속형 확률분포들

앞에서 다룬 확률분포들 외에도 자주 쓰이는 몇 가지 연속형 확률변수들로 다음과

같은 것들이 있다.

공학(engineering)분야에서 물체의 장력측정 등에 사용되는 와이블(Weibull) 확률변수의 확률밀도함수는 $\beta > 0$, $\theta > 0$에서,

$$f(x;\theta,\beta) = \frac{\beta}{\theta^{\beta}} x^{\beta-1} \exp\{-(x/\theta)^{\beta}\}, \quad x > 0 \tag{2.58}$$

로 주어진다. 여기에서 모수 β는 마치 감마분포에서의 모수 k와 같이 분포의 형태(shape)를 결정짓는다. 특히, $\beta = 2$인 경우 랄리(Rayleigh) 분포라고 한다.

또한, 생의학(biomedical)이나 보험계리(actuarial science) 등의 분야에서 자주 사용되는 파레토(Pareto) 확률변수의 확률밀도함수는 $\theta > 0$, $k > 0$일 때,

$$f(x;\theta,k) = \frac{k}{\theta}\left(1+\frac{x}{\theta}\right)^{-(k+1)}, \quad x > 0 \tag{2.59}$$

으로 주어진다. 여기서는 모수 k가 분포의 형태를 결정짓는다. 파레토 분포나 와이블 분포는 정규분포에 비해 꼬리가 두꺼우며, 이 성질 때문에 보험 손해액 등 꼬리가 두꺼운 자료를 모형화하는 데에 자주 사용된다.

변수의 성격을 설명할 때 예로 자주 활용되는 코시(Cauchy) 분포의 확률밀도함수는 $\beta > 0$, $\alpha \in \mathbb{R}$ 일 때,

$$f(x;\alpha,\beta) = \frac{1}{\pi\beta\{1+[(x-\alpha)/\beta]^2\}}, \quad -\infty < x < \infty \tag{2.60}$$

이다. 코시 확률밀도함수는 α에 대하여 대칭임에도 불구하고 평균과 그 이상의 적률이 존재하지 않는다. 적률이란 $E(X^k)$과 같은 형태의 기댓값으로 확률분포의 형태를 결정짓는 데에 중요한 역할을 하는 모수이다. 더 자세한 것은 2.8절에서 다루기로 한다. 이외에도 대수정규(lognormal), 이중지수(double exponential), 로지스틱(logistic) 등의 분포가 있으나 여기서는 생략하기로 한다.

2.7 확률변수들의 함수

확률모형을 사용하여 변수들의 성질을 규명할 때, 때로는 실험에서 얻은 확률변수 X의 관찰값이 연구자의 궁극적인 목적이 아닐 수도 있고 다른 연구자가 X의 함수인

$Y=g(X)$에 관심이 있게 될 수도 있다. 예를 들어 두 확률변수 X와 Y를 구했을 때 그들의 합 $Z=g(X, Y)=X+Y$에 흥미를 가질 수도 있으며, 온도를 섭씨(X)로 쟀는데 이를 화씨$(Y=9X/5+32)$로 변화시키는 것과 같은 측정단위의 변화도 생각할 수 있다. 특히 4장 이후에서 다루게 될 통계적 추론에서는 실험에서 얻은 확률변수들의 함수의 분포를 알아야 하며, 이를 위해서라도 그 일반적인 방법을 알아둘 필요가 있다. 그런데 확률변수의 함수 또는 변환된 확률변수의 분포를 직접 구하는 것은 대부분의 경우 비효율적이다. 그러므로 여기서는 원래의 확률밀도함수를 활용하여 변환된 변수의 확률밀도함수를 구하는 방법을 다루기로 한다.

2.7.1 누적분포함수를 이용한 방법

확률변수 X가 이산형인 경우에는 직접 대입하는 방법으로 $Y=g(X)$의 확률밀도함수를 구할 수 있다. 즉, X의 가능한 값들이 x_1, x_2, $\cdots$ 라고 하고, 그에 상응하는 Y의 값들을 $y_1=g(x_1)$, $y_2=g(x_2)$, $\cdots$ 라고 했을 때

$$\begin{aligned} f_Y(y_j) &= P(Y=y_j)=P(g(X)=y_j) \\ &= \sum_{\{i:\, g(x_i)=y_j\}} P(X=x_i) = \sum_{\{i:\, g(x_i)=y_j\}} f_X(x_i) \end{aligned}$$

가 된다. 또한 Y의 확률분포함수로부터 식 (2.3)을 활용하여 확률밀도함수를 구하는 방법도 가능하다.

이제 연속형 확률변수 X가 누적분포함수 $F_X(x)$를 가지며 X의 함수인 $Y=g(X)$에 관심이 있다고 하자. 영역 $\{Y=g(X)\le y\}$를 $\{X\in R_y\}$ (단, $R_y=\{x: g(x)\le y\}$)로 표현하면 Y의 누적분포함수는

$$F_Y(y)=P(g(X)\le y)=P(X\in R_y)$$

가 성립한다. $P(X\in R_y)$는 X의 분포함수로부터 계산할 수 있으며, 이를 통해 $F_Y(y)$를 구할 수 있다. 예를 들어 R_y가 어떤 구간 $[x_1, x_2]$로 표현된다고 하자. 물론 x_i는 y에 의존한다. 이때 X가 연속형 확률변수이며 확률밀도함수가 $f_X(x)$이면 $Y=g(X)$의 확률분포함수는 $F_Y(y)=\int_{x_1}^{x_2} f_X(x)\,dx = F_X(x_2)-F_X(x_1)$이 되며, Y의 확률밀도함수 $f_Y(y)$는 $F_Y(y)$를 미분함으로써 구해진다.

예 2.39

확률변수 X의 확률밀도함수가 $f_X(x)$일 때, $Y = 9X/5 + 32$의 확률밀도함수를 구해 보자(이 변환은 섭씨로 측정한 온도 X를 화씨로 변환하는 경우에 해당한다). Y의 확률분포함수는

$$\begin{aligned} F_Y(y) &= P(Y \le y) \\ &= P\left(X \le \frac{5(y-32)}{9}\right) \\ &= F_X\left(\frac{5(y-32)}{9}\right) \end{aligned}$$

이다. 따라서 정리 2.2에 의하여,

$$\begin{aligned} f_Y(y) &= \frac{d}{dy} F_Y(y) \\ &= \frac{5}{9} f_X\left(\frac{5(y-32)}{9}\right) \end{aligned}$$

가 된다.

예 2.40

변수 X의 확률밀도함수가 $f_X(x)$일 때, $Y = X^2$의 확률밀도함수를 구해 보자. Y의 확률분포함수는

$$\begin{aligned} F_Y(y) &= P(Y \le y) \\ &= P(X^2 \le y) \\ &= P(-\sqrt{y} \le X \le \sqrt{y}) \\ &= F_X(\sqrt{y}) - F_X(-\sqrt{y}) \end{aligned}$$

이므로,

$$\begin{aligned} f_Y(y) &= \frac{d}{dy} [F_X(\sqrt{y}) - F_X(-\sqrt{y})] \\ &= \frac{1}{2\sqrt{y}} [f_X(\sqrt{y}) + f_X(-\sqrt{y})] \end{aligned}$$

이다. 특별히 $X \sim N(0,1)$이라면, $f_X(\sqrt{y}) = f_X(-\sqrt{y}) = \frac{1}{\sqrt{2\pi}} e^{-y/2}$이므로 $f_Y(y) = \frac{1}{\sqrt{2\pi}} y^{-1/2} e^{-y/2}$, $y > 0$이며 Y는 $\mathrm{GAM}(\frac{1}{2}, 2)$, 즉 자유도가 1인 카이제곱분포가 된다. 카이제곱분포에 대한 본격적인 내용은 3.2.1절에서 다루어진다.

예 2.41

확률변수 X가 $U(0,\ 1)$ 분포를 가졌을 때, $Y = -\lambda \ln X$ $(\lambda > 0)$의 확률밀도함수를 구해 보자. Y의 확률분포함수는

$$\begin{aligned} F_Y(y) &= P(Y \le y) \\ &= P(-\lambda \ln X \le y) \\ &= P(\ln X \ge -y/\lambda) \\ &= P[X \ge \exp(-y/\lambda)] \\ &= 1 - \exp(-y/\lambda) \end{aligned}$$

이다. $y/\lambda > 0$이므로 $\exp(-y/\lambda) < 1$ 이 됨을 유의하자. 따라서

$$\begin{aligned} f_Y(y) &= \frac{d}{dy} F_Y(y) \\ &= \frac{1}{\lambda} \exp(-y/\lambda) \end{aligned}$$

이다. 이는 모수가 λ인 지수 확률변수의 확률밀도함수이다.

예 2.42

독립인 두 확률변수 X와 Y가 $U(0,\ 1)$분포를 가질 때, $Z = X + Y$의 확률밀도함수를 구해 보자. 그런데 $f(x,\ y) = 1(0 < x,\ y < 1)$이므로 Z의 확률분포함수는 $F_Z(z) = P(X + Y \le z) = \iint_{\{(x,y):\, x+y \le z\}} f(x,y)\,dx\,dy$로 구해진다. 이때 적분의 영역 $\{(x,y) : x + y \le z\}$는 아래 그림 2.6과 같이 구해지므로,

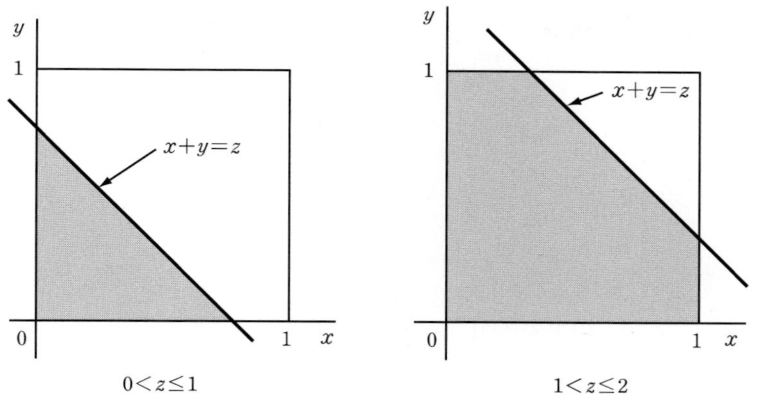

▸ 그림 2.6 ◂ $x+y \le z$의 영역

$$F_Z(z) = \begin{cases} 0, & z \le 0 \\ \displaystyle\int_0^z \int_0^{z-y} 1dxdy = z^2/2, & 0 < z \le 1 \\ 1 - \displaystyle\int_{z-1}^1 \int_{z-y}^1 1dxdy = 1-(2-z)^2/2, & 1 < z \le 2 \\ 1, & z \ge 2 \end{cases}$$

로 구할 수 있다. 따라서, Z의 확률밀도함수는

$$f_Z(z) = \begin{cases} z, & 0 < z \le 1 \\ 2-z, & 1 < z \le 2 \\ 0, & \text{그 외의 경우} \end{cases}$$

으로 주어진다.

다음은 앞의 예들에 대한 내용의 일부를 정리한 것이다.

정리 2.23

확률변수 X의 확률밀도함수가 $f_X(x)$일 때 $Y = g(X)$라는 변환을 고려하자. 단, g는 $A = \{x : f_X(x) > 0\}$ 에서 $B = \{y : f_Y(y) > 0\}$ 으로의 1 : 1 함수이며, 그의 역함수를 $x = g^{-1}(y)$라고 한다. 만일 B상에서 $dg^{-1}(y)/dy \neq 0$이라면 Y의 확률밀도함수는

$$f_Y(y) = f_X(g^{-1}(y))\,|dg^{-1}(y)/dy| \quad y \in B$$

로 주어진다.

증명 $y=g(x)$가 1 : 1이므로 함수 $g(x)$는 단조증가이거나 단조감소이다. 단조증가인 경우를 고려하면, $g(x) \le y$일 필요충분조건은 $x \le g^{-1}(y)$이다. 따라서

$$F_Y(y) = P[g(X) \le y] = P[X \le g^{-1}(y)] = F_X(g^{-1}(y))$$

이고 $dg^{-1}(y)/dy > 0$이므로 (g가 단조증가이면 g^{-1}도 단조증가)

$$f_Y(y) = (d/dy)F_X(g^{-1}(y)) = f_X(g^{-1}(y))\,|dg^{-1}(y)/dy|$$

이다. 단조감소인 경우의 증명도 마찬가지 방법을 사용할 수 있다. ■

앞의 예 2.39에서는 $g^{-1}(y) = \frac{5}{9}(y-32)$, 예 2.41에서는 $g^{-1}(y) = \exp(-y/\lambda)$와 같은 1 : 1 함수가 존재하므로 확률변수 $Y=g(X)$의 확률밀도함수를 정리 2.23을 활용하여 구해도 되며, 결과는 동일하다. 한편, 예 2.40에서는 $g(x)$가 1 : 1 함수가 아니므로 정리 2.23을 직접적으로 사용할 수는 없으나, 정의역을 $g(x)$가 1 : 1이 되는 몇 개의 영역으로 나누어 고려하면 정리의 내용을 활용할 수 있다.

2.7.2 결합변환

여기서는 앞에서 다룬 확률변수의 변환을 좀 더 일반화시켰을 경우에 대하여 고려하기로 하자. 먼저, n차원 확률벡터 $\boldsymbol{X}=(X_1,\cdots,X_n)$의 변환된 $k \le n$개의 확률변수 $Y_1 = g_1(X_1,\cdots,X_n),\cdots, Y_k = g_k(X_1,\cdots,X_n)$가 있다고 하자(편의상, 이와 같은 변환을 $\boldsymbol{Y}=g(\boldsymbol{X})$로 표기한다). 이제, 확률벡터 $\boldsymbol{X}=(X_1,\cdots,X_n)$의 결합 확률밀도함수가 $f_{X_1,\cdots,X_n}(x_1,\cdots,x_n)$일 때, k차원 확률벡터 $\boldsymbol{Y}=(Y_1,\cdots,Y_k)$의 결합 확률밀도함수를 구하고자 한다. 우선 $k=n$인 이산형 확률벡터의 결합변환에 대해 고려해 보자. $k<n$인 경우에는 $n-k$개의 새로운 변수들을 추가해서 n차원에서 n차원으로의 변환을 고려하여 $Y_1,\cdots,Y_n$의 결합분포를 구한 다음, $Y_1,\cdots,Y_k$의 주변분포를 구하면 된다.

정리 2.24

이산형 확률벡터 $\boldsymbol{X}$의 확률밀도함수를 $f(\boldsymbol{x})$라고 했을 때, $\boldsymbol{Y}=g(\boldsymbol{X})$가 1 : 1 변환이면 확률벡터 $\boldsymbol{Y}$의 결합 확률밀도함수는

$$f_{\boldsymbol{Y}}(y_1,\ y_2, \cdots,\ y_n) = f_{\boldsymbol{X}}(x_1,\ x_2, \cdots,\ x_n)$$

이다. 단, $x_1,\ x_2,\ \cdots,\ x_n$는 $\boldsymbol{y} = g(\boldsymbol{x})$의 해로서 $y_1,\ y_2,\ \cdots,\ y_n$에 의존함.

증명 $\boldsymbol{Y} = g(\boldsymbol{X})$가 1 : 1 변환이므로 자명하다. ■

정리 2.24에서, 만일 $\boldsymbol{Y} = g(\boldsymbol{X})$가 1 : 1 변환이 아니면, X의 전체영역을 몇 개의 겹치지 않는 부분영역 $A_1,\ A_2, \cdots$로 나누어 각 영역 A_j상에서 $\boldsymbol{y} = g(\boldsymbol{x})$가 유일해 $\boldsymbol{x} = \boldsymbol{x}_j = (x_{1j}, \cdots,\ x_{nj})$를 갖도록 하여

$$\begin{aligned} f_Y(y_1, \cdots,\ y_n) &= P(g(\boldsymbol{X}) = \boldsymbol{y}) \\ &= \sum_j P(g(\boldsymbol{X}) = \boldsymbol{y},\ \boldsymbol{X} \in A_j) \\ &= \sum_j P(X_1 = x_{1j}, \cdots, X_k = x_{nj}) \\ &= \sum_j f_X(x_{1j}, \cdots, x_{nj}) \end{aligned}$$

의 형태로 구할 수 있다.

예 2.43

X_1, X_2의 결합 확률밀도함수가 다음과 같이 주어져 있다고 하자.

$(x_1,\ x_2)$	(0,0)	(0,1)	(1,0)	(1,1)
$f_{X_1,\ X_2}(x_1,\ x_2)$	1/4	1/4	1/4	1/4

이제 변환된 확률변수

$$Y_1 = g_1(X_1,\ X_2) = X_1 + X_2 \text{와 } Y_2 = g_2(X_1,\ X_2) = X_1 X_2$$

의 결합 확률밀도함수를 구해 보자. 이때 $g(x_1,x_2) = (0,0)$이거나 $g(x_1,x_2) = (2,1)$이 되는 (x_1,x_2)는 하나씩이지만 $g(x_1,x_2) = (1,0)$으로 만드는 (x_1,x_2)는 $(0,1)$과 $(1,0)$ 두 개이므로 (Y_1, Y_2)의 결합 확률밀도함수는 다음과 같이 구해진다.

$$f_{Y_1,\ Y_2}(0,0) = f_{X_1,\ X_2}(0,0) = 1/4$$

$$f_{Y_1, Y_2}(1, 0) = f_{X_1, X_2}(0, 1) + f_{X_1, X_2}(1, 0) = 1/2$$
$$f_{Y_1, Y_2}(2, 1) = f_{X_1, X_2}(1, 1) = 1/4$$

예 2.44

X_1, X_2, X_3의 결합 확률밀도함수가 다음과 같이 주어졌다고 하자.

(x_1, x_2, x_3)	(0,0,0)	(0,0,1)	(0,1,1)	(1,0,1)	(1,1,0)	(1,1,1)
$f_{X_1, X_2, X_3}(x_1, x_2, x_3)$	3/8	1/8	1/8	1/8	1/8	1/8

이제 변환된 확률변수

$$Y_1 = g_1(X_1, X_2, X_3) = X_1 + X_2 + X_3\text{과}$$
$$Y_2 = g_1(X_1, X_2, X_3) = |X_3 - X_2|$$

의 결합 확률밀도함수는 다음과 같이 구해진다. 이 변환 역시 예 2.43에서와 같이 1 : 1 변환이 아님을 유의하자.

$$f_{Y_1, Y_2}(0,0) = f_{X_1, X_2, X_3}(0,0,0) = 3/8$$
$$f_{Y_1, Y_2}(1,1) = f_{X_1, X_2, X_3}(0,0,1) = 1/8$$
$$f_{Y_1, Y_2}(2,0) = f_{X_1, X_2, X_3}(0,1,1) = 1/8$$
$$f_{Y_1, Y_2}(2,1) = f_{X_1, X_2, X_3}(1,0,1) + f_{X_1, X_2, X_3}(1,1,0) = 2/8$$
$$f_{Y_1, Y_2}(3,0) = f_{X_1, X_2, X_3}(1,1,1) = 1/8$$

이제, 위에서 다룬 이산형 확률벡터가 아닌 n차원 연속형 확률벡터의 결합변환에 대해 고려해 보자. $A = \{(x_1, \cdots, x_n) : f_{X_1, \cdots, X_n}(x_1, \cdots, x_n) > 0\}$라고 표기하자. $k < n$이면, $n-k$개의 적절한 새로운 변수들 $Y_{k+1} = g_{k+1}(X_1, \cdots, X_n), \cdots$, $Y_n = g_n(X_1, \cdots, X_n)$을 선택하여 추가함으로써 n차원에서 n차원으로의 함수 $y_1 = g_1(x_1, \cdots, x_n), \cdots, y_{k+1} = g_{k+1}(x_1, \cdots, x_n), \cdots, y_n = g_n(x_1, \cdots, x_n)$을 고려하여 $Y_1, \cdots, Y_n$의 결합분포를 구하게 된다. 나아가 $Y_1, \cdots, Y_n$의 결합분포로부터

$Y_1, \cdots, Y_k$의 주변분포를 구할 수 있다.

연속형 확률변수에 대한 결합변환은 앞서 사용한 역함수의 미분값을 여러 개의 변수의 경우로 일반화한 자코비안(Jacobian)을 사용할 수 있다. n개의 변수의 변환인 $\boldsymbol{y} = g(\boldsymbol{x})$가 $\boldsymbol{x} = (x_1, x_2, \cdots, x_n)$이라는 유일해를 가질 때 자코비안($J$)은 아래와 같은 $n \times n$ 편미분행렬의 행렬값(determinant)이다.

$$J = \begin{vmatrix} \dfrac{\partial x_1}{\partial y_1} & \dfrac{\partial x_1}{\partial y_2} & \cdots & \dfrac{\partial x_1}{\partial y_n} \\ \dfrac{\partial x_2}{\partial y_1} & \dfrac{\partial x_2}{\partial y_2} & \cdots & \dfrac{\partial x_2}{\partial y_n} \\ \vdots & \vdots & \vdots & \vdots \\ \dfrac{\partial x_n}{\partial y_1} & \dfrac{\partial x_n}{\partial y_2} & \cdots & \dfrac{\partial x_n}{\partial y_n} \end{vmatrix} \tag{2.61}$$

위와 같은 내용을 가지고 n개의 확률변수에 대한 결합변환의 분포이론을 정리하면 다음과 같다.

정리 2.25

n개의 연속형 확률변수로 구성되어 있는 확률벡터 $\boldsymbol{X} = (X_1, X_2, \cdots, X_n)$에 대하여 $Y_i = g_i(\boldsymbol{X})$, $i = 1, 2, \cdots, n$이라는 결합변환된 확률변수들을 고려하자. $\boldsymbol{X}$는 결합 확률밀도함수 $f_{\boldsymbol{X}}(x_1, x_2, \cdots, x_n)$를 갖는데 전체영역 A상에서 이 확률밀도함수는 양(> 0)의 값을 가진다. 또, $(g_1, \cdots, g_n)$은 A상에 정의된 1 : 1 변환이며 유일해 $x_i = h_i(y_1, \cdots, y_n), i = 1, \cdots, n$을 갖는다고 가정한다. 이제 자코비안 J가 변환의 범위에서 0이 아니면, 확률벡터 $\boldsymbol{Y}$의 결합 확률밀도함수는

$$f_{\boldsymbol{Y}}(y_1, y_2, \cdots, y_n) = f_{\boldsymbol{X}}(h_1(y_1, \cdots, y_n), \cdots, h_n(y_1, \cdots, y_n)) \, |J|$$

이다.

증명 정리 2.23의 증명방법을 n개의 확률변수로 확장하는 기법이 필요한데, 여기서는 생략하기로 한다. ■

예 2.45

X_1과 X_2가 서로 독립이고 평균이 $\lambda = 1$인 지수 확률변수라고 하면, 이들의 결합 확률밀도함수는 $f(x_1, x_2) = \exp(-x_1 - x_2)$, $x_1 > 0$, $x_2 > 0$이 된다. 이제 결합변환된 두 변수 $Y_1 = X_1$과 $Y_2 = X_1 + X_2$를 고려하자. $(y_1, y_2) = g(x_1, x_2)$의 유일해는 $x_1 = h_1(y_1, y_2) = y_1$, $x_2 = h_2(y_1, y_2) = y_2 - y_1$이므로

$$J = \begin{vmatrix} 1 & 0 \\ -1 & 1 \end{vmatrix} = 1$$

이며, 결합 확률밀도함수는

$$f_{Y_1, Y_2}(y_1, y_2) = f_{X_1, X_2}(y_1, y_2 - y_1)\,|J| = \exp(-y_2)$$

(단, $0 < y_1 < y_2 < \infty$)이다. 그러므로 Y_1과 Y_2의 주변 확률밀도함수는

$$f_{Y_1}(y_1) = \int_{y_1}^{\infty} \exp(-y_2)dy_2 = \exp(-y_1), \quad y_1 > 0$$

$$f_{Y_2}(y_2) = \int_{0}^{y_2} \exp(-y_2)dy_1 = y_2\exp(-y_2), \quad y_2 > 0$$

이 된다. 적분의 영역에 대해서는 다음 그림 2.7을 참조하면 된다.

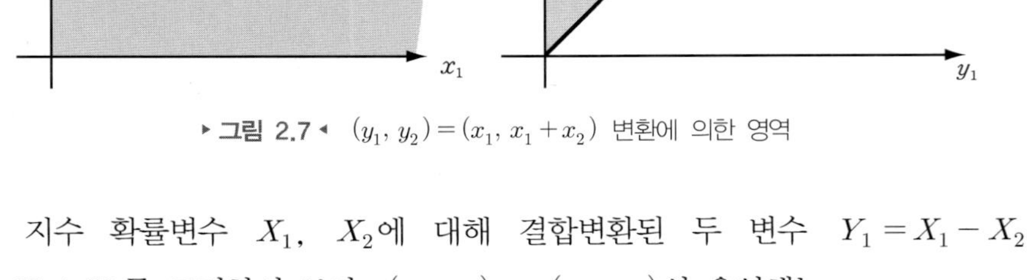

▸ **그림 2.7** ◂ $(y_1, y_2) = (x_1, x_1 + x_2)$ 변환에 의한 영역

이제, 지수 확률변수 X_1, X_2에 대해 결합변환된 두 변수 $Y_1 = X_1 - X_2$와 $Y_2 = X_1 + X_2$를 고려하여 보자. $(y_1, y_2) = g(x_1, x_2)$의 유일해는

$$x_1 = h_1(y_1, y_2) = (y_1 + y_2)/2, \quad x_2 = h_2(y_1, y_2) = (y_2 - y_1)/2$$

이므로, 행렬값은

$$J = \begin{vmatrix} \frac{1}{2} & \frac{1}{2} \\ -\frac{1}{2} & \frac{1}{2} \end{vmatrix} = \frac{1}{2}$$

이며, Y_1과 Y_2의 결합 확률밀도함수는

$$f_{Y_1, Y_2}(y_1, y_2) = f_{X_1, X_2}\left(\frac{y_1 + y_2}{2}, \frac{y_2 - y_1}{2}\right)|J| = \frac{\exp(-y_2)}{2}$$

(단, $x_1 = \dfrac{y_1 + y_2}{2} > 0$과 $x_2 = \dfrac{y_2 - y_1}{2} > 0$으로부터 $-y_2 < y_1 < y_2$, $y_2 > 0$)이다. 그러므로 주변 확률밀도함수는

$$f_{Y_1}(y_1) = \begin{cases} \displaystyle\int_{-y_1}^{\infty} \frac{\exp(-y_2)}{2} dy_2, & y_1 < 0 \\ \displaystyle\int_{y_1}^{\infty} \frac{\exp(-y_2)}{2} dy_2, & y_1 > 0 \end{cases}$$

$$= \begin{cases} \exp(y_1)/2, & y_1 < 0 \\ \exp(-y_1)/2, & y_1 > 0 \end{cases}$$

$$f_{Y_2}(y_2) = \int_{-y_2}^{y_2} \frac{\exp(-y_2)}{2} dy_1 = y_2\exp(-y_2), \qquad y_2 > 0$$

가 된다. 변수 Y_2의 주변 확률밀도함수는 앞부분에서 구한 것과 일치함을 볼 수 있다(적분의 영역에 대해서는 그림 2.8 참조).

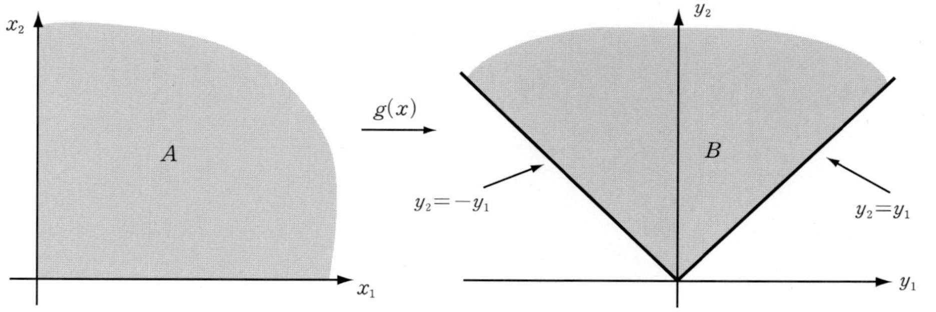

▸ **그림 2.8** ◂ $(y_1, y_2) = (x_1 - x_2, x_1 + x_2)$의 변환에 의한 영역

예 2.46

확률변수 X_1과 X_2가 표준정규분포를 따르며 서로 독립이라 하고, 결합변환된 두 변수 $Y_1 = X_1 + X_2$와 $Y_2 = X_1/X_2$을 고려하자. 그런데, $(y_1, y_2) = g(x_1, x_2)$의 유일해는

$$x_1 = h_1(y_1, y_2) = \frac{y_1 y_2}{1+y_2}, \quad x_2 = h_2(y_1, y_2) = \frac{y_1}{1+y_2}$$

이므로 행렬값은

$$J = \begin{vmatrix} \dfrac{y_2}{1+y_2} & \dfrac{y_1}{(1+y_2)^2} \\ \dfrac{1}{1+y_2} & \dfrac{-y_1}{(1+y_2)^2} \end{vmatrix} = -\frac{y_1(y_2+1)}{(1+y_2)^3} = -\frac{y_1}{(1+y_2)^2}$$

이며, Y_1과 Y_2의 결합 확률밀도함수는

$$\begin{aligned} f_{Y_1, Y_2}(y_1, y_2) &= \frac{|y_1|}{(1+y_2)^2} \frac{1}{2\pi} \exp\left\{-\frac{1}{2}\left[\frac{(y_1 y_2)^2}{(1+y_2)^2} + \frac{y_1^2}{(1+y_2)^2}\right]\right\} \\ &= \frac{1}{2\pi} \frac{|y_1|}{(1+y_2)^2} \exp\left[-\frac{1}{2} \frac{(1+y_2^2)y_1^2}{(1+y_2)^2}\right] \end{aligned}$$

가 된다. 물론 Y_1은 두 독립인 표준정규 확률변수의 합이므로 $N(0, 2)$분포를 따르며, Y_2의 확률밀도함수는 다음과 같이 구할 수 있다.

$$\begin{aligned} f_{Y_2}(y_2) &= \int_{-\infty}^{\infty} f_{Y_1, Y_2}(y_1, y_2)\, dy_1 \\ &= \frac{1}{2\pi} \frac{1}{(1+y_2)^2} \int_{-\infty}^{\infty} |y_1| \exp\left[-\frac{1}{2} \frac{(1+y_2^2)y_1^2}{(1+y_2)^2}\right] dy_1 \\ &= \frac{1}{2\pi} \frac{1}{(1+y_2)^2}\, 2\int_{0}^{\infty} y_1 \exp\left[-\frac{1}{2} \frac{(1+y_2^2)y_1^2}{(1+y_2)^2}\right] dy_1. \end{aligned}$$

여기서,

$$u = \frac{(1+y_2^2)}{2(1+y_2)^2} y_1^2$$

이라 하면,

$$du = \frac{(1+y_2^2)}{(1+y_2)^2} y_1 dy_1$$

이므로

$$f_{Y_2}(y_2) = \frac{1}{2\pi} \times \frac{1}{(1+y_2)^2} \times \frac{(1+y_2)^2}{1+y_2^2} \times 2\int_0^{\infty} e^{-u} du$$
$$= \frac{1}{\pi}\frac{1}{1+y_2^2}, \qquad -\infty < y_2 < \infty$$

을 구할 수 있다. 이는 코시 확률밀도함수이며, 따라서 서로 독립인 두 표준정규 확률변수의 비는 코시 분포를 따름을 알 수 있다.

합성곱 형식(convolution formula)

서로 독립인 두 확률변수 X, Y의 합 $Z = X + Y$의 분포는 다음의 정리를 활용하면 쉽게 구할 수 있다.

정리 2.26

서로 독립인 두 확률변수 X, Y의 확률밀도함수가 각각 $f_X(x)$, $f_Y(y)$일 때, 두 변수의 합 $Z = X + Y$의 확률밀도함수는 다음과 같이 주어진다.

(1) 두 변수 X, Y가 이산형인 경우: $f_Z(z) = \sum_{\text{모든 } x} f_X(x) f_Y(z-x)$

(2) 두 변수 X, Y가 연속형인 경우: $f_Z(z) = \int_{-\infty}^{\infty} f_X(x) f_Y(z-x)\,dx$

증명 편의상 연속인 경우만 고려하면 다음과 같다. $Z = X + Y$의 확률분포함수는, 이중기댓값 정리에 의하여

$$P(Z \le z) = \int_{-\infty}^{\infty} P(X + Y \le z \mid X = x) f_X(x)\,dx$$
$$= \int_{-\infty}^{\infty} P(x + Y \le z) f_X(x)\,dx$$
$$= \int_{-\infty}^{\infty} F_Y(z-x) f_X(x)\,dx$$

로 주어진다. 두 번째 등식은 X와 Y가 독립이므로 성립한다. 따라서 $Z=X+Y$의 확률밀도함수는

$$\begin{aligned} f(z) &= \frac{dF_Z(z)}{dz} \\ &= \frac{d}{dz}\left[\int_{-\infty}^{\infty} F_Y(z-x) f_X(x)\,dx\right] \\ &= \int_{-\infty}^{\infty} \frac{dF_Y(z-x)}{dz} f_X(x)\,dx \\ &= \int_{-\infty}^{\infty} f_X(x) f_Y(z-x)\,dx \end{aligned}$$

가 된다. ■

예 2.47

서로 독립인 확률변수 X와 Y가 공통분포 $U(0,1)$을 가졌다고 할 때 $Z=X+Y$의 확률밀도함수를 구해 보자. 이 문제는 누적분포함수를 이용하여 풀 수도 있고(예 2.42) 결합변환을 활용하거나 정리 2.26을 이용할 수도 있다.

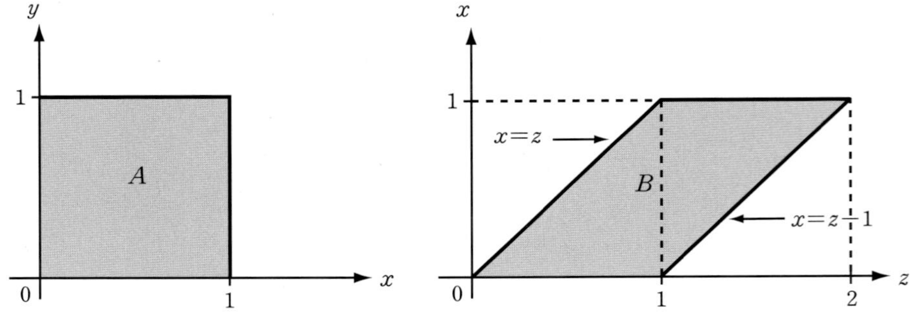

▸ 그림 2.9 ◂ $(x,y)\to(z=x+y,\ x)$ 변환에 의한 영역

우선, 결합변환을 이용하여 Z의 확률밀도함수를 구해 보자. $U=X$라 놓고 (X,Y)에서 (Z,U)로의 변환을 고려하면, $(z,u)=g(x,y)$의 유일해는 $x=h_1(z,u)=u$, $y=h_2(z,u)=z-u$이므로

$$J=\begin{vmatrix} 0 & 1 \\ 1 & -1 \end{vmatrix} = -1$$

이 되며

$$f_{Z,U}(z,u)=f_{X,Y}(u,z-u)|J|=1, \quad 0<u<1, u<z<1+u$$

이다. 주어진 z에 대해 $\max\{0, z-1\}<u<\min\{1, z\}$일 때 $f_{Z,U}(z,u)>0$이므로

$$f_Z(z)=\begin{cases}\int_0^z du = z, & 0<z\le 1\\ \int_{z-1}^1 du = 2-z, & 1<z\le 2\\ 0, & \text{그 외}\end{cases}$$

가 된다.

이제, 정리 2.26을 사용해 보자. $0\le Z\le 2$임을 주지하여 적분의 영역에 주의할 필요가 있으며(참조: 그림 2.9), 지시함수의 사용은 예 2.28과 동일하다.

$$\begin{aligned}f_Z(z)&=\int_{-\infty}^{\infty} f_Y(z-x)f_X(x)\,dx\\&=\int_{-\infty}^{\infty} I_{(0,1)}(z-x)\,I_{(0,1)}(x)\,dx\\&=\int_{-\infty}^{\infty}\{I_{(0,z)}(x)\,I_{(0,1)}(z)+I_{(z-1,1)}(x)\,I_{[1,2)}(z)\}\,dx\\&=I_{(0,1)}(z)\int_0^z dx+I_{[1,2)}(z)\int_{z-1}^1 dx\\&=z\,I_{(0,1)}(z)+(2-z)\,I_{[1,2)}(z)\\&=\begin{cases}z, & 0<z\le 1\\ 2-z, & 1<z\le 2\\ 0, & \text{그 외}\end{cases}\end{aligned}$$

로 앞에서 구한 식과 같아진다.

2.8 적률생성함수

확률변수의 적률(moment)은 분포형태를 결정짓는 데 매우 중요한 역할을 한다. 분포의 특징을 설명하는 평균이나 분산은 물론 여기에서 다룰 왜도, 첨도 등도 역시 적률의 함수이다. 여기서는 이러한 적률을 생성하는 함수에 대해 알아보기로 한다. 이는 확률변수의 형태를 결정지으며, 확률변수들의 합에 대한 분포를 알아내는 데 매우 유용하다.

정의 2.15

확률변수 X의 함수 $g(X) = X^r$에 대한 기댓값

$$\mu_r' = E[X^r]$$

을 X의 **r차 적률**(r^{th} moment)이라고 하며,

$$\mu_r = E[(X-\mu)^r]$$

을 평균 $\mu = E(X)$에 대한 X의 **r차 중심적률**(r^{th} central moment)이라 정의한다.

이와 같이 정의된 중심적률 중에서 μ_3은 확률밀도함수의 비대칭성을 재는 척도로서 **왜도**(skewness)라고 하며, μ_4는 꼬리의 두께를 재는 척도로서 **첨도**(kurtosis)라고 한다. 그런데 왜도는 측정단위에 의존하므로 σ^3으로 나누는 변환을 통하여 단위를 없앤 μ_3/σ^3을 왜도계수라고 한다. 첨도의 경우도 σ^4으로 나누어 단위에 의존하지 않게 하는데 여기에서 3을 뺀 $\mu_4/\sigma^4 - 3$을 첨도계수라고 한다. 이때 3을 빼는 이유는 정규분포의 경우 μ_4/σ^4의 값이 항상 3이 되기 때문인데, 이로써 첨도를 비교하는 데에 있어서 정규분포가 기준이 될 수 있다. 한편, 만약 k차 적률이 존재하면 k보다 작은 차수의 적률은 항상 존재하게 된다.

적률 이외에 분포형태를 특정 짓는 몇 가지의 척도를 소개하면 다음과 같다. 우선, 확률변수 X의 q번째 **분위수**(quantile)는 $F_X(\zeta) \geq q$를 만족하는 가장 작은 ζ로 정의되며 ζ_q로 표기하기로 한다. 특별히 분위수 중에서 $q = 0.5$인 경우를 **중위수**(median)라고 하며 $\text{med}(X)$로 표기하기로 한다. 또 확률밀도함수 $f_X(x)$의 값을 최대화하는 x값을 **최빈값**(mode)이라 하는데, 이것은 이미 소개된 평균이나 중위수와 함께 확률변수 X의 확률밀도함수의 위치를 대표하는 값으로 활용될 수 있다.

주 때로 μ_3/σ^3과 μ_4/σ^4을 각각 왜도와 첨도라고 하기도 하며 $\mu_4/\sigma^4 - 3$은 정규분포의 첨도를 초과하는 정도를 나타내기 때문에 초과첨도(excess kurtosis)라고 하기도 한다. q번째 분위수는 $(100q)$번째 백분위수(percentile)라고도 한다.

이제, 확률변수 X의 특별한 함수꼴에 대한 기댓값으로 나타내지는 적률생성함수(moment generating function)를 정의하도록 하자.

정의 2.16

어떤 $h > 0$에 대하여 $-h < t < h$를 만족하는 모든 t에서 $E(e^{tX}) < \infty$일 때,

$$M_X(t) = E[\exp(tX)]$$

를 확률변수 X의 **적률생성함수**라고 한다.

예 2.48

이항확률변수 $X \sim B(n, p)$의 적률생성함수는 다음과 같다.

$$\begin{aligned} M_X(t) = E(e^{tX}) &= \sum_{x=0}^{n} e^{tx} \binom{n}{x} p^x (1-p)^{n-x} = \sum_{x=0}^{n} \binom{n}{x} (pe^t)^x (1-p)^{n-x} \\ &= (1-p+pe^t)^n. \end{aligned}$$

여기에서 마지막 등식은 이항정리를 이용하여 얻었다.

예 2.49

지수 확률변수 $X \sim \mathrm{EXP}(\lambda)$의 적률생성함수는 다음과 같다.

$$\begin{aligned} M_X(t) = E(e^{tX}) &= \int_0^\infty \exp(tx) \cdot \left(\frac{1}{\lambda}\right) \exp(-x/\lambda)\, dx \\ &= \int_0^\infty \left(\frac{1}{\lambda}\right) \exp\{(t-1/\lambda)x\}\, dx \\ &= \frac{1}{\lambda t - 1} \cdot [\exp\{(t-1/\lambda)x\}]_0^\infty \\ &= \frac{1}{\lambda t - 1} \cdot \left[\lim_{x \to \infty} \exp\{(t-1/\lambda)x\} - 1\right] \\ &= \frac{1}{1-\lambda t}, \qquad t < \frac{1}{\lambda}. \end{aligned}$$

$t \geq \frac{1}{\lambda}$이면 적분이 유한하지 않아서 $E(e^{tX})$가 정의될 수 없다. 그러나 $\frac{1}{\lambda}$이 양의 값을 가지므로 정의 2.16에 의해 지수 확률분포의 적률생성함수는 존재한다.

예 2.50

표준정규 확률변수 $Z \sim N(0,1)$의 적률생성함수는 다음과 같다. 이 경우 $E(e^{tX})$는 모든 실수값 t에서 존재한다.

$$\begin{aligned} M_Z(t) &= \int_{-\infty}^{\infty} \frac{1}{\sqrt{2\pi}} \exp(tz)\exp(-z^2/2)\,dz \\ &= \int_{-\infty}^{\infty} \frac{1}{\sqrt{2\pi}} \exp\{-(z-t)^2/2 + t^2/2\}\,dz \\ &= \exp(t^2/2) \end{aligned}$$

예 2.51

감마확률변수 $X \sim \mathrm{GAM}(k, \theta)$의 적률생성함수는 다음과 같다.

$$\begin{aligned} M_X(t) &= \int_0^{\infty} \exp(tx)\frac{1}{\theta^k \Gamma(k)} x^{k-1}\exp(-x/\theta)\,dx \\ &= \frac{1}{\theta^k \Gamma(k)} \int_0^{\infty} x^{k-1}\exp\{(t-1/\theta)x\}\,dx \\ &\quad (u = -(t-1/\theta)x \text{라는 변환을 하면}) \\ &= (1/\theta - t)^{-k} \frac{1}{\theta^k \Gamma(k)} \int_0^{\infty} u^{k-1}\exp(-u)\,du \\ &= (1-\theta t)^{-k}, \qquad t < 1/\theta. \end{aligned}$$

이제 적률생성함수의 성질들을 살펴보고 그에 대한 활용을 고려하기로 한다. 먼저, 다음 정리 2.27은 적률생성함수가 이름 그대로 적률을 계산하는 데 쉽게 사용될 수 있음을 보여 주는데, 적률생성함수의 $t=0$에서의 r차 미분값이 r차 적률과 동일하다는 것이다.

정리 2.27

확률변수 X의 적률생성함수를 $M_X(t)$라고 하면,

$$M_X^{(r)}(0) = E(X^r)$$

이 성립한다.

증명 $r=1,\ 2$인 경우에 대해서만 증명하기로 한다. 먼저, $r=1$인 경우,

$$\begin{aligned} M_X^{(1)}(0) &= \frac{d}{dt}\int_{-\infty}^{\infty} \exp(tx) f_X(x)\,dx \bigg|_{t=0} \\ &= \int_{-\infty}^{\infty} \frac{d}{dt}\exp(tx)\bigg|_{t=0} f_X(x)\,dx \\ &= \int_{-\infty}^{\infty} x f_X(x)\,dx \\ &= E(X) \end{aligned}$$

가 성립한다. 다음으로, $r=2$인 경우에는

$$\begin{aligned} M_X^{(2)}(0) &= \frac{d^2}{dt^2}\int_{-\infty}^{\infty} \exp(tx) f_X(x)\,dx \bigg|_{t=0} \\ &= \int_{-\infty}^{\infty} \frac{d^2}{dt^2}\exp(tx)\bigg|_{t=0} f_X(x)\,dx \\ &= \int_{-\infty}^{\infty} x^2\exp(tx)\bigg|_{t=0} f_X(x)\,dx \\ &= E(X^2) \end{aligned}$$

이 마찬가지로 성립한다. 위의 결과를 얻기 위해서는 미분과 적분의 순서를 바꾸어야 하는데, 이 경우와 같이 적률생성함수가 존재하면 그 순서를 바꿀 수 있음이 알려져 있다. ■

예 2.52

적률생성함수를 활용한 이항확률변수 $X \sim B(n,\ p)$의 평균과 분산은 다음과 같이 계산된다. 예 2.48로부터 $M_X(t) = (1-p+pe^t)^n$이므로

$$M_X^{(1)}(t) = n(q+pe^t)^{n-1}\cdot pe^t \ \ (\text{단, } p+q=1)$$
$$M_X^{(2)}(t) = n(q+pe^t)^{n-1}\cdot pe^t + pe^t\cdot n(n-1)(q+pe^t)^{n-2}pe^t$$

이고,

$$M_X^{(1)}(0) = n(q+p)^{n-1}p$$

$$= np$$
$$= E(X)$$

$$\begin{aligned} M_X{}^{(2)}(0) &= n(q+p)^{n-1} \cdot p + pn(n-1)(q+p)^{n-2}p \\ &= np + p^2 n(n-1) \\ &= E(X^2) \end{aligned}$$

이 된다. 그러므로

$$\begin{aligned} Var(X) &= np + p^2 n(n-1) - (np)^2 \\ &= np - np^2 \\ &= np(1-p) \end{aligned}$$

이다.

다음의 정리는 확률변수의 분포형태가 적률생성함수에 의하여 유일하게 결정됨을 보여 준다. 이러한 사실은 분포의 형태가 적률에 의해 표현된다는 점으로 미루어 짐작될 수 있다. 증명은 이 책의 수준에서 벗어나므로 증명 없이 받아들이기로 한다.

정리 2.28

확률변수 X와 Y가 같은 적률생성함수를 가지면 두 확률변수는 같은 확률밀도함수를 가진다.

예 2.53

$X \sim \text{EXP}(\lambda)$이면, $M_X(t) = \dfrac{1}{1-\lambda t}$, $t < \dfrac{1}{\lambda}$이다. 그런데, $Y = aX$의 적률생성함수는

$$\begin{aligned} M_Y(t) = E(e^{taX}) &= \int_0^\infty \exp(tax)\left(\frac{1}{\lambda}\right)\exp(-x/\lambda)\,dx \\ &= \int_0^\infty \left(\frac{1}{\lambda}\right)\exp\{(ta-1/\lambda)x\}\,dx \\ &= \frac{1}{1-\lambda at}, \qquad t < \frac{1}{\lambda a}. \end{aligned}$$

이 된다(예 2.49 참조). 이는 모수가 $a\lambda$인 지수 확률변수의 적률생성함수이며, 따라서 $Y \sim \text{EXP}(a\lambda)$이다. 이와 같은 결과는 물론 변수변환을 활용해서도 쉽게 얻을 수 있다.

예 2.54

확률변수 X가 표준정규분포 $N(0,1)$을 따른다고 한다. 여기에서 $Y = X^2$의 분포를 구해 보자.

$$\begin{aligned}
M_Y(t) &= E(e^{tY}) = E(e^{tX^2}) \\
&= \int_{-\infty}^{\infty} \exp(tx^2) \frac{1}{\sqrt{2\pi}} \exp\left(-\frac{x^2}{2}\right) dx \\
&= \frac{1}{\sqrt{2\pi}} \int_{-\infty}^{\infty} \exp\left[-\frac{1}{2}x^2(1-2t)\right] dx \\
&= (1-2t)^{-1/2} \frac{1}{\sqrt{2\pi} \cdot (1-2t)^{-1/2}} \int_{-\infty}^{\infty} \exp\left[-\frac{1}{2}x^2(1-2t)\right] dx \\
&= (1-2t)^{-1/2}, \qquad t < 1/2.
\end{aligned}$$

마지막 등식은 $\frac{1}{\sqrt{2\pi} \cdot (1-2t)^{-1/2}} \exp\left[-\frac{1}{2}x^2(1-2t)\right]$가 $N(0,(1-2t)^{-1})$의 확률밀도함수임을 이용하여 얻을 수 있다. Y의 적률생성함수가 $\text{GAM}(1/2, 2)$ 분포, 즉 자유도가 1인 카이제곱분포의 그것과 같으므로 정리 2.28에 의하여 Y는 자유도가 1인 카이제곱분포를 따른다.

예 2.55

확률변수 X가 $\text{GAM}(k, \theta)$ 분포를 따른다고 하자. 이제 $Y = 2X/\theta$의 분포를 구해 보자. 그런데, $t < 1/2$에서

$$\begin{aligned}
M_Y(t) &= E(e^{tY}) \\
&= E\left[\exp\left(\frac{2t}{\theta}X\right)\right] \\
&= \left(\frac{1}{1-\theta(2t/\theta)}\right)^k
\end{aligned}$$

$$= (1-2t)^{-2k/2},$$

이므로 $Y = \dfrac{2X}{\theta}$는 자유도가 $2k$인 카이제곱분포를 가진다(예 2.51 참조).

독립확률변수들의 합의 분포

통계모형의 사용에 있어서 많은 경우 여러 개의 독립인 확률변수들의 합의 꼴로 표현되는 통계량에 관심이 있게 된다. 그러한 경우 유용하게 사용할 수 있도록 확률변수들의 선형변환과 합에 대한 적률생성함수의 활용을 살펴보기로 하자. 이에 대한 내용은 다음 정리 2.29와 같다.

정리 2.29

(1) 확률변수 X의 적률생성함수가 $M_X(t)$이면, 확률변수 $Y = aX + b$의 적률생성함수는 $M_Y(t) = e^{bt}M_X(at)$이다.

(2) 확률변수 $X_i(i = 1, 2, \cdots, n)$가 서로 독립이고 각각 적률생성함수 $M_{X_i}(t)$를 가진다고 할 때 $Y = X_1 + X_2 + \cdots + X_n$의 적률생성함수는 $M_Y(t) = M_{X_1}(t)M_{X_2}(t)\cdots M_{X_n}(t)$로 주어진다.

증명 (1) $M_Y(t) = E(e^{tY}) = E[e^{t(aX+b)}]$

$$= e^{bt}E(e^{atX}) = e^{bt}M_X(at)$$

(2) $M_Y(t) = E(e^{tY}) = E(e^{tX_1}e^{tX_2}\cdots e^{tX_n})$

$$= E(e^{tX_1})E(e^{tX_2})\cdots E(e^{tX_n})\ (\because e^{tX_i}\text{가 서로 독립이므로})$$

$$= M_{X_1}(t)\,M_{X_1}(t)\cdots M_{X_n}(t)$$ ■

이제 정리 2.28과 정리 2.29의 (2)를 이용하면 통계이론에 자주 사용되는 몇 가지 중요한 분포들을 비교적 쉽게 구할 수 있다. 이는 적률생성함수의 유용성을 잘 보여준다.

예 2.56

$X_1, \cdots, X_n$ 이 서로 독립이고 성공률이 p로 같은 베르누이 확률변수라고 하자(즉, $P(X_i = 1) = p$, $P(X_i = 0) = 1 - p$, $i = 1, \cdots, n$).

$$M_{X_i}(t) = pe^t + q \qquad (p + q = 1)$$

이므로, $Y = X_1 + \cdots + X_n$이라고 하면

$$\begin{aligned} M_Y(t) &= \prod_{i=1}^{n} M_{X_i}(t) \\ &= (pe^t + q)^n \end{aligned}$$

이 되며, 이는 이항확률변수 $B(n, p)$의 적률생성함수이다. 따라서 $Y \sim B(n, p)$이다.

예 2.57

$X_1, \cdots, X_n$ 이 서로 독립이며 $X_i (i = 1, \cdots, n)$는 각각 평균이 λ_i인 포아송 분포를 따른다고 하자.

$$\begin{aligned} M_{X_i}(t) &= E(e^{tX_i}) \\ &= \sum_{x=0}^{\infty} e^{tx} \frac{\exp(-\lambda_i)\lambda_i^x}{x\,!} \\ &= \exp(-\lambda_i) \sum_{x=0}^{\infty} \frac{(\lambda_i e^t)^x}{x\,!} \\ &= \exp\{\lambda_i (e^t - 1)\} \end{aligned}$$

이므로, $Y = X_1 + \cdots + X_n$이라고 하면

$$\begin{aligned} M_Y(t) &= \prod_{i=1}^{n} M_{X_i}(t) \\ &= \exp\left\{ \sum_{i=1}^{n} \lambda_i (e^t - 1) \right\} \end{aligned}$$

이 되며, 이는 평균이 $\sum_{i=1}^{n} \lambda_i$인 포아송 확률변수의 적률생성함수이다. 따라서 $Y \sim \mathrm{POI}\left(\sum_{i=1}^{n} \lambda_i \right)$이다.

예 2.58

$X_1, \cdots, X_n$이 서로 독립이며 $X_i(i=1, \cdots, n)$는 모두 평균이 λ인 지수분포를 따른다고 하자. 이제

$$M_{X_i}(t) = \frac{1}{1-\lambda t}, \qquad t < \frac{1}{\lambda}$$

이므로(참조: 예 2.49), $Y = X_1 + \cdots + X_n$이라고 하면

$$\begin{aligned} M_Y(t) &= \prod_{i=1}^{n} M_{X_i}(t) \\ &= \left(\frac{1}{1-\lambda t}\right)^n, \qquad t < \frac{1}{\lambda} \end{aligned}$$

이며, 이는 $\mathrm{GAM}(n, \lambda)$ 확률변수의 적률생성함수이다. 그러므로 $Y \sim \mathrm{GAM}(n, \lambda)$이다.

예 2.59

$X_1, \cdots, X_n$이 서로 독립이며 $X_i \sim N(\mu_i, \sigma_i^2)$이라고 하자. 예 2.50에서 $Z \sim N(0,1)$일 때 $M_Z(t) = e^{t^2/2}$임을 보였고, $X \sim N(\mu, \sigma^2)$이면 그 적률생성함수는

$$\begin{aligned} M_X(t) &= \int_{-\infty}^{\infty} e^{tx} \frac{1}{\sqrt{2\pi\sigma^2}} e^{-\frac{(x-\mu)^2}{2\sigma^2}} dx \\ &= \int_{-\infty}^{\infty} e^{t(\mu+\sigma z)} \frac{1}{\sqrt{2\pi}} e^{-z^2/2} dz \qquad \left(z = \frac{x-\mu}{\sigma}\right) \\ &= e^{\mu t} M_Z(\sigma t) = e^{\mu t + \frac{1}{2}\sigma^2 t^2} \end{aligned}$$

이 된다. $Y = \sum_{i=1}^{n} a_i X_i$라고 하면 $E(e^{t(aX)}) = E(e^{atX}) = e^{a\mu t + \sigma^2 a^2 t^2/2}$으로부터

$$\begin{aligned} M_Y(t) &= \prod_{i=1}^{n} M_{a_i X_i}(t) \\ &= \exp\left(\sum_{i=1}^{n} a_i \mu_i t + \frac{1}{2} \sum_{i=1}^{n} a_i^2 \sigma_i^2 t^2\right) \end{aligned}$$

이 되며 이는 $N\left(\sum_{i=1}^{n} a_i\mu_i, \sum_{i=1}^{n} a_i^2\sigma_i^2\right)$ 확률변수의 적률생성함수이다. 따라서 $Y \sim N\left(\sum_{i=1}^{n} a_i\mu_i, \sum_{i=1}^{n} a_i^2\sigma_i^2\right)$이다.

결합 적률생성함수

앞에서 정의된 적률생성함수는 k개의 확률변수들 $X_1, \cdots, X_k$ 의 결합분포로 아래와 같이 확장될 수 있다.

정의 2.17

확률벡터 $\boldsymbol{X} = (X_1, \cdots, X_k)$의 **결합 적률생성함수**(joint moment generating function)는 다음과 같이 정의된다.

$$M_X(\boldsymbol{t}) = E\left[\exp\left(\sum_{i=1}^{k} t_i X_i\right)\right]$$

단, $\boldsymbol{t} = (t_1, \cdots, t_k)$이고 $i = 1, \cdots, n$에 대해 $-h_i < t_i < h_i$에서

$$E\left[\exp\left(\sum_{i=1}^{k} t_i X_i\right)\right] < \infty$$

이 되는 $h_i > 0$들이 존재한다.

결합 적률생성함수의 성질은 앞에서 소개된 일변량 확률변수의 적률생성함수와 비슷하다. 우선, 결합 적률생성함수 $M_X(\boldsymbol{t})$를 t_i, t_j에 관하여 각각 r, s번 미분한 결과에 $t_1 = \cdots = t_k = 0$을 대입함으로써 $E(X_i^r X_j^s)$을 구할 수 있다. 나아가, 주변(marginal) 적률생성함수를 결합 적률생성함수로부터 구할 수 있다. 예를 들어, 두 확률변수 X, Y의 결합 적률생성함수가 $M_{X,Y}(t_1, t_2)$라고 하면, X와 Y 각각의 적률생성함수는

$$M_X(t_1) = M_{X,Y}(t_1, 0), \quad M_Y(t_2) = M_{X,Y}(0, t_2) \tag{2.62}$$

로 주어진다.

정리 2.30

두 확률변수 X와 Y가 서로 독립일 필요충분조건은 결합 적률생성함수가 각각의 적률생성함수의 곱과 같다는 것이다. 즉,

$$M_{X,Y}(t_1, t_2) = M_X(t_1) \cdot M_Y(t_2)$$

이면 X와 Y는 독립이고, 그 역도 성립한다.

증명 두 확률변수가 서로 독립일 필요충분조건은 결합 확률밀도함수가 주변 확률밀도함수들의 곱(참조: 정리 2.5)이라는 사실로부터 자명해진다. ■

예 2.60

확률벡터 $\boldsymbol{X} = (X_1, X_2, X_3) \sim \text{MULT}(n, p_1, p_2, p_3)$라고 하자. 이때 X_i는 $B(n, p_i)$ 확률변수이다($i = 1, 2, 3$) (참조: 예 2.9). 여기서는 (X_1, X_2, X_3)의 결합 적률생성함수를 사용하여 주변 적률생성함수를 구해 보기로 하자. 먼저, $\boldsymbol{X} = (X_1, X_2, X_3)$의 결합 적률생성함수는

$$\begin{aligned} M_X(\boldsymbol{t}) &= E\left[\exp\left(\sum_{i=1}^{3} t_i X_i\right)\right] \\ &= \sum\sum\sum_{\text{모든 } x_1, x_2, x_3} \\ &= (p_1 e^{t_1} + p_2 e^{t_2} + p_3 e^{t_3})^n \end{aligned}$$

(단, $p_1 + p_2 + p_3 = 1$)으로 주어진다. 따라서 X_i의 주변 적률생성함수는

$$\begin{aligned} M_{X_1}(t_1) &= M_{X_1, X_2, X_3}(t_1, 0, 0) \\ &= (p_1 e^{t_1} + 1 - p_1)^n \end{aligned}$$

이 되며, 이로부터 $X_1 \sim B(n, p_1)$임을 알 수 있다.

2.9 확률생성함수

이산형 확률변수 X가 음이 아닌 정수값 $0, 1, 2, \cdots$를 가질 수 있다고 하자. 이때 확률변수 X의 성질을 파악하는 데에 다음과 같이 정의되는 확률생성함수(probability generating function)를 이용할 수 있다. 편의상 $P(X=j)=p_j$로 표기하자.

정의 2.18

이산형 확률변수 X의 확률생성함수는

$$G_X(s)=E(s^X)=\sum_{j=0}^{\infty} p_j\, s^j$$

로 정의된다.

이와 같이 정의된 확률생성함수 $G_X(s)$는 $|s| \le 1$에 대하여 다음과 같은 성질들을 가진다. 아래의 성질 3으로부터 확률생성함수라는 이름이 유래하는 것으로 여겨진다.

1. $E(X)=G_X{}'(1)=\left.\dfrac{d}{ds}G_X(s)\right|_{s=1}$
2. 서로 독립인 확률변수 X와 Y의 합인 $Z=X+Y$의 확률생성함수는 $G_Z(s)=G_X(s)\times G_Y(s)$이다.
3. $P(X=k)=(1/k!)\left.\dfrac{d^k}{ds^k}G_X(s)\right|_{s=0}$

예 2.61

$B(n, p)$의 확률생성함수는 베르누이(p)의 확률생성함수가 $G(s)=q+ps$이므로 성질 2를 이용하여 $(q+ps)^n$으로 구해진다(단, $p+q=1$). 또한 평균이 λ인 포아송 확률변수의 확률생성함수는 $G_X(s)=\sum_{j=0}^{\infty}\exp(-\lambda)(s\lambda)^j/j! = \exp(\lambda s-\lambda)$으로 구해진다.

이와 같은 확률생성함수는

$$\frac{d^n}{ds^n} G_X(s) = E\left[X(X-1)\cdots(X-n+1)s^{X-n}\right]$$

의 성질이 있으므로 $(d^n/ds^n)G_X(1) = E[X(X-1)\cdots(X-n+1)]$을 이용하여 계승적률(factorial moment)을 구하는 데 활용할 수 있으며 '계승적률생성함수'라고도 한다. 또한, 확률생성함수도 적률생성함수처럼 유일하게 확률분포를 결정한다는 성질이 있으며, 이러한 성질은 서로 독립인 이항확률변수나 포아송 확률변수의 합의 분포를 구하는 데 이용될 수 있다(물론 적률생성함수는 확률생성함수보다는 더 넓은 범위의 확률변수를 대상으로 하는 이점이 있다).

나아가, 이산형 확률벡터 $(X_1, X_2, \cdots, X_r)$의 결합분포가 $P[X_1 = k_1, \cdots, X_r = k_r]$, $k_i = 0, 1, 2, \cdots$, $1 \le i \le r$이라고 하면 $(X_1, X_2, \cdots, X_r)$의 결합 확률생성함수는

$$G_{X_1, \cdots, X_r}(s_1, \cdots, s_r) = E\left(\prod_{i=1}^{r} s_i^{X_i}\right)$$

으로 정의된다.

연습문제 2장

01 공정한(즉, 모든 눈이 나올 확률이 동일한) 주사위를 5회 던진다고 할 때, 변수 X를 1의 눈이 나오는 횟수라고 하자. 이때 X의 확률밀도함수와 확률분포함수를 구하라.

02 함수 $f(x) = \exp(-x)$ (단, $x > 0$)이 확률밀도함수의 조건들을 만족시킴을 보이고, 변수 X의 확률밀도함수가 $f(x)$일 때 $P(0 < X < 1)$을 구하라.

03 이산형 확률밀도함수가

$$f(x) = \begin{cases} c \cdot 2^x, & x = 1, 2, \cdots, n \text{인 경우} \\ 0, & \text{그 외의 경우} \end{cases}$$

로 주어졌을 때, $f(x)$가 확률밀도함수의 조건들을 만족하기 위한 상수 c의 값을 구하라.

04 n개의 함수 $f_i(x)$ $(i = 1, 2, \cdots, n)$들이 각각 확률밀도함수의 조건들을 만족하면, $p_i > 0$, $\sum_{i=1}^{n} p_i = 1$에 대하여 $\sum_{i=1}^{n} p_i f_i$도 확률밀도함수의 조건들을 만족함을 보여라.

05 연속형 확률변수 X의 확률분포함수 $F_X(x)$가

$$F_X(x) = \begin{cases} 0, & x < 0 \\ x^3, & 0 \le x < 1 \\ 1, & x \ge 1 \end{cases}$$

로 주어졌다.

(1) 확률밀도함수 $f_X(x)$를 구하라.

(2) 확률 $P(1/3 < X < 2/3)$를 확률분포함수 $F_X(x)$를 사용하여 구하고 확률밀도함수 $f_X(x)$에 의한 그것과 비교하여 보라.

06 확률변수 X의 누적분포함수가

$$F_X(x) = \begin{cases} 0, & x < 0 \\ 1-(1/2)^{x+1}, & x = 0,\ 1,\ 2,\cdots \end{cases}$$

으로 주어졌다. 이때

(1) 확률변수 X의 확률밀도함수를 구하라.

(2) X가 짝수값을 가질 확률을 구하라.

(3) $P(10 < X < 20)$을 구하라.

07 연속형 변수 X의 확률밀도함수 $f(x)$가 0에 대해서 대칭이면,

$$P(-a < X < a) = 2F(a) - 1$$

가 성립함을 보여라.

08 이변량 확률벡터 $(X,\ Y)$의 결합 누적분포함수가 $F(x,\ y)$라고 할 때

$$P(a < X \le b,\ c < Y \le d) = F(b, d) - F(b, c) - F(a, d) + F(a, c)$$

이 성립함을 보여라.

09 두 이산형 확률변수 X, Y의 결합 확률밀도함수가

$$f_{X,Y}(x, y) = c(x+y),\ \ x = 0,\ 1,\ 2\ ;\ y = 0,\ 1$$

일 때, $f_{X,Y}(x, y)$가 결합 확률밀도함수의 가정들을 만족시키도록 상수 c를 구하라.

10 동전을 3회 던졌을 때 $X=$앞면이 나오는 횟수, $Y=$뒷면이 나오는 횟수라고 하자.

(1) X, Y의 결합 확률밀도함수를 구하라.

(2) X, Y의 주변 확률밀도함수를 구하라.

(3) 조건부 확률밀도함수 $f_{Y|x}(y\,|\,x)$를 구하라.

11 이산형 확률변수 X와 Y의 결합 확률밀도함수가 다음과 같이 주어졌다고 하자.

Y \ X	1	2	3
2	1/12	1/6	1/12
3	1/6	0	1/6
4	0	1/3	0

다음을 계산하라.

(1) $P(X=1 \mid X+Y \leq 5)$

(2) $P(X=2 \mid Y=2)$

(3) $P(X=2 \mid X>1)$

12 두 확률변수 X와 Y의 결합 확률밀도함수가

$$f_{X,Y}(x,y)=\begin{cases} 2e^{-x}e^{-2y}, & 0<x<\infty,\ 0<y<\infty \\ 0, & \text{그 외의 경우} \end{cases}$$

라고 하자. 이때

(1) $P(X>1,\ Y<1)$을 구하라.

(2) $P(X<Y)$을 구하라.

(3) 양의 상수 a에 대하여 $P(X>a)$을 구하라.

13 두 확률변수 X와 Y의 결합 확률밀도함수가

$$f_{X,Y}(x,y)=\begin{cases} c, & 0<x<1,\ 0<y<1-x \\ 0, & \text{그 외의 경우} \end{cases}$$

로 주어졌다. 이때

(1) 상수 c의 값을 구하라.

(2) X의 주변 확률밀도함수 $f_X(x)$를 구하라.

(3) $P(0<X<1/2,\ 0<Y<1/4)$을 구하라.

14 아래와 같이 두 확률변수 X와 Y의 결합 확률밀도함수가 주어졌을 때 주변 확률밀도함수 $f_X(x)$와 $f_Y(y)$를 각각 구하라.

(1) $f_{X,Y}(x, y) = 2$, $\quad 0 < x < y < 1$

(2) $f_{X,Y}(x, y) = 1/x$, $\quad 0 < y < x,\ 0 < x < 1$

(3) $f_{X,Y}(x, y) = 4xy$, $\quad 0 < x < 1,\ 0 < y < 1$

(4) $f_{X,Y}(x, y) = xye^{-(x+y)}$, $\quad x > 0,\ y > 0$

(5) $f_{X,Y}(x, y) = 2(x+2y)/3$, $\quad 0 < x < 1,\ 0 < y < 1$

15 두 확률변수 X, Y의 결합 확률밀도함수가

$$f_{X,Y}(x, y) = 2e^{-(x+y)}, \qquad 0 < x < y,\ y > 0$$

일 때,

(1) 조건부 확률밀도함수 $f_{Y|x}(y \mid x)$를 구하라.

(2) $P(Y < 1 \mid X < 1)$를 구하라.

16 두 확률변수 X, Y의 결합 확률밀도함수가

$$f_{X,Y}(x, y) = 2, \qquad 0 < x < 1,\ 0 < y < 1 - x$$

일 때,

(1) 조건부 확률밀도함수 $f_{Y|x}(y \mid x)$를 구하라.

(2) $P(0 < Y < 3/4 \mid X < 1/2)$을 구하라.

17 $f(x)$와 $F(x)$가 각각 어떤 확률변수 X의 확률밀도함수와 분포함수라고 하자. $X > x_0$라는 조건이 주어졌을 때, 조건부 확률변수 $X \mid X > x_0$의 확률밀도함수는 $f(x \mid X > x_0) = f(x)/[1 - F(x_0)]$ (단, $x > x_0$)가 됨을 보이고, 이 조건부 확률밀도함수 $f(x \mid X > x_0)$가 확률밀도함수의 조건들을 만족함을 확인하라.

18 확률변수 X의 확률밀도함수가 $f_X(x) = 1,\ 0 < x < 1$일 때, $Y = 3X + 1$의 확률밀도함수를 구하라.

19 확률변수 X의 확률밀도함수가 $f_X(x) = 2x$, $0 < x < 1$일 때

(1) $Y = 3X + 2$의 확률밀도함수를 구하라.

(2) $Y = X^2$의 확률밀도함수를 구하라.

20 확률변수 X의 확률밀도함수가 $f_X(x) = 3e^{-3x}$, $x > 0$일 때

(1) $Y = 2X + 5$의 확률밀도함수와 확률분포함수를 구하라.

(2) $Y = \dfrac{1}{X}$의 확률밀도함수와 확률분포함수를 구하라.

21 확률변수 X의 확률밀도함수가 $f_X(x)$일 때, $Y = |X|$의 확률밀도함수를 $f_X(x)$를 사용하여 나타내어라.

22 $X \sim N(0,1)$일 때, $Y = X^2$의 확률밀도함수를 누적분포함수를 이용한 방법으로 구하라.

23 연속형 확률변수 X의 누적분포함수를 $F(x)$라고 하면, $U = F(X)$는 구간 $(0, 1)$상에서 균일분포를 가짐을 보여라.

24 두 확률변수 X, Y의 결합 확률밀도함수가

$$f_{X,Y}(x, y) = 2(x + y), \qquad 0 \le x \le y \le 1$$

일 때, $Z = X + Y$의 확률밀도함수를 구하라.

25 X의 확률밀도함수가 $f_X(x) = 1/6$ $(x = 1, 2, 3, 4, 5, 6)$으로 주어졌을 때, $E(X)$, $E(2X+5)^2$, $E[X - E(X)]^2$을 구하라.

26 X의 확률밀도함수가 $f_X(x) = 2x$, $0 < x < 1$일 때,

(1) $E(X^2)$을 구하라.

(2) $Y = X^2$의 확률밀도함수를 구하고, 그로부터 $E(Y)$를 구하여 (1)의 결과와 비교하라.

27 이산형 확률변수 X의 확률밀도가

$$f(x) = \begin{cases} 2^{-x}, & x = 1, 2, \cdots \text{인 경우} \\ 0, & \text{그 외의 경우} \end{cases}$$

으로 주어졌을 때, 2^X의 기댓값이 존재하지 않음을 보여라(참조: 정의 2.7).

28 확률변수 X_i의 기댓값이 λ라고 할 때($i = 1, \cdots, n$), $E\left(\sum_{i=1}^{n} a_i X_i\right) = \lambda$가 되기 위한 a_i의 조건은 무엇인가?

29 $Var(X) = 0$의 필요충분조건은 $X =$상수임을 보여라.

30 두 확률변수 X와 Y의 결합 확률밀도함수가

$$f_{X,Y}(x, y) = e^{-x-y}, \quad x > 0, \quad y > 0$$

으로 주어졌다.

(1) $E(X+Y)$를 구하라.

(2) $E(XY)$를 계산하라.

(3) $E(XY) = E(X)E(Y)$가 성립함을 보여라.

31 두 확률변수 X와 Y의 결합 확률밀도함수가

$$f_{X,Y}(x, y) = x + y, \quad 0 < x < 1, \quad 0 < y < 1$$

일 때, X와 Y의 독립여부를 살펴보라.

32 두 확률변수 X와 Y의 결합 확률밀도함수가

$$f_{X,Y}(x, y) = \frac{xy^2}{30}, \quad x = 1, 2, 3, \quad y = 1, 2$$

일 때, X와 Y의 독립여부를 살펴보라.

33 두 확률변수 X와 Y의 결합 확률밀도함수가

$$f_{X,Y}(x,y) = 12xy(1-y), \qquad 0 < x < 1, \quad 0 < y < 1$$

로 주어졌다고 한다. 이때 X와 Y가 독립임을 보여라.

34 $F_{X,Y}(x,y) = F_X(x)F_Y(y)$가 두 확률변수 X와 Y가 서로 독립일 필요충분조건이 됨을 보여라.

35 확률변수 U가 $[0, 2\pi]$상에서 균일분포를 따른다고 할 때 $X = \cos U$, $Y = \sin U$라는 변환을 고려하자. 그러면 X와 Y는 서로 독립이 아님을 보여라.

36 확률변수 X의 확률밀도함수가 $f_X(-1) = f_X(0) = f_X(1) = 1/3$로 주어졌을 때 $Y = 2|X|$라고 하자. 이때

(1) $Y = 2|X|$와 X는 서로 독립이 아님을 보여라.

(2) $E(XY) = E(X)E(Y)$임을 보여라.

37 두 친구 A와 B가 어떤 특정한 장소에서 오후 6시에 만나기로 하였다. 이 두 사람이 이 장소에 도착하는 시간은 5시 50분에서 6시 10분 사이에 균일하게 분포하며 서로 독립이라고 한다. 이때, 먼저 도착한 사람이 5분 이상 기다리게 될 확률을 구하라.

38 임의의 독립인 확률변수 X, Y에 대하여,

$$Cov(X+Y,\ X-Y) = Var(X) - Var(Y)$$

가 성립됨을 보여라.

39 확률변수 X와 Y의 결합 확률밀도함수가 다음과 같이 주어졌을 때,

	X: 1	2	3
Y: 2	1/12	1/6	1/12
3	1/6	0	1/6
4	0	1/3	0

(1) Y의 조건부 기댓값 $E(Y|X=2)$를 구하라.

(2) Y의 조건부 분산 $E[Y-E(Y|X=2)|X=2]^2$을 구하라.

40 확률변수 X와 Y의 결합 확률밀도함수가

$$f(x,y)=\begin{cases}4, & 0<x<1,\ 1<y<2x\text{인 경우}\\ 0, & \text{그 외의 경우}\end{cases}$$

라고 하자. 이때

(1) x에 관한 Y의 조건부 기댓값 $E(Y|x)$을 구하라.

(2) y에 관한 X의 조건부 기댓값 $E(X|y)$을 구하라.

(3) x에 관한 Y의 조건부 분산 $E[Y-E(Y|x)|x]^2$을 구하라.

41 확률변수 X의 확률밀도함수가

$$f(x)=\begin{cases}1/18, & x=1,3\text{인 경우}\\ 16/18, & x=2\text{인 경우}\end{cases}$$

로 주어졌을 때, $P(|X-E(X)|\geq\delta)=Var(X)/\delta^2$를 만족하는 δ를 찾아라.

42 $X\sim B(n,p)$일 때 $Y=n-X$의 분포를 구하라.

43 $X\sim B(4,1/2)$일 때 $E(\sin(\pi X/2))$를 계산하라.

44 $X\sim \mathrm{POI}(\lambda)$일 때 $P(X=0)=P(X=1)$를 만족하는 λ의 값을 구하라.

45 $X\sim \mathrm{POI}(\lambda)$일 때 X의 확률밀도함수 $f(x)$가 $\sum_{x=0}^{\infty}f(x)=1$을 만족함을 보여라.

46 $X\sim \mathrm{POI}(\lambda)$일 때 $E(1+X)^2$을 계산하라.

47 어떤 부품이 불량품일 확률이 0.03이라고 한다. 이제 어느 100개들이 제품 상자에 불량품이 3개 이하 들어 있을 확률을 포아송 근사방법에 의하여 구하라.

48 모든 눈이 나올 확률이 동일한 주사위를 던지는 시행을 고려하자.
(1) 6의 눈이 나올 때까지 던진다면, 최소한 5번의 시행이 필요한 확률은 얼마인가?
(2) 주사위의 눈 6이 나올 확률이 1/2보다 크기 위해서는 몇 번의 시행이 필요한가?

49 7게임으로 구성된 어느 시합(예를 들면 한국시리즈 야구시합)에서 두 팀 A와 B가 겨루게 되었다. 매 게임에서 무승부는 없으며, A팀이 이길 확률이 p라고 할 때
(1) A팀이 x번째 게임에서 시합에 우승할 확률을 구하라.
(2) 이 시합이 7번째 게임에서 끝날 확률을 구하라.

50 어떤 햄버거 가게의 해피밀 세트를 구입하면 4가지 종류의 장난감 중 하나를 임의로 넣어준다. 이 햄버거 가게에는 4가지 종류 모두 매우 많이 준비되어 있다고 가정하자. N_i를 $(i-1)$번째 새 장난감을 받고 나서 i번째 새 장난감을 받을 때까지 구입해야 하는 해피밀 세트의 개수라고 할 때, $E(N_i)$를 구하라. 또, 4개의 장난감 모두를 받기 위해 구입해야 하는 해피밀 세트 개수의 기댓값을 구하라.

51 $X \sim \mathrm{HYP}(n, N, r)$일 때, $N \to \infty$, $r \to \infty$, $r/N \to p$이면

$$\lim_{N\to\infty, r\to\infty, r/N\to p} \frac{\binom{r}{x}\binom{N-r}{n-x}}{\binom{N}{n}} = \binom{n}{x} p^x (1-p)^{n-x}$$

가 성립함을 증명하라.

52 어느 전자제품의 수명이 확률변수 $X \sim \mathrm{EXP}(100)$라고 할 때,
(1) $P(X > 30)$를 구하라.
(2) $P(X > 110)$를 구하라.
(3) $P(X > 110 \mid X > 80)$를 구하고 (1)의 결과와 비교하라.

53 $X \sim N(\mu, \sigma^2)$일 때, 다음의 기댓값들을 계산하라.

(1) $E(X^3)$

(2) $E[(X-\mu)^3]$

(3) $E(X^4)$

(4) $E[(X-\mu)^4]$

54 $X \sim N(\mu, \sigma^2)$일 때,

(1) $Y = |X-\mu|$의 확률밀도함수를 구하라.

(2) $Y = \exp(X)$의 확률밀도함수를 구하라(이를 로그 정규확률밀도함수라고 한다).

55 두 변수 X와 Y가 서로 독립인 $U(0,1)$ 확률변수라고 하자. 이때 $Z = X - Y$의 확률밀도함수를 구하라.

56 $a > 0$, $b > 0$에서 $B(a,b) = \dfrac{\Gamma(a)\Gamma(b)}{\Gamma(a+b)}$임을 보여라.

57 양수인 $\alpha_1, \alpha_2, \alpha_3$ 에 대해

(1) $0 < y_1 < 1$일 때,

$$\int_0^{1-y_1} y_2^{\alpha_2 - 1}(1-y_1-y_2)^{\alpha_3 - 1}dy_2 = \frac{\Gamma(\alpha_2)\Gamma(\alpha_3)}{\Gamma(\alpha_2+\alpha_3)}(1-y_1)^{\alpha_2+\alpha_3-1}$$

임을 보여라.

(2) 다음 함수가 확률밀도함수가 됨을 보여라.

$$f(y_1,y_2) = \begin{cases} \dfrac{\Gamma(\alpha_1+\alpha_2+\alpha_3)}{\Gamma(\alpha_1)\Gamma(\alpha_2)\Gamma(\alpha_3)} y_1^{\alpha_1-1} y_2^{\alpha_2-1}(1-y_1-y_2)^{\alpha_3-1}, & y_1 > 0,\ y_2 > 0,\ y_1+y_2 < 1 \\ 0, & \text{그 외의 경우} \end{cases}$$

58 두 변수 X와 Y가 서로 독립인 표준정규 확률변수라고 하자. $U = X+Y$, $V = X-Y$로 표기한다. 이때 변환된 두 확률변수 U와 V의 결합 확률밀도함수를 구하라(힌트: $X+Y$와 $X-Y$는 서로 독립이다).

59 두 확률변수 X와 Y의 결합 확률밀도함수가

$$f_{X,Y}(x,y) = 4e^{-2(x+y)}, \qquad x > 0, \quad y > 0$$

으로 주어졌다.

(1) $Z = X + Y$의 확률분포함수를 구하라.

(2) $U = X/Y$와 $V = X$의 결합 확률밀도함수를 구하라.

(3) (2)로부터, U의 주변 확률밀도함수를 구하라.

60 확률밀도함수가 $f_X(x) = 1/2$, $-1 < x < 1$인 확률변수의 적률생성함수를 계산하라.

61 $X \sim \mathrm{GEO}(p)$의 적률생성함수를 계산하라.

62 확률변수들 $X_i (i = 1, 2, \cdots, k)$는 서로 독립이며 $\mathrm{GEO}(p)$ 분포를 따른다고 하자. 이때 $\sum_{i=1}^{k} X_i$의 적률생성함수를 구하고 그의 분포를 알아보라.

63 2.6절에 소개된 코시확률변수는 적률이 존재하지 않음을 보여라.

64 확률변수들 $X_i (i = 1, 2, \cdots, n)$는 서로 독립이며 '성공' 확률이 p인 베르누이 분포를 따른다고 하자.

(1) 확률변수들 X_i의 적률생성함수를 구하라.

(2) (1)의 결과를 이용하여 확률변수 X_i의 분산을 구하라.

(3) (1)의 결과를 이용하여 확률변수 $\sum_{i=1}^{n} X_i$의 적률생성함수를 구하라.

65 확률변수들 $X_i (i = 1, 2, \cdots, k)$는 서로 독립이며 $B(n, p)$ 분포를 따른다고 하자. 이때 $\sum_{i=1}^{k} X_i$의 적률생성함수를 구하고 그의 분포가 $B(nk, p)$임을 보여라.

66 확률변수 X의 적률생성함수가 $M_X(t) = (1/9)e^t + (1/3)e^{3t} + (5/9)e^{5t}$로 주어졌을 때,

(1) $P(X=3)$을 계산하라.

(2) X의 확률밀도함수를 구하라.

67 결합 확률밀도함수가 $f_{X,Y}(x,y) = e^{-y}(0 < x < y)$인 두 확률변수 X와 Y의 결합 적률생성함수를 구하라.

68 확률변수 X가 $GAM(k,\theta)$를 따르면 임의의 상수 c에 대해 cX는 $GAM(k,c\theta)$를 따름을 보여라.

69 $X \sim POI(\lambda)$일 때, 확률생성함수를 이용하여 X의 왜도를 구하라.

70 $X \sim \mathrm{NB}(r,p)$의 확률생성함수를 계산하라.

3장 표본분포 및 그의 근사

통계이론의 주된 활용은 연구대상에 대한 실험이나 관찰 등을 통해 구한 자료로부터 연구대상의 성격을 규명하는 것이라고 볼 수 있다. 그런데 연구대상의 성격을 규명함에 있어서 연구대상의 총체(totality)를 모두 조사하는 일은 많은 경우 시간 또는 경비 등의 제약으로 인해 불가능하다. 따라서 통계적 방법들은 그 총체의 일부인 표본을 조사함으로써 총체에 대한 성격을 귀납적(inductive)으로 추론하는 길을 택한다. 몇 가지 예를 들면, 어떤 쟁점(issue)에 대한 국민의 여론을 알고 싶을 때 모든 국민을 상대로 조사하기보다는 적절한 표본을 조사하여 전 국민의 의사를 가늠해 본다든지, 어떤 기계제품(예를 들면 전구)의 수명을 알고 싶은 경우 모든 제품의 수명을 조사할 수 없으므로 일부분의 수명을 조사하여 그 기계제품의 수명을 추정한다든지, 또는 새로운 의약품의 효능에 관한 연구를 하는 데 있어서 실험대상을 선정하여 행한 실험결과에 근거하여 효능여부를 가리는 것 등을 생각할 수 있다.

물론, 위와 같은 귀납적 추론은 표본(또는 실험대상)을 취하는 방법에 따라 달라지며 또한 불확실성을 내포하기에, 통계적 추론방법들은 불확실성을 계량화하기 위하여 확률을 사용한다.

이 장에서는 앞 장에서 다룬 확률분포이론을 통계이론에 적용하는 데에 있어서 중요한 다리역할을 하는 표본분포에 대하여 다룰 것이다. 특히 정규분포로부터 추출한 랜덤표본에 근거한 함수의 분포로서 카이제곱분포, F 분포, t 분포 등을 중점적으로 다루겠으며, 이들은 후에 추정, 가설검정, 분산분석, 회귀분석 등에 활용될 것이다. 또한, 정확한 표본분포를 얻기 어려운 경우 사용할 수 있는 근사적 분포에 대해서도 살펴볼 것이다. 이 근사분포를 이용하면 표본의 크기가 클 때 모수에 대한 추정과 가설검정 등이 한층 수월해진다.

3.1 모집단과 표본

먼저 모집단(population)과 표본(sample)을 정의하면 다음과 같다.

정의 3.1

연구 또는 관찰의 대상이 되는 총체(totality)를 **모집단**이라고 한다.

정의 3.2

확률변수 $X_1, X_2, \cdots, X_n$의 결합 확률밀도함수 $f_{X_1, \cdots, X_n}(x_1, \cdots, x_n)$이 $f_{X_1, \cdots, X_n}(x_1, \cdots, x_n) = f(x_1)f(x_2)\cdots f(x_n)$ (단, $f(\cdot)$는 각 X_i의 공통 확률밀도함수)의 꼴로 나타나면, $X_1, X_2, \cdots, X_n$을 모확률밀도함수가 $f(\cdot)$이며 크기가 n인 **랜덤표본**(random sample) 또는 **임의표본**이라고 한다. 또, 랜덤표본을 표현할 때 "확률변수 $X_1, X_2, \cdots, X_n$이 iid(independent and identically distributed)이다"라고도 한다.

위의 정의에서 랜덤표본 $X_1, X_2, \cdots, X_n$ 은 확률변수를 의미한다. 즉 X_i는 i번째 관찰변수가 가지게 될 값을 뜻한다는 것이다. 일단 관찰된 알려진 값은 $x_1, x_2, \cdots, x_n$으로 소문자를 사용하여 표기한다.

예 3.1

모분포가 '성공' 확률이 p인 베르누이 분포라고 하자. 베르누이 확률밀도함수는

$$f(x) = p^x q^{1-x}, \qquad x = 0 \text{ 또는 } 1 \;\; (p+q=1)$$

이다. 이 경우 서로 독립인 베르누이 시행을 10회 반복하였을 때의 표본을 $X_1, X_2, \cdots, X_{10}$으로 표기하면, 이 표본의 결합 확률밀도함수는

$$\begin{aligned} f_{X_1, X_2, \cdots, X_{10}}(x_1, x_2, \cdots, x_{10}) &= f(x_1)f(x_2)\cdots f(x_{10}) \\ &= p^{\sum_{i=1}^{10} x_i} q^{10-\sum_{i=1}^{10} x_i} \quad (x_i = 0 \text{ 또는 } 1\,;\, i = 1, \cdots, 10) \end{aligned}$$

가 되며, $X_1, X_2, \cdots, X_{10}$을 모확률밀도함수가 $f(x) = p^x q^{1-x}(x = 0$ 또는 $1)$인 크기 10의 랜덤표본이라고 한다.

정의 3.3

미지의 모수를 포함하지 않는 랜덤표본의 함수 $T = T(X_1, X_2, \cdots, X_n)$를 **통계량**(statistic)이라고 한다(물론 통계량 자체도 확률변수이다).

예 3.2

$X_1,\ X_2,\ \cdots,\ X_n$ 이 확률밀도함수 $f(x\,;\theta)$(θ는 알려지지 않았음)로부터 얻은 랜덤표본이라고 하자. 이때 표본평균 $\overline{X}_n = \sum_{i=1}^{n} X_i/n$ 또는 표본최댓값 $\max\{X_1, \cdots, X_n\}$은 통계량이다. 그러나 $\overline{X}_n - \theta$ 또는 $\max\{X_1/\theta, \cdots, X_n/\theta\}$ 등은 미지의 모수 θ에 의존하므로 통계량이 아니다.

2.8절에서 정의한 적률은 모분포에 대한 것으로, 모분포의 형태를 살피는 데 많은 도움이 되었다. 이제 표본에 대한 적률을 정의하고 그 성질들을 알아보자.

정의 3.4

확률밀도함수 $f(x\,;\theta)$로부터 크기가 n인 랜덤표본 $X_1,\ X_2,\ \cdots,\ X_n$을 얻었을 때, ***r*차 표본적률**(rth sample moment)은

$$m_r{}' = \frac{1}{n}\sum_{i=1}^{n} X_i{}^r$$

으로, 표본평균 $\overline{X}_n = \sum_{i=1}^{n} X_i/n$에 대한 ***r*차 표본중심적률**($r$th central sample moment)은

$$m_r = \frac{1}{n}\sum_{i=1}^{n} (X_i - \overline{X}_n)^r$$

으로 정의된다.

이와 같이 정의된 표본적률은 모수를 포함하지 않는 확률표본의 함수이므로 통계량이고, r차 표본적률 $m_r{}'$의 기댓값은 r차 모적률 $\mu_r{}' = E(X^r)$이 되며, 따라서 모적률의 추정에 활용될 수 있다. 이제 모평균과 모분산의 추정에 활용되는 표본평균과 표본분산의 성격들을 알아보자. 먼저 이들의 기댓값과 분산을 구해 보고, 다음 절에서 표본평균의 수렴성을 살펴본다.

정리 3.1

평균과 분산이 각각 μ와 σ^2인 확률밀도함수 $f(x)$로부터 랜덤표본 $X_1,\ X_2,\ \cdots,\ X_n$을 얻었다. 이제 표본평균과 표본분산을 각각

$$\overline{X}_n = \sum_{i=1}^{n} X_i/n \qquad S_n^2 = \sum_{i=1}^{n} (X_i - \overline{X}_n)^2/(n-1)$$

으로 표기하면,

$$E(\overline{X}_n) = \mu \qquad Var(\overline{X}_n) = \frac{\sigma^2}{n}$$

$$E(S_n^2) = \sigma^2 \qquad Var(S_n^2) = \frac{1}{n}\left(\mu_4 - \frac{n-3}{n-1}\sigma^4\right), \qquad n > 1$$

이 성립한다.

증명 우선 표본평균의 기댓값과 분산은 다음과 같이 계산된다.

$$E(\overline{X}_n) = E\left(\sum_{i=1}^{n} X_i/n\right) = \frac{1}{n}E\left(\sum_{i=1}^{n} X_i\right) = \frac{1}{n}nE(X) = \mu$$

$$Var(\overline{X}_n) = \frac{1}{n^2}Var\left(\sum_{i=1}^{n} X_i\right) = \frac{1}{n^2}\sum_{i=1}^{n} Var(X_i) = \frac{\sigma^2}{n}$$

이제

$$\begin{aligned}\sum_{i=1}^{n}(X_i-\mu)^2 &= \sum_{i=1}^{n}(X_i - \overline{X}_n + \overline{X}_n - \mu)^2 \\ &= \sum_{i=1}^{n}[(X_i - \overline{X}_n)^2 + 2(X_i - \overline{X}_n)(\overline{X}_n - \mu) + (\overline{X}_n - \mu)^2] \\ &= \sum_{i=1}^{n}(X_i - \overline{X}_n)^2 + n(\overline{X}_n - \mu)^2\end{aligned}$$

으로 나타낼 수 있다. 따라서 표본분산의 기댓값은

$$\begin{aligned}E(S_n^2) &= \frac{1}{n-1}E\left[\sum_{i=1}^{n}(X_i-\mu)^2 - n(\overline{X}_n-\mu)^2\right] \\ &= \frac{1}{n-1}\left[\sum_{i=1}^{n}E(X_i-\mu)^2 - nE(\overline{X}_n-\mu)^2\right] \\ &= \frac{1}{n-1}\left[n\sigma^2 - n\frac{\sigma^2}{n}\right] \\ &= \sigma^2\end{aligned}$$

이 성립한다. $Var(S_n^2)$에 대한 계산은 연습문제로 남긴다. ■

3.2 정규분포와 관련된 분포들

이제 정규분포로부터 얻은 랜덤표본의 몇 가지 특별한 함수들에 대한 분포를 살펴보자. 이들은 통계적 추론에서 빼놓을 수 없는 중요한 역할을 하고 있으며, 이 책에서도 자주 등장하게 될 것이다.

3.2.1 카이제곱분포

모수가 (k, θ)인 감마분포에서 $k = n/2$, $\theta = 2$인 확률변수 X, 즉 $X \sim \mathrm{GAM}(n/2, 2)$는 자유도(degrees of freedom)가 n인 카이제곱분포(chi-squared distribution)를 따른다고 한다. 따라서 자유도가 n인 카이제곱분포를 가지는 변수 X의 확률밀도함수는

$$f_X(x) = \frac{1}{\Gamma(n/2)}\left(\frac{1}{2}\right)^{n/2} x^{n/2-1} e^{-x/2}, \qquad x > 0 \tag{3.1}$$

이 된다.

이와 같은 카이제곱분포는 모분산 σ^2의 추정량으로 사용되는 표본분산, $S_n^2 = \sum_{i=1}^{n} (X_i - \overline{X}_n)^2/(n-1)$의 표본분포를 이해하는 데 중요한 역할을 하고, 9장에서 다루어지는 범주형 자료의 검정에서도 사용된다. 카이제곱 확률변수의 분포형태는 모수인 자유도 n에 의해 결정되며(참조: 그림 3.1), 이 분포의 주요 백분위수는 〈부록: 표 5〉에 주어져 있다.

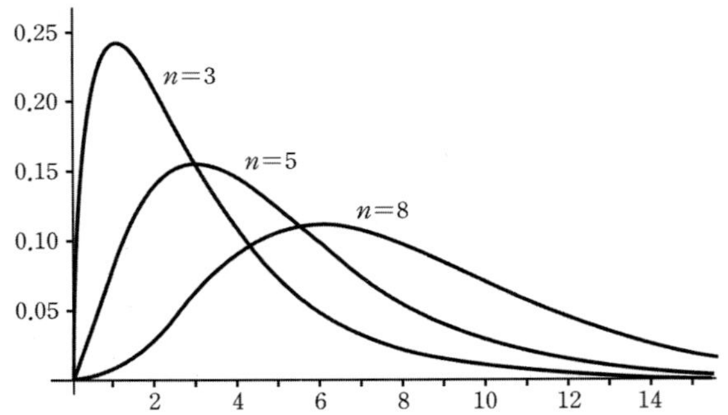

▸ **그림 3.1** ◂ 자유도가 n인 카이제곱분포의 확률밀도함수

이제 아래의 정리들로부터 카이제곱 확률변수의 몇 가지 성질들을 알아보자.

정리 3.2

$X \sim \chi^2(n)$일 때, X의 적률생성함수, 평균과 분산은 다음과 같다.

$$M_X(t) = (1-2t)^{-n/2} \qquad (t < 1/2)$$
$$E(X) = n, \quad Var(X) = 2n$$

증명 일반적인 $\text{GAM}(k, \theta)$ 확률변수의 성질로부터 자명하다(참조: 2.6.5절). ■

정리 3.3

서로 독립인 확률변수 $X_i (i = 1, \cdots, n)$ 들이 각각 자유도가 k_i인 카이제곱분포를 따르면 그들의 합인 $Y = \sum_{i=1}^{n} X_i$는 자유도가 $\sum_{i=1}^{n} k_i$인 카이제곱분포를 따른다.

증명 Y의 적률생성함수는 정리 2.28과 정리 3.2에 의하여

$$\begin{aligned} M_Y(t) &= (1-2t)^{-k_1/2} \cdots (1-2t)^{-k_n/2} \\ &= (1-2t)^{-\sum_{i=1}^{n} k_i/2} \end{aligned}$$

이 되는데, 이는 바로 $\chi^2\left(\sum_{i=1}^{n} k_i\right)$의 적률생성함수이다. 따라서 $Y = \sum_{i=1}^{n} X_i \sim \chi^2\left(\sum_{i=1}^{n} k_i\right)$이다. ■

정리 3.3에 따라 자유도가 n인 카이제곱 확률변수는 서로 독립인 n개의 자유도가 1인 카이제곱 확률변수의 합으로 표현될 수 있다. 한편 그림 3.1에서 자유도가 커짐에 따라 카이제곱분포의 확률밀도함수가 평균에 대하여 대칭형에 가까워짐도 볼 수 있다. 이는 서로 독립이면서 같은 분포를 갖는 확률변수들의 합이 정규분포로 근사될 수 있다는 중심극한정리와 합치하는 결과이다.

정리 3.4

확률변수 Z가 $N(0, 1)$ 분포를 따를 때, $Y = Z^2$은 $\chi^2(1)$의 분포를 가진다.

증명 $Y = Z^2$의 적률생성함수는

$$\begin{aligned} M_{Z^2}(t) &= E[\exp(tZ^2)] \\ &= \int_{-\infty}^{\infty} \frac{1}{\sqrt{2\pi}} \exp(tz^2 - z^2/2)\,dz \\ &= \frac{1}{\sqrt{1-2t}} \int_{-\infty}^{\infty} \frac{\sqrt{1-2t}}{\sqrt{2\pi}} \exp[-z^2(1-2t)/2]\,dz \\ &= (1-2t)^{-1/2}, \quad t < 1/2 \end{aligned}$$

이 되며 이는 $\chi^2(1)$의 적률생성함수이다. 그러므로 $Y \sim \chi^2(1)$이다. 위의 네 번째 등식에서는 $\frac{\sqrt{1-2t}}{\sqrt{2\pi}} \exp[-z^2(1-2t)/2]$가 $N(0, \frac{1}{1-2t})$의 확률밀도 함수임을 이용하였다. ■

다음의 정리 3.5는 서로 독립인 k개의 표준정규 확률변수의 제곱들의 합이 자유도가 k인 카이제곱 확률분포를 따름을 보여 준다.

정리 3.5

서로 독립인 확률변수 $X_i(i = 1, \cdots, k)$들이 각각 정규분포 $N(\mu_i, \sigma_i^2)$을 따른다고 하면,

$$V = \sum_{i=1}^{k} \left(\frac{X_i - \mu_i}{\sigma_i} \right)^2$$

은 자유도가 k인 카이제곱분포를 따른다.

증명 변수 X_i들이 서로 독립이므로 그들의 함수인 $(X_i - \mu_i)^2/\sigma_i^2$는 서로 독립이며, 정리 3.4에 의하여 $\chi^2(1)$ 분포를 갖게 된다. 따라서 정리 3.3에 의해 $V \sim \chi^2(k)$가 성립한다. ■

위 정리 3.5에 의하면, $X_i(i = 1, \cdots, n)$ 들이 정규분포 $N(\mu, \sigma^2)$으로부터의 랜덤표본일 때 $\sum_{i=1}^{n}(X_i - \mu)^2/\sigma^2$은 자유도가 n인 카이제곱분포를 따른다는 사실을 쉽게 알 수 있다.

3.2.2 F 분포

F 분포(F distribution)는 정규분포로부터 구한 독립인 두 표본의 분산비에 대한 분포를 설명하는 데 중요한 역할을 하며, 6장에서 다루어질 분산분석과 7장에서 다루어질 회귀분석에서 필수적으로 활용된다.

먼저, F 확률변수의 형태를 살펴보면 다음과 같다. 서로 독립인 카이제곱 확률변수 U와 V의 자유도가 각각 n, m이라고 할 때, 그들의 함수꼴인 변수

$$X = \frac{U/n}{V/m} \tag{3.2}$$

은 자유도가 (n, m)인 F 분포를 따르며, X의 확률밀도함수는

$$f_X(x) = \frac{\Gamma[(n+m)/2]}{\Gamma(n/2)\Gamma(m/2)}\left(\frac{n}{m}\right)^{n/2}\frac{x^{(n-2)/2}}{[1+nx/m]^{(n+m)/2}} \quad (x>0) \tag{3.3}$$

으로 구해진다(참조: 연습문제 3.8). 자유도가 (n, m)인 F 확률변수 X는 $X \sim F(n, m)$으로 표기한다. 이와 같은 F 확률변수의 분포형태는 모수인 자유도 (n, m)에 의해 결정되며(참조: 그림 3.2), 누적확률분포는 〈부록: 표 6〉에 주어져 있다. 그런데 F 분포는 자유도 (n, m)에 대하여 대칭이 아니므로 자유도의 순서는 주의를 필요로 한다.

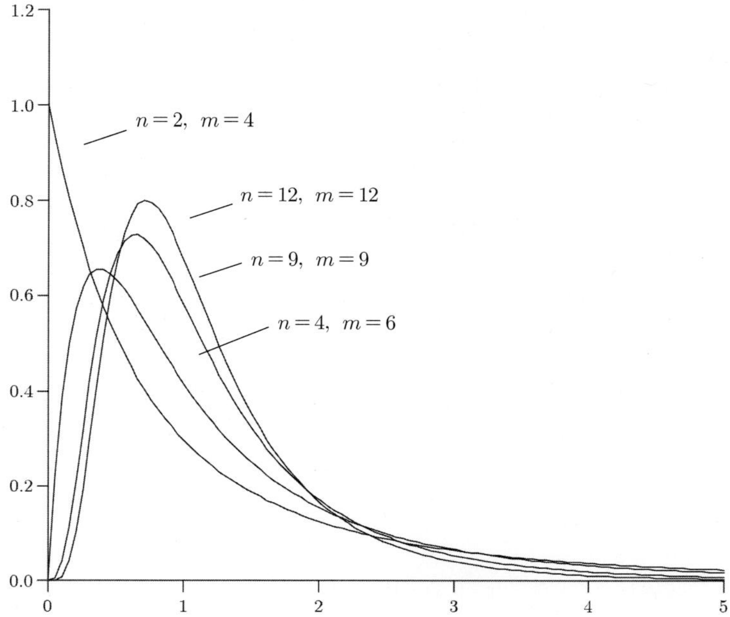

▸ 그림 3.2 ◂ $F(n,m)$ 분포의 확률밀도함수

정리 3.6

$X \sim F(n, m)$일 때 X의 평균과 분산은 아래와 같다.

$$E(X) = \frac{m}{m-2}, \qquad m > 2$$

$$Var(X) = \frac{2m^2(m+n-2)}{n(m-2)^2(m-4)}, \qquad m > 4$$

증명 확률변수 $X \sim F(n, m)$이면, 서로 독립인 확률변수 $U \sim \chi^2(n)$와 $V \sim \chi^2(m)$에 대하여

$$X = \frac{U/n}{V/m}$$

으로 나타낼 수 있다. 그런데 U와 V가 서로 독립이므로 U와 $1/V$도 독립이며

$$E(X) = E\left(\frac{U/n}{V/m}\right) = \frac{m}{n} E(U) E\left(\frac{1}{V}\right)$$

이 성립한다. 그런데

$$E(U) = n$$

이며,

$$\begin{aligned} E\left(\frac{1}{V}\right) &= \frac{1}{\Gamma(m/2)}\left(\frac{1}{2}\right)^{m/2} \int_0^\infty \frac{1}{v} v^{(m-2)/2} e^{-v/2} dv \\ &= \frac{1}{\Gamma(m/2)}\left(\frac{1}{2}\right)^{m/2} \int_0^\infty v^{(m-4)/2} e^{-v/2} dv \\ &= \frac{\Gamma[(m-2)/2]}{\Gamma(m/2)}\left(\frac{1}{2}\right)^{m/2}\left(\frac{1}{2}\right)^{-(m-2)/2} = \frac{1}{m-2}, \quad m > 2 \end{aligned}$$

이므로

$$E(X) = \left(\frac{m}{n}\right) E(U) E\left(\frac{1}{V}\right) = \frac{m}{n} \cdot \frac{n}{m-2} = \frac{m}{m-2}$$

이 성립한다. 분산에 대한 증명은 생략한다. ■

그런데 X가 자유도가 (n, m)인 F 분포를 따르면, $1/X$는 자유도가 (m, n)인 F

분포를 따름이 식 (3.2)로부터 자명하다. 그러므로 $F_\alpha(n, m)$를 $F(n, m)$ 분포의 $100(1-\alpha)$백분위수라 하면

$$\begin{aligned}\alpha &= P[X \geq F_\alpha(n, m)] \\ &= P\left[\frac{1}{X} \leq \frac{1}{F_\alpha(n, m)}\right] \\ &= 1 - P\left[\frac{1}{X} \geq \frac{1}{F_\alpha(n, m)}\right]\end{aligned}$$

로부터

$$\frac{1}{F_\alpha(n, m)} = F_{1-\alpha}(m, n) \tag{3.4}$$

의 관계를 구할 수 있다. 이러한 성질은 F 분포의 확률분포표를 사용하는 데에 있어서 표의 윗부분 또는 아랫부분만 있어도 된다는 실질적인 도움을 준다.

예 3.3

확률변수 $X \sim F(5, 10)$에 대하여, $P(X \leq a) = 0.01$을 만족하는 상수 a는 〈부록: 표 6〉으로부터

$$\begin{aligned}a &= F_{0.99}(5, 10) \\ &= \frac{1}{F_{0.01}(10, 5)} \\ &= \frac{1}{10.1} \\ &= 0.099\end{aligned}$$

이다. 나아가 $X \sim F(6, 12)$이면 $1/X \sim F(12, 6)$이므로, 〈부록: 표 6〉으로부터

$$P(X \geq 0.25) = P\left[\frac{1}{X} \leq \frac{1}{0.25}\right] = P\left[\frac{1}{X} \leq 4.00\right] = 0.95$$

로 계산될 수도 있다.

3.2.3 t 분포

t 분포(Student's t distribution)는 정규분포의 모평균에 대한 추정 및 가설검정 등을 포함한 검정이론에서 매우 중요한 역할을 하며 7장의 회귀분석 등에서 활용된다.

우선 t 확률분포의 형태는 다음과 같다. 확률변수 Z가 표준정규분포를 따르며, U는 자유도 k인 카이제곱분포를 따른다고 하자. 이제 Z와 U가 서로 독립일 때 확률변수

$$X = \frac{Z}{\sqrt{U/k}} \tag{3.5}$$

의 분포를 구해 보자. Z와 U의 결합 확률밀도함수는

$$f_{Z,U}(z, u) = \frac{1}{\sqrt{2\pi}} \frac{1}{\Gamma(k/2)} \left(\frac{1}{2}\right)^{k/2} u^{(k/2)-1} \exp(-u/2) \exp(-z^2/2)$$

이며, $X = Z/\sqrt{U/k}$, $Y = U$라는 결합변환을 고려하면 자코비안은 $\sqrt{y/k}$가 되므로, X와 Y의 결합 확률밀도함수는

$$f_{X,Y}(x, y) = \frac{\sqrt{y/k}}{\sqrt{2\pi}} \frac{1}{\Gamma(k/2)} \left(\frac{1}{2}\right)^{k/2} y^{(k/2)-1} \exp(-y/2) \exp\left(-\frac{1}{2}x^2 y/k\right)$$

으로 계산된다. 따라서 X의 확률밀도함수는

$$\begin{aligned} f_X(x) &= \int_{-\infty}^{\infty} f_{X,Y}(x, y)\,dy \\ &= \frac{1}{\sqrt{2k\pi}} \frac{1}{\Gamma(k/2)} \left(\frac{1}{2}\right)^{k/2} \int_0^{\infty} y^{k/2-1+1/2} \exp\left[-\frac{1}{2}(1+x^2/k)y\right] dy \\ &= \frac{\Gamma((k+1)/2)}{\Gamma(k/2)} \frac{1}{\sqrt{k\pi}} \frac{1}{(1+x^2/k)^{(k+1)/2}} \qquad (-\infty < x < \infty) \end{aligned} \tag{3.6}$$

으로 계산된다. 식 (3.6)과 같은 확률밀도함수를 갖는 변수 X를 자유도가 k인 t 확률변수라고 하며, $X \sim t(k)$으로 표기한다. 이와 같은 t 확률변수의 분포형태는 0에 대하여 대칭이며 모수인 자유도 k에 의해 확률밀도함수의 '꼬리' 부분의 두터움이 결정된다(참조: 그림 3.3). 특히 자유도가 $k=1$인 경우는 코시 분포와 동일하며 자유도가 커짐에 따라 표준정규분포에 가까워짐을 알 수 있다. 이러한 t 확률변수의 누적확률분포는 〈부록: 표 4〉에 주어져 있다.

예 3.4

$X \sim t(10)$이면, 〈부록: 표 4〉로부터

$$P(X \le 1.812) = 0.95$$
$$P(X \le -1.812) = 1 - P(X \le 1.812) = 0.05$$

등을 쉽게 구할 수 있다.

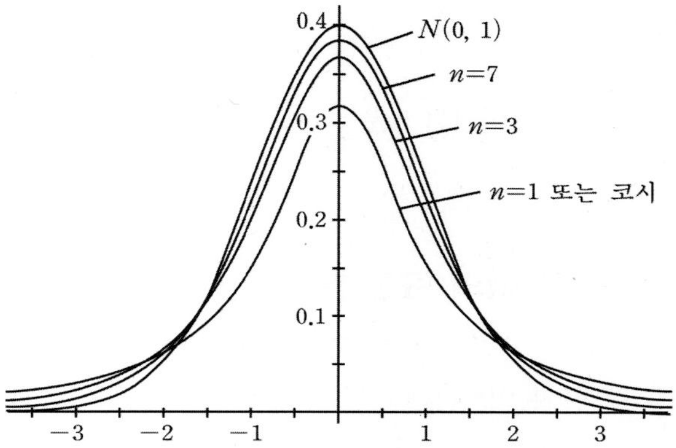

▸ **그림 3.3** ◂ $t(n)$ 분포의 확률밀도함수

다음 정리는 t 확률변수의 평균과 분산에 관한 것이다. 이에 대한 증명은 연습문제로 남겨두도록 한다.

정리 3.7

$X \sim t(n)$일 때 X의 평균과 분산은 아래와 같이 주어진다.

$$E(X) = 0 \;\; (n > 1), \;\; Var(X) = \frac{n}{n-2} \;\; (n > 2) \tag{3.7}$$

또한 t 확률변수와 F 확률변수의 정의로부터, T가 자유도가 n인 t 분포를 따르면 T^2는 자유도가 $(1, n)$인 F 분포를 따른다(참조: 연습문제 3.15).

주 표준정규분포, 카이제곱분포, F 분포, t 분포의 임계값(critical value)은 뒤에 구간추정과 검정론에 자주 나타나게 된다. 이들 임계값에 대한 표기는 다음과 같으며, 이들의 분포표는 이 책의 마지막 부록에 주어져 있다. 임계값은 백분위수와 밀접한 관련이 있는데, z_α는 표준정규분포의 $100(1-\alpha)$백분위수가 된다. 이 값들은 때로 상방 α 분위수라고 표

현되기도 한다.

$$z_\alpha : Z \sim N(0,1) \text{ 일 때, } P(Z > z) = \alpha \text{를 만족하는 } z \text{의 값}$$
$$t_\alpha(n) : T \sim t(n) \text{ 일 때, } P(T > t) = \alpha \text{를 만족하는 } t \text{의 값}$$
$$\chi^2_\alpha(n) : X \sim \chi^2(n) \text{ 일 때, } P(X > x) = \alpha \text{를 만족하는 } x \text{의 값}$$
$$F_\alpha(n,m) : F \sim F(n,m) \text{ 일 때, } P(F > f) = \alpha \text{를 만족하는 } f \text{의 값}$$

그런데 표준정규분포와 t 분포는 $x=0$에 대하여 대칭이므로

$$z_{1-a} = -z_a \text{ 그리고 } t_{1-a}(n) = -t_a(n)$$

의 관계가 성립한다(여기서 n은 t 분포의 자유도이다).

3.3 정규분포로부터의 표본추출

통계적 추정이론이나 방법 등에 있어서 정규분포의 역할은 지대하다. 실제로 실험이나 관찰 등에 있어서 고려되는 확률변수는 여러 개의 중요한 요소들에 의한 영향의 합의 꼴로 생각될 수 있으며, 앞서 고려한 중심극한정리에 의하면 이들의 분포는 정규확률분포로 근사될 수 있다. 또한 모분포에 대한 정규성의 가정은 통계적 추론에 필요한 분포이론에의 수리적인 접근을 용이하게 한다. 그러므로 정규분포에서 얻어진 표본과 그의 함수들에 대한 성질을 파악하는 것은 앞으로 다루어질 통계적 추론에 있어서 매우 중요하고 또 유용한 일이라고 할 수 있다. 여기에서는 정규분포로부터 얻은 랜덤표본의 함수로 표현되는 확률변수들에 대해 살펴보겠다.

정리 3.8

서로 독립인 확률변수 $X_i (i=1, \cdots, n)$ 들이 정규분포 $N(\mu_i, \sigma_i^2)$을 따르면, 그들의 합 $\sum_{i=1}^{n} X_i$는 정규분포 $N\left(\sum_{i=1}^{n}\mu_i, \sum_{i=1}^{n}\sigma_i^2\right)$을 따른다.

증명 $\sum_{i=1}^{n} X_i$의 적률생성함수는

$$\begin{aligned} M(t) &= M_{X_1}(t)\, M_{X_2}(t) \cdots M_{X_n}(t) \\ &= \prod_{i=1}^{n} \exp(\mu_i t + \sigma_i^2 t^2/2) \\ &= \exp\left[t \sum_{i=1}^{n} \mu_i + (t^2/2) \sum_{i=1}^{n} \sigma_i^2 \right] \end{aligned}$$

이 되는데, 이는 바로 $N\left(\sum_{i=1}^{n} \mu_i,\ \sum_{i=1}^{n} \sigma_i^2\right)$의 적률생성함수이다. 따라서 $\sum_{i=1}^{n} X_i$는 정규분포 $N\left(\sum_{i=1}^{n} \mu_i,\ \sum_{i=1}^{n} \sigma_i^2\right)$을 따른다(참조: 예 2.59). ■

위 정리 3.8로부터, 평균이 μ이고 분산이 σ^2인 정규분포로부터 구한 크기가 n인 랜덤표본의 표본평균을 $\overline{X}_n$이라고 하면, $\overline{X}_n \sim N(\mu, \sigma^2/n)$임을 알 수 있다.

예 3.5

어떤 종류의 제품을 1개 생산하는 데 걸리는 시간을 X라고 하자. $X \sim N(6, 2^2)$라고 할 때, 10개의 제품을 만드는 데 걸리는 시간이 70 이상일 확률을 구해 보자. 각 제품을 만드는 데 걸리는 시간을 독립이라 가정하면 정리 3.8에 의해 $X_1 + \cdots + X_{10} \sim N(60, 40)$이므로,

$$\begin{aligned} P\left(\sum_{i=1}^{10} X_i \geq 70\right) &= P\left[\frac{\sum_{i=1}^{10} X_i - 60}{\sqrt{40}} \geq \frac{70-60}{\sqrt{40}} \right] \\ &= 1 - \Phi(1.58) \\ &= 0.057 \end{aligned}$$

이 된다.

이제 표본평균 $\overline{X}_n = \sum_{i=1}^{n} X_i/n$와 표본분산 $S_n^2 = \sum_{i=1}^{n} (X_i - \overline{X}_n)^2/(n-1)$ 사이의 관계를 알아보고, 나아가 S_n^2의 표본분포에 대해 살펴보자. 그런데 $\sum_{i=1}^{n} (X_i - \overline{X}_n) = 0$의 관계가 있으므로 $(X_i - \overline{X}_n)$들은 서로 독립이 아니며$(i = 1, \cdots, n)$, 따라서

$X_i - \overline{X}_n\ (i=1, \cdots, n)$이 정규분포를 따름에도 불구하고 S_n^2의 분포를 구하는 데 앞의 정리 3.5를 직접 사용할 수 없다는 사실을 미리 밝혀둔다.

정리 3.9

$X_1,\ X_2,\ \cdots,\ X_n$을 평균이 μ이고 분산이 σ^2인 정규분포 $N(\mu,\ \sigma^2)$으로부터의 크기가 n인 랜덤표본이라고 하면,

(1) $\overline{X}_n$와 $S_n^2 = \sum_{i=1}^{n} (X_i - \overline{X}_n)^2/(n-1)$은 서로 독립이며,

(2) $(n-1)S_n^2/\sigma^2$은 자유도가 $n-1$인 카이제곱분포를 따른다.

증명 우선,

$$\sum_{i=1}^{n} \frac{(x_i-\mu)^2}{\sigma^2} = \sum_{i=1}^{n} \frac{(x_i-\overline{x}_n)^2}{\sigma^2} + \frac{n(\overline{x}_n-\mu)^2}{\sigma^2}$$

의 관계로부터 랜덤표본 $X_1,\ X_2,\ \cdots,\ X_n$의 결합 확률밀도함수는

$$\begin{aligned} f(x_1,\ x_2, \cdots, x_n) &= \frac{1}{(2\pi)^{n/2}\sigma^n} \exp\left[-\frac{1}{2}\sum_{i=1}^{n}\left(\frac{x_i-\mu}{\sigma}\right)^2\right] \\ &= \frac{1}{(2\pi)^{n/2}\sigma^n} \exp\left[-\frac{1}{2\sigma^2}\left(\sum_{i=1}^{n}(x_i-\overline{x}_n)^2 + n(\overline{x}_n-\mu)^2\right)\right] \end{aligned}$$

이 된다. 이제,

$$y_1 = \overline{x}_n,\ \ y_i = x_i - \overline{x}_n \qquad (i=2,\ \cdots,\ n)$$

라는 변환을 고려하면

$$x_1 - \overline{x}_n = -\sum_{i=2}^{n}(x_i-\overline{x}_n) = -\sum_{i=2}^{n} y_i$$

$$\sum_{i=1}^{n}(x_i-\overline{x}_n)^2 = (x_1-\overline{x}_n)^2 + \sum_{i=2}^{n}(x_i-\overline{x}_n)^2 = \left(-\sum_{i=2}^{n} y_i\right)^2 + \sum_{i=2}^{n} y_i^2$$

이고, $x_1 = y_1 - y_2 - \cdots - y_n,\ \ x_i = y_i + y_1\,(i=2, \cdots, n)$이므로 이 변환의 자코비안 J는 n이 된다. 정리 2.25에 의하여 $Y_1,\ Y_2,\ \cdots,\ Y_n$의 결합 확률밀도함

수는

$$g(y_1, y_2, \cdots, y_n) =$$

$$\frac{|J|}{(2\pi)^{n/2}\sigma^n} \exp\left[-\frac{1}{2\sigma^2}\left[\left(-\sum_{i=2}^{n} y_i\right)^2 + \sum_{i=2}^{n} y_i^2 + n(y_1 - \mu)^2\right]\right]$$

이 되는데, 이는 Y_1만의 함수와 $Y_i(i = 2, \cdots, n)$만의 함수의 곱의 꼴이며 곧, $Y_1 = \overline{X}_n$과 $Y_i = X_i - \overline{X}_n(i = 2, \cdots, n)$의 독립을 의미한다. 또한 $X_1 - \overline{X}_n = -\sum_{i=2}^{n}(X_i - \overline{X}_n)$이므로 $\overline{X}_n$와 $X_1 - \overline{X}_n$도 서로 독립이다. 그런데 S_n^2는 $(X_i - \overline{X}_n)$들만의 함수이므로, $\overline{X}_n$와 $S_n^2 = \sum_{i=1}^{n}(X_i - \overline{X}_n)^2/(n-1)$도 서로 독립이 된다. 이제 $(n-1)S_n^2/\sigma^2$의 분포를 구해 보자. 우선, 증명의 첫 부분에 나온 식을 사용하면,

$$\begin{aligned} V_1 &= \sum_{i=1}^{n} \frac{(X_i - \mu)^2}{\sigma^2} = \frac{(n-1)S_n^2}{\sigma^2} + \frac{n(\overline{X}_n - \mu)^2}{\sigma^2} \\ &= V_2 + V_3 \end{aligned}$$

의 꼴로 표현되며, $V_1 \sim \chi^2(n)$, $V_3 \sim \chi^2(1)$이며, 또한 V_2와 V_3는 서로 독립이다. 따라서 정리 2.30에 의하여

$$M_{V_1}(t) = M_{V_2}(t)\, M_{V_3}(t)$$

이며

$$\begin{aligned} M_{V_2}(t) &= \frac{M_{V_1}(t)}{M_{V_3}(t)} = \frac{(1-2t)^{-n/2}}{(1-2t)^{-1/2}} \\ &= (1-2t)^{-(n-1)/2} \end{aligned}$$

이므로 $V_2 = (n-1)S_n^2/\sigma^2 \sim \chi^2(n-1)$이다(참조: 정리 3.2). ■

예 3.6

(예 3.5 계속) 예 3.5에서 10개의 랜덤표본의 표본분산이 5보다 클 확률을 구해 보자. 그런데 $9S_{10}^2/4 \sim \chi^2(9)$이므로,

$$\begin{aligned}P(S_{10}^2 > 5) &= P\left[\frac{9S_{10}^2}{4} > \frac{45}{4}\right]\\ &= P[\chi^2(9) > 11.25]\\ &\fallingdotseq 0.259\end{aligned}$$

가 된다.

다음의 정리는 두 개의 정규분포로부터 얻은 독립 랜덤표본의 분산비에 대한 분포를 제공한다.

정리 3.10

평균이 μ_X이고 분산이 ${\sigma_X}^2$인 정규분포로부터 크기가 n인 랜덤표본 X_1, X_2, $\cdots$, X_n 그리고 평균이 μ_Y이고 분산이 ${\sigma_Y}^2$인 정규분포로부터 크기가 m인 랜덤표본 Y_1, Y_2, $\cdots$, Y_m 을 얻었다. 이제, 두 표본이 서로 독립이라고 하면 확률변량

$$F = \frac{{S_X}^2/{\sigma_X}^2}{{S_Y}^2/{\sigma_Y}^2}$$

은 자유도가 $(n-1,\ m-1)$인 F 분포를 따른다. 여기서 $S_X^2 = \frac{1}{n-1}\sum_{i=1}^{n}(X_i - \overline{X}_n)^2$이고 $S_Y^2 = \frac{1}{m-1}\sum_{i=1}^{m}(Y_i - \overline{Y}_m)^2$이다.

증명 두 확률변량

$$\frac{(n-1){S_X}^2}{{\sigma_X}^2} \sim \chi^2(n-1)\text{과 } \frac{(m-1){S_Y}^2}{{\sigma_Y}^2} \sim \chi^2(m-1)$$

은 서로 독립이므로 F 확률분포의 정의에 의하여 자명하다. ■

위 정리 3.10으로부터 ${\sigma_X}^2 = {\sigma_Y}^2$인 경우, 표본분산비 S_X^2/S_Y^2은 자유도가 $(n-1,\ m-1)$인 F 분포를 따름을 쉽게 알 수 있다.

다음의 정리 3.11은 정규분포로부터 얻은 랜덤표본의 평균과 분산의 독립성에 근거하여 얻은 결과로서 후에 t 검정이나 구간추정 등에 있어 중심 역할을 하는 분포이론이다.

정리 3.11

평균이 μ이고 분산이 σ^2인 정규분포로부터의 랜덤표본 $X_1, X_2, \cdots, X_n$을 고려하면, 확률변량

$$T = \frac{\sqrt{n}(\overline{X}_n - \mu)}{\sqrt{\sum_{i=1}^{n}(X_i - \overline{X}_n)^2/(n-1)}}$$

는 자유도가 $(n-1)$인 t 분포를 따른다.

증명 변수 $\sqrt{n}(\overline{X}_n - \mu)/\sigma$와 $\sum_{i=1}^{n}(X_i - \overline{X}_n)^2/\sigma^2$는 정리 3.9에 의하여 서로 독립이며, 각각 $N(0, 1)$ 분포와 $\chi^2(n-1)$ 분포를 가지므로 $T \sim t(n-1)$이 성립한다. ■

주어진 표본에 대하여 정리 3.11과 같이 만들어진 확률변량 T는 μ의 값이 알려져 있을 때 통계량이 되며 이를 **스튜던트화 t 통계량**(Studentized t Statistic)이라고 한다. 물론 μ가 알려져 있지 않은 경우에도 T는 t 분포를 따르게 되지만 미지의 모수를 포함하므로 통계량은 아니다. 이러한 스튜던트화는 주로 모수의 추정량에 포함되는 장애모수(nuisance parameter)인 분산의 추정에서 비롯된다(장애모수란 추정하고자 하는 모수 이외의 모수를 말한다). 한편, t 분포는 자유도 $(n-1)$이 커짐에 따라 표준정규분포로 가까워지는데, 이는 정리 3.11을 통해서도 쉽게 확인된다. 왜냐하면, 확률변량 T의 분모인 $\sqrt{\sum_{i=1}^{n}(X_i - \overline{X}_n)^2/(n-1)}$ 가 표본의 크기(n)가 커짐에 따라 σ로 수렴하게 되며, 따라서 T의 분포는 표준 정규확률분포로 근사되기 때문이다(정리 3.15 슬럿츠키 정리 참조). 이와 같은 사실은 부록에 있는 확률분포표를 통해서도 확인될 수 있다. 〈부록: 표 4〉의 백분위수들은 자유도가 커질수록 표준정규분포의 백분위수에 가까워지고 있으며 표의 마지막 행은 자유도가 무한대일 경우의 백분위수를 보여주는데, 이것은 표준정규분포의 백분위수와 일치한다.

3.4 대수의 법칙과 중심극한정리

앞 절에서는 모분포에 대한 정규성 가정하에 널리 사용되는 통계량들의 표본분포를

다루었다. 그러나 때로는 주어진 자료에 대하여 정규분포와 같은 특정 분포를 가정하는 것이 실제 자료분석 등에서 매우 무리일 수 있다. 여기서는 표본의 크기가 큰 경우에 대한 표본분포의 근사를 다루기로 한다. 우선, 표본의 크기가 커질 때 통계량의 점근적 성질을 살펴보는 데에 필요한 확률변수의 수렴에 대해 알아보자. 일반적으로 실수열 $\{a_1, a_2, \cdots\}$이 어떤 실수 a로 수렴한다는 것은 n이 커질 때 a_n이 a와 매우 가까워짐을 의미하는데, 어떠한 양수 ϵ을 생각하더라도 그에 따른 적절한 n_ϵ이 존재하여 그보다 큰 모든 n에 대해서 a_n과 a 사이의 거리가 ϵ보다 작아진다는 것이다. 그런데 확률변수의 열 $\{X_1, X_2, \cdots\}$의 수렴에서는 확률변수들이 각 시행마다 다른 값을 가질 수 있게 되기 때문에 같은 정의를 사용할 수 없으므로 확률변수의 수렴은 실수의 수렴과 다르게 정의될 필요가 있다. 실제로 확률변수의 수렴에는 여러 가지 다른 종류가 있는데, 여기에서는 대표적인 두 종류인 확률수렴과 분포수렴을 통계학에서 매우 중요하게 여겨지는 두 정리와 연관지어 생각해보기로 하겠다.

3.4.1 대수의 법칙

정의 3.5

확률변수의 열 $X_1, X_2, \cdots, X_n, \cdots$과 확률변수 X가 같은 확률공간에 정의된다고 하자. 만약 임의의 $\epsilon > 0$에 대하여 $\lim_{n\to\infty} P(|X_n - X| \geq \epsilon) = 0$, 또는 동등하게 $\lim_{n\to\infty} P(|X_n - X| < \epsilon) = 1$을 만족한다면, X_n이 X로 **확률적으로 수렴**한다고 말하고, $X_n \xrightarrow{p} X$로 표기한다.

다음의 정리 3.12는 표본의 크기가 커짐에 따라 표본평균이 모평균으로 확률적으로 수렴함을 의미하며 이를 **대수의 법칙**(law of large numbers)이라고 한다.

정리 3.12

평균이 $\mu < \infty$인 확률밀도함수 $f(x)$로부터 랜덤표본 $X_1, X_2, \cdots, X_n$을 얻었다면, $\overline{X}_n \xrightarrow{p} \mu$가 성립한다.

증명 증명의 편의를 위해 확률밀도함수 $f(x)$가 분산 $\sigma^2 < \infty$를 갖는다고 가정하자. 그러면,

$$P[\,|\overline{X}_n - \mu| < \epsilon\,] = P[\,|\overline{X}_n - \mu|^2 < \epsilon^2]$$

$$\geq 1 - \frac{E(\overline{X}_n - \mu)^2}{\epsilon^2} \quad (\because \text{ 체비셰프 부등식(정리 2.15)})$$

$$= 1 - \frac{\sigma^2/n}{\epsilon^2} \to 1$$

■

주 표본분산이 모분산으로의 수렴하는 것도 적절한 조건하에서 성립하나, 여기에서는 그에 대한 증명을 생략하고 연습문제로 남기기로 한다.

예 3.7

$X_1,\ X_2,\ \cdots,\ X_n$이 서로 독립인 베르누이(p) 확률변수라고 하자. $E(X_1) = p$이므로, 표본비율 $\hat{p}_n = \sum_{i=1}^{n} X_i/n$은 모비율 p로 확률적으로 수렴한다.

3.4.2 중심극한정리

정의 3.6

확률변수의 열 $X_1, X_2, \cdots, X_n, \cdots$ 이 누적확률분포함수 $F_{X_1}, F_{X_2}, \cdots, F_{X_n}, \cdots$ 을 각각 갖고, 확률변수 X가 누적확률분포함수 F_X를 갖는다고 하자. 만약 함수 F_X가 연속인 모든 점 x에서 $\lim_{n\to\infty} F_{X_n}(x) = F_X(x)$가 만족된다면, X_n이 X로 **분포수렴**한다고 말하고, $X_n \xrightarrow{d} X$로 표기한다.

다음은 확률변수열에 대응되는 적률생성함수열의 극한과 확률분포의 관계에 관한 것으로, 적률생성함수열의 극한은 중심극한정리의 증명에 사용될 것이다. 정리에 대한 증명은 생략하기로 한다.

정리 3.13

확률변수 $X_1,\ X_2,\ \cdots$의 누적분포함수가 $F_1,\ F_2,\ \cdots$이고 적률생성함수가 $M_1(t),\ M_2(t),\ \cdots$라고 하자. 이때 어떤 t의 개구간 $-h < t < h$에 대하여

$\lim_{n \to \infty} M_n(t) = M(t)$가 성립하며 $M(t)$가 누적분포함수 $F(x)$를 갖는 어떤 확률분포의 적률생성함수라고 하면, $F(x)$가 연속인 모든 점에서 $\lim_{n \to \infty} F_n(x) = F(x)$가 성립한다.

이산형 확률변수에 대해서는 확률생성함수를 이용하는 것도 가능하다. 이산형 확률변수열 $\{X_n : n \geq 1\}$에 대응되는 확률생성함수열을 $\{G_n : n \geq 1\}$ 이라고 하자. 그러면, $\lim_{n \to \infty} P(X_n = k) = a_k$가 성립할 필요충분조건은 $\lim_{n \to \infty} G_n(s) = G(s) = \sum_{k=0}^{\infty} a_k s^k$이다. 단, $0 \leq s < 1$이며, $G(s)$가 확률생성함수인지를 확인할 필요가 있다.

이제 확률론과 통계학에 있어서 가장 중요하다고 여겨지는 중심극한정리(central limit theorem)를 다음 정리에서 소개한다.

정리 3.14

(중심극한정리) 평균과 분산이 각각 μ와 $\sigma^2 < \infty$인 확률밀도함수 $f(x)$로부터 랜덤표본 $X_1, X_2, \cdots, X_n$을 얻었다면, 이때 확률변량

$$Z_n = \frac{\sum_{i=1}^{n} X_i - E\left(\sum_{i=1}^{n} X_i\right)}{\sqrt{Var\left(\sum_{i=1}^{n} X_i\right)}} = \frac{\sum_{i=1}^{n} (X_i - \mu)}{\sqrt{n}\,\sigma}$$

는 표본의 크기 n이 무한대에 접근함에 따라 표준정규분포 $N(0, 1)$로 분포수렴한다.

증명 완전한 증명은 수학적인 면에서 이 책의 수준을 벗어나므로 여기에서는 적률생성함수가 존재하는 경우만 다루기로 한다. 랜덤표본이므로 $X_i - \mu$의 적률생성함수는 모든 i에 대해 동일하고, 이를 $m(t) = E[e^{t(X_i - \mu)}]$라고 하면 $m'(0) = E(X_i - \mu) = 0$, $m''(0) = E(X_i - \mu)^2 = \sigma^2$이다. 이제 테일러(Taylor) 전개에 의해

$$\begin{aligned} m(t) &= m(0) + m'(0)t + \frac{m''(\xi)t^2}{2} \qquad (0 < \xi < t) \\ &= 1 + \frac{m''(\xi)t^2}{2} \end{aligned}$$

$$= 1 + \frac{\sigma^2 t^2}{2} + \frac{(m''(\xi) - \sigma^2)t^2}{2}$$

이 된다. 편의상,

$$Z_n = \frac{\sum_{i=1}^{n}(X_i - \mu)}{\sqrt{n}\,\sigma}$$

으로 표기하면 Z_n의 적률생성함수는

$$\begin{aligned} M_{Z_n}(t) &= M_{\Sigma(X_i - \mu)}\left(\frac{t}{\sqrt{n}\,\sigma}\right) \\ &= \prod_{i=1}^{n} M_{(X_i - \mu)}\left(\frac{t}{\sqrt{n}\,\sigma}\right) \\ &= \left[M_{(X-\mu)}\left(\frac{t}{\sqrt{n}\,\sigma}\right)\right]^n \\ &= \left[m\left(\frac{t}{\sqrt{n}\,\sigma}\right)\right]^n \end{aligned}$$

이고, $0 < \xi < \dfrac{t}{\sqrt{n}\,\sigma}$인 ξ에 대해,

$$M_{Z_n}(t) = \left[1 + \frac{\sigma^2 t^2}{2n\sigma^2} + \frac{(m''(\xi) - \sigma^2)t^2}{2n\sigma^2}\right]^n$$

이 된다. 그런데 $n \to \infty$일 때 $t/\sqrt{n}\,\sigma \to 0$, $\xi \to 0$, 그리고 m''의 연속성에 의해 $m''(\xi) - \sigma^2 \to 0$이므로,

$$\lim_{n \to \infty} M_{Z_n}(t) = \exp(t^2/2)$$

이 성립하며, 이는 표준정규 확률분포의 적률생성함수이다. 따라서 정리 2.28과 3.13에 의하여 확률변량 Z_n의 분포는 $N(0, 1)$으로 수렴한다. 참고로, 적률생성함수는 정의 2.16의 h에 대해 $-h < t < h$인 t에서 무한히 미분 가능하다고 알려져 있으며, 그에 따라 m''이 0에서 연속임을 알 수 있다. ■

위 중심극한정리에서 중요한 점 중의 하나는 모분포에 대해 특정한 꼴을 필요로 하

지 않는다는 것이다. 즉, 모분포의 형태에 관계 없이 유한한 평균과 분산만 존재하면 확률변량 Z_n의 분포가 표준정규분포로 수렴한다는 사실이다(실제로 코시 확률변수 같은 경우는 유한한 평균을 가지지 않으며, 중심극한정리가 성립하지 않는다). 그런데 확률변량 Z_n은

$$Z_n = \frac{\overline{X}_n - E(\overline{X}_n)}{\sqrt{Var(\overline{X}_n)}} = \frac{\overline{X}_n - \mu}{\sigma / \sqrt{n}} \tag{3.8}$$

와 같이 표본평균 $\overline{X}_n$를 사용하여 표현할 수도 있다. 따라서 중심극한정리의 응용은 표본의 합 $\sum_{i=1}^{n} X_i$ 또는 표본평균 $\overline{X}_n$의 분포를 그에 상응하는 정규분포로 근사하는 데에 있다. 물론 이와 같은 근사방법의 정확성은 표본의 크기와 모확률밀도함수 $f(x)$에 의존한다.

예 3.8

(**정규분포에 의한 근사: 연속형**) $X_1,\ X_2,\ \cdots,\ X_n$이 $U(0,1)$로부터 얻은 랜덤표본이라고 하자. 그러면 $E(X_i) = 1/2$, $Var(X_i) = 1/12$이므로 중심극한정리를 사용하여 $\sum_{i=1}^{n} X_i$의 분포를 $N(n/2,\ n/12)$으로 근사할 수 있다. 즉, 중심극한정리에 의해서 $\sum_{i=1}^{n} X_i$를 표준화한 $\dfrac{\sum_{i=1}^{n} X_i - n/2}{\sqrt{n/12}}$는 근사적으로 표준정규분포를 따르므로, $Z \sim N(0,1)$이라고 하고 Φ를 표준정규분포의 누적분포함수라고 하면,

$$\begin{aligned} P\left[a \le \sum_{i=1}^{n} X_i \le b\right] &= P\left[\frac{a-n/2}{\sqrt{n/12}} \le \frac{\sum_{i=1}^{n} X_i - n/2}{\sqrt{n/12}} \le \frac{b-n/2}{\sqrt{n/12}}\right] \\ &\fallingdotseq P\left(\frac{a-n/2}{\sqrt{n/12}} \le Z \le \frac{b-n/2}{\sqrt{n/12}}\right) \\ &= \Phi\left[\frac{b-n/2}{\sqrt{n/12}}\right] - \Phi\left[\frac{a-n/2}{\sqrt{n/12}}\right] \end{aligned}$$

가 성립한다. 그러므로 $\sum X_i$와 관련된 확률의 계산에서 표준정규분포를 이용한 근사적인 계산이 가능하다.

예 3.9

(정규분포에 의한 근사: 이산형) $X \sim B(n, p)$라고 하면 X는 서로 독립이며 '성공' 확률이 p인 n개의 베르누이 확률변수 $X_1, X_2, \cdots, X_n$들의 합 $\sum_{i=1}^{n} X_i$와 같은 분포를 갖는다. 그런데 $E(X_i) = p$, $Var(X_i) = pq$이므로($q = 1 - p$), 중심극한정리에 의해서 $(\sum_{i=1}^{n} X_i - np)/\sqrt{npq}$는 n이 클 때 근사적으로 표준정규분포를 따른다. 그러므로 $Z \sim N(0, 1)$이라 하면,

$$
\begin{aligned}
P[a \le X \le b] &= P[a \le \sum_{i=1}^{n} X_i \le b] \\
&= P\left[\frac{a-np}{\sqrt{npq}} \le \frac{\sum_{i=1}^{n} X_i - np}{\sqrt{npq}} \le \frac{b-np}{\sqrt{npq}}\right] \\
&\fallingdotseq P\left(\frac{a-np}{\sqrt{npq}} \le Z \le \frac{b-np}{\sqrt{npq}}\right) \\
&= \Phi\left[\frac{b-np}{\sqrt{npq}}\right] - \Phi\left[\frac{a-np}{\sqrt{npq}}\right]
\end{aligned}
$$

이 된다. 다음의 그림 3.4는 이항분포 $B(n, 0.75)$가 n이 커짐에 따라 정규분포에 가까워짐을 보여 주고 있다. n이 크더라도 p의 값이 너무 작아서 np의 값이 크지 않은 경우에는 흔히 예 2.33과 같이 포아송 근사를 사용한다.

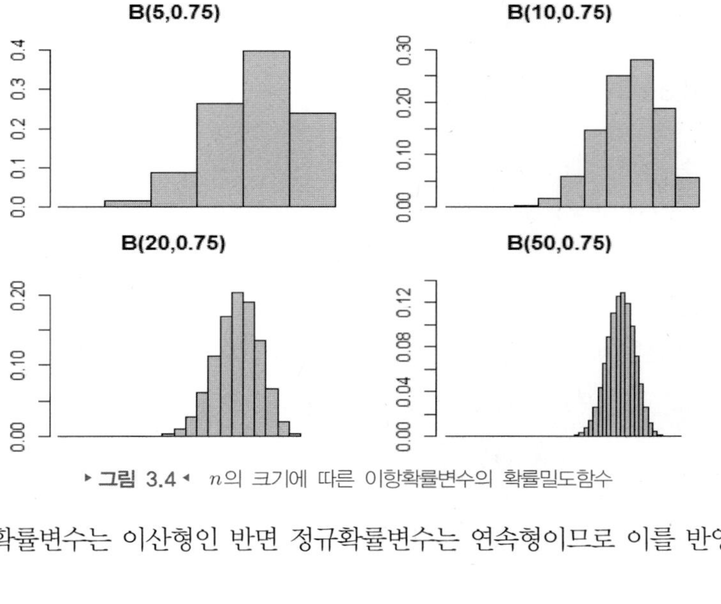

▸ **그림 3.4** ◂ n의 크기에 따른 이항확률변수의 확률밀도함수

한편, 이항확률변수는 이산형인 반면 정규확률변수는 연속형이므로 이를 반영한 연속

성 수정(continuity correction)을 하여 근사의 정확성을 더 높일 수도 있다. 이항분포는 이산형으로서 정수값만을 취할 수 있으므로 $X \sim B(n, p)$일 때 어떤 정수 k에 대해 $P(X \le k) = P(X < k+1)$이지만, 연속형인 정규분포는 같은 성질을 만족하지 않는다. 그래서 위의 확률을 정규분포로 근사할 때 k나 $k+1$을 쓰지 않고, $k+\frac{1}{2}$을 쓰게 되며, 이를 연속성 수정이라고 한다. 즉, 정수 a와 b에 대해 $P(a \le X \le b)$를 근사할 때, $P(a-\frac{1}{2} \le X \le b+\frac{1}{2})$을 이용해서

$$\Phi\left[\frac{b+1/2-np}{\sqrt{npq}}\right] - \Phi\left[\frac{a-1/2-np}{\sqrt{npq}}\right]$$

로 근사하는 것이다. 예를 들어 $n=50$, $p=0.75$, $a=36$, $b=37$를 가정하고 $P(a \le X \le b)$를 근사할 때, 연속성 수정 없는 정규근사는

$$\Phi\left[\frac{b-np}{\sqrt{npq}}\right] - \Phi\left[\frac{a-np}{\sqrt{npq}}\right] = \Phi\left[\frac{37-37.5}{\sqrt{9.375}}\right] - \Phi\left[\frac{36-37.5}{\sqrt{9.375}}\right] = 0.1230,$$

연속성 수정을 통한 정규근사는

$$\Phi\left[\frac{b+1/2-np}{\sqrt{npq}}\right] - \Phi\left[\frac{a-1/2-np}{\sqrt{npq}}\right] = \Phi\left[\frac{37.5-37.5}{\sqrt{9.375}}\right] - \Phi\left[\frac{35.5-37.5}{\sqrt{9.375}}\right]$$
$$= 0.2432$$

가 된다. 이항분포를 이용하여 $P(36 \le X \le 37)$를 직접 계산한 결과는 0.2371이다.

3.4.3 그 외의 관련 내용

중심극한정리는 표본의 크기가 충분히 큰 경우 표본분포를 근사하는 데 활용할 수 있다. 이제 표본분포의 근사에 관련된 몇 가지 내용들을 살펴보기로 한다.

정리 3.15

(슬럿츠키(Slutsky) 정리) 확률변수의 열 $X_1, X_2, \cdots, X_n$ 이 상수 c로 확률적으로 수렴(즉, $X_n \xrightarrow{p} c$)하며, 확률변수의 열 $Y_1, Y_2, \cdots, Y_n$ 은 확률변수 Z로 분포수렴(즉, $Y_n \xrightarrow{d} Z$)한다고 하면, (1) $Y_n + X_n \xrightarrow{d} Z + c$ 그리고 (2) $X_n Y_n \xrightarrow{d} cZ$가 성립한다.

증명 엄밀한 증명은 이 책의 수준을 벗어나므로 (1)의 증명에 대해 이 책의 수준에서 간단히 살펴보도록 하자. 수렴을 보이기 위해서는 $Y_n + X_n$의 누적분포함수가 n이 커질 때 $Z+c$의 누적분포함수로 수렴하는지 확인하면 되는데, 임의의 양수 ε에 대해

$$\begin{aligned} F_{Y_n+X_n}(z) &= P(Y_n + X_n \le z) \\ &= P(Y_n + X_n \le z, |X_n - c| < \varepsilon) + P(Y_n + X_n \le z, |X_n - c| \ge \varepsilon) \\ &\le P(Y_n + X_n \le z, |X_n - c| < \varepsilon) + P(|X_n - c| \ge \varepsilon) \\ &\le P(Y_n \le z - c + \varepsilon) + P(|X_n - c| \ge \varepsilon) \end{aligned}$$

이고,

$$\begin{aligned} P(Y_n + c + \varepsilon \le z) &= P(Y_n + c + \varepsilon \le z, |X_n - c| < \varepsilon) + P(Y_n + c + \varepsilon \le z, |X_n - c| \ge \varepsilon) \\ &\le P(Y_n + X_n \le z, |X_n - c| < \varepsilon) + P(Y_n + c + \varepsilon \le z, |X_n - c| \ge \varepsilon) \\ &\le P(Y_n + X_n \le z) + P(|X_n - c| \ge \varepsilon) \end{aligned}$$

이므로

$$F_{Y_n+X_n}(z) \ge P(Y_n \le z - c - \varepsilon) - P(|X_n - c| \ge \varepsilon)$$

임을 알 수 있다. 즉,

$$\begin{aligned} P(Y_n \le z - c - \varepsilon) - P(|X_n - c| \ge \varepsilon) &\le F_{Y_n+X_n}(z) \\ &\le P(Y_n \le z - c + \varepsilon) + P(|X_n - c| \ge \varepsilon) \end{aligned}$$

이다. 위 식은 임의의 양수 ε에 대해 항상 성립하고, Y_n의 분포수렴과 X_n의 확률적 수렴을 이용하면 Z가 $z-c$에서 연속일 때 우변은 $P(Z \le z-c)$, 좌변은 $P(Z < z-c) = P(Z \le z-c)$로 수렴하므로 $Y_n + X_n$의 누적분포함수가 $Z+c$의 누적분포함수로 수렴함을 알 수 있다. 즉, $Z+c$가 연속인 모든 점 z에 대해 $Y_n + X_n$의 누적분포함수가 $Z+c$의 누적분포함수로 수렴하므로 $Y_n + X_n$은 $Z+c$로 분포수렴한다. ■

예 3.10

(스튜던트화) 평균과 분산이 각각 μ와 $\sigma^2 < \infty$인 모분포로부터 랜덤표본 $X_1, X_2, \cdots, X_n$을 얻었다고 하자. 이제 표본평균과 표본표준편차를 각각 $\overline{X}_n, S_n$이

라고 할 때, $\dfrac{\overline{X}_n-\mu}{S_n/\sqrt{n}}$를 스튜던트화(studentized)된 표본평균이라고 한다. 그런데, $S_n \xrightarrow{p} \sigma$(참조: 연습문제 3.3)이며 중심극한정리에 의해 $\dfrac{\overline{X}_n-\mu}{\sigma/\sqrt{n}} \xrightarrow{d} N(0,1)$이므로, 슬럿츠키 정리(정리 3.15)를 사용하여 $\dfrac{\overline{X}_n-\mu}{S_n/\sqrt{n}} \xrightarrow{d} N(0,1)$이 성립함을 보일 수 있다. 한편, 모분포가 정규분포인 경우 $\dfrac{\overline{X}_n-\mu}{S_n/\sqrt{n}} \sim t(n-1)$인데(참조: 정리 3.11), 이 두 가지 사실을 종합하면 자유도가 커질 때 t 분포는 표준정규분포로 가까워지는 것을 확인할 수 있다.

점근적으로 정규분포를 따르는 확률변량의 함수의 표본분포를 근사하기 위한 방법으로 다음의 델타(delta) 방법을 활용할 수 있다. 다변량의 경우로도 확장이 가능하지만 여기서는 일변량의 경우를 다루어 보기로 한다.

정리 3.16

(델타 방법) 확률변수의 열 $X_1, X_2, \cdots, X_n, \cdots$에 대해서3)

$$\sqrt{n}(X_n-\theta) \xrightarrow{d} N(0,\sigma^2)$$

이라고 하자. 이때 함수 $g(\theta)$의 연속인 도함수 $g'(\theta)$가 존재하고 0이 아니면 $\sqrt{n}(g(X_n)-g(\theta)) \xrightarrow{d} N(0,\sigma^2[g'(\theta)]^2)$이 성립한다.

증명 평균값 정리에 의하여, X_n과 θ 사이에 있는 $\tilde{\theta}$에 대하여 $g(X_n)=g(\theta)+g'(\tilde{\theta})(X_n-\theta)$가 성립한다. 한편, $X_n \xrightarrow{p} \theta$이므로 $\tilde{\theta} \xrightarrow{p} \theta$이며, $g'(\tilde{\theta}) \xrightarrow{p} g'(\theta)$가 성립한다. 따라서,

$$\sqrt{n}[g(X_n)-g(\theta)] = g'(\tilde{\theta})\sqrt{n}(X_n-\theta)$$

으로부터, 슬럿츠키 정리를 사용하여 $\sqrt{n}(g(X_n)-g(\theta)) \xrightarrow{d} N(0,\sigma^2[g'(\theta)]^2)$을 보일 수 있다. ■

3) 여기서 $X_1,\cdots,X_n,\cdots$는 같은 분포에서 뽑은 랜덤표본이 아닌 확률변수의 열(sequence)이며 n이 무한대로 커질 때를 고려한다.

예 3.11

포아송(λ) 분포로부터 랜덤표본 X_1, $X_2, \cdots$, X_n 이 주어졌을 때, 중심극한정리에 의해 표본크기 n이 커짐에 따라 $Z_n = \sqrt{n}(\overline{X}_n - \lambda) \xrightarrow{d} N(0, \lambda)$가 성립한다. 이제 함수 $g(x) = \sqrt{x}$를 고려하면, $g'(\lambda) = \frac{1}{2\sqrt{\lambda}}$ 그리고 $[g'(\lambda)]^2 = \frac{1}{4\lambda}$이 된다. 따라서 $\sqrt{n}(\sqrt{\overline{X}_n} - \sqrt{\lambda}) \xrightarrow{d} N(0, \frac{1}{4})$이다. 극한분포의 분산이 모수 λ에 의존하는 것을 방지하는 이런 방법을 분산안정화 변환(variance stabilizing transformation)이라고 한다.

앞에서 설명된 델타 방법은, 때로는 점근적 정규성에 대한 가정을 하지 않고, 확률변량의 함수의 기댓값 또는 분산의 근삿값을 구하는 데에도 활용된다.

확률벡터 $\boldsymbol{X} = (X_1, X_2, \cdots, X_k)$의 기댓값이 $E(\boldsymbol{X}) = (E(X_1), \cdots, E(X_k)) = (\theta_1, \cdots, \theta_k)$일 때, $\boldsymbol{\theta} = (\theta_1, \theta_2, \cdots, \theta_k)$로 표기하자. 테일러 전개에 의해

$$g(\boldsymbol{x}) \approx g(\boldsymbol{\theta}) + \sum_{i=1}^{k} g_i'(\boldsymbol{\theta})(x_i - \theta_i) \quad (\text{단, } g_i'(\boldsymbol{\theta}) = \frac{d}{dx_i} g(\boldsymbol{x})|_{x_1 = \theta_1, \ldots, x_k = \theta_k})$$

이 성립하므로, 근사식

$$Eg(\boldsymbol{X}) \approx g(\boldsymbol{\theta}) + \sum_{i=1}^{k} g_i'(\boldsymbol{\theta}) E(X_i - \theta_i) \tag{3.9}$$

를 구할 수 있다. 나아가,

$$\begin{aligned} Var(g(\boldsymbol{X})) &\approx E(g(\boldsymbol{X}) - g(\boldsymbol{\theta}))^2 \\ &\approx E((\sum_{i=1}^{k} g_i'(\boldsymbol{\theta})(X_i - \theta_i))^2) \\ &= \sum_{i=1}^{k} [g_i'(\boldsymbol{\theta})]^2 Var(X_i) + 2\sum_{i>j} g_i'(\boldsymbol{\theta}) g_j'(\boldsymbol{\theta}) Cov(X_i, X_j) \end{aligned} \tag{3.10}$$

이 된다.

예 3.12

(**비추정량**(ratio-type estimator)**의 분산**) 두 개의 표본 $X_1,\ X_2,\ \cdots,\ X_n$과 $Y_1,\ Y_2,\ \cdots,\ Y_m$으로부터 구한 표본평균 $\overline{X}_n$와 $\overline{Y}_m$의 기댓값이 각각 μ_X와 μ_Y일 때, 두 모평균의 비 $g(\mu_X,\mu_Y)=\dfrac{\mu_X}{\mu_Y}$를 고려하자. 이제, $\dfrac{d}{d\mu_X}g(\mu_X,\mu_Y)=\dfrac{1}{\mu_Y}$, $\dfrac{d}{d\mu_Y}g(\mu_X,\mu_Y)=-\dfrac{\mu_X}{\mu_Y^2}$이므로, $g(\overline{X}_n,\overline{Y}_n)=\dfrac{\overline{X}_n}{\overline{Y}_n}$의 기댓값과 분산은 식 (3.9)와 (3.10)을 각각 이용하여

$$
\begin{aligned}
E\left(\frac{\overline{X}_n}{\overline{Y}_m}\right) &\approx \frac{\mu_X}{\mu_Y} \\
Var\left(\frac{\overline{X}_n}{\overline{Y}_m}\right) &\approx \frac{1}{\mu_Y^2}Var(\overline{X}_n)+\frac{\mu_X^2}{\mu_Y^4}Var(\overline{Y}_m)-2\frac{\mu_X}{\mu_Y^3}Cov(\overline{X}_n,\overline{Y}_m) \\
&= \left(\frac{\mu_X}{\mu_Y}\right)^2\left(\frac{Var(\overline{X}_n)}{\mu_X^2}+\frac{Var(\overline{Y}_m)}{\mu_Y^2}-2\frac{Cov(\overline{X}_n,\overline{Y}_m)}{\mu_X\mu_Y}\right)
\end{aligned}
$$

로 근사할 수 있다.

3.5 순서통계량

확률밀도함수가 $f(x)$이고 누적분포함수가 $F(x)$인 모집단으로부터 크기가 n인 랜덤표본 $X_1,\ X_2,\ \cdots,\ X_n$ 을 얻었다고 하자. 이제 이 랜덤표본을 작은 것부터 크기순으로 나열하여 다음과 같은 순서통계량(order statistic)을 구할 수 있다.

$$X_{(1)} \le X_{(2)} \le \cdots \le X_{(n)} \tag{3.11}$$

이러한 순서통계량의 활용은 8장의 비모수적 통계방법에서 가장 두드러진다. 여기에서는 이에 대한 간단한 성질들만 파악하고 넘어가기로 한다. 연속형 확률변수 $X_1,\ X_2,\ \cdots,\ X_n$의 순서통계량 $X_{(1)},\ X_{(2)},\ \cdots,\ X_{(n)}$은 1 : 1 변환이 아니므로 변환의 대상영역을 각 영역에서 1 : 1 변환이 되도록 나누어 줌으로써 순서통계량의 결합 확률밀도함수를 구할 수 있다. 예를 들어 표본의 크기가 $n=3$인 경우, 순서통계량은 6 :1 변환이므로 표본공간을

$$A_1 = \{(x_1, x_2, x_3): x_1 < x_2 < x_3\} \Rightarrow X_{(1)} = X_1, X_{(2)} = X_2, X_{(3)} = X_3$$
$$A_2 = \{(x_1, x_2, x_3): x_2 < x_1 < x_3\} \Rightarrow X_{(1)} = X_2, X_{(2)} = X_1, X_{(3)} = X_3$$
$$A_3 = \{(x_1, x_2, x_3): x_1 < x_3 < x_2\} \Rightarrow X_{(1)} = X_1, X_{(2)} = X_3, X_{(3)} = X_2$$
$$A_4 = \{(x_1, x_2, x_3): x_2 < x_3 < x_1\} \Rightarrow X_{(1)} = X_2, X_{(2)} = X_3, X_{(3)} = X_1$$
$$A_5 = \{(x_1, x_2, x_3): x_3 < x_1 < x_2\} \Rightarrow X_{(1)} = X_3, X_{(2)} = X_1, X_{(3)} = X_2$$
$$A_6 = \{(x_1, x_2, x_3): x_3 < x_2 < x_1\} \Rightarrow X_{(1)} = X_3, X_{(2)} = X_2, X_{(3)} = X_1$$

의 $3!(=6)$가지의 공통부분이 없는 부분영역으로 나누면 이에 대한 변환된 영역은

$$B = \{(x_{(1)}, x_{(2)}, x_{(3)}): x_{(1)} < x_{(2)} < x_{(3)}\}$$

이 된다. 그러면 각 영역 A_i에서, (X_1, X_2, X_3)에서 $(X_{(1)}, X_{(2)}, X_{(3)})$으로의 변환은 1 : 1 변환이 되며, 자코비안 J_i의 절댓값은 1이 되고, 순서통계량의 결합 확률밀도함수는 $f(x_{(1)})f(x_{(2)})f(x_{(3)})$이 된다. 따라서 모든 가능한 $3!$가지를 합하면 $x_{(1)}, x_{(2)}, x_{(3)}$의 결합 확률밀도함수는 $3!f(x_{(1)})f(x_{(2)})f(x_{(3)})$이 된다. 이와 같은 내용을 일반화하면 통계량 $X_{(1)}, X_{(2)}, \cdots, X_{(n)}$의 결합 확률밀도함수는, $f(x)$가 연속인 경우

$$g(x_{(1)}, x_{(2)}, \cdots, x_{(n)}) = \begin{cases} n!f(x_{(1)})f(x_{(2)})\cdots f(x_{(n)}), & \\ \qquad x_{(1)} < x_{(2)} < \cdots < x_{(n)} \text{의 경우} \\ 0, \qquad \text{그 외의 경우} \end{cases} \tag{3.12}$$

으로 주어진다.

예 3.13

X_1, X_2, X_3를 확률밀도함수 $f(x) = 3x^2\,(0 < x < 1)$으로부터 얻은 랜덤표본이라고 하자. 이때 순서통계량 $X_{(1)}, X_{(2)}, X_{(3)}$의 결합 확률밀도함수를 구해 보면, $0 < x_{(1)} < x_{(2)} < x_{(3)} < 1$인 경우에는

$$\begin{aligned} g(x_{(1)}, x_{(2)}, x_{(3)}) &= 3!(3x_{(1)}^2)(3x_{(2)}^2)(3x_{(3)}^2) \\ &= 162\,x_{(1)}^2 x_{(2)}^2 x_{(3)}^2 \end{aligned}$$

이고, 그 외의 경우는 0으로 주어진다.

한편, k번째 순서통계량 $X_{(k)}$의 확률밀도함수는 다음 정리와 같다.

정리 3.17

랜덤표본 $X_1, X_2, \cdots, X_n$을 확률밀도함수가 $f(x)$이고 누적분포함수가 $F(x)$인 모집단으로부터 얻었다고 하자. 이제 $a < x < b$에 대하여 $f(x) > 0$이라고 하면, k번째 순서통계량 $X_{(k)}$의 확률밀도함수는

$$f_{X_{(k)}}(x_{(k)}) = \begin{cases} \dfrac{n!}{(k-1)!(n-k)!}[F(x_{(k)})]^{k-1}[1-F(x_{(k)})]^{n-k} f(x_{(k)}), \\ \qquad\qquad\qquad a < x_{(k)} < b \text{ 인 경우} \\ 0, \qquad\qquad\qquad \text{그 외의 경우} \end{cases}$$

으로 주어진다.

증명 수리적인 증명을 하기보다는 다음의 그림을 참조하여 직관적인 방법으로 확률밀도함수를 구해 보자. 우선, $X_{(k)} = x_{(k)}$이기 위해서는 1개의 관찰값은 $x_{(k)}$이어야 하고, $(k-1)$개의 관찰값은 $x_{(k)}$보다 작고 $(n-k)$개의 관찰값은 $x_{(k)}$보다 커야 한다. 여기에서 $P[X \leq x_{(k)}] = F(x_{(k)})$, $P(X > x_{(k)}) = 1 - F(x_{(k)})$이고 $x_{(k)}$에서 확률밀도함수의 값은 $f(x_{(k)})$인데 $n!/(k-1)!(n-k)!$개의 가능한 경우가 있으므로 위 정리의 내용이 성립한다.

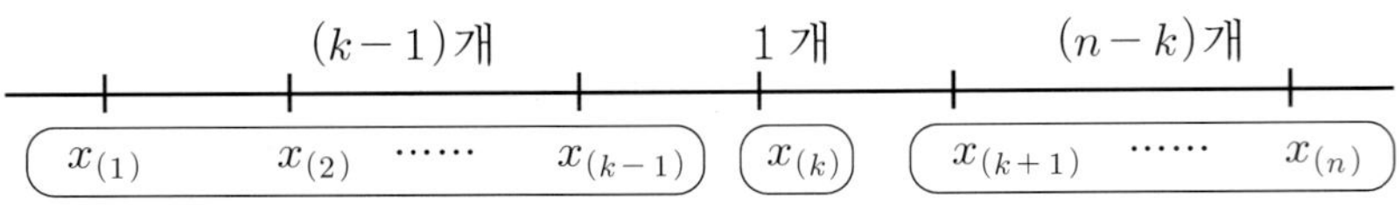

■

또한, i번째 순서통계량 $X_{(i)}$와 j번째 순서통계량 $X_{(j)}$의 결합 확률밀도함수는 $P[X \leq x_{(i)}] = F(x_{(i)})$, $P[x_{(i)} < X \leq x_{(j)}] = F(x_{(j)}) - F(x_{(i)})$, $P[X > x_{(j)}] = 1 - F(x_{(j)})$이므로 다음 그림을 참조하여

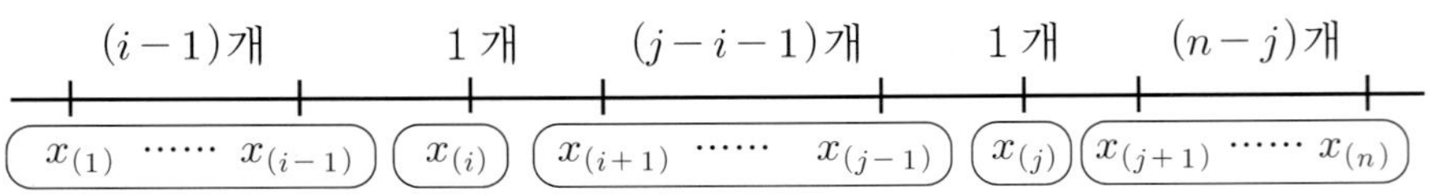

$$f_{X_{(i)}, X_{(j)}}(x_{(i)}, x_{(j)}) = \frac{n!}{(i-1)!(j-i-1)!(n-j)!}[F(x_{(i)})]^{i-1} f(x_{(i)}) \times$$
$$[F(x_{(j)}) - F(x_{(i)})]^{j-i-1} f(x_{(j)})[1 - F(x_{(j)})]^{n-j}$$

와 같이 구할 수 있다.

확률밀도함수가 $f(x)$이고 누적분포함수가 $F(x)$인 모집단으로부터 얻은 크기가 n인 랜덤표본의 순서통계량들 중에서 특별한 경우로서 응용성이 높은 표본최솟값 $X_{(1)}$과 표본최댓값 $X_{(n)}$의 분포를 구해 보기로 한다. 이들의 확률밀도함수는 정리 3.17을 이용하여 구할 수도 있지만 아래와 같이 간단히 계산할 수 있다. 먼저 이들의 누적분포함수는 각각

$$\begin{aligned} G_1(x_{(1)}) &= P[X_{(1)} \le x_{(1)}] \\ &= 1 - P[X_{(1)} > x_{(1)}] = 1 - P\ [\text{모든 } X_i > x_{(1)}] \\ &= 1 - [1 - F(x_{(1)})]^n, \\ G_n(x_{(n)}) &= P[X_{(n)} \le x_{(n)}] \\ &= P[\text{모든 } X_i \le x_{(n)}] \\ &= [F(x_{(n)})]^n \end{aligned}$$

이고, 연속형 확률변수의 경우 확률밀도함수는 각각

$$\begin{aligned} f_{X_{(1)}}(x_{(1)}) &= \frac{d}{dx_{(1)}} G_1(x_{(1)}) \\ &= \frac{d}{dx_{(1)}} \left[1 - [1 - F(x_{(1)})]^n \right] \\ &= n[1 - F(x_{(1)})]^{n-1} f(x_{(1)}), \end{aligned} \tag{3.13}$$

$$\begin{aligned} f_{X_{(n)}}(x_{(n)}) &= \frac{d}{dx_{(n)}} G_n(x_{(n)}) \\ &= \frac{d}{dx_{(n)}} [F(x_{(n)})]^n \\ &= n[F(x_{(n)})]^{n-1} f(x_{(n)}) \end{aligned} \tag{3.14}$$

으로 구해진다.

예 3.14

X_1, X_2, $\cdots$, X_n이 지수분포 $f(x) = \dfrac{1}{\lambda}\exp(-x/\lambda)$, $x > 0$으로부터의 랜덤표본이라고 하자. 이때 $X_{(1)}$의 확률밀도함수는

$$\begin{aligned} f_{X_{(1)}}(x_{(1)}) &= n\left[1-(1-e^{-x_{(1)}/\lambda})\right]^{n-1}\frac{1}{\lambda}e^{-x_{(1)}/\lambda} \\ &= \frac{n}{\lambda}\exp(-nx_{(1)}/\lambda), \quad x_{(1)} > 0 \end{aligned}$$

으로 주어지고, 이는 평균이 λ/n인 지수분포의 확률밀도함수가 된다.

순서통계량의 함수로서 **표본중위수**(sample median)는 표본 내에서 크기가 중간인 통계량을 의미한다. 즉, 표본의 크기 n이 홀수이면 $k=(n+1)/2$번째 순서통계량 $X_{(k)}$가 되고, 반면에 n이 짝수이면 $k=n/2$번째 순서통계량 $X_{(k)}$와 $(k+1)$번째 순서통계량 $X_{(k+1)}$의 평균이 표본중위수가 된다. 이러한 표본중위수는 분포의 위치를 나타내는 데 사용되기도 한다. 나아가, 표본최댓값과 표본최솟값의 차이 $X_{(n)} - X_{(1)}$을 **표본범위**(sample range)라고 하고, 분포의 흩어진 정도를 재는 척도로 사용하기도 한다.

연습문제 3장

01 평균과 분산이 각각 μ와 σ^2인 확률밀도함수 $f(x)$로부터 랜덤표본 $X_1, X_2, \cdots, X_n$을 얻었다. 이제 $S_n^2 = \sum_{i=1}^{n}(X_i - \overline{X}_n)^2/(n-1)$로 표기하면,

$$E(S_n^2) = \sigma^2 \qquad Var(S_n^2) = \frac{1}{n}\left(\mu_4 - \frac{n-3}{n-1}\sigma^4\right)$$

이 성립함을 보여라.

02 위의 1번 연습문제에서, S_n^2이 σ^2으로 확률적으로 수렴함을 보여라.

03 $X_1, X_2, \cdots, X_n$이 $U(0, \theta)$에서 뽑힌 랜덤표본이라고 할 때, 정의 3.5를 이용하여 순서통계량 $X_{(n)}$이 θ로 확률수렴함을 보여라.

04 평균이 λ인 포아송 분포로부터 랜덤표본 $X_1, X_2, \cdots, X_n$을 얻었을 때, 표본의 크기 n이 커짐에 따라 표본평균 $\overline{X}_n$가 모평균 λ로 확률적으로 수렴함을 보여라.

05 $X \sim N(5, 9)$일 때, $P[1 < (X-5)^2 < 10]$을 구하라.

06 모분포 $N(0, 25)$로부터 랜덤표본 $X_1, X_2, \cdots, X_5$를 얻었다고 할 때,

(1) $P(\overline{X}_5 < c) = 0.90$을 만족하는 상수 c의 값을 구하라.

(2) $P(\frac{1}{5}\sum_{i=1}^{5} X_i^2 < c) = 0.90$을 만족하는 상수 c의 값을 구하라.

07 $X_1, X_2, \cdots, X_n$이 $N(\mu, \sigma^2)$으로부터 구한 랜덤표본이라고 하자. 이때 $\sum_{i=1}^{n}(X_i - \overline{X}_n)^2/n$의 분산을 구하라.

08 식 (3.3)에 있는 F 분포의 확률밀도함수를 유도하라(힌트 : $X=(U/m)/(V/n)$, $Y=V$라고 놓고 $(X,\ Y)$의 결합분포를 구한 결과를 y에 대하여 적분할 것).

09 $S_n \sim B(n,\ p)$일 때, $X_n = S_n/n$의 적률생성함수를 $M_n(t)$라고 하면 $\lim_{n\to\infty} M_n(t) = \exp(pt)$임을 보여라. 나아가, 이로부터 표본비율에 대한 대수의 법칙을 말하라.

10 정리 3.7을 증명하라.

11 자유도가 1인 t 분포가 2.6절에 소개된 코시(Cauchy) 분포와 동일함을 보여라.

12 $X_1,\ X_2,\ \cdots,\ X_{10}$이 $N(\mu,\ 25)$으로부터 구한 랜덤표본이라고 하자. 이때 $P(4 < \sum_{i=1}^{10}(X_i - \overline{X}_{10})^2/10 < 14)$를 계산하라.

13 $X_1,\ X_2,\ \cdots,\ X_{16}$이 $N(5,\ 25)$으로부터 구한 랜덤표본이라고 하자. 이때 $P(0 < \overline{X}_{16} < 6,\ 20 < \sum_{i=1}^{16}(X_i - \overline{X}_{16})^2/16 < 30)$을 계산하라.

14 $X_1,\ X_2,\ \cdots,\ X_{16}$과 $Y_1,\ Y_2,\ \cdots,\ Y_{25}$이 각각 $N(0, 9)$와 $N(2, 16)$으로부터 구한 서로 독립인 랜덤표본이라고 하자. 이때
(1) $\overline{X}_{16} - \overline{Y}_{25}$의 분포를 구하라.
(2) $P(\overline{X}_{16} - \overline{Y}_{25} > 0)$를 계산하라.

15 T가 자유도 n인 t 분포를 따르면 T^2은 $F(1,\ n)$ 분포를 따름을 보여라.

16 $F \sim F(n,m)$이면 $\frac{1}{F} \sim F(m,n)$임을 보여라.

17 모분포 $N(0,1)$로부터 랜덤표본 X_1, X_2, $\cdots$, X_{50}을 얻었다고 할 때,

(1) $P(X_1 - X_2 < 2)$을 계산하라.

(2) $P(X_1 + X_2 < 2)$을 계산하라.

(3) $P(X_1^2 + \cdots + X_{50}^2 < 60)$을 계산하라.

(4) $P(40 < X_1^2 + \cdots + X_{50}^2 < 60)$을 계산하라.

(5) $P(X_1^2 + \cdots + X_{50}^2 < 50 + c) = 0.9$를 만족하는 상수 c를 구하라.

18 X_1, X_2, $\cdots$, X_{30}이 $U(0,1)$로부터의 랜덤표본이라고 할 때, $P(4/9 < \overline{X}_{30} < 5/9)$를 근사계산하라.

19 평균이 3인 지수분포로부터 얻은 크기가 30인 표본의 평균을 $\overline{X}_{30}$이라고 할 때, $P(\overline{X}_{30} < 4)$를 근사계산하라.

20 자유도가 50인 카이제곱분포로부터 얻은 크기가 100인 랜덤표본의 평균을 $\overline{X}_{100}$이라고 할 때, 중심극한정리를 이용하여 $P(49 < \overline{X}_{100} < 51)$를 근사계산하라.

21 이항확률변수 $X \sim B(100,\ 1/4)$에서 $P(X > 30)$의 값을 중심극한정리를 활용하여 근사계산하라. 연속성 수정을 한 경우와 하지 않은 경우를 모두 구해서 비교해 보라.

22 X_1, X_2, $\cdots$, X_{25}이 평균이 $\lambda = 1/5$인 포아송 분포로부터 얻은 랜덤표본이라고 할 때, $P(3 < \sum_{i=1}^{25} X_i < 7)$를 근사계산하라.

23 서로 독립인 랜덤표본 X_1, X_2, $\cdots$, X_n과 Y_1, Y_2, $\cdots$, Y_n이 각각 평균이 μ_1, μ_2이고 분산은 σ^2으로 같다고 하자. 이때

$$\frac{(\overline{X}_n - \overline{Y}_n) - (\mu_1 - \mu_2)}{\sigma\sqrt{2/n}}$$

의 극한분포를 구하라.

24 모분포가 코시 분포인 경우 중심극한정리의 성립여부를 말하고, 그 이유를 설명하라.

25 어떤 주머니에 숫자 1, 2, 3, 4가 적힌 네 개의 공이 들어 있다. 이제 무작위로 두 개의 공을 비복원으로 추출해서 공에 적힌 숫자를 (X_1, X_2)라고 할 때,

(1) 순서통계량 $(X_{(1)}, X_{(2)})$의 결합 확률밀도함수를 구하라.

(2) $X_{(2)} - X_{(1)}$의 확률밀도함수를 구하라.

(3) 표본평균 $(X_1 + X_2)/2$의 확률밀도함수를 구하라.

26 서로 독립인 두 개의 확률변수 X와 Y의 확률밀도함수가 $f_X(x) = 2x,\ 0 < x < 1$, $f_Y(y) = 3y^2,\ 0 < y < 1$로 주어졌을 때, $U = \max(X, Y)$와 $V = \min(X, Y)$의 결합 확률밀도함수를 구하라.

27 $X_1, X_2, \cdots, X_n$이 $U(0, \theta)$로부터의 랜덤표본이라고 할 때,

(1) $X_{(1)}$과 $X_{(n)}$의 결합 확률밀도함수를 구하라.

(2) 표본범위 $X_{(n)} - X_{(1)}$의 분포를 구하라.

28 $X_1, X_2, \cdots, X_n$이 $U(0,1)$로부터의 랜덤표본일 때, k번째 순서통계량 $X_{(k)}$는 베타분포 $B(k, n-k+1)$을 따름을 보여라.

29 $X_1, X_2, \cdots, X_n$이 $\mathrm{EXP}(\lambda)$, $\lambda > 0$로부터 얻은 랜덤표본이라고 할 때,

(1) $X_{(1)}$의 확률밀도함수를 구하라.

(2) $X_{(n)}$의 확률밀도함수를 구하라.

(3) $n = 2r + 1$이라고 가정하고, 표본중위수 $X_{(r)}$의 확률밀도함수를 구하라.

30 모확률분포가 $F(x)$인 k번째의 순서통계량 $X_{(k)}$의 누적확률분포는

$$G_k(x_{(k)}) = \sum_{j=k}^{n} \frac{n!}{j!(n-j)!} \left[F(x_{(k)}) \right]^j \left[1 - F(x_{(k)}) \right]^{n-j}$$

이 됨을 보여라. 이는 이산형, 연속형 모두에 대해 성립한다.

31 확률변수 X의 확률밀도함수가 $f_X(x)=\dfrac{1}{(x+1)^2}$, $x>0$으로 주어졌을 때, $Y=nX_{(1)}$이 EXP(1)로 분포수렴함을 보여라.

32 $X_1, X_2, \cdots, X_n$은 성공확률이 p인 베르누이 분포에서 뽑은 랜덤표본이고, $Y_n=\sum_{i=1}^{n} X_i$로 정의된다. $n\to\infty$에서 $np=\lambda$(λ는 어떤 양수)로 고정된다고 가정할 때, 적률생성함수의 극한을 이용하여 Y_n이 $POI(\lambda)$로 분포수렴함을 보여라.

33 평균이 1인 지수분포로부터 랜덤표본 $X_1, X_2, \cdots, X_n$을 얻었다. $\sqrt{n}(\sqrt{\overline{X}_n}-1)$의 극한분포를 구하라.

34 평균과 분산이 각각 μ와 $\sigma^2<\infty$인 확률밀도함수 $f(x)$로부터 랜덤표본 $X_1, X_2, \cdots, X_n$을 얻었다.

(1) $\sqrt{n}(\overline{X}_n^2-\mu^2)\xrightarrow{d} N(0, 4\mu^2\sigma^2)$임을 보여라. 단, $\mu\neq 0$.

(2) (1)에서 $\mu=0$인 경우에 대해 설명하라.

4장 추정

이 장에서 다룰 추정이론(estimation theory)은 다음 5장에서 다룰 검정이론(testing theory)과 함께 통계적 추론(statistical inference)의 가장 중요한 분야로 여겨진다. 먼저 추정론의 개요를 살펴보면 다음과 같다. 연구나 관찰의 대상인 확률변수 X의 확률분포를 $P_\theta(x)$, $\theta \in \Omega$로 표현하자. 물론 확률분포 $P_\theta(x), \theta \in \Omega$를 확률밀도함수 $f(x;\theta)$, $\theta \in \Omega$로도 표현할 수 있다. 일반적으로 미지의 모수 θ를 제외하고는 확률분포의 유형이 결정되어 있다고 가정하기로 하자. 모수모형(parametric model)이라고 불리는 이런 경우에 모수 θ는 $\theta = (\theta_1, \theta_2, \cdots, \theta_k)$로 표현되는 벡터일 수도 있으며, Ω는 모수가 가질 수 있는 값의 집합, 즉 모수공간을 뜻한다. 이제 확률분포 $P_\theta(x)$, $\theta \in \Omega$로부터 크기가 n인 랜덤표본 $X_1, X_2, \cdots, X_n$을 얻었다고 하자(편의상 $X = (X_1, X_2, \cdots, X_n)$으로 표기한다). 이때 우리가 관심이 있는 문제는 확률분포 $P_\theta(x), \theta \in \Omega$를 특징짓는 모수 θ 또는 θ의 함수인 $g(\theta)$의 추정이다(예: $g(\theta) = e^\theta$, $g(\theta) = \theta^2$ 등). 많은 경우에 우리는 모수인 θ 자체에 흥미를 가지게 되지만, 일반성을 잃지 않기 위하여 모수의 함수인 $g(\theta)$의 추정에 대해 고려하기로 한다.

$g(\theta)$에 대한 추정방법에는 크게 표본에 근거한 통계량 $T(X) = T(X_1, X_2, \cdots, X_n)$을 사용하여 하나의 값으로 $g(\theta)$를 추정하는 **점추정**(point estimation)과, 두 개의 통계량 $T_1(X) = T_1(X_1, X_2, \cdots, X_n)$과 $T_2(X) = T_2(X_1, X_2, \cdots, X_n)$을 사용하여 구간 $[T_1(X), T_2(X)]$에 $g(\theta)$가 포함될 확률을 고려하는 **구간추정**(interval estimation)의 두 가지 방법이 있다. 두 가지 방법 가운데 좀 더 많은 정보를 제공할 수 있다는 이유로 흔히 구간추정이 선호되지만, 추정이론의 많은 부분은 점추정에 관한 것이다. 그 이유는 일반적으로 구간추정은 점추정값에 오차한계를 더해놓은 꼴로 표현되므로, 좋은 점추정량을 찾는 것이 좋은 구간추정을 가능케 하기 때문이다. 이러한 맥락에서, 이 장의 많은 부분도 점추정의 이론을 다루는 데 할애될 것이다.

점추정의 과정에는, 기본적인 접근방법을 정하는 것과 또 주어진 기준에 의해 여러 가지 가능한 추정방법 중에서 가장 뛰어난 것을 선택하는 두 가지 요소가 들어있다. 여기에서는 기본적인 접근방법으로서, 적률과 가능도의 원리를 고려할 것이며 추정량의 선택기준으로는 평균제곱오차(mean square error)의 최소화를 사용할 것이다. 평균제곱오차를 기준으로 추정량을 선택함에 있어서는 비편향추정량들 중에서 분산을 최소화하는 최소분산 비편향추정량을 주로 다루게 된다. 그리고 구간추정에서는 추축변량(pivotal quantity)을 사용하는 방법을 다루고, 마지막 절에서는 베이즈(Bayes) 추정방법을 고려하도록 한다. 이제 추정에 필요한 추정량을 정의하면 다음과 같다.

정의 4.1

미지의(unknown) 모수를 포함하지 않는 랜덤표본 $X_1, X_2, \cdots, X_n$ 의 함수를 통계량(statistic)이라고 한다. 나아가, 모수 θ의 함수 $g(\theta)$를 추정하기 위해 사용되는 통계량 $T(X) = T(X_1, \cdots, X_n)$을 $g(\theta)$의 **추정량**(estimator)이라고 하며, 주어진 표본값 $X_1 = x_1,\ X_2 = x_2,\ \cdots,\ X_n = x_n$을 대입해서 구해진 추정량의 특정값, $T(x) = T(x_1, x_2, \cdots, x_n)$ 을 **추정값**(estimate)이라고 한다.

주 모수 θ와 그의 추정량을 구별하기 편리하도록, 많은 경우에 추정량을 $\hat{\theta}_n$ 또는 $\hat{\theta}$으로 표기하기로 한다. $\hat{\theta}_n$에서 첨자 n은 추정량을 구하는 데 사용된 표본의 크기가 n임을 강조하기 위해 쓴 것이다.

예 4.1

$X_1, X_2, \cdots, X_n$을 $N(\mu, \sigma^2)$으로부터 얻은 랜덤표본이라고 하자. 모평균 μ와 모분산 σ^2을 추정하고자 할 때, 표본평균

$$\hat{\mu} = T_1(X_1, X_2, \cdots, X_n) = \frac{\sum_{i=1}^{n} X_i}{n}$$

와 표본분산

$$\hat{\sigma}^2 = T_2(X_1, X_2, \cdots, X_n) = \frac{\sum_{i=1}^{n} (X_i - \overline{X}_n)^2}{n-1}$$

을 추정량으로 사용할 수 있으며, 표본이 주어졌을 때 그들의 값

$$T_1(x_1, x_2, \cdots, x_n) = \frac{\sum_{i=1}^{n} x_i}{n},\quad T_2(x_1, x_2, \cdots, x_n) = \frac{\sum_{i=1}^{n} (x_i - \overline{x}_n)^2}{n-1}$$

을 추정값이라 한다.

모수를 추정하는 데 있어서 가능한 여러 가지 접근방법들 중에, 적률(moment)을

사용하는 방법과 가능도원리(likelihood principle)를 사용하는 방법을 우선 고려해 보자. 그 외에도 선형모형의 모수추정에 많이 사용되는 최소제곱추정법(least square method)이 있으나, 이는 6장의 분산분석과 7장의 회귀분석에서 별도로 다루기로 한다.

4.1 적률추정법

모수벡터 $\boldsymbol{\theta}=(\theta_1, \cdots, \theta_k)$를 갖는 확률분포에서 $X_1, \cdots, X_n$ 의 표본을 뽑는다고 하자. 2.8절에서 모분포의 r차 적률(rth population moment)을

$$\mu_r{}' = E(X^r) \tag{4.1}$$

으로, r차 표본적률(rth sample moment)을

$$m_r{}' = \frac{\sum_{i=1}^{n} X_i^r}{n} \tag{4.2}$$

으로 표기하기로 했었다. 일반적으로 모적률 $\mu_r{}'$은 모수벡터 $\boldsymbol{\theta}=(\theta_1, \theta_2, \cdots, \theta_k)$의 함수이므로 k개의 연립방정식

$$m_j{}' = \mu_j{}'(\theta_1, \theta_2, \cdots, \theta_k), \qquad j = 1, 2, \cdots, k$$

를 풀면 해 $(\hat{\theta}_1, \hat{\theta}_2, \cdots, \hat{\theta}_k)$를 구할 수 있을 것이며, 이를 $(\theta_1, \cdots, \theta_k)$에 대한 적률추정량이라고 한다. 이는 대수의 법칙에 의하여 r차 모적률이 존재할 때, r차 표본적률이 r차 모적률로 표본의 크기가 커짐에 따라 확률적으로 수렴한다는 사실에 기초한 방법으로서, n이 크다면 표본적률이 확률적으로 모적률에 매우 가깝게 되므로 표본적률을 이용하여 모적률을 추정하는 것은 합리적인 방법이라고 할 수 있다. 이에 대한 몇 가지 예를 들어보자.

예 4.2

$X_1, X_2, \cdots, X_n$ 을 $N(\mu, \sigma^2)$으로부터 얻은 랜덤표본이라고 할 때, μ와 σ^2을 적률을 사용하는 방법으로 추정해 보자. 추정할 모수가 두 개이므로 1, 2차 표본적률을

구하여 1, 2차 모적률과 같다고 놓는다. 즉,

$$m_1{}' = \frac{\sum_{i=1}^{n} X_i}{n}$$
$$= \mu_1{}'(\mu, \sigma^2) = \mu$$
$$m_2{}' = \frac{\sum_{i=1}^{n} X_i{}^2}{n}$$
$$= \mu_2{}'(\mu, \sigma^2) = \sigma^2 + \mu^2$$

의 연립방정식을 풀면 다음과 같은 추정량을 구할 수 있다.

$$\hat{\mu} = \frac{\sum_{i=1}^{n} X_i}{n}$$
$$\hat{\sigma}^2 = m'_2 - (\hat{\mu})^2 = \sum_{i=1}^{n} \frac{X_i^2}{n} - (\sum_{i=1}^{n} \frac{X_i}{n})^2$$
$$= \frac{1}{n}(\sum_{i=1}^{n} X_i^2 - n(\overline{X}_n)^2) = \frac{\sum_{i=1}^{n}(X_i - \overline{X}_n)^2}{n}.$$

예 4.3

$X_1, X_2, \cdots, X_n$ 을 $\text{GAM}(k, \theta)$로부터 얻은 랜덤표본이라고 하자. 1, 2차 표본적률과 모수벡터 (k, θ)에 대한 두 개의 방정식

$$m_1{}' = \frac{\sum_{i=1}^{n} X_i}{n}$$
$$= \mu_1{}'(k, \theta) = k\,\theta$$
$$m_2{}' = \frac{\sum_{i=1}^{n} X_i{}^2}{n}$$
$$= \mu_2{}'(k, \theta) = k\,\theta^2 + k^2\theta^2$$

을 풀면, (k, θ)에 대한 추정량

$$\hat{\theta} = (\frac{\sum_{i=1}^{n} X_i^2}{n} - \overline{X}_n^2)/\overline{X}_n = \frac{\sum_{i=1}^{n}(X_i - \overline{X}_n)^2}{n\overline{X}_n},$$

$$\hat{k} = \frac{\overline{X}_n}{\hat{\theta}} = \frac{n(\overline{X}_n)^2}{\sum_{i=1}^{n}(X_i - \overline{X}_n)^2}$$

을 구할 수 있다.

이와 같이 적률을 사용하여 추정량을 구하는 방법은 비교적 그 과정이 간단하나 때로는 유일하지 않은 경우도 있다(연습문제 4.3 참조).

4.2 최대가능도 추정법

성공률이 p인 베르누이 분포에서 크기가 10인 랜덤표본을 뽑는다고 가정해 보자. 또, 이 분포의 성공률은 0.1이거나 0.9 둘 중에 하나라는 것을 알고 있으며, 관측된 표본을 통해 성공률을 추정하려고 한다고 가정하자. 만약 10개의 관측치의 합이 8이었다면 성공률을 0.1이라고 하는 것이 좋을까, 아니면 0.9라고 하는 것이 좋을까? 이 경우 성공률을 0.9로 추정하는 데에 별다른 이견이 없을 것이다. 그렇다면 우리는 왜 0.9를 0.1보다 선호하게 된 것일까? 아마도 0.9가 참일 경우 합이 8인 관측치를 얻을 확률이 0.1이 참일 경우보다 높기 때문일 것이다. 이러한 생각이 가능도원리를 사용하는 최대가능도 추정법의 간단한 예라고 할 수 있다.

확률변수 $X_1, X_2, \cdots, X_n$의 결합 확률밀도함수가 $f(x_1, x_2, \cdots, x_n; \theta)$라고 하자. 결합 확률밀도함수 $f(x_1, x_2, \cdots, x_n; \theta)$는 고정된 모수 θ에 대하여 $(x_1, x_2, \cdots, x_n)$의 함수로 사용된다. 그러나 반대로 $f(x_1, x_2, \cdots, x_n; \theta)$를 관측치 $X_1 = x_1, X_2 = x_2, \cdots, X_n = x_n$이 주어졌을 때 모수 $\theta(\in \Omega)$의 함수로 생각해 볼 수도 있다. 즉, 다음과 같이

$$L(\theta) = L(\theta; x_1, x_2, \cdots, x_n) = f(x_1, x_2, \cdots, x_n; \theta)$$

로 표기하고 이를 $X_1, X_2, \cdots, X_n$의 **가능도함수**(likelihood function)라고 한다. 다

시 말하면, 가능도함수 $L(\theta)$는 주어진 자료 $(x_1, x_2, \cdots, x_n)$에 대하여, $(x_1, x_2, \cdots, x_n)$이 얻어질 가능성을 모수 θ에 대한 함수로 나타낸 것이라고 할 수 있다. 특정한 θ의 값과 $x_1, \cdots, x_n$이 주어진 상태에서 확률밀도함수와 가능도함수는 같은 함수값을 갖는다. 그러나 예를 들어 $y = x^2 + z$를 $f(x) = x^2 + z$와 같이 x의 함수로 볼 수도 있고, $g(z) = x^2 + z$처럼 z의 함수로 볼 수도 있지만 $f(x)$와 $g(z)$는 다른 함수 이듯이, 가능도함수와 확률밀도함수는 함수로서는 서로 다르며, 특히 가능도함수는 θ의 함수이므로 확률밀도함수가 아니라는 점을 유의하자.

이제 확률변수 $X_1, X_2, \cdots, X_n$이 서로 독립적이고 X_i가 확률밀도함수 $f_i(x_i ; \theta)$를 갖는다고 하면, $X_1, X_2, \cdots, X_n$의 결합 확률밀도함수는

$$\prod_{i=1}^{n} f_i(x_i ; \theta) = f_1(x_1 ; \theta) f_2(x_2 ; \theta) \cdots f_n(x_n ; \theta)$$

이며, 가능도함수는

$$\begin{aligned} L(\theta ; x_1, x_2, \cdots, x_n) &= \prod_{i=1}^{n} f_i(x_i ; \theta) \\ &= f_1(x_1 ; \theta) f_2(x_2 ; \theta) \cdots f_n(x_n ; \theta) \end{aligned}$$

로 나타내어진다. 따라서 $X_1, X_2, \cdots, X_n$이 확률밀도함수 $f(x ; \theta)$로부터의 랜덤표본이라고 하면 $f_i(x_i;\theta) = f(x_i;\theta)$ 이므로, 가능도함수는

$$L(\theta ; x_1, x_2, \cdots, x_n) = \prod_{i=1}^{n} f(x_i ; \theta) \tag{4.3}$$

가 된다. 이제 모수를 추정하는 방법으로 가능도함수를 최대화하는 통계량에 대한 정의는 다음과 같다.

정의 4.2

랜덤표본의 가능도함수 $L(\theta ; x_1, x_2, \cdots, x_n)$을 최대화하는 θ의 값을 $\hat{\theta} = \hat{\theta}(x_1, x_2, \cdots, x_n) \in \Omega$라고 할 때, $\hat{\theta} = \hat{\theta}(X_1, X_2, \cdots, X_n)$을 모수 θ의 **최대가능도 추정량**(maximum likelihood estimator)이라고 한다.

이러한 최대가능도 추정량의 의미는 '실제로 관측된' 자료가 얻어질 확률을 가장 높게

만드는(즉, 주어진 관측값을 가장 잘 설명하는) θ의 값을 모수 θ의 추정량으로 삼는 것이다. 이제, 몇 개의 예들을 살펴봄으로써 그 의미를 분명히 하자.

예 4.4

$X_1, X_2, \cdots, X_5$가 서로 독립인 베르누이(p) 확률변수라고 하자. 이때 $Y = \sum_{i=1}^{5} X_i$는 $B(5, p)$ 분포를 따르며, Y의 확률밀도함수는 몇 가지 다른 p에 대해서 다음과 같이 주어진다.

Y \ p	0.1	0.2	0.3	0.4	0.5	0.6	0.7	0.8	0.9	1.0
0	0.59050	0.32768	0.16807	0.07776	0.03125	0.01024	0.00243	0.00032	0.00005	0.0
1	0.32800	0.40960	0.36015	0.25920	0.15625	0.07680	0.02835	0.00640	0.00045	0.0
2	0.07290	0.20480	0.30870	0.34560	0.31250	0.23040	0.13230	0.05120	0.00810	0.0
3	0.00810	0.05120	0.13230	0.23040	0.31250	**0.34560**	0.30870	0.20480	0.07290	0.0
4	0.00045	0.00640	0.02835	0.07680	0.15625	0.25920	0.36015	0.40960	0.32800	0.0
5	0.00005	0.00032	0.00243	0.01024	0.03125	0.07776	0.16807	0.32768	0.59050	1.0

그런데 가능도함수는 $Y=y$로 주어졌을 때 모수 p에 대한 함수이므로 위의 표를 가로로 읽어서 구할 수 있다. 가령 $Y=3$이 주어지면, 위 가능도함수표에서 $Y=3$인 행을 살펴보아 $p=0.6$에서 가능도가 0.34560으로 최대가 되는 것을 알 수 있다. 따라서 최대가능도 추정값은 0.6이다. 반면, $Y=1$이라면 0.2가 최대가능도 추정값이 된다. 두 경우를 비교해 보면, p가 성공률이므로 Y의 값이 1보다는 3으로 클 때 p도 클 것이라고 추측하는 것이 합리적이다. 물론 p에 대하여 0과 1 사이의 모든 값을 고려하여야 하나 편의상 생략하였다.

그런데 가능도함수 $L(\theta\,;x_1, x_2, \cdots, x_n)$을 최대화하는 θ의 값을 찾는 문제는 로그가능도함수

$$\begin{aligned}\log L(\theta\,;x_1, x_2, \cdots, x_n) &= \log \prod_{i=1}^{n} f_i(x_i\,;\theta) \\ &= \sum_{i=1}^{n} \log f_i(x_i\,;\theta)\end{aligned} \tag{4.4}$$

를 최대화하는 θ를 찾는 것과 같다. 왜냐하면, 로그함수가 단조증가함수이므로 $L(\theta)$

를 최대로 만드는 θ의 값에서 $\log L(\theta)$도 최대가 되고, 그 반대도 성립하기 때문이다. 뿐만 아니라, 랜덤표본의 가능도함수는 주변 확률밀도함수의 곱으로 표현되는데, 여기에 로그를 취하면 각 주변 확률밀도함수에 로그를 취한 것의 합이 되므로 미분을 통해 최댓값을 찾는 계산이 훨씬 쉬워질 수 있다. 이런 이유로, 최대가능도 추정량을 찾을 때 로그가능도함수를 많이 이용한다. 또한, 많은 경우에 로그가능도함수를 최대화하는 문제는

$$\frac{d}{d\theta}\log L(\theta\,;x_1,\,x_2,\,\cdots,\,x_n)=0$$

의 해를 구하는 문제로 귀착된다(물론 위의 식을 만족하는 값이 곧 로그가능도함수를 최대화한다는 보장은 없으며, 엄밀한 의미에서의 최대화 여부를 2차 미분 등을 통해서 가려야 한다). 참고로, 우리가 사용하는 log는 다른 설명이 없는 한 자연로그이다.

예 4.5

$X_1,\,X_2,\,\cdots,\,X_n$을 $\mathrm{EXP}(\theta)$에서 추출된 랜덤표본이라고 할 때, θ의 최대가능도 추정량을 구해 보자. 이 표본의 가능도함수는 $x_i>0,\ i=1,\cdots,n$일 때

$$\begin{aligned}L(\theta\,;x_1,\,x_2,\,\cdots,\,x_n)&=\prod_{i=1}^{n}f(x_i;\theta)\\&=\left(\frac{1}{\theta}\right)^n\exp\left(-\sum_{i=1}^{n}x_i/\theta\right)\end{aligned}$$

가 되며, 로그가능도함수는

$$\log L(\theta\,;x_1,\,x_2,\,\cdots,\,x_n)=-n\log\theta-\sum_{i=1}^{n}x_i/\theta$$

가 된다. 이를 θ에 대해 미분하면 $\frac{d}{d\theta}\log L(\theta)=-\frac{n}{\theta}+\sum_{i=1}^{n}x_i/\theta^2$이고, 이를 0으로 만드는 θ의 값은 $\overline{x}_n$이다. $\theta=\overline{x}_n$일 때의 이차 미분값은 0보다 작으므로 이 값에서 로그가능도함수가 최대가 된다. 즉, θ의 최대가능도 추정량은 $\overline{X}_n$이다.

예 4.6

$X_1,\,X_2,\,\cdots,\,X_n$을 포아송(λ) 분포로부터 구한 랜덤표본이라고 하자. 이때 가능도함

수는

$$L(\lambda\,;x_1,\ x_2,\ \cdots,\ x_n) = \prod_{i=1}^{n} f(x_i\,;\lambda) = \frac{\exp(-n\lambda)\lambda^{\Sigma x_i}}{\prod_{i=1}^{n} x_i!}$$

이며, 따라서 로그가능도함수는

$$\log L(\lambda\,;x_1,\ x_2,\ \cdots,\ x_n) = -n\lambda + \sum_{i=1}^{n} x_i \log\lambda - \log\left(\prod_{i=1}^{n} x_i!\right)$$

이다. 그런데,

$$\frac{d}{d\lambda}\log L(\lambda\,;x_1,\ x_2,\ \cdots,\ x_n) = -n + \sum_{i=1}^{n}\frac{x_i}{\lambda} = 0$$

을 만족하는 $\hat{\lambda} = \overline{x}_n$은

$$\frac{d^2}{d\lambda^2}\log L(\lambda\,;x_1,\ x_2,\ \cdots,\ x_n)|_{\lambda=\overline{x}_n} = -\sum_{i=1}^{n}\frac{x_i}{\lambda^2}|_{\lambda=\overline{x}_n} = -\frac{n}{\overline{x}_n} < 0$$

을 만족시키므로($\overline{x}_n > 0$을 가정) 가능도함수를 최대화하는 최대가능도 추정량은 $\overline{X}_n$이다($\overline{x}_n = 0$의 경우는 예 4.10 참조).

주 경우에 따라서 2차 미분을 확인하지 않아도 극값에서 가능도함수가 최대가 됨이 쉽게 보여질 수 있다. 위의 포아송 예제에서 $\lambda \to 0$에서 $\log L(\theta) \to -\infty$이고, $\lambda \to \infty$에서 $\log L(\theta) \to -\infty$이면서 극값은 단 하나만 존재하므로 그 극값이 함수를 최대로 만드는 값일 수밖에 없음을 알 수 있다.

그런데 정의 4.2는 모수가 두 개 이상인 벡터 $\theta = (\theta_1,\ \theta_2, \cdots,\ \theta_k)$로 표현되는 경우에도 성립한다. 이러한 경우, k개의 연립방정식

$$\frac{d}{d\theta_i}\log L(\theta_1,\ \theta_2, \cdots,\ \theta_k) = 0,\ \ i = 1,\ 2,\ \cdots,\ k$$

을 풀어서 구한 해가 로그가능도함수를 최대화하는지의 여부를 가려 최대가능도 추정

량 $(\hat{\theta}_1, \hat{\theta}_2, \cdots, \hat{\theta}_k)$을 구할 수 있다.

예 4.7

$X_1, X_2, \cdots, X_n$을 $N(\mu, \sigma^2)$으로부터 얻은 랜덤표본이라고 하자. 이때 가능도함수는

$$\begin{aligned} L(\mu, \sigma^2; x_1, x_2, \cdots, x_n) &= \prod_{i=1}^{n} f(x_i; \mu, \sigma^2) \\ &= \frac{1}{(2\pi\sigma^2)^{n/2}} \exp\left[-\sum_{i=1}^{n}(x_i-\mu)^2/2\sigma^2\right] \end{aligned}$$

이며, 따라서 로그가능도함수는

$$\log L(\mu, \sigma^2; x_1, x_2, \cdots, x_n) = -(n/2)\log(2\pi\sigma^2) - \sum_{i=1}^{n}(x_i-\mu)^2/2\sigma^2$$

이다. 이 로그가능도함수를 최대화하는 (μ, σ^2)값은

$$\frac{d}{d\mu}\log L(\mu, \sigma^2; x_1, x_2, \cdots, x_n) = \sum_{i=1}^{n}\frac{(x_i-\mu)}{\sigma^2} = 0$$

$$\frac{d}{d\sigma^2}\log L(\mu, \sigma^2; x_1, x_2, \cdots, x_n) = -\frac{n}{2\sigma^2} + \frac{\sum_{i=1}^{n}(x_i-\mu)^2}{2\sigma^4} = 0$$

의 두 연립방정식의 해를 구하고, 이들이 로그가능도함수를 최대화함을 2차 미분을 사용하여 확인함으로써 구할 수 있다. 이렇게 구한 최대가능도 추정량은

$$(\hat{\mu}, \hat{\sigma}^2) = \left(\overline{X}_n, \sum_{i=1}^{n}(X_i - \overline{X}_n)^2/n\right)$$

이 된다. 로그가능도함수의 2차 미분은 2×2 행렬이 되므로 이 행렬이 주어진 극값에서 음정치행렬인지 확인하여 함수가 최댓값을 가지는지 확인할 수 있지만, 다음과 같은 방법을 사용할 수도 있다. $\sum_{i=1}^{n}(x_i-\mu)^2 = \sum_{i=1}^{n}(x_i-\overline{x}_n)^2 + n(\overline{x}_n-\mu)^2$이므로, $\mu \neq \overline{x}_n$라면 $\sum_{i=1}^{n}(x_i-\mu)^2 > \sum_{i=1}^{n}(x_i-\overline{x}_n)^2$가 된다. 그러므로 임의의 σ^2의 값에서 $\log L(\mu, \sigma^2)$가 $\hat{\mu} = \overline{x}_n$에서 최대화됨을 알 수 있다. μ를 $\overline{x}_n$으로 치환하고 나면

$\log L(\bar{x}_n, \sigma^2)$는 $n^{-1}\sum_{i=1}^{n}(x_i - \bar{x}_n)^2$에서 최대가 된다. 그러므로 $(\hat{\mu}, \hat{\sigma}^2)$에서 로그가능도함수가 최대가 된다.

예 4.8

$X_1, X_2, \cdots, X_n$을 로지스틱 분포로부터 얻은 랜덤표본이라고 하자. 로지스틱 확률밀도함수는 $f(x;\theta) = \dfrac{\exp\{-(x-\theta)\}}{(1+\exp\{-(x-\theta)\})^2}$, $-\infty < x < \infty$, $-\infty < \theta < \infty$ 이므로 로그가능도함수는

$$\log L(\theta) = \sum_{i=1}^{n}\log f(x_i;\theta) = n\theta - n\bar{x}_n - 2\sum_{i=1}^{n}\log(1+\exp(-(x_i-\theta)))$$

가 된다. $\dfrac{d}{d\theta}\log L(\theta) = n - 2\sum_{i=1}^{n}\dfrac{\exp(-(x_i-\theta))}{1+\exp(-(x_i-\theta))} = 0$의 해는 간단한 폐쇄형이 존재하지 않으나, $\dfrac{d}{d\theta}\log L(\theta)$이 θ에 대해 단조감소하며($\dfrac{d^2}{d\theta^2}\log L(\theta) < 0$) θ가 $-\infty$로 갈 때 n으로 그리고 θ가 $+\infty$로 갈 때 $-n$으로 접근하므로 유일해를 가진다는 것을 알 수 있다. 그리고 이 해는 수치적 방법을 통해 구할 수 있다.

가능도함수가 미분 가능하면 위의 예제들에서와 같은 방법으로 최대가능도 추정량을 구할 수 있으나, 가능도함수가 언제나 미분 가능한 것은 아니며, 따라서 최대가능도 추정량이 언제나 가능도함수의 미분과정을 통해서만 구해지는 것은 아니다. 다음의 예를 살펴보자.

예 4.9

$X_1, X_2, \cdots, X_n$을 $U(0, \theta)$로부터 얻은 랜덤표본이라고 하자. 이때 가능도함수는

$$\begin{aligned} L(\theta\,;x_1, x_2, \cdots, x_n) &= \prod_{i=1}^{n} f(x_i\,;\theta) \\ &= \begin{cases} \dfrac{1}{\theta^n}, & 0 \le x_i \le \theta\text{인 경우} \\ 0, & \text{그 외의 경우} \end{cases} \end{aligned}$$

이 되며, 모든 θ에 대해 연속이 아니므로 모수 θ에 대하여 미분 가능하지 않다. 이 경우, 미분을 하는 대신 가능도함수의 형태를 살펴보면 쉽게 최대가능도 추정량을 구

할 수 있다.

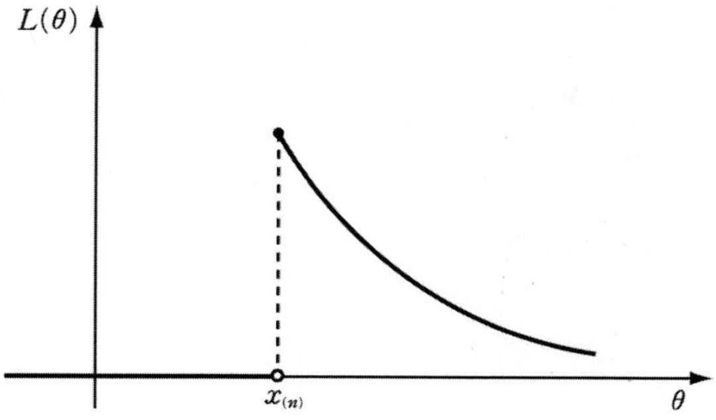

이제 최대가능도 추정량이 표본최댓값 $X_{(n)}$인 것은 위 그래프로부터 자명하다.

또한, 최대가능도 추정량이 언제나 존재한다는 보장은 없으며 유일하지 않을 수도 있다.

예 4.10

$X_1, X_2, \cdots, X_n$을 $\lambda > 0$인 포아송(λ) 분포로부터 구한 랜덤표본이라고 하자. 예 4.6에서

$$\frac{d}{d\lambda}\log L(\lambda\,;x_1, x_2, \cdots, x_n) = -n + \sum_{i=1}^{n}\frac{x_i}{\lambda} = 0$$

이고, $\overline{x}_n > 0$일 때 λ의 최대가능도 추정량이 $\overline{X}_n$임을 보였다. 그런데 랜덤표본에서 얻은 관측치 $\overline{x}_n$의 값이 공교롭게도 0이었다고 하자. 이 경우 로그가능도함수의 1차 미분은 항상 음의 값을 가지게 되는데, λ값의 범위는 개구간이므로 최대가능도 추정량은 존재하지 않는다.

예 4.11

$X_1, X_2, \cdots, X_n$ 을 $U[\theta-1, \theta+1]$로부터 얻은 랜덤표본이라고 하자. 이때 가능도 함수는

$$L(\theta\,;x_1,x_2,\cdots,x_n)=\prod_{i=1}^{n}\frac{1}{2}I_{[\theta-1,\theta+1]}(x_i)=2^{-n}I_{[\theta-1\le x_{(1)},x_{(n)}\le\theta+1]}$$
$$=2^{-n}I_{[x_{(n)}-1,x_{(1)}+1]}(\theta)$$

이 되고, 이 함수는 구간 $[x_{(n)}-1, x_{(1)}+1]$의 모든 점에서 최댓값 2^{-n}을 가지므로 구간 $[X_{(n)}-1, X_{(1)}+1]$ 내의 모든 점이 최대가능도 추정량이 된다. 즉, 최대가능도 추정량이 유일하지 않다.

예 4.12

3가지 타입의 개체들로 구성된 모집단에서 크기가 n인 랜덤표본을 추출했을 때, 다음의 Hardy−Weinberg 모형을 고려하자.

$$(N_1,N_2,N_3)\sim \mathrm{MULT}(n,p_1,p_2,p_3).$$

여기에서 $p_1=\theta^2$, $p_2=2\theta(1-\theta)$, $p_3=(1-\theta)^2$, $0<\theta<1$이다. 이때, θ의 최대가능도 추정량을 구해 보자. $N_1=n_1$, $N_2=n_2$, $N_3=n_3$이 주어졌을 때 이 랜덤표본의 가능도함수는

$$L(\theta)=\frac{n!}{n_1!n_2!n_3!}\theta^{2n_1}(2\theta(1-\theta))^{n_2}(1-\theta)^{2n_3}$$

이 되며, 로그가능도함수는

$$\log L(\theta)=\log\frac{n!}{n_1!\,n_2!\,n_3!}+2n_1\log\theta+n_2\log 2\theta+n_2\log(1-\theta)+2n_3\log(1-\theta)$$

가 된다. 이를 미분하면,

$$\frac{d}{d\theta}\log L(\theta)=\frac{2n_1}{\theta}+\frac{n_2}{\theta}-\frac{n_2}{1-\theta}-\frac{2n_3}{1-\theta}$$

이고 $n_1\ne n$이고 $n_3\ne n$인 경우 이 1차 미분은 $\theta=\dfrac{2n_1+n_2}{2n}$에서 0의 값을 가진다. 2차 미분이 $\dfrac{d^2}{d\theta^2}\log L(\theta)=-\dfrac{2n_1+n_2}{\theta^2}-\dfrac{n_2+2n_3}{(1-\theta)^2}<0$이므로, θ의 최대가능도 추정량은 $n_1\ne n$이고 $n_3\ne n$일 때, $\hat{\theta}=\dfrac{2N_1+N_2}{2n}$이 된다. (단, $n=N_1+N_2+N_3$이다.)

최대가능도 추정량의 불변성

최대가능도 추정량의 장점 중의 하나는, 다음의 정리에서 나타나는 불변성 원리(invariance property)이다. θ를 추정하는 어떤 추정량이 $T(X)$일 때 θ^2의 추정량이 $T(X)^2$이 되고, $\theta+c$(c는 상수)의 추정량이 $T(X)+c$가 되는 등, θ의 함수 $g(\theta)$의 추정량이 $g(T(X))$가 되는 성질을 불변성 원리라고 한다. 이는 상당히 논리적이고 직관적인 성질로서, 최대가능도 추정량의 경우 이 원리가 성립하기 때문에 θ의 추정량을 얻고 나면 다른 어떤 함수 $g(\theta)$에 대해서도 다시 복잡한 계산을 거치지 않고 쉽게 추정량을 구할 수 있다. 최대가능도 추정량을 얻기 위해서는 일반적으로 미분의 과정을 거쳐야 하므로, 미분을 쉽게 만드는 모수를 선택하여 추정량을 구한 다음, 다른 형태의 모수에 대한 추정량은 불변성 원리를 이용하여 구하면 된다. 예를 들어 정규분포에서 얻어진 랜덤표본으로 표준편차 σ의 최대가능도 추정량을 구할 때, σ^2을 모수로 두는 것이 미분이 좀 더 쉽다고 한다면 σ^2의 최대가능도 추정량을 먼저 구하고, 여기에 제곱근을 취하여 σ의 최대가능도 추정량을 구할 수 있다.

정리 4.1

(최대가능도 추정량의 불변성) $X_1, \cdots, X_n$을 확률밀도함수 $f(x;\theta)$, $\theta \in \Omega$를 갖는 분포에서 얻은 랜덤표본이라고 하자. $\hat{\theta}_n$이 모수 θ의 최대가능도 추정량이면, θ의 함수인 $g(\theta)$에 대하여, $g(\hat{\theta}_n)$이 $g(\theta)$의 최대가능도 추정량이 된다.

증명 $\eta = g(\theta)$ 라고 놓자. 불변성 원리는 일반적인 함수 g에 대해 성립하나, 여기에서는 증명의 편의를 위하여 g를 일대일 함수라고 가정하도록 하자. θ를 모수로 하는 표본의 가능도함수를 $L(\theta)$라고 하고 η를 모수로 하는 표본의 가능도함수를 $L^*(\eta)$라고 하자. 그러면,

$$L^*(g(\theta)) = L^*(\eta) = \prod_{i=1}^{n} f(x_i; g^{-1}(\eta)) = L(g^{-1}(\eta)) = L(\theta)$$

이고,

$$\max_{\eta \in g(\Omega)} L^*(\eta) = \max_{\eta \in g(\Omega)} L(g^{-1}(\eta)) = \max_{\theta \in \Omega} L(\theta)$$

이므로

$$L^*(\hat{\eta}) = \max_{\eta \in g(\Omega)} L^*(\eta) = \max_{\theta \in \Omega} L(\theta) = L(\hat{\theta}_n) = L^*(g(\hat{\theta}_n))$$

이 되어, $\hat{\eta} = g(\hat{\theta}_n)$이다. ■

예 4.13

앞의 예 4.7에서 σ^2의 최대가능도 추정량으로 $\widehat{\sigma^2} = \sum_{i=1}^{n} (X_i - \overline{X}_n)^2 / n$을 구하였다. 이제, $g(\sigma^2) = \sigma$의 최대가능도 추정량은 불변성에 의하여 $g(\widehat{\sigma^2}) = \hat{\sigma}$가 된다.

예 4.14

$X_1, X_2, \cdots, X_n$을 $\mathrm{EXP}(\lambda)$로부터 얻은 랜덤표본이라고 하자. 이때 로그가능도함수는

$$\log L(\lambda; x_1, x_2, \cdots, x_n) = -n \log \lambda - \sum_{i=1}^{n} x_i / \lambda$$

가 되며, 따라서

$$\frac{d}{d\lambda} \log L(\lambda; x_1, x_2, \cdots, x_n) = -n/\lambda + \sum_{i=1}^{n} x_i / \lambda^2 = 0$$

으로부터 최대가능도 추정량 $\hat{\lambda} = \overline{X}_n$를 얻게 된다. 만약 이 분포에서 나온 확률변수가 1보다 클 확률을 추정하는 데에 관심이 있다면, $g(\lambda) = P(X \geq 1) = \exp(-1/\lambda)$에 대한 추정량이 필요하고, 이것의 최대가능도 추정량은 불변성에 의하여 $g(\hat{\lambda}) = \exp(-1/\overline{X}_n)$이 된다.

주 최대가능도 추정량의 불변성은 모수가 2개 이상인 경우로도 확장 가능하여, $\hat{\theta} = (\hat{\theta}_1, \hat{\theta}_2, \cdots, \hat{\theta}_k)$가 모수벡터 $\theta = (\theta_1, \theta_2, \cdots, \theta_k)$의 최대가능도 추정량이면, $g(\hat{\theta}_1, \hat{\theta}_2, \cdots, \hat{\theta}_k)$도 $g(\theta_1, \theta_2, \cdots, \theta_k)$의 최대가능도 추정량이 된다.

4.3 추정의 기준

추정의 기준을 다룸에 있어서, 표본의 함수인 추정량이 확률변수임을 재차 확인할 필요가 있다. 어떤 확률변수도 상응하는 확률분포를 가지므로 추정량도 그의 확률분포가 있고, 확률분포를 살피는 것은 추정량의 성격을 파악하는 데 도움이 된다. 아래의 예를 보자.

예 4.15

$X_1,\ X_2,\ \cdots,\ X_n$을 $U(0,\ \theta)$로부터 얻은 랜덤표본이라고 하자. 이때 모수 θ의 최대가능도 추정량은 표본최댓값 $X_{(n)}$이다(참조: 예 4.9). 추정량 $X_{(n)}$의 확률밀도함수는 $\theta=1,\ n=5$인 경우

$$\begin{aligned} F_{X_{(5)}}(x) &= P(X_{(5)} \le x) \\ &= P(X_1 \le x,\ X_2 \le x,\ \cdots,\ X_5 \le x) \\ &= \{P(X \le x)\}^5 \\ &= \{F_X(x)\}^5 \\ &= x^5, \quad 0 < x < 1 \end{aligned}$$

이므로,

$$f(x) = 5x^4 \ \ (0 < x < 1)$$

로서 다음 그림과 같이 주어진다. 두 번째 등식은 표본최댓값이 x보다 작으면 모든 관측값들이 x보다 작아야 하고, 모든 관측값들이 x보다 작으면 표본최댓값도 x보다 작다는 성질을 이용하여 얻는다.

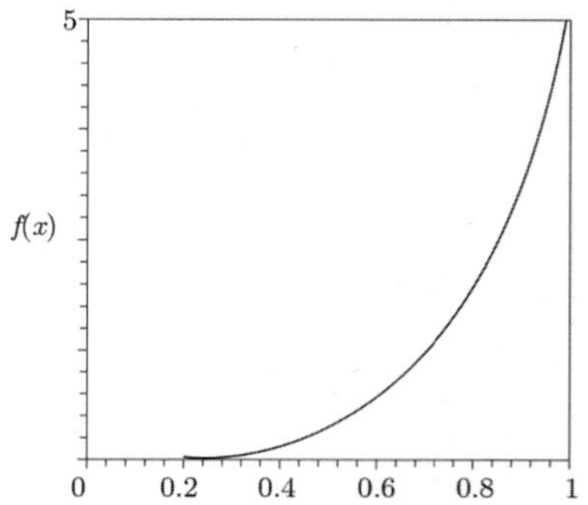

▸ 그림 4.1 ◂ 추정량 $X_{(n)}$의 확률밀도함수

예 4.16

$X_1, X_2, \cdots, X_n$을 $N(\mu, \sigma^2)$으로부터 얻은 랜덤표본이라고 하자. 모평균 μ를 표본평균 $\overline{X}_n$로 추정할 때 추정량 $\overline{X}_n$의 확률분포는 모수(모평균)에 중심을 둔 $N(\mu, \sigma^2/n)$ 분포를 따른다. 즉, 추정량 $\overline{X}_n$의 확률밀도함수는 다음 그림과 같이 주어진다.

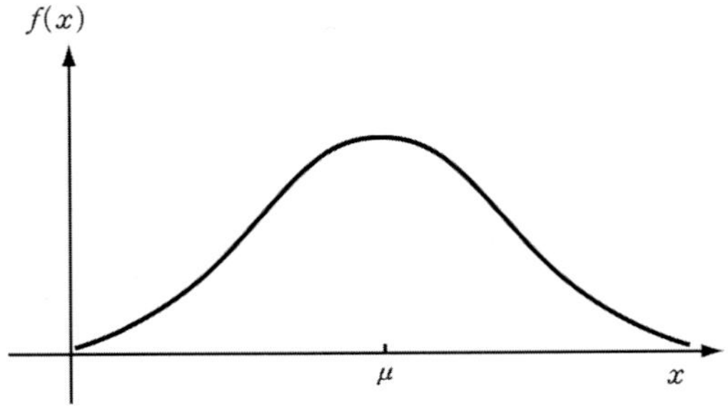

▸ **그림 4.2** ◂ 추정량 $\overline{X}_n$의 확률밀도함수

위의 두 예에서 보면, 예 4.15에서는 최대가능도 추정량 $X_{(n)}$이 모수 $\theta=1$의 근방에 있을 확률은 높지만 $\theta=1$에 대하여 비대칭적인 분포를 갖고 있는 반면에 예 4.16에서는 추정량 $\overline{X}_n$이 모수 μ에 대해 대칭이며, 또한 그 근방에 있을 확률이 높다는 것을 알 수 있다.

모수의 함수인 $g(\theta)$의 추정에서(물론 $g(\theta)=\theta$인 경우를 포함), 우리가 원하는 바는 추정량 $T(X)=T(X_1, X_2, \cdots, X_n)$이 추정하고자 하는 $g(\theta)$에 '가까운' 것이다. 추정량이 언제나 추정대상인 $g(\theta)$와 같은 값을 가진다면 제일 좋겠지만, 추정량은 확률변수로서 표본에 따라 값이 달라지므로 언제나 $g(\theta)$의 값을 가질 수는 없다. 대신 추정량이 $g(\theta)$에 가까운 값을 제공한다면 그것으로 훌륭한 추정량이라고 할 것이다. 그렇다면 "가깝다"라는 것을 어떻게 정의할 수 있을까? 이것은 사용하는 기준(criterion)에 따라 다르게 결정될 것이다. 몇 가지 가능한 기준의 예로는

1. 절대오차(absolute error)

$$|T(X)-g(\theta)|,$$

2. 제곱오차(squared error)

$$(T(X)-g(\theta))^2,$$

또는

3. $w(\theta)$로 가중값을 준 가중제곱오차(weighted squared error)

$$(T(X)-g(\theta))^2 w(\theta)$$

등을 들 수 있는데, 이들을 흔히 **손실함수**(loss function)라고 한다. 그러나 위의 손실함수들은 확률변수이기 때문에 이들을 최소화하는 추정량 $T(X)$를 찾아내는 것은 불가능하며, 따라서 위 손실함수의 기댓값(long term average)을 기준으로 삼는다. 일반적으로, 제곱오차의 기댓값인 **평균제곱오차**(Mean Square Error, MSE)

$$MSE = E(T(X)-g(\theta))^2 \tag{4.5}$$

이 추정의 기준으로 많이 사용되며, 여기에서도 이 MSE를 기준으로 삼도록 한다. 이 기준하에서 우리가 원하는 추정량은 평균제곱오차를 최소화하는 $T(X)$가 된다.

그런데 평균제곱오차는 모수 θ에 대한 함수이기 때문에 이를 최소화하는 추정량을 찾는 것이 항상 가능하지는 않다. 다음 그림을 보자. $g(\theta)$에 대한 두 개의 추정량 $T_1(X)$와 $T_2(X)$에 대한 평균제곱오차를 구하였을 때, 그림 4.3의 첫 번째 경우에서는

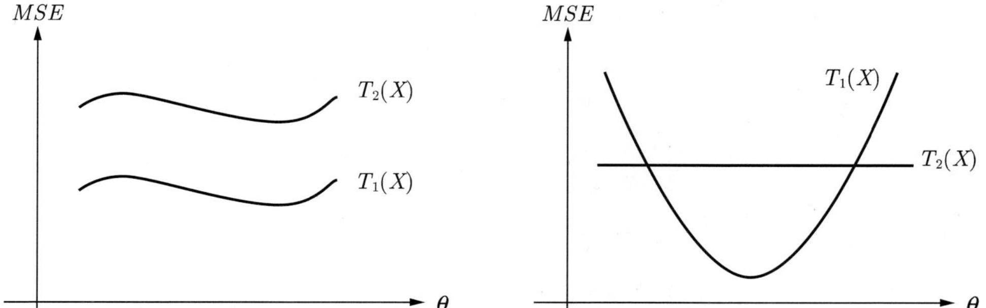

▸ **그림 4.3** ◂ 두 추정량의 평균제곱오차(MSE) 비교

$T_1(X)$의 평균제곱오차가 $T_2(X)$의 그것보다 모든 θ값에 대하여 작으므로 우리는 $T_1(X)$를 선호하게 되지만, 두 번째 경우에서는 θ의 값에 따라 평균제곱오차를 작게 만드는 추정량이 달라져 어떤 추정량을 사용해야 할지 명확하지 않게 된다. 이와 같이 평균제곱오차를 모든 $\theta \in \Omega$에 대하여 균일하게 최소화하는 추정량 $T(X)$는 일반적으로 존재하지 않는다. 예를 들어, θ를 추정하기 위한 어떤 추정량이 $T(X) \equiv \theta_0$(어떤

정해진 상수)이라고 하자. 즉, 표본에서 어떤 값을 관측하든 추정값을 θ_0으로 하겠다는 뜻이다. 만약 미지의 모수값이 실제로 θ_0이라면, 이 추정량의 평균제곱오차는 0이 되며, $\theta = \theta_0$에서 이것보다 더 작은 평균제곱오차를 갖는 추정량은 없다. 그러나 이러한 표본과 무관한 추정방법은 θ가 θ_0로부터 멀리 떨어져 있을수록 평균제곱오차를 크게 만들 것이며 매우 비과학적이고 비상식적인 방법이 된다. 따라서 이러한 비과학적인 추정량들을 고려대상에서 제외하는 것이 합리적일 것이다. 이런 편협된 부적절한 추정량들을 제외하는 하나의 방법으로 아래에 정의된 비편향추정량(unbiased estimator)들의 집합을 고려하고, 그 안에서 평균제곱오차를 최소화하는 추정방법을 찾을 수 있다. 자세한 방법은 다음 절에서 다루어진다.

정의 4.3

$T(X)$를 $g(\theta)$의 추정량이라고 할 때, $E[T(X)] - g(\theta)$를 $T(X)$의 **편향**(bias)이라고 하며 $E[T(X)] = g(\theta)$(즉 편향 $= 0$)이면 $T(X)$를 $g(\theta)$의 **비편향추정량**이라고 한다. 추정량 $T(X)$의 분산은 $E[T(X) - E[T(X)]]^2$ 이다.

즉, 비편향추정량은 그 기댓값이 추정하고자 하는 모수와 같기 때문에, 추정대상을 과대추정하거나 과소추정하는 경향이 없이 평균적으로 목표치를 잘 맞추고 있다는 뜻이 된다.

예 4.17

$X_1, X_2, \cdots, X_{10}$을 $N(\mu, \sigma_0^2)$ (σ_0^2은 알려진 값)으로부터 얻은 랜덤표본이라 할 때, $T_1(X) = \overline{X}_{10}$와 $T_2(X) = (X_1 + X_2)/2$는 $E[T_1(X)] = E[T_2(X)] = \mu$이므로 모두 모평균 μ의 비편향추정량이다.

예 4.18

앞의 예 4.9에서 고려한, $U(0, \theta)$에서의 θ의 추정량 $X_{(n)}$에 대해 생각해 보자. 이 분포에서 나오는 X의 값은 모두 0에서 θ 사이에 있으므로 표본최댓값 $X_{(n)}$도 θ보다 클 수 없다. θ보다 작을 수는 있으나 클 수는 없으므로 그 기댓값은 당연히 θ보다 작게 된다. 즉, 표본최댓값은 비편향추정량이 아니다. 표본최댓값의 기댓값은

$$
\begin{aligned}
E(X_{(n)}) &= \int_0^\theta t\,\frac{nt^{n-1}}{\theta^n}\,dt \\
&= \left.\frac{nt^{n+1}}{(n+1)\theta^n}\right|_0^\theta \\
&= \frac{n}{n+1}\theta
\end{aligned}
$$

으로 예상한 바와 같이 θ보다 작다. 따라서,

$$T_1(X) = \left(\frac{n+1}{n}\right) X_{(n)}$$

이라고 하면

$$E(T_1(X)) = \frac{n+1}{n} \cdot \frac{n}{n+1} \cdot \theta = \theta$$

이므로 $T_1(X)$은 θ의 비편향추정량이다.

그런데 추정의 기준이 되는 평균제곱오차(MSE)는 다음 정리와 같이 분산과 편향(bias)의 제곱의 합으로 구성할 수 있다.

정리 4.2

모수의 함수 $g(\theta)$의 추정량 $T(X)$의 평균제곱오차(MSE)는

$$\text{MSE} = Var(T(X)) + (\text{bias})^2$$

을 만족한다.

증명 $\text{MSE} = E[T(X) - g(\theta)]^2$

$$
\begin{aligned}
&= E[\{T(X) - E(T(X))\} + \{E(T(X)) - g(\theta)\}]^2 \\
&= E\{T(X) - E(T(X))\}^2 + \{E(T(X)) - g(\theta)\}^2 \\
&\quad + 2E\{T(X) - E(T(X))\}\{E(T(X)) - g(\theta)\} \\
&= Var(T(X)) + [E(T(X)) - g(\theta)]^2 \\
&\quad + 2\{E(T(X)) - g(\theta)\}\{E(T(X)) - E(T(X))\}
\end{aligned}
$$

$$= Var(T(X)) + (\text{bias})^2$$ ■

정리 4.2에 의하면, 평균제곱오차를 기준으로 추정하는 데에는 분산과 편향의 두 요소가 존재함을 알 수 있다. 즉, 평균제곱오차를 작게 하는 추정량은 편향의 절댓값과 분산, 둘 다 작은 값을 가져야 한다는 것이다. 나아가 비편향추정량들만의 집합을 고려할 때는, 평균제곱오차를 최소화하는 추정량을 구하기 위해 분산을 (가능하면 모든 θ에 대하여 균일하게) 최소화하는 추정량을 구하면 된다.

과대 또는 과소추정하는 경향이 없도록 비편향추정량을 사용하기로 하는 경우에도, 때로는 여러 개의 비편향추정량이 존재하기 때문에 그중에 가장 좋은 것을 골라야 하며, 그러기 위해 평균제곱오차를 비교해야 하는데, 이때 다음의 정의에서와 같이 분산의 비(variance ratio)를 이용하면 편리하다.

정의 4.4

$T_1(X)$와 $T_2(X)$가 $g(\theta)$의 비편향추정량일 때 그 분산의 비, 즉 $\dfrac{Var[T_2(X)]}{Var[T_1(X)]}$를 추정량 $T_1(X)$의 $T_2(X)$에 대한 **상대효율**(relative efficiency)이라고 한다.

$T_1(X)$의 분산이 $T_2(X)$의 분산보다 작으면 평균제곱오차의 기준에 따라 $T_1(X)$가 더 좋은 추정량이며, 이때 $T_1(X)$의 $T_2(X)$에 대한 상대효율은 1보다 큰 값을 갖게 된다.

예 4.19

위의 예 4.17에서, $T_1(X) = \overline{X}_{10}$와 $T_2(X) = (X_1 + X_2)/2$의 분산은 각각 $Var(T_1(X)) = \sigma_0^2/10$, $Var(T_2(X)) = \sigma_0^2/2$이다. 따라서 추정량 $T_2(X)$의 $T_1(X)$에 대한 상대효율은 $2/10 = 0.2$이며, $T_2(X)$가 $T_1(X)$보다 효율이 낮은 추정량임을 알 수 있다.

예 4.20

예 4.18에서 $U(0, \theta)$의 θ에 대한 비편향추정량으로 고려한

$$\hat{\theta} = T_1(X) = \left(\frac{n+1}{n}\right) X_{(n)}$$

의 확률밀도함수는

$$f_{T_1}(t) = \left(\frac{n}{n+1}\right)^n \times \frac{nt^{n-1}}{\theta^n}, \qquad 0 < t < \left(\frac{n+1}{n}\right)\theta$$

이다. 이제 반대로 표본최솟값 $X_{(1)}$에 근거한 θ의 비편향추정량을 고려해 보자.

$$f_{X_{(1)}}(t\,;\theta) = \frac{n}{\theta}\left(1 - \frac{t}{\theta}\right)^{n-1}, \qquad 0 < t < \theta$$

이므로

$$\begin{aligned} E(X_{(1)}) &= \int_0^\theta \frac{nt}{\theta}\left(1 - \frac{t}{\theta}\right)^{n-1} dt \\ &= \left(\frac{1}{n+1}\right)\theta \end{aligned}$$

가 되고, θ의 비편향추정량으로

$$T_2(X) = (n+1)X_{(1)}$$

을 생각할 수 있다. 이제 두 추정량 $T_1(X)$와 $T_2(X)$의 분산을 비교해 보면

$$E(T_1^2) = \int_0^{(n+1)\theta/n} \left(\frac{n}{n+1}\right)^n \times \frac{nt^{n+1}}{\theta^n}\, dt = \frac{(n+1)^2}{n(n+2)}\theta^2$$

이므로

$$\begin{aligned} Var(T_1(X)) &= E(T_1(X)^2) - [\,E(T_1(X))\,]^2 \\ &= \frac{(n+1)^2}{n(n+2)}\theta^2 - \theta^2 \\ &= \frac{\theta^2}{n(n+2)} \end{aligned}$$

이다. 마찬가지 방법으로

$$Var(T_2(X)) = \frac{n\theta^2}{n+2}$$

이 계산된다. 따라서

$$\frac{Var(T_2(X))}{Var(T_1(X))} = \frac{n\theta^2/(n+2)}{\theta^2/n(n+2)} = n^2$$

이 되어 $n > 1$일 때 $T_2(X)$에 비해 $T_1(X)$가 더 좋은 효율을 가졌다고 할 수 있으며, 표본의 크기가 크면 $T_1(X)$의 효율이 $T_2(X)$에 비해 훨씬 높아진다.

여기에서 상대효율의 실질적인 의미를 살펴보자. $T_1(X)$와 $T_2(X)$가 $g(\theta)$의 비편향추정량이고, $Var(T_1(X)) = \nu_1/n$, $Var(T_2(X)) = \nu_2/n$라고 하면 $T_1(X)$의 $T_2(X)$에 대한 상대효율은 ν_2/ν_1이 된다. 그런데 두 추정방법이 같은 분산을 갖기 위한 표본의 크기를 n_1, n_2라고 하면 $\nu_1/n_1 = \nu_2/n_2$로부터 $\nu_2/\nu_1 = n_2/n_1$의 관계를 얻게 된다. 즉, 상대효율이 같은 분산을 갖기 위한 표본크기의 비로 해석될 수 있다는 것을 말한다.

두 개의 주어진 비편향추정량은 이와 같이 상대효율로 비교할 수 있으나, 비편향추정량은 여러 개 존재할 수 있고 모든 비편향추정량을 한꺼번에 고려하기는 어렵다. 그렇다면 어떻게 효율이 가장 높은 비편향추정량을 찾을 수 있을까?

$T^*(X)$를 $g(\theta)$의 비편향추정량이라고 할 때, $g(\theta)$의 모든 비편향추정량 $T(X)$에 대하여

$$\frac{Var(T^*(X))}{Var(T(X))} \le 1 \tag{4.6}$$

이 성립하면 $T^*(X)$는 100%의 효율이 있다고 말한다. 이제 우리가 원하는 바는 100% 효율을 가지는 비편향추정량, 즉 최소분산 비편향추정량을 찾는 것이다.

4.4 최소분산 비편향추정량

이제 비편향추정량들 중에서 평균제곱오차, 즉 이 경우에는 분산을 최소화하는 최소분산 비편향추정량(Minimum Variance Unbiased Estimator, MVUE)에 대해 다루기로 한다.

정의 4.5

확률변수 $X_1, X_2, \cdots, X_n$ 의 결합 확률밀도함수가 $f(x_1, x_2, \cdots, x_n; \theta)$ 라고 하자. 함수 $g(\theta)$의 추정량 $T^*(X)$가 다음의 조건 (1), (2)를 만족시키면 이를 $g(\theta)$의 **최소분산 비편향추정량**(Minimum Variance Unbiased Estimator, MVUE)이라고 한다.

(1) $T^*(X)$는 $g(\theta)$의 비편향추정량이다(즉 $E[T^*(X)] = g(\theta)$).
(2) $g(\theta)$의 임의의 비편향추정량 $T(X)$에 대해서

$$Var(T^*(X)) \le Var(T(X))$$

를 만족한다.

$g(\theta)$의 최소분산 비편향추정량을 구하는 데는 다음의 두 가지 방법이 가능하다. 하나는 $g(\theta)$의 비편향추정량 $T(X)$의 분산이 적절한 조건하에서 비편향추정량이 가질 수 있는 분산의 하한값인 '크래머-라오 하한값(Cramer-Rao lower bound)'을 갖는지 확인하는 방법이고, 다른 하나는 완비 충분통계량을 활용하여 라오-블랙웰(Rao-Blackwell)의 정리와 레만-쉐페(Lehmann-Scheffé)의 정리를 사용하는 방법이다.

크래머-라오의 방법

우선, 역사적으로 먼저 나왔던 크래머-라오 방법에 대해서 논하기로 하겠다. 크래머-라오의 정보부등식(Cramer-Rao's information inequality)은 적절한 조건하에서 비편향추정량이 가질 수 있는 분산의 하한값을 제공하고 있으며, 이 하한값을 크래머-라오 하한값(Cramer-Rao lower bound)이라고 한다. 어떠한 비편향추정량도 이보다 작은 분산을 가질 수 없다는 뜻으로, 어떤 비편향추정량이 주어진 조건하에서 이 하한값을 분산으로 가지면 이 추정량이 최소분산 비편향추정량이 된다. 단, 이 방법으로 최소분산 비편향추정량의 유일성을 보이기는 어렵다.

우선 정보부등식에 사용되는 **피셔의 정보**(Fisher's information) $I(\theta)$는 확률변수 X의 확률밀도함수가 $f(x;\theta)$일 때 다음과 같이 정의된다.

$$I(\theta) = E[(\frac{\partial}{\partial\theta} \log f(X;\theta))^2] \tag{4.7}$$

예 4.21

$X \sim N(\mu,\ \sigma_0^2)$ (σ_0^2은 알려진 값)이라고 할 때, 확률밀도함수는

$$f(x\,;\mu) = (\sqrt{2\pi}\,\sigma_0)^{-1}\exp\left[-(x-\mu)^2/2\sigma_0^2\right]$$

이며, 따라서

$$\begin{aligned} I(\mu) &= E[(\partial/\partial\mu)\log f(X\,;\mu)]^2 \\ &= E\left[\frac{X-\mu}{\sigma_0^2}\right]^2 \\ &= \frac{1}{\sigma_0^2} \end{aligned}$$

로 주어진다.

위의 예 4.21에서 주목할 바는, 우선 σ_0^2가 크면 클수록 하나의 관찰값 X가 모평균 μ에 대하여 가지는 정보는 작아진다는 점과, $I(\mu)$가 μ의 값에 의존하지 않는다는 사실이다. $X \sim N(\mu, \sigma_1^2)$, $Y \sim N(\mu, \sigma_2^2)$이고, $\sigma_1^2 < \sigma_2^2$ 이라고 하자. μ를 추정하기 위해 X나 Y를 이용할 수 있다면, X를 쓰는 것이 더 나을 것이다. 왜냐하면 X의 분산이 작기 때문에 관측값이 μ에 가까이 있을 확률이 더 높기 때문이다. 이와 같이 정규분포의 경우 분산이 작으면 관측값이 모평균에 대하여 가지는 정보가 커진다는 것이 타당해 보인다. 또한 관측값이 모평균에 대하여 가지는 정보는 모평균의 위치에 의존하지 않는데, 이는 모평균이 어디에 있든지 관측값이 모평균과 가까이 있을 확률이 분산에만 의존한다는 것으로, 정규분포의 형태적 특성을 생각할 때 당연한 일이 될 것이다.

예 4.22

X가 '성공' 확률이 p인 베르누이 확률변수라고 하자. 그러면,

$$f_X(x\,;p) = p^x(1-p)^{1-x}, \qquad (x = 0,\ 1,\ 0 < p < 1)$$

$$\log f_X(X\,;p) = X\log p + (1-X)\log(1-p)$$

이므로

$$\frac{\partial \log f_X(X;p)}{\partial p} = \frac{X}{p} - \frac{1-X}{1-p} = \frac{(X-p)}{p(1-p)}$$

가 된다. 따라서 피셔의 정보는

$$\begin{aligned} I(p) &= E\left[\frac{\partial \log f_X(X;p)}{\partial p}\right]^2 \\ &= \frac{E(X-p)^2}{p^2(1-p)^2} = \frac{1}{p(1-p)} \end{aligned}$$

로 계산된다. 여기에서 p가 1/2일 때 피셔의 정보가 가장 작음을 알 수 있다. 베르누이(p) 분포의 분산은 $p(1-p)$로서, 피셔의 정보는 분산의 역수이므로, 정규분포와 마찬가지로 분산이 작은 베르누이 확률변수가 그 평균에 대한 정보를 더 많이 가지고 있다고 할 수 있다.

이제, $X_1, X_2, \cdots, X_n$이 확률밀도함수가 $f(x;\theta)$, $\theta \in \Omega$인 분포로부터 얻은 랜덤표본이라고 하자. 그러면 $g(\theta)$의 비편향추정량 $T(X) = T(X_1, X_2, \cdots, X_n)$의 분산에 대한 부등식은 다음과 같이 주어진다.

정리 4.3

정보부등식(Information Inequality): 우선 확률밀도함수 $f(x;\theta)$와 통계량 $T(X)$에 대해 다음과 같은 가정을 한다.

(1) 모수가 다르면 확률밀도함수가 다르다. 즉, $\theta \neq \theta'$이면 $f(x;\theta) \neq f(x;\theta')$.

(2) 집합 $A = \{x : f(x;\theta) > 0\}$는 모수 θ에 의존하지 않으며, 모든 $x \in A$, $\theta \in \Omega$에 대하여 $\log f(x;\theta)$는 θ에 대해 두 번 미분 가능하고 도함수가 연속이다.

(3) 통계량 $T(X)$가 모든 $\theta \in \Omega$에 대하여 $E(T(X)) < \infty$이면,

$$\begin{aligned} &\frac{\partial}{\partial\theta}\int_{-\infty}^{\infty}\cdots\int_{-\infty}^{\infty} T(x_1, \cdots, x_n)\prod_{i=1}^{n} f(x_i;\theta)\,dx_1\cdots dx_n \\ &= \int_{-\infty}^{\infty}\cdots\int_{-\infty}^{\infty} T(x_1, \cdots, x_n)\frac{\partial}{\partial\theta}\prod_{i=1}^{n} f(x_i;\theta)\,dx_1\cdots dx_n \end{aligned}$$

이다.

이제 모든 $\theta \in \Omega$에 대하여 $Var(T(X)) < \infty$, $E(T(X)) = g(\theta)$, $0 < I(\theta) < \infty$라고 하면, $g(\theta)$는 미분 가능하며

$$Var(T(X)) \geq \frac{[g'(\theta)]^2}{nI(\theta)}$$

이 성립한다.

증명 $T(X) = T(X_1, X_2, \cdots, X_n)$은 $g(\theta)$의 비편향추정량이므로,

$$g'(\theta) = \frac{\partial}{\partial\theta} g(\theta) = \frac{\partial}{\partial\theta} \int_{-\infty}^{\infty} \cdots \int_{-\infty}^{\infty} T(x_1, \cdots, x_n) \prod_{i=1}^{n} f(x_i;\theta)\, dx_1 \cdots dx_n$$

$$= \int_{-\infty}^{\infty} \cdots \int_{-\infty}^{\infty} T(x_1, \cdots, x_n) \frac{\partial}{\partial\theta} \left[\prod_{i=1}^{n} f(x_i;\theta) \right] dx_1 \cdots dx_n$$

$$= \int_{-\infty}^{\infty} \cdots \int_{-\infty}^{\infty} T(x_1, \cdots, x_n) \frac{\partial}{\partial\theta} \left[\prod_{i=1}^{n} f(x_i;\theta) \right] dx_1 \cdots dx_n$$

$$- g(\theta) \frac{\partial}{\partial\theta} \int_{-\infty}^{\infty} \cdots \int_{-\infty}^{\infty} \prod_{i=1}^{n} f(x_i;\theta)\, dx_1 \cdots dx_n$$

$\left(\because \int_{-\infty}^{\infty} \cdots \int_{-\infty}^{\infty} \prod_{i=1}^{n} f(x_i;\theta)\, dx_1 \cdots dx_n = 1\right.$이므로

$$\left.\frac{\partial}{\partial\theta} \int_{-\infty}^{\infty} \cdots \int_{-\infty}^{\infty} \prod_{i=1}^{n} f(x_i;\theta)\, dx_1 \cdots dx_n = 0\right)$$

$$= \int_{-\infty}^{\infty} \cdots \int_{-\infty}^{\infty} [T(x_1, \cdots, x_n) - g(\theta)] \frac{\partial}{\partial\theta} \left[\prod_{i=1}^{n} f(x_i;\theta) \right] dx_1 \cdots dx_n$$

$$= \int_{-\infty}^{\infty} \cdots \int_{-\infty}^{\infty} [T(x_1, \cdots, x_n) - g(\theta)] \left[\frac{\partial}{\partial\theta} \log \prod_{i=1}^{n} f(x_i;\theta) \right]$$

$$\times \prod_{i=1}^{n} f(x_i;\theta)\, dx_1 \cdots dx_n$$

$$= E\left[(T(X) - g(\theta)) \left(\frac{\partial}{\partial\theta} \log \prod_{i=1}^{n} f(X_i;\theta) \right) \right]$$

이 성립한다. 이제 코시-쉬바르츠 정리에 의하여,

$$[g'(\theta)]^2 \le E\left[\left\{T(X)-g(\theta)\right\}^2\right]\cdot E\left[\left(\frac{\partial}{\partial\theta}\log\prod_{i=1}^{n}f(X_i;\theta)\right)^2\right]$$
$$= Var(T(X))\times E\left[\left(\frac{\partial}{\partial\theta}\log\prod_{i=1}^{n}f(X_i;\theta)\right)^2\right]$$

또는

$$Var(T(X)) \ge \frac{[g'(\theta)]^2}{E\left[\left(\frac{\partial}{\partial\theta}\log\prod_{i=1}^{n}f(X_i;\theta)\right)^2\right]}$$

이 성립한다. 그런데,

$$E\left[\frac{\partial}{\partial\theta}\log f(X_i;\theta)\right] = \int_{-\infty}^{\infty}\left[\frac{\partial}{\partial\theta}\log f(x;\theta)\right]f(x;\theta)\,dx$$
$$= \int_{-\infty}^{\infty}\frac{\partial}{\partial\theta}f(x;\theta)\,dx = \frac{\partial}{\partial\theta}\int_{-\infty}^{\infty}f(x;\theta)\,dx$$
$$= \frac{\partial}{\partial\theta}(1) = 0$$

이므로

$$E\left[\left(\frac{\partial}{\partial\theta}\log\prod_{i=1}^{n}f(X_i;\theta)\right)^2\right] = E\left[\left(\sum_{i=1}^{n}\frac{\partial}{\partial\theta}\log f(X_i;\theta)\right)^2\right]$$
$$= \sum_{i=1}^{n}\sum_{j=1}^{n}E\left[\left(\frac{\partial}{\partial\theta}\log f(X_i;\theta)\right)\left(\frac{\partial}{\partial\theta}\log f(X_j;\theta)\right)\right]$$
$$= nE\left[\left(\frac{\partial}{\partial\theta}\log f(X;\theta)\right)^2\right]$$

에 의하여 부등식의 결과가 얻어진다. 마지막 등식은 i와 j가 서로 다를 때 X_i와 X_j가 독립이므로

$$E\left[\left(\frac{\partial}{\partial\theta}\log f(X_i;\theta)\right)\left(\frac{\partial}{\partial\theta}\log f(X_j;\theta)\right)\right]$$
$$= E\left[\frac{\partial}{\partial\theta}\log f(X_i;\theta)\right]E\left[\frac{\partial}{\partial\theta}\log f(X_j;\theta)\right]$$

임을 이용하였다. ■

$T(X)$가 θ의 비편향추정량이라고 하면, 위 정리 4.3으로부터,

$$Var(T(X)) \geq \frac{1}{nI(\theta)} \tag{4.8}$$

을 얻을 수 있다. 그러므로 어떤 비편향추정량 $T(X)$가 $Var(T(X)) = 1/nI(\theta)$을 만족한다면, 이 추정량은 비편향추정량 가운데 가장 작은 분산을 갖는 것이고, 때문에 이를 θ의 최소분산 비편향추정량(Minimum Variance Unbiased Estimator)이라고 한다.

예 4.23

$X_1, X_2, \cdots, X_n$을 포아송(λ) 분포로부터 구한 랜덤표본이라고 하자. 우선 피셔의 정보 $I(\lambda)$를 계산하면 다음과 같다.

$$\begin{aligned} I(\lambda) &= E\left[\frac{\partial}{\partial\lambda}\log f(X;\lambda)\right]^2 \\ &= E\left[-1+\frac{X}{\lambda}\right]^2 \\ &= E\left[\frac{X-\lambda}{\lambda}\right]^2 \\ &= \frac{1}{\lambda} \end{aligned}$$

그런데 $Var(\overline{X}_n) = \lambda/n$이므로 식 (4.8)에 의하여 표본평균 $\overline{X}_n$는 최소분산 비편향추정량이다.

예 4.24

$X_1, X_2, \cdots, X_n$ 을 $N(\mu, \sigma^2)$으로부터 얻은 랜덤표본이라고 하자. 이때 피셔의 정보는 $I(\mu) = 1/\sigma^2$이고, $Var(\overline{X}_n) = \sigma^2/n$이므로, 역시 식 (4.8)에 의해서 $\overline{X}_n$는 최소분산 비편향추정량이다.

주 위와 같은 크래머-라오 방법의 사용에는 몇 가지 유의할 점이 있다. 우선, 정보부등식이 제공하는 분산의 하한값을 갖지 않더라도 최소분산 비편향추정량이 될 수 있다는 점이다. 즉, 정보부등식의 하한이 너무 작아서 그 값을 갖는 추정량이 없을 경우 어떤 비편향

추정량이 정보부등식이 제공하는 분산의 하한값을 갖지 않더라도 가장 뛰어난 추정량이 될 수 있다. 또한 정보부등식이 성립하는 가정들을 어기는 경우 정보부등식에서 주어지는 분산의 하한값보다 더 작은 분산을 가지는 비편향추정량도 존재할 수 있다(참조: 연습문제 4.26).

완비충분 통계량 방법

최소분산 비편향추정량을 구하는 두 번째 방법으로 완비충분 통계량의 활용을 다루어 보기로 한다. 우선, 충분통계량(sufficient statistic)의 정의는 다음과 같다.

정의 4.6

확률벡터 $\boldsymbol{X}=(X_1,\ X_2,\ \cdots,\ X_n)$의 결합 확률밀도함수가 $f(x_1,\cdots,x_n;\theta_1,\cdots,\theta_k)$일 때 $\boldsymbol{S}(\boldsymbol{X})=(S_1(\boldsymbol{X}),\cdots,\ S_l(\boldsymbol{X}))$를 l개 통계량의 벡터라고 하자. 이때 조건부 확률변수 $(X_1,\ X_2,\ \cdots,\ X_n)\,|\,\boldsymbol{S}(\boldsymbol{X})$의 분포가 모수 $\boldsymbol{\theta}=(\theta_1,\ \theta_2,\cdots,\ \theta_k)$에 의존하지 않으면 통계량 $\boldsymbol{S}(\boldsymbol{X})$를 **결합 충분통계량**(jointly sufficient statistic)이라고 한다. 일변량의 경우$(l=1)$에는 $S(\boldsymbol{X})$가 θ의 **충분통계량**이라고 한다.

위 정의는, 일단 충분통계량의 값이 주어지면 표본의 결합분포는 모수에 의존하지 않으므로 표본이 더 이상 모수에 대한 아무런 정보를 가지고 있지 않다는 것을 의미한다. 표본이 모수의 추정에 사용되는 이유는 확률변수 $X_1,\cdots,X_n$ 각각은 모수의 함수가 아니지만 그 분포가 모수에 의존하기 때문인데, 이제 충분통계량의 값이 알려지면 표본의 조건부 분포가 모수에 의존하지 않으므로 모수추정에 이용될 근거를 잃어버리게 되며, 모수추정과 관계없는 정보만이 남는다는 것이다. 따라서 $(X_1,\ X_2,\ \cdots,\ X_n)$이 관찰되었을 때, 모수 $\boldsymbol{\theta}$에 대한 정보는 모두 충분통계량 $\boldsymbol{S}(\boldsymbol{X})$에 포함되어 있다고 할 수 있다. 이것은 자료의 축소(data reduction)를 가능하게 하는데, 모수 $\boldsymbol{\theta}$의 추정이 목적이라면 대규모 자료를 모두 저장할 필요가 없이 충분통계량만 가지고도 같은 효율을 갖는 추정값을 얻을 수 있기 때문이다.

예 4.25

$X_1,\ X_2,\ \cdots,\ X_n$을 베르누이(p)로부터 구한 랜덤표본이라고 할 때 $S=\sum_{i=1}^{n}X_i$의 확률밀도함수는

$$f(s;p)=\binom{n}{s}p^s(1-p)^{n-s} \qquad (s=0,\,1,\cdots,\,n)$$

로 주어진다. 여기에서 $S=\sum_{i=1}^{n}X_i$가 p에 대한 충분통계량임을 보이고자 한다. $S(=\sum_{i=1}^{n}X_i)=s$의 값이 주어졌을 때, $X_1,\,X_2,\,\cdots,\,X_n$의 조건부 확률밀도함수는

$$\begin{aligned} f(x_1,\,x_2,\cdots,x_n|s) &= P(X_1=x_1,\,\cdots,\,X_n=x_n|\,S=s) \\ &= \frac{P(X_1=x_1,\,\cdots,\,X_n=x_n,\,S=s)}{P(S=s)} \\ &= \begin{cases} \dfrac{P(X_1=x_1,\,\cdots,\,X_n=x_n)}{P(S=s)}, & s=\sum_{i=1}^{n}x_i \\ 0, & \text{그 외의 경우} \end{cases} \end{aligned}$$

이다. 예를 들어 $n=3$이고 $x_1=1, x_2=0, x_3=1$이라면 $s=2$일 때 $P(X_1=1,\,X_2=0,\,X_3=1,\,S=2)=P(X_1=1,\,X_2=0,\,X_3=1)$이지만 $s=1$이라면 $P(X_1=1,\,X_2=0,\,X_3=1,\,S=1)=0$이 된다. $S\sim B(n,p)$임을 이용하여,

$$\begin{aligned} f(x_1,\,x_2,\cdots,x_n|s) &= \frac{f(x_1,\,x_2,\cdots,x_n;p)}{f_S(s;p)}, \quad s=\sum_{i=1}^{n}x_i \\ &= \frac{p^s(1-p)^{n-s}}{\binom{n}{s}p^s(1-p)^{n-s}}, \quad s=\sum_{i=1}^{n}x_i \\ &= \frac{1}{\binom{n}{s}}, \quad s=\sum_{i=1}^{n}x_i \end{aligned}$$

이 되며, 이는 모수 p에 의존하지 않으므로 $S=\sum_{i=1}^{n}X_i$는 p의 충분통계량이다.

주 $(S_1,\,\cdots,\,S_l)$이 결합 충분통계량이면 $(S_1,\,\cdots,\,S_l)$의 1 : 1 함수도 역시 결합 충분통계량이다. 즉, $(S_1,\,\cdots,\,S_l)$이 표본이 갖는 모수에 대한 정보를 모두 갖고 있다면 그의 1 : 1 함수도 그 정보를 모두 갖고 있다는 것이다.

주 정의 4.6과 그 이하 설명에서 $l>1$인 경우 $\boldsymbol{S}$를 이용하여 $(S_1,\,\cdots,\,S_l)$을 나타내고, $\boldsymbol{X}$를 이용하여 $(X_1,\cdots,X_n)$를 나타내는 등 굵은 문자체로 벡터를 표현하였으나, 이후 혼동이 없다면 굳이 굵은 문자체를 쓰지 않고 S와 X 등을 사용하도록 하겠다.

이와 같은 충분통계량은 모수모형($P_\theta(x)$, $\theta \in \Omega$)에 있어서 모수에 대한 모든 정보를 가지고 있기 때문에, 자료의 축소(reduction)라는 실제적인 의미뿐 아니라 최소분산 비편향추정량을 찾는 데 중요한 역할을 한다. 그러나 주어진 통계량 $S(X)$가 '충분'한가의 여부를 위의 정의에 의해 파악하는 것은 조건부 확률밀도함수를 구하는 복잡한 과정을 필요로 하며, 다음의 인수분해 정리(factorization theorem)를 사용하면 보다 간단히 확인할 수 있다. 인수분해 정리를 통해 주어진 통계량의 충분성을 확인할 수 있을 뿐만 아니라 어떤 통계량이 충분통계량일지를 결합 확률밀도함수로부터 찾을 수 있다.

정리 4.4

(인수분해 정리) $X_1, X_2, \cdots, X_n$의 결합 확률밀도함수가 $f(x_1, x_2, \cdots, x_n; \theta)$일 때 $S(X) = (S_1(X), \cdots, S_k(X))$를 k개의 통계량이라고 하자. 이때 S가 결합 충분통계량일 필요충분조건은 결합 확률밀도함수가 s와 θ만의 함수인 g와, $(x_1, x_2, \cdots, x_n)$만의 함수인 h와의 곱의 꼴로 다음과 같이 나타내어지는 것이다.

$$f(x_1, x_2, \cdots, x_n; \theta) = g(s(x); \theta) \times h(x_1, x_2, \cdots, x_n)$$

증명 여기에서는 이산형인 경우에 대해서 증명하여 본다. S가 결합 충분통계량이고, S의 확률밀도함수를 $f_S(s;\theta)$로 표기하면,

$$\begin{aligned} f(x_1, x_2, \cdots, x_n; \theta) &= f_S(s; \theta) f_{X|S}(x_1, x_2, \cdots, x_n \mid s) \\ &= g(s; \theta) h(x_1, x_2, \cdots, x_n) \end{aligned}$$

와 같이 나타내어진다. 왜냐하면, 충분성의 정의에 의해 조건부 확률밀도함수 $f_{X|s}$는 모수 θ에 의존하지 않기 때문이다. 역으로 $f(x_1, x_2, \cdots, x_n;\theta) = g(s;\theta)$ $h(x_1, x_2, \cdots, x_n)$라고 하면, S의 확률밀도함수는 $f_S(s;\theta) = P(S = s;\theta) = \sum f(x_1, \cdots, x_n; \theta) = \sum g(s;\theta) h(x_1, x_2, \cdots, x_n) = g(s;\theta) \sum h(x_1, x_2, \cdots, x_n) = g(s;\theta) c(x)$의 꼴로 표현된다(단, Σ은 $s(x_1, x_2, \cdots, x_n) = s$를 만족하는 $x_1, x_2, \cdots, x_n$에 대한 합임). 따라서 $S = s$가 주어졌을 때, $X_1, X_2, \cdots, X_n$의 조건부 확률밀도함수

$$f(x_1,\, x_2,\, \cdots,\, x_n \,|\, s) = \frac{f(x_1,\, x_2,\, \cdots,\, x_n\,;\theta)}{f_S(s\,;\theta)}$$
$$= h(x_1,\, x_2,\, \cdots,\, x_n)/c(x)$$

는 모수 θ에 의존하지 않으므로 S는 결합 충분통계량이다. ■

예 4.26

$X_1,\ X_2,\ \cdots,\ X_n$ 을 베르누이(p)로부터 구한 랜덤표본이라고 하면, 이들의 결합 확률밀도함수는

$$f(x_1,\, x_2,\, \cdots,\, x_n\,;\, p) = p^{\sum_{i=1}^{n} x_i}(1-p)^{n-\sum_{i=1}^{n} x_i}\prod_{i=1}^{n} I_{\{0,\,1\}}(x_i)$$

이다. 따라서 $S=\sum_{i=1}^{n} X_i$일 때,

$$h(x_1,\, x_2,\, \cdots,\, x_n) = \begin{cases} 1, & x_i = 0, 1, \quad i = 1, \cdots, n \\ 0, & \text{그 외의 경우} \end{cases}$$

과

$$g(s\,;p) = p^{\sum_{i=1}^{n} x_i}(1-p)^{n-\sum_{i=1}^{n} x_i} = p^s(1-p)^{n-s}$$

를 택하면

$$f(x_1,\, x_2,\, \cdots,\, x_n\,;\, p) = g(s\,;p)\,h(x_1,\, x_2,\cdots,\, x_n)$$

의 꼴로 표현할 수 있다. 그러므로 $\sum_{i=1}^{n} X_i$는 충분통계량이다.

예 4.27

$X_1,\ X_2,\ \cdots,\ X_n$ 을 $U(\theta_1,\, \theta_2)$로부터 구한 랜덤표본이라고 하면 이들의 결합 확률밀도함수는

$$f(x_1,\, \cdots,\, x_n;\theta_1,\, \theta_2) = \prod_{i=1}^{n} \frac{1}{\theta_2-\theta_1}\, I_{(\theta_1,\,\theta_2)}(x_i)$$

$$= \frac{1}{(\theta_2 - \theta_1)^n} \prod_{i=1}^{n} I_{(\theta_1, \theta_2)}(x_i)$$

$$= \frac{1}{(\theta_2 - \theta_1)^n} I_{(\theta_1, x_{(n)}]}(x_{(1)}) \, I_{[x_{(1)}, \theta_2)}(x_{(n)})$$

으로 주어진다. 왜냐하면 모든 X_i들이 구간 (θ_1, θ_2)에 포함된다는 것은, 그것의 표본최솟값이 θ_1보다 크거나 같고, 표본최댓값이 θ_2보다 작거나 같다는 것과 동치이기 때문이다. 물론 표본최댓값이 표본최솟값보다 크거나 같음을 만족해야 함은 자명한 사실이다. 따라서 결합 확률밀도함수는 $x_{(1)}$과 $x_{(n)}$을 통해서만 $x_1, x_2, \cdots, x_n$에 의존하므로 $h(x_1, x_2, \cdots, x_n) = 1$ 이라고 하면, 정리 4.4에 의하여 표본최솟값 $X_{(1)}$과 표본최댓값 $X_{(n)}$은 결합 충분통계량이 된다.

예 4.28

$X_1, X_2, \cdots, X_n$ 이 $N(\mu, \sigma^2)$으로부터 구한 랜덤표본이라고 할 때 이들의 결합 확률밀도함수는

$$f(x_1, x_2, \cdots, x_n; \mu, \sigma^2) = (\sqrt{2\pi}\,\sigma)^{-n} \exp\left[-\frac{\sum_{i=1}^{n}(x_i - \mu)^2}{2\sigma^2}\right]$$

으로 주어진다. 그런데 이는

$$f(x_1, x_2, \cdots, x_n; \mu, \sigma^2) = (\sqrt{2\pi}\,\sigma)^{-n} \exp\left[-\frac{\sum_{i=1}^{n} x_i^2 - 2\mu \sum_{i=1}^{n} x_i + n\mu^2}{2\sigma^2}\right]$$

와 같이 표현되므로, 위 정리 4.4로부터 $S_1 = \sum_{i=1}^{n} X_i$와 $S_2 = \sum_{i=1}^{n} X_i^2$은 결합 충분통계량이다. 나아가 S_1과 S_2의 1 : 1 함수인 $\overline{X}_n$과 $\sum_{i=1}^{n}(X_i - \overline{X}_n)^2$도 역시 결합 충분통계량이다.

예 4.29

$X_1, X_2, \cdots, X_n$ 이 확률밀도함수가 $f(x;\theta)$인 연속분포로부터의 랜덤표본이라고 하

면, 순서통계량은 결합 충분통계량이다. 왜냐하면, 주어진 $x_{(1)}, x_{(2)}, \cdots, x_{(n)}$ 에 대하여 $(X_1, X_2, \cdots, X_n)$ 이 가질 수 있는 값은 $n!$ 개의 벡터 $(x_{(i_1)}, x_{(i_2)}, \cdots, x_{(i_n)})$ 이며, 이들은 대칭이기에 각각 조건부확률 $1/n!$을 가지므로 모수 θ에 의존하지 않기 때문이다. 여기에서 $(i_1, i_2, \cdots, i_n)$는 $(1, 2, \cdots, n)$의 순열(permutation)이다.

충분통계량의 의미는 모수에 대한 정보를 잃지 않고 자료를 축소하는 데 있었다. 그 의미를 생각해 보면, 표본이 가지고 있는 모수에 대한 정보를 고스란히 가지고 있는 통계량은 모두 충분통계량이 될 수 있다. 즉, 충분통계량은 유일하지 않다는 것이다. 가령 $X_1, X_2, \cdots, X_n$이 $N(\mu, \sigma^2)$으로부터의 랜덤표본일 때 예 4.28에서 보듯이 $(\overline{X}_n, S_n^2)$이 (μ, σ^2)에 대한 충분통계량이지만, 예 4.29에서처럼 순위통계량 $X_{(1)}, X_{(2)}, \cdots, X_{(n)}$도 충분통계량이며, 표본 $X_1, X_2, \cdots, X_n$ 자체는 당연히 충분통계량이다. 많은 충분통계량 가운데 어떤 통계량을 사용하면 좋을지 결정해야 하는 경우, 자료의 축소라는 충분통계량의 의미를 생각할 때, 모수에 관한 정보를 잃지 않으면서 자료를 가장 많이 축소시키는 충분통계량을 선호하게 된다. 즉, 모수의 추정에 필요 없는 정보를 가장 적게 가지고 있는 충분통계량이 좋다는 것이다. 그러한 충분통계량을 **최소 충분통계량**(minimal sufficient statistic)이라고 하는데, 이를 수리적으로 표현하자면, 어떤 충분통계량 S가 임의의 다른 충분통계량의 함수일 때 이 S가 최소 충분통계량이 된다. S가 다른 충분통계량 U의 함수이면 U의 값을 알 때 S를 계산할 수 있고, 즉 U의 정보만 가지고 S를 알 수 있기에 U가 적어도 S보다 크거나 같은 정보량을 갖는다고 할 수 있다. S와 U가 모두 충분통계량이라고 했으므로, S는 모수에 관한 정보를 모두 갖고 있으면서 자료를 더 많이 축소시킨다고 할 수 있다. 앞의 예에서 $(\overline{X}_n, S_n^2)$는 주어진 충분통계량 $(X_1, X_2, \cdots, X_n)$ 또는 $(X_{(1)}, X_{(2)}, \cdots, X_{(n)})$는 물론이고 다른 임의의 충분통계량의 함수이므로 최소 충분통계량이다. 이에 대한 증명이나 최소 충분통계량을 찾는 일반적인 방법은 생략하기로 한다.

나아가, 모수에 대한 모든 정보를 갖고 있는 충분통계량을 활용하는 추정 방법의 원리는 다음의 라오–블랙웰 정리에서 드러난다.

정리 4.5

(라오–블랙웰 정리) 모수의 함수 $g(\theta)$에 대하여 S가 충분통계량이고, $T(X)$가 그의 한 비편향추정량이라고 하자. 이때 $\delta(S) = E(T(X) \mid S)$ 라고 하면 $\delta(S)$도

역시 $g(\theta)$의 비편향추정량이며, 모든 θ에 대하여

$$\begin{aligned} Var(\delta(S)) &= E\left[(\delta(S) - g(\theta))^2\right] \\ &\le E\left[(T(X) - g(\theta))^2\right] \\ &= Var(T(X)) \end{aligned}$$

가 성립한다.

증명 우선, S의 충분성에 의하여 $\delta(S)$는 모수 θ에 의존하지 않으므로 그 자체로 추정량이 될 수 있으며, 이중기댓값 정리에 의하면 $E(\delta(S)) = E(T(X)) = g(\theta)$이므로 $\delta(S)$는 $g(\theta)$의 비편향추정량이다. 한편, 정리 2.13에서 $Y = T(X)$, $X = S$라고 놓으면,

$$\begin{aligned} Var(T(X)) &= E(Var(T(X)|S)) + Var(E(T(X)|S)) \\ &= E[E((T(X) - \delta(S))^2|S)] + Var(\delta(S)) \\ &\ge Var(\delta(S)) \end{aligned}$$

가 성립한다. 이때 등호는 $Var(T(X) \mid S) = 0$, 즉 $T(X) = \delta(S)$인 경우에 성립하게 된다. ■

위 정리의 내용은 어떤 비편향추정량 $T(X)$가 존재하면 충분통계량 S에 대한 조건부 기댓값 $E[T(X)|S]$ 역시 비편향추정량이며, $T(X)$보다 작거나 같은 분산을 가진다는 것이다. 따라서 비편향추정량 가운데 가장 작은 분산을 가지는 추정량을 찾음에 있어서 그 후보를 충분통계량의 함수 꼴로 국한시킬 수 있다는 의미를 가지고 있다.

예 4.30

$X_1, X_2, \cdots, X_n$을 베르누이(p)로부터 구한 랜덤표본이라고 하자. 이 경우 X_1은 모수 p에 대한 비편향추정량이다. 이제 충분통계량인 $S = \sum_{i=1}^{n} X_i$가 주어졌을 때, X_1의 조건부 확률분포를 살펴봄으로써 이보다 작은 분산을 갖는 비편향추정량을 찾아보자. X_1의 조건부 분포는

$$\begin{aligned}
P\left(X_1 = 0 \,\middle|\, \sum_{i=1}^{n} X_i = s\right) &= \frac{P\left(X_1 = 0,\ \sum_{i=1}^{n} X_i = s\right)}{P\left(\sum_{i=1}^{n} X_i = s\right)} \\
&= \frac{P\left(X_1 = 0,\ \sum_{i=2}^{n} X_i = s\right)}{P\left(\sum_{i=1}^{n} X_i = s\right)} \\
&= \frac{P\left(X_1 = 0\right) P\left(\sum_{i=2}^{n} X_i = s\right)}{P\left(\sum_{i=1}^{n} X_i = s\right)} \\
&= \frac{(1-p) \cdot \binom{n-1}{s} p^{s} (1-p)^{n-1-s}}{\binom{n}{s} p^{s} (1-p)^{n-s}} \\
&= \frac{n-s}{n},
\end{aligned}$$

$$\begin{aligned}
P\left(X_1 = 1 \,\middle|\, \sum_{i=1}^{n} X_i = s\right) &= \frac{P\left(X_1 = 1,\ \sum_{i=1}^{n} X_i = s\right)}{P\left(\sum_{i=1}^{n} X_i = s\right)} \\
&= \frac{P\left(X_1 = 1,\ \sum_{i=2}^{n} X_i = s-1\right)}{P\left(\sum_{i=1}^{n} X_i = s\right)} \\
&= \frac{P\left(X_1 = 1\right) \cdot P\left(\sum_{i=2}^{n} X_i = s-1\right)}{P\left(\sum_{i=1}^{n} X_i = s\right)} \\
&= \frac{p \cdot \binom{n-1}{s-1} p^{s-1} (1-p)^{n-1-s+1}}{\binom{n}{s} p^{s} (1-p)^{n-s}} \\
&= \frac{s}{n}
\end{aligned}$$

으로 구해지는데, 예상했던 바와 같이 조건부 확률변수 $X_1 \left| \sum_{i=1}^{n} X_i = s \right.$ 의 분포가 모수 p에 의존하지 않는다. 위 확률을 이용하면

$$E\left(X_1 \left| \sum_{i=1}^{n} X_i = s \right.\right) = 0 \times (1 - \frac{s}{n}) + 1 \times \frac{s}{n} = \frac{s}{n}$$

이며, $E(T(X)|S) = S/n$ 는 p의 새로운 비편향추정량이 된다. 라오-블랙웰 정리에 의하면 이것은 X_1보다 분산이 작거나 같은데, 실제로 X_1의 분산은 $p(1-p)$이며 $E(T(X)|S) = \sum_{i=1}^{n} X_i/n$ 의 분산은 $p(1-p)/n$이다.

앞의 라오-블랙웰 정리를 이용하면 충분통계량의 함수로서의 비편향추정량이 유일한 경우 그것이 바로 최소분산 비편향추정량이 됨을 알 수 있다. 어떤 충분통계량 S가 있어서 이 충분통계량의 함수로서의 비편향추정량이 $\delta^*(S)$로 유일하다고 해 보자. 또, 이 $\delta^*(S)$보다 더 좋은 비편향추정량이 있는지 확인하기 위해 어떤 비편향추정량 $T(X)$를 가정하자. 만약 $T(X)$가 S의 함수가 아니라면, 라오-블랙웰 정리에 의해 $E(T(X)|S)$가 더 좋은 비편향추정량이 될 것이고, 그것은 가정된 유일성에 의해 $\delta^*(S)$와 같게 된다. 만약 $T(X)$가 S의 함수라면 그 자체가 $\delta^*(S)$와 같을 수밖에 없다. 즉, $\delta^*(S)$가 모든 비편향추정량 중에 가장 분산이 작은 추정량이 된다.

이제 이 유일성(uniqueness)을 다루는 데 있어 중요한 도구가 되는 '완비성(completeness)'에 대해 살펴보자.

정의 4.7

랜덤표본 $X_1, \cdots, X_n$으로부터 계산된 통계량 $S = S(X_1, \cdots, X_n)$에 대하여, $E(g(S)) = 0$을 모든 $\theta \in \Omega$에 대해 만족하는 θ에 무관한 함수 g가 $g(\cdot) \equiv 0$ 뿐이라면, S를 **완비통계량**(complete statistic)이라고 한다. 만약 S가 θ에 대한 충분통계량이라면, 이를 **완비 충분통계량**이라고 한다.

예 4.31

$X_1,\ X_2,\ \cdots,\ X_n$ 을 베르누이(p)로부터 구한 랜덤표본이라고 하자. 이 경우, 예를 들어 $X_1 - X_2$는 완비통계량이 아니다. 왜냐하면, $E(X_1 - X_2) = 0$이지만 $X_1 - X_2$가

항상 0인 것은 아니기 때문이다. 이제 $T=\sum_{i=1}^{n} X_i$가 완비통계량임을 보이고자 한다. 그런데 $T \sim B(n,\ p)$이므로

$$
\begin{aligned}
E[g(T)] &= \sum_{t=0}^{n} g(t)\binom{n}{t} p^t (1-p)^{n-t} \\
&= (1-p)^n \sum_{i=0}^{n} g(t)\binom{n}{t}\left(\frac{p}{1-p}\right)^t
\end{aligned}
$$

이다.

그러므로 $E[g(T)]=0$이 모든 $0<p<1$에 대하여 성립한다는 것은

$$
\sum_{t=0}^{n} g(t)\binom{n}{t}\left(\frac{p}{1-p}\right)^t = 0
$$

을 의미한다. 그런데 위 식의 좌변은 $p/(1-p)$에 대한 다항식이며, 다항식이 $\frac{p}{1-p}$의 값에 상관없이 0이 되기 위해서는 $p/(1-p)$에 대한 모든 계수가 0이 되어야 한다. 즉, $g(t) \equiv 0$이다.

예 4.32

$X_1,\ X_2,\ \cdots,\ X_n$을 $U(0,\ \theta)$로부터 구한 랜덤표본이라고 하자. 이때 표본최대통계량 $X_{(n)}$은 완비통계량인 것이 다음과 같이 보여진다. 예 4.18에서와 같이 $f_{X_{(n)}}(y) = \frac{ny^{n-1}}{\theta^n}$, $0<y<\theta$이므로,

$$
E[g(X_{(n)})] = \frac{n}{\theta^n}\int_0^\theta g(y)\,y^{n-1}\,dy
$$

이다. 따라서 $\theta>0$인 모든 θ에 대하여 $E[g(X_{(n)})]=0$이라는 것은

$$
\int_0^\theta g(y)\,y^{n-1}\,dy = 0
$$

과 동등하다. 이제 위 식의 양변을 θ에 대하여 미분하면 $g(\theta)\theta^{n-1}=0$이 모든 $\theta>0$에 대하여 성립하는 것을 뜻하고, 이는 $g(\cdot)\equiv 0$과 같다. 즉, $X_{(n)}$은 완비통계량이며, 동시에 충분통계량이기도 하므로 θ에 대한 완비 충분통계량이다.

추정의 이론에 있어서 완비성의 의미를 살펴보면 다음과 같다. $S(X)$가 완비통계량이면 $S(X)$의 서로 다른 두 함수가 같은 기댓값을 가지지 못한다. 즉, $E[g_1(S(X))] = g(\theta)$, $E[g_2(S(X))] = g(\theta)$로 서로 같다고 하면, $E[g_1(S(X)) - g_2(S(X))] = 0$이 되고 완비성에 의해 $g_1(S(X)) = g_2(S(X))$가 되므로 완비통계량의 함수로서의 비편향추정량은 유일하게 된다. 따라서 어떤 비편향추정량이 또한 완비 충분통계량의 함수이면 라오-블랙웰 정리에 의하여 이는 유일한(unique) 최소분산 비편향추정량이 되는 것이다. 다음의 정리 4.6은 최소분산 비편향추정량을 구함에 있어서 완비 충분통계량의 활용을 보여 준다.

정리 4.6

(레만-쉐페 정리) 모수 θ에 대하여 S가 완비 충분통계량이고, $T(X)$가 $g(\theta)$의 비편향추정량이라고 하자. 이때 $\delta(S) = E(T(X) \mid S)$는 $g(\theta)$의 유일한 최소분산 비편향추정량(MVUE)이다.

증명 먼저, $\delta(S)$는 이중기댓값 정리에 의하여 $g(\theta)$의 비편향추정량이다. 이제 임의의 비편향추정량 $\eta(X_1, \cdots, X_n)$을 생각해 보자. 이것이 통계량 S의 함수라면 $\delta^*(S) = \eta(X, \cdots, X_n)$으로 표기하자. 그러면 모든 θ에 대해 $E[\delta(S) - \delta^*(S)] = 0$이고 $\delta(S) - \delta^*(S)$가 S의 함수이므로, 완비성에 의해 $P[\delta(S) = \delta^*(S)] \equiv 1$이 성립한다. $\eta(X_1, \cdots, X_n)$이 S의 함수가 아니라면 라오-블랙웰 정리에 의해 $E(\eta(X_1, \cdots, X_n)|S)$가 $\eta(X_1, \cdots, X_n)$보다 분산이 더 작은 비편향추정량이 되고 이것은 S의 함수이므로 $\delta(S)$와 동일하게 된다. 따라서 $\delta(S)$가 $g(\theta)$의 유일한 최소분산 비편향추정량이다. ■

주 위의 정리 4.6은 모수 θ에 대하여 S가 완비 충분통계량이고, $E(S(X)) = g(\theta)$이면 $S(X)$가 $g(\theta)$의 유일한 최소분산 비편향추정량(MVUE)이라는 것을 의미한다. 그러므로 모수 θ에 대한 최소분산 비편향추정량을 찾기 위해서는 (i) 완비 충분통계량의 함수 가운데 비편향추정량을 찾거나, (ii) 다루기 쉬운 비편향추정량을 골라서 완비 충분통계량으로 조건부 기댓값을 취하면 된다.

예 4.33

$X_1,\ X_2,\ \cdots,\ X_n$ 을 $U(0,\ \theta)$ 로부터 구한 랜덤표본이라고 하자. 표본최댓값 $X_{(n)}$이 완비 충분통계량임은 이미 보였다(참조: 예 4.27과 4.32). 그런데 예 4.18로부터 $E\left[(n+1)X_{(n)}/n\right]=\theta$ 이므로

$$\frac{(n+1)X_{(n)}}{n}$$

은 모수 θ의 유일한 최소분산 비편향추정량이다.

이와 같이 완비 충분통계량의 존재는 점추정에 매우 유용한 역할을 하는 반면, 통계량의 완비충분성(특히 완비성)에 대한 입증은 때로 복잡한 계산과정을 수반한다. 그러나 다음에 정의되는 **지수족**(exponential family)에 대해서는 완비충분성이 보장되며, 더구나 자주 사용되는 많은 확률분포가 지수족에 속하므로 이를 쉽게 활용할 수 있다.

정의 4.8

확률밀도함수가 적절한 함수 $a,\ b,\ c_i,\ t_i(i=1,\cdots,k)$에 대하여,

$$f(x;\theta)=a(\theta)b(x)\exp\left[\sum_{i=1}^{k}c_i(\theta)t_i(x)\right],\quad -\infty<x<\infty$$

$\theta=(\theta_1,\ \cdots,\ \theta_k)$로 표현되면 이를 k개의 모수 $\theta_1,\ \cdots,\ \theta_k$를 가진 지수족에 속한다고 한다. 여기에서 집합 $\{x:f(x;\theta)>0\}$은 모수 θ에 의존하지 않는다.

예 4.34

'성공' 확률이 p인 베르누이 확률변수 X의 확률밀도함수는

$$\begin{aligned} f(x;p) &= p^x(1-p)^{1-x}, \qquad x=0,1 \\ &= (1-p)\exp\left[x\cdot\log\left(\frac{p}{1-p}\right)\right] \end{aligned}$$

로 표현되므로

$$a(p)=1-p,\ b(x)=1,\ c(p)=\log\left(\frac{p}{1-p}\right),\ t(x)=x$$

로 잡을 수 있으며, $\{x : f(x; p) > 0\}$은 $\{0, 1\}$로서 모수에 의존하지 않는다. 따라서 베르누이 분포는 모수가 하나인 지수족에 속한다.

포아송 확률변수 $X \sim \text{POI}(\lambda)$의 확률밀도함수는

$$\begin{aligned} f(x;\lambda) &= \frac{e^{-\lambda}\lambda^x}{x!}, \quad x = 0, 1, 2, \cdots \\ &= e^{-\lambda}\frac{1}{x!}\exp(x\log\lambda) \end{aligned}$$

로 표현되므로

$$a(\lambda) = e^{-\lambda},\ b(x) = \frac{1}{x!},\ c(\lambda) = \log\lambda,\ t(x) = x$$

로 잡으면 지수족에 속함을 알 수 있다. $\{x : f(x; \lambda) > 0\} = \{0, 1, 2, \cdots\}$로 모수에 의존하지 않는다.

또한 정규확률변수 $X \sim N(\mu, \sigma^2)$의 확률밀도함수도

$$\begin{aligned} f(x;\mu,\sigma^2) &= \frac{1}{\sqrt{2\pi\sigma^2}}\exp\left[-\frac{(x-\mu)^2}{2\sigma^2}\right] \\ &= \frac{1}{\sqrt{2\pi\sigma^2}}\exp\left(-\frac{\mu^2}{2\sigma^2}\right)\exp\left(-\frac{1}{2\sigma^2}x^2 + \frac{\mu}{\sigma^2}x\right) \end{aligned}$$

단, $a(\mu, \sigma^2) = \dfrac{1}{\sqrt{2\pi\sigma^2}}\exp\left(-\dfrac{\mu^2}{2\sigma^2}\right),\ b(x) = 1,$

$$c_1(\mu, \sigma^2) = -\frac{1}{2\sigma^2},\ c_2(\mu, \sigma^2) = \frac{\mu}{\sigma^2},\ t_1(x) = x^2,\ t_2(x) = x$$

로 표현되므로 지수족에 속한다. 여기에서 $\{x : f(x; \mu, \sigma^2) > 0\}$은 실수 전체이므로 모수에 의존하지 않는다.

이외에도 지수족에 속하는 확률분포들로는 지수분포, 베타분포, 감마분포, 음이항분포 등이 있다. 그러나 $U(0, \theta)$ 분포나, 확률밀도함수가 $f(x;\theta) = \exp(-(x-\theta))$, $\theta < x < \infty$인 이동지수(shifted exponential)분포와 같이 $f(x;\theta) > 0$인 x값의 영역이 모수 θ에 의존하는 경우 이들은 지수족에 속하지 않는다. 한편, 지수족에 대해서는 다음의 정리 4.7에 의하여 완비충분성이 갖추어지므로 최소분산 비편향추정량을 구하는

나 정리 4.7의 증명은 매우 복잡하므로 여기에서는 생략하기로 한다).

정리 4.7

지수족에 속하는 확률밀도함수 $f(x;\theta)=a(\theta)b(x)\exp\left[\sum_{i=1}^{k}c_i(\theta)t_i(x)\right]$로부터 랜덤표본 $X_1, X_2, \cdots, X_n$을 얻었다면, 통계량 $S_1=\sum_{i=1}^{n}t_1(X_i), \cdots, S_k=\sum_{i=1}^{n}t_k(X_i)$는 모수 $\theta_1, \cdots, \theta_k$에 대한 결합 완비 충분통계량이다.

정리 4.7에 의하면 $(S_1, \cdots, S_k)$의 함수로 만들어지는 $(\theta_1, \cdots, \theta_k)$의 비편향 추정량은 $(\theta_1, \cdots, \theta_k)$의 최소분산 비편향추정량이 된다.

주 완비 충분통계량의 1:1 함수도 완비 충분통계량이 된다.

예 4.35

$X_1, X_2, \cdots, X_n$을 베르누이(p)로부터 구한 랜덤표본이라고 하면 결합 확률밀도함수는

$$f(x_1, x_2, \cdots, x_n; p)=p^{\sum_{i=1}^{n}x_i}(1-p)^{n-\sum_{i=1}^{n}x_i} \qquad (x_i=0, 1, \quad 0<p<1)$$

이며, 예 4.34와 정리 4.7에 의하여 $S=\sum_{i=1}^{n}X_i$는 모수 p에 대한 완비 충분통계량이다(정리 4.7을 사용하지 않고도 이미 예 4.26과 4.31에서 충분성과 완비성을 보였다). 이제 $Var(X)=p(1-p)$에 대한 최소분산 비편향추정량을 구하고자 한다. 이에 완비 충분통계량의 함수인 $\overline{X}_n(1-\overline{X}_n)$을 시도해 보면

$$\begin{aligned} E[\overline{X}_n(1-\overline{X}_n)] &= E(\overline{X}_n)-E(\overline{X}_n^{\,2}) \\ &= p-[p^2+Var(\overline{X}_n)] \\ &= p-p^2-\frac{p(1-p)}{n} \\ &= p(1-p)\left[1-\frac{1}{n}\right] \end{aligned}$$

이 되므로, $\dfrac{\overline{X}_n(1-\overline{X}_n)}{\left[1-\dfrac{1}{n}\right]} = \dfrac{n\overline{X}_n(1-\overline{X}_n)}{n-1}$ 는 완비 충분통계량의 함수이면서 비편향추정량이므로 $Var(X)=p(1-p)$의 최소분산 비편향추정량이다.

예 4.36

$X_1, X_2, \cdots, X_n$ 을 POI(λ) 분포로부터 구한 랜덤표본이라고 하면, 이들의 결합 확률밀도함수는

$$\prod_{i=1}^{n} f(x_i;\lambda) = \frac{\exp(-n\lambda)\lambda^{\sum_{i=1}^{n} x_i}}{\prod_{i=1}^{n} x_i!}, \qquad (x_i = 0,\ 1,\ 2,\ \cdots)$$

가 되고, 예 4.34와 정리 4.7에 의하여 $\sum_{i=1}^{n} X_i$은 완비 충분통계량이며 그의 1 : 1 함수인 $\overline{X}_n$도 완비 충분통계량이다. 이제 모수 λ에 대한 추정량으로 표본평균 $\overline{X}_n$를 사용한다면, $E(\overline{X}_n)=\lambda$ 이므로 이는 최소분산 비편향추정량이 된다.

예 4.37

$X_1, X_2, \cdots, X_n$ 이 $N(\mu, \sigma^2)$으로부터 구한 랜덤표본이라고 할 때 이들의 결합 확률밀도함수는

$$f(x_1, x_2, \cdots, x_n; \mu, \sigma^2) = (2\pi\sigma^2)^{-n/2}\exp\left(-\sum_{i=1}^{n}(x_i-\mu)^2/2\sigma^2\right)$$

로 주어진다. 그런데 $\sum_{i=1}^{n}(x_i-\mu)^2 = \sum_{i=1}^{n} x_i^2 - 2\mu\sum_{i=1}^{n} x_i + n\mu^2$ 으로 표현되므로

$$\begin{aligned} &f(x_1, x_2, \cdots, x_n; \mu, \sigma^2) \\ &\quad = (2\pi\sigma^2)^{-n/2}\exp\left(-\sum_{i=1}^{n} x_i^2/2\sigma^2 + (\mu/\sigma^2)\sum_{i=1}^{n} x_i - n\mu^2/2\sigma^2\right) \end{aligned}$$

으로 나타낼 수 있다. 따라서 예 4.34와 정리 4.7로부터 $S_1 = \sum_{i=1}^{n} X_i$와 $S_2 =$

$\sum_{i=1}^{n} X_i^{\,2}$은 각각 결합 완비 충분통계량이다. 이들의 함수인 표본평균 $\overline{X}_n$와 표본분산 $\sum_{i=1}^{n}(X_i-\overline{X}_n)^2/(n-1)$은 $E(\overline{X}_n)=\mu$, $E\left(\sum_{i=1}^{n}(X_i-\overline{X}_n)^2/(n-1)\right)=\sigma^2$으로 μ와 σ^2의 비편향추정량이므로, 이들은 최소분산 비편향추정량이다. 또한 만일 모평균 μ의 값이 알려져 있다면, 모수의 숫자 $k=1$이고 $\sum_{i=1}^{n}(X_i-\mu)^2$은 완비 충분통계량이며 $E\left(\sum_{i=1}^{n}(X_i-\mu)^2/n\right)=\sigma^2$이므로 $\sum_{i=1}^{n}(X_i-\mu)^2/n$이 모분산 σ^2의 최소분산 비편향추정량이 된다. 이 경우 모분산 σ^2의 최대가능도 추정량도 $\sum_{i=1}^{n}(X_i-\mu)^2/n$이므로 두 추정량이 동일하지만, 모평균 μ를 모르는 경우에는 σ^2의 최대가능도 추정량이 $\sum_{i=1}^{n}(X_i-\overline{X}_n)^2/n$이 되어, 최소분산 비편향추정량 $\sum_{i=1}^{n}(X_i-\overline{X}_n)^2/(n-1)$과 다름을 볼 수 있다.

나아가, 완비 충분통계량의 성질을 나타내는 바수(Basu)의 정리를 살펴보자.

정리 4.8

(바수 정리) 통계량 $S=(S_1,\cdots,S_k)$가 모수 $\theta=(\theta_1,\cdots,\theta_k)$에 대한 결합 완비 충분통계량이라고 하자. 이때 어떤 통계량 T의 분포가 모수 $\theta=(\theta_1,\cdots,\theta_k)$에 의존하지 않으면, S와 T는 서로 독립이다.

증명 이산형인 경우를 고려하자. $f_T(t)$, $f_S(s;\theta)$, 그리고 $f(t|s)$를 각각 T, S의 확률밀도함수와 $S=s$일 때 T의 조건부 확률밀도함수라고 하면,

$$\begin{aligned} E_\theta[f_T(t)-f(t|S)] &= f_T(t)-\sum_s f(t|s)f(s;\theta) \\ &= f_T(t)-\sum_s f(s,t;\theta) \\ &= f_T(t)-f_T(t) \\ &= 0 \end{aligned}$$

이 성립한다. S의 충분성에 의해 $f_T(t)-f(t|S)$는 θ에 의존하지 않고 S의 완비성에 의하여 모든 s에 대해 $f(t|s)=f_T(t)$가 성립하므로 S와 T는 서로 독

립이다. 연속형 확률변수에 대해서도 마찬가지 방법으로 증명될 수 있다. ■

위의 정리에서와 같이 확률밀도함수가 θ에 의존하지 않는 통계량 T를 θ에 대한 보조통계량(ancillary statistic)이라고 한다. 바수의 정리를 이용하면, 두 통계량의 독립을 보이는 데 있어서 때로는 두 통계량의 복잡한 결합분포를 구하지 않아도 된다는 장점이 있다. 다음의 예를 살펴보자.

예 4.38

$X_1, \cdots, X_n$을 $N(\mu, \sigma^2)$로부터의 랜덤표본일 때, $\widehat{\sigma^2} = \sum_{i=1}^{n}(X_i - \overline{X}_n)^2/n$과 $\hat{\mu} = \overline{X}_n$를 생각해 보자. 고정된 σ^2에 대하여 표본평균 $\overline{X}_n$은 μ에 대한 완비 충분통계량이고, $\dfrac{n\widehat{\sigma^2}}{\sigma^2}$은 $\chi^2(n-1)$ 분포를 따르며 이는 μ에 의존하지 않는다. 즉, $\dfrac{n\widehat{\sigma^2}}{\sigma^2}$은 μ에 대한 보조통계량이 되고, 바수의 정리 4.8에 따라 $\hat{\mu} = \overline{X}_n$와 $\widehat{\sigma^2} = \sum_{i=1}^{n}(X_i - \overline{X}_n)^2/n$은 서로 독립이다.

4.5 추정량의 점근적 성질

앞에서 다루었던 추정량의 비편향성 또는 최소분산성 등은 고정된 표본의 크기(n)에 대해 정의된 성질들이었다. 여기에서는 표본의 크기가 커짐에 따라 가지는 추정량의 점근적(asymptotic) 성질에 대해 살펴보기로 한다. 즉, 점점 더 많은 관측치를 갖는 표본을 뽑는다고 가정하고 궁극에는 어떤 일이 일어날 것인지에 대해 살펴보는 것이다.

정의 4.9

모수의 함수 $g(\theta)$의 추정량 $T_n(X) = T(X_1, X_2, \cdots, X_n)$이, 임의의 $\varepsilon > 0$에 대하여

$$\lim_{n \to \infty} P(|T_n(X) - g(\theta)| \le \varepsilon) = 1$$

을 만족하면 추정량 $T_n(X)$는 **일치성**(consistency)이 있다고 한다.

정의 4.9는 표본의 크기가 커짐에 따라 $T_n(X)$가 $g(\theta)$에 확률적으로 수렴한다는 것으로(참조: 정의 3.5), 표본의 크기가 매우 클 때, 추정량 $T_n(X)$로부터 계산된 추정값은 높은 확률로 참모수값에 매우 가까이 있다는 뜻이다.

예 4.39

$X_1, X_2, \cdots, X_n$을 평균이 μ이고 분산이 $\sigma^2 < \infty$인 확률분포로부터 얻은 랜덤표본이라고 하자. 모평균 μ의 추정량으로서 표본평균 $T_n(X) = \overline{X}_n$가 일치성이 있음은 정리 3.12의 대수의 법칙에서 이미 보여졌다.

예 4.40

$X_1, X_2, \cdots, X_n$을 $U(0, \theta)$로부터 얻은 랜덤표본이라고 하자. 이때 최대가능도추정량은 표본최댓값 $X_{(n)}$이다(참조: 예 4.9). 이제 모수 θ의 추정량 $X_{(n)}$의 일치성에 대해 살펴보기로 한다. 임의의 $\varepsilon > 0$에 대하여,

$$\begin{aligned} P[\,|X_{(n)} - \theta\,| \le \varepsilon\,] &= P[\,\theta - \varepsilon \le X_{(n)} \le \theta\,] \\ &= \int_{\theta-\varepsilon}^{\theta} \frac{n(x_{(n)})^{n-1}}{\theta^n}\, dx_{(n)} \\ &= \frac{(x_{(n)})^n}{\theta^n}\Bigg|_{\theta-\varepsilon}^{\theta} \\ &= 1 - \left[\frac{\theta - \epsilon}{\theta}\right]^n \end{aligned}$$

이 성립한다. $0 < \varepsilon < \theta$이면 n이 커질 때 $\left(\frac{\theta - \varepsilon}{\theta}\right)^n \to 0$이므로 $P[\,|X_{(n)} - \theta\,| \le \varepsilon\,] \to 1$이 되고, $\varepsilon \ge \theta$이면 모든 n에 대해 $P[\,|X_{(n)} - \theta\,| \le \varepsilon\,] = 1$이 된다. 그러므로 표본최댓값 $X_{(n)}$은 θ의 일치추정량이다.

다음의 정리는 추정량이 일치성을 가질 조건을 평균제곱오차(MSE)를 이용하여 표현하고 있다.

정리 4.9

$T_n(X)$를 $g(\theta)$의 추정량이라고 할 때, 모든 $\theta \in \Omega$에 대하여

$$\lim_{n\to\infty} E[T_n(X)-g(\theta)]^2 = 0$$

이 성립하면, $T_n(X)$는 일치성이 있다.

증명 식 (2.16)의 확률부등식에 의하면, $X = T_n(X)-g(\theta)$, $r=2$, $c=\varepsilon$으로 놓을 때

$$P[\,|T_n(X)-g(\theta)| \le \varepsilon\,] \ge 1-\frac{E[T_n(X)-g(\theta)]^2}{\varepsilon^2}$$

이 성립하므로 일치성이 성립한다. ■

주 그런데 $\mathrm{MSE}(T_n) = Var(T_n)+[E(T_n)-g(\theta)]^2$이므로 T_n이 $g(\theta)$의 비편향추정량인 경우 $\lim_{n\to\infty} Var(T_n)=0$이 성립하면, 정리 4.9로부터, 추정량 T_n의 일치성이 보장된다.

예 4.41

$X_1, X_2, \cdots, X_n$을 $\mathrm{EXP}(\lambda)$로부터 얻은 랜덤표본이라고 하자. 이때 λ의 추정량으로 $\overline{X}_n$는 비편향추정량이며 $\lim_{n\to\infty}\mathrm{MSE}(\overline{X}_n) = \lim_{n\to\infty} Var(\overline{X}_n)=0$이므로 $\overline{X}_n$는 일치성이 있다. 한편, $nX_{(1)} \sim \mathrm{EXP}(\lambda)$이므로(참조: 예 3.14), $nX_{(1)}$은 λ의 비편향추정량이다. 하지만 $\epsilon < \lambda$인 $\epsilon > 0$에 대해 $P(|nX_{(1)}-\lambda| \le \epsilon) = e^{-1}(e^{\epsilon/\lambda}-e^{-\epsilon/\lambda})$으로 n이 커질 때 1로 수렴하지 않으므로 일치추정량이 아니다.

정리 4.10

T_n이 모수 θ의 일치추정량이라고 하자. 만일 $g(x)$가 θ에서 연속인 함수이면 $g(T_n)$은 $g(\theta)$의 일치추정량이다.

증명 $g(x)$가 θ에서 연속이므로, 임의의 $\varepsilon > 0$에 대하여 $|x-\theta| < \delta$이면 $|g(x)-g(\theta)| < \varepsilon$을 만족하는 $\delta > 0$가 존재한다. 그러므로

$$\lim_{n\to\infty} P[\,|\,g(T_n)-g(\theta)\,|\le \varepsilon\,] \ge \lim_{n\to\infty} P[\,|\,T_n-\theta\,|<\delta\,]=1$$

로부터 $g(T_n)$의 일치성이 구해진다. ■

다음의 정리는 추정량의 일치성을 보이기 위해 유용한 것으로, 증명은 연습문제로 남기기로 한다.

정리 4.11

T_n이 모수 θ_1의 일치추정량이고, S_n이 모수 θ_2의 일치추정량이라고 하자. 그러면 $c_n \to c$이고 $d_n \to d$인 실수열 c_n과 d_n에 대해, $c_n T_n + d_n S_n \xrightarrow{p} c\theta_1 + d\theta_2$이고, $T_n / S_n \xrightarrow{p} \theta_1/\theta_2$, $\theta_2 \neq 0$, $T_n S_n \xrightarrow{p} \theta_1\theta_2$이다.

예 4.42

3장에서 살펴본 예 3.7에서, 모분산 $g(p)=p(1-p)$는 모수 p의 연속함수이며, 표본비율 p_n은 모비율 p로 확률적으로 수렴한다. 따라서 정리 4.10에 의하여 $g(p_n) = p_n(1-p_n)$도 역시 모분산 $g(p)=p(1-p)$의 일치추정량이다.

예 4.43

X_1, X_2, $\cdots$, X_n 이 분산이 유한인 분포에서 뽑힌 랜덤표본이라고 할 때, 표본분산

$$S^2 = \sum_{i=1}^{n}(X_i - \overline{X}_n)^2/(n-1)$$

은 모분산 σ^2의 일치추정량이다. 왜냐하면 $S^2 = \frac{n}{n-1} \times \frac{1}{n}\sum_{i=1}^{n} X_i^2 - \frac{n}{n-1}\overline{X}_n^2$으로 쓸 수 있고, 대수의 법칙에 의해 $\frac{1}{n}\sum_{i=1}^{n}X_i^2 \xrightarrow{p} E(X^2)$, $\overline{X}_n \xrightarrow{p} E(X)$이며 $\frac{n}{n-1}\to 1$이므로 정리 4.11에 의해 $S^2 \xrightarrow{p} E(X^2)-(E(X))^2=\sigma^2$이다. 이제, $g(S^2)=\sqrt{S^2} = S$는 $g(\cdot)$가 연속함수이므로 $g(\sigma^2)=\sqrt{\sigma^2}=\sigma$의 일치추정량이다.

최대가능도 추정량은 불변성 원리와 같이 다루기 편리한 성질도 가지고 있지만, 때로 복잡한 형태를 갖게 되어 직접적으로 일치성을 입증하기 어려운 경우도 있고 심지어 폐쇄형(closed-form)으로 존재하지 않아서 수치적으로밖에 구할 수 없는 경우도 있다. 이럴 때는 최대가능도 추정량에 근거를 둔 구간추정을 하거나 검정을 하는 데에 어려움이 발생할 수 있는데, 적절한 정칙조건이 만족되는 경우에는 점근적 성질을 이용하면 편리하다. 적절한 조건하에서 최대가능도 추정량은 일치성을 가질 뿐 아니라 점근적으로 정규분포를 따르기 때문에 쉽게 근사적 구간추정과 검정을 할 수 있게 된다. 이제, 이러한 최대가능도 추정량의 점근적 성질에 대해 간단히 다루어 보자.

$X_1, \cdots, X_n$이 확률밀도함수 $f(x;\theta)$를 갖는 확률분포로부터의 랜덤표본이고 $\hat{\theta}_n$이 θ의 최대가능도 추정량이라고 하자. 로그가능도함수 (4.4)의 θ에 대한 1차 도함수는 $\hat{\theta}_n$에서 0이 되므로 $\sum_{i=1}^{n} \frac{d}{d\theta} \log f(x_i\,;\theta)\Big|_{\theta=\hat{\theta}_n} = 0$이며, 대수의 법칙에 의해

$$\frac{1}{n}\sum_{i=1}^{n} \frac{d}{d\theta} \log f(X_i\,;\theta) \xrightarrow{p} E\left(\frac{d}{d\theta}\log f(X\,;\theta)\right) \tag{4.9}$$

가 성립한다(단, 우변의 기댓값이 존재한다는 조건이 있을 때). 그런데 식 (4.9)의 왼쪽과 오른쪽을 0으로 하는 해는 각각 최대가능도 추정량 $\hat{\theta}_n$과 모수의 참값인 θ_0이다(참조: 연습문제 4.51). 따라서 적절한 조건에서 $\hat{\theta}_n$이 θ_0으로 수렴할 것으로 기대할 수 있다(여기에서 '적절한 조건'이란 모수의 값이 달라지면 확률밀도함수가 달라지고, 확률밀도함수가 0이 아닌 집합이 모수에 의존하지 않으며, 모수공간이 열려 있고, 로그가능도함수가 두 번 미분 가능하며, 그리고 모수에 대한 미분과 기댓값을 취하기 위한 적분의 순서를 바꿀 수 있는 것을 말한다. 이 책의 수준에서는 θ에 대해 여러 번 미분 가능한 지수족의 경우 이 조건이 만족된다고 간주할 수 있다). 다음의 정리는 적절한 조건이 만족될 때, 최대가능도 추정량이 모수의 일치추정량이 됨을 말하고 있다. 엄밀한 증명은 이 책의 수준을 넘으므로 생략하기로 한다.

정리 4.12

$X_1, X_2, \cdots, X_n$이 확률밀도함수 $f(x\,;\theta)$를 갖는 랜덤표본일 때 적절한 조건하에서 최대가능도 추정량 $\hat{\theta}_n$은 θ의 일치추정량이다. 즉, $\hat{\theta}_n \xrightarrow{p} \theta$이다.

나아가, 최대가능도 추정량이 가지는 점근적 정규성을 살펴보겠다. 가능도함수를

$L(\theta)$, 로그가능도함수를 $l(\theta) = \log L(\theta)$라고 하고, $L(\theta) = \prod_{i=1}^{n} f(X_i;\theta)$로 $L(\theta)$가 확률변수 X_i들의 함수로서 그 자체가 확률변수라고 생각하자. 그러면 $l(\theta) = \sum_{i=1}^{n} \log f(X_i;\theta)$는 서로 독립이고 분포가 같은 n개의 확률변수의 합으로 표현된다. 모수의 참값이 θ_0일 때, 로그가능도함수를 미분한 $l'(\theta)$를 θ_0에서 테일러 전개하여 $\hat{\theta}_n$을 대입하고 처음 두 항만을 취하면 $l'(\hat{\theta}_n) \approx l'(\theta_0) + l''(\theta_0)(\hat{\theta}_n - \theta_0)$로 나타낼 수 있다. $\hat{\theta}_n$이 θ_0의 일치추정량이므로 n이 커질 때 두 값이 확률적으로 매우 가까우므로 테일러 전개에서 고차항들은 무시할 수 있는 값일 것이다. $l'(\hat{\theta}_n) = 0$이므로,

$$\hat{\theta}_n - \theta_0 \approx -\frac{l'(\theta_0)}{l''(\theta_0)}$$

과 같은 근사식을 얻을 수 있고, 이로부터

$$\sqrt{n}(\hat{\theta}_n - \theta_0) \approx \frac{\frac{1}{\sqrt{n}} l'(\theta_0)}{-\frac{1}{n} l''(\theta_0)}$$

을 얻는다. 그런데 적절한 조건하에서 대수의 법칙에 의해

$$-\frac{1}{n} l''(\theta_0) = -\frac{1}{n} \sum_{i=1}^{n} \frac{d^2}{d\theta^2} \log f(X_i;\theta)\bigg|_{\theta=\theta_0} \xrightarrow{p} -E\left(\frac{d^2}{d\theta^2} \log f(X;\theta)\bigg|_{\theta=\theta_0}\right) = I(\theta_0)$$

이며 $\frac{1}{\sqrt{n}} l'(\theta_0) \xrightarrow{d} N(0, I(\theta_0))$이 성립한다(참조: 연습문제 4.52, 4.53). 여기에서 $I(\theta_0)$은 4.3절에서 정의된 피셔의 정보를 θ_0에서 측정한 값이다. 이제 정리 3.15의 슬럿츠키 정리를 이용하면 다음과 같은 최대가능도 추정량의 점근적 정규성을 보일 수 있다.

정리 4.13

$X_1, X_2, \cdots, X_n$이 확률밀도함수 $f(x;\theta)$를 갖는 랜덤표본이고 모수의 참값이 θ_0일 때, 적절한 조건하에서 최대가능도 추정량 $\hat{\theta}_n$에 대해

$$\sqrt{n}(\hat{\theta}_n - \theta_0) \xrightarrow{d} N\left(0, \frac{1}{I(\theta_0)}\right)$$

이 성립한다.

예 4.44

$X_1, \cdots, X_n$이 EXP(θ)에서 관측되는 랜덤표본이라고 하자. θ의 최대가능도 추정량은

$$l(\theta; x_1, \cdots, x_n) = -n\log\theta - \frac{\sum_{i=1}^{n} x_i}{\theta}, \quad l'(\theta) = -\frac{n}{\theta} + \frac{\sum_{i=1}^{n} x_i}{\theta^2}$$

으로부터 $\hat{\theta}_n = \overline{X}_n$이고, $\frac{\partial^2}{\partial\theta^2}\log f(x;\theta) = \frac{1}{\theta^2} - \frac{2x}{\theta^3}$ 이므로 $I(\theta) = E_\theta\left(\frac{2X}{\theta^3} - \frac{1}{\theta^2}\right)$ $= \frac{1}{\theta^2}$이다. 그러므로 정리 4.13에 의해,

$$\sqrt{n}\,(\overline{X}_n - \theta) \xrightarrow{d} N(0, \theta^2)$$

가 되고, 이것은 중심극한정리에서 얻는 결과와 동일하다.

4.6 구간추정

지금까지 비편향성(unbiasedness), 적률(moments), 가능도(likelihood) 등의 기준 하에서 모수 또는 모수의 함수에 대한 최적추정량들을 고려하였으나 이들은 점추정 문제여서 통계적 정확도(statistical accuracy)를 표현하지 못한다는 결점이 있다. 예를 들면, 포아송(λ)의 경우 모수 λ의 추정량으로서 표본평균 $\overline{X}_n$는 좋은 추정량이지만 정확성에 관한 아무런 정보를 포함하고 있지 않다. 표본평균은 확률변수이므로, 실제 관측된 자료로부터 계산된 표본평균의 값이 정확히 모수와 같을 것으로 생각할 수는 없다. 그렇다면 이 값은 모수로부터 어느 정도 떨어져 있을까? 이러한 정보를 포함하도록 추정결과를 제시하는 방법이 구간추정이며, 구간추정에서는 랜덤표본 X_1, X_2, $\cdots$, X_n에 근거하여 모수에 대한 신뢰구간을 정의하고 그 구간 내에 모수가 포함될 확률로써 통계적 정확도를 표현할 것이다.

정의 4.10

랜덤표본 X_1, X_2, $\cdots$, X_n 의 확률밀도함수가 $f(x;\theta)$, $\theta \in \Omega$라고 하자. 확률구

간 $[L(X_1, X_2, \cdots, X_n), U(X_1, X_2, \cdots, X_n)]$이, $0 < \alpha < 1$에 대하여

$$P[L(X_1, X_2, \cdots, X_n) \le \theta \le U(X_1, X_2, \cdots, X_n)] = 1 - \alpha$$

를 만족시키면 이를 모수 θ의 $100(1-\alpha)\%$ **신뢰구간**(confidence interval)이라고 한다. 또한 $L(X_1, X_2, \cdots, X_n)$과 $U(X_1, X_2, \cdots, X_n)$을 각각 신뢰구간의 **하한**(lower limit)과 **상한**(upper limit)이라고 한다.

정의 4.10에서 구한 신뢰구간은 표본에 따라 그 결과가 달라지는 확률구간(random interval)이다. 따라서 $(1-\alpha)$는 랜덤표본 $X_1, X_2, \cdots, X_n$의 구체적인 관찰값이 주어지기 이전에 해당하는 확률이다. 즉, 수많은 랜덤표본을 뽑아서 각 표본에 대해 같은 방법으로 신뢰구간을 구하면, 구해진 많은 신뢰구간들 가운데 $100(1-\alpha)\%$ 만큼의 신뢰구간들이 모수를 포함하게 된다는 뜻이다. 이제 크기 n의 표본을 직접 관측했다고 가정하자. 주어진 관찰값 $x = (x_1, \cdots, x_n)$을 $U(X_1, \cdots, X_n)$과 $L(X_1, \cdots, X_n)$에 대입하면 두 개의 고정된 값이 계산될 것이다. 그러면, $[L(x_1, \cdots, x_n), U(x_1, \cdots, x_n)]$은 고정된 구간이 된다. 그리고 모수 θ는 구간 $[L(x_1, \cdots, x_n), U(x_1, \cdots, x_n)]$에 포함되거나 되지 않거나 둘 중의 하나일 뿐이다(이는 점추정에 있어서 추정량과 추정값의 차이와 같다). 즉, 이 고정된 구간이 모수를 포함하게 되는 확률이 $1-\alpha(0 < \alpha < 1)$가 될 수 없다는 것이다. 우리가 관측한 표본에 의해 계산된 신뢰구간은 모수를 포함할 수도 있지만 포함하지 않을 수도 있다. 운이 나쁜 경우에는 모수와 동떨어진 구간을 얻을 수도 있으나, 이러한 구간을 얻을 확률을 $100\alpha\%$로 한정시키게 된다. α가 매우 작은 값, 예를 들어 0.01이라면 우리의 신뢰구간이 '성공'일 확률이 99%라는 것이다. 확률 $1-\alpha$는 **신뢰계수**(confidence coefficient) 또는 **신뢰도**(confidence level)라고 한다. 또한 때로는 신뢰구간이 실직선상의 반구간이 되는 수도 있으며, 이를 다음과 같이 정의한다.

정의 4.11

랜덤표본 $X_1, X_2, \cdots, X_n$의 확률밀도함수가 $f(x;\theta)$, $\theta \in \Omega$라고 하자. 통계량 $L(X_1, X_2, \cdots, X_n)$이 $0 < \alpha < 1$에 대하여

$$P[L(X_1, X_2, \cdots, X_n) \le \theta] = 1 - \alpha$$

를 만족시키면 $[L(X_1, X_2, \cdots, X_n), +\infty)$를 모수 θ의 $100(1-\alpha)\%$ **단측 하**

한신뢰구간이라고 한다. 또, 통계량 $U(X_1, X_2, \cdots, X_n)$이 $0 < \alpha < 1$에 대하여

$$P[\theta \le U(X_1, X_2, \cdots, X_n)] = 1 - \alpha$$

를 만족시키면 $(-\infty, U(X_1, X_2, \cdots, X_n)]$를 모수 θ의 $100(1-\alpha)\%$ **단측 상한신뢰구간**이라고 한다.

예 4.45

$X_1, X_2, \cdots, X_n$을 $N(\mu, 25)$로부터 얻은 랜덤표본이라고 하자. 이때 $L(X_1, X_2, \cdots, X_n) = \overline{X}_n - \dfrac{10}{\sqrt{n}}$, $U(X_1, X_2, \cdots, X_n) = \overline{X}_n + \dfrac{10}{\sqrt{n}}$ 이라고 하면, $[L(X_1, X_2, \cdots, X_n), U(X_1, X_2, \cdots, X_n)]$은 확률구간이 되고, 이는 곧 모평균 μ에 대한 신뢰도가

$$\begin{aligned} & P[L(X_1, X_2, \cdots, X_n) \le \mu \le U(X_1, X_2, \cdots, X_n)] \\ &= P\left[\overline{X}_n - \frac{10}{\sqrt{n}} \le \mu \le \overline{X}_n + \frac{10}{\sqrt{n}}\right] \\ &= P\left[\left|\frac{\sqrt{n}(\overline{X}_n - \mu)}{5}\right| \le 2\right] \\ &= \Phi(2) - \Phi(-2) \\ &= 0.9544 \end{aligned}$$

인 신뢰구간이다.

그런데 신뢰구간을 구하는 방법으로는 **추축변량**(pivotal quantity)을 사용하는 방법과 추축변량을 구하기 힘든 경우에 사용되는 일반적인 접근방법을 생각할 수 있다. 먼저 추축변량의 사용에 대해 알아보기로 한다. 이 방법은 특히 랜덤표본이 따르는 분포가 연속형일 때 신뢰구간을 구하는 데 유용하다.

정의 4.12

랜덤표본 $X_1, X_2, \cdots, X_n$의 분포가 확률밀도함수 $f(x;\theta)$, $\theta \in \Omega$를 따른다고 하자. 이때 표본과 모수 θ의 함수인 확률변량 $T(X_1, X_2, \cdots, X_n; \theta)$의 분포가 모수 θ에 의존하지 않으면 이를 **추축변량**이라고 한다.

예 4.46

$X_1, X_2, \cdots, X_n$이 $N(\mu, \sigma^2)$에서의 랜덤표본이고 $S_n^2 = \sum_{i=1}^{n}(X_i - \overline{X}_n)^2/(n-1)$일 때, $\sqrt{n}(\overline{X}_n - \mu)/S_n$의 분포는 $t(n-1)$로 모수 (μ, σ^2)에 의존하지 않으므로 추축변량이다.

추축변량을 활용하여 모수의 신뢰구간을 구하는 방법은 다음과 같다. $T = T(X_1, \cdots, X_n; \theta)$가 추축변량이면, 고정된 $0 < \alpha < 1$에 대하여 $P(t_1 < T < t_2) = 1 - \alpha$를 만족하는 t_1, t_2를 구한다. T의 분포가 모수에 의존하지 않으므로 t_1과 t_2는 α의 값이 주어지면 상수값이 될 것이다. 다음으로 부등식 $t_1 < T(x_1, \cdots, x_n; \theta) < t_2$를 $L(x_1, \cdots, x_n) < \theta < U(x_1, \cdots, x_n)$의 꼴로 바꿔쓸 수 있다면,

$$P(L(X_1, \cdots, X_n) < \theta < U(X_1, \cdots, X_n)) = 1 - \alpha$$

가 되므로 $[L(X_1, \cdots, X_n), U(X_1, \cdots, X_n)]$은 θ에 대한 $100(1-\alpha)\%$ 신뢰구간이 된다. 그런데 추축변량이 언제나 존재한다든가 또는 유일하다는 보장은 없고, 사용하는 추축변량에 따라 서로 다른 신뢰구간들을 얻게 된다. 따라서 우리가 구한 신뢰구간의 성능을 가늠하고 비교하는 기준이 필요하게 되며, 고정된 신뢰도에 대하여 신뢰구간의 길이 등을 그 기준으로 사용할 수 있다.

이제 정규분포로부터 구한 랜덤표본에 근거하여 모수들의 신뢰구간을 구해본다.

정규분포의 모평균에 대한 신뢰구간

$X_1, X_2, \cdots, X_n$을 $N(\mu, \sigma^2)$으로부터의 랜덤표본이라고 하고, 모평균 μ에 대한 신뢰구간을 구해 보자. 이 경우, 모분산 σ^2이 알려져 있으면 변량 $\sqrt{n}(\overline{X}_n - \mu)/\sigma$의 분포는 $N(0, 1)$으로서 모수 (μ, σ^2)에 의존하지 않으므로 추축변량이다. 따라서

$$\begin{aligned} &P\left[-z_{\alpha/2} \le \frac{\sqrt{n}(\overline{X}_n - \mu)}{\sigma} \le z_{\alpha/2}\right] \\ &= P\left[\overline{X}_n - z_{\alpha/2}\frac{\sigma}{\sqrt{n}} \le \mu \le \overline{X}_n + z_{\alpha/2}\frac{\sigma}{\sqrt{n}}\right] \\ &= 1 - \alpha \end{aligned}$$

에 의하여 모평균 μ에 대한 $100(1-\alpha)\%$ 신뢰구간

$$\left[\overline{X}_n - z_{\alpha/2}\frac{\sigma}{\sqrt{n}},\ \ \overline{X}_n + z_{\alpha/2}\frac{\sigma}{\sqrt{n}} \right] \tag{4.10}$$

을 구할 수 있다(z_α는 표준정규분포의 임계값(critical value)으로서, $100(1-\alpha)\%$ 백분위수이다). 그러나 모분산 σ^2이 알려져 있지 않은 경우에는, 위의 구간 (4.10)이 모르는 모수인 σ^2의 값에 의존하기 때문에 사용할 수 없다. 따라서 σ^2를 $S_n^{\,2} = \sum_{i=1}^{n}(X_i - \overline{X}_n)^2/(n-1)$으로 추정한 추축변량 $\sqrt{n}(\overline{X}_n - \mu)/S_n$이 자유도가 $(n-1)$인 t 분포를 가지는 점을 이용하여 다음과 같이 구할 수 있다.

$$\begin{aligned} &P\left[-t_{\alpha/2}(n-1) \le \frac{\sqrt{n}(\overline{X}_n - \mu)}{S_n} \le t_{\alpha/2}(n-1) \right] \\ &= P\left[\overline{X}_n - t_{\alpha/2}(n-1)\frac{S_n}{\sqrt{n}} \le \mu \le \overline{X}_n + t_{\alpha/2}(n-1)\frac{S_n}{\sqrt{n}} \right] \\ &= 1-\alpha \end{aligned}$$

에 의하여 모평균 μ에 대한 $100(1-\alpha)\%$ 신뢰구간

$$\left[\overline{X}_n - t_{\alpha/2}(n-1)\frac{S_n}{\sqrt{n}},\ \ \overline{X}_n + t_{\alpha/2}(n-1)\frac{S_n}{\sqrt{n}} \right] \tag{4.11}$$

이 구해진다($t_\alpha(n)$은 자유도가 n인 t 분포의 임계값으로서, $100(1-\alpha)\%$ 백분위수이다).

이와 같이 구한 신뢰구간의 의미를 다시 한 번 살펴보기로 하자. 관찰값이 $X_1 = x_1$, $X_2 = x_2$, $\cdots$, $X_n = x_n$ 으로 주어지면, 이들의 평균을 $\overline{x}_n$라고 했을 때, 식 (4.10)의 신뢰구간은 $[\overline{x}_n - z_{\alpha/2}(\sigma/\sqrt{n}),\ \overline{x}_n + z_{\alpha/2}(\sigma/\sqrt{n})]$의 값이 알려진 구간이 된다. 이는 $\overline{x}_n$에 대해 대칭이며, 구간의 길이는 모분산 σ^2이 작을수록 또 표본의 크기 n이 커질수록 짧아짐을 볼 수 있다. 실제로 위에서 구한 신뢰구간 (4.10)과 (4.11)은 주어진 신뢰도에 대하여 구간의 길이를 가장 짧게 하는 최적성도 가지고 있다. 그런데 어떤 주어진 표본에 대해 모수(여기에서는 모평균)의 신뢰구간은 그 모수를 포함하거나 포함하지 않거나 둘 중의 하나이다. 즉, 모수는 고정된 숫자이므로, 고정된 구간이 모수를 90% 포함하거나 하는 일은 없다. 그러나 독립된 여러 개의 표본에 근거하여 모수의 $100(1-\alpha)\%$ 신뢰구간들을 구해 보면 그 신뢰구간들의 $100(1-\alpha)\%$ 정도가 모수를 포함한다. 가령, 100개의 독립표본에 근거하여 모수 θ에 대한 100개의 90% 신

뢰구간들을 구하면 그들 중 약 90개 정도에 모수가 포함된다. 이는 성공확률이 $p=0.9$인 베르누이 시행을 독립적으로 100회 반복시행했을 때 얻는 성공횟수와 동일한 개념이다. 따라서 신뢰구간의 신뢰도에 대해서는 상대도수(relative frequency)에 의한 해석이 가능하다. 이와 같은 내용은 이 책에서 구하는 모든 신뢰구간(다음 절에서 다룰 베이즈 신뢰구간 제외)에 해당된다.

정규분포의 모분산에 대한 신뢰구간

$X_1, X_2, \cdots, X_n$을 $N(\mu, \sigma^2)$으로부터의 랜덤표본이라고 할 때, 모분산 σ^2에 대한 신뢰구간을 구해 보기로 하자. 이때에는, 장애모수인 모평균 μ를 아는 경우와 그렇지 않은 경우가 있다. 모평균 μ가 알려진 경우에는 $\sum_{i=1}^{n}(X_i-\mu)^2/\sigma^2$이 자유도가 n인 카이제곱분포를 따르는 추축변량인 점에 근거하여 σ^2에 대한 신뢰구간을 다음과 같이 구할 수 있다.

$$
\begin{aligned}
&P\left[\chi^2_{1-\alpha/2}(n) \le \frac{\sum_{i=1}^{n}(X_i-\mu)^2}{\sigma^2} \le \chi^2_{\alpha/2}(n)\right] \\
&= P\left[\frac{\sum_{i=1}^{n}(X_i-\mu)^2}{\chi^2_{\alpha/2}(n)} \le \sigma^2 \le \frac{\sum_{i=1}^{n}(X_i-\mu)^2}{\chi^2_{1-\alpha/2}(n)}\right] \\
&= 1-\alpha
\end{aligned}
$$

이므로

$$
\left[\frac{\sum_{i=1}^{n}(X_i-\mu)^2}{\chi^2_{\alpha/2}(n)},\ \frac{\sum_{i=1}^{n}(X_i-\mu)^2}{\chi^2_{1-\alpha/2}(n)}\right] \tag{4.12}
$$

이 모분산 σ^2에 대한 $100(1-\alpha)\%$ 신뢰구간이 된다.

한편, 모평균 μ가 알려지지 않은 경우에는 μ를 표본평균 $\overline{X}_n$로 추정한 통계량 $(n-1)S_n^2/\sigma^2=\sum_{i=1}^{n}(X_i-\overline{X}_n)^2/\sigma^2$이 자유도가 $n-1$인 카이제곱분포를 따르는 추축변량인 점에 근거하여 다음과 같이 구할 수 있다. 카이제곱분포는 대칭이 아니나 양쪽 꼬리부분에서 $\alpha/2$씩의 확률을 고려하면,

$$P\left[\chi^2_{1-\alpha/2}(n-1) \le \frac{\sum_{i=1}^{n}(X_i-\overline{X}_n)^2}{\sigma^2} \le \chi^2_{\alpha/2}(n-1)\right]$$

$$= P\left[\frac{\sum_{i=1}^{n}(X_i-\overline{X}_n)^2}{\chi^2_{\alpha/2}(n-1)} \le \sigma^2 \le \frac{\sum_{i=1}^{n}(X_i-\overline{X}_n)^2}{\chi^2_{1-\alpha/2}(n-1)}\right]$$

$$= 1-\alpha$$

가 성립한다($\chi^2_\alpha(n)$은 자유도가 n인 χ^2분포의 임계값으로서 $100(1-\alpha)\%$ 백분위수이다). 따라서,

$$\left[\frac{\sum_{i=1}^{n}(X_i-\overline{X}_n)^2}{\chi^2_{\alpha/2}(n-1)},\ \frac{\sum_{i=1}^{n}(X_i-\overline{X}_n)^2}{\chi^2_{1-\alpha/2}(n-1)}\right] \tag{4.13}$$

가 모분산 σ^2에 대한 $100(1-\alpha)\%$ 신뢰구간이 된다.

두 정규분포의 모평균의 차이에 대한 신뢰구간

독립인 두 개의 랜덤표본 $X_1, X_2, \cdots, X_n$과 $Y_1, Y_2, \cdots, Y_m$의 분포가 각각 $N(\mu_X, \sigma_X^2)$과 $N(\mu_Y, \sigma_Y^2)$일 때, 두 모평균의 차이 $\mu_X-\mu_Y$에 대한 신뢰구간을 구하는 방법에 대해서 논해보자. 표본평균의 차이 $(\overline{X}_n-\overline{Y}_m)$는 $N(\mu_X-\mu_Y, \sigma_X^2/n+\sigma_Y^2/m)$ 분포를 따른다. 두 모평균 각각의 값이 아닌 차이에만 관심이 있으므로 $\mu_X-\mu_Y$를 하나의 모수로 취급하고, 일표본인 경우와 마찬가지로 σ_X^2과 σ_Y^2을 아는 경우와 그렇지 않은 경우를 나누어 고려하기로 한다.

경우 1 모분산 σ_X^2과 σ_Y^2을 아는 경우:

표본평균의 차이를 표준화한 변량

$$Z = \frac{(\overline{X}_n-\overline{Y}_m)-(\mu_X-\mu_Y)}{\sqrt{\sigma_X^2/n+\sigma_Y^2/m}}$$

는 표준정규분포 $N(0, 1)$을 따르므로 $\mu_X-\mu_Y$의 추정에서 추축변량으로 사용될 수 있다. 따라서,

$$
\begin{aligned}
&P\left[-z_{\alpha/2} \le \frac{(\overline{X}_n - \overline{Y}_m) - (\mu_X - \mu_Y)}{\sqrt{\sigma_X^2/n + \sigma_Y^2/m}} \le z_{\alpha/2}\right] \\
&= P\left[(\overline{X}_n - \overline{Y}_m) - z_{\alpha/2}\sqrt{\frac{\sigma_X^2}{n} + \frac{\sigma_Y^2}{m}} \le \mu_X - \mu_Y \right. \\
&\qquad \left. \le (\overline{X}_n - \overline{Y}_m) + z_{\alpha/2}\sqrt{\frac{\sigma_X^2}{n} + \frac{\sigma_Y^2}{m}}\right] \\
&= 1 - \alpha
\end{aligned}
$$

로부터 모평균의 차 $\mu_X - \mu_Y$에 대한 $100(1-\alpha)\%$ 신뢰구간은

$$
\left[(\overline{X}_n - \overline{Y}_m) - z_{\alpha/2}\sqrt{\frac{\sigma_X^2}{n} + \frac{\sigma_Y^2}{m}},\quad (\overline{X}_n - \overline{Y}_m) + z_{\alpha/2}\sqrt{\frac{\sigma_X^2}{n} + \frac{\sigma_Y^2}{m}}\right] \tag{4.14}
$$

으로 주어진다.

경우 2 모분산 σ_X^2과 σ_Y^2을 모르는 경우:

우선, $\sigma_X^2 = \sigma_Y^2 (= \sigma^2)$인 경우에는 공통 모분산 σ^2에 대한 추정방법으로 합동추정량 (pooled estimator)

$$
S_p^2 = \frac{(n-1)S_X^2 + (m-1)S_Y^2}{n+m-2}
$$

을 사용한다(단, $S_X^2 = \sum_{i=1}^{n}(X_i - \overline{X}_n)^2/(n-1)$, $S_Y^2 = \sum_{i=1}^{m}(Y_i - \overline{Y}_m)^2/(m-1)$). 합동추정량 S_p^2은 S_X^2과 S_Y^2의 하나의 가중평균으로서 σ^2의 비편향추정량이 되며, 가중평균형태의 추정량 가운데 가장 분산이 작음을 보일 수 있다.

이제,

$$
T = \frac{(\overline{X}_n - \overline{Y}_m) - (\mu_X - \mu_Y)}{S_p\sqrt{1/n + 1/m}}
$$

로 정의하면 $\dfrac{(n+m-2)S_p^2}{\sigma^2}$이 자유도가 $n+m-2$인 카이제곱분포를 따르고 $\overline{X}_n - \overline{Y}_m$와 S_p^2이 독립이라는 사실을 이용하여 T의 분포가 $t(n+m-2)$임을 보일 수 있고, 따라서 T는 추축변량이 된다. 그러므로,

$$
\begin{aligned}
& P\left[-t_{\alpha/2}(n+m-2) \le \frac{(\overline{X}_n - \overline{Y}_m) - (\mu_X - \mu_Y)}{S_p\sqrt{1/n+1/m}} \le t_{\alpha/2}(n+m-2) \right] \\
&= P\left[(\overline{X}_n - \overline{Y}_m) - t_{\alpha/2}(n+m-2)\, S_p\sqrt{1/n+1/m} \le \mu_X - \mu_Y \right. \\
&\qquad \left. \le (\overline{X}_n - \overline{Y}_m) + t_{\alpha/2}(n+m-2)\, S_p\sqrt{1/n+1/m} \right] \\
&= 1-\alpha
\end{aligned}
$$

로부터 모평균의 차 $\mu_X - \mu_Y$에 대한 $100(1-\alpha)\%$ 신뢰구간은

$$
\begin{aligned}
&\left[(\overline{X}_n - \overline{Y}_m) - t_{\alpha/2}(n+m-2)\, S_p\sqrt{1/n+1/m}, \right. \\
&\left. (\overline{X}_n - \overline{Y}_m) + t_{\alpha/2}(n+m-2)\, S_p\sqrt{1/n+1/m} \right]
\end{aligned}
\tag{4.15}
$$

로 주어진다.

한편, $\sigma_X^2 \ne \sigma_Y^2$인 경우에는 σ_X^2과 σ_Y^2을 각각 S_X^2과 S_Y^2로 추정한 형태의 변량 $T = \dfrac{\overline{X}_n - \overline{Y}_m - (\mu_X - \mu_Y)}{\sqrt{S_X^2/n + S_Y^2/m}}$를 생각할 수 있으나, 그 정확한 분포는 구할 수 없다. 유력한 방법들 중에 웰치(Welch)에 의해 제안된 방법은 T의 분포를 자유도가

$$
\frac{(S_X{}^2/n + S_Y{}^2/m)^2}{\left[(S_X{}^2/n)^2/(n-1)\right] + \left[(S_Y{}^2/m)^2/(m-1)\right]}
\tag{4.16}
$$

인 t 분포로 근사하여 이로부터 신뢰구간을 구하게 된다.

두 정규분포의 모분산의 비에 대한 신뢰구간

두 개의 독립인 랜덤표본 $X_1, X_2, \cdots, X_n$과 $Y_1, Y_2, \cdots, Y_m$의 분포가 각각 $N(\mu_X, \sigma_X^2)$과 $N(\mu_Y, \sigma_Y^2)$이라고 할 때, 두 모분산의 비 σ_X^2/σ_Y^2에 대한 신뢰구간을 모평균을 아는 경우와 그렇지 않은 경우로 나누어 고려해 보자.

경우 1 모평균 μ_X와 μ_Y를 아는 경우:

서로 독립인 확률변량 $\sum_{i=1}^{n}(X_i - \mu_X)^2/\sigma_X^2$과 $\sum_{i=1}^{m}(Y_i - \mu_Y)^2/\sigma_Y^2$가, 각각 자유도가 n과 m인 카이제곱분포를 따르는 점에 근거하여 다음을 알 수 있다.

$$\frac{\sum_{i=1}^{n}(X_i-\mu_X)^2/(n\sigma_X^2)}{\sum_{i=1}^{m}(Y_i-\mu_Y)^2/(m\sigma_Y^2)} \sim F(n,m). \tag{4.17}$$

F 분포도 카이제곱분포와 같이 대칭이 아니지만, 대칭인 분포에서와 마찬가지로 양쪽 꼬리부분에서 $\alpha/2$씩의 확률을 고려하면

$$P\left[F_{1-\alpha/2}(n,m) \le \frac{\widetilde{S_X^2}/\sigma_X^2}{\widetilde{S_Y^2}/\sigma_Y^2} \le F_{\alpha/2}(n,m)\right] = 1-\alpha$$

가 만족된다(단, $\widetilde{S_X^2} = \sum_{i=1}^{n}(X_i-\mu_X)^2/n$, $\widetilde{S_Y^2} = \sum_{i=1}^{m}(Y_i-\mu_Y)^2/m$). $F_\alpha(n,m)$은 자유도가 (n,m)인 F 분포의 임계값으로서 $100(1-\alpha)\%$ 백분위수이다. 이제, 모분산의 비 σ_X^2/σ_Y^2에 대한 $100(1-\alpha)\%$ 신뢰구간은

$$\left[\left(\frac{\widetilde{S_X^2}}{\widetilde{S_Y^2}}\right)F_{1-\alpha/2}(m,n),\ \left(\frac{\widetilde{S_X^2}}{\widetilde{S_Y^2}}\right)F_{\alpha/2}(m,n)\right] \tag{4.18}$$

이 된다. 식 (4.18)에서 $F_\alpha(n,m) = (F_{1-\alpha}(m,n))^{-1}$의 성질을 이용하였다.

경우 2 모평균 μ_X와 μ_Y를 모르는 경우:

$\sum_{i=1}^{n}(X_i-\mu_X)^2/\sigma_X^2$과 $\sum_{i=1}^{m}(Y_i-\mu_Y)^2/\sigma_Y^2$에서 μ_X와 μ_Y를 각각 표본평균 $\overline{X}_n$과 $\overline{Y}_m$으로 추정한 확률변수 $\sum_{i=1}^{n}(X_i-\overline{X}_n)^2/\sigma_X^2$과 $\sum_{i=1}^{m}(Y_i-\overline{Y}_m)^2/\sigma_Y^2$을 생각했을 때, 이들이 서로 독립이고 각각 자유도가 $(n-1)$과 $(m-1)$인 카이제곱분포를 따르는 점에 근거하여 다음과 같이 구할 수 있다. 즉,

$$\frac{S_X^2/\sigma_X^2}{S_Y^2/\sigma_Y^2} \sim F(n-1,\ m-1) \tag{4.19}$$

에 의하여(단, $S_X^2 = \sum_{i=1}^{n}(X_i-\overline{X}_n)^2/(n-1)$, $S_Y^2 = \sum_{i=1}^{m}(Y_i-\overline{Y}_m)^2/(m-1)$),

$$P\left[F_{1-\alpha/2}(n-1,\ m-1) \le \frac{S_X^2/\sigma_X^2}{S_Y^2/\sigma_Y^2} \le F_{\alpha/2}(n-1,\ m-1) \right]$$
$$= 1-\alpha$$

이므로, 모분산의 비 σ_X^2/σ_Y^2에 대한 신뢰도 $100(1-\alpha)\%$ 신뢰구간은

$$\left[\left(\frac{S_X^2}{S_Y^2}\right) F_{1-\alpha/2}(m-1,\ n-1),\ \left(\frac{S_X^2}{S_Y^2}\right) F_{\alpha/2}(m-1,\ n-1) \right] \tag{4.20}$$

이 된다.

근사신뢰구간

앞 절에서 다루어진 신뢰구간은 모분포의 정규성을 전제로 하였다. 그러나 모분포가 정규분포를 따르지 않더라도 중심극한정리를 사용하여 모수에 대한 신뢰구간을 근사적으로 다음과 같이 구할 수 있다.

랜덤표본 $X_1,\ X_2,\ \cdots,\ X_n$의 분포의 평균과 분산이 각각 μ, σ^2이라고 할 때 모평균 μ에 대한 신뢰구간을 고려해 보자. 이 경우, 표본분산의 제곱근인 S_n이 σ로 수렴한다는 사실(참조: 예 4.43)과 중심극한정리, 그리고 슬럿츠키의 정리(정리 3.15)에 의해, 표본의 크기가 커짐에 따라 확률변량

$$Z_n = \frac{\sqrt{n}\,(\overline{X}_n - \mu)}{S_n}$$

의 분포는 표준정규분포 $N(0,1)$로 수렴한다. 따라서 이를 활용한 신뢰계수가 $1-\alpha$인 모평균 μ에 대한 근사신뢰구간은

$$P\left[-z_{\alpha/2} \le Z_n \le z_{\alpha/2} \right]$$
$$= P\left[\overline{X}_n - z_{\alpha/2} \cdot \frac{S_n}{\sqrt{n}} \le \mu \le \overline{X}_n + z_{\alpha/2} \cdot \frac{S_n}{\sqrt{n}} \right]$$
$$\fallingdotseq 1-\alpha$$

에 의하여

$$\left[\overline{X}_n - z_{\alpha/2} \cdot \frac{S_n}{\sqrt{n}},\quad \overline{X}_n + z_{\alpha/2} \cdot \frac{S_n}{\sqrt{n}} \right] \tag{4.21}$$

으로 주어진다. 물론, 모분산 σ^2이 알려진 경우에는 식 (4.21)에서 S_n 대신 σ를 사용

하면 된다.

예 4.47

모분포가 포아송(λ)일 때 랜덤표본 X_1, X_2, $\cdots$, X_n에 근거하여 모평균 λ에 대한 95% 근사신뢰구간을 구해본다. 표본의 크기가 커질 때 대수의 법칙에 따라 표본평균 $\overline{X}_n$는 λ에 확률적으로 수렴하고 중심극한정리에 따라 $\dfrac{\sqrt{n}(\overline{X}_n-\lambda)}{\sqrt{\lambda}}$는 표준정규분포로 수렴하므로, 슬럿츠키의 정리에 의해

$$Z_n = \frac{\sqrt{n}(\overline{X}_n - \lambda)}{\sqrt{\overline{X}_n}}$$

의 분포도 표준정규분포 $N(0,\ 1)$로 수렴한다. 따라서 식 (4.21)과 마찬가지로, 모수 λ에 대한 95%의 근사신뢰구간

$$\left[\overline{X}_n - 1.96\sqrt{\frac{\overline{X}_n}{n}},\quad \overline{X}_n + 1.96\sqrt{\frac{\overline{X}_n}{n}}\,\right]$$

를 구할 수 있다.

예 4.48

X_1, X_2, $\cdots$, X_n이 베르누이(p)로부터의 랜덤표본일 때, 모수 p에 대한 신뢰구간을 중심극한정리를 이용하여 다음과 같이 근사적으로 구할 수 있다. $\hat{p} = \overline{X}_n$로 추정하면 $\hat{p}$가 p로 확률적으로 수렴하고 $\dfrac{\hat{p}-p}{\sqrt{p(1-p)/n}}$이 표준정규분포로 분포수렴하므로, 슬럿츠키의 정리에 의해 $\dfrac{\hat{p}-p}{\sqrt{\hat{p}(1-\hat{p})/n}}$도 표준정규분포로 분포수렴한다. 이를 이용하면 $\hat{p} \pm z_{\alpha/2}\sqrt{\hat{p}(1-\hat{p})/n}$이 p의 $100(1-\alpha)\%$ 근사신뢰구간이 된다.

두 독립인 랜덤표본 X_1, X_2, $\cdots$, X_n과 Y_1, Y_2, $\cdots$, Y_m의 분포가 각각 μ_X, σ_X^2 그리고 μ_Y, σ_Y^2의 평균과 분산을 가질 때, 두 모평균의 차 $\mu_X - \mu_Y$에 대한 신뢰구간을 구해 보자. $N = n + m$이라고 하고, n과 m이 커짐에 따라 $n/N \to c_1$이고 $m/N \to c_2$라고 가정하자. 그러면 $c_1 + c_2 = 1$이 된다. 중심극한정리에 의해, n과 m이 커질 때

$\dfrac{\overline{X}_n-\mu_X}{\sigma_X/\sqrt{n}}\xrightarrow{d}N(0,1)$이고 $\dfrac{\overline{Y}_m-\mu_Y}{\sigma_Y/\sqrt{m}}\xrightarrow{d}N(0,1)$이다. 그러면, $\sqrt{N}(\overline{X}_n-\mu_X)=\sqrt{N/n}\sqrt{n}(\overline{X}_n-\mu_X)\xrightarrow{d}N(0,\,\sigma_X^2/c_1)$이 되고 비슷하게, $\sqrt{N}(\overline{Y}_m-\mu_Y)\xrightarrow{d}N(0,\,\sigma_Y^2/c_2)$이 성립한다. 따라서

$$\frac{\sqrt{N}(\overline{X}_n-\overline{Y}_m-(\mu_X-\mu_Y))}{\sqrt{\sigma_X^2/c_1+\sigma_Y^2/c_2}}\xrightarrow{d}N(0,\,1) \tag{4.22}$$

이 된다. 또, S_X^2와 S_Y^2이 각각 σ_X^2와 σ_Y^2의 일치추정량이므로

$$\frac{\sqrt{\sigma_X^2/c_1+\sigma_Y^2/c_2}}{\sqrt{N}\sqrt{S_X^2/n+S_Y^2/m}}\xrightarrow{p}1$$

이 성립하기에 슬럿츠키의 정리를 사용하면

$$T_n=\frac{(\overline{X}_n-\overline{Y}_m)-(\mu_X-\mu_Y)}{\sqrt{S_X^2/n+S_Y^2/m}}\xrightarrow{d}N(0,1)$$

이 된다. 따라서 이를 활용한 신뢰도 $100(1-\alpha)\%$ 근사신뢰구간은

$$\begin{aligned}&P\left[-z_{\alpha/2}\le T_n\le z_{\alpha/2}\right]\\&=P\Big[(\overline{X}_n-\overline{Y}_m)-z_{\alpha/2}\sqrt{S_X^2/n+S_Y^2/m}\le\mu_X-\mu_Y\le\\&\qquad(\overline{X}_n-\overline{Y}_m)+z_{\alpha/2}\sqrt{S_X^2/n+S_Y^2/m}\Big]\\&\fallingdotseq 1-\alpha\end{aligned}$$

에 의하여

$$\left[(\overline{X}_n-\overline{Y}_m)-z_{\alpha/2}\sqrt{\frac{S_X^2}{n}+\frac{S_Y^2}{m}},\ (\overline{X}_n-\overline{Y}_m)+z_{\alpha/2}\sqrt{\frac{S_X^2}{n}+\frac{S_Y^2}{m}}\right] \tag{4.23}$$

으로 주어진다.

예 4.49

$X_1,\ X_2,\ \cdots,\ X_n$이 베르누이(p_X), 그리고 $Y_1,\ Y_2,\ \cdots,\ Y_m$이 베르누이(p_Y)로부터 얻은 랜덤표본이라고 하자. 모비율의 차 p_X-p_Y에 대한 신뢰도 $100(1-\alpha)\%$ 근사

신뢰구간은 다음과 같이 구해진다. 모비율 p_X와 p_Y를 각각 표본비율 $\hat{p}_X = \overline{X}_n$와 $\hat{p}_Y = \overline{Y}_m$로 추정하면, (4.22)에서,

$$\frac{(\hat{p}_X - \hat{p}_Y) - (p_X - p_Y)}{\sqrt{p_X(1-p_X)/n + p_Y(1-p_Y)/m}} \xrightarrow{d} N(0,1)$$

를 얻는다. $\hat{p}_X$와 $\hat{p}_Y$가 p_X와 p_Y의 일치추정량이므로 분모에 있는 p_X와 p_Y 대신 추정량을 대입하면 $\dfrac{(\hat{p}_X - \hat{p}_Y) - (p_X - p_Y)}{\sqrt{\hat{p}_X(1-\hat{p}_X)/n + \hat{p}_Y(1-\hat{p}_Y)/m}} \xrightarrow{d} N(0,1)$를 얻고 이를 이용한 $p_X - p_Y$에 대한 $100(1-\alpha)\%$ 근사신뢰구간은

$$\left[(\hat{p}_X - \hat{p}_Y) - z_{\alpha/2}\sqrt{\frac{\hat{p}_X(1-\hat{p}_X)}{n} + \frac{\hat{p}_Y(1-\hat{p}_Y)}{m}},\right.$$
$$\left.(\hat{p}_X - \hat{p}_Y) + z_{\alpha/2}\sqrt{\frac{\hat{p}_X(1-\hat{p}_X)}{n} + \frac{\hat{p}_Y(1-\hat{p}_Y)}{m}}\right]$$

으로 구해진다.

표본의 크기

모분산 σ^2이 알려진 경우에 모평균 μ의 추정량 $\hat{\mu} = \overline{X}$에 대한 $100(1-\alpha)\%$ 오차한계를 d 이하로 하려면, 표본크기 n은

$$z_{\alpha/2}\frac{\sigma}{\sqrt{n}} \le d, \text{ 즉 } n \ge (z_{\alpha/2}\sigma/d)^2$$

을 만족해야 함을 알 수 있다. 물론, 이는 μ에 대한 $100(1-\alpha)\%$ 신뢰구간의 길이가 $2d$ 이하이도록 하는 것과 마찬가지이다. 이는 모집단의 분포가 정규분포인 경우에는 정확한 것이고, 표본크기가 큰 경우에는 임의의 모집단에 대하여 근사적으로 적용될 수 있다.

또한, 표본크기가 큰 경우에 모비율 p의 추정량인 표본비율 $\hat{p}$의 $100(1-\alpha)\%$ 오차한계는 $z_{\alpha/2}\sqrt{p(1-p)/n}$으로 주어지므로, $100(1-\alpha)\%$ 오차한계를 d 이하로 하려면 필요한 표본의 크기는

$$z_{\alpha/2}\sqrt{p(1-p)/n} \le d \text{ 즉, } n \ge p(1-p)(z_{\alpha/2}/d)^2$$

이다. 그러나 이 방법을 이용하여 표본크기를 정하는 것은 모비율을 추정하기 위한 표본을 뽑기 전에 모비율의 값인 p를 미리 알아야 한다는 문제점이 있다. p에 대한 정보가 전혀 없는 경우에는 $p(1-p)$를 최대로 만드는 p값인 1/2를 대입하여, $n \geq \frac{1}{4}(z_{\alpha/2}/d)^2$로 표본의 크기를 구할 수 있다. 이 방법은 보수적인 방법으로서, 이렇게 표본의 크기를 구하면 모비율의 참값이 어떤 값이든 상관없이 오차한계가 d 이하가 된다. 만약 예전 자료에서의 추정값 등에 의해 p에 대한 적당한 값의 범위를 알고 있다면 그 중에 가장 1/2에 가까운 값을 대입하여 표본의 크기를 구할 수 있다.

4.7 베이즈 추정

어떤 제조업체로부터 기계부품을 오랜 기간 동안 수입해 오는 회사에서 정기적으로 수입제품의 성능을 점검한다고 하자. 이 제품의 성능의 측정값은 확률밀도함수가 $f(x;\mu)$인 분포를 따르고 μ는 그 평균이며 우리는 이 평균에 관심이 있다. 그런데 오랜 거래기간 동안의 경험에 의하면 성능의 측정값의 평균 μ는 $N(100, 3^2)$의 분포를 따른다는 사전 정보가 있다고 하자. 모수 μ가 어떤 범위에 들어가는 값이라는 것 이상의 사전 정보가 있다면 이를 모수의 추정에 활용하는 것은 바람직하다고 볼 수 있다. 그러나 지금까지의 추정방법은 모수의 값을 고정된 것으로 생각하기 때문에 이러한 사전 정보를 사용할 수 없다. 랜덤표본 $X_1, X_2, \cdots, X_n$ 의 확률밀도함수가 $f(x;\theta)$, $\theta \in \Omega$이고 θ가 어떤 범위에 들어가는 값($\theta \in \Omega$)이라는 것 이상의 정보가 존재할 때, 베이지안(Bayesian) 방법은 이러한 사전정보를 사용하여 θ를 추정하게 된다.

베이지안 통계(Bayesian Statistics)는 통계학에서 큰 부분을 차지하는 방법론으로서, 모수 θ를 확률변수로 생각하여 그에 대한 사전정보를 활용할 수 있게 한다. 이 절에서는 베이지안 추정의 기본적인 접근방법에 대해 다루어 보도록 하겠다. 베이즈 추정량(Bayesian estimator)의 기본 아이디어는 베이즈 정리를 통해 알아볼 수 있다. 정리 1.3에서 다루었던 베이즈 정리를 다시 살펴보면, 사건 $B_1, B_2, \cdots, B_k$가 상호배반이며 $\bigcup_{i=1}^{k} B_i = S$일 때 사건 A가 일어났다는 조건하에서 사건 B_j가 일어날 확률은

$$P(B_j \mid A) = \frac{P(B_j)P(A \mid B_j)}{\sum_{i=1}^{k} P(B_i)P(A \mid B_i)}$$

로 주어진다. 이 정리는 $B_1, B_2, \cdots$의 무한열에 대해서도 성립한다. 이 베이즈 정리를 이 절에서의 목적에 맞게 표현하면 다음과 같이 될 수 있다. 두 확률변수 X와 Y에 대하여 $f_X(x)$, $f_Y(y)$가 각각의 주변 확률밀도함수, $f_{X|Y}(x|y)$가 $Y=y$가 주어졌을 때 X의 조건부 확률밀도함수이고 $f_{X,Y}(x,y)$가 결합 확률밀도함수일 때,

$$f_{Y|X}(y|x) = \frac{f_{X,Y}(x,y)}{f_X(x)} = \frac{f_{X,Y}(x,y)}{\int_{-\infty}^{\infty} f_{X,Y}(x,y)dy}$$

$$= \frac{f_{X|Y}(x|y)f_Y(y)}{\int_{-\infty}^{\infty} f_{X|Y}(x|y)f_Y(y)dy}.$$

이제, 확률밀도함수 $f(x;\theta)$, $\theta \in \Omega$를 갖는 확률변수 X를 생각해 보자. 이전까지는 θ를 미지의 상수로 간주하였지만 베이즈 추정에서는 이를 Ω 위에서 정의되는 확률변수 Θ의 한 실현값으로 볼 것이다. 확률변수 X의 한 실현값을 x로 표현하듯이, 확률변수 Θ의 한 실현값이 θ가 된다. Θ의 확률밀도함수를 $\pi(\theta)$로 표기하자. 이를 θ의 **사전 확률밀도함수**(prior probability density function)라고 한다. Θ의 실현값인 θ가 주어졌을 때, X의 확률밀도함수는 θ의 값이 주어진 조건부 확률밀도함수가 되고, $f(x \mid \theta)$로 나타낸다. 확률변수 X와 모수 θ의 결합 확률밀도함수는

$$f(x, \theta) = \pi(\theta) f(x \mid \theta)$$

가 되고 랜덤표본 X_1, X_2, $\cdots$, X_n과 θ의 결합 확률밀도함수는

$$f(x_1, x_2, \cdots, x_n, \theta) = \pi(\theta) \prod_{i=1}^{n} f(x_i \mid \theta)$$

가 된다. θ의 사전 확률밀도함수에서 '사전'의 의미는 표본을 관측하기 전이라는 것이고, θ에 대한 사전 정보가 이를 통해 반영된다. 이제 표본이 관측되고 나면, θ에 대한 사전 믿음(prior belief)을 표본에서 얻은 정보를 반영하여 수정하는 것이 합리적일 것이다. 그렇다면 표본 정보를 어떻게 반영할 수 있을까? θ에 대하여 가지고 있던 사전 정보에 표본이 갖고 있는 정보를 더하여 θ에 대한 사후(posterior) 정보를 얻기 위해 다음과 같이 베이즈 정리를 사용하게 된다.

랜덤표본 $X_1 = x_1$, $\cdots$, $X_n = x_n$이 주어졌을 때 θ의 조건부 확률밀도함수는

$$k(\theta \mid x_1, x_2, \cdots, x_n) = \frac{\pi(\theta)\prod_{i=1}^{n} f(x_i \mid \theta)}{\int_{-\infty}^{\infty}\left[\prod_{i=1}^{n} f(x_i \mid \theta)\right]\pi(\theta)\,d\theta}$$

로 주어지며, 이를 모수 θ의 **사후 확률밀도함수**(posterior probability density function)라고 한다. 만약 θ의 분포가 이산형이라면 적분 대신 합의 기호로 표현될 것이다.

예 4.50

$X_1, \cdots, X_n$이 동전던지기와 같은 베르누이(θ)에서 나온 랜덤표본이라고 하면,

$$f(x_1, \cdots, x_n|\theta) = \theta^{\sum_{i=1}^{n} x_i}(1-\theta)^{n-\sum_{i=1}^{n} x_i}, \qquad x \in \{0, 1\}$$

이 된다. 만약 이 동전이 앞면과 뒷면이 나올 확률이 동일한 동전일 가능성이 높긴 하지만 이 정보가 정확하지는 않아서 θ가 0.5일 가능성이 가장 높고 0.5로부터 멀어질수록 가능성이 낮아진다고 가정해 보자. 이러한 사전정보를 반영하는 한 가지 방법으로 다음과 같은 θ의 사전분포를 생각할 수 있다.

$$\pi(\theta) = 6\theta(1-\theta), \quad 0 < \theta < 1.$$

이는 $BETA(2, 2)$ 분포의 확률밀도함수로서, 그 형태가 우리가 원하는 내용을 반영하면서 상당히 간단하고 다루기 쉬운 확률밀도함수이므로 사전분포로서 적당해 보인다. 사후 확률밀도함수를 구하기 위해 $\int_{-\infty}^{\infty}\left[\prod_{i=1}^{n} f(x_i \mid \theta)\right]\pi(\theta)\,d\theta$를 계산해 보자.

$$\begin{aligned}
\int_{-\infty}^{\infty} f(x_1, \cdots, x_n|\theta)\pi(\theta)d\theta &= \int_0^1 \theta^{n\bar{x}_n}(1-\theta)^{n-n\bar{x}_n}6\theta(1-\theta)d\theta \\
&= 6\int_0^1 \theta^{n\bar{x}_n+1}(1-\theta)^{1+n(1-\bar{x}_n)}d\theta \\
&= 6\frac{\Gamma(n\bar{x}_n+2)\Gamma(n-n\bar{x}_n+2)}{\Gamma(n+4)} \\
&= 6\frac{(n\bar{x}_n+1)!(n-n\bar{x}_n+1)!}{(n+3)!}
\end{aligned}$$

이므로,

$$k(\theta \mid x_1, \cdots, x_n) = \frac{\Gamma(n+4)}{\Gamma(n\overline{x}_n+2)\Gamma(n-n\overline{x}_n+2)}\theta^{n\overline{x}_n+1}(1-\theta)^{n-n\overline{x}_n+1}$$

가 되어 θ의 사후분포는 $BETA(n\overline{x}_n+2,\ n-n\overline{x}_n+2)$가 된다.

만약 θ가 $0<\theta<1$이라는 것 외에 사전정보가 전혀 없는 경우 사전분포를 균일분포 $U(0,1)$로 잡을 수 있고, 이 경우 사후분포는

$$k(\theta \mid x_1, \cdots, x_n) = \frac{\Gamma(n+2)\theta^{n\overline{x}_n}(1-\theta)^{n-n\overline{x}_n}}{\Gamma(n\overline{x}_n+1)\Gamma(n-n\overline{x}_n+1)}$$

가 되어 $BETA(n\overline{x}_n+1,\ n-n\overline{x}_n+1)$이 된다.

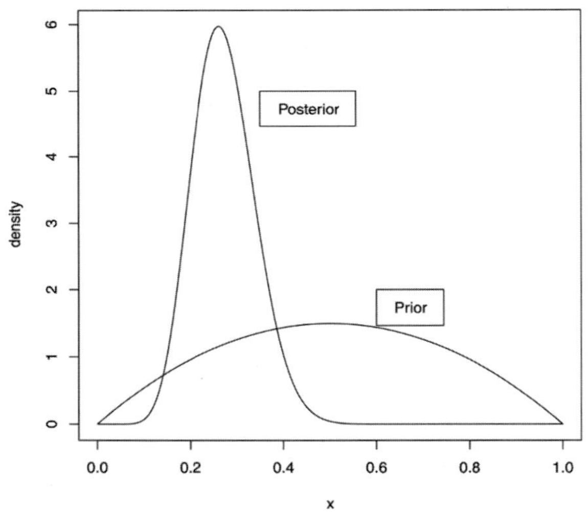

▸ **그림 4.4** ◂ 예 4.50에서의 사전분포와 사후분포($n=40$, $\overline{x}_n=0.25$일 때)

사후분포의 산포는 θ에 대한 추정의 정확도에 대해 정보를 줄 수 있다. 그림 4.4에서 자료가 어느 정도의 정보를 더해주는지 사전분포와 사후분포의 확률밀도함수를 비교함으로써 알 수 있다.

예 4.51

알려진 상수 α, β에 대하여 θ의 사전분포가 $\Theta \sim \mathrm{GAM}(\alpha,\beta)$라고 하고 $X_1, \cdots, X_n$이 $\mathrm{POI}(\theta)$에서 나온 랜덤표본이라고 하면, $X_1, \cdots, X_n$과 Θ의 결합 확률밀도함수는

$$\prod_{i=1}^{n} f(x_i \mid \theta) \times \pi(\theta) = \frac{\theta^{\sum x_i} e^{-n\theta}}{x_1! \cdots x_n!} \times \frac{\theta^{\alpha-1} e^{-\theta/\beta}}{\Gamma(\alpha)\beta^{\alpha}},$$
$$\theta > 0,\ x_i = 0, 1, 2, \cdots, \text{ for } i = 1, \cdots, n$$

이 된다. 사후 확률밀도함수를 구하기 위해 $\int_{-\infty}^{\infty} \left[\prod_{i=1}^{n} f(x_i \mid \theta) \right] \pi(\theta)\, d\theta$를 계산해 보자.

$$\int_0^{\infty} \frac{\theta^{\sum x_i} e^{-n\theta}}{x_1! \cdots x_n!} \times \frac{\theta^{\alpha-1} e^{-\theta/\beta}}{\Gamma(\alpha)\beta^{\alpha}} d\theta$$
$$= \frac{1}{x_1! \cdots x_n! \Gamma(\alpha)\beta^{\alpha}} \int_0^{\infty} \theta^{\alpha + \sum x_i - 1} e^{-\theta(n + \frac{1}{\beta})} d\theta$$
$$= \frac{\Gamma(\alpha + \sum x_i)}{x_1! \cdots x_n! \Gamma(\alpha) \beta^{\alpha} (n + \frac{1}{\beta})^{\alpha + \sum x_i}}$$

가 되므로 사후 확률밀도함수는

$$k(\theta \mid x_1, \cdots, x_n) = \frac{\dfrac{\theta^{\sum x_i} e^{-n\theta}}{x_1! \cdots x_n!} \times \dfrac{\theta^{\alpha-1} e^{-\theta/\beta}}{\Gamma(\alpha)\beta^{\alpha}}}{\dfrac{\Gamma(\alpha + \sum x_i)}{x_1! \cdots x_n! \Gamma(\alpha)\beta^{\alpha}(n + \frac{1}{\beta})^{\alpha + \sum x_i}}}$$
$$= \frac{\theta^{\alpha + \sum x_i - 1} e^{-\theta(n + \frac{1}{\beta})}}{\Gamma(\alpha + \sum x_i)(n + \frac{1}{\beta})^{-\alpha - \sum x_i}}$$

가 되어 사후분포가 $\mathrm{GAM}(\alpha + \sum x_i,\ (n + \frac{1}{\beta})^{-1})$을 따르게 된다.

위 예제에서 보듯이, 베이지안 추정을 위해 θ의 사후 확률분포를 구하는 것은 보통 긴 계산을 필요로 한다. 하지만 $\int_{-\infty}^{\infty} \left[\prod_{i=1}^{n} f(x_i \mid \theta) \right] \pi(\theta)\, d\theta$를 따로 계산할 필요가

없음을 인식한다면 과정이 조금은 간단해진다. 실제로,

$$k(\theta \mid x_1, x_2, \cdots, x_n) = \frac{\pi(\theta)\prod_{i=1}^{n} f(x_i \mid \theta)}{\int_{-\infty}^{\infty}\left[\prod_{i=1}^{n} f(x_i \mid \theta)\right]\pi(\theta)\,d\theta}$$

에서 분모는 θ에 의존하지 않고, 사후 확률밀도함수는 $x_1, \cdots, x_n$만의 함수와 θ를 포함하는 부분의 곱으로 표현될 수 있다. 즉, 이 예제에서는 $x_1, \cdots, x_n$의 함수 $c(x_1, \cdots, x_n)$에 대해

$$k(\theta \mid x_1, \cdots, x_n) = c(x_1, \cdots, x_n) \times \theta^{\alpha + \sum x_i - 1} e^{-\theta(n + \frac{1}{\beta})}$$

이고, 이는 확률밀도함수이므로 θ에 대해 적분했을 때 그 값이 1이어야 한다. 즉, $c(x_1, \cdots, x_n)$이 $\dfrac{1}{\Gamma(\alpha + \sum x_i)(n + \frac{1}{\beta})^{-\alpha - \sum x_i}}$이어야만 하므로, 사후 확률분포가 $\mathrm{GAM}(\alpha + \sum x_i,\ (n + \frac{1}{\beta})^{-1})$임을 쉽게 알 수 있다. 일반적으로,

$$k(\theta \mid x_1, \cdots, x_n) \propto \pi(\theta) f(x_1, \cdots, x_n \mid \theta)$$

가 성립하므로 이를 이용하면 사후 확률밀도함수를 보다 간편하게 계산할 수 있다.

베이지안 방법으로 모수를 추정하는 경우, 사전분포를 어떻게 결정하느냐에 대한 중요한 문제를 먼저 해결해야 한다. 만약 θ에 대한 사전 정보가 전혀 없다면 균일분포와 같이 평평한(flat) 사전분포를 사용할 수 있다. θ에 대한 어떤 사전 정보가 있는 경우에는 그 정보를 잘 표현해 줄 수 있는 분포를 골라야 한다. 이때 계산을 쉽게 해 주는 사전분포를 택하는 것이 하나의 방법이 될 것이다. 이를 위해 소위 켤레 사전분포(conjugate prior distribution)를 사용할 수 있다. 많은 경우, 켤레 사전분포의 모수를 변화시킴으로써 우리가 가지고 있는 θ에 대한 사전 정보를 적절히 설명할 수 있는 분포를 찾을 수 있다.

정의 4.13

확률밀도함수 $f(x|\theta)$, $\theta \in \Omega$에 대해 사후분포가 사전분포와 같은 분포족에 들어가게 하는 사전분포의 모임을 $f(x|\theta)$에 대한 **켤레 사전분포족**(conjugate family of prior distributions)이라고 한다.

위의 예제들에서 베타 분포족이 베르누이(또는 이항) 분포에 대한 켤레 사전분포족

이고, 감마 분포족이 포아송 분포에 대한 결레 사전분포족임을 알 수 있다. 결레 사전분포족을 사용하였기 때문에 사후분포가 상대적으로 쉽게 계산되었다. 결레 사전분포족을 사용하면 사후분포가 같은 분포족에 들어가기 때문에 자료를 통해 사전 정보를 업데이트 하는 것이 모수를 업데이트 하는 형태를 띠게 된다.

베이지안 방법에서 θ에 대한 정보는 사후 확률분포에 모두 담겨 있다고 할 수 있다. 지금까지 사후 확률분포를 구하는 것을 다루었으므로, 이제는 이 사후 확률분포를 이용하여 어떻게 추정량을 얻을 것인지에 대해 생각해 보자.

θ는 확률변수 Θ의 한 실현값이므로 θ에 대한 추정은 확률변수의 실현값을 예측하는 문제가 된다. 어떤 확률변수의 실현값을 예측(predict)하려고 할 때, 우리는 예측값과 실제 관측값이 최대한 비슷하기를 원할 것이다. 이를 위해, 예측값과 실제 관측값이 얼마나 가까운지를 측정할 수 있는 방법이 필요한데 이는 적절한 손실함수(loss function)를 정의함으로써 가능하다. 손실함수 $L(\theta, u(x_1, \cdots, x_n))$은 θ값과 그에 대한 추정값 $u(x_1, \cdots, x_n)$ 사이의 거리를 재는 측도로서, 차이의 심각도를 나타내는 함수라고 할 수 있다. 가장 일반적으로 사용되는 것은 제곱오차(squared error) 손실함수이지만 절대오차(absolute error) 손실함수나 0−1 손실함수 등을 생각할 수도 있다. 제곱오차 손실함수를 사용하는 경우 추정값이 모수의 참값에서 멀어질수록 그 차이의 심각도가 커지게 된다. 이 손실함수의 값을 최소화하는 $u(x_1, \cdots, x_n)$을 θ에 대한 추정값으로 사용하면 좋을텐데, θ는 Θ의 하나의 실현값이므로 모든 가능한 θ의 값과 그 확률분포를 고려해야 할 것이다. 그래서 베이즈 추정방법은 다음과 같이 손실함수의 기댓값을 최소화하는 $u(x_1, \cdots, x_n)$을 고르게 되고, 기댓값을 구할 때는 θ의 사후 확률분포를 사용한다:

$$\begin{aligned} &E(L(\Theta, u(x_1, \cdots, x_n)) | x_1, \cdots, x_n) \\ &= \int_{-\infty}^{\infty} L(\theta, u(x_1, \cdots, x_n)) k(\theta | x_1, \cdots, x_n) d\theta \end{aligned}$$

여기에서 Θ의 분포는 연속으로 가정하였다.

정의 4.14

손실함수 L이 주어졌을 때의 베이즈 추정량은

$$E[L(\Theta, u(x_1, \cdots, x_n)) | x_1, \cdots, x_n) = \int_{-\infty}^{\infty} L(\theta, u(x_1, \cdots, x_n)) k(\theta | x_1, \cdots, x_n) d\theta$$

를 최소화하는 $u(x_1, \cdots, x_n)$에 대응되는 $u(X_1, \cdots, X_n)$이다.

표기의 편의상 $X=(X_1, \cdots, X_n)$, $x=(x_1, \cdots, x_n)$으로 쓰도록 하자. 위에서 구한 손실함수의 기댓값은 x의 함수이므로 X의 결합 확률밀도함수, $f(x)=\int \pi(\theta)f(x|\theta)d\theta$를 가지고 다시 기댓값을 취하면, $g(\theta|x)f(x)= f(x|\theta)\pi(\theta)$이므로

$$\begin{aligned} E(E(L(\Theta, u(X))|X=x)) &= \int_{-\infty}^{\infty}\int_{-\infty}^{\infty} L(\theta, u(x))g(\theta|x)d\theta\, f(x)dx \\ &= \int_{-\infty}^{\infty}\int_{-\infty}^{\infty} L(\theta, u(x))f(x|\theta)dx\pi(\theta)d\theta \\ &= \int_{-\infty}^{\infty} R(\theta, u)\pi(\theta)d\theta \end{aligned}$$

로 쓸 수 있다. 여기에서 $R(\theta, u)=E[L(\theta, u(X_1, \cdots, X_n))|\theta]$는 위험함수(risk function)라고 불리며, X에 대한 손실함수의 기댓값이다. 이는 주어진 θ의 값에서 θ와 추정값 사이의 평균거리 개념이라고 할 수 있다. $E[E(L(\Theta, u(X))|X=x)]$를 위험함수의 평균값, 즉 기대위험(expected risk)이라고 하면, 베이즈 추정량 $u(X_1, \cdots, X_n)$은 모든 x의 값에서 $\int_{-\infty}^{\infty} L(\theta, u(x))k(\theta|x)d\theta$를 최소화하므로 기대위험을 최소화하는 통계량이 된다. 특히, 손실함수가 제곱오차인 경우 위험함수는 평균제곱오차(MSE)가 되고, 베이즈 추정량은 평균제곱오차의 θ에 대한 기댓값을 최소로 만드는 추정량이다.

제곱오차 손실함수를 사용하는 경우 베이즈 추정량이 사후 확률분포의 평균이고, 절대오차 손실함수를 사용하는 경우 베이즈 추정량이 사후 확률분포의 중앙값임을 어렵지 않게 확인할 수 있다. 위의 논리는 추정하고자 하는 것이 θ의 함수, 말하자면 $g(\theta)$인 경우에 대해서도 쉽게 확장된다.

예 4.52

예 4.50에서와 같이 $X_1, X_2, \cdots, X_n$이 베르누이(p)로부터의 랜덤표본이고 모수 p의 사전 확률밀도함수가 $\pi(p)=6p(1-p)$, $0<p<1$로 주어진다고 하자. 예 4.50에서 본 것과 같이 p의 사후 확률분포는 $BETA(n\overline{x}_n+2, n-n\overline{x}_n+2)$가 된다. 제곱오차 손실함수를 사용한다면 p에 대한 베이즈 추정량은 사후 확률분포의 평균값인 $\frac{n\overline{X}_n+2}{n+4}=\frac{\sum X_i+2}{n+4}$이다. 이 문제에 있어서 최대가능도 추정량, 적률 추정량, 그

리고 최소분산 비편향추정량은 모두 $\frac{\sum X_i}{n}$인 데 반해, 베이즈 추정량은 기존의 추정량의 분모에 4, 분자에 2를 더한 꼴이다. 말하자면, 4번의 가상적인 추가 시행이 있었고 그중에 2번은 성공, 2번은 실패였다고 가정하는 것으로 생각할 수 있다. 이는 기존의 추정량을 $\frac{1}{2}$쪽으로 약간 기울이는 효과를 가져오는데, 때로 매우 유용하다. $0 < p < 1$을 가정했으므로 우리는 p가 0이거나 1의 값은 가질 수 없다는 것을 알고 있다. 그렇지만 만약 p가 아주 작은 값이면, n번의 시행 중에 성공이 한 번도 나오지 않는 경우가 생길 수 있다. 이런 경우 기존의 추정량은 p의 추정값으로 p가 가질 수 없는 값인 0을 제공하게 되지만, 베이즈 추정량은 $2/(n+4)$를 추정값으로 제공하므로 보다 합리적이라고 할 수 있다.

예 4.53

$X_1,\ X_2,\ \cdots,\ X_n$을 베르누이(p)로부터 구한 랜덤표본이고, 모수 p의 사전분포가 $BETA(\alpha,\beta)$라고 하자. 모수 p의 사후 확률밀도함수는

$$k(p \mid x_1, \cdots, x_n) \propto \pi(p)\, f(x_1, \cdots, x_n \mid p) \propto p^{\sum_{i=1}^{n} x_i + \alpha - 1} (1-p)^{n - \sum_{i=1}^{n} x_i + \beta - 1}$$

로부터 $BETA\ (\sum_{i=1}^{n} x_i + \alpha,\ n - \sum_{i=1}^{n} x_i + \beta)$이다. 따라서 제곱오차를 사용한 모수 p에 대한 베이즈 추정량은 사후분포의 평균인 $\hat{p} = \frac{\sum_{i=1}^{n} X_i + \alpha}{n+\alpha+\beta}$가 된다. 나아가,

$$\hat{p} = \frac{\sum_{i=1}^{n} X_i + \alpha}{n+\alpha+\beta} = \frac{n}{n+\alpha+\beta}\left(\overline{X}_n\right) + \frac{\alpha+\beta}{n+\alpha+\beta}\left(\frac{\alpha}{\alpha+\beta}\right)$$

로 표현될 수 있으며, 이를 통해 베이즈 추정량이 사전분포의 평균 $\frac{\alpha}{\alpha+\beta}$와 표본평균 $\overline{X}_n$의 가중평균임을 알 수 있다. n이 커질 때, 사전분포의 평균은 매우 작은 가중치를 갖게 되고 대부분의 가중치는 표본평균이 갖는다. 반면에 n이 작다면, 사전분포의 평균이 갖는 가중치가 상대적으로 클 것이다. 표본의 크기가 클수록 자료에서 얻는 정보에 보다 많이 의존하게 되고, 표본이 작으면 추정에 대한 사전 정보의 영향력이 상대적으로 클 것이므로 이는 매우 합리적인 성질이라고 할 수 있다.

예 4.54

$X_1, X_2, \cdots, X_n$을 $N(\mu, \sigma^2)$으로부터 얻은 랜덤표본이라고 하자. 모분산 σ^2은 알려져 있을 때, μ의 사전 확률밀도함수가 $N(\mu_0, \sigma_0^2)$, 즉

$$\pi(\mu) = \frac{1}{\sqrt{2\pi}\,\sigma_0} \exp\left[-\frac{1}{2}\left(\frac{\mu-\mu_0}{\sigma_0}\right)^2\right]$$

이라고 하면, $X_1, X_2, \cdots, X_n$과 μ의 결합 확률밀도함수는

$$\begin{aligned} f(x, \mu) &= \frac{1}{\sqrt{2\pi}\,\sigma_0} \exp\left[-\frac{1}{2}\left(\frac{\mu-\mu_0}{\sigma_0}\right)^2\right] \\ &\times \frac{1}{(2\pi)^{n/2}\,\sigma^n} \exp\left[-\frac{1}{2}\sum_{i=1}^{n}\left(\frac{x_i-\mu}{\sigma}\right)^2\right] \\ &\propto \exp\left(-\frac{1}{2}\left(\frac{\mu-\mu_0}{\sigma_0}\right)^2 - \frac{1}{2}\frac{\sum_{i=1}^{n}(x_i-\mu)^2}{\sigma^2}\right) \\ &\propto \exp\{-\frac{1}{2}S(\mu)\} \end{aligned}$$

의 꼴이 된다. 단,

$$S(\mu) = \frac{\sigma^2+\sigma_0^2 n}{\sigma_0^2\sigma^2}\left[\mu - \frac{\sigma^2\mu_0+\sigma_0^2 n\,\overline{x}_n}{\sigma^2+\sigma_0^2 n}\right]^2$$

이다. 따라서 μ의 사후 확률밀도함수는

$$\begin{aligned} k(\mu \mid x) &= \frac{f(x, \mu)}{\int_{-\infty}^{\infty} f(x, \mu)\,d\mu} \\ &= \frac{\exp[-(1/2)\,S(\mu)]}{\int_{-\infty}^{\infty} \exp[-(1/2)\,S(\mu)]\,d\mu} \\ &= \frac{\exp\left[-\frac{\sigma^2+\sigma_0^2 n}{2\sigma_0^2\sigma^2}\left[\mu - \frac{\sigma^2\mu_0+\sigma_0^2 n\,\overline{x}_n}{\sigma^2+\sigma_0^2 n}\right]^2\right]}{\sqrt{\frac{2\pi\sigma^2\sigma_0^2}{\sigma^2+\sigma_0^2 n}}} \end{aligned}$$

이 되는데, 이는 평균이 $\dfrac{\sigma^2\mu_0 + \sigma_0^2 n\,\overline{x}_n}{\sigma^2 + \sigma_0^2 n}$ 이고 분산이 $\dfrac{\sigma_0^2\sigma^2}{\sigma^2 + \sigma_0^2 n}$ 인 정규분포의 확률밀도함수이다. 즉, 정규 사전분포는 정규분포에 대한 켤레 사전분포족임을 알 수 있다. 제곱오차를 사용한 μ의 베이즈 추정량은 이 사후 확률분포의 평균인

$$
\begin{aligned}
E(\mu \mid X) &= \frac{\sigma^2\mu_0 + \sigma_0^2 n\,\overline{X}_n}{\sigma^2 + \sigma_0^2 n} \\
&= \frac{\delta}{1+\delta}\,\mu_0 + \frac{1}{1+\delta}\,\overline{X}_n
\end{aligned}
$$

이고(단, $\delta = \sigma^2/n\sigma_0^2$), 이는 사전분포의 평균 μ_0와 표본평균 $\overline{X}_n$의 가중평균이다. 여기에서 μ_0와 $\overline{X}_n$에 대한 가중치는 표본의 크기 n과 사전분포의 분산 σ_0^2에 의해 결정되는데, 그 타당성을 음미해 볼 필요가 있다. 표본의 크기가 커질 때 $\overline{X}_n$의 가중치가 커지고, 사전 정보가 모호할수록(μ의 사전분포의 분산이 클수록) $\overline{X}_n$의 가중치가 커진다. 만약 사전분포의 분산이 매우 크거나 표본의 크기가 아주 크다면 베이즈 추정량은 $\overline{X}_n$와 거의 같아지고 사전분포의 분산이 매우 작다면 베이즈 추정량은 사전분포의 평균과 거의 같아질 것이다.

한편, 고정된 α에 대하여

$$
\int_l^u k(\theta \mid x_1, \cdots, x_n)\,d\theta = 1 - \alpha
$$

를 만족하는 $[l, u] = [l(x_1, \cdots, x_n),\ u(x_1, \cdots, x_n)]$을 모수 θ에 대한 $100(1-\alpha)\%$ **베이즈 신뢰구간**(credible interval)이라고 한다. 베이즈 신뢰구간의 의미는 θ가 이 구간에 들어갈 확률이 $1-\alpha$가 된다는 것으로, 사전분포를 가정하지 않는 신뢰구간의 의미와 사뭇 다르다. 베이즈 신뢰구간에 대해 '상대도수적' 의미를 부여하는 것은 타당하지 않다.

베이즈 신뢰구간을 구할 때 같은 α의 값을 가진다면 가장 짧은 구간을 구하는 것이 자연스럽다. 이러한 생각으로부터 나온 것이 **최고 사후밀도**(highest posterior density, HPD) 구간인데, 이것은 $[l, u] = \{\theta : g(\theta \mid x_1, \cdots, x_n) \ge c\}$ 의 형태를 가지며, c의 값은 $\int_l^u k(\theta \mid x_1, \cdots, x_n)\,d\theta = 1-\alpha$를 만족하면서 가장 큰 값으로 찾으면

된다.

예 4.55

$X_1, X_2, \cdots, X_n$을 $N(\mu, \sigma^2)$으로부터 얻은 랜덤표본이고 모분산 σ^2은 알려져 있으며, μ의 사전 확률밀도함수는 $N(\mu_0, \sigma_0^2)$라 가정하자. 예 4.54에서처럼 사후분포는

$$\Theta|(X_1 = x_1, \cdots, X_n = x_n) \sim N\left(\frac{\sigma^2\mu_0 + \sigma_0^2 n\bar{x}_n}{\sigma^2 + \sigma_0^2 n},\ \frac{\sigma_0^2\sigma^2}{\sigma^2 + \sigma_0^2 n}\right)$$

이고, θ에 대한 95% 베이즈 신뢰구간(HPD)은

$$\frac{\sigma^2\mu_0 + \sigma_0^2 n\bar{x}_n}{\sigma^2 + \sigma_0^2 n} \pm 1.96 \times \sqrt{\frac{\sigma_0^2\sigma^2}{\sigma^2 + \sigma_0^2 n}}$$

이 된다.

최소분산 비편향추정량을 구할 때, 평균제곱오차를 최소로 만드는 추정량을 일반적으로 찾을 수 없기 때문에 비편향추정량 가운데에서 평균제곱오차를 최소로 만드는 최소분산 비편향추정량을 찾았었다. 평균제곱오차를 최소로 만드는 추정량을 일반적으로 찾을 수 없는 한 가지 이유는 평균제곱오차가 모수에 의존하기 때문이라고 할 수 있는데, 제곱오차를 사용하는 베이즈 추정량은 θ에 대해 평균제곱오차(MSE)의 기댓값을 취함으로써 평균제곱오차가 θ에 의존하는 것을 방지하였다고 볼 수 있다. 평균제곱오차가 θ에 의존하지 않게 되면, 그 값으로 추정량을 비교하여 이를 최소로 하는 추정량을 찾는 절차가 쉬워진다. 이외에, 평균제곱오차가 모수 θ에 의존하지 않도록 하는 방법으로, 평균제곱오차의 모든 가능한 모수 θ의 영역에서의 최댓값을 고려하여 이 최댓값을 최소화하는 추정방법을 생각할 수 있다. 즉, 가능한 시나리오 중에서 가장 나쁜 시나리오를 골라 이 때의 손실을 최소로 만드는 추정량을 고르는 것이다.

이에 대한 내용을 간략히 소개하면, 모수의 함수 $g(\theta)$의 추정량 $T^*(X)$가 모든 가능한 모수 θ의 영역에서 임의의 다른 추정량 $T(X)$에 대하여

$$\max_\theta MSE(T^*(X)) \le \max_\theta MSE(T(X))$$

을 만족할 때, $T^*(X)$를 θ의 **미니맥스**(minimax) 추정량이라고 한다. 다음의 그림에서 $g(\theta)$에 대한 두 개의 추정량 $T_1(X)$와 $T_2(X)$에 대한 평균제곱오차를 비교하면,

$T_1(X)$가 대부분의 θ 영역에서 $T_2(X)$보다 더 작은 평균제곱오차를 가지고 있으나 $\max_\theta MSE(T_1(X)) \geq \max_\theta MSE(T_2(X))$이므로 $T_2(X)$가 미니맥스 추정량이 된다.

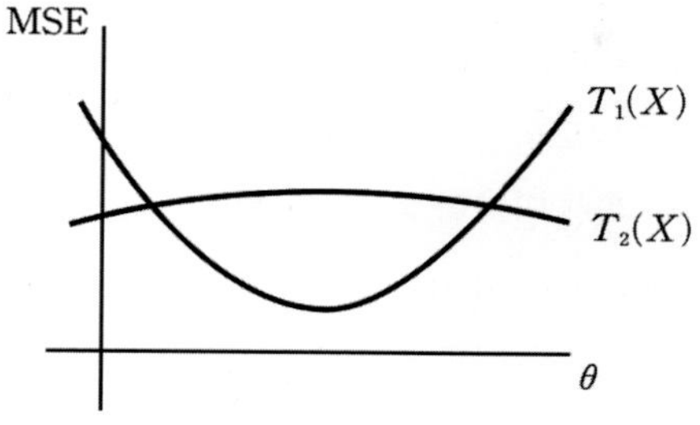

연습문제 4장

01 $X_1, X_2, \cdots, X_n$이 $U(\mu-\sqrt{3}\sigma, \mu+\sqrt{3}\sigma)$로부터 구한 랜덤표본이라고 하자. 이때 적률을 이용하여 μ와 σ를 추정하라.

02 $X_1, X_2, \cdots, X_n$이 확률밀도함수 $f_X(x;\theta)=(\theta+1)x^\theta$, $0<x<1$로부터의 랜덤표본이라고 할 때, 적률을 이용한 θ의 추정량이 $(2\overline{X}_n-1)/(1-\overline{X}_n)$이 됨을 보여라.

03 랜덤표본 $X_1, X_2, \cdots, X_n$의 모분포가 평균이 λ인 포아송 분포라고 한다. 이때 모수 λ에 대한 적률추정량을 일차 또는 이차적률을 사용하여 구하고, 따라서 적률추정량이 유일하지 않음을 보여라.

04 $X_1, X_2, \cdots, X_n$이 $U(0, \theta)$로부터의 랜덤표본이라고 할 때, 적률을 이용한 θ의 추정량을 구하고 최대가능도 추정량과 비교하라.

05 랜덤표본 $X_1, X_2, \cdots, X_n$의 모분포가 평균이 λ인 포아송 분포라고 한다.
(1) 적률추정방법에 의하여 $g(\lambda)=1/\lambda$를 추정하라.
(2) 최대가능도방법에 의하여 $g(\lambda)=1/\lambda$를 추정하라.

06 $X_1, X_2, \cdots, X_n$이 확률밀도함수 $f(x;\theta_1, \theta_2)=(1/\theta_2)\exp(-(x-\theta_1)/\theta_2)$, $x>\theta_1$, $\theta_2>0$으로부터의 랜덤표본이라고 할 때, 모수 θ_1과 θ_2의 최대가능도 추정량을 구하라.

07 확률변수 X의 분포가 $P(X=1)=\theta^2$, $P(X=2)=2\theta(1-\theta)$, $P(X=3)=(1-\theta)^2$ (단, $0<\theta<1$)이라고 하자. 이제 세 개의 관찰값 2, 2, 3을 얻었을 때 모수 θ의 최대가능도 추정값을 구하라.

08 확률벡터 $(X_1, X_2, \cdots, X_k)$가 모수가 $(n, p_1, p_2, \cdots, p_k)$인 다항분포를 따른다고 하자. 이때, 모수 $(p_1, p_2, \cdots, p_k)$의 최대가능도 추정량이 $(X_1/n, X_2/n, \cdots, X_k/n)$이 됨을 보여라.

09 서로 독립인 두 확률변수 $X \sim B(n, p)$와 $Y \sim B(m, p)$의 공통된 '성공' 확률 p의 최대가능도 추정량을 구하라.

10 $X_1, X_2, \cdots, X_n$이 $U(\theta - 1/2,\ \theta + 1/2)$로부터의 랜덤표본이라고 할 때 가능도함수를 구하고, 이에 근거하여 θ의 최대가능도 추정량이 유일하지 않음을 보여라.

11 $E(X^2) < \infty$일 때 $E(X-a)^2$는 상수 a의 값이 $E(X)$일 때 최소화됨을 보여라.

12 $X_1, X_2, \cdots, X_n$은 $f_X(x\,;\theta) = \dfrac{3\theta^3}{x^4}\ (\theta < x < \infty)$로부터의 랜덤표본이다.

(1) 적률추정법을 사용하여 θ의 추정량을 구하라.
(2) θ의 최대가능도 추정량을 구하라.
(3) (1)과 (2)의 추정량의 평균제곱오차를 비교하라.

13 $X_1, X_2, \cdots, X_n$을 확률밀도함수 $f(x\,;\theta)$로부터 얻은 랜덤표본이라고 하자. 이때 어떤 상수 θ_0에 대하여 $T(X) = \theta_0$가 모수 θ의 비편향추정량이 아님을 보여라.

14 $X_1, X_2, \cdots, X_n$이 평균이 μ이고 분산이 σ^2인 분포로부터 얻은 랜덤표본이라고 할 때 모평균 μ가 알려져 있다면, $(1/n)\sum_{i=1}^{n}(X_i - \mu)^2$이 σ^2의 비편향추정량임을 보여라.

15 $X \sim U(0, \theta)$일 때 θ^2의 비편향추정량을 구하라.

16 $X_1, X_2, \cdots, X_n$이 $U(-\theta, \theta)$, $\theta > 0$로부터 얻은 랜덤표본이라고 할 때 $c(X_{(n)} - X_{(1)})$이 모수 θ의 비편향추정량이 되기 위한 상수 c의 값을 구하라.

17 $f(x\,;\theta) = 1/\theta$, $0 \le x \le \theta$, $\hat{\theta} = cX$가 θ의 비편향추정량이 되는 상수 c의 값을 구하라.

18 $X_1, X_2, \cdots, X_n$이 정규분포 $N(\mu, \sigma^2)$으로부터 추출한 랜덤표본이라고 하자. $cS = c\sqrt{\dfrac{\sum(X_i - \overline{X}_n)^2}{n-1}}$이 σ의 비편향추정량이 되도록 상수 c의 값을 구하라(힌트: $Y = (n-1)(S^2/\sigma^2)$이 카이제곱분포를 따르는 확률변수임을 이용하여 $E(\sqrt{Y})$을 구하라).

19 $X \sim$ 베르누이(p)일 때, p에 대한 추정량으로 $T_1(X) = X$와 $T_2(X) = 1/2$을 고려하였다.

(1) $T_1(X)$와 $T_2(X)$의 비편향성을 점검하라.

(2) $T_1(X)$와 $T_2(X)$의 평균제곱오차를 비교하라.

20 $X_1, X_2, \cdots, X_n$이 $\mathrm{EXP}(\lambda)$로부터 얻은 랜덤표본이라고 하자. 모수 λ에 대한 추정량으로 $\hat{\lambda}_1 = \overline{X}_n$과 $\hat{\lambda}_2 = n\overline{X}_n/(n+1)$을 비교할 때,

(1) $\hat{\lambda}_1$과 $\hat{\lambda}_2$의 분산을 구하라.

(2) $\hat{\lambda}_1$과 $\hat{\lambda}_2$의 평균제곱오차를 구하라.

21 모수 θ에 대한 n개의 서로 독립인 비편향추정량 $\hat{\theta}_i (i = 1, 2, \cdots, n)$이 존재하며 $Var(\hat{\theta}_i) = \sigma_i^2$이라고 한다. 이들을 이용한 결합추정량 $\sum_{i=1}^{n} a_i \hat{\theta}_i$ (단, $\sum_{i=1}^{n} a_i = 1$)를 고려하자.

(1) 결합추정량 $\sum_{i=1}^{n} a_i \hat{\theta}_i$는 비편향추정량임을 보여라.

(2) $Var\left(\sum_{i=1}^{n} a_i \hat{\theta}_i\right)$는 $a_i = (1/\sigma_i^2)/\sum_{j=1}^{n}(1/\sigma_j^2)$일 때 최소화됨을 $n = 2$인 경우에 대해 증명하라.

22 모수 θ를 추정함에 있어 두 개의 독립인 비편향추정량 $\hat{\theta}_1$과 $\hat{\theta}_2$을 사용할 수 있고, $Var(\hat{\theta}_1) = 4\,Var(\hat{\theta}_2)$이라고 한다. 이제 $\hat{\theta}_1$과 $\hat{\theta}_2$의 선형결합꼴인 $\hat{\theta} = a_1\hat{\theta}_1 + a_2\hat{\theta}_2$를 θ의 추정량으로 택할 때, $E(\hat{\theta}) = \theta$를 만족시키는 비편향성의 조건하에서, 분산을 최소화하는 상수 a_1과 a_2를 구하라.

23 X_1, X_2, X_3이 $f_X(x;\theta)=(1/\theta)\exp(-x/\theta)$, $x>0$으로부터 얻은 랜덤표본이라고 하자. 모수 θ를 추정함에 있어 $(X_1+2X_2+X_3)/4$의 $\overline{X}_3$에 대한 효율을 구하라.

24 X_1, X_2, $\cdots$, X_n이 평균이 $k\theta$이고 분산이 $k\theta^2$인 감마분포로부터 추출된 크기 n인 랜덤표본이라고 하자.

(1) 적률추정법을 사용하여 k와 θ의 추정량을 구하라.

(2) k와 θ의 최대가능도 추정량을 찾아보고, 여기에서 파생하는 어려움에 대하여 논하라.

(3) k의 값이 알려져 있을 때 θ의 비편향추정량의 분산이 가질 수 있는 하한값을 결정하라.

25 X_1, X_2, $\cdots$, X_n이 베르누이(p)로부터 얻은 랜덤표본이라고 하자.

(1) 분산 $p(1-p)$에 대한 비편향추정량의 크래머-라오 하한값을 구하라.

(2) 분산 $p(1-p)$에 대한 최소분산 비편향추정량을 구하라.

(3) p^2에 대한 최소분산 비편향추정량을 구하라.

26 X_1, X_2, $\cdots$, X_n을 확률밀도함수 $U(0,\theta)$로부터 얻은 랜덤표본이라고 하자.

(1) 식 (4.7)의 피셔의 정보를 이용하여 $\dfrac{1}{nI(\theta)}$를 계산하라.

(2) θ에 대한 비편향추정량 $[(n+1)/n]X_{(n)}$의 분산이 (1)에서 계산한 하한값보다 작음을 보이고, 정리 4.3과 관련하여 이에 대한 적절한 설명을 하여라.

27 크기가 2인 랜덤표본 X_1, X_2가 확률밀도함수 $f_X(x;\theta)=(1/\theta)\exp(-x/\theta)$, $x>0$로부터 추출되었다고 하자.

(1) $Y_1=X_1+X_2$가 θ에 대한 충분통계량임을 보여라.

(2) $Y_1=X_1+X_2$와 $Y_2=X_2$의 결합 확률밀도함수를 구하라.

(3) Y_2는 θ의 비편향추정량이며 분산 θ^2을 가짐을 보여라.

(4) $Y_1=y_1$이 주어져 있을 때 Y_2의 조건부 확률밀도함수가 θ를 포함하지 않음을 보여라.

28 $X \sim \mathrm{POI}(\lambda)$일 때, $g(\lambda) = P(X=0) = \exp(-\lambda)$라고 하자.

(1) $\exp(-X)$는 $g(\lambda)$의 비편향추정량인가?

(2) 함수 u가 다음과 같이 정의될 때, $u(X)$는 $g(\lambda)$의 비편향추정량이 됨을 보여라.

$$u(x) = \begin{cases} 1, & x=0 \\ 0, & x=1,2,\cdots \end{cases}$$

(3) $g(\lambda)$의 두 추정량 $\exp(-X)$와 $u(X)$의 평균제곱오차를 비교하라.

29 모분포 $N(0, \sigma^2)$으로부터 1개의 관찰값 X를 얻었다고 하자.

(1) σ^2에 대한 충분통계량을 구하라.

(2) σ^2의 비편향추정량을 구하라.

(3) 모표준편차 σ의 최대가능도 추정량을 구하라.

30 $X_1, X_2, \cdots, X_n$이 $f_X(x\,;\theta) = \exp(-(x-\theta))$ $(\theta < x < \infty)$로부터의 랜덤표본이라고 할 때, 표본최솟값 $X_{(1)}$이 충분통계량임을 보여라.

31 $X_1, X_2, \cdots, X_n$이 $U(0,\theta)$, $\theta > 0$로부터 얻은 랜덤표본이라고 하자.

(1) $Y = X_{(n)}$이 θ에 대한 완비 충분통계량임을 보여라.

(2) $E(X_{(n)}) \neq \theta$임을 보여라.

(3) θ에 대한 최소분산 비편향추정량을 구하라.

32 $X_1, X_2, \cdots, X_n$이 $f(x) = 1/(\theta_2 - \theta_1)$, $\theta_1 < x < \theta_2$로부터 얻은 랜덤표본이라고 하자.

(1) $(X_{(1)}, X_{(n)})$이 (θ_1, θ_2)에 대한 완비 충분통계량임을 보여라.

(2) $(\theta_1 + \theta_2)/2$에 대한 최소분산 비편향추정량을 구하라.

33 $X_1, X_2, \cdots, X_n \sim N(\mu, \mu^2)$일 때 $(\overline{X}_n, S^2)$이 완비성이 없음을 보여라.

34 $X_1, X_2, \cdots, X_n$이 $f(x;\theta)=\theta x^{\theta-1}$, $(0<x<1,\ \theta>0)$로부터 얻은 랜덤표본이라고 하자.

(1) 모수의 값 $\theta=1/2$, $\theta=1$, $\theta=2$ 각각에 대하여 모확률밀도함수 $f(x;\theta)$를 그려 보라.

(2) θ의 적률추정량을 구하고 이 추정량이 θ에 대한 완비충분통계량의 함수가 아님을 보여라.

(3) θ의 최대가능도 추정량을 구하라.

(4) $1/\theta$의 최소분산 비편향추정량을 구하라(힌트: $E[-\log X]=1/\theta$).

(5) θ의 최소분산 비편향추정량을 구하라.

35 $X_1, X_2, \cdots, X_n$이 기하확률밀도함수 $f(x;p)=p(1-p)^{x-1}$, $(0<p<1,\ x=1,\ 2,\ 3, \cdots)$로부터 얻은 랜덤표본이라고 하자.

(1) 적률추정방법에 의하여 p를 추정하라.

(2) p의 최대가능도 추정량을 구하라.

(3) $E(X_1)$의 최대가능도 추정량을 구하라.

(4) p의 비편향추정량에 대한 크래머-라오 하한값을 구하라.

36 모분포 $N(\mu, \sigma^2)$으로부터 랜덤표본 $X_1, X_2, \cdots, X_n$을 얻었다고 할 때, $P(X>0)$의 최대가능도 추정량을 구하라.

37 모수벡터 $(\theta_1, \cdots, \theta_k)$에 대한 최대가능도 추정량 $(\hat{\theta}_1, \cdots, \hat{\theta}_k)$는 결합 충분통계량 $(S_1, \cdots, S_k)$의 함수임을 보여라.

38 $T_n(X)$가 모수 θ의 비편향추정량일 때, 모든 $\theta\in\Omega$에 대해 $\lim_{n\to\infty} Var(T_n(X))=0$이면 $T_n(X)$는 일치성을 가짐을 보여라(힌트: 체비세프 정리를 사용할 것).

39 $X_1, X_2, \cdots, X_n$이 $f(x;\theta)=e^{-(x-\theta)}$, $x>\theta$로부터 얻은 랜덤표본이라고 하자.

(1) θ의 최대가능도 추정량을 구하라.

(2) 95백분위수의 최대가능도 추정량을 구하라.

40 $X_1, X_2, \cdots, X_{16}$이 $N(\mu, \mu^2)$로부터 구한 랜덤표본이라고 하자. 적절한 추축변량을 구하고, 그에 근거하여 모수 μ에 대한 90% 신뢰구간을 구하라.

41 주사위에서 6이 나올 확률을 변경하기 위해 주사위를 조작하였다. 이 조작된 주사위에서 6이 나올 확률이 p라고 하자. 여기에서 99%의 신뢰도를 가지고 p의 추정량과 p 사이의 최대오차가 0.02가 되게 하려면 얼마나 많은 횟수의 주사위를 던져야 하겠는가?

42 어느 모집단에서 무작위추출한 $n = 500$명의 유권자 중에서 K씨를 지지하는 사람수는 154명이었다. K씨를 지지하는 유권자의 비율 p에 대한 95% 근사신뢰구간을 구하라.

43 $X_1, X_2, \cdots, X_{16}$이 $N(\mu, \sigma^2)$으로부터 구한 랜덤표본이라고 하자.

(1) 모분산 $\sigma^2 = 9$이며 표본평균이 $\overline{X}_{16} = 18.5$일 때, 모평균 μ에 대한 90% 신뢰구간을 구하라.

(2) 또한 (1)의 자료에 근거하여 모평균 μ에 대한 90% 단측신뢰상한을 구하라.

44 $X_1, X_2, \cdots, X_n$이 $f(x;\theta) = \theta\exp(-\theta x)$ $(\theta > 0,\ x > 0)$로부터 구한 랜덤표본이라고 하자.

(1) θ에 대한 90% 신뢰구간을 구하라.

(2) θ^2에 대한 90% 신뢰구간을 구하라.

(3) $\exp(-\theta) = P(X > 1)$에 대한 90% 신뢰구간을 구하라.

45 $X_1, X_2, \cdots, X_n$이 $U(\theta - 1/2,\ \theta + 1/2)$로부터 구한 랜덤표본이라고 하자. 이때

(1) 확률구간 $[X_{(1)}, X_{(n)}]$이 모수 θ를 포함할 확률을 구하라.

(2) 모수 θ에 대한 95% 근사신뢰구간을 구하라.

46 두 개의 관찰값 X_1과 X_2를 모분포 $N(\mu, 1)$로부터 얻을 때,

(1) $P(X_{(1)} < \mu < X_{(2)}) = 1 - \alpha$를 만족하는 α를 계산하라.

(2) $X_2 - \mu$가 추축변량인 점을 이용하여 신뢰도가 (1)에서 구한 $1 - \alpha$와 같은 신뢰구간을 구하고, 그 길이를 $[X_{(1)}, X_{(2)}]$와 비교하라.

47 $X_1, X_2, \cdots, X_n$과 $Y_1, Y_2, \cdots, Y_m$이 각각 $\mathrm{EXP}(\theta_1)$과 $\mathrm{EXP}(\theta_2)$로부터 구한 서로 독립인 랜덤표본이라고 하자.

(1) $(\theta_2/\theta_1)(\overline{X}_n/\overline{Y}_m) \sim F(2n, 2m)$임을 보여라.

(2) θ_2/θ_1에 대한 90% 신뢰구간을 구하라.

48 두 개의 독립인 랜덤표본 $X_1, X_2, \cdots, X_n$과 $Y_1, Y_2, \cdots, Y_m$의 모분포가 각각 $N(\mu_X, \sigma^2)$과 $N(\mu_Y, \sigma^2)$이라고 할 때, 두 모평균의 차이에 대한 $100(1-\alpha)\%$ 신뢰구간을 유도하라(단, 공통분산 σ^2은 알려지지 않았음).

49 $X_1, X_2, \cdots, X_n$이 $U(0, \theta)$로부터 구한 랜덤표본이라고 하자. 이때 충분통계량 $X_{(n)}$에 근거하여 모수 θ에 대한 $100(1-\alpha)\%$ 신뢰구간을 유도하라.

50 모분포 $N(\mu, \sigma^2)$으로부터 랜덤표본 $X_1, X_2, \cdots, X_n$을 얻었다고 할 때, 모수벡터 (μ, σ^2)의 $100(1-\alpha)\%$ '동시' 신뢰영역을 구하라.

51 $X_1, X_2, \cdots, X_n$이 확률밀도함수 $f(x;\theta)$를 갖는 확률분포로부터의 랜덤표본이라고 하자. 식 (4.9)에서와 같이, 모수의 참값인 $\theta=\theta_0$에서 $E\left(\frac{d}{d\theta}\log f(X;\theta)\right)=0$이 성립하는 것을 보여라.

52 $X_1, X_2, \cdots, X_n$이 확률밀도함수 $f(x;\theta)$를 갖는 확률분포로부터의 랜덤표본일 때, 로그가능도함수를 $l(\theta)$로 표시하자. 모수의 참값이 θ_0일 때 $-\frac{1}{n}l''(\theta_0)$은 피셔의 정보, $I(\theta_0)$로 확률수렴함을 확인하기 위해, 적절한 조건하에서 다음을 보여라.

$$E\left(\frac{d}{d\theta}\log f(X;\theta)\Big|_{\theta=\theta_0}\right)^2 = -E\left(\frac{d^2}{d\theta^2}\log f(X;\theta)\Big|_{\theta=\theta_0}\right)$$

53 $X_1,\ X_2,\ \cdots,\ X_n$이 확률밀도함수 $f(x;\theta)$를 갖는 확률분포로부터의 랜덤표본일 때, 로그가능도함수를 $l(\theta)$로 표시하자. 모수의 참값이 θ_0일 때 적절한 조건하에서 $\frac{1}{\sqrt{n}} l'(\theta_0) \xrightarrow{d} N(0, I(\theta_0))$이 성립함을 보여라.

54 베이즈 추정량이 충분통계량의 함수임을 보여라(힌트: 인수분해 정리를 사용할 것).

55 $X_1, \cdots, X_n$이 베르누이(θ)에서 나온 랜덤표본이고 Θ는 다음 표와 같은 사전분포를 따른다고 하자. θ의 사후 확률분포를 구하라.

θ	0.25	0.5	0.75
$\pi(\theta)$	0.25	0.5	0.25

56 $X_1, \cdots, X_n$이 $N(\mu, \frac{1}{\theta})$(μ는 알려진 상수)에서 나온 랜덤표본이고 $\Theta \sim \mathrm{GAM}(\alpha, \beta)$ (α, β는 알려진 상수)일 때, θ의 사후 확률분포를 구하라.

57 $X_1, \cdots, X_n$이 $\mathrm{EXP}(\frac{1}{\theta})$에서 나온 랜덤표본이고 $\Theta \sim \mathrm{EXP}(\frac{1}{\beta})$ (β는 알려진 상수)일 때, 제곱오차를 사용한 θ의 베이즈 추정량을 구하라.

58 $X_1, \cdots, X_n$이 베르누이(θ)에서 나온 랜덤표본이고 Θ의 사전분포가 $\mathrm{BETA}(\alpha, \beta)$라고 하자. $n = 40$, $\sum_{i=1}^{n} x_i = 15$, $\alpha = \beta = 2$일 때, θ에 대한 94.3% 베이즈 신뢰구간(HPD)을 구하라.

5장 가설검정

통계적 추론은 앞 장에서 다루었던 추정문제와 이 장에서 다룰 가설검정(hypothesis testing)의 문제로 나누어진다. 추정이론에서는 가능한 모수의 값(또는 값들)을 제공하는 데에 목적이 있었지만 검정이론에서는 모집단의 성질에 대한 어떤 가설을 받아들일 것인지 아니면 기각할 것인지를 결정하는 데에 목적이 있다.

과학적 실험이나 연구관찰 등을 통해 얻어진 자료에 근거하여 통계적 추론을 함에 있어서 가능한 모수의 값의 범위를 알아내기 원하기보다 몇 개의 가능한 가설에 대한 검정을 하고자 하는 경우가 있다. 예를 들면 어떤 병을 치료하는 데 있어서 기존방법과 새로운 방법 사이 효과의 차이 여부라든가, 어떤 기계 부품의 평균수명이 얼마 이상이라든가 등의 가설에 대해, 이를 받아들일 것인지 기각할 것인지의 결정을 표본자료에 근거하여 내리려는 것이다.

이 장에서는 연구대상이 되는 현상에 대한 가설이나 이론 등에 대한 타당성을 다루는 통계적 가설검정의 일반적인 방법들을 다루어 보겠다. 나아가, 이들을 흔히 접하게 되는 검정문제에 응용하여 보기로 한다. 점추정에서와 마찬가지로 확률밀도함수 $f(x;\theta)$로부터 랜덤표본 $X_1, X_2, \cdots, X_n$을 얻는 경우를 주로 고려하겠으며, 검정의 대상이 되는 통계적 가설은 표본이 추출된 모집단의 분포에 관한 것이 될 것이다.

5.1 검정의 기본 요소

이 절에서는 통계적 가설검정에서 사용되는 몇 가지 중요한 개념들을 소개한다. 이들은 후에 분산분석이나 회귀분석 등에서도 활용된다. 우선 통계적 가설에 대한 정의는 다음과 같다.

정의 5.1

관심 있는 모집단의 성질에 대한 단정이나 추측 등의 표현(statement)을 **통계적 가설**(statistical hypothesis)이라고 한다. 흔히 이러한 가설은 모집단의 성질을 나타내는 확률변수의 분포에 대한 표현으로 나타난다. 어떤 가설이 확률분포를 완전히 결정하면 이를 **단순가설**(simple hypothesis)이라고 하고, 그렇지 않은 경우를 **복합가설**(composite hypothesis)이라고 한다.

예 5.1

$X_1, X_2, \cdots, X_n$이 정규분포 $N(\mu, \sigma^2)$으로부터 구한 랜덤표본이라고 하고, 모분포의 성격을 표시하는 모수벡터 (μ, σ^2)에 대한 가설을 고려해 보자. 예를 들어, $(\mu, \sigma^2) = (0,1)$이라는 가설을 생각한다면, 이 가설이 참이라고 가정했을 때 랜덤표본이 뽑힌 모집단의 분포는 $N(0,1)$이 된다. 이 가설은 모집단의 분포를 완전하게 결정짓게 되므로 단순가설이다. 반면, $\mu > \mu_0$와 같은 형태의 가설은 복합가설이 되는데, 이는 이 가설이 참이라고 가정하더라도 모수가 여전히 여러 가지 다른 값을 가질 수 있어서 모집단의 분포가 하나로 결정되지 않기 때문이다.

통계적 가설검정에는 언제나 두 개의 상반되는 가설이 등장한다. 하나는 **귀무가설**(null hypothesis)이라고 하고 다른 하나는 **대립가설**(alternative hypothesis)이라고 한다. 귀무가설은 흔히 지금까지 알려져 있는 사실 또는 주장으로서 특별한 사유가 없다면 일반적으로 받아들이게 되는 가설이고, 대립가설은 지금까지 알려져 있는 것과 다른 주장으로서 이를 뒷받침할 증거가 있어야만 받아들이게 되는 가설이다. 그런데 통계실험이나 관찰 등을 하는 대부분의 경우에 새로운 사실이나 결과 등을 입증할 통계적 증거를 찾는 것이 그 목적이므로, 실험자 또는 연구자가 보이고자 하는 바는 대립가설이 된다. 즉, 통계적 가설검정에서는 기존의 사실을 **귀무가설**(null hypothesis)로 하고 연구자가 보이고자 하는 연구가설을 **대립가설**(alternative hypothesis)로 택하여 귀무가설을 기각할만한 증거가 있는지를 실험 또는 관찰 등을 통해 얻은 통계자료에 근거하여 찾아보는 것이 일반적인 방법이다. 이 책에서는 귀무가설을 H_0 그리고 대립가설을 H_1으로 표기하기로 한다.

이 장에서 하고자 하는 바는 주어진 자료가 귀무가설에 대한 반증이 되는지 아닌지를 구별하여 귀무가설을 기각하거나 기각하지 않는 결정을 내리는 데에 사용할 수 있는 좋은 검정법을 찾는 것이다. 물론 표본에 근거하여 귀무가설과 대립가설 중에 하나를 택하는 어떤 방법도 언제나 옳은 결론에 이르기를 기대하지는 않으나, 우리가 여기에서 원하는 바는 옳은 결론을 내리는 빈도가 높은, 즉 잘못된 결정을 내릴 확률이 작은 검정법을 추구하고자 함이다. 잘못된 결정을 내릴 확률이 작은 검정법을 찾기 위해서, 다음과 같이 기각영역을 설정하여 오류의 확률을 계산하게 된다.

주어진 랜덤표본 $X_1, X_2, \cdots, X_n$에 근거하여 통계적 가설에 대한 증거를 살펴볼 때 사용되는 통계량을 **검정통계량**(test statistic)이라고 하며, 귀무가설을 기각하게 되는 검정통계량의 값을 가지는 표본공간의 부분집합을 **기각영역**(rejection region 또는 critical region)이라고 한다.

예 5.2

$X_1,\ X_2,\ \cdots,\ X_{25}$가 정규분포 $N(\mu,\ 10^2)$으로부터 구한 랜덤표본이라 하고, 귀무가설 $H_0 : \mu = 100$과 대립가설 $H_1 : \mu = 105$를 고려해 보자. 이 두 가설은 모두 단순가설이다. 이때 검정통계량으로는 모평균 μ에 대한 완비 충분통계량이며 최대가능도 추정량, 적률추정량, 최소분산 비편향추정량인 $\overline{X}_{25}$를, 기각영역으로는 표본공간의 부분집합인 $\{(x_1,\ x_2,\ \cdots,\ x_{25}) : \overline{x}_{25} \geq c\}$를(단, c는 상수) 생각할 수 있다. 대립가설에 주어진 모평균 값이 귀무가설에 주어진 모평균의 값보다 크므로 표본평균이 클 때 귀무가설을 기각하는 것이 합리적이다. 기각영역은 $\{\overline{x}_{25} \geq c\}$로 줄여서 표현하기도 한다. 다른 문제에서도 마찬가지이다.

통계적 가설검정에서는 모집단의 실제 상태를 모르면서 표본에서 주어지는 정보에 근거해 귀무가설을 기각하거나 기각하지 않는 결정을 하게 되므로, 두 가지 종류의 오류가 발생할 수 있다. 실제로는 귀무가설이 참인데 기각하게 되는 **제1종 오류**(type 1 error)와 귀무가설이 참이 아닌데 기각하지 않게 되는 **제2종 오류**(type 2 error)가 그것이다. 이를 표로 나타내면 〈표 5.1〉과 같다.

표 5.1 가설검정에 수반되는 두 가지 오류

	H_0가 참(true)	H_1이 참(true)
H_0를 기각하지 않음	올바른 결정	제2종 오류
H_0를 기각함	제1종 오류	올바른 결정

우리가 추구하는 검정방법은 랜덤표본에 의존하므로 같은 모집단에 동일한 검정방법을 사용한다고 하더라도 언제나 같은 결론에 이르지는 않는다. 그렇기에 언제나 올바른 결정을 내린다는 것은 불가능하므로, 오류를 범할 확률을 최소화하는 검정방법을 모색하고자 한다. 오류에는 두 가지 종류가 있으므로 두 종류의 오류를 범할 확률을 모두 고려해야 한다. 귀무가설 H_0가 참인데 귀무가설을 기각하는, 제1종 오류를 범할 확률

$$P(\text{제1종 오류}) = P(H_0\text{를 기각함} \mid H_0) \tag{5.1}$$

을 **유의수준**(significance level)이라고 하며 α로 표기한다. 기각영역을 C로, 귀무가설하에서 $X_1, X_2, \cdots, X_n$의 결합 확률밀도함수를 $f(x_1, x_2, \cdots, x_n \mid H_0)$로 표기하면, 이 검정의 유의수준은

$$P[(X_1, X_2, \cdots, X_n) \in C \mid H_0] = \begin{cases} \int \cdots \int_C f(x_1, x_2, \cdots, x_n \mid H_0)\, dx_1\, dx_2 \cdots dx_n, & \text{연속형} \\ \sum \cdots \sum_{(x_1, x_2 \cdots, x_n) \in C} f(x_1, x_2, \cdots, x_n \mid H_0), & \text{이산형} \end{cases}$$

으로 계산된다. 또한 귀무가설 H_0이 참이 아닌데 귀무가설을 기각하지 않는, 제2종 오류를 범할 확률

$$P(\text{제2종 오류}) = P(H_0\text{를 기각하지 않음} \mid H_1) \tag{5.2}$$

을 β로 표기한다. 여기에서 두 가지 종류의 오류를 '제1종'과 '제2종'으로 나누는 것은 일반적인 방법이며, α와 β도 오류를 범할 확률을 표시하기 위해 일반적으로 사용되는 문자들이다.

예 5.3

우리나라를 비롯한 많은 나라들에서 무죄추정의 원칙이 법정 피고인에게 적용된다. 피의자가 범죄를 저질렀다는 증거가 밝혀질 때까지는 무죄임을 가정하는 것이다. 피고인이 법정에 서게 되면 검찰 측에서는 이 사람이 죄가 있음을 밝히기 위해 증거를 모아 제시하게 되고, 이 증거들이 피고인이 범죄를 저질렀다는 충분한 증거가 된다고 인정되면 유죄가 선고된다. 만약, 이 증거들이 범죄의 충분한 증거가 되지 못한다면 무죄가 선고될 것이다. 피의자에게 무죄가 선고된다는 것은 일반적으로, 법정이 범죄에 대한 충분한 증거를 발견하지 못했다는 뜻이지 피의자가 무죄라는 것에 대한 증거가 있다는 뜻은 아니다. 이 예제에서 제1종 오류는 피의자가 실제로 무죄인데 유죄를 선고하여 복역하게 하는 것이고, 제2종 오류는 피의자가 실제로 유죄인데 무죄를 선고하여 풀어주는 것이다.

예 5.3과 비슷한 상황이 통계적 가설검정에도 적용된다. 귀무가설과 대립가설을 설

정한 다음, 표본을 통해 귀무가설에 대한 충분한 반증을 찾기 전까지는 귀무가설이 참이라고 가정한다. 왜냐하면 귀무가설과 대립가설은 처음 설정에서부터 비대칭적 관계이며, 충분한 증거가 발견되기 전까지는 대립가설이 옳다고 여기지 않을 것이기 때문이다. 또, 귀무가설에 대한 충분한 반증을 찾지 못해 기각하지 못하게 된 경우, 이것은 표본으로부터 귀무가설이 맞다는 증거를 찾았다는 뜻이 아니라 귀무가설이 틀렸다는 충분한 증거를 찾지 못했다는 뜻이 된다. 이러한 맥락에서 '귀무'가설이라는 용어를 사용하는데, 귀무가설을 기각하지 못하게 되면 기존의 상태로 돌아간다는 의미이다.

귀무가설과 대립가설의 비대칭성에 따라 제1종 오류와 제2종 오류도 다르게 취급된다. 위의 법정 예제에서 제1종 오류를 범하면, 특히 무기징역이나 사형과 같이 극단적인 선고가 나오는 경우 매우 심각하고 비극적인 결과를 가져오게 된다. 물론 제2종 오류도 위험하지만 제1종 오류는 매우 작은 확률을 갖도록 통제되어야 할 것이다. 이것은 조금 극단적인 예이지만, 통계적 가설검정에서 제1종 오류를 일반적으로 더 '중요시'하는 것이 사실이다. 제1종 오류를 범하게 되면 지금까지 믿어온 일반적 믿음(귀무가설)이 참임에도 불구하고 새로운 변화(대립가설)를 인정하게 되므로 불필요한 대처를 하게 된다. 또, 연구자가 증명하고자 하는 주장이 대립가설이기 때문에 제1종 오류를 범할 확률이 크면 연구의 결과가 다른 사람들로부터 신뢰를 받기 어렵다. 그래서 제1종 오류를 범할 확률, 즉 유의수준이 항상 작은 값이 되도록 관리한다.

가설검정에서도 추정이론에서 고려했던 바와 같은 맥락에서 다음과 같이 손실함수를 고려할 수 있다. $L(H_i\,;H_j)$를 가설 H_j가 실제로 참인데 H_i를 받아들였을 때의 손실이라고 하고 다음과 같이 정의하자.

$$
\begin{aligned}
L(H_i\,;H_j) &= 0,\ \ i=j\text{인 경우} \\
&= 1,\ \ i\neq j\text{인 경우}\ \ (i,\ j=0,\ 1)
\end{aligned}
$$

즉, 옳은 결정을 내렸을 때는 손실이 0이고 틀린 결정을 내렸을 때는 손실이 1이라는 것이다. 이러한 손실함수에 기댓값을 취하면,

$$
\begin{aligned}
E[L(H_1\,;H_0)] &= P[\text{제1종 오류}] \\
E[L(H_0\,;H_1)] &= P[\text{제2종 오류}]
\end{aligned}
$$

가 됨을 알 수 있다.

예 5.4

(예 5.2의 계속) 앞의 예 5.2에서 기각영역을 $\{(x_1, x_2, \cdots, x_{25}) : \overline{x}_{25} \ge 104\}$라고 가정하자. 이때 제1종 오류를 범할 확률 α와 제2종 오류를 범할 확률 β는 각각 다음과 같이 계산된다.

$$\begin{aligned}\alpha &= P(\text{제1종 오류}) \\ &= P(H_0\text{를 기각} \mid H_0) \\ &= P(\overline{X}_{25} \ge 104 \mid \mu = 100) \\ &= P\left[\frac{\sqrt{25}(\overline{X}_{25} - 100)}{10} \ge \frac{\sqrt{25}(104-100)}{10} \,\middle|\, \mu = 100\right] \\ &= 1 - \Phi(2) \\ &= 0.0228\end{aligned}$$

$$\begin{aligned}\beta &= P(\text{제2종 오류}) \\ &= P(H_0\text{를 기각하지 않음} \mid H_1) \\ &= P(\overline{X}_{25} < 104 \mid \mu = 105) \\ &= P\left[\frac{\sqrt{25}(\overline{X}_{25} - 105)}{10} < \frac{\sqrt{25}(104-105)}{10} \,\middle|\, \mu = 105\right] \\ &= \Phi(-0.5) \\ &= 0.3085\end{aligned}$$

단, Φ는 표준정규분포의 누적확률분포함수이다. 이와 같은 계산은 통계량 $\overline{X}_{25}$의 확률밀도함수를 통해 다음 그림 5.1과 같이 표현된다.

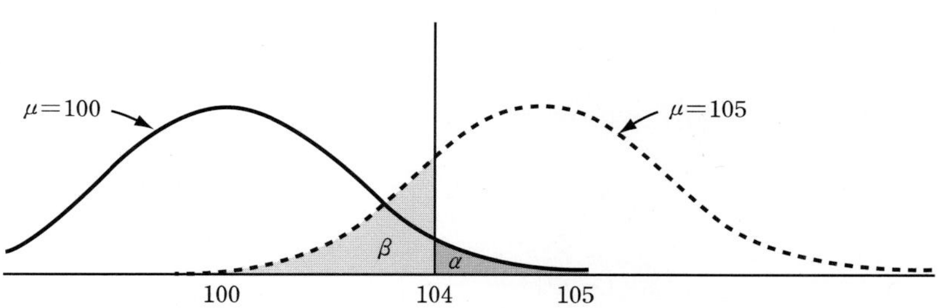

▸ 그림 5.1 ◂ $\overline{X}_{25}$의 확률밀도함수

이제 랜덤표본 $X_1, X_2, \cdots, X_n$을 얻은 모집단의 분포가 모수 θ에 의해 특징지어질 때, 검정력함수를 아래와 같이 정의한다.

정의 5.2

귀무가설 H_0에 대한 기각영역이 C인 검정의 **검정력함수**(power function)는

$$\pi(\theta) = P[(X_1, X_2, \cdots, X_n) \in C \mid \theta]$$

즉, 귀무가설을 기각하는 확률로 정의된다.

검정력함수는 모수 θ의 참값이 무엇이냐에 따라 다른 값을 가지게 되므로 θ의 함수이고, 주어진 θ에서의 검정력함수의 값 $\pi(\theta)$를 이 θ에서의 검정력(power)이라고 한다. 검정력은 귀무가설을 기각할 확률이므로 θ가 대립가설에 속하는 값이면 검정력이 큰 것이 좋고 θ가 귀무가설에 속하는 값이면 검정력이 작은 것이 좋다. 주어진 θ가 대립가설에 속하고 이 대립가설이 단순가설인 경우, 검정력은 제2종 오류를 범할 확률 β를 1에서 뺀 $1-\beta$와 동일하다. 또한, 모수 θ가 단순귀무가설 H_0에서의 값 θ_0을 가질 때 검정력은 유의수준 α와 같다. 즉, $\pi(\theta_0) = \alpha$이다. 이와 같은 검정력함수는 마치 평균제곱오차가 점추정의 기준이 되었던 것처럼, 유의수준이 고정되었을 때 검정방법의 성능을 결정하는 기준이 된다.

예 5.5

(예 5.4의 계속) 앞의 예 5.4에서 기각영역을 $\{(x_1, x_2, \cdots, x_{25}) : \overline{x}_{25} \geq 104\}$라고 했을 때 검정력을 $\mu = 105$인 점에서 구해 보았다. 이제 $\mu > 100$인 모든 점에 대해서 검정력을 구해 보자. 이는 μ에 대한 함수로서 다음과 같이 구해진다.

$$\begin{aligned}\pi(\mu) &= P(\overline{X}_{25} \geq 104 \mid \mu) \\ &= P\left[\frac{\sqrt{25}\,(\overline{X}_{25} - \mu)}{10} \geq \frac{\sqrt{25}\,(104 - \mu)}{10} \,\middle|\, \mu\right] \\ &= 1 - \Phi\left(\frac{104 - \mu}{2}\right).\end{aligned}$$

이를 그림으로 표현하면 다음의 그림 5.2와 같다.

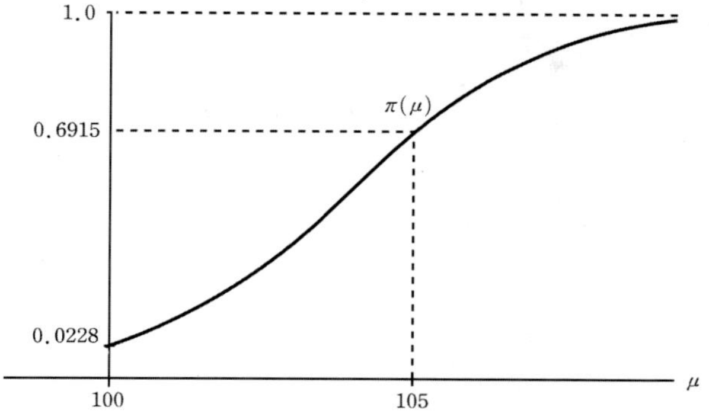

▸ **그림 5.2** ◂ 검정력함수 $\pi(\mu) = P(\overline{X}_{25} \geq 104 \mid \mu)$

유의확률(p-value)

앞에서 언급했던 것과 같이, 좋은 검정법을 찾기 위해 표본공간을 기각영역과 기각영역의 여집합인 채택영역으로 나누고 제1종 오류와 제2종 오류를 범할 확률을 계산하여 오류의 확률을 작게 만드는 검정법을 고르게 되는데, 이러한 내용은 5.2절 이하에서 자세하게 다루어질 것이다. 사용할 검정법을 결정하고 나면, 자료에서 관측된 값이 기각영역에 속할 경우 귀무가설을 기각하고 그렇지 않은 경우 귀무가설을 기각하지 않는다고 결론을 내리게 된다. 그런데 관찰된 검정통계량의 값이 기각영역에 속한다고 하더라도 값의 크기 등에 따라 통계적 유의성에 대한 의미가 다를 수 있다. 따라서 기각할 것인지 하지 않을 것인지의 이분법적인 결론만을 제시하기보다, 관측한 자료가 귀무가설에 대한 어느 정도의 반증이 되는지를 수치적으로 나타낼 수 있는 유의확률을 이용하여 검정의 결론에 이르는 경우가 많이 있다.

관측된 유의수준(observed significance level) 또는 유의확률이라고 하는 이것은 간단히 $p-$값($p-$value)이라고도 하는데, 귀무가설이 참이라는 가정하에서 우리가 관측한 값과 같거나 더 극단적인 값을 얻을 확률로 정의된다. 여기에서, 더 극단적이라는 것은 관측한 값보다 대립가설에 더 가까운 것을 의미한다. 만약 어떤 관측값에 대하여 유의확률을 계산하였더니 아주 작은 값(예를 들어 0.01, 0.001 등)이 나왔다면, 우리가 관측한 값 자체가 이미 매우 극단적이라서 이보다 더 강한 대립가설에 대한 증거를 관측할 확률이 작다는 것이다. 즉, 관측값이 귀무가설하에서 나오기 어려운 값이라는 것이므로 귀무가설을 기각할 근거가 된다고 할 수 있다. 만약 어떤 관측값에 대하여 유의확률을 계산하였더니 작지 않은 값(예를 들어 0.3, 0.4 등)이 나왔다면,

우리가 관측한 값이 귀무가설하에서 흔히 나올 수 있는 값이라는 것이고, 즉 귀무가설을 기각할 근거가 되지 않는다.

가령, X_1, X_2, X_3이 $N(\mu,5)$에서 나온 랜덤표본이라고 하고, 이에 근거하여 모평균에 대한 가설

$$H_0: \mu = 10 \quad \text{대} \quad H_1: \mu > 10$$

을 검정한다고 해보자. 기각영역을 $\{(x_1, x_2, x_3): \overline{x}_3 \geq 12\}$이라고 하면, $P(\overline{X_3} \geq 12 \mid \mu = 10)$의 계산을 통해 유의수준이 $\alpha = 0.0606$이 됨을 쉽게 알 수 있다. 이때 표본평균의 값이 큰 경우가 귀무가설에 대한 반증이 되면서 대립가설을 지지하는 자료가 된다. 만약 자료로부터 관측한 값이 $\overline{X}_3 = 13$이었다고 하자. 귀무가설하에서 관측값과 같거나 더 극단적인 값을 얻을 확률은

$$p-\text{값} = P(\overline{X}_3 \geq 13 \mid \mu = 10) = P(N(0,1) \geq 2.3238) \approx 0.0102$$

가 된다. 이는 현재의 실험결과를 가지고 귀무가설을 기각할 수 있는 최소의 유의수준이다. 이 값이 귀무가설을 기각할 만큼 작은지를 결정하는 것은 보통 결과를 해석하는 사람에게 달려 있다. 그러나 가설검정을 할 때는 흔히 적당한 유의수준 α의 값을 생각하고 있기 마련이므로, 유의확률이 α보다 작으면 관측된 자료가 대립가설에 대한 충분한 증거가 된다고 판단하여 귀무가설을 기각하게 된다. 주어진 유의수준보다 유의확률이 작으면 귀무가설을 기각하며, 그렇지 않은 경우에는 귀무가설을 받아들이게 된다.

5.2 최강력 검정법

항상 옳은 결과를 가져다주는 검정법을 사용할 수 있다면 가장 좋겠지만, 표본에서 주어지는 정보만을 가지고 모집단의 특성에 대한 결론을 내려야 하는 상황에서 언제나 옳은 결과를 가져다주는 검정법을 찾을 수는 없다. 그렇기에, 이 장의 목표는 옳은 결과를 가져다주는 빈도가 높은 검정법을 찾는 것이라고 할 수 있다. 잘못된 결론을 내릴 확률은 두 가지 오류로 표현되므로, 제1종 오류와 제2종 오류를 범할 확률을 작게 만드는 검정법을 찾아야 한다. 불행히도, 표본의 크기가 정해져 있는 경우 제1종 오류와 제2종 오류를 둘 다 최소로 만드는 검정법을 찾는 것은 불가능하다. 예를 들면, α를 최소화하는 가장 간단한 방법은 언제나 귀무가설을 받아들이는 것이지만($\alpha = 0$),

이는 대립가설에서의 검정력을 0으로 최소화, 즉 제2종 오류 β를 최대화시킨다.

예 5.6

$X_1, X_2, \cdots, X_{25}$가 정규분포 $N(\mu, 10^2)$으로부터 구한 랜덤표본이라고 할 때, 예 5.5에서처럼

$$H_0 : \mu = 100 \quad \text{대} \quad H_1 : \mu > 100$$

인 가설을 생각해 보자. 예 5.5에서 $\mu = 100$에서뿐만 아니라 $\mu > 100$인 모든 점에서 검정력함수를 구하여 그림 5.2와 같이 표현하였다. $\mu = 100$에서의 검정력은 유의수준 α와 같고, $\mu > 100$인 μ값에서의 검정력 $\pi(\mu)$는 제2종 오류의 확률 β를 이용해 $1-\beta(\mu)$와 같이 표현될 수 있다. 따라서 $\lim_{\mu \downarrow 100} \beta(\mu) = 1 - \pi(100) = 1 - \alpha$이므로, 귀무가설과 대립가설의 경계점에서 $\alpha + \beta = 1$이 된다. 즉, 표본의 크기가 일정할 때 α를 줄이고자 하면 경계점에서 β의 값이 커지고 β의 값을 줄이려고 하면 α의 값이 커지게 된다. 이를 검정력으로 표현하면, 대립가설하에서 검정력은 큰 것이 바람직하나 검정력 $\pi(\mu)$를 늘이고자 하면 α의 값이 같이 커지게 되므로 제1종 오류의 확률을 최소화하면서 검정력을 최대화하는 일은 표본의 크기가 정해져 있는 경우 불가능하다. 만약 표본의 크기를 늘일 수 있다면, α의 값을 고정시킨 상태에서 주어진 대립가설하의 μ값에서 검정력을 크게 할 수 있다.

이 절에서는 검정력함수 $\pi(\cdot)$을 기준으로 하는 최강력 검정(most powerful test)에 대해 살펴볼 것이다. 우선, 귀무가설과 대립가설이 모두 단순인 경우를 다루어 보자. 위에서 설명했듯이 α를 최소화하면서 대립가설하에서의 검정력을 최대화하는 것은 불가능하므로, 이에 대한 합리적 대안으로 제1종 오류를 범할 확률을 미리 주어진 작은 값으로 제한하고 검정력을 최대화하는 의미에서의 최강력 검정법을 다음과 같이 정의한다.

정의 5.3

귀무가설 $H_0 : \theta = \theta_0$ 대 대립가설 $H_1 : \theta = \theta_1$에 대한 기각영역 C^*가 다음 (1), (2)의 조건을 만족할 때 이를 유의수준(significance level)이 α인 **최강력 검정법**의 기각영역(rejection region) 또는 **최강력 기각영역**(most powerful rejection region)이라고 한다. π^*를 기각영역 C^*에 해당하는 검정력함수라고 하면,

(1) $\pi^*(\theta_0) = \alpha$,

(2) 유의수준이 α인 임의의 기각영역 C에 대한 검정력함수가 π일 때, $\pi^*(\theta_1) \geq \pi(\theta_1)$이 성립한다.

예 5.7

모집단에서 하나의 관측값만을 뽑아서 $H_0: \theta = \theta_0$ 대 $H_1: \theta = \theta_1$의 가설검정을 한다고 가정하자. 아래 표에서 $f(x \mid \theta_0)$와 $f(x \mid \theta_1)$은 각각 귀무가설과 대립가설하에서의 확률밀도함수이다.

x	1	2	3	4	5	6
$f(x \mid \theta_0)$	0.01	0.02	0.02	0.05	0.10	0.80
$f(x \mid \theta_1)$	0.03	0.05	0.15	0.10	0	0.67

여기에서, 유의수준 α가 0.05인 기각영역은 $C_1 = \{x : x = 1, 2, 3\}$과 $C_2 = \{x : x = 4\}$가 존재한다. 이들의 검정력을 비교하면, C_1의 검정력은

$$\pi_1(\theta_1) = P(X = 1, 2, 3 \mid \theta_1) = f(1 \mid \theta_1) + f(2 \mid \theta_1) + f(3 \mid \theta_1) = 0.23$$

이고 C_2의 검정력은

$$\pi_2(\theta_1) = P(X = 4 \mid \theta_1) = f(4 \mid \theta_1) = 0.10$$

이다. $\pi_1(\theta_1) > \pi_2(\theta_1)$이 성립하므로, C_1은 이 가설검정에서 유의수준 0.05인 최강력 검정법의 기각영역이 된다.

위의 예에서 만약 관측값이 $X = 5$이라면 귀무가설을 기각할 이유가 없다. 왜냐하면 대립가설하에서 이 관측값이 나올 확률이 0이기 때문이다. 반면 $X = 3$이라면 귀무가설을 기각하는 것을 고려해야 할 것이다. 왜냐하면, 대립가설에서 이 관측값이 나올 확률이 귀무가설에서의 확률의 7.5배에 달하기 때문이다. $f(x|\theta_0)/f(x|\theta_1)$의 비를 생각해보면 다음의 표와 같다.

x	1	2	3	4	5	6
$f(x \mid \theta_0)$	0.01	0.02	0.02	0.05	0.10	0.80
$f(x \mid \theta_1)$	0.03	0.05	0.15	0.10	0	0.67
$f(x \mid \theta_0)/f(x \mid \theta_1)$	0.333	0.4	0.133	0.5	∞	1.194

즉, 표본을 통한 $f(x|\theta_0)/f(x|\theta_1)$의 값이 크면 귀무가설을 기각할 이유가 없고, 작으면 귀무가설을 기각할 근거를 갖는다. 이 값이 얼마나 작아야 귀무가설을 기각할 수 있는가에 대한 문제는 유의수준에 의해 결정된다. 이와 같이 랜덤표본의 가능도함수의 비를 이용하여 최강력 검정법의 기각영역을 찾을 수 있다. 그런데 기각영역과 검정법은 실제로 동일한 것이므로 혼돈이 없다는 전제로 검정법을 주로 사용하기로 한다. 예를 들면, '최강력 검정법의 기각영역' 대신에 '최강력 검정법'이란 용어를 활용하기로 한다.

5.2.1 네이만–피어슨 정리

이제, 랜덤표본 $X_1, X_2, \cdots, X_n$이 주어졌다고 생각해 보자. 이 표본의 가능도함수는 $L(\theta\,; x_1, x_2, \cdots, x_n) = f(x_1, x_2, \cdots, x_n\,; \theta)$로 표현되는데 가능도비(likelihood ratio) $LR(\theta, \theta'; x_1, x_2, \cdots, x_n) = L(\theta\,; x_1, x_2, \cdots, x_n)/L(\theta'; x_1, x_2, \cdots, x_n)$은 표본의 θ에 대한 지지(그리고 θ'에 대한 반증)의 정도를 표현한다고 볼 수 있다. 일반적으로, 단순가설 대 단순가설에 대한 최강력 검정법은 가능도비를 활용한 다음의 네이만 – 피어슨(Neyman–Pearson) 정리를 이용해 구할 수 있다.

정리 5.1

(네이만–피어슨) 랜덤표본 $X_1, X_2, \cdots, X_n$의 결합 확률밀도함수가 $f(x_1, x_2, \cdots, x_n; \theta)$로 주어지고, 다음의 가설을 검정하고자 한다.

$$H_0: \theta = \theta_0 \quad \text{대} \quad H_1: \theta = \theta_1$$

표본공간의 어떤 부분집합 C^*가 어떤 상수 $k > 0$에 대하여 다음을 만족한다면,

(i) $(x_1, \cdots, x_n) \in C^*$인 $(x_1, \cdots, x_n)$에 대하여

$$LR(\theta_0, \theta_1) = L(\theta_0; x_1, \cdots, x_n)/L(\theta_1; x_1, \cdots, x_n) \le k,$$

(ii) $(x_1, \cdots, x_n) \not\in C^*$인 $(x_1, \cdots, x_n)$에 대하여

$$LR(\theta_0, \theta_1) = L(\theta_0; x_1, \cdots, x_n)/L(\theta_1; x_1, \cdots, x_n) \geq k,$$

(iii) $P[(X_1, X_2, \cdots, X_n) \in C^* | \theta_0] = \alpha,$

C^*는 이 가설검정의 유의수준 α인 최강력 검정법의 기각영역이 된다.

증명 편의상 $X = (X_1, X_2, \cdots, X_n)$으로 표기하고 확률변수들이 연속인 경우만 다루기로 한다(이산형인 경우에도 마찬가지 논리가 성립한다). 먼저,

$$\begin{aligned} P[X \in A | \theta] &= \int \cdots \int_A f(x_1, x_2, \cdots, x_n; \theta) dx_1 \cdots dx_n \\ &= \int \cdots \int_A L(\theta; x_1, x_2, \cdots, x_n) dx_1 \cdots dx_n \end{aligned}$$

이다. 따라서 $A \subset C^*$이면

$$\begin{aligned} &\int \cdots \int_A f(x_1, x_2, \cdots, x_n; \theta_0) dx_1 \cdots dx_n \\ \leq &\int \cdots \int_A k f(x_1, x_2, \cdots, x_n; \theta_1) dx_1 \cdots dx_n \end{aligned}$$

이므로 $P[X \in A | \theta_0] \leq kP[X \in A | \theta_1]$이 성립한다. 마찬가지 방법으로 $A \subset (C^*)^c$이면 $P[X \in A | \theta_0] \geq kP[X \in A | \theta_1]$이 성립한다.

C^*의 유의수준이 α라고 하고, 유의수준이 동일한 임의의 기각영역 C를 생각해 보자. 두 기각영역은 $C^* = (C^* \cap C) \cup (C^* \cap C^c)$, $C = (C \cap C^*) \cup (C \cap C^{*c})$로 표현될 수 있다. 기각영역 C^*와 C에 대한 검정력함수는 각각

$$\pi^*(\theta) = P[X \in C^* | \theta] = P[X \in C^* \cap C | \theta] + P[X \in C^* \cap C^c | \theta],$$
$$\pi(\theta) = P[X \in C | \theta] = P[X \in C \cap C^* | \theta] + P[X \in C \cap C^{*c} | \theta]$$

로 주어지며, 대립가설에서 두 검정력의 차이는

$$\begin{aligned}\pi^*(\theta_1)-\pi(\theta_1) &= P[X\in C^*\cap C\,|\,\theta_1]+P[X\in C^*\cap C^c\,|\,\theta_1]\\ &\quad -P[X\in C\cap C^*\,|\,\theta_1]-P[X\in C\cap C^{*c}\,|\,\theta_1]\\ &= P[X\in C^*\cap C^c\,|\,\theta_1]-P[X\in C\cap C^{*c}\,|\,\theta_1]\\ &\ge (1/k)\{P[X\in C^*\cap C^c\,|\,\theta_0]-P[X\in C\cap C^{*c}\,|\,\theta_0]\}\\ &= (1/k)\{P[X\in C^*\cap C^c\,|\,\theta_0]+P[X\in C^*\cap C\,|\,\theta_0]\\ &\quad -P[X\in C^*\cap C\,|\,\theta_0]-P[X\in C\cap C^{*c}\,|\,\theta_0]\}\\ &= (1/k)[\pi^*(\theta_0)-\pi(\theta_0)]\\ &= 0\end{aligned}$$

이므로 정의 5.3을 만족한다. 여기에서 C의 유의수준이 $<\alpha$인 경우 $\pi^*(\theta_1)>\pi(\theta_1)$가 되므로, C^*의 대립가설에서의 검정력, $\pi^*(\theta_1)$은 유의수준이 $\le\alpha$인 모든 기각영역의 검정력보다 크거나 같음을 쉽게 알 수 있다. ■

이러한 네이만-피어슨 정리는 랜덤표본의 가능도비라는 적절한 '통계적 상식'을 활용하여 정의 5.3에서의 기준에 대한 최강력 검정법을 유도한 것으로 그 접근방법은 역사적으로 다른 여러 통계이론에 많은 영향을 끼쳤다. 이제 몇 개의 예를 들어보기로 하자.

예 5.8

$X\sim B(n,p)$에 근거하여,

$$H_0: p=p_0 \quad \text{대} \quad H_1: p=p_1(>p_0) \tag{5.3}$$

에 대한 검정방법을 구해 보자. 가능도비는

$$LR(p_0,p_1;x)=\frac{\binom{n}{x}p_0^x(1-p_0)^{n-x}}{\binom{n}{x}p_1^x(1-p_1)^{n-x}}$$

가 된다. 그런데 양의 상수 k에 대하여 $LR(p_0,p_1;x)\le k$가 성립하는 것은 어떤 다른 상수 k_1에 대하여

$$\left[\frac{p_0(1-p_1)}{p_1(1-p_0)}\right]^x \le k_1$$

또는 양변에 log를 취하여

$$x\log\left[\frac{p_0(1-p_1)}{p_1(1-p_0)}\right] \le \log k_1$$

이 성립하는 것과 동등하다. 한편, $p_1 > p_0$로부터 $p_0(1-p_1)/p_1(1-p_0) < 1$이므로 log를 취하면 음의 값이 된다. 즉, $x\log\left[\frac{p_0(1-p_1)}{p_1(1-p_0)}\right] \le \log k_1$은 다시 $x \ge k_2$와 동등하다는 것이다. 따라서 네이만–피어슨 정리에 의해 가설 (5.3)에 대한 최강력 검정법의 기각영역은 $C^* = \{x : x \ge k_2\}$의 형태로 주어진다(k_2는 양의 상수). 그런데 귀무가설 H_0하에서

$$P(X \ge i) = \sum_{x=i}^{n}\binom{n}{x}p_0^x(1-p_0)^{n-x}$$

이므로, 기각영역 $C = \{x : x \ge i\}$의 유의수준은 $\alpha = \sum_{x=i}^{n}\binom{n}{x}p_0^x(1-p_0)^{n-x}$으로 주어진다. 참고로, $\log\left[\frac{p_0(1-p_1)}{p_1(1-p_0)}\right]$이 음수이지만 $\log k_1$도 음수이기 때문에 k_2는 양수이다. k_1이 1보다 크다면 모든 x값에서 $\left(\frac{p_0(1-p_1)}{p_1(1-p_0)}\right)^x$이 k_1보다 작아서 항상 귀무가설을 기각해야 하므로 k_1이 1보다 작은 경우만 고려해야 한다.

주 검정통계량의 분포가 이산형인 경우 가질 수 있는 유의수준의 값은 유한개이다. 임의의 유의수준 $\alpha \in (0, 1)$에 맞는 검정은 확률화(randomization)를 통해 가능하나, 이 책에서는 다루지 않기로 한다.

예 5.9

예 5.7로 돌아가서 최강력 검정을 구해 보자. 네이만–피어슨 정리에 의해 최강력 검정법의 기각영역은 $f(x|\theta_0)/f(x|\theta_1)$의 값이 작은 관측값들을 포함해야 한다. 유의수준이 가장 작은 기각영역은 공집합으로, 항상 귀무가설을 기각하지 않는 것이겠지만 그것은 표본에 의존하지 않는 비합리적인 기각영역이므로 배제하기로 하면, 가장

유의수준을 작게 하는 최강력 검정법의 기각영역은 $\{x : f(x|\theta_0)/f(x|\theta_1) \le 2/15\}$로 $\{x = 3\}$이다. 이때 유의수준은 0.02이다. 다음으로 작은 유의수준을 갖는 최강력 기각영역은 $\{x : f(x|\theta_0)/f(x|\theta_1) \le 1/3\}$으로 $\{x = 1, 3\}$이고 이때의 유의수준은 0.03이다. 비슷하게, 유의수준 0.05의 최강력 기각영역은 $\{x = 1, 2, 3\}$, 유의수준 0.1의 최강력 기각영역은 $\{x = 1, 2, 3, 4\}$임을 알 수 있다.

예 5.10

$X_1, X_2, \cdots, X_n$이 지수분포 $\text{EXP}(\lambda)$로부터 구한 랜덤표본이라고 하자.

$$H_0 : \lambda = \lambda_0 \quad \text{대} \quad H_1 : \lambda = \lambda_1 (> \lambda_0) \tag{5.4}$$

에 대한 가능도비는 다음과 같이 주어진다.

$$\begin{aligned} LR(\lambda_0, \lambda_1; x_1, x_2, \cdots, x_n) &= \frac{\lambda_0^{-n} \exp\left(-\sum_{i=1}^{n} x_i / \lambda_0\right)}{\lambda_1^{-n} \exp\left(-\sum_{i=1}^{n} x_i / \lambda_1\right)} \\ &= (\lambda_1 / \lambda_0)^n \exp\left[(1/\lambda_1 - 1/\lambda_0) \sum_{i=1}^{n} x_i\right]. \end{aligned}$$

그런데 $\lambda_1 > \lambda_0$으로부터 $(1/\lambda_1 - 1/\lambda_0) < 0$이며, 따라서 $LR(\lambda_0, \lambda_1; x_1, x_2, \cdots, x_n) \le k$가 성립하는 것은 $\sum_{i=1}^{n} x_i \ge k_1$이 성립함과 동등하다(단, $k_1 = \log[(\lambda_0/\lambda_1)^n k] / (1/\lambda_1 - 1/\lambda_0)$이다). 이제, 네이만–피어슨 정리에 의해 최강력 검정법의 기각영역은 $C = \{(x_1, x_2, \cdots, x_n) : \sum_{i=1}^{n} x_i \ge k_1\}$의 꼴로 주어진다. 그런데 $2\sum_{i=1}^{n} X_i / \lambda_0$은 귀무가설하에서, 즉 $\lambda = \lambda_0$일 때, 자유도가 $2n$인 카이제곱분포를 따른다(참조: 예 2.55). 그러므로 가설 (5.4)에 대한 유의수준 α인 기각영역은

$$P\left[\sum_{i=1}^{n} X_i \ge k_1 \mid \lambda = \lambda_0\right] = \alpha$$

로부터

$$C = \left\{(x_1, x_2, \cdots, x_n) : \sum_{i=1}^{n} x_i \ge (\lambda_0/2)\chi_\alpha^2(2n)\right\}$$

으로 주어진다. 나아가, 이러한 검정방법의 검정력은

$$\begin{aligned}\pi(\lambda_1) &= P\left[\sum_{i=1}^{n} X_i \geq (\lambda_0/2)\chi_\alpha^2(2n) \mid \lambda_1\right] \\ &= P\left[2\sum_{i=1}^{n} X_i/\lambda_1 \geq (\lambda_0/\lambda_1)\chi_\alpha^2(2n) \mid \lambda_1\right] \\ &= 1 - F((\lambda_0/\lambda_1)\chi_\alpha^2(2n))\end{aligned}$$

으로 주어진다. 여기에서 F는 자유도가 $2n$인 카이제곱 누적분포함수를 나타낸다.

예 5.11

$X_1, X_2, \cdots, X_n$이 정규분포 $N(\mu, 1)$으로부터 구한 랜덤표본이라 하고,

$$H_0 : \mu = \mu_0 \quad \text{대} \quad H_1 : \mu = \mu_1 (> \mu_0) \tag{5.5}$$

을 고려해 보자. 네이만–피어슨 정리를 사용하기 위한 가능도비는 다음과 같이 계산된다.

$$LR(\mu_0, \mu_1; x_1, x_2, \cdots, x_n) = \frac{(2\pi)^{-n/2}\exp\left[-\sum_{i=1}^{n}(x_i - \mu_0)^2/2\right]}{(2\pi)^{-n/2}\exp\left[-\sum_{i=1}^{n}(x_i - \mu_1)^2/2\right]}$$

여기에서 가능도비가 어떤 상수 k보다 작다는 것은

$$\begin{aligned}&\exp\left[-\sum_{i=1}^{n}(x_i - \mu_0)^2/2 + \sum_{i=1}^{n}(x_i - \mu_1)^2/2\right] \\ &= \exp[-n(\mu_1 - \mu_0)\overline{x}_n - n(\mu_0^2 - \mu_1^2)/2] \\ &\leq k\end{aligned} \tag{5.6}$$

와 동등하다. 그런데 $\mu_1 - \mu_0 > 0$이고 $\mu_0^2 - \mu_1^2$은 상수이므로, 위 식 (5.6)은 어떤 상수 k_1에 대하여

$$\overline{x}_n \geq k_1$$

과 동등하게 된다. 따라서 유의수준이 α인 기각영역은

$$C = \{(x_1, x_2, \cdots, x_n) : \overline{x}_n \geq k_1\}$$

로 주어진다. 단, 여기에서 상수 k_1은

$$P(\overline{X}_n \geq k_1 \mid \mu_0) = \alpha$$

를 만족하고, $\sqrt{n}(\overline{X}_n - \mu_0)$는 귀무가설 H_0하에서 $N(0,1)$ 분포를 따르므로 $P[\overline{X}_n \geq k_1 \mid \mu_0] = P[\sqrt{n}(\overline{X}_n - \mu_0) \geq \sqrt{n}(k_1 - \mu_0) \mid \mu_0] = \alpha$로부터 $\sqrt{n}(k_1 - \mu_0) = z_\alpha$, 즉 기각영역은

$$\{(x_1,\ x_2,\ \cdots,\ x_n) : \overline{x}_n \geq \mu_0 + z_\alpha / \sqrt{n}\} \tag{5.7}$$

이 된다.

나아가, 이 검정방법의 검정력은

$$\begin{aligned}\pi(\mu_1) &= P[\overline{X}_n \geq \mu_0 + z_\alpha / \sqrt{n} \mid \mu_1] \\ &= P[\sqrt{n}(\overline{X}_n - \mu_1) \geq \sqrt{n}(\mu_0 - \mu_1) + z_\alpha \mid \mu_1] \\ &= 1 - \Phi[\sqrt{n}(\mu_0 - \mu_1) + z_\alpha]\end{aligned}$$

로 주어진다. 여기에서 Φ는 $N(0,1)$의 누적분포함수를 나타낸다. $\mu_0 - \mu_1 < 0$이므로 표본의 크기가 커질수록 검정력이 증가하며, μ_1과 μ_0의 차이가 클수록 검정력이 증가함을 알 수 있다.

주 앞의 예 5.8, 예 5.10, 예 5.11에서 대립가설하에서 모수의 값에 대한 부등호의 방향이 반대이면 기각영역의 방향도 반대가 된다. 이와 같이 기각영역이 검정통계량의 한쪽 꼬리부분인 경우를 단측 검정법(one-sided test)이라고 한다. 한편, 귀무가설 $H_0 : \theta = \theta_0$에 대하여 대립가설이 $H_1 : \theta \neq \theta_0$인 경우 이를 양측 대립가설이라 하며, 이런 경우 보통 기각영역이 검정통계량의 양쪽 꼬리부분인 양측 검정법(two-sided test)이 된다.

5.2.2 균일최강력 검정법

이제 최강력 검정법을 복합가설의 경우로 확장해 보도록 한다. 예 5.11에서 귀무가설 $H_0 : \mu = \mu_0$은 그대로 두고 대립가설을 $H_1 : \mu > \mu_0$의 복합가설로 바꾸어 보자. 흥미로운 점은 앞서 구한 최강력 검정법의 기각영역이 대립가설하에서의 모수의 값 μ_1에 의존하지 않는다는 점이다. 즉, 네이만-피어슨 정리를 적용하여 최강력 검정법의

기각영역의 형태를 구함에 있어서 μ_1이 μ_0보다 크다는 사실만을 이용하였고 μ_1의 값 자체는 이용하지 않았다는 것이다. 이는 μ_0보다 큰 모든 μ_1에 대하여 앞서 구한 검정 방법이 최강력 검정법이 된다는 것을 뜻한다. 이와 같이 어떤 검정방법이 복합 대립가설하에서의 모든 가능한 모수의 값에 대하여 최강력 검정법이 되는 경우 이를 균일최강력 검정법(uniformly most powerful test)이라고 한다. 편의상, 귀무가설 H_0하에서의 모수공간을 $\Omega_0(\subset \Omega)$로 표기하고 균일최강력 검정법을 구체적으로 다음과 같이 정의한다.

정의 5.4

귀무가설 $H_0: \theta \in \Omega_0$ 대 대립가설 $H_1: \theta \in \Omega - \Omega_0$에 대한 기각영역 C^*가 다음의 조건 (1), (2)를 만족할 때 이를 유의수준 α인 **균일최강력 검정법의 기각영역**이라고 한다. π^*가 이 검정법의 검정력함수일 때,

(1) $\max\{\pi^*(\theta) \mid \theta \in \Omega_0\} = \alpha$이며,

(2) 유의수준이 α인 임의의 기각영역 C에 대한 검정력함수가 π라고 하면, 모든 $\theta \in \Omega - \Omega_0$에서 $\pi^*(\theta) \geq \pi(\theta)$가 성립한다.

예 5.12

예 5.11에서 기각영역 $C = \{(x_1, x_2, \cdots, x_n): \overline{x}_n \geq \mu_0 + z_\alpha/\sqrt{n}\}$는 임의의 $\mu_1(> \mu_0)$을 택하여 대립가설 $H_1: \mu = \mu_1$으로 잡는다고 하더라도 그 가설검정에 대한 최강력 검정법이며 $P(\overline{X}_n \geq \mu_0 + z_\alpha/\sqrt{n} \mid H_0) = \alpha$를 만족한다. 따라서 C는 $H_0: \mu = \mu_0$ 대 $H_1: \mu > \mu_0$에 대한 유의수준 α인 균일최강력 검정법의 기각영역이 된다.

또한 예 5.11에서 본 바와 같이 $\pi(\mu)$가 μ에 대한 증가함수이므로 $\max\{\pi(\mu) \mid \mu \leq \mu_0\} = \pi(\mu_0)$가 성립한다. 즉, 귀무가설이 $\mu \leq \mu_0$인 경우에 대해서도 이 기각영역의 유의수준이 α라는 것이다. 이제 이 귀무가설에 대해 유의수준이 α인 임의의 기각영역 R을 생각해 보자. R의 μ_0에서의 검정력은 α보다 작거나 같을 것이다. C와 R을 $H_0: \mu = \mu_0$ 대 $H_1: \mu = \mu_1(> \mu_0)$의 가설검정에 대한 기각영역이라 하면, 5.2절에서 살펴본 네이만-피어슨 정리의 증명에서 C의 μ_1에서의 검정력이 R의 검정력보다 크거나 같음을 알 수 있다. 이는 모든 $\mu_1 > \mu_0$에서 성립하므로,

C가 $H_0 : \mu \le \mu_0$ 대 $H_1 : \mu > \mu_0$에 대한 균일최강력 검정법도 됨을 알 수 있다.

여기에서 $H_1 : \mu > \mu_0$와 같은 대립가설을 단측 복합가설이라고 한다. 예 5.8과 예 5.10에서 구한 검정방법도 같은 논리에 의하여 각각 단측 복합가설 $p > p_0$과 $\lambda > \lambda_0$에 대하여 균일최강력 검정법이 된다.

단조가능도비의 활용

위의 예 5.12에서는 네이만–피어슨 정리를 활용하여 복합대립가설에 대한 균일최강력 검정법을 구하였다. 이제, 복합가설에 대하여 균일최강력 검정법을 구하는 일반적인 방법 중의 하나인 단조가능도비(monotone likelihood ratio)에 대하여 살펴보기로 한다.

정의 5.5

랜덤표본 $X_1, X_2, \cdots, X_n$의 결합 확률밀도함수가 $f(x_1, x_2, \cdots, x_n; \theta)$일 때, 가능도비 $LR(\theta_1, \theta_2; x_1, x_2, \cdots, x_n) = L(\theta_1; x_1, x_2, \cdots, x_n)/L(\theta_2; x_1, x_2, \cdots, x_n)$이 $\theta_1 < \theta_2$에 대하여 $T(x_1, x_2, \cdots, x_n)$의 비감소함수 또는 비증가함수이면 가능도함수 $L(\theta)$가 통계량 $T(X_1, \cdots, X_n)$에 대해 **단조가능도비를 갖는다고** 한다.

예 5.13

확률변수 X가 $B(n, p)$ 분포를 따른다고 하자. 이때 $p_1 < p_2$에 대한 가능도비는 다음과 같이 주어진다.

$$\begin{aligned} LR(p_1, p_2; x) &= \frac{\binom{n}{x} p_1^x (1-p_1)^{n-x}}{\binom{n}{x} p_2^x (1-p_2)^{n-x}} \\ &= \left[\frac{1-p_1}{1-p_2}\right]^n \left[\frac{p_1(1-p_2)}{p_2(1-p_1)}\right]^x \end{aligned}$$

$p_1(1-p_2)/p_2(1-p_1) < 1$이므로 가능도비 $LR(p_1, p_2; x)$는 $t(x) = x$에 대해 비증가함수이며, 따라서 이 경우 가능도함수는 $T(X) = X$에 대해 단조가능도비를 갖는다.

예 5.14

$X_1, X_2, \cdots, X_n$이 지수분포 EXP(λ)로부터 구한 랜덤표본이라 하자. 그러면, $\lambda_1 < \lambda_2$에 대한 가능도비는 다음과 같이 주어진다.

$$LR(\lambda_1, \lambda_2; x_1, x_2, \cdots, x_n) = \frac{\lambda_1^{-n} \exp\left(-\sum_{i=1}^{n} x_i/\lambda_1\right)}{\lambda_2^{-n} \exp\left(-\sum_{i=1}^{n} x_i/\lambda_2\right)}$$
$$= \left(\frac{\lambda_2}{\lambda_1}\right)^n \exp\left[-\left(\frac{1}{\lambda_1} - \frac{1}{\lambda_2}\right) \sum_{i=1}^{n} x_i\right]$$

여기에서 $-(1/\lambda_1 - 1/\lambda_2) < 0$이므로 가능도비는 $T(x_1, x_2, \cdots, x_n) = \sum_{i=1}^{n} x_i$에 대해 비증가함수임을 알 수 있으며, 따라서 가능도함수는 $T(X_1, X_2, \cdots, X_n) = \sum_{i=1}^{n} X_i$에 대해 단조가능도비 성질을 가진다.

이제 가능도비가 어떤 통계량 $T(X_1, \cdots, X_n)$에 대해 단조증가하거나 단조감소하는 성질이 있을 때, 단측 복합 대립가설(one-sided composite hypothesis)에 대한 균일최강력 검정법은 아래 정리와 같다.

정리 5.2

가능도함수 $L(\theta; x_1, x_2, \cdots, x_n)$이 통계량 $T(X_1, X_2, \cdots, X_n)$에 대해 비증가하는 단조가능도비의 성격이 있다고 하자. 그러면

(1) $H_0: \theta \le \theta_0$ 대 $H_1: \theta > \theta_0$에 대한 유의수준 α인 균일최강력 검정법은 그 기각영역이

$$C = \{(x_1, x_2, \cdots, x_n) : T(x_1, x_2, \cdots, x_n) \ge k\}$$

이며, 상수 k는 $P[T(X_1, X_2, \cdots, X_n) \ge k \mid \theta_0] = \alpha$에 의해 결정된다.

(2) $H_0: \theta \ge \theta_0$ 대 $H_1: \theta < \theta_0$에 대한 유의수준 α인 균일최강력 검정법은 그 기각영역이

$$C = \{(x_1, x_2, \cdots, x_n) : T(x_1, x_2, \cdots, x_n) \le k\}$$

이며, 상수 k는 $P[T(X_1, X_2, \cdots, X_n) \le k \mid \theta_0] = \alpha$에 의해 결정된다.

증명 $\theta_1 > \theta_0$인 θ_1을 생각하고 $H_0 : \theta = \theta_0$ 대 $H_1 : \theta = \theta_1$의 가설검정을 고려하자. 네이만-피어슨 정리에 의해 최강력 검정법의 기각영역은 $L(\theta_0)/L(\theta_1) \le c$로부터 그 형태가 구해진다. $\theta_1 > \theta_0$으로부터 $L(\theta_0)/L(\theta_1)$은 $T(x_1, \cdots, x_n)$에 대한 비증가함수이므로 기각영역은 $T(x_1, \cdots, x_n) \ge k$와 동등하다. 이는 θ_0보다 큰 모든 θ_1에 대해 성립하므로 $H_0 : \theta \le \theta_0$ 대 $H_1 : \theta > \theta_0$에 대한 균일최강력 검정법의 기각영역이 된다. (2)의 경우에는 $\theta_1 < \theta_0$인 θ_1을 생각하고 $H_0 : \theta = \theta_0$ 대 $H_1 : \theta = \theta_1$의 가설검정을 고려한다. 최강력 검정법의 기각영역은 $L(\theta_0)/L(\theta_1) \le c$로부터 형태가 구해지는데, 이는 $L(\theta_1)/L(\theta_0) \ge 1/c$와 동등하고 이것은 다시 $T(x_1, \cdots, x_n) \le k$와 동등하다. 즉, 이 기각영역이 $H_0 : \theta \ge \theta_0$ 대 $H_1 : \theta < \theta_0$에 대한 균일최강력 검정법의 기각영역이 된다. ■

예 5.15

확률변수 X가 $B(n, p)$를 따른다고 하면 가능도함수가 $T(X) = X$에 대해 비증가하는 단조가능도비의 성격이 있으므로(참조: 예 5.13),

$$H_0 : p \le p_0 \quad \text{대} \quad H_1 : p > p_0$$

에 대한 유의수준 α인 균일최강력 검정법은 그 기각영역이

$$C = \{x : x \ge k\}$$

로 주어지며, 상수 k는 $P(X \ge k \mid p_0) = \alpha$에 의해 결정된다(참조: 예 5.8).

예 5.16

$X_1, X_2, \cdots, X_n$이 지수분포 $\text{EXP}(\lambda)$로부터 구한 랜덤표본이라 하자. 이때 가능도함수는 $\sum_{i=1}^{n} X_i$에 대해 비증가하는 단조가능도비의 성질이 있으므로(참조: 예 5.14)

$$H_0 : \lambda \le \lambda_0 \quad \text{대} \quad H_1 : \lambda > \lambda_0$$

에 대한 유의수준 α인 균일최강력 검정법은 그 기각영역이

$$C = \{(x_1, x_2, \cdots, x_n) : \sum_{i=1}^{n} x_i \ge k\}$$

와 같으며, 상수 k는 $P\left(\sum_{i=1}^{n} X_i \geq k \mid \lambda_0\right) = \alpha$에 의해 결정된다(참조: 예 5.10).

예 5.17

$X_1, X_2, \cdots, X_n$이 포아송분포 $\mathrm{POI}(\lambda)$로부터 구한 랜덤표본이라고 하고,

$$H_0 : \lambda \leq \lambda_0 \quad \text{대} \quad H_1 : \lambda > \lambda_0 \tag{5.8}$$

을 고려해 보자. 이때 $\lambda_1 < \lambda_2$에 대한 가능도비는 다음과 같이 주어진다.

$$LR(\lambda_1, \lambda_2 ; x_1, x_2, \cdots, x_n) = \frac{\exp(-n\lambda_1)\lambda_1^{\sum_{i=1}^{n} x_i} / \prod_{i=1}^{n} x_i !}{\exp(-n\lambda_2)\lambda_2^{\sum_{i=1}^{n} x_i} / \prod_{i=1}^{n} x_i !}.$$

따라서 이 경우 가능도함수는 $T(x_1, x_2, \cdots, x_n) = \sum_{i=1}^{n} x_i$에 대해 비증가인 단조가능도비 성격을 가진다. 그러므로 가설 (5.8)에 대하여 기각영역이

$$C = \{(x_1, x_2, \cdots, x_n) : \sum_{i=1}^{n} x_i \geq k\}$$

로 주어지는 검정법은 유의수준이 $\alpha = P\left(\sum_{i=1}^{n} X_i \geq k \mid \lambda_0\right)$인 균일최강력 검정법이다.

위의 예 5.15, 5.16, 5.17에서, 주어진 유의수준 α에 맞는 기각영역을 정함에 있어서는 검정통계량의 귀무가설하에서의 분포가 필요하다. 그러나 경우에 따라서는 검정통계량의 분포를 구하기 어렵거나, 표본의 크기가 커짐에 따라 분포이론이 복잡해질 수 있다. 이때 중심극한정리를 활용하면, 근사적인 기각영역을 구할 수 있다. 이 근사방법은 중심극한정리가 성립하는 경우 정당화된다.

예 5.18

(예 5.15의 계속) 예 5.15에서 유의수준이 α인 균일최강력 검정법의 기각영역이

$$C = \{x : x \geq k\}$$

의 꼴로 주어졌다. 이제 구체적인 기각영역을 구하기 위해서는 $P(X \geq k \mid p_0) = \alpha$를 만족하는 상수 k를 찾아야 한다(참조: 부록 〈표 1〉). 중심극한정리에 의해, $Z \sim N(0, 1)$일 때

$$\begin{aligned} P(X \geq k \mid p_0) &= P\left[\frac{X - np_0}{\sqrt{np_0(1-p_0)}} \geq \frac{k - np_0}{\sqrt{np_0(1-p_0)}} \,\middle|\, p_0\right] \\ &\fallingdotseq P\left(Z \geq \frac{k - np_0}{\sqrt{np_0(1-p_0)}}\right) \\ &= \alpha \end{aligned}$$

가 성립하므로, $(k - np_0)/\sqrt{np_0(1-p_0)} = z_\alpha$로부터 근사임계값이

$$k = np_0 + z_\alpha \sqrt{np_0(1-p_0)}$$

로 구해진다.

예 5.19

$X_1, X_2, \cdots, X_n$이 정규분포 $N(\mu, 1)$으로부터 구한 랜덤표본이라고 하고,

$$H_0 : \mu \leq \mu_0 \quad \text{대} \quad H_1 : \mu > \mu_0 \tag{5.9}$$

을 고려해 보자. $\mu_1 < \mu_2$일 때 가능도비는 다음과 같이 주어진다.

$$\begin{aligned} LR(\mu_1, \mu_2; x_1, x_2, \cdots, x_n) &= \frac{(2\pi)^{-n/2} \exp\left[-\sum_{i=1}^{n} (x_i - \mu_1)^2/2\right]}{(2\pi)^{-n/2} \exp\left[-\sum_{i=1}^{n} (x_i - \mu_2)^2/2\right]} \\ &= \exp\left[-\sum_{i=1}^{n} (x_i - \mu_1)^2/2 + \sum_{i=1}^{n} (x_i - \mu_2)^2/2\right] \\ &= \exp\left[-(\mu_2 - \mu_1)\sum_{i=1}^{n} x_i + n(\mu_2^2 - \mu_1^2)/2\right]. \end{aligned}$$

따라서 가능도함수는 $T(x_1, x_2, \cdots, x_n) = \sum_{i=1}^{n} x_i$에 대하여 비증가인 단조가능도비 성격을 가진다. 그러므로 가설 (5.9)에 대한 유의수준 α인 균일최강력 검정법은 그 기각영역이

$$C=\{(x_1, x_2, \cdots, x_n): \sum_{i=1}^{n} x_i \geq k\}$$

로 주어지며, 상수 k는 $P\left(\sum_{i=1}^{n} X_i \geq k \mid \mu_0\right)=\alpha$에 의해 결정된다. 즉, $k=n\mu_0+\sqrt{n}\,z_\alpha$가 된다(참조: 예 5.11).

주 앞의 예들은 검정통계량 $T(X)$가 비증가하는 단조가능도비 성질을 가졌을 때만 다루었으나, $T(X)$가 비감소하는 경우에는 $-T(X)$가 비증가하므로 마찬가지 논리를 적용할 수 있다.

표본의 크기에 따른 검정력함수의 비교

앞의 예들에서 보았던 바와 같이, 일반적으로 검정방법의 성능을 가늠하는 검정력함수는 표본의 크기에 의존함을 알 수 있다. 이제, 구체적인 예를 들어 살펴보기로 한다. 예 5.11에서 구한 유의수준 α인 기각영역 $\{(x_1, x_2, \cdots, x_n): \overline{x_n} \geq \mu_0+z_\alpha/\sqrt{n}\}$을 귀무가설 $H_0: \mu \leq \mu_0$ 대 대립가설 $H_1: \mu > \mu_0$에 사용하면, 검정력함수는

$$\begin{aligned}\pi(\mu) &= P[\overline{X}_n \geq \mu_0+z_\alpha/\sqrt{n} \mid \mu] \\ &= P[\sqrt{n}(\overline{X}_n-\mu) \geq \sqrt{n}(\mu_0-\mu)+z_\alpha \mid \mu] \qquad (5.10) \\ &= 1-\Phi[\sqrt{n}(\mu_0-\mu)+z_\alpha]\end{aligned}$$

가 된다. 이를 유의수준 $\alpha=0.05$에 대하여, 표본의 크기가 25인 경우와 100인 경우에 각각 그려보면 다음 그림 5.3과 같다.

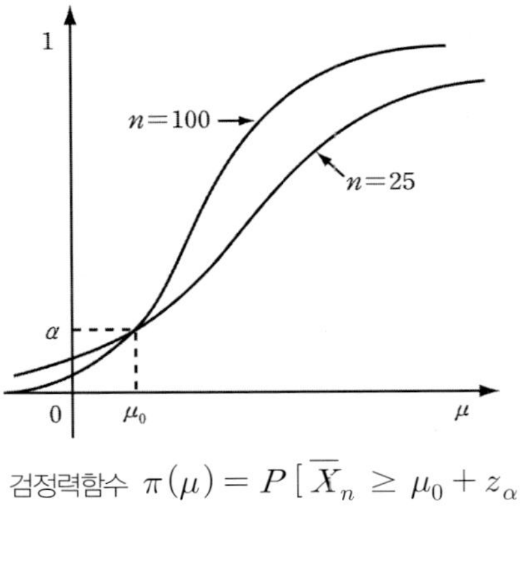

▸ **그림 5.3** ◂ 검정력함수 $\pi(\mu)=P[\overline{X}_n \geq \mu_0+z_\alpha/\sqrt{n} \mid \mu]$

위 그림으로부터 표본의 크기가 커짐에 따라 대립가설하에서의 검정력이 높아진다는 자연스러운 결과를 볼 수 있다. 또한 검정력함수 (5.10)은 모수 μ에 대한 증가함수이며, 이는 대립가설에서 주어진 μ의 값이 귀무가설($\mu = \mu_0$)로부터 멀어질수록 검정력이 높아진다는 것을 의미하는 것으로 매우 합리적인 결과이다. μ가 μ_0에서 멀리 떨어져 있으면 두 값의 구별이 쉬워서 귀무가설을 잘못 채택하는 경우가 적을 것이기 때문이다. 표본의 크기에 관계없이 $\pi(\mu_0) = \alpha$가 되는 것도 새삼 확인할 필요가 있다.

표본크기의 결정

모분산 σ^2이 알려진 정규모집단에서 $H_0 : \mu \le \mu_0$ 대 $H_1 : \mu > \mu_0$ (또는 $H_0 : \mu \ge \mu_0$ 대 $H_1 : \mu < \mu_0$)에 대한 유의수준 α인 검정을 생각해 보자. 예 5.11과 5.12에서 본 것처럼 $H_0 : \mu \le \mu_0$ 대 $H_1 : \mu > \mu_0$의 균일최강력 검정의 기각영역은 $\{(x_1, \cdots, x_n) : \overline{x}_n \ge \mu_0 + z_\alpha \sigma / \sqrt{n}\}$이다. 대립가설하의 평균 $\mu = \mu_1 (> \mu_0)$이 참일 때, 제2종 오류를 범한 확률이 β 이하가 되도록 하려면(즉, 검정력이 $1-\beta$ 이상이 되도록 하려면) 표본의 크기 n이

$$1 - \pi(\mu_1) = \Phi[\sqrt{n}(\mu_0 - \mu_1)/\sigma + z_\alpha] \le \beta$$

를 만족해야 하므로

$$\frac{\sqrt{n}(\mu_0 - \mu_1)}{\sigma} \le \Phi^{-1}(\beta) - z_\alpha = -z_\beta - z_\alpha$$

로부터

$$n \ge \left\{ \frac{z_\alpha + z_\beta}{(\mu_0 - \mu_1)/\sigma} \right\}^2$$

와 같이 구할 수 있다. $H_0 : \mu \ge \mu_0$ 대 $H_1 : \mu < \mu_0$인 경우에도 표본의 크기에 대한 위와 같은 결과를 얻는다.

주 양측검정(two-sided test)을 포함한 가설검정 문제에 있어서, 일반적으로 균일최강력 검정법이 늘 존재하지는 않는다(참조: 연습문제 5.23). 이와 같이 균일최강력 검정법이 없는 경우 합리적인 검정법을 찾는 방법들 중의 하나는 다음과 같다. 우선, 다음의 식 (5.11)의 조건을 만족하는 검정력함수를 가지는 검정방법을 비편향 검정법(unbiased test)이라고 한다.

$$\max\{\pi(\theta):\ \theta\in\Omega_0\}\le\min\{\pi(\theta):\ \theta\in\Omega-\Omega_0\} \qquad (5.11)$$

이는 귀무가설 H_0가 틀릴 때 H_0를 기각하는 확률의 최솟값이 H_0가 참일 때 그것을 기각하는 확률보다 커야 된다는, 상당히 합리적인 조건이다. 이러한 비편향 검정법들 중에서 검정력이 가장 뛰어난 검정방법이 존재하면 이를 균일최강력 비편향 검정법(uniformly most powerful unbiased test)이라고 한다(이는 마치 점추정에 있어서 비편향추정량의 집합을 고려하고 그중에서 최소분산을 갖는 것을 구하는 것과 같은 맥락의 방법이라 볼 수 있다).

예 5.20

$X_1,\ X_2,\ \cdots,\ X_n$이 $N(\mu,1)$으로부터의 랜덤표본이라고 할 때, 모평균 μ에 대한 가설 $H_0:\mu=\mu_0$ 대 $H_1:\mu\ne\mu_0$에 관한 다음과 같은 기각영역을 생각해 보자.

$$C=\{(x_1,\ x_2,\cdots,\ x_n):|\,\overline{x}_n-\mu_0\,|\ge 1.96/\sqrt{n}\}.$$

이 기각영역의 유의수준은 $\alpha=0.05$이고 이는 $\overline{X}_n$의 양쪽 꼬리부분에서 귀무가설을 기각하는 양측검정방법이다. 이 검정의 검정력함수는

$$\pi(\mu)=P[\,|\,\overline{X}_n-\mu_0\,|\ge 1.96/\sqrt{n}\mid\mu\,]$$

로, 이를 그려보면 다음과 같다.

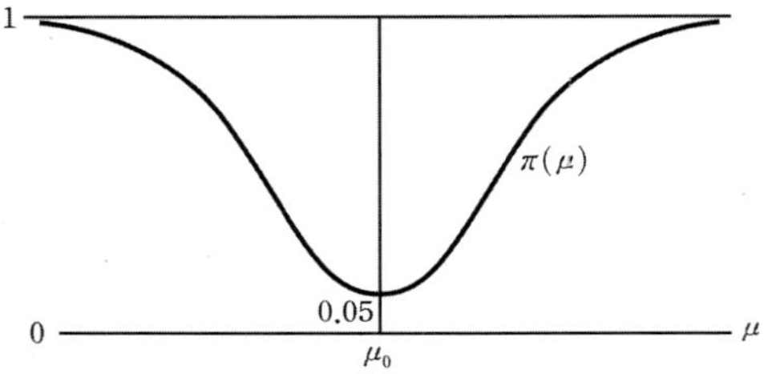

그림으로부터, $\pi(\mu_0)=\max\{\pi(\mu):\ \mu\in\Omega_0\}\le\min\{\pi(\mu):\ \mu\in\Omega-\Omega_0\}$가 만족되므로 주어진 검정방법은 비편향 검정법이다. 만약

$$C=\{(x_1,\ x_2,\cdots,\ x_n):\ \overline{x}_n\ge\mu_0+1.645/\sqrt{n}\}$$

의 단측검정방법을 생각해 보면 유의수준은 여전히 $\alpha=0.05$이지만, $\mu<\mu_0$이고 $Z\sim N(0,1)$일 때

$$\pi(\mu) = P[\,\overline{X}_n \geq \mu_0 + 1.645 / \sqrt{n} \mid \mu\,]$$
$$= P(Z \geq \sqrt{n}(\mu_0 - \mu) + 1.645) < \alpha$$

가 되어 $\pi(\mu_0) = \max\{\pi(\mu) : \mu \in \Omega_0\} \leq \min\{\pi(\mu) : \mu \in \Omega - \Omega_0\}$이 성립되지 않는다. 즉, 이 단측검정방법은 비편향 검정법이 아니다.

5.3 일반화 가능도비 검정법

앞서 소개된 네이만–피어슨 정리는 단순가설에 대한 검정에 사용할 수 있었다. 즉, 귀무가설과 대립가설이 단순일 때는 네이만–피어슨 정리를 이용하여 최강력 검정법을 찾으면 된다. 대립가설이 복합가설이면 최강력 검정법을 기초로 하여 균일최강력 검정법이 존재하는지 확인해볼 필요가 있다. 귀무가설이 복합가설인 경우에도, 때에 따라 균일최강력 검정법이 존재한다. 또, 균일최강력 검정법을 구하는 데에 단조가능도비를 활용할 수도 있다. 그러나 대립가설이 양측으로 주어진다든지 검정의 직접 대상이 아닌 장애모수(nuisance parameter)가 존재할 때, 즉 관심대상이 되는 모수 외에 다른 미지의 모수가 존재하는 등 최강력 검정법과 균일최강력 검정법의 접근방법을 직접 적용할 수 없는 경우도 많이 있다. 예를 들어, 정규분포의 모평균에 대한 가설검정에서 모분산이 알려지지 않은 경우 등이다. 이제, 이런 상황에서 사용할 수 있으며 실제 가설검정 문제에서 널리 사용되는 일반화 가능도비에 관해 논하기로 한다. 이는 점추정에서 최대가능도의 원리를 사용하는 것과 비슷한 방법으로, 실제 문제에서 사용되는 대부분의 검정법이 일반화 가능도비 검정이거나 그의 변형이라고 할 수 있다. 우선, 일반화 가능도비(generalized likelihood ratio)는 다음과 같이 정의된다.

정의 5.6

랜덤표본 $X_1, X_2, \cdots, X_n$의 결합 확률밀도함수가 $f(x_1, x_2, \cdots, x_n; \theta)$로 주어졌다고 하자. 이제 $H_0: \theta \in \Omega_0$ 대 $H_1: \theta \in \Omega_1 (= \Omega - \Omega_0)$를 고려할 때, 일반화 가능도비는

$$\Lambda(x_1, x_2, \cdots, x_n) = \frac{\max_{\theta \in \Omega_0} L(\theta; x_1, \cdots, x_n)}{\max_{\theta \in \Omega} L(\theta; x_1, \cdots, x_n)} = \frac{L(\hat{\theta}_0)}{L(\hat{\theta}_n)}$$

으로 정의된다(단, $\hat{\theta}_n$은 모수 θ의 최대가능도 추정량이며 $\hat{\theta}_0$은 귀무가설이 참이라는 조건하에서 가능도함수를 최대로 만드는 θ의 최대가능도 추정량이다).

네이만-피어슨 정리에서는 귀무가설과 대립가설이 단순이기 때문에 가능도비를 만들 때 어떤 모수값을 분자와 분모에 써야 하는지가 확실하였으나 복합가설의 경우 어떤 모수값을 이용하여 가능도비를 만들어야 하는지 분명하지 않다. 그래서 일반화 가능도비에서는 여러 가능한 모수값들 가운데 주어진 관측값을 가장 잘 설명하는, 즉 실제로 관측된 자료가 얻어질 확률을 가장 높게 만드는 모수값을 이용한다. 네이만-피어슨 정리에서 사용한 가능도비와 다른 점 또 하나는 일반화 가능도비의 분모에는 대립가설하에서의 최대가능도 추정량이 사용되는 것이 아니라 전체 모수공간에서의 최대가능도 추정량이 사용된다. 그러므로 이미 최대가능도 추정량을 알고 있다면 분모의 계산은 쉬워진다. 분자의 계산은 제약이 있는 상태에서 가능도함수를 최대화하는 문제를 포함하기 때문에 때로 좀 더 복잡하다.

일반화 가능도비 Λ는 관측값 $x_1, x_2, \cdots, x_n$에 대한 함수이다. 이제 이 관측값들을 해당되는 확률변수 $X_1, X_2, \cdots, X_n$으로 대체하여 $\Lambda(X_1, X_2, \cdots, X_n)$으로 표기하고 역시 일반화 가능도비라고 부르기로 하자.

이와 같이 정의된 일반화 가능도비 Λ는 언제나 양(>0)이지만 1보다 클 수 없다. 귀무가설이 참일 때의 모수공간 Ω_0이 전체모수공간 Ω의 부분집합이기 때문이다. 그런데 Λ의 값이 1에 가까우면 이는 주어진 관측값들이 귀무가설 H_0에 부합된다는 것을 의미하며, 반대로 0에 가까우면 그렇지 않다는 것을 의미한다. 특히, Λ의 값이 1이면, 관측된 자료를 가장 잘 설명하는 모수의 값이 귀무가설에 포함된다는 뜻이므로 귀무가설을 기각할 이유가 전혀 없게 된다. Λ의 값이 1에 가까우면 관측값들이 귀무가설에 포함되는 모수값에 의해 충분히 잘 설명될 수 있고, 반대로 0에 가까우면 대립가설이 귀무가설보다 관측된 자료를 훨씬 더 잘 설명할 수 있음을 뜻하므로 작은 Λ의 값이 귀무가설을 기각할 증거가 된다. 이제 일반화 가능도비 Λ를 사용한 검정방법을 다음과 같이 정의한다.

정의 5.7

유의수준이 α인 **일반화 가능도비 검정법**은 $0 < \Lambda \leq \lambda^*$인 경우 H_0를 기각한다. 단, λ^*는 $\max P(0 < \Lambda \leq \lambda^* \mid H_0) = \alpha$를 만족하는 상수이며 $0 < \lambda^* < 1$이다.

만일 귀무가설하에서 확률변수 Λ의 확률밀도함수가 $f(\lambda \mid H_0)$이면 임계값 λ^*는 방정식 $\alpha = \int_0^{\lambda^*} f(\lambda \mid H_0)\, d\lambda$를 풀어 구할 수 있다(참조: 그림 5.4). 그러나 많은 경우에 Λ의 분포는 알려져 있지 않으며, Λ의 단조변환꼴로 표현되는 통계량의 귀무가설하에서의 분포를 이용하여 기각영역을 구할 수 있다. 이러한 사실은 다음의 예들에서 자세히 보여진다.

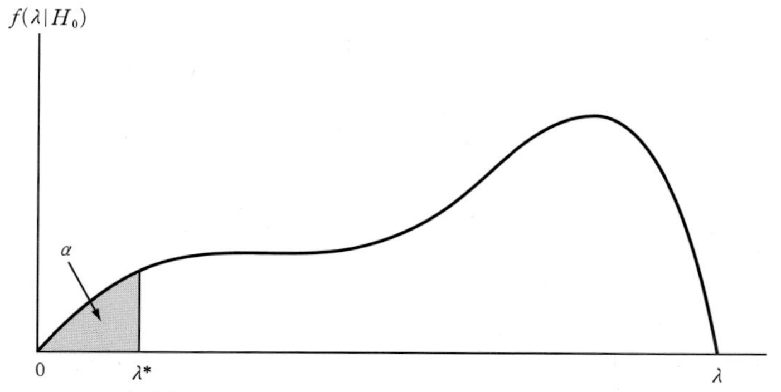

▸ **그림 5.4** ◂ 일반화 가능도비 검정에 의한 기각영역

예 5.21

$X_1,\ X_2,\ \cdots,\ X_n$을 $U(0,\ \theta)$로부터 얻은 랜덤표본이라고 하고,

$$H_0 : \theta = \theta_0 \qquad \text{대} \qquad H_1 : \theta < \theta_0 \tag{5.12}$$

의 가설검정을 생각해 보자. 이때 모수공간 Ω는 $\{\theta : \theta \le \theta_0\}$이므로 $X_{(n)} \le \theta_0$을 가정할 수 있고, 일반화 가능도비는

$$\Lambda(X_1,\ X_2,\ \cdots,\ X_n) = \left[\frac{X_{(n)}}{\theta_0}\right]^n$$

이 되므로 유의수준이 α인 일반화 가능도비 검정법의 기각영역은 $(X_{(n)}/\theta_0)^n \le \lambda^*$이다. 단, λ^*는

$$\begin{aligned}\alpha &= P[(X_{(n)}/\theta_0)^n \le \lambda^* \mid H_0] \\ &= P[X_{(n)}/\theta_0 \le (\lambda^*)^{1/n} \mid H_0]\end{aligned}$$

를 만족시킨다. 이제,

$$W = \frac{X_{(n)}}{\theta_0}, \quad w^* = (\lambda^*)^{1/n}$$

라고 정의하면, W의 확률밀도함수가 $0 < w < 1$에서 $f(w) = nw^{n-1}$이므로(참조: 식 (3.14))

$$\alpha = \int_0^{w^*} nw^{n-1} dw \text{로부터} \quad (w^*)^n = \alpha$$

가 된다. 그러므로 가설 (5.12)에 대한 유의수준 α인 일반화 가능도비 검정법의 기각영역은

$$W = \frac{X_{(n)}}{\theta_0} \le \alpha^{1/n}$$

으로 주어진다.

이 결과는 가설 (5.12)에 대한 균일최강력 검정법과 일치하는데, 이는 다음과 같이 보일 수 있다. $\theta_1 < \theta_0$인 θ_0과 θ_1에 대하여, 가능도비 $LR(\theta_0, \theta_1; x_1, x_2, \cdots, x_n)$는

$$LR(\theta_0, \theta_1; x_1, x_2, \cdots, x_n) = \begin{cases} (\frac{\theta_1}{\theta_0})^n, & x_{(n)} \le \theta_1 \\ \infty, & \theta_1 < x_{(n)} \le \theta_0 \end{cases}$$

가 된다. 이 가능도비는 $T(X_1, \cdots, X_n) = X_{(n)}$에 대해 비감소함수이므로 $X_{(n)}$에 대해 단조가능도비의 성질을 갖는다. 그러므로 정리 5.2에 의해, $P(X_{(n)} \le k | \theta_0) = \alpha$인 k에 대해 $\{(x_1, \cdots, x_n) : x_{(n)} \le k\}$가 유의수준 α인 균일최강력 검정법의 기각영역이 된다. 귀무가설하에서 $X_{(n)}$의 분포를 이용하여 $k = \theta_0 \alpha^{1/n}$임을 알 수 있고, 그에 따라 이 기각영역이 일반화 가능도비 기각영역과 같음을 알 수 있다.

이제, 정규분포로부터 랜덤표본을 구했을 때, 모평균과 모분산에 대한 가설에 일반화 가능도비 검정법을 각각 활용하여 잘 알려진 t 검정법과 카이제곱 검정법을 유도하여 보기로 한다.

예 5.22

$X_1, X_2, \cdots, X_n$이 정규분포 $N(\mu, \sigma^2)$으로부터 구한 랜덤표본이라고 하고, 모분산

σ^2이 알려져 있는 경우

$$H_0 : \mu = \mu_0 \qquad \text{대} \qquad H_1 : \mu \neq \mu_0$$

을 고려해 보자. 가능도함수가 $T(X_1, \cdots, X_n) = \sum_{i=1}^{n} X_i$에 대해 비증가하는 단조가능도비의 성질이 있으므로, 귀무가설 $H_0 : \mu = \mu_0$에서 대립가설이 $H_1 : \mu > \mu_0$이면 균일최강력 검정법의 기각영역이 $\{\sum_{i=1}^{n} X_i \geq k\}$의 형태를 가지고, 대립가설이 $H_1 : \mu < \mu_0$이면 균일최강력 검정법의 기각영역이 $\{\sum_{i=1}^{n} X_i \leq k\}$의 형태를 갖는다. 그러나 최강력 검정법의 기각영역이 $\mu - \mu_0$의 부호에 의존하므로 대립가설이 $H_1 : \mu \neq \mu_0$이면 균일최강력 검정법이 존재하지 않는다. 이제 양측 대립가설에 대해 일반화 가능도비 검정법의 기각영역을 구해 보자. μ의 최대가능도 추정량이 $\overline{X}_n$이므로 일반화 가능도비는

$$\begin{aligned} \Lambda(X_1,\ X_2,\ \cdots,\ X_n) &= \frac{(2\pi\sigma^2)^{-n/2} \exp\left[-\sum_{i=1}^{n}(X_i - \mu_0)^2/(2\sigma^2)\right]}{(2\pi\sigma^2)^{-n/2} \exp\left[-\sum_{i=1}^{n}(X_i - \overline{X}_n)^2/(2\sigma^2)\right]} \\ &= \exp\left(-\frac{n}{2\sigma^2}(\overline{X}_n - \mu_0)^2\right) \end{aligned}$$

이 되고, 기각영역은 $\exp\left(-\frac{n}{2\sigma^2}(\overline{X}_n - \mu_0)^2\right) \leq \lambda^*$가 된다. 여기에서 λ^*는

$$\alpha = P\left[\exp\left(-\frac{n}{2\sigma^2}(\overline{X}_n - \mu_0)^2\right) \leq \lambda^* \mid H_0\right]$$

를 만족한다. 이 기각영역은 $|\overline{X}_n - \mu_0| \geq c$와 동등하고 귀무가설하에서 $\overline{X}_n$은 $N(\mu_0, \frac{\sigma^2}{n})$을 따르므로

$$\alpha = P[|\overline{X}_n - \mu_0| \geq c \mid H_0]$$

로부터 $c = z_{\alpha/2}\frac{\sigma}{\sqrt{n}}$임을 알 수 있다. 즉, 유의수준 α인 일반화 가능도비 검정법의 기각영역은 $\{(x_1, \cdots, x_n) : \overline{x}_n \geq \mu_0 + z_{\alpha/2}\frac{\sigma}{\sqrt{n}}$ 또는 $\overline{x}_n \leq \mu_0 - z_{\alpha/2}\frac{\sigma}{\sqrt{n}}\}$이다. 이는 일반적으로 사용하는 양측 Z검정법이다.

예 5.23

(t 검정) $X_1, X_2, \cdots, X_n$이 정규분포 $N(\mu, \sigma^2)$으로부터 구한 랜덤표본이라 하고, 모분산 σ^2이 알려져 있지 않은 경우

$$H_0 : \mu = \mu_0 \qquad \text{대} \qquad H_1 : \mu \neq \mu_0 \tag{5.13}$$

을 고려하자. 모분산 σ^2이 알려져 있지 않은 경우, 모수벡터 (μ, σ^2)의 최대가능도 추정량은(참조: 예 4.7)

$$(\hat{\mu}, \hat{\sigma}^2) = \left(\overline{X}_n, \sum_{i=1}^{n} (X_i - \overline{X}_n)^2 / n \right)$$

이며, 귀무가설 H_0하에서는

$$(\hat{\mu}_0, \hat{\sigma}_0^{\,2}) = \left(\mu_0, \sum_{i=1}^{n} (X_i - \mu_0)^2 / n \right)$$

이 최대가능도 추정량이다(참조: 그림 5.5).

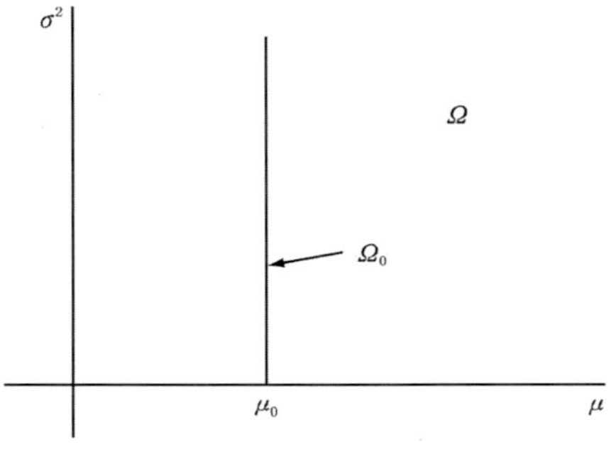

▸ **그림 5.5** ◂ 모수공간

따라서 일반화 가능도비는

$$\Lambda(X_1, X_2, \cdots, X_n) = \frac{(2\pi \hat{\sigma}_0^{\,2})^{-n/2} \exp\left[- \sum_{i=1}^{n} (X_i - \hat{\mu}_0)^2 / (2\hat{\sigma}_0^{\,2}) \right]}{(2\pi \hat{\sigma}^2)^{-n/2} \exp\left[- \sum_{i=1}^{n} (X_i - \hat{\mu})^2 / (2\hat{\sigma}^2) \right]}$$

$$= \left[\frac{\sum_{i=1}^{n} (X_i - \overline{X}_n)^2}{\sum_{i=1}^{n} (X_i - \mu_0)^2} \right]^{n/2}$$

로 주어진다. 그러나 Λ의 분포는 너무 복잡하므로 다음과 같은 Λ의 단조함수를 고려하기로 한다. 먼저,

$$\sum_{i=1}^{n}(X_i-\mu_0)^2=\sum_{i=1}^{n}(X_i-\overline{X}_n)^2+n(\overline{X}_n-\mu_0)^2$$

이므로

$$T=\frac{\overline{X}_n-\mu_0}{S_n/\sqrt{n}}$$

라고 놓으면(단, $S_n^2=\sum_{i=1}^{n}(X_i-\overline{X}_n)^2/(n-1)$),

$$\Lambda(X_1,\ X_2,\ \cdots,\ X_n)=\left[1+\frac{n(\overline{X}_n-\mu_0)^2}{\sum_{i=1}^{n}(X_i-\overline{X}_n)^2}\right]^{-n/2}=\left[1+\frac{T^2}{n-1}\right]^{-n/2}$$

이 된다. 이제 T^2이 증가함에 따라 일반화 가능도비 Λ는 단조감소하므로, 원래의 일반화 가능도비 검정법인 $\Lambda\le\lambda^*$이면 귀무가설을 기각하는 검정법은 T^2이 클 때 귀무가설 H_0를 기각하는 검정방법과 동등하다. 그런데 귀무가설하에서 $T\sim t(n-1)$이므로

$$\begin{aligned}0\le\Lambda\le\lambda^* \quad &\Leftrightarrow \quad T^2\ge(t_{\alpha/2}(n-1))^2\\ &\Leftrightarrow \quad T\le-t_{\alpha/2}(n-1)\ \text{또는}\ T\ge t_{\alpha/2}(n-1)\end{aligned}$$

이고,

$$\{(x_1,\cdots,x_n):\overline{x}_n\ge\mu_0+t_{\alpha/2}(n-1)\frac{s}{\sqrt{n}}\ \text{또는}\ \overline{x}_n\le\mu_0-t_{\alpha/2}(n-1)\frac{s}{\sqrt{n}}\}$$

이 유의수준 α인 일반화 가능도비의 기각영역이 된다. 그리고 이는 가설 (5.13)에 대해 잘 알려진 스튜던트 t 검정(Student's t test)이다.

한편, 가설

$$H_0:\mu\le\mu_0 \quad \text{대} \quad H_1:\mu>\mu_0$$

을 고려한다면 대동소이한 방법으로, 유의수준이 $\alpha(<1/2)$인 일반화 가능도비 검정

법의 기각영역이

$$T \geq t_\alpha(n-1)$$

으로 주어짐을 알 수 있다(참조: 연습문제 5.25).

위의 예 5.23에서 구한 t 검정법은 그 응용성이 매우 높다. 여기에서는 단측 대립가설 $H_1 : \mu > \mu_0$에 대한 유의수준이 α인 t 검정법의 검정력을 살펴보기로 한다. 기각영역이 $T \geq t_\alpha(n-1)$이므로 검정력은

$$\begin{aligned}\pi(\mu) &= P\left[\frac{\overline{X}_n - \mu_0}{S/\sqrt{n}} \geq t_\alpha(n-1) \,\middle|\, \mu\right] \\ &= P\left[\frac{\overline{X}_n - \mu + (\mu - \mu_0)}{S/\sqrt{n}} \geq t_\alpha(n-1) \,\middle|\, \mu\right]\end{aligned}$$

가 된다. $\delta = \sqrt{n}(\mu - \mu_0)/\sigma$, $Z = \dfrac{\overline{X}_n - \mu}{\sigma/\sqrt{n}}$, $V = (n-1)S^2/\sigma^2$이라고 하면, $V \sim \chi^2(n-1)$이고 V와 Z는 서로 독립이며, 모평균의 참값이 μ일 때 $Z \sim N(0,1)$이다. 이제 t 검정법의 검정력은

$$\pi(\mu) = P\left[\frac{Z + \delta}{\sqrt{V/(n-1)}} \geq t_\alpha(n-1)\right]$$

으로 표현된다. 여기에서 변량 $\dfrac{Z+\delta}{\sqrt{V/(n-1)}}$는 $\delta = 0$일 때 자유도가 $n-1$인 t 분포를 따르지만, δ가 0이 아니면 자유도가 $n-1$이고 비중심모수가 δ인 **비중심 t 분포**(noncentral t distribution)를 따른다. 따라서 검정력 $\pi(\mu)$의 계산을 위해 비중심 t 분포가 필요하나 매우 복잡하므로 여기에서는 생략하기로 한다.

예 5.24

$X_1, X_2, \cdots, X_n$이 정규분포 $N(\mu, \sigma^2)$으로부터 구한 랜덤표본이라 하고,

$$H_0 : \sigma^2 = {\sigma_0}^2 \quad \text{대} \quad H_1 : \sigma^2 \neq {\sigma_0}^2 \tag{5.14}$$

을 고려해 보자. 모평균 μ의 최대가능도 추정량은 가설에 관계없이 언제나 $\overline{X}_n$이다. 또, 모분산 σ^2의 최대가능도 추정량은 귀무가설하에서는 σ_0^2이며, 전체 모수공간 Ω 내에서는 $\hat{\sigma}^2 = \sum_{i=1}^{n}(X_i - \overline{X}_n)^2/n$이다. 따라서 일반화 가능도비는

$$\Lambda(X_1,\ X_2,\ \cdots,\ X_n) = \left(\frac{\sum_{i=1}^{n} (X_i - \overline{X}_n)^2}{n\sigma_0^2} \right)^{n/2}$$

$$\times \exp\left[-(1/2)\sum_{i=1}^{n} \{ (X_i - \overline{X_n})/\sigma_0 \}^2 + n/2 \right]$$

$$= \left(\frac{\hat{\sigma}^2}{\sigma_0^2} \right)^{n/2} \exp\left\{ -\left(\frac{n}{2} \right)\left(\frac{\hat{\sigma}^2}{\sigma_0^2} \right) + \frac{n}{2} \right\}$$

으로 주어진다. $\Lambda \le \lambda^*$일 때 귀무가설을 기각하는 일반화 가능도비 검정법의 기각영역을 구체적으로 구하기 위해서는 Λ가 언제 작은 값을 갖는지 알아야 한다. 이제, $W = \hat{\sigma}^2/\sigma_0^2$라 하면

$$\Lambda = W^{n/2}\exp\left(-\frac{n}{2}W + \frac{n}{2} \right)$$

이 된다. 여기에서 $\exp(n/2)$은 상수이므로 일반화 가능도비 검정법은

$$W\exp(-W) \le (\lambda^*)^{2/n}\exp(-1) = c^*$$

이면 귀무가설을 기각하는 검정방법과 동등하다(단, c^*는 주어진 유의수준 α에 의해 결정된다).

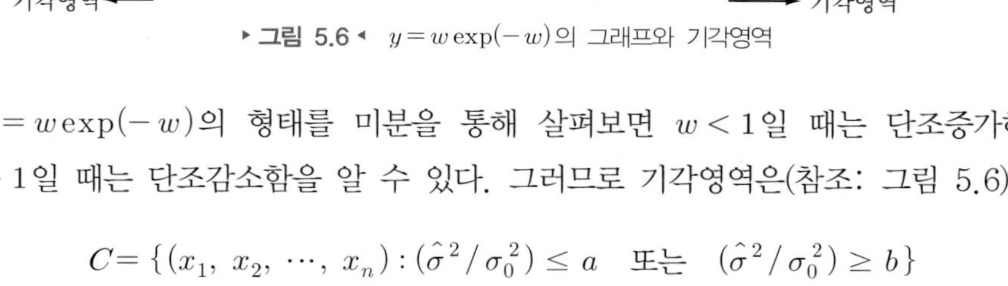

▸ 그림 5.6 ◂ $y = w\exp(-w)$의 그래프와 기각영역

$y = w\exp(-w)$의 형태를 미분을 통해 살펴보면 $w < 1$일 때는 단조증가하고 $w > 1$일 때는 단조감소함을 알 수 있다. 그러므로 기각영역은(참조: 그림 5.6)

$$C = \{(x_1,\ x_2,\ \cdots,\ x_n) : (\hat{\sigma}^2/\sigma_0^2) \le a \quad \text{또는} \quad (\hat{\sigma}^2/\sigma_0^2) \ge b\}$$

의 꼴이 된다. 그런데 귀무가설하에서 통계량 $n\hat{\sigma}^2/\sigma_0^2 = \sum_{i=1}^{n}(X_i - \overline{X_n})^2/\sigma_0^2 \sim$

$\chi^2(n-1)$이므로

$$P\left[\sum_{i=1}^{n}(X_i-\overline{X}_n)^2/\sigma_0^2 \le \chi^2_{1-\alpha/2}(n-1)\,|H_0\right]$$
$$=P\left[\sum_{i=1}^{n}(X_i-\overline{X}_n)^2/\sigma_0^2 \ge \chi^2_{\alpha/2}(n-1)\,|H_0\right]$$
$$=\alpha/2$$

이다. 그러므로 카이제곱분포의 양쪽꼬리에서 $\alpha/2$씩 고려한, 일반화 가능도비 검정법의 근사꼴로서 가설 (5.14)에 대한 유의수준 α인 기각영역은

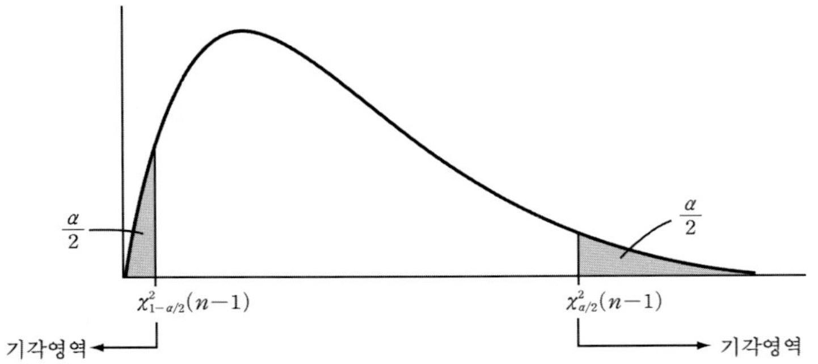

▸ 그림 5.7 ◂ $\chi^2(n-1)$의 확률밀도함수와 기각영역

$$\frac{\sum_{i=1}^{n}(X_i-\overline{X}_n)^2}{\sigma_0^2} \le \chi^2_{1-\alpha/2}(n-1)$$

또는

$$\frac{\sum_{i=1}^{n}(X_i-\overline{X}_n)^2}{\sigma_0^2} \ge \chi^2_{\alpha/2}(n-1)$$

으로 주어진다(물론 양쪽꼬리에서 $\alpha/2$씩 택한 것은 편리성 때문이며, 엄밀한 의미에서는 $We^{-W} \le c^*$에서 적절한 c^*를 찾고, 이로부터 W가 클 때와 작을 때의 확률을 따로 구해야 한다. 이러한 문제는 뒤에 나오는 예 5.28에서도 마찬가지이다).

한편, $H_0: \sigma^2 \le \sigma_0^2$ 대 대립가설 $H_1: \sigma^2 > \sigma_0^2$을 고려하면, 비슷한 방법으로 유

의수준 α인 일반화 가능도비 검정법의 기각영역이

$$\frac{\sum_{i=1}^{n}(X_i-\overline{X}_n)^2}{\sigma_0^2} \geq \chi_\alpha^2(n-1)$$

로 주어짐을 알 수 있다.

위의 예들에서는 일반화 가능도비를 적절히 변환시킴으로써 필요한 검정통계량의 분포를 구하였다. 하지만 언제나 이러한 변환이 가능한 것은 아니며, 때에 따라서는 일반화 가능도비 검정의 기각영역을 찾기가 매우 어렵거나 불가능할 수도 있다. 이런 경우 표본의 크기가 충분히 크다면, 다음의 정리 5.3에 근거하여 일반화 가능도비 통계량의 근사분포를 구할 수 있다(증명은 이 책의 수준을 넘으므로 생략하기로 한다). 정리 5.3의 활용은 후에 적합도검정 등에서도 보여진다.

정리 5.3

최대가능도 추정량의 점근적 정규성을 보인 정리 4.13에서와 같은 적절한 조건이 만족될 때, $-2\log\Lambda(X_1, X_2, \cdots, X_n)$은 귀무가설하에서 자유도가 k인 카이제곱분포를 근사적으로 따른다. 단, 자유도 k는 모수공간 Ω와 Ω_0에서 제약조건 없이 자유로이 움직일 수 있는 모수 개수들의 차이이다.

위의 정리 5.3에서 일반화 가능도비 Λ는 0과 1 사이에 있으므로 $\log\Lambda$는 잘 정의되며, $-2\log\Lambda$는 Λ의 감소함수이므로 Λ의 값이 충분히 작을 때 귀무가설을 기각하는 것은 $-2\log\Lambda$가 충분히 클 때 귀무가설을 기각하는 것과 동일한 검정법이다.

예 5.25

$X_1, \cdots, X_n$이 베르누이(p)에서의 랜덤표본이라고 하고

$$H_0: p = p_0 \quad \text{대} \quad H_1: p \neq p_0$$

의 가설검정을 고려해 보자. 대립가설이 양측이므로 이 경우 균일최강력 검정법이 존재하지 않음을 쉽게 보일 수 있다. $\Omega = \{p: 0 < p < 1\}$에서 p의 최대가능도 추정량

이 $\overline{X}_n$이므로, 일반화 가능도비는

$$\Lambda(X_1,\ X_2,\ \cdots,\ X_n) = \frac{p_0^{\sum X_i}(1-p_0)^{n-\sum X_i}}{\overline{X}_n^{\sum X_i}(1-\overline{X}_n)^{n-\sum X_i}} = \left(\frac{p_0}{\overline{X}_n}\right)^{n\overline{X}_n}\left(\frac{1-p_0}{1-\overline{X}_n}\right)^{n-n\overline{X}_n}$$

로 주어진다. 이때 $g(x) = \left(\frac{p_0}{x}\right)^{nx}\left(\frac{1-p_0}{1-x}\right)^{n-nx}$ 라 놓으면 미분을 통해 $\log g(x)$가 $x < p_0$에서 증가하고 $x > p_0$에서 감소함을 쉽게 알 수 있다. 로그함수는 단조증가이므로 $g(x)$도 마찬가지로 $x < p_0$에서 증가하고 $x > p_0$에서 감소한다. 즉, $\Lambda(X_1, \cdots, X_n) \le k$는 $c_1 < p_0 < c_2$인 상수 c_1과 c_2에 대하여 $\overline{X}_n \le c_1$ 또는 $\overline{X}_n \ge c_2$라는 양측 기각영역과 동등하다. 중심극한정리에 의해, n이 클 때 귀무가설하에서 $\overline{X}_n \sim N(p_0, \frac{p_0(1-p_0)}{n})$이 근사적으로 성립하므로, $\overline{X}_n \le p_0 - z_{\alpha/2}\sqrt{p_0(1-p_0)/n}$ 또는 $\overline{X}_n \ge p_0 + z_{\alpha/2}\sqrt{p_0(1-p_0)/n}$가 유의수준이 α인 일반화 가능도비 검정법의 근사 기각영역이 됨을 알 수 있다.

한편, 이 문제에서 정리 5.3을 이용한다면, 유의수준 α인 근사 기각영역이 $\{(x_1, \cdots, x_n) : -2\log\Lambda(x_1, \cdots, x_n) \ge \chi_\alpha^2(1)\}$이 될 것이다. 이제 $n = 30$, $p_0 = 0.5$, $\overline{x}_n = 0.65$인 경우를 가정해 보자. 중심극한정리를 사용하는 근사 검정법을 이용한 $p-$값은 약 0.1004가 되며, 정리 5.3을 이용한 $p-$값은 약 0.0977이 되어 매우 비슷한 결과를 얻음을 알 수 있다.

예 5.26

예 5.23에서 다루어진 양측 t 검정과 정리 5.3의 내용을 비교해 보자. 이 경우 일반화 가능도비는

$$\Lambda(X_1,\ X_2,\ \cdots,\ X_n) = \left[\frac{\sum_{i=1}^{n}(X_i - \overline{X}_n)^2}{\sum_{i=1}^{n}(X_i - \mu_0)^2}\right]^{n/2}$$

로 주어진다. 따라서,

$$-2\log\Lambda(X_1,\ X_2,\ \cdots,\ X_n) = -2\log\left[1+\frac{n(\overline{X}_n-\mu_0)^2}{\sum_{i=1}^{n}(X_i-\overline{X}_n)^2}\right]^{-n/2}$$
$$= n\log\left[1+\frac{n(\overline{X}_n-\mu_0)^2}{\sum_{i=1}^{n}(X_i-\overline{X}_n)^2}\right]$$

이다. 그런데 $|x|\approx 0$인 경우 $\log(1+x)\approx x$라는 근사관계로부터 $-2\log\Lambda(X_1,\ X_2,\ \cdots,\ X_n)\approx \dfrac{n(\overline{X}_n-\mu_0)^2}{\frac{1}{n}\sum_{i=1}^{n}(X_i-\overline{X}_n)^2}$이며 $\frac{1}{n}\sum_{i=1}^{n}(X_i-\overline{X}_n)^2$은 σ^2으로 수렴한다. 이에 충분히 큰 n에 대해 $-2\log\Lambda(X_1,\ X_2,\ \cdots,\ X_n)\approx\dfrac{n(\overline{X}_n-\mu_0)^2}{\sigma^2}$이 되고, 귀무가설하에서 $\dfrac{n(\overline{X}_n-\mu_0)^2}{\sigma^2}\sim\chi^2(1)$이 성립하므로 일반화 가능도비 검정법은$-2\log\Lambda(X_1,\ X_2,\ \cdots,\ X_n)\geq\chi^2_\alpha(1)$인 경우에 귀무가설을 기각하게 된다. 이와 같은 결과는 정리 5.3과 부합된다.

5.4 이표본 검정법

여기에서는, 앞에서 다루었던 일표본 검정방법을 이표본의 경우로 확장해 보기로 하자(표본이 세 개 이상인 경우의 모평균에 대한 검정은 6장에서 분산분석방법을 통해 다루어진다). 기본적인 접근방법은 일표본인 경우와 비슷하며, 자주 활용되는 정규분포와 이항분포에 대해 주로 다룰 것이다. 또, 이항분포에 대해서는 조건부 검정법을 간략히 소개한다.

5.4.1 두 정규분포의 비교

서로 독립인 이표본 $X_1,\ X_2,\ \cdots,\ X_n$과 $Y_1,\ Y_2,\ \cdots,\ Y_m$이 각각 정규분포 $N(\mu_X,\ \sigma_X^2)$과 $N(\mu_Y,\ \sigma_Y^2)$으로부터 구한 랜덤표본이라고 하자. 이제, 우리가 관심을 가지는 문제는 두 평균과 분산에 관한 가설검정이다. 우선 모평균의 크기를 비교함에 있어서, 모분산이 알려진 경우의 검정방법은 비교적 단순한 편이다. 그러나 모분산 값을 모르는 경우, 이들에 대한 추정량이 검정과정에서 필요하게 된다. 이때 두 모분산이 동일하다($\sigma_X^2 = \sigma_Y^2 = \sigma^2$)는 가정이 있으면 공통된 분산 σ^2의 추정량은 합동표본분산(pooled sample variance)

$$S_p^{\,2} = \frac{\sum_{i=1}^{n}(X_i - \overline{X}_n)^2 + \sum_{j=1}^{m}(Y_j - \overline{Y}_m)^2}{n+m-2}$$
$$= \frac{(n-1)S_X^2 + (m-1)S_Y^2}{n+m-2} \tag{5.15}$$

을 사용하기로 한다. 만약 $\sigma_X^2 = \sigma_Y^2$이 성립하지 않으면 문제는 매우 복잡해지고 소위 말하는 베렌스-피셔(Behrens-Fisher) 문제로 근사해만이 존재한다. 여기에서는 $\sigma_X^2 = \sigma_Y^2$라는 가정이 있는 경우만 다루기로 한다.

주 공통모분산 σ^2의 최대가능도 추정량은

$$\left\{\sum_{i=1}^{n}(X_i - \overline{X}_n)^2 + \sum_{j=1}^{m}(Y_j - \overline{Y}_m)^2\right\}/(n+m)$$

이며, 최소분산 비편향추정량은 합동표본분산인 $S_p^{\,2}$이다.

예 5.27

(이표본 t 검정) 독립 이표본 $X_1, X_2, \cdots, X_n$과 $Y_1, Y_2, \cdots, Y_m$이 각각 정규분포 $N(\mu_X, \sigma_X^2)$과 $N(\mu_Y, \sigma_Y^2)$으로부터 구한 랜덤표본이라 하자. 모분산의 값이 알려져 있지 않은 경우, 가설

$$H_0 : \mu_X = \mu_Y \quad \text{대} \quad H_1 : \mu_X \neq \mu_Y \tag{5.16}$$

에 대한 유의수준 α인 검정법을 구해 보자. 이 가설검정은 장애모수를 포함하는 경우로, 일반적으로 균일최강력 검정법이 존재하지 않는다. 모분산의 값을 모르지만 두 모분산이 동일하다($\sigma_X^2 = \sigma_Y^2 = \sigma^2$)는 가정이 있다면, 일반화 가능도비 검정통계량을 다음과 같이 구할 수 있다. 먼저, 결합 확률밀도함수는

$$f(x_1, \cdots, x_n, y_1, \cdots, y_m ; \mu_X, \mu_Y, \sigma^2)$$
$$= \left(\frac{1}{2\pi\sigma^2}\right)^{n/2} \exp\left[-\frac{1}{2}\sum_{i=1}^{n}\left(\frac{x_i - \mu_X}{\sigma}\right)^2\right] \left(\frac{1}{2\pi\sigma^2}\right)^{m/2} \exp\left[-\frac{1}{2}\sum_{j=1}^{m}\left(\frac{y_j - \mu_Y}{\sigma}\right)^2\right]$$

이다. 그런데 전체 모수공간 Ω 내에서 모수벡터 (μ_X, μ_Y, σ^2)의 최대가능도 추정량은

$$\hat{\mu}_X = \overline{X}_n, \quad \hat{\mu}_Y = \overline{Y}_m$$

$$\hat{\sigma}^2 = \frac{\sum_{i=1}^{n} (X_i - \hat{\mu}_X)^2 + \sum_{j=1}^{m} (Y_j - \hat{\mu}_Y)^2}{n+m}$$

으로 주어진다. 또한, 귀무가설 H_0하에서의 모수공간 Ω_0에 속하는 공통된 모평균과 모분산의 최대가능도 추정량은

$$\hat{\mu}_0 = \frac{1}{n+m}\left(\sum_{i=1}^{n} X_i + \sum_{j=1}^{m} Y_j\right) = \frac{n\overline{X}_n + m\overline{Y}_m}{n+m}$$

$$\hat{\sigma}_0{}^2 = \frac{1}{n+m}\left[\sum_{i=1}^{n} (X_i - \hat{\mu}_0)^2 + \sum_{j=1}^{m} (Y_j - \hat{\mu}_0)^2\right]$$

이다. 그런데

$$\begin{aligned}
\sum_{i=1}^{n}(X_i - \hat{\mu}_0)^2 &= \sum_{i=1}^{n}\left(X_i - \frac{n\overline{X}_n + m\overline{Y}_m}{n+m}\right)^2 \\
&= \sum_{i=1}^{n}\left[(X_i - \overline{X}_n) + \left(\overline{X}_n - \frac{n\overline{X}_n + m\overline{Y}_m}{n+m}\right)\right]^2 \\
&= \sum_{i=1}^{n}(X_i - \overline{X}_n)^2 + n\left(\overline{X}_n - \frac{n\overline{X}_n + m\overline{Y}_m}{n+m}\right)^2 \\
&= \sum_{i=1}^{n}(X_i - \overline{X}_n)^2 + \frac{m^2 n}{(n+m)^2}(\overline{X}_n - \overline{Y}_m)^2
\end{aligned}$$

이고, 같은 방식으로

$$\sum_{j=1}^{n}(Y_j - \hat{\mu}_0)^2 = \sum_{j=1}^{m}(Y_j - \overline{Y}_m)^2 + \frac{mn^2}{(n+m)^2}(\overline{X}_n - \overline{Y}_m)^2$$

이다. 따라서 귀무가설하에서 공통분산의 최대가능도 추정량을 다음과 같이 표현할 수 있다.

$$\hat{\sigma}_0{}^2 = \frac{1}{n+m}\left[\sum_{i=1}^{n}(X_i - \overline{X}_n)^2 + \sum_{j=1}^{m}(Y_j - \overline{Y}_m)^2 + \frac{nm}{n+m}(\overline{X}_n - \overline{Y}_m)^2\right]$$

그러므로, 예 5.23의 일표본 t 검정과 유사한 중간 계산과정을 거쳐, 일반화 가능도

비는

$$\Lambda = \frac{L(\hat{\mu}_0, \hat{\sigma}_0{}^2; X_1, X_2, \cdots, X_n, Y_1, Y_2, \cdots, Y_m)}{L(\hat{\mu}_X, \hat{\mu}_Y, \hat{\sigma}^2; X_1, X_2, \cdots, X_n, Y_1, Y_2, \cdots, Y_m)}$$

$$= \left[1 + \frac{[nm/(n+m)](\overline{X}_n - \overline{Y}_m)^2}{\sum_{i=1}^{n}(X_i - \overline{X}_n)^2 + \sum_{j=1}^{m}(Y_j - \overline{Y}_m)^2} \right]^{-(n+m)/2}$$

으로 표현된다.

$$T = \frac{\sqrt{\frac{nm}{n+m}}(\overline{X}_n - \overline{Y}_m)}{\sqrt{\frac{\sum_{i=1}^{n}(X_i - \overline{X}_n)^2 + \sum_{j=1}^{m}(Y_j - \overline{Y}_m)^2}{n+m-2}}}$$

라고 놓으면, Λ는 다시

$$\Lambda = \left[\frac{1}{1 + T^2/(n+m-2)} \right]^{(n+m)/2}$$

으로 표현된다. 위의 식으로부터 일반화 가능도비 Λ는 T^2의 단조감소함수가 됨을 알 수 있다. T는 $\frac{\sqrt{nm/(n+m)}(\overline{X}_n - \overline{Y}_m)/\sigma}{\sqrt{S_p{}^2/\sigma^2}}$ 로 재표현할 수 있고 분자와 분모는 서로 독립이며 $(n+m-2)S_p^2/\sigma^2$은 자유도가 $n+m-2$인 카이제곱 분포를 따른다. 기각영역을 결정하기 위해 필요한 것은 귀무가설하에서의 통계량 T의 분포인데, $\mu_X = \mu_Y$일 때 T의 분자는 표준정규분포를 따르므로 귀무가설하에서 검정통계량 T의 분포는 자유도가 $(n+m-2)$인 t 분포가 된다.

그러므로 가설 (5.16)에 대한 유의수준 α인 일반화 가능도비 검정법의 기각영역은 $\Lambda \le \lambda^*$로부터 $T^2 \ge c$이고, 이는 $T \ge \sqrt{c}$ 또는 $T \le -\sqrt{c}$와 동등하므로

$$T = \frac{(\overline{X}_n - \overline{Y}_m)}{S_p\sqrt{1/n + 1/m}} \le -t_{\alpha/2}(n+m-2) \quad \text{또는} \quad \ge t_{\alpha/2}(n+m-2)$$

가 된다. 이는 잘 알려진, 두 모분산이 같은 경우의 이표본 t 검정법이다. 한편, 단측 대립가설

$$H_0: \mu_X = \mu_Y \quad \text{대} \quad H_1: \mu_X > \mu_Y$$

를 고려하면 유의수준 α인 일반화 가능도비 검정법의 기각영역은

$$T = \frac{(\overline{X}_n - \overline{Y}_m)}{S_p\sqrt{1/n + 1/m}} \ge t_\alpha(n+m-2)$$

로 주어진다.

만일 모분산 σ_X^2과 σ_Y^2이 알려진 값이면, 검정통계량은

$$Z = \frac{(\overline{X}_n - \overline{Y}_m)}{\sqrt{\sigma_X^2/n + \sigma_Y^2/m}}$$

이 되며, 두 모평균이 같다는 귀무가설하에서 $Z \sim N(0, 1)$이라는 사실에 근거하여 주어진 유의수준 α에 맞는 기각영역을 택할 수 있다.

예 5.28

독립 이표본 $X_1, X_2, \cdots, X_n$과 $Y_1, Y_2, \cdots, Y_m$이 각각 정규분포 $N(\mu_X, \sigma_X^2)$과 $N(\mu_Y, \sigma_Y^2)$으로부터 구한 랜덤표본이라고 하자. 이때 두 복합가설

$$H_0: \sigma_X^2 = \sigma_Y^2 \quad \text{대} \quad H_1: \sigma_X^2 \ne \sigma_Y^2 \tag{5.17}$$

에 대한 유의수준 α인 검정법을 구해 보자. 모평균 μ_X와 μ_Y의 값을 모르는 경우, 예 5.27의 이표본 t 검정통계량의 경우와 마찬가지로, 일반화 가능도비 방법을 활용하여 보자. 먼저, 결합 확률밀도함수는

$$\begin{aligned} &f(x_1, \cdots, x_n, y_1, \cdots, y_m; \mu_X, \mu_Y, \sigma_X^2, \sigma_Y^2) \\ &= \left(\frac{1}{2\pi\sigma_X^2}\right)^{n/2} \exp\left[-\frac{1}{2}\sum_{i=1}^{n}\left(\frac{x_i - \mu_X}{\sigma_X}\right)^2\right] \left(\frac{1}{2\pi\sigma_Y^2}\right)^{m/2} \exp\left[-\frac{1}{2}\sum_{j=1}^{m}\left(\frac{y_j - \mu_Y}{\sigma_Y}\right)^2\right] \end{aligned}$$

이다. 그런데 전체 모수공간 Ω 내에서 모수벡터 $(\mu_X, \mu_Y, \sigma_X^2, \sigma_Y^2)$의 최대가능도 추정량은

$$\hat{\mu}_X = \overline{X}_n, \qquad \hat{\mu}_Y = \overline{Y}_m$$

$$\hat{\sigma}_X{}^2 = \frac{\sum_{i=1}^{n} (X_i - \hat{\mu}_X)^2}{n}, \quad \hat{\sigma}_Y{}^2 = \frac{\sum_{j=1}^{m} (Y_j - \hat{\mu}_Y)^2}{m}$$

으로 주어진다. 한편, 귀무가설하의 모수공간 Ω_0에 속하는 평균과 공통분산의 최대가능도 추정량은

$$\hat{\mu}_{X_0} = \overline{X}_n, \qquad \hat{\mu}_{Y_0} = \overline{Y}_m$$

$$\hat{\sigma}_0{}^2 = \frac{1}{n+m}\left[\sum_{i=1}^{n} (X_i - \overline{X}_n)^2 + \sum_{j=1}^{m} (Y_j - \overline{Y}_m)^2\right]$$

으로 계산된다. 따라서 일반화 가능도비는

$$\Lambda = \frac{L(\hat{\mu}_{X_0}, \hat{\mu}_{Y_0}, \hat{\sigma}_0{}^2; X_1, X_2, \cdots, X_n, Y_1, Y_2, \cdots, Y_m)}{L(\hat{\mu}_X, \hat{\mu}_Y, \hat{\sigma}_X{}^2, \hat{\sigma}_Y{}^2; X_1, X_2, \cdots, X_n, Y_1, Y_2, \cdots, Y_m)}$$

$$= \frac{(\frac{n-1}{n})^{n/2}(\frac{m-1}{m})^{m/2}(S_X^2)^{n/2}(S_Y^2)^{m/2}}{[((n-1)S_X^2 + (m-1)S_Y^2)/(n+m)]^{(n+m)/2}}$$

이 된다. 단, $S_X^2 = \frac{1}{n-1}\sum_{i=1}^{n}(X_i - \overline{X}_n)^2$이고 $S_Y^2 = \frac{1}{m-1}\sum_{j=1}^{m}(Y_j - \overline{Y}_m)^2$이다. 그런데

$$F = \frac{\sum_{j=1}^{m}(Y_j - \overline{Y}_m)^2 \Big/ (m-1)}{\sum_{i=1}^{n}(X_i - \overline{X}_n)^2 \Big/ (n-1)} = \frac{S_Y^2}{S_X^2}$$

라고 하면 Λ가 아주 작을 때 귀무가설을 기각하는 것은 F가 아주 크거나 아주 작은 경우 귀무가설을 기각하는 것과 동등하다(참조: 연습문제 5.31). 이제, 귀무가설하에서 검정통계량 F의 분포는 $F \sim F(m-1, n-1)$이므로(참조: 3.2.2절), 가설 (5.17)에 대하여 유의수준 α인 일반화 가능도비 검정법의 기각영역은

$$F \le F_{1-\alpha/2}(m-1, n-1) \quad \text{또는} \quad F \ge F_{\alpha/2}(m-1, n-1)$$

이 된다(예 5.24에서처럼 양쪽꼬리에서 $\alpha/2$씩 택한 것은 편리성 때문이며, 엄밀한 의미에서는 $\Lambda \le \lambda^*$에서 적절한 λ^*를 찾고 이로부터 F가 클 때와 작을 때의 확률을 따로 구해야 한다). 만일, 대립가설이 단측으로 $H_1: \sigma_X^2 > \sigma_Y^2$이라면 유의수준 α인 일반화 가능도비 검정법의 기각영역은

$$F \le F_{1-\alpha}(m-1,\, n-1)$$

가 된다.

한편, 모평균 μ_X와 μ_Y가 알려져 있으면

$$F = \frac{\sum_{j=1}^{m}(Y_j - \mu_Y)^2/m}{\sum_{i=1}^{n}(X_i - \mu_X)^2/n}$$

일 때 $\Lambda = \dfrac{(n+m)^{(n+m)/2}}{(n+mF)^{n/2}(m+n/F)^{m/2}}$이 되고, $\Lambda \le \lambda^*$는 $c_1 < 1 < c_2$인 c_1과 c_2에 대해 $F \le c_1$ 또는 $F \ge c_2$와 동등해진다. 또 H_0하에서 $F \sim F(m, n)$이므로, 가설 (5.17)에 대한 유의수준 α인 기각영역은 양쪽 꼬리에서 $\alpha/2$씩의 확률을 택한다면

$$F \le F_{1-\alpha/2}(m, n) \text{ 또는 } F \ge F_{\alpha/2}(m, n)$$

이 된다.

5.4.2 두 이항분포의 비교

$X_1, X_2, \cdots, X_n$과 $Y_1, Y_2, \cdots, Y_m$이 각각 성공확률이 p_X, p_Y인 베르누이 분포에서 뽑힌 독립 표본일 때 $X = \sum_{i=1}^{n} X_i$, $Y = \sum_{j=1}^{m} Y_j$로 정의하면, X와 Y는 독립이고 각각 $B(n, p_X)$와 $B(m, p_Y)$를 따르는 이항확률변수가 된다.

예 5.29

독립인 이항확률변수 $X \sim B(n,\, p_X)$와 $Y \sim B(m,\, p_Y)$에 근거하여

$$H_0 : p_X = p_Y (= p) \quad \text{대} \quad H_1 : p_X \ne p_Y \tag{5.18}$$

에 대한 일반화 가능도비 검정법을 구해 보자. 귀무가설하에서 공통된 성공확률 p에 대한 최대가능도 추정량은

$$\hat{p} = \frac{X+Y}{n+m}$$

이고, 전체 모수공간 $\Omega=\{(p_X, p_Y): 0<p_X<1,\ 0<p_Y<1\}$ 에서는

$$\hat{p}_X=\frac{X}{n},\ \hat{p}_Y=\frac{Y}{m}$$

로 구해진다. 이에 따른 일반화 가능도비는

$$\Lambda=\frac{\left(\frac{X+Y}{n+m}\right)^{X+Y}\left(1-\frac{X+Y}{n+m}\right)^{n+m-X-Y}}{\left(\frac{X}{n}\right)^{X}\left(1-\frac{X}{n}\right)^{n-X}\left(\frac{Y}{m}\right)^{Y}\left(1-\frac{Y}{m}\right)^{m-Y}}$$

이다. 그런데 Λ의 분포는 매우 복잡하며 앞의 예들에서와 같은 변환도 쉽지 않다. 이에 정리 5.3을 이용하여 $-2\log\Lambda$의 분포를 자유도가 1인 카이제곱분포로 근사하는 방법 등을 고려할 수 있다(Ω에서 제약조건 없이 자유롭게 움직일 수 있는 모수의 개수는 2이고, Ω_0에서 자유롭게 움직일 수 있는 모수의 개수는 1이므로 자유도는 그 차이인 1이 된다).

여기에서는 다음과 같이 중심극한정리에 근거를 둔 접근을 고려하기로 한다. $N=n+m$이라 하고 n과 m이 커질 때 $n/N\to c_1$, 그리고 $m/N\to c_2$라고 가정하면, 식 (4.22)에서와 같이 표본의 크기가 커질 때

$$\frac{\sqrt{N}(X/n-Y/m-(p_X-p_Y))}{\sqrt{p_X(1-p_X)/c_1+p_Y(1-p_Y)/c_2}}\xrightarrow{d}N(0,1) \tag{5.19}$$

이 성립한다. 또, $\hat{p}_X$과 $\hat{p}_Y$이 각각 p_X와 p_Y의 일치추정량이므로 슬럿츠키의 정리(정리 3.15 참조)를 사용하면

$$\frac{(X/n-Y/m)-(p_X-p_Y)}{\sqrt{\hat{p}_X(1-\hat{p}_X)/n+\hat{p}_Y(1-\hat{p}_Y)/m}}\xrightarrow{d}N(0,1)$$

이 됨을 알 수 있다. 귀무가설하에서는 $p_X=p_Y=p$이고 최대가능도 추정량 $\hat{p}=\dfrac{X+Y}{n+m}$가 p에 대한 일치추정량이므로 슬럿츠키 정리에 의해, 표본의 크기가 커질 때

$$\frac{X/n-Y/m}{\sqrt{\hat{p}(1-\hat{p})(1/n+1/m)}}\xrightarrow{d}N(0,1)$$

이 된다. 따라서 가설 (5.18)에 대한 유의수준 α인 근사 검정법의 기각영역은

$$\frac{X/n - Y/m}{\sqrt{(n+m)\hat{p}(1-\hat{p})/(nm)}} \le -z_{\alpha/2} \text{ 또는 } \ge z_{\alpha/2} \qquad (5.20)$$

으로 구할 수 있다. $\hat{p}_X$와 $\hat{p}_Y$ 간의 차이의 절댓값이 클수록 대립가설에 대한 더 강한 증거가 된다.

조건부 검정법

지금까지 다룬 대부분의 검정방법들은 검정통계량에 미지의 장애모수가 포함되어 있는 경우 이를 적절히 추정하여 검정통계량에 대입하는 방법을 택하였다. 가령 일표본 t 검정에서, 미지의 장애모수인 모분산 σ^2을 표본분산 S^2으로 추정한 t 검정통계량을 사용하였다. 그러나 검정방법들 중에는 적절한 조건부 검정통계량을 고려함으로써 장애모수 θ에 의존하지 않도록 하는 것들이 있다. 가령, 장애모수 θ에 대해 충분통계량 S가 존재하면 S가 주어졌을 때 검정통계량 T의 조건부 확률변수 $T|S=s$의 분포는 θ에 의존하지 않는다. 이러한 검정방법에 대하여 이표본 이항확률변수의 예를 들어 간단히 설명하기로 한다.

예 5.30

이항확률변수 $X \sim B(n, p_X)$와 $Y \sim B(m, p_Y)$가 서로 독립이라 하고,

$$H_0: p_X = p_Y (= p) \quad \text{대} \quad H_1: p_X < p_Y \qquad (5.21)$$

에 대한 조건부 검정법을 구해 보자. 귀무가설 H_0하에서 X와 Y의 결합 확률밀도함수는

$$f_{X,Y}(x, y) = \binom{n}{x}\binom{m}{y} p^{x+y}(1-p)^{n+m-(x+y)}$$

이 되며, $S = X + Y$는 미지의 p에 대한 충분통계량이고, 귀무가설하에서 $B(n+m, p)$의 분포를 갖는다. 여기에서 $S = s$라는 조건하에서 (X, Y)에 근거한 검정방법을 구해 보자. 먼저, $Y = S - X$라는 관계가 있으므로, 조건부 확률변수 $Y|s$만을 고려해도 충분하다. 그런데 $Y|s$의 확률밀도함수는

$$\begin{aligned} f_{Y|s}(y|s) &= \frac{f_{S,Y}(s,y)}{f_S(s)} \\ &= \frac{f_{X,Y}(s-y,\,y)}{f_S(s)} \\ &= \frac{\binom{n}{s-y}\binom{m}{y}p^s(1-p)^{n+m-s}}{\binom{n+m}{s}p^s(1-p)^{n+m-s}} \\ &= \frac{\binom{n}{s-y}\binom{m}{y}}{\binom{n+m}{s}} \quad y=0,\,\cdots,\,s\ ;\ s=0,\,\cdots,\,n+m \end{aligned}$$

으로 주어진다. 이는 바로 초기하 확률밀도함수인데, 미지의 모수 p를 포함하고 있지 않으므로 $S=s$가 주어지면 근사적 검정방법이 아닌 다음과 같은 유의수준에 꼭 맞는 기각영역을 구할 수 있다. 가설 (5.21)의 경우 유의수준 α인 기각영역은 물론 주어진 s의 값에 의존하며, 조건부 검정법의 기각영역은 큰 Y값에 해당하므로 $\{Y \geq k(s)\}$의 꼴로 주어진다. 따라서

$$\sum_{i=y}^{s} \frac{\binom{m}{i}\binom{n}{s-i}}{\binom{n+m}{s}} \leq \alpha$$

이면 유의수준 α에서 H_0을 기각한다. 나아가, 다른 형태의 대립가설에 대해서도 비슷한 방법이 적용될 수 있다.

신뢰구간과 가설검정의 관계

신뢰구간은 추정법의 일종이지만 점추정의 이론보다는 오히려 가설검정법과 더 가까운 관련을 갖는다고 할 수 있는데, 신뢰구간을 채택가능한(기각할 수 없는) 귀무가설의 집합으로 볼 수 있기 때문이다. 다시 말해, 주어진 표본에 대하여 모수 θ에 대한 가설 $H_0 : \theta = \theta_0$ 대 $H_1 : \theta \neq \theta_0$에 관한 유의수준 α인 양측검정법에서, 귀무가설을 기각하지 않게 되는 θ_0값들의 집합이 모수 θ의 $100(1-\alpha)\%$ 신뢰구간이 된다. 예를 들어 설명하여 보자. $X_1,\ X_2,\ \cdots,\ X_n$이 $N(\mu,\ \sigma_0^2)$으로부터의 랜덤표본이라고 할 때, 모평균 μ에 대한 가설 $H_0 : \mu = \mu_0$ 대 $H_1 : \mu \neq \mu_0$에 관한 유의수준 $\alpha = 0.05$인 양측검정법의 기각영역은

$$|\overline{X}_n - \mu_0| \geq 1.96 \cdot \sigma_0 / \sqrt{n}$$

으로 주어진다. 한편, 모평균 μ에 대한 95% 신뢰구간은

$$\overline{X}_n - 1.96 \cdot \sigma_0 / \sqrt{n} < \mu < \overline{X}_n + 1.96 \cdot \sigma_0 / \sqrt{n}$$

으로 계산된다. 여기에서 알 수 있는 것은 위 기각영역의 여집합, 즉 채택영역 $|\overline{X}_n - \mu_0| < 1.96 \cdot \sigma_0 / \sqrt{n}$ 을 만족하는 μ_0값들의 집합이 위의 신뢰구간과 동일하다는 것이다. 따라서 모평균 μ에 대한 95% 신뢰구간을 구하고 나면 그 결과를 가설검정에 활용할 수 있다. 즉, 95% 신뢰구간에 모평균의 특정값 μ_0가 포함되지 않으면 가설 H_0를 유의수준 $\alpha = 0.05$에서 기각하는 것이다. 이와 같은 내용은 좀 더 일반화될 수 있는 것으로, 신뢰계수가 $(1-\alpha) \times 100\%$인 모수의 신뢰영역 내에 특정한 모수값이 포함되지 않으면 모수가 그 특정값을 갖는다는 가설은 유의수준 α에서 기각된다(단, 이때의 대립가설은 양측이며, 단측인 경우는 단측신뢰구간을 마찬가지 방법으로 사용할 수 있다).

연습문제 5장

01 확률밀도함수가 $f(x;\theta)=1/\theta\ (0\le x\le\theta)$인 분포로부터 하나의 관찰값 X를 얻었다고 하자. 이때 가설 $H_0:\theta=1$ 대 $H_1:\theta=2$에 대한 기각영역을 $C=\{x:x>0.7\}$로 했을 때 제1종 오류를 범할 확률 α와 제2종 오류를 범할 확률 β를 계산하라.

02 $X_1, X_2, \cdots, X_{16}$이 $N(\mu, 4)$로부터 구한 랜덤표본이라 하자. 이제 표본평균 $\overline{X}_{16}$에 근거하여 모평균 μ에 대한 가설 $H_0:\mu=100$을 유의수준 $\alpha=0.05$에서 검정하고자 한다.

(1) 기각영역의 형태가 $C=\{(x_1, x_2, \cdots, x_{16})\mid \overline{x}_{16}<a\}$로 주어질 때 상수 a의 값을 구하라.

(2) 대립가설이 $H_1:\mu=103$인 경우 (1)에서 구한 기각영역에 대하여 제2종 오류를 범할 확률을 구하라.

(3) 대립가설이 $H_1:\mu=97$인 경우 (1)에서 구한 기각영역에 대하여 제2종 오류를 범할 확률을 구하라.

03 이산형 확률변수 X의 확률밀도함수가

x	1	2	3	4	5	6
$f(x;\theta_0)$	0.02	0.03	0.05	0.10	0.30	0.50
$f(x;\theta_1)$	0.05	0.07	0.10	0.20	0.30	0.28

로 주어졌고, 여기에서 하나의 관찰값을 얻는다고 하자.

$$H_0:\theta=\theta_0 \quad \text{대} \quad H_1:\theta=\theta_1\text{을 고려할 때}$$

(1) $\alpha=0.05$인 모든 기각영역을 제시하라.

(2) (1)에서 제시한 기각영역 중 제2종 오류를 범할 확률이 가장 작은 것을 말하라.

(3) (2)에서 찾은 기각영역이 네이만-피어슨 정리를 만족하는가?

(4) 네이만 피어슨 정리를 이용하여 검정을 하려고 할 때, 얻은 관찰값이 $X=3$이라면 유의확률은 얼마인가?

04 '성공' 확률이 p인 베르누이 시행에 대한 가설 $H_0 : p = 1/2$ 대 $H_1 : p = 3/4$을 고려하자. 2회의 독립시행의 결과가 모두 '성공'일 경우에만 H_0을 기각하지 않는 검정의 유의수준 α와 검정력 $1-\beta$를 구하라.

05 어떤 집단의 IQ 점수의 분포가 $N(\mu, 100)$이라고 한다. 모평균 μ에 대한 가설 $H_0 : \mu = 110$ 대 $H_1 : \mu > 110$에 대한 검정을 하기 위하여 크기가 16인 랜덤표본으로부터 표본평균값 $\overline{X}_{16} = 113.5$를 얻었다.

(1) 유의수준 5%에서 귀무가설 H_0을 기각하는가?

(2) 유의수준 10%에서 귀무가설 H_0을 기각하는가?

(3) 유의확률(p−value)은 얼마인가?

06 X_1과 X_2가 확률밀도함수 $f(x\,;\theta) = (1/\theta)\exp(-x/\theta),\ x > 0$으로부터 구한 랜덤표본이라고 한다. 이제 가설 $H_0 : \theta = 2$ 대 $H_1 : \theta = 1$을 고려할 때, H_0에 대한 기각영역을

$$\frac{f(x_1;2)f(x_2;2)}{f(x_1;1)f(x_2;1)} < \frac{1}{2}$$

을 만족하는 표본값으로 택하였다. 이와 같은 검정법에 대한 유의수준과, H_0이 참이 아닐 때의 검정력을 구하라.

07 $X_1,\ X_2,\ \cdots,\ X_n$을 $N(0, \sigma^2)$으로부터의 랜덤표본이라 하자.

(1) 가설 $H_0 : \sigma^2 = 4$ 대 $H_1 : \sigma^2 = 9$에 대한 최강력 검정의 기각영역은

$C = \left\{(x_1, \cdots, x_n) : \sum_{i=1}^{n} x_i^2 \geq c\right\}$의 꼴로 주어짐을 보여라.

(2) 표본의 크기가 $n = 20$일 때, 유의수준이 $\alpha = 0.05$이기 위한 상수 c의 값을 구하라.

(3) 표본의 크기가 $n = 20$일 때, (2)에서 찾은 기각영역에 대한 제2종 오류를 범할 확률 $\beta = P\left(\sum_{i=1}^{n} X_i^2 \leq c \mid \sigma^2 = 9\right)$의 값을 찾아라.

08 $X \sim B(2, p)$에 대하여, 가설 $H_0 : p = 1/2$ 대 $H_1 : p = 2/3$를 고려하자.

(1) 유의수준이 $\alpha \leq 1/2$인 검정법의 기각영역을 모두 제시하라.

(2) (1)의 기각영역들 중 $\alpha + \beta$를 최소화하는 기각영역을 구하라.

09 3번 문제에서 주어진 $f(x;\theta_0)$와 $f(x;\theta_1)$의 표에서, 모든 가능한 최강력 검정의 기각영역과 그 유의수준을 구하라.

10 확률밀도함수가 $f(x;p) = (1-p)^{x-1} \cdot p,\ x = 1, 2, \cdots$인 모집단으로부터 크기가 n인 랜덤표본 $X_1, X_2, \cdots, X_n$을 얻었다고 할 때, 가설 $H_0 : p = \dfrac{1}{4}$ 대 $H_1 : p = \dfrac{1}{3}$을 고려하자.

(1) 최강력 검정의 기각영역을 구하라.

(2) 대립가설을 $H_1 : p > 1/4$로 택했을 때, (1)에서 구한 검정이 균일최강력 검정이 되는지를 밝혀라.

11 $N(0, \sigma^2)$으로부터 얻은 크기가 $n = 20$인 랜덤표본에서 $\sum_{i=1}^{20} X_i^2 = 2000$이 주어졌다. 이에 근거하여 $H_0 : \sigma^2 = 8$ 대 $H_1 : \sigma^2 = 11$을 유의수준 $\alpha = 0.05$에서 검정하라.

12 이항분포 $B(10, p)$에서 하나의 관찰값 X를 얻을 때, 가설 $H_0 : p \leq 1/2$ 대 $H_1 : p > 1/2$의 기각영역으로 $C = \{x : x \geq 7\}$을 택한 검정의

(1) 유의수준을 구하라.

(2) 검정력함수를 구하라.

13 독립인 100회의 베르누이(p) 시행에서 60회의 '성공'을 얻었다고 하자. 이에 근거하여 가설 $H_0 : p = 1/2$ 대 $H_1 : p > 1/2$에 대한 근사검정법을 중심극한정리를 사용하여 구하라.

14 $X_1, X_2, \cdots, X_{40}$을 $\text{POI}(\lambda)$로부터 구한 랜덤표본이라고 하자. $\overline{X}_{40} = 3.5$일 때, 가설 $H_0 : \lambda = 3$ 대 $H_1 : \lambda > 3$에 대한 유의수준 $\alpha = 0.05$인 근사검정법을 구하라.

15 $X_1,\ X_2,\ \cdots,\ X_n$이 베르누이(p)로부터 얻은 랜덤표본이라 하자. 이때 가설 $H_0: p=1/2$ 대 $H_1: p=1/3$에 대한 최강력 검정법의 기각영역은 $C=\left\{(x_1,\cdots,x_n): \sum_{i=1}^{n} x_i \le c\right\}$로 표현됨을 보여라. 또한 중심극한정리를 사용하여, $P\left(\sum_{i=1}^{n} X_i \le c \mid H_0\right)=0.10$과 $P\left(\sum_{i=1}^{n} X_i \le c \mid H_1\right)=0.80$을 만족하는 상수 c의 값과 표본의 크기 n을 구하라.

16 평균이 μ이고 분산이 1인 정규분포로부터 크기 n인 랜덤표본을 추출한다고 하자. 이때 $H_0: \mu=0$ 대 $H_1: \mu=1$의 검정문제에서, 제1종 오류를 범할 확률 α와 제2종 오류를 범할 확률 β를 모두 2.5% 이내로 통제하려면 표본의 크기 n은 최소한 얼마여야 하는가?

17 $X_1,\ X_2,\ \cdots,\ X_n$이 확률밀도함수가 $f(x;\lambda)=\exp(-\lambda)\lambda^x/x!,\quad x=0,\ 1,\ 2,\ \cdots$인 분포로부터 구한 랜덤표본이라고 한다. 이제, 가설 $H_0: \lambda=10$ 대 $H_1: \lambda=11$에 대하여

(1) 최강력 검정법의 기각영역을 구하라.

(2) 정규분포에 의한 근사식을 사용하여 검정력을 구하라.

18 $X_1,\ X_2,\ \cdots,\ X_n$의 결합 확률밀도함수는 $f(x_1,\ \cdots,x_n;\theta)$이며 S가 θ에 대한 충분통계량이라고 하자. 이때 가설 $H_0: \theta=\theta_0$ 대 $H_1: \theta=\theta_1$에 대한 최강력 검정의 기각영역이 S에 의해 표현됨을 보여라.

19 $X_1,\ X_2,\ \cdots,\ X_n$이 $U(0,\ \theta),\ \theta>0$로부터 얻은 랜덤표본이라고 하자. 이때 $H_0: \theta=\theta_0$ 대 $H_1: \theta<\theta_0$에 대한 균일최강력 검정의 기각영역을 구하고, 그것이 귀무가설을 $H_0: \theta \ge \theta_0$으로 택했을 때도 역시 균일최강력 검정이 됨을 보여라.

20 확률밀도함수가

$$f(x;\theta) = (1+\theta)x^{\theta} \qquad (0 \le x \le 1,\ \theta > 0)$$

인 모집단으로부터 크기가 n인 랜덤표본을 추출한다고 하자. 이때 가설

$$H_0 : \theta = \theta_0 \text{ 대 } H_1 : \theta = \theta_1 (> \theta_0)$$

의 검정에 관하여,

(1) 최강력 검정의 기각영역을 구하라.

(2) (1)에서 구한 검정이 대립가설 $\theta > \theta_0$에 대하여 균일최강력 검정이 되는지를 밝혀라.

21 확률밀도함수가 $f(x;\theta) = \begin{cases} \exp[-(x-\theta)], & x \ge \theta \text{ 인 경우} \\ 0, & \text{그 외의 경우} \end{cases}$

인 모집단으로부터 크기가 n인 랜덤표본을 추출한다고 하자. 이때 가설

$$H_0 : \theta = 0 \qquad \text{대} \qquad H_1 : \theta > 0$$

의 검정문제에 적절한 검정절차를 제시하고, 그 검정이 균일최강력 검정인지 아닌지 확인하라.

22 확률밀도함수가 $f(x;\theta) = \theta x^{\theta-1}$, $0 < x < 1$인 모집단으로부터 랜덤표본 $X_1, X_2, \cdots, X_n$을 추출하여 $H_0 : \theta = \theta_0$ 대 $H_1 : \theta > \theta_0$ 의 가설검정을 하려고 한다.

(1) 균일최강력 검정의 기각영역을 $-\sum_{i=1}^{n} \ln X_i$를 이용하여 표현하라.

(2) $n = 20$, $\alpha = 0.05$일 때 카이제곱 백분위수를 이용하여 기각영역을 구하라.

23 확률밀도함수가 $f(x;\theta) = \theta x^{\theta-1}$, $0 < x < 1$인 모집단으로부터 랜덤표본 $X_1, X_2, \cdots, X_n$을 추출하여 $H_0 : \theta = \theta_0$ 대 $H_1 : \theta \ne \theta_0$ 의 가설검정을 하려고 한다. 이때 균일최강력 검정이 존재하지 않음을 보여라.

24 $X_1, X_2, \cdots, X_n$이 확률밀도함수가 $f(x)$인 어떤 모집단에서 얻어진 랜덤표본이다. $f_0(x) = I_{(0,1)}(x)$와 $f_1(x) = e^{-x}, x > 0$인 f_0와 f_1에 대해 $H_0 : f(x) = f_0(x)$ 대 $H_1 : f(x) = f_1(x)$를 검정하려고 한다.

(1) 최강력 검정의 기각영역이 $(x_1, x_2, \cdots, x_n) : x_{(n)} > 1$ 또는 $\sum_{i=1}^{n} x_i \le c\}$ 임을 보여라.

(2) 유의수준이 $\alpha = 0.05$이고 $n = 50$일 때 중심극한정리를 이용하여 c의 값을 구하라.

25 $X_1, X_2, \cdots, X_n$이 $N(\mu, \sigma^2)$ 분포로부터 얻은 랜덤표본이라 하자.

(1) 모분산 σ^2이 알려져 있지 않은 경우 $H_0 : \mu \le \mu_0$ 대 $H_1 : \mu > \mu_0$에 대한 유의수준 α인 일반화 가능도비 검정법을 구하라.

(2) 모평균 μ가 알려져 있지 않은 경우 $H_0 : \sigma^2 = \sigma_0^2$ 대 $H_1 : \sigma^2 > \sigma_0^2$에 대한 유의수준 α인 일반화 가능도비 검정법을 구하라.

26 X_1과 X_2가 서로 독립이고 $U(0, \theta)$의 분포를 따를 때 $H_0 : \theta = 1$ 대 $H_1 : \theta = 2$의 검정을 하고자 한다.

(1) $C_1 = \{(x_1, x_2) : x_1 + x_2 > 2 - \sqrt{2\alpha}\}$가 유의수준 α인 기각영역이 됨을 보여라.

(2) $C_2 = \{(x_1, x_2) : \max(x_1, x_2) > \sqrt{1-\alpha}\}$가 유의수준 α인 기각영역이 됨을 보여라.

(3) C_1과 C_2의 $\theta = 2$에서의 검정력을 비교하라.

(4) 네이만-피어슨 정리를 이용하여 최강력 검정의 기각영역을 구하라.

27 $X_1, X_2, \cdots, X_n$이 $N(\mu, \sigma^2)$으로부터 얻은 랜덤표본이라 하자. 모평균 μ가 알려진 경우, $H_0 : \sigma^2 = \sigma_0^2$ 대 $H_1 : \sigma^2 \ne \sigma_0^2$에 대한 일반화 가능도비 검정법을 구하고, 이를 예 5.24와 비교하라.

28 독립 이표본 $X_1, X_2, \cdots, X_n$과 $Y_1, Y_2, \cdots, Y_n$이 각각 정규분포 $N(\mu_X, 4)$와 $N(\mu_Y, 4)$로부터 구한 랜덤표본이라 하자. 이제 $H_0 : \mu_X = \mu_Y$ 대 $H_1 : \mu_X \ne \mu_Y$에 대한 유의수준 $\alpha = 0.05$인 일반화 가능도비 검정법을 제시하라.

29 X_1, X_2, X_3가 독립적으로 각각 $\mathrm{POI}(\lambda)$, $\mathrm{POI}(2\lambda)$, $\mathrm{POI}(3\lambda)$를 따른다고 하자. 이때 귀무가설 $H_0 : \lambda = \lambda_0$ 대 대립가설 $H_1 : \lambda > \lambda_0$의 검정문제에 대하여 가능도비에 근거한 검정법을 제시하라.

30 두 개의 독립인 랜덤표본 $X_1, X_2, \cdots, X_n$과 $Y_1, Y_2, \cdots, Y_m$의 모분포가 각각 $\mathrm{EXP}(\theta_1)$과 $\mathrm{EXP}(\theta_2)$라고 할 때, $H_0 : \theta_1 = \theta_2$ 대 $H_1 : \theta_1 \neq \theta_2$에 대한 일반화 가능도비 검정의 기각영역을 구하라.

31 독립 이표본 $X_1, X_2, \cdots, X_n$과 $Y_1, Y_2, \cdots, Y_m$이 각각 정규분포 $N(\mu_X, \sigma_X^2)$과 $N(\mu_Y, \sigma_Y^2)$으로부터 구한 랜덤표본이라 하자. 이때 가설 $H_0 : \sigma_X^2 = \sigma_Y^2$ 대 $H_1 : \sigma_X^2 \neq \sigma_Y^2$에 대한 일반화 가능도비 Λ가 F에 의존함을 보여라.

(단, $F = \dfrac{\sum_{j=1}^{m} (Y_j - \overline{Y}_m)^2 \big/ (m-1)}{\sum_{i=1}^{n} (X_i - \overline{X}_n)^2 \big/ (n-1)} = \dfrac{S_Y^2}{S_X^2}$)

32 $X \sim B(100, p_x)$, $Y \sim B(106, p_y)$일 때, 가설 $H_0 : p_x = p_y$ 대 $H_1 : p_x \neq p_y$를 고려해 보자. 실험을 통하여 $X = 40$, $Y = 68$을 얻었다고 할 때, 정규근사를 활용하여 유의수준 $\alpha = 0.05$인 검정법의 기각영역을 구하라.

33 $X_1, X_2, \cdots, X_n$과 $Y_1, Y_2, \cdots, Y_n$이 각각 $\mathrm{POI}(\lambda_1)$과 $\mathrm{POI}(\lambda_2)$에서 얻은 랜덤표본이고, 두 표본은 서로 독립이라고 하자. 실험을 통해 $n = 50$, $\overline{X} = 15$, $\overline{Y} = 18$을 얻었다고 할 때, 가설 $H_0 : \lambda_1 = \lambda_2$ 대 $H_1 : \lambda_1 \neq \lambda_2$에 대한 유의수준 $\alpha = 0.01$인 근사 일반화 가능도비 검정을 행하라.

34 서로 독립인 확률변수 X와 Y가 각각 $X \sim \mathrm{POI}(\lambda_1)$, $Y \sim \mathrm{POI}(\lambda_2)$라고 하자. 이제, $S = X + Y$라고 하면,

(1) $S = s$일 때, X의 조건부 확률분포는 $B(s, p)$ (단, $p = \lambda_1 / (\lambda_1 + \lambda_2)$)임을 보여라.

(2) (1)의 결과를 사용하여 $H_0 : \lambda_1 = \lambda_2$ 대 $H_1 : \lambda_1 \neq \lambda_2$에 대한 조건부 검정법을 구하라.

6장 분산분석

5장에서 정규분포를 따르는 두 모집단의 평균을 비교하는 문제를 이표본 t 검정으로 다루었다(예 5.27 참조). 그런데 만약 비교하고자 하는 모집단이 세 개 이상이라면 어떤 방법을 써야 할까? 실제로 많은 실험이나 관찰 등에서 세 개 이상의 집단에 대한 비교를 쉽게 찾아볼 수 있다. 6장에서는 이표본 문제에 대한 중요한 연장으로서, 표본이 세 개 이상인 경우 정규분포의 모평균들을 어떻게 검정할 것인지에 대한 문제를 다루기로 한다. 이를 다룸에 있어, 집단 사이의 흩어짐과 집단 내의 흩어짐을 측정하여 비교하는 분산비 추정량(estimator of variance ratio)을 고려하겠으며 집단 내의 흩어짐에 비해 집단 사이의 흩어짐의 정도가 큰 경우 집단 사이에 차이가 있다고 결론내릴 것이다. 검정통계량의 분포는 3장에서 소개된 F 분포를 이용한다. 이표본인 경우에 제시되었던 t 검정법은 이의 특별한 형태로 생각될 수 있다. 여기에서는 먼저 I개의 표본에 대한 모평균의 비교 또는 완전임의배치에 사용될 수 있는 일원분류 분산분석을 다루겠으며, 다음으로는 랜덤화 블록 설계(randomized block design) 또는 두 요인분석 등에 활용되는 이원분류 분산분석을 다루기로 한다. 이 과정에서 실제 자료에 분산분석을 어떻게 적용하느냐에 대한 방법론적 접근보다는, 책의 목적에 맞도록 분산분석에 필요한 이론의 수리적인 면에 보다 초점을 맞추고자 한다.

6.1 일원분류 분산분석

세 개 이상의 모집단의 평균에 대한 통계적 가설검정을 하는 데에 사용될 수 있는 일원분류 분산분석을 살펴보자. 일반적인 설명을 위해 모집단이 $I(>2)$개 있으며 이들로부터 얻은 I개의 독립표본에 근거한 모평균들에 대한 검정방법을 다루기로 한다. 편의상 I개의 모집단을 I개의 처리방법으로 표현하기도 하는데, 실험을 통한 자료수집의 경우에는 각 처리방법이 모집단을 정의하게 되기 때문에 타당한 표현으로 볼 수 있다. 예를 들어, 어떤 질병에 대해 세 가지 서로 다른 치료방법의 효과를 비교하기 위한 실험을 한다고 가정하자. 랜덤하게 선택된 30명의 환자를 세 치료방법에 10명씩 랜덤하게 배치했다고 하면, 비교하고자 하는 치료방법이 처리방법이 되고, 각 처리방법이 다른 모집단을 정의하게 되어 세 개의 모집단의 평균(이 경우에는 환자의 상태를 측정하는 값의 평균)을 비교하게 되는 것이다.

처리방법이 I가지 있는 경우에, i번째 처리방법($i=1,\cdots,I$)에 n_i개의 반복된 관찰값이 있다고 하자. 치료방법 예제에서는 $I=3$이고, $n_1=n_2=n_3=10$이 된다. 이때 전체 $n(=n_1+n_2+\cdots+n_I)$개의 관찰값들이 균일(homogeneous)하다고 가정한다. 즉, 실험대상들이 모두 균일하여 실험을 통해 얻은 자료에서 그들 간의 차이가 발생한다면 그것은 오로지 처리방법의 차이 때문이라는 것이다. 치료방법 예제를 생각해 본다면, 선택된 30명의 환자들이 여러 가지 면에서 비슷하여 그들 간에 체계적인 차이는 없다고 보면 되겠다.

이러한 자료는 전체 실험대상들을 i번째 처리방법에 n_i개씩 랜덤배치(random assignment)하는 실험계획방법인 **완전임의배치법**(completely randomized design)으로부터 얻어질 수 있다. 또, 이 실험계획은 하나의 처리방법에 대한 I개의 서로 다른 처리수준에 대하여도 활용될 수 있는데, 예를 들면, $4(=I)$가지 다른 의약품의 효과를 비교하는 데도 사용될 수 있지만 하나의 의약품에 대하여 4가지 다른 투약 정도의 결과를 비교하는 데에도 활용할 수 있다는 것이다. 이 책에서는 특별한 언급이 없는 한 처리방법이나 처리수준을 같은 것으로 봐도 되겠다. 이제 i번째 처리방법의 j번째 관찰값을 X_{ij}라고 하고, 다음 표와 같은 결과를 얻었다고 하자.

처리방법			
1	2	$\cdots$	I
X_{11}	X_{21}	$\cdots$	X_{I1}
·	·	$\cdots$	·
·	·	$\cdots$	·
·	·	$\cdots$	X_{In_I}
X_{1n_1}	·		
	X_{2n_2}		

표본크기	n_1	n_2	$\cdots$	n_I
표본평균	$\overline{X}_{1.}$	$\overline{X}_{2.}$	$\cdots$	$\overline{X}_{I.}$
모평균	μ_1	μ_2	$\cdots$	μ_I

예를 들어, 미취학 어린이들에게 읽기를 가르치는 3가지 방법을 비교하고자 하는 실험에서, 여러 면에서 조건이 동일한 50명의 미취학 어린이들에게 3가지 방법을 랜덤하게 적용하였다고 하자. 20명의 어린이들이 방법 1에, 15명의 어린이들이 방법 2에, 15명의 어린이들이 방법 3에 배치되고, 교육기간이 끝난 후 읽기능력을 가늠할 수 있는 시험을 통해 점수를 얻었다고 해보자. 이때 $I=3$, $n_1=20$, $n_2=15$, $n_3=15$이며, X_{ij}는 i번째 방법으로 교육받은 j번째 어린이의 시험점수가 된다. 편의상 i번째

처리집단(i번째 처리방법이 적용된 집단)의 표본평균은

$$\overline{X}_{i.} = \left(\frac{1}{n_i}\right)\sum_{j=1}^{n_i} X_{ij}$$

로, 전체표본평균은

$$\overline{X}_{..} = \left(\frac{1}{n}\right)\sum_{i=1}^{I}\sum_{j=1}^{n_i} X_{ij} \qquad (\text{단, } \sum_{i=1}^{I} n_i = n)$$

로 표기하였다. 이제, 위의 자료에 대하여 다음과 같은 모형들을 생각해 보자.

■ **모형 I:**

$$X_{ij} = \mu_i + \varepsilon_{ij} \qquad (i = 1, 2, \cdots, I\ ;\ j = 1, 2, \cdots, n_i) \tag{6.1}$$

단, μ_i는 알려져 있지 않은 상수, ε_{ij}는 서로 독립인 $N(0, \sigma^2)$ 확률변수이며 $\sum_{i=1}^{I} n_i = n$이다. 이때 $\alpha_i = \mu_i - \mu$라고 하면 모형 I은 다음의 모형 II로 변형된다.

■ **모형 II:**

$$X_{ij} = \mu + \alpha_i + \varepsilon_{ij} \qquad (i = 1, 2, \cdots, I\ ;\ j = 1, 2, \cdots, n_i) \tag{6.2}$$

이때 μ는 모든 관찰값에 적용되는 상수이고, $\sum_{i=1}^{I} n_i\alpha_i = 0$을 가정하면 $\mu = (1/n)\sum_{i=1}^{I} n_i\mu_i$가 되어 전체 평균($\mu_i$들의 가중평균)의 의미를 갖게 된다. $\sum_{i=1}^{I} n_i\alpha_i = 0$의 조건하에서 α_i는 i번째 처리방법 또는 처리수준의 순수효과를 나타낸다. 랜덤오차 ε_{ij}는 이전과 마찬가지로 서로 독립인 $N(0, \sigma^2)$ 확률변수이며 $\sum_{i=1}^{I} n_i = n$이다.

주 모형 II의 의미는 i 번째 집단의 j 번째 관찰값 X_{ij}가 전체적인 처리효과 μ, i번째 처리방법의 순수효과 α_i, 그리고 관찰오차 ε_{ij}의 합으로 나타내어진다는 것이다.

주 때로 $\sum_{i=1}^{I} n_i\alpha_i = 0$의 조건과 다른 제약조건(예를 들어 $\alpha_I = 0$)을 이용하여 모수의 개수를 줄이기도 하는데, 제약조건에 따라 μ와 α_i의 해석이 달라진다. 그러나 $\sum_{i=1}^{I} n_i\alpha_i = 0$의 조건을 사용하는 것이 가장 일반적이며, μ와 α_i의 해석이 자연스러워진다.

6.1.1 모수의 추정 및 가설검정

이제 식 (6.2)의 모형 Ⅱ에 있는 모수들의 추정을 고려하기로 하자. 처리방법이 하나만 있는 경우에는 모형 Ⅰ이 더 간단할 수 있으나, 처리방법이 늘어나면 각각의 처리효과와 상호작용(interaction, 6.2.2절 참조)의 효과를 나누어 추정할 수 있는 모형 Ⅱ에 이점이 있다. 여기에서 다룰 추정방법은 4장에서의 그것과는 접근방법이 다른 것으로, **최소제곱추정법**(least squares estimation)이라고 한다. 최소제곱추정법은 7장의 회귀모형에서도 사용될 것인데, 특정모형에서 모형과 관찰값의 차이를 잰 오차제곱합을 생각하고, 이를 최소화하는 값을 모수의 추정값으로 삼는 방법이다.

한편, i 번째 처리집단의 j 번째 관찰값 X_{ij}는 다음과 같이 표현될 수 있다.

$$X_{ij} = \underset{\substack{\text{전체}\\ \text{표본평균}}}{\overline{X}_{..}} + \underset{\substack{\text{집단}i\text{의}\\ \text{처리효과}}}{(\overline{X}_{i.} - \overline{X}_{..})} + \underset{\text{표본내 오차}}{(X_{ij} - \overline{X}_{i.})} \tag{6.3}$$

i번째 처리집단의 평균이 전체평균보다 크다면 i번째 처리방법이 관찰값을 전반적으로 높이고 있다고 볼 수 있으며 이것이 이 처리방법의 효과이므로 $\overline{X}_{i.} - \overline{X}_{..}$를 집단 i의 처리효과라고 할 수 있다. 식 (6.3)은 식 (6.2)의 모형 Ⅱ에 포함된 모수의 추정을 가늠케 한다. 이제 최소제곱추정법의 내용을 살펴보면 아래 정리와 같다.

정리 6.1

식 (6.2)의 모형에서 모수 μ와 α_i에 대한 최소제곱 추정량은 $\hat{\mu} = \overline{X}_{..}$, $\hat{\alpha}_i = \overline{X}_{i.} - \overline{X}_{..}$ $(i = 1, 2, \cdots, I)$가 된다.

증명 모형 (6.2)에서 오차는 $\varepsilon_{ij} = X_{ij} - \mu - \alpha_i$이므로 오차제곱합은

$$SS(\mu, \alpha_1, \cdots, \alpha_I) = \sum_{i=1}^{I} \sum_{j=1}^{n_i} (X_{ij} - \mu - \alpha_i)^2$$

으로 쓸 수 있다. 이를 최소화하는 μ와 α_i의 값들을 미분을 통해 구하면,

$$\frac{\partial SS}{\partial \mu} = 2\left(n\mu + \sum_{i=1}^{I} n_i \alpha_i - \sum_{i=1}^{I}\sum_{j=1}^{n_i} X_{ij}\right) = 0$$

$$\frac{\partial SS}{\partial \alpha_i} = 2\left(n_i\mu + n_i\alpha_i - \sum_{j=1}^{n_i} X_{ij}\right) = 0 \quad (i = 1, 2, \cdots, I)$$

으로부터

$$\hat{\mu} = \overline{X}_{..}$$
$$\hat{\alpha}_i = \overline{X}_{i.} - \overline{X}_{..} \quad (i = 1, 2, \cdots, I)$$

이고, $\sum_{i=1}^{I} n_i \alpha_i = 0$의 조건과 2차 미분을 통해 이들이 제곱합을 최소화함을 확인할 수 있다. ■

앞의 정리 6.1에서 구한 모수 μ, α_i에 대한 최소제곱 추정량은 랜덤오차 ε_{ij}의 정규성 여부에 관계없이 동일하다. 그런데 ε_{ij}가 정규분포를 따르면 μ, α_i에 대한 최소제곱 추정량은 최대가능도 추정량과 같으며 동시에 최소분산 비편향성도 가지게 된다. ε_{ij}의 정규성은 뒤에 다루는 F 검정통계량의 분포이론에 중요한 가정이 된다.

나아가 자료 전체의 변동, 즉 흩어진 정도는 처리방법간과 처리방법내의 것으로 식 (6.4)와 같이 구성된다.

$$\begin{aligned}\sum_{i=1}^{I}\sum_{j=1}^{n_i}(X_{ij} - \overline{X}_{..})^2 &= \sum_{i=1}^{I}\sum_{j=1}^{n_i}\{(\overline{X}_{i.} - \overline{X}_{..}) + (X_{ij} - \overline{X}_{i.})\}^2 \\ &= \underbrace{\sum_{i=1}^{I}\sum_{j=1}^{n_i}(\overline{X}_{i.} - \overline{X}_{..})^2}_{\text{처리방법간}} + \underbrace{\sum_{i=1}^{I}\sum_{j=1}^{n_i}(X_{ij} - \overline{X}_{i.})^2}_{\text{처리방법내}}.\end{aligned} \tag{6.4}$$

제곱합들을

$$\begin{aligned} TSS &= \sum_{i=1}^{I}\sum_{j=1}^{n_i}(X_{ij} - \overline{X}_{..})^2 \\ SSB &= \sum_{i=1}^{I}\sum_{j=1}^{n_i}(\overline{X}_{i.} - \overline{X}_{..})^2 \\ SSW &= \sum_{i=1}^{I}\sum_{j=1}^{n_i}(X_{ij} - \overline{X}_{i.})^2 \end{aligned} \tag{6.5}$$

으로 나타내면

$$TSS = SSB + SSW$$

가 성립하며, TSS(Total Sum of Squares)는 전체 제곱합, SSB(Sum of Squares Between)는 처리방법간 제곱합, 그리고 SSW(Sum of Squares Within)는 처리방법

내 제곱합이라고 한다. 또, 각 제곱합들을 해당하는 자유도로 나눔으로써 척도화하여 평균제곱합(Mean Sum of Squares)이라고 한다. 자유도는 표 6.1에 나와 있으며, 이를 처리간 제곱합의 예를 들어 간략히 설명하면 다음과 같다. 처리간 제곱합은 I개의 변수 $(\overline{X}_{i.} - \overline{X}_{..})$들로 구성되어 있으나 여기에는 합이 0이라는 제약조건이 있다(즉, $\sum_{i=1}^{I}(\overline{X}_{i.} - \overline{X}_{..}) = 0$). 이 제약조건에 의해 $(I-1)$개의 변수만이 '자유'로우며 그렇기에 처리간 제곱합의 자유도는 $(I-1)$이 된다는 것이다. 다른 경우도 같은 논리로 자유도를 계산할 수 있다. 이러한 결과를 요약하면 다음과 같은 일원분류 분산분석표를 얻을 수 있다(처리방법내 제곱합은 오차제곱합(Sum of Squares Error)이라고 표기하기도 한다).

표 6.1 일원분류 분산분석표(One-way ANOVA Table)

요인	제곱합(Sum of Squares)	자유도	평균제곱합
처리간	$\sum_{i=1}^{I}\sum_{j=1}^{n_i}(\overline{X}_{i.} - \overline{X}_{..})^2$	$I-1$	$MSB = SSB/(I-1)$
처리내	$\sum_{i=1}^{I}\sum_{j=1}^{n_i}(X_{ij} - \overline{X}_{i.})^2$	$n-I$	$MSW = SSW/(n-I)$
전체	$\sum_{i=1}^{I}\sum_{j=1}^{n_i}(X_{ij} - \overline{X}_{..})^2$	$n-1$	

이제 I개의 처리효과들 간에 차이가 없다는 가설을 고려하기로 하자. 모형 II를 사용하면 이는 가설 (6.6)과 같이 표현된다.

$$H_0 : \alpha_1 = \cdots = \alpha_I = 0 \quad \text{대} \quad H_1 : \alpha_i \text{들 중 적어도 하나는 0이 아니다.} \tag{6.6}$$

F 검정

가설 (6.6)에 대한 검정통계량으로 집단간의 흩어짐과 집단내의 흩어짐에 대한 비를 고려할 수 있다. 집단내의 흩어짐이 클 때는 집단간의 차이를 보기가 힘들어지지만 집단내의 흩어짐이 작을 때는 집단간의 차이가 쉽게 드러난다.

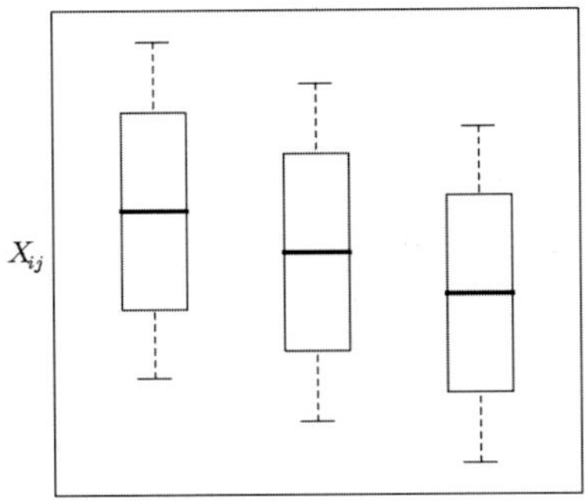

처리그룹 i
〈집단내 흩어짐이 클 때〉

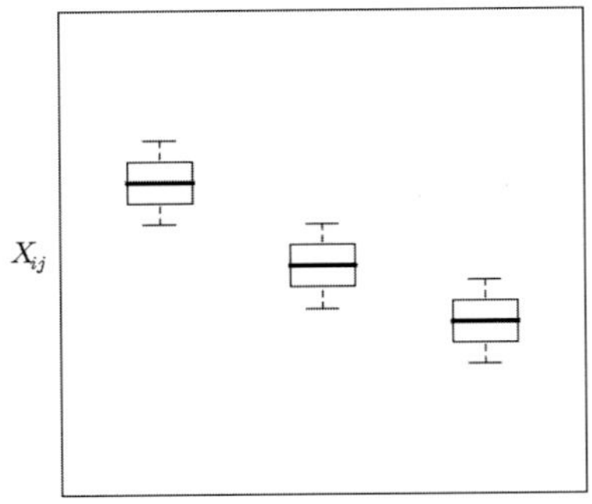

처리그룹 i
〈집단내 흩어짐이 작을 때〉

주어진 관찰값에 대하여 전체의 흩어짐을 측정하는 TSS는 고정되어 있으므로 집단간의 흩어짐을 측정하는 SSB와 집단내의 그것을 측정하는 SSW의 비를 검정통계량으로 고려하는 것은 매우 타당하다. 즉, 집단내의 흩어짐에 비하여 집단간의 흩어짐이 큰 것이 귀무가설 H_0을 기각하는 증거가 된다. 정리 6.2는 이에 관련된 검정통계량의 분포이론을 포함한 성질들을 보여 준다.

정리 6.2

식 (6.2)에 주어진 모형 $X_{ij} = \mu + \alpha_i + \varepsilon_{ij}$에서

(1) 귀무가설 $H_0 : \alpha_1 = \cdots = \alpha_I = 0$이 참이면, SSB/σ^2은 자유도가 $I-1$인 카이제곱분포를 따르며, $E[SSB/(I-1)] = \sigma^2$이다. 만일 귀무가설 $H_0 : \alpha_1 = \cdots = \alpha_I = 0$이 참이 아니면, $E[SSB/(I-1)] = \sigma^2 + \sum_{i=1}^{I} n_i \alpha_i^2/(I-1)$을 만족한다.

(2) α_i의 값에 관계없이 SSW/σ^2는 자유도가 $(n-I)$인 카이제곱분포를 가지며 $E[SSW/(n-I)] = \sigma^2$를 만족한다.

(3) SSB와 SSW는 서로 독립이다.

증명 편의상, 증명은 (3), (1), (2)의 순서로 하기로 한다.

우선, $SSB = \sum_{i=1}^{I} \sum_{j=1}^{n_i} (\overline{X}_{i.} - \overline{X}_{..})^2$과 $SSW = \sum_{i=1}^{I} (n_i - 1) S_i^2$은 각각 $\overline{X}_{i.}$와 S_i^2

만의 함수이다(단, $S_i^2 = \frac{1}{n_i - 1} \sum_{j=1}^{n_i} (X_{ij} - \overline{X}_{i.})^2$). 그런데 정리 3.9에 의하여 $\overline{X}_{i.}$와 S_i^2는 서로 독립이므로 이들의 함수인 SSB와 SSW도 역시 서로 독립이다. 이제 SSB의 분포를 살펴보자.

$$\begin{aligned} SSB &= \sum_{i=1}^{I} \sum_{j=1}^{n_i} (\overline{X}_{i.} - \overline{X}_{..})^2 \\ &= \sum_{i=1}^{I} n_i (\overline{X}_{i.} - \overline{X}_{..})^2 \\ &= \sum_{i=1}^{I} n_i [(\overline{X}_{i.} - \mu) - (\overline{X}_{..} - \mu)]^2 \\ &= \sum_{i=1}^{I} n_i (\overline{X}_{i.} - \mu)^2 - n(\overline{X}_{..} - \mu)^2 \end{aligned}$$

이므로

$$\sum_{i=1}^{I} \left[\frac{\overline{X}_{i.} - \mu}{\sigma / \sqrt{n_i}} \right]^2 = \frac{SSB}{\sigma^2} + \left[\frac{\overline{X}_{..} - \mu}{\sigma / \sqrt{n}} \right]^2$$

이 된다. 한편, $\overline{X}_{i.} \sim N(\mu + \alpha_i, \sigma^2/n_i)$이고 $\overline{X}_{..} \sim N(\mu, \sigma^2/n)$이므로

귀무가설 $H_0 : \alpha_1 = \cdots = \alpha_I = 0$ 아래에서 $\left[\frac{\overline{X}_{i.} - \mu}{\sigma / \sqrt{n_i}} \right]$와 $\left[\frac{\overline{X}_{..} - \mu}{\sigma / \sqrt{n}} \right]$

는 $N(0,1)$ 확률분포를 따른다. 또, $\overline{X}_{1.}, \cdots, \overline{X}_{I.}$는 독립이므로 $\sum_{i=1}^{I} [(\overline{X}_{i.} - \mu) / (\sigma / \sqrt{n_i})]^2$은 자유도가 I인 카이제곱분포를, 그리고 $[(\overline{X}_{..} - \mu)/(\sigma/\sqrt{n})]^2$은 자유도가 1인 카이제곱분포를 따른다. 그런데 $\frac{SSB}{\sigma^2}$와 $\left[\frac{\overline{X}_{..} - \mu}{\sigma / \sqrt{n}} \right]$는 서로 독립이므로 SSB/σ^2는 자유도가 $(I-1)$인 카이제곱분포를 따름을 알 수 있다(정리 3.9 참조).

귀무가설이 참이 아닐 때 SSB의 기댓값은

$$E(SSB) = E\left[\sum_{i=1}^{I} n_i (\overline{X}_{i.} - \overline{X}_{..})^2 \right]$$

$$= E\left[\sum_{i=1}^{I} n_i \overline{X}_{i.}^{\,2} - n\overline{X}_{..}^{\,2}\right]$$

$$= \sum_{i=1}^{I} n_i \{ Var(\overline{X}_{i.}) + [E(\overline{X}_{i.})]^2 \} - n\{ Var(\overline{X}_{..}) + [E(\overline{X}_{..})]^2 \}$$

$$= \sum_{i=1}^{I} n_i (\sigma^2/n_i + \mu_i^2) - n(\sigma^2/n + \mu^2)$$

$$= (I-1)\sigma^2 + \sum_{i=1}^{I} n_i \alpha_i^2$$

이 된다.

또한 정리 3.9를 이용하면, $SSW/\sigma^2 = \sum_{i=1}^{I}\sum_{j=1}^{n_i}(X_{ij} - \overline{X}_{i.})^2/\sigma^2$은 자유도가 $(n-I)$인 카이제곱분포를 가짐을 알 수 있다. 나아가

$$E(SSW) = \sum_{i=1}^{I}(n_i - 1)E(S_i^2)$$

$$= (n-I)\sigma^2$$

이다. ■

여기에서 우리가 알 수 있는 바는 처리내 평균제곱인 $MSW = SSW/(n-I)$는 모평균 μ_i의 값에 관계없이(즉, 귀무가설의 참·거짓에 관계없이) σ^2의 비편향추정량이라는 것이다. 그러나 처리간 평균제곱인 $MSB = SSB/(I-1)$는 귀무가설하에서는 σ^2의 비편향추정량이지만, 귀무가설이 참이 아닐 때는 $\sum_{i=1}^{I} n_i \alpha_i^2 > 0$이므로 기댓값이 σ^2보다 더 크다(모수의 참값이 귀무가설과 많이 다를수록, 즉 α_i들이 0에서 멀리 떨어져 있을수록, MSB의 기댓값은 σ^2보다 더욱 커진다). 따라서 분산비의 추정에 의한 검정통계량 MSB/MSW의 값이 큰 경우, 즉 집단들 사이의 흩어짐이 집단내의 흩어짐에 비해 상대적으로 큰 경우, 이는 귀무가설을 기각하는 근거가 된다. 이제, 정리 6.2에 의하여 검정통계량

$$F = \frac{MSB}{MSW} \tag{6.7}$$

는 귀무가설 H_0 하에서 자유도가 $(I-1, n-I)$인 F분포를 따르며, 따라서 가설 (6.6)에 대한 유의수준 α인 기각영역은

$$F \geq F_{\alpha}(I-1,\ n-I) \tag{6.8}$$

로 구해진다.

가능도비 검정법

여기에서는 가설 (6.6)에 대하여 앞 장에서 다루었던 일반화 가능도비에 의한 검정 방법을 구해 보고, 그것이 앞의 F 검정법과 동일함을 보이고자 한다. 우선, 자료에 대한 결합 확률밀도함수가

$$f(x\,;\mu,\ \sigma^2)=\frac{1}{(2\pi\sigma^2)^{n/2}}\exp\left[-\frac{1}{2\sigma^2}\sum_{i=1}^{I}\sum_{j=1}^{n_i}(x_{ij}-\mu_i)^2\right]$$

이므로 전체 모수공간 Ω 내에서의 μ_i와 σ^2의 최대가능도 추정량은 각각

$$\hat{\mu}_i=\overline{X}_{i.},\quad \hat{\sigma}^2=\sum_{i=1}^{I}\sum_{j=1}^{n_i}(X_{ij}-\overline{X}_{i.})^2/n \tag{6.9}$$

이다. 또, 귀무가설 H_0하에서의 공통평균 μ와 σ^2의 최대가능도 추정량은 각각

$$\hat{\mu}_0=\overline{X}_{..},\quad \hat{\sigma}_0{}^2=\sum_{i=1}^{I}\sum_{j=1}^{n_i}(X_{ij}-\overline{X}_{..})^2/n \tag{6.10}$$

이다. 따라서 일반화 가능도비는

$$\begin{aligned}\Lambda&=\frac{L(\hat{\mu}_0,\ \hat{\sigma}_0{}^2\,;x)}{L(\hat{\mu}_i,\ \hat{\sigma}^2\,;x)}\\&=\left[\frac{\sum_{i=1}^{I}\sum_{j=1}^{n_i}(X_{ij}-\overline{X}_{i.})^2}{\sum_{i=1}^{I}\sum_{j=1}^{n_i}(X_{ij}-\overline{X}_{..})^2}\right]^{n/2}\end{aligned} \tag{6.11}$$

이다. 일반화 가능도 검정법의 기각영역은 $\Lambda \leq \lambda_0$의 꼴이고, $\Lambda \leq \lambda_0$은 $\Lambda^{-(2/n)} \geq \lambda_0^{-(2/n)}$ (=상수)과 동등하며,

$$\Lambda^{-(2/n)} = \frac{\sum_{i=1}^{I}\sum_{j=1}^{n_i}(X_{ij}-\overline{X}_{..})^2}{\sum_{i=1}^{I}\sum_{j=1}^{n_i}(X_{ij}-\overline{X}_{i.})^2} \tag{6.12}$$

$$= \frac{SSB}{SSW} + 1$$

은 SSB/SSW의 단조증가함수이므로 일반화 가능도비 검정방법이 MSB/MSW가 큰 경우 귀무가설을 기각하는 F 검정방법 (6.8)과 일치함을 알 수 있다.

주 위에서 구한 일반화 가능도비 검정법이 이표본의 경우, t 검정법(예 5.27)과 일치함을 알아보자. $X_1,\ X_2,\ \cdots,\ X_n$과 $Y_1,\ Y_2,\ \cdots,\ Y_m$을 각각 $N(\mu_X,\ \sigma^2)$과 $N(\mu_Y,\ \sigma^2)$으로부터 구한 서로 독립인 랜덤표본이라고 하면, 가설 $H_0: \mu_X = \mu_Y$ 대 $H_1: \mu_X \neq \mu_Y$에 대한 F 검정통계량은, $I=2$이고 $n_1 = n,\ n_2 = m$이므로

$$F = \frac{MSB}{MSW}$$

$$= \frac{\{n[\overline{X}_n - (n\overline{X}_n + m\overline{Y}_m)/(n+m)]^2 + m[\overline{Y}_m - (n\overline{X}_n + m\overline{Y}_m)/(n+m)]^2\}/(2-1)}{\left[\sum_{i=1}^{n}(X_i - \overline{X}_n)^2 + \sum_{j=1}^{m}(Y_j - \overline{Y}_m)^2\right]/(n+m-2)}$$

$$= (\overline{X}_n - \overline{Y}_m)^2/(S_p^2(1/n + 1/m))$$

이 된다. 그런데 동일한 가설에 대한 이표본 t 검정통계량 T는

$$T = \frac{\overline{X}_n - \overline{Y}_m}{S_p\sqrt{1/n + 1/m}}$$

이고, 따라서 $F = T^2$이므로

$$\begin{aligned} F \geq F_\alpha(1,\ n+m-2) &\longleftrightarrow T^2 \geq F_\alpha(1,\ n+m-2) \\ &\longleftrightarrow T \leq -t_{\alpha/2}(n+m-2) \text{ 또는 } \\ &\qquad\ T \geq t_{\alpha/2}(n+m-2) \end{aligned}$$

이며, 두 검정은 일치한다.

예 6.1

5종류의 수면제 A, B, C, D, E가 있는데, 수면제를 복용한 후 졸음을 느끼기 시작한 시간을 관찰하였다. 다음의 자료에 근거하여 수면제 사이에 졸음을 느끼는 시간이 다르다고 할 수 있는가를 알아보자.

수면제 종류	A	B	C	D	E
반복 (단위 : 분)	9 10 15 14 13	11 16 12 18 18	13 18 18 19 19	18 20 22 19 23	17 12 13 15 11

5종류의 수면제 효과들 간의 차이가 없다는 가설은 일원분류 분산분석에 대한 모형 (6.2)를 사용했을 때,

$$H_0 : \alpha_1 = \cdots = \alpha_5 = 0 \quad \text{대} \quad H_1 : \alpha_i \text{들 중 적어도 하나는 0이 아님}$$

으로 귀착된다. 여기에서 $I = 5$이고, $n_1 = \cdots = n_5 = 5$이다. 이에 대한 분산분석의 결과는 다음 표와 같다.

요인	자유도	제곱합	평균제곱합	F값	$Pr > F$
처리간	4	210.640	52.660	7.72	0.0006
처리내	20	136.400	6.820		
전체	24	347.040			

$$F = 7.72 > F_{0.05}(4, 20) = 2.87$$

이므로 유의수준 $\alpha = 0.05$에서 귀무가설 H_0을 기각한다. 한편, 위의 표에서 '$Pr > F$'는 $F(4, 20)$을 따르는 확률변수가 주어진 F값보다 큰 값을 가질 확률로서, 주어진 F값에 대한 유의확률(p-value)이다.

F 검정법의 검정력

이와 같은 F 검정방법의 대립가설하에서의 검정력을 구하는 데에는 비중심 카이제곱분포와 비중심 F 분포가 필요하다. 그에 대한 정의는 다음과 같다.

정의 6.1

서로 독립인 확률변수 X_i들이 각각 $N(\mu_i, \sigma^2)$ 분포를 따른다고 하자($i=1, 2, \cdots, I$). 이때 $X=\sum_{i=1}^{I}(X_i/\sigma)^2$은 **비중심모수**(noncentral parameter)가 $\gamma=(1/\sigma^2)\sum_{i=1}^{I}\mu_i^2$이고 자유도가 I인 **비중심 카이제곱분포**(noncentral chi-squared distribution)를 따른다.

정의 6.2

확률변수 V_1이 자유도가 m이고 비중심모수가 γ인 비중심 카이제곱분포를 따르고, 확률변수 V_2가 자유도가 n인 카이제곱분포를 따르며, V_1과 V_2는 서로 독립이라고 하자. 이때 이들의 함수인 확률변수

$$F_{nc}=\frac{V_1/m}{V_2/n}$$

은 비중심모수가 γ이고 자유도가 (m, n)인 **비중심 F 분포**(noncentral F distribution)를 따른다.

이제 일원분류 분산분석에 있어서 F 검정법의 대립가설하에서의 검정력을 구해 보기로 하자. 먼저,

$$\begin{aligned}\frac{SSB}{\sigma^2}&=\left(\sum_{i=1}^{I}\left(\frac{\sqrt{n_i}(\overline{X}_{i.}-\mu)}{\sigma}\right)^2\right)-\left(\frac{\sqrt{n}(\overline{X}_{..}-\mu)}{\sigma}\right)^2\\&=\left(\sum_{i=1}^{I}\left(\frac{\sqrt{n_i}(\overline{X}_{i.}-\mu_i+\alpha_i)}{\sigma}\right)^2\right)-\left(\frac{\sqrt{n}(\overline{X}_{..}-\mu)}{\sigma}\right)^2\end{aligned}$$

으로 표현된다. 그런데 대립가설하에서는 $E(\overline{X}_{i.})=\mu_i$이므로

$$\frac{\sqrt{n_i}(\overline{X}_{i.}-\mu_i+\alpha_i)}{\sigma}\sim N\left(\frac{\alpha_i\sqrt{n_i}}{\sigma}, 1\right)$$

이고, $\sum_{i=1}^{I}\frac{n_i(\overline{X}_{i.}-\mu)^2}{\sigma^2}$은 비중심모수가 $\gamma=\frac{1}{\sigma^2}\sum_{i=1}^{I}n_i\alpha_i^2$이고 자유도가 I인 비중심

카이제곱분포를 따른다. 한편 $\frac{\sqrt{n}(\overline{X}_{..}-\mu)}{\sigma} \sim N(0,\ 1)$은 가설에 관계없이 성립하고, $\frac{SSB}{\sigma^2}$와 $\frac{\overline{X}_{..}-\mu}{\sigma/\sqrt{n}}$는 독립이므로 $\frac{SSB}{\sigma^2} = \sum_{i=1}^{I} \frac{n_i(\overline{X}_{i.}-\mu)^2}{\sigma^2} - \frac{n(\overline{X}_{..}-\mu)^2}{\sigma^2}$은 자유도가 $I-1$이고 비중심모수가 γ인 카이제곱분포를 따르게 된다. 반면, 정리 6.2에서와 같이 $SSW/\sigma^2 \sim \chi^2(n-I)$는 가설에 관계없이 성립한다. 따라서 대립가설 H_1하에서 $F_{nc} = \frac{SSB/(I-1)}{SSW/(n-I)}$는 비중심모수가 γ이고 자유도가 $(I-1,\ n-I)$인 비중심 F 분포를 따르게 되며, 유의수준이 α인 F 검정법의 검정력은

$$P[F_{nc} > F_\alpha(I-1,\ n-I)] \tag{6.13}$$

으로 주어진다.

주 비중심 카이제곱분포나 비중심 F 분포의 확률분포표는 찾기 어려울 수 있으나, SAS나 R 등의 통계패키지를 이용하면 이들 분포에 대한 확률을 쉽게 계산할 수 있다.

6.1.2 부분가설 검정

앞에서 다룬 식 (6.2)의 모형에 대한 F 검정법은 많은 경우에 있어서 분산분석의 시작에 불과하다. 연구자 혹은 관찰자들은 그들이 애써 얻은 자료나 결과에 대해 단지 '모평균들 간에 차이가 없다' 또는 '있다'라는 결론만으로 만족하지 않는다. 가령, '모평균들 간에 차이가 있다'고 하면 그 차이가 어디에 기인하는지 알고자 할 것이며, 심지어는 실험을 시작하기 전에 이미 처리방법의 평균들 간의 어떤 특정한 관계에 대해 알고 싶어할 수도 있다. 이와 같이 대부분의 경우에 좀 더 특정한 가설에 대한 검정을 계속하고자 하는 것이 일반적이다. 여기에서는 특정한 형태의 가설로서, 앞서 모형검정에서 사용한 귀무가설의 부분집합에 대한 검정방법을 고려하되 다음 두 경우로 나누어 살펴보자.

(1) 실험을 통한 자료를 얻기 이전에 어느 특정한 가설에 관심이 있는 경우
(2) 실험을 먼저 하고, 결과에 따라 적절한 부분가설을 세우는 경우

대비(contrast)

우선 첫 번째 종류의 부분가설(subhypothesis)에 대한 검정의 경우를 생각해 보기로 한다. 부분가설은 때로, 대비(contrast)를 사용하여 정의하면 편리한데, 대비란 계

수들의 합이 0이 되는 형태의 선형결합이다. 여기에서 사용되는 대비 C는 모평균 $\mu_i = \mu + \alpha_i (i=1, \cdots, I)$를 이용하여 다음과 같이 쓸 수 있다.

$$C = \sum_{i=1}^{I} c_i \mu_i \qquad (\text{단, } \sum_{i=1}^{I} c_i = 0)$$

가령 예 6.1에서 부분가설 $H_0': \mu_1 = \mu_2$는 $H_0': \mu_1 - \mu_2 = 0$과 동일하며 $C = \mu_1 - \mu_2 = 1 \cdot \mu_1 - 1 \cdot \mu_2 + 0 \cdot \mu_3 + 0 \cdot \mu_4 + 0 \cdot \mu_5 = 0$으로 표현된다.

만일 첫 두 집단과 나머지 세 집단의 모평균의 동일성 여부에 관심이 있는 경우라면 부분가설은 $H_0': \dfrac{\mu_1 + \mu_2}{2} = \dfrac{\mu_3 + \mu_4 + \mu_5}{3}$가 될 것이고, $C = \dfrac{\mu_1}{2} + \dfrac{\mu_2}{2} - \dfrac{\mu_3}{3} - \dfrac{\mu_4}{3} - \dfrac{\mu_5}{3} = 0$으로 표현된다. 이와 같이 흥미 있는 많은 부분가설이 대비의 형식으로 나타내어진다.

이제, 대비를 사용한 부분가설을 아래와 같이 고려하기로 하자.

$$H_0': c_1\mu_1 + c_2\mu_2 + \cdots + c_I\mu_I = 0 \ (\text{단, } \sum_{i=1}^{I} c_i = 0) \quad \text{대} \quad H_1': H_0'\text{이 아님} \qquad (6.14)$$

이에 대한 검정법은 대비 $C = \sum_{i=1}^{I} c_i \mu_i$에 대한 추정량의 귀무가설하에서의 분포를 구함으로써 구성할 수 있다. C에 대한 추정량으로 사용될 수 있는 $\hat{C} = \sum_{i=1}^{I} c_i \overline{X}_{i.}$는 서로 독립인 정규확률변수의 선형결합이므로 역시 정규분포를 따르며, 기댓값과 분산은 각각

$$E(\hat{C}) = \sum_{i=1}^{I} c_i E(\overline{X}_{i.}) = C,$$
$$Var(\hat{C}) = \sum_{i=1}^{I} c_i^2 Var(\overline{X}_{i.}) = \sigma^2 \sum_{i=1}^{I} c_i^2 / n_i$$

이 된다. 따라서 표준화된 확률변량

$$\frac{\hat{C} - C}{\sqrt{\sigma^2 \sum_{i=1}^{I} c_i^2 / n_i}} \qquad (6.15)$$

는 표준정규분포를 따른다. 또한 귀무가설 H_0'이 참인 경우 $C = 0$이므로 통계량

$$SS_c = \frac{\hat{C}^2}{\sum_{i=1}^{I} c_i^2/n_i} \tag{6.16}$$

을 고려하면 SS_c/σ^2은 자유도가 1인 카이제곱분포를 따름을 알 수 있다. 한편, $SS_c = \left(\sum_{i=1}^{I} c_i\overline{X}_{i.}\right)^2 \Big/ \left(\sum_{i=1}^{I} c_i^2/n_i\right)$와 $SSW = \sum_{i=1}^{I}\sum_{j=1}^{n_i}(X_{ij} - \overline{X}_{i.})^2 = \sum_{i=1}^{I}(n_i - 1)S_i^2$는 각각 $\overline{X}_{i.}$와 S_i^2만의 함수이고, $\overline{X}_{i.}$와 S_i^2가 서로 독립이므로(정리 3.9 참조) SS_c와 SSW도 서로 독립이다. 따라서 검정통계량

$$F = \frac{SS_c/1}{SSW/(n-I)} \tag{6.17}$$

는 귀무가설 H_0'이 참이면 자유도가 $(1, n-I)$인 F분포를 따르며,

$$F \geq F_\alpha(1, n-I)$$

일 때 H_0'을 기각하도록 하는 검정법의 유의수준은 α가 된다. 물론, 식 (6.15)에서 $\hat{\sigma}^2 = SSW/(n-I)$를 사용한

$$\frac{\hat{C} - C}{\sqrt{\hat{\sigma}^2 \sum_{i=1}^{I} c_i^2/n_i}}$$

가 귀무가설 H_0'하에서 자유도가 $n-I$인 t 분포를 따른다는 점을 검정에 활용할 수도 있다. 그런데 일반적으로 자유도가 $(1, n)$인 F 확률변수와 자유도가 n인 t 확률변수의 제곱은 같은 분포를 가지므로 두 검정은 동일한 결과를 제공한다.

예 6.2

4개의 서로 다른 모집단의 분포가 분산이 동일한 정규분포 $N(\mu_i, \sigma^2)(i=1, 2, 3, 4)$을 따른다고 하자. 이들의 모평균을 비교하기 위하여, 각 분포로부터 크기가 5인 랜덤표본을 구한 결과가 다음과 같다.

$N(\mu_1, \sigma^2)$	$N(\mu_2, \sigma^2)$	$N(\mu_3, \sigma^2)$	$N(\mu_4, \sigma^2)$
52	49	55	49
43	52	51	52
40	46	53	55
47	43	55	54
45	40	49	48

$H_0: \mu_1 = \mu_2 = \mu_3 = \mu_4$ 대 H_1: 모든 모평균이 다 같은 것은 아니다 라는 가설검정을 위한 분산분석을 해 보자. $I = 4$이고 $\overline{X}_{1.} = 45.4$, $\overline{X}_{2.} = 46$, $\overline{X}_{3.} = 52.6$, $\overline{X}_{4.} = 51.6$, $\overline{X}_{..} = 48.9$ 이므로 처리간 평균제곱은 $MSB = \dfrac{208.2}{3} = 69.4$이고 처리내 평균제곱은 $MSW = \dfrac{235.6}{16} = 14.725$가 된다. 이를 이용하면

$$
\begin{aligned}
F &= MSB/MSW \\
&= 69.400/14.725 = 4.71 \\
&> F_{0.05}(3,16) = 3.24
\end{aligned}
$$

이므로 유의수준 $\alpha = 0.05$에서 귀무가설을 기각한다. 이제, 그 원인을 좀 더 자세히 알아보기 위해, 첫 두 집단과 나머지 두 집단의 차이에 근거한 부분가설 H_0': $\dfrac{\mu_1+\mu_2}{2} - \dfrac{\mu_3+\mu_4}{2} = 0$에 대한 검정을 살펴보자. 여기에서 사용되는 대비는 $C = \dfrac{\mu_1+\mu_2}{2} - \dfrac{\mu_3+\mu_4}{2}$로 $c_1 = c_2 = 1/2$, $c_3 = c_4 = -1/2$이다. 이 대비에 대하여 $SS_c = \left(\sum_{i=1}^{4} c_i \overline{X}_{i.}\right)^2 \Big/ \left(\sum_{i=1}^{4} c_i^2 / n_i\right) = 40.96 \times 5 = 204.8$이므로,

$$
\begin{aligned}
F &= \frac{SS_c/1}{SSW/(20-4)} \\
&= \frac{204.8}{14.725} = 13.908 \\
&> F_{0.05}(1,16) = 4.49
\end{aligned}
$$

로부터 부분가설 H_0'을 유의수준 0.05에서 기각한다. 즉, 첫 두 모평균의 평균과 나머지 두 모평균의 평균이 다르다고 결론내리게 되며, 자료를 통해 첫 두 모집단의 평균이 작은 값을 가짐을 확인할 수 있다.

다중비교

이제 두 번째 종류의 부분가설 검정을 살펴보자. 미리 특정한 부분가설을 생각하고 있다면 좋겠지만, 사전정보의 부족 등으로 인하여 그럴 수 없는 상황이 있을 수 있다. 이런 경우에는 실험 등을 통하여 자료를 구한 다음 검정하고자 하는 부분가설을 찾고자 할 것이다. 그러나 이러한 방법에는 문제가 있을 수 있다. 예를 들어, 5개의 모평균 $\mu_1, \mu_2, \mu_3, \mu_4, \mu_5$를 비교함에 있어서 부분가설 $H_0{}': \mu_1 = \mu_2$를 임의로 고려하여 $|\overline{X}_{1.} - \overline{X}_{2.}| \geq k$가 유의수준 α에서의 기각영역이라고 하자. 만약 자료를 먼저 얻은 후에 $\overline{X}_{1.}$와 $\overline{X}_{2.}$의 차이가 표본평균들 간의 차이 중에 가장 크기 때문에 μ_1과 μ_2를 비교하게 된다면, 기각영역은 순서통계량을 사용하여 $|\overline{X}_{(5.)} - \overline{X}_{(1.)}| \geq k$가 될 것이다. 그러나 모평균이 같다는 귀무가설하에서

$$P(|\overline{X}_{(5.)} - \overline{X}_{(1.)}| \geq k \mid H_0{}') \geq P(|\overline{X}_{1.} - \overline{X}_{2.}| \geq k \mid H_0{}') = \alpha$$

가 되는데, 이로 인해 검정의 유의수준이 α보다 커지는 문제가 발생할 수 있다.

이러한 문제를 해결하기 위하여, 가능한 모든 $\binom{I}{2}$개의 짝비교(pairwise comparison)에 관한 '전체적' 유의수준을 고려한 다중비교(multiple comparision)를 생각할 수 있다. 즉, 실험을 시작하기 전에 어떤 모평균들을 비교해야 할지에 대한 특별한 생각이 없다면 실험 후 모든 가능한 비교를 한꺼번에 고려한다는 것이다. 이에 대한 여러 가지 접근 방법이 가능하나, 여기에서는 본페로니(Bonferroni) 방법과 튜키(Tukey)의 방법을 살펴보기로 한다(이외에도 최소유의차를 이용하는 방법, 던칸(Duncan)의 다중범위 검정방법 등이 있다). 먼저, 본페로니 방법을 다루어 보자. 가령 두 개의 자료가 있어 그중 하나로부터는 모수 θ_1에 대한 95% 신뢰구간이 CI_1, 그리고 다른 자료로부터는 θ_2에 대한 95% 신뢰구간이 CI_2로 주어졌다고 하자. 즉, $P[\theta_1 \in CI_1] = 0.95$, $P[\theta_2 \in CI_2] = 0.95$이다. 그러나 두 개의 신뢰구간 CI_1과 CI_2가 '동시'에 각각 모수 θ_1과 θ_2를 포함할 확률 $P[\theta_1 \in CI_1 \cap \theta_2 \in CI_2]$은 얼마일까? 그 결과는 두 신뢰구간을 구한 자료의 연관관계에 의존한다. 가령, 두 자료가 서로 다른 실험으로부터 구해져서 독립이라 가정할 수 있으면 이는 $0.95 \times 0.95 = 0.9025$가 될 것이다. 그러나 일반적인 경우 본페로니 부등식은 이 확률의 하한값을 제공한다(참조: 연습문제 1.4). 즉,

$$
\begin{aligned}
P[(\theta_1 \in CI_1) \cap (\theta_2 \in CI_2)] &= 1 - P[(\theta_1 \notin CI_1) \cup (\theta_2 \notin CI_2)] \\
&\geq 1 - P(\theta_1 \notin CI_1) - P(\theta_2 \notin CI_2) \qquad (6.18) \\
&\geq 1 - [(1-0.95) + (1-0.95)] = 0.90
\end{aligned}
$$

의 부등식이 성립하므로 본페로니 부등식에서 제공하는 하한값은 0.90이 된다. 이에 모든 $\binom{I}{2}$ 개의 짝비교 $\mu_i - \mu_j$에 대한 신뢰계수가 $(1-\alpha)$인 본페로니 t−검정 또는 동시신뢰구간은

$$
\begin{aligned}
&\overline{X}_{i.} - \overline{X}_{j.} - t_{\alpha/2c}(n-I)\sqrt{MSW}(1/n_i + 1/n_j)^{1/2} \leq \mu_i - \mu_j \leq \\
&\overline{X}_{i.} - \overline{X}_{j.} + t_{\alpha/2c}(n-I)\sqrt{MSW}(1/n_i + 1/n_j)^{1/2}
\end{aligned}
$$

(단, $c = \binom{I}{2}$)으로 구해진다. 이와 같이 $t_{\alpha/2}$ 대신 $t_{\alpha/2c}$를 사용하게 되면 본페로니 부등식에 의해 c 개의 신뢰구간이 모두 $\mu_i - \mu_j$를 포함할 확률이 $(1-\alpha)$보다 크거나 같게 된다(식 (6.18)과 같은 방법으로). 또, 주어진 i, j에 대하여 위의 동시신뢰구간에 0이 포함되지 않으면 가설 $\mu_i = \mu_j$는 기각된다(참조: 신뢰구간과 가설검정의 관계). 이러한 본페로니 방법은 일반적이기는 하지만 포함확률의 하한만을 사용하기 때문에 c의 값이 클 때 매우 보수적이 된다는 단점이 있다. 이제 스튜던트화 범위(studentized range)를 사용하는 튜키의 방법을 살펴보기로 하자. 먼저, 스튜던트화 범위에 대한 정의는 다음과 같다.

정의 6.3

랜덤표본 $X_1, X_2, \cdots, X_n$의 모분포가 $N(\mu, \sigma^2)$이라고 하자. 이때 통계량 $R = (X_{(n)} - X_{(1)})$을 **표본범위**(sample range)라고 한다. 이제 자유도가 ν인 S^2을 모분산 σ^2의 추정량이라고 할 때, 통계량

$$
Q(n, \nu) = R/S
$$

를 **스튜던트화 범위**라고 한다. 스튜던트화 범위의 임계값, 즉 상방 α 분위수는 $Q_\alpha(n, \nu)$로 표기하며, 이들은 부록 〈표 7〉에 주어져 있다.

이제 스튜던트화 범위의 분포에 근거한 모평균의 차이에 대한 동시신뢰구간은 가능한 모든 $\binom{I}{2}$개의 짝비교 $\mu_i - \mu_j$에 대한 동시신뢰구간을 다음과 같이 제공한다. 편의

상 표본의 크기는 $n_i = r$(상수)로 동일한 경우만을 고려하겠다.

정리 6.3

P[모든 $\binom{I}{2}$개의 짝비교 대비 $\mu_i - \mu_j$에 대해서,

$$\overline{X}_{i.} - \overline{X}_{j.} - D\cdot\sqrt{MSW} < \mu_i - \mu_j < \overline{X}_{i.} - \overline{X}_{j.} + D\cdot\sqrt{MSW}] = 1-\alpha$$

이다. 단, $D = Q_\alpha(I, n-I)/\sqrt{r}$, $n = rI$이다.

증명 $W_i = \overline{X}_{i.} - \mu_i$, $i = 1, \cdots, I$ 라고 하면, $W_i \sim N(0, \sigma^2/r)$이다. $\dfrac{SSW}{r(n-I)}$는 자유도가 $n-I$인 σ^2/r의 추정량이므로 스튜던트화 범위의 정의에 의하여

$$\frac{\max W_i - \min W_i}{\sqrt{SSW/r(n-I)}} \sim Q(I, n-I)$$

이며, 따라서

$$\begin{aligned} & P\left[\frac{\max W_i - \min W_i}{\sqrt{SSW/r(n-I)}} < Q_\alpha(I, n-I)\right] \\ &= P\left[\max W_i - \min W_i < D\cdot\sqrt{MSW}\right] \\ &= 1-\alpha \end{aligned}$$

가 성립한다. 이는 P(모든 i, j에 대하여 $|W_i - W_j| < D\cdot\sqrt{MSW}$) $= 1-\alpha$와 동등하며, 이를 다시 쓰면 정리의 내용과 같다. ■

위의 정리 6.3을 이용하여 구한 튜키의 $100(1-\alpha)\%$ 동시신뢰구간, $\overline{X}_{i.} - \overline{X}_{j.} \pm D\sqrt{MSW}$를 가설검정에도 이용할 수 있는데, 만일 주어진 i와 j에 대하여 위의 동시신뢰구간에 0이 포함되어 있지 않으면 부분가설 $H_0{}': \mu_i = \mu_j$는 유의수준 α에서 기각된다. 이 검정은 튜키의 HSD(honest significance difference) 검정이라고 불린다.

예 6.3

4가지 조건 A, B, C, D하에서 독립적으로 4회 반복시행된 어떤 화학 실험의 반응률에 대한 결과가 다음과 같다고 하자.

실험조건			
A	B	C	D
76	80	74	86
79	82	73	86
80	81	79	84
78	79	83	80

4가지 조건 A, B, C, D의 모평균을 μ_A, μ_B, μ_C, μ_D라고 할 때, 이들의 가능한 모든 $\binom{4}{2}=6$개의 짝에 대한 유의수준 $\alpha=0.05$인 동시신뢰구간을 튜키의 방법으로 구해 보면 다음과 같다. 먼저, 위의 자료에 대한 분산분석을 하면,

$$MSW = SSW/(16-4) = 102.5/12 = 8.542$$

이며, 부록 〈표 7〉로부터

$$D = Q_{0.05}(4,\ 12)/\sqrt{4} = 4.199/2 = 2.100$$

을 구할 수 있다. 따라서 정리 6.3에 의한 모평균의 차이에 대한 동시신뢰영역은 다음 표와 같이 주어진다. 여기에서, $\mu_C - \mu_D$에 대한 동시신뢰구간에는 0이 포함되어 있지 않으므로 부분가설 $H_0{}' : \mu_C = \mu_D$는 유의수준 $\alpha = 0.05$에서 기각됨을 볼 수 있다.

차이	$\overline{X}_{i.} - \overline{X}_{j.}$	튜키의 동시신뢰구간
$\mu_A - \mu_B$	−2.25	[−8.385, 3.885]
$\mu_A - \mu_C$	1.00	[−5.135, 7.135]
$\mu_A - \mu_D$	−5.75	[−11.885, 0.385]
$\mu_B - \mu_C$	3.25	[−2.885, 9.385]
$\mu_B - \mu_D$	−3.50	[−9.635, 2.635]
$\mu_C - \mu_D$	−6.75	[−12.885, −0.615]

같은 자료에 대해 본페로니 동시신뢰구간을 구해 보자. $c=6$이므로 $\frac{0.05}{12}=0.0041667$을 이용하여 t값을 찾으면 $t_{\alpha/2c}(n-I)=3.15268$이 된다. 즉,

$$\overline{X}_{i.} - \overline{X}_{j.} \pm t_{0.0041667}(12)\sqrt{MSW/2} = \overline{X}_{i.} - \overline{X}_{j.} \pm 3.15268 \times \sqrt{4.271}$$

로부터 다음의 표와 같은 동시신뢰구간이 구해진다.

차이	$\overline{X}_{i.} - \overline{X}_{j.}$	본페로니의 동시신뢰구간
$\mu_A - \mu_B$	−2.25	[−8.765, 4.265]
$\mu_A - \mu_C$	1.00	[−5.515, 7.515]
$\mu_A - \mu_D$	−5.75	[−12.265, 0.765]
$\mu_B - \mu_C$	3.25	[−3.265, 9.765]
$\mu_B - \mu_D$	−3.50	[−10.015, 3.015]
$\mu_C - \mu_D$	−6.75	[−13.265, −0.235]

이 경우 본페로니의 동시신뢰구간이 튜키의 동시신뢰구간보다 좀 더 넓어짐을 알 수 있다. 그러나 사전에 특정한 부분가설에 관심이 있어서 모든 모평균의 차이를 볼 필요가 없이 몇 개의 동시신뢰구간만을 필요로 하는 경우에는 튜키의 방법보다 본페로니의 방법이 더 좁은 신뢰구간을 제공할 수도 있다.

6.2 이원분류 분산분석

6.2.1 랜덤화 블록 설계에 대한 분산분석

앞 절의 완전임의배치법에 대한 일원분류 분산분석에서는 각 처리방법에 대한 관찰값들이 균일(homogeneous)하다는 가정을 전제로 하였다. 그러나 때로는 이러한 균일성을 가정할 수 없는 경우가 있으며, 이런 경우 앞 절의 방법을 사용하는 것은 부적절하다. 대신, 성질이 유사한 실험단위들끼리 묶어서 균일한 그룹, '블록(block)'을 만들고, 각 블록 안에서 모든 처리방법들을 랜덤배치하는 실험방법이 타당할 것이며, 이 과정을 통해 오차의 분산을 줄이고 실험결과의 분석을 더 유효하게 할 수 있다. 가령, 몇 종류의 비료가 농작물의 수확량에 미치는 영향을 비교하는 실험이 있다고 하자. 완전임의 배치법을 쓰기 위해서는 실험에 사용되는 토지가 모두 균일해야 하지만, 때로는 비옥도가 서로 다른 토지를 모두 이용해야 하는 경우가 있다. 이때 실험이 효과적이기 위해서는 농작물을 재배하는 토지의 비옥도에 따라 유사한 것들을 모아 몇 개의 블록을 만들고, 각 블록내에서 실험단위인 농작물에 사용될 비료를 랜덤으로 배치할 수 있다. 이러한 실험계획을 **랜덤화 블록 설계**(randomized block design)라고 한다. 이제, 랜덤화 블록 설계에 의하여 i번째 블록에서($i = 1, \cdots, I$) j번째 처리방법을 적용한($j=1, \cdots, J$) 관찰값을 X_{ij}라고 하면 다음 표와 같은 결과를 얻을 수 있다.

구분		처리방법 1	2	…	J	블록평균
블록	1	X_{11}	X_{12}	…	X_{1J}	$\overline{X}_{1.}$
	2	X_{21}	X_{22}	…	X_{2J}	$\overline{X}_{2.}$
	.	.	.	…	.	.
	.	.	.	…	.	.
	I	X_{I1}	X_{I2}	…	X_{IJ}	$\overline{X}_{I.}$
처리평균		$\overline{X}_{.1}$	$\overline{X}_{.2}$	…	$\overline{X}_{.J}$	$\overline{X}_{..}$

편의상 i번째 블록의 표본평균은

$$\overline{X}_{i.}=(1/J)\sum_{j=1}^{J}X_{ij},$$

j번째 처리방법의 표본평균은

$$\overline{X}_{.j}=(1/I)\sum_{i=1}^{I}X_{ij},$$

그리고 전체 표본평균은

$$\overline{X}_{..}=(1/n)\sum_{i=1}^{I}\sum_{j=1}^{J}X_{ij} \qquad (\text{단, } n=I\times J)$$

로 표기하였다.

위의 결과에 대하여 다음과 같은 모형들을 고려하기로 한다.

■ 모형 I :

$$X_{ij}=\mu_{ij}+\varepsilon_{ij} \qquad (i=1, 2, \cdots, I\ ;\ j=1, 2, \cdots, J) \tag{6.19}$$

단, μ_{ij}는 알려져 있지 않은 상수이고 ε_{ij}는 서로 독립인 $N(0, \sigma^2)$을 따르는 확률변수이다. 이제 위 모형 I 에서 $\mu_{ij}=\mu+\alpha_i+\beta_j$라 놓으면, 모형 I 은 다음과 같이 모형 II 로 변형된다.

■ 모형 II :

$$X_{ij}=\mu+\alpha_i+\beta_j+\varepsilon_{ij} \qquad (i=1, 2, \cdots, I\ ;\ j=1, 2, \cdots, J) \tag{6.20}$$

단, $\mu = (1/IJ)\sum_{i=1}^{I}\sum_{j=1}^{J}\mu_{ij}$, $\mu_{i.} = (1/J)\sum_{j=1}^{J}\mu_{ij}$, $\mu_{.j} = (1/I)\sum_{i=1}^{I}\mu_{ij}$, $\alpha_i = \mu_{i.} - \mu$, $\beta_j = \mu_{.j} - \mu$이며, 따라서 $\sum_{i=1}^{I}\alpha_i = \sum_{j=1}^{J}\beta_i = 0$이 만족된다. 또, 랜덤오차 ε_{ij}는 서로 독립이며 $N(0, \sigma^2)$을 따른다. 이때 $\mu_{ij} = \mu_{i.} + \mu_{.j} - \mu$가 되어 가법모형(additive model)의 한 형태가 된다.

식 (6.20)의 모형Ⅱ에서 μ는 전체평균을, α_i는 i번째 블록의 평균과 전체평균의 차이를 나타냄으로써 i번째 블록효과를, β_j는 j번째 처리방법의 처리효과를 각각 의미하게 된다. 그런데 블록효과나 처리효과는 랜덤이거나 고정된 것으로 생각될 수 있다. 그 선택은 I개 블록과 J개의 처리방법들이 어떻게 구해졌는가에 달려있다. 만일 블록이나 처리방법들이 미리 결정되었거나 그 수준(level)이 중요한 관심사라면 고정된 것으로 여길 수 있으며, 그에 반하여 블록 또는 처리방법의 수준들이 모든 가능한 수준의 분포로부터의 표본이라면 랜덤으로 생각하는 것이 타당하다. 랜덤화 블록 설계에 의한 실험은 종종 처리효과를 고정된 것으로 그리고 블록효과를 랜덤으로 여기며 그에 따라 α_i에 대하여는 $\alpha_i \sim N(0, \sigma_A^2)$, $i = 1, \cdots, I$라는 가정을 하게 되고, 이때 $\sum_{i=1}^{I}\alpha_i \neq 0$이다. 그러나 분산분석의 결과는 모형Ⅱ와 같다. 이 책에서는 블록효과나 처리효과 모두 고정된 경우만을 다루기로 한다.

주 모형 Ⅱ는 i 번째 블록의 j 번째 처리에 의한 관찰값 X_{ij}를 전체적인 처리효과 μ, i번째 블록의 순수효과 α_i, j 번째 처리방법에 대한 처리효과 β_j, 그리고 오차 ε_{ij}의 합으로 나타내어 분해한다.

이제 i번째 블록과 j 번째 처리방법의 관찰값 X_{ij}는 다음과 같이 분해할 수 있다.

$$X_{ij} = \underset{\text{전체평균}}{\overline{X}_{..}} + \underset{\text{블록효과}}{(\overline{X}_{i.} - \overline{X}_{..})} + \underset{\text{처리효과}}{(\overline{X}_{.j} - \overline{X}_{..})} + \underset{\text{잔차}}{(X_{ij} - \overline{X}_{i.} - \overline{X}_{.j} + \overline{X}_{..})} \tag{6.21}$$

이를 잔차에 대해 다시 표현하면

$$\underset{\text{잔차}}{(X_{ij} - \overline{X}_{i.} - \overline{X}_{.j} + \overline{X}_{..})} = \underset{\text{관찰값}}{X_{ij}} - \underset{\text{블록효과}}{(\overline{X}_{i.} - \overline{X}_{..})} - \underset{\text{처리효과}}{(\overline{X}_{.j} - \overline{X}_{..})} - \underset{\text{전체평균}}{\overline{X}_{..}}$$

와 같이 나타낼 수도 있다. 이러한 표현은 식 (6.20)의 모형에 포함된 모수의 최소제곱추정량에 대한 다음의 정리를 암시하고 있다.

정리 6.4

식 (6.20)의 모형 $X_{ij} = \mu + \alpha_i + \beta_j + \varepsilon_{ij}$에서의 모수 μ, α_i, β_j에 대한 최소제곱 추정량은

$$\hat{\mu} = \overline{X}_{..}$$
$$\hat{\alpha}_i = \overline{X}_{i.} - \overline{X}_{..}$$
$$\hat{\beta}_j = \overline{X}_{.j} - \overline{X}_{..}$$

으로 주어진다.

증명 식 (6.20)에서 최소제곱추정의 문제는 $\sum_{i=1}^{I} \alpha_i = 0$과 $\sum_{j=1}^{J} \beta_j = 0$이라는 제약조건하에서 다음 제곱오차의 합을 최소화하는 문제이다.

$$G = \sum_{i=1}^{I} \sum_{j=1}^{J} (X_{ij} - \mu - \alpha_i - \beta_j)^2$$

이러한 최소화의 문제는 아래와 같은 라그랑지 승수(Lagrange multiplier)인 λ_1, λ_2를 도입하여 풀 수 있다. 즉, $\sum_{i=1}^{I} \alpha_i = 0$과 $\sum_{j=1}^{J} \beta_j = 0$의 제약조건이 있을 때 G를 최소화하는 μ, α_i, β_j를 찾는 것은

$$H = G + \lambda_1 \sum_{i=1}^{I} \alpha_i + \lambda_2 \sum_{j=1}^{J} \beta_j$$

를 최소화하는 μ, α_i, β_j를 찾는 것과 동일하다.

$$\frac{\partial H}{\partial \mu} = \frac{\partial G}{\partial \mu} = -2 \sum_{i=1}^{I} \sum_{j=1}^{J} (X_{ij} - \mu - \alpha_i - \beta_j) = 0$$

으로부터, $\sum_{i=1}^{I} \alpha_i = 0$이고 $\sum_{j=1}^{J} \beta_j = 0$이므로,

$$\hat{\mu} = \sum_{i=1}^{I} \sum_{j=1}^{J} X_{ij} / IJ = \overline{X}_{..}$$

를 구할 수 있다. 이제 $\hat{\mu}$을 H에 대입한 다음 H를 α_i에 대하여 미분하여 0과 같게 놓으면

$$\frac{\partial H}{\partial \alpha_i} = -2\sum_{j=1}^{J}(X_{ij} - \overline{X}_{..} - \alpha_i - \beta_j) + \lambda_1 = 0 \tag{6.22}$$

이 된다. $\sum_{j=1}^{J}\beta_j = 0$이므로 식 (6.22)는

$$\sum_{j=1}^{J}(X_{ij} - \overline{X}_{..}) - J\alpha_i = (1/2)\lambda_1 \tag{6.23}$$

과 동일하며, 양변을 첨자 i에 대하여 $i=1$부터 I까지 합하면 식 (6.23)의 좌변은 $\sum_{i=1}^{I}\sum_{j=1}^{J}X_{ij} = IJ\overline{X}_{..}$, $\sum_{i=1}^{I}\alpha_i = 0$이므로 0이 된다. 따라서 $\lambda_1 = 0$이 성립한다. 이제 각각의 i에 대하여 (6.23)은 $\sum_{j=1}^{J}(X_{ij} - \overline{X}_{..}) = J\alpha_i$이고, 이로부터

$$\hat{\alpha}_i = \overline{X}_{i.} - \overline{X}_{..}$$

를 유도한다. 마찬가지 방법으로 $\hat{\beta}_j = \overline{X}_{.j} - \overline{X}_{..}$임도 유도할 수 있다. 이와 같이 라그랑지 승수법으로 μ, α_i, β_j의 최소제곱 추정량을 구하였다. ■

주 정리 6.4에서 구한 모수 μ, α_i, β_j에 대한 최소제곱 추정량은 랜덤오차 ε_{ij}가 정규분포를 따르는 경우, 일원분류 분산분석의 경우와 마찬가지로 최대가능도성과 최소분산 비편향성을 만족한다. 또한 ε_{ij}의 정규성 여부와 관계없이 최소제곱 추정량은 동일하다.

나아가 자료 전체의 흩어진 정도는 블록간의 것과 처리방법간의 것, 그리고 오차에 의한 부분으로 아래 (6.24)와 같이 구성된다.

$$\begin{aligned}\sum_{i=1}^{I}\sum_{j=1}^{J}(X_{ij} - \overline{X}_{..})^2 &= \sum_{i=1}^{I}\sum_{j=1}^{J}(\overline{X}_{i.} - \overline{X}_{..})^2 && \text{블록간} \\ &+ \sum_{i=1}^{I}\sum_{j=1}^{J}(\overline{X}_{.j} - \overline{X}_{..})^2 && \text{처리방법간} \quad (6.24) \\ &+ \sum_{i=1}^{I}\sum_{j=1}^{J}(X_{ij} - \overline{X}_{i.} - \overline{X}_{.j} + \overline{X}_{..})^2 && \text{오차}\end{aligned}$$

이제

$$TSS = \sum_{i=1}^{I}\sum_{j=1}^{J}(X_{ij} - \overline{X}_{..})^2$$

$$SSB = \sum_{i=1}^{I}\sum_{j=1}^{J}(\overline{X}_{i.} - \overline{X}_{..})^2 \tag{6.25}$$

$$SST = \sum_{i=1}^{I}\sum_{j=1}^{J}(\overline{X}_{.j} - \overline{X}_{..})^2$$

$$SSE = \sum_{i=1}^{I}\sum_{j=1}^{J}(X_{ij} - \overline{X}_{i.} - \overline{X}_{.j} + \overline{X}_{..})^2$$

으로 나타내면

$$TSS = SSB + SST + SSE$$

이며, TSS(Total Sum of Squares)는 전체제곱합, SSB(Sum of Squares Block)는 블록간 제곱합, SST(Sum of Squares Treatment)는 처리방법간 제곱합, 그리고 SSE(Sum of Squares Error)는 오차제곱합이라 한다. 이제 각 제곱합들을 해당하는 자유도로 나누어 척도화한 평균제곱합을 구하고, 이러한 결과를 요약하면 다음과 같은 이원분류 분산분석표를 얻을 수 있다.

이원분류 분산분석표(Two-way ANOVA Table)

요인	제곱합(Sum of Squares)	자유도	평균제곱합
블록	$\sum_{i=1}^{I}\sum_{j=1}^{J}(\overline{X}_{i.} - \overline{X}_{..})^2$	$I-1$	$MSB = SSB/(I-1)$
처리방법	$\sum_{i=1}^{I}\sum_{j=1}^{J}(\overline{X}_{.j} - \overline{X}_{..})^2$	$J-1$	$MST = SST/(J-1)$
오차	$\sum_{i=1}^{I}\sum_{j=1}^{J}(X_{ij} - \overline{X}_{i.} - \overline{X}_{.j} + \overline{X}_{..})^2$	$(I-1)(J-1)$	$MSE = SSE/(I-1)(J-1)$
전체	$\sum_{i=1}^{I}\sum_{j=1}^{J}(X_{ij} - \overline{X}_{..})^2$	$IJ-1$	

F 검정

블록효과 또는 처리효과의 차이에 관한 가설에 대한 검정통계량으로 오차제곱합에 대한 해당요인의 제곱합의 비를 고려할 수 있다. I 개의 블록효과들 간에 차이가 없다는 가설은 $H_0 : \alpha_1 = \cdots = \alpha_I = 0$으로, 또 J 개의 처리효과들 간에 차이가 없다는 가설은 $H_0 : \beta_1 = \cdots = \beta_J = 0$으로 표현된다. 이제 검정에 필요한 분포이론은 다음 정리 6.5와 같다.

정리 6.5

식 (6.20)의 모형 $X_{ij} = \mu + \alpha_i + \beta_j + \varepsilon_{ij}$에서

(1) 귀무가설 $H_0 : \alpha_1 = \cdots = \alpha_I = 0$이 참이면, 통계량

$$SSB/\sigma^2$$

는 자유도가 $I-1$인 카이제곱분포를 따르며

$$E[SSB/(I-1)] = \sigma^2$$

이다. 만일 귀무가설 $H_0 : \alpha_1 = \cdots = \alpha_I = 0$이 참이 아니면,

$$SSB/\sigma^2$$

는 비중심 카이제곱분포를 가지며

$$E[SSB/(I-1)] = \sigma^2 + \frac{J}{(I-1)} \sum_{i=1}^{I} \alpha_i^2$$

을 만족한다.

(2) 귀무가설 $H_0 : \beta_1 = \cdots = \beta_J = 0$이 참이면, 통계량

$$SST/\sigma^2$$

는 자유도가 $J-1$인 카이제곱분포를 따르며

$$E[SST/(J-1)] = \sigma^2$$

이다. 만일 귀무가설 $H_0 : \beta_1 = \cdots = \beta_J = 0$이 참이 아니면,

$$SST/\sigma^2$$

는 비중심 카이제곱분포를 가지며

$$E[SST/(J-1)] = \sigma^2 + \frac{I}{(J-1)} \sum_{j=1}^{J} \beta_j^2$$

을 만족한다.

(3) α_i 또는 β_j의 값에 관계없이 SSE/σ^2은 자유도가 $(I-1)(J-1)$인 카이제곱분포를 가지며 $E[SSE/(I-1)(J-1)] = \sigma^2$를 만족한다.

(4) SSB, SST, SSE는 서로 독립이다.

증명 정리 6.2의 증명과 대동소이하므로 생략한다. ■

이제 블록효과와 처리효과에 대한 F 검정은 정리 6.5에 의해 다음과 같이 주어진다. SSB/σ^2와 SSE/σ^2는 서로 독립이므로, 귀무가설 $H_0 : \alpha_1 = \cdots = \alpha_I = 0$이 참일 때, 통계량

$$F = \frac{\sum_{i=1}^{I}\sum_{j=1}^{J}(\overline{X}_{i.} - \overline{X}_{..})^2/(I-1)}{\sum_{i=1}^{I}\sum_{j=1}^{J}(X_{ij} - \overline{X}_{i.} - \overline{X}_{.j} + \overline{X}_{..})^2/(I-1)(J-1)}$$

은 자유도가 $((I-1), (I-1)(J-1))$인 F 분포를 따른다. 따라서,

$$F \geq F_{\alpha}(I-1, (I-1)(J-1))$$

이면 유의수준 α에서 귀무가설 $H_0 : \alpha_1 = \cdots = \alpha_I = 0$을 기각한다.

마찬가지로, SST/σ^2와 SSE/σ^2도 서로 독립이므로 귀무가설 $H_0 : \beta_1 = \cdots = \beta_J = 0$이 참일 때,

$$F = \frac{\sum_{i=1}^{I}\sum_{j=1}^{J}(\overline{X}_{.j} - \overline{X}_{..})^2/(J-1)}{\sum_{i=1}^{I}\sum_{j=1}^{J}(X_{ij} - \overline{X}_{i.} - \overline{X}_{.j} + \overline{X}_{..})^2/(I-1)(J-1)}$$

은 자유도가 $((J-1), (I-1)(J-1))$인 F 분포를 따른다. 그러므로

$$F \geq F_{\alpha}(J-1, (I-1)(J-1))$$

이면 유의수준 α에서 귀무가설 $H_0 : \beta_1 = \cdots = \beta_J = 0$을 기각한다. 그런데 블록을 모형에 도입한 이유가 처리효과들에 관한 검정을 효율적으로 하기 위한 것이었기 때문에, 앞의 F 검정에서 실제 관심을 가지는 부분은 블록효과보다는 처리효과 사이의 차이에 관한 가설이 될 것이다. 정리 6.5로부터 구한 F 검정은 일반화 가능도비에 의해서도 같은 결과가 유도될 수 있으나 일원분류 분산분석의 경우와 대동소이하므로 생략하기로 한다.

예 6.4

다음은 5종류의 비료가 생산량에 끼치는 효과를 비교하기 위하여 실험한 결과이다. 3개의 블록(논)을 이용한 랜덤화 블록 설계를 쓰되, 각 논을 5개의 균일한 구역으로 나누어 5종류의 비료를 랜덤하게 배치하였다. 다음 표의 자료는 논의 수확량을 나타낸 것이다. 자료에 근거하여 블록들 간과 비료들 간에 차이가 있다고 할 수 있는지 검정해 보자.

비료의 종류	블록		
	1	2	3
A	15.9	15.2	16.0
B	13.3	12.2	10.1
C	12.5	11.1	9.3
D	13.2	14.3	11.0
E	16.5	19.5	14.2

이제 3개의 블록들 간에 차이가 없다는 가설은 이원분류 분산분석에 대한 모형 (6.20)을 사용했을 때,

$$H_0 : \alpha_1 = \alpha_2 = \alpha_3 = 0 \quad \text{대} \quad H_1 : \alpha_i \text{들 중 적어도 하나는 0이 아니다.}$$

로 쓸 수 있다. 또 5개의 처리효과(비료) 간에 차이가 없다는 가설은

$$H_0 : \beta_1 = \cdots = \beta_5 = 0 \quad \text{대} \quad H_1 : \beta_j \text{들 중 적어도 하나는 0이 아니다.}$$

로 표현한다. 이에 대한 분산분석 결과는 다음 표와 같다.

요인	자유도	제곱합	평균제곱합	F값	유의확률
블록	2	16.956	8.478	4.98	0.0394
처리방법	4	74.257	18.564	10.90	0.0025
오차	8	13.631	1.704		
전체	14	104.844			

블록간의 분산비(F)의 값이 $4.98 > F_{0.05}(2,8) = 4.46$이므로 유의수준 $\alpha = 0.05$에서 블록간에 수확량의 차이가 있다고 할 수 있다. 또한, 처리방법간의 분산비(F)의 값이 $10.90 > F_{0.05}(4,8) = 3.84$이므로 유의수준 $\alpha = 0.05$에서 비료의 종류 사이에도 차이가 있다. 유의확률은 블록간이 0.0394, 처리방법인 비료간이 0.0025이다.

이로부터 처리방법간에 차이 있음이 블록간에 차이 있음보다 통계적으로 더 유의함(significant)을 알 수 있다.

그런데 랜덤화 블록 설계에 있어서 처리방법이 $J=2$인 경우, 즉, 각 블록 안에 2개의 관찰값이 있는 경우는 특별한 경우로서 다음과 같이 일표본 t 검정방법을 사용할 수 있다. 우선, $X_{11}, X_{21}, \cdots, X_{I1}$을 첫 번째 처리방법에 의한 표본, 그리고 표본 $X_{12}, X_{22}, \cdots, X_{I2}$를 두 번째 처리방법에 의한 것이라고 할 때, i 번째 블록내 차이를 $D_i = X_{i1} - X_{i2}$로 표기한다($i = 1, 2, \cdots, I$). 그러면, 처리방법 사이의 차이에 대한 가설 $H_0 : \beta_1 = \beta_2$는 $D_i \sim N(\mu_D, \sigma_D^2)$이라 표기할 때 모평균에 대한 가설 $H_0 : \mu_D = 0$과 동일해진다. 그러므로 $D_1, \cdots, D_I$의 자료에 대해 5장에서 다룬 일표본 t 검정법을 활용할 수 있다. 이와 같은 검정법을 **대응짝 t 검정**(paired t test)이라고 하며, 여기에서는 X_{i1}과 X_{i2}가 같은 블록에 속하여 연관되어 있으므로 5.4절에서 다룬 독립인 2개의 표본에 대한 이표본 t 검정과는 그 결과가 다르다.

이와 같이 두 처리간의 차이에 대한 통계적 추론을 하는 데에 있어서, 대응짝 비교와 두 개의 독립인 표본을 사용하는 방법(참조: 4.6절, 5.4절)을 비교하여 보자. 모분포에 대해 정규성을 가정하고 분산이 알려져 있지 않을 때, 짝 비교의 경우 일표본 t 검정을, 독립표본의 경우 이표본 t 검정을 하게 된다. 이때 사용되는 t 통계량 분포의 자유도는 짝 비교를 하는 경우가 작으며(짝을 짓기 위해 표본의 크기가 반으로 줄어들기 때문에), 따라서 관측된 표본평균의 차이나 분산의 추정값이 동일하다면, 짝 비교의 신뢰구간의 길이는 커지고 가설검정의 경우 검정력도 약해지게 된다. 그러나 분산의 추정값은 두 검정의 경우 흔히 달라지게 되는데, 두 처리방법간의 차이에 대한 추정량 $\overline{D} = \overline{X}_{.1} - \overline{X}_{.2}$의 표준편차가 짝 비교의 경우 더 작게 나타나는 것이 일반적이다. 왜냐하면 $Var(\overline{D}) = Var(\overline{X}_{.1} - \overline{X}_{.2}) = Var(\overline{X}_{.1}) + Var(\overline{X}_{.2}) - 2Cov(\overline{X}_{.1}, \overline{X}_{.2})$인데, 관측값의 분포를 균일하게 하기 위해 블록을 나눈다는 점을 생각할 때, 일반적으로 X_{i1}와 X_{i2}가 양의 상관관계를 가진다고 보는 것이 합리적일 것이다. 즉, $Cov(\overline{X}_{.1}, \overline{X}_{.2}) = \dfrac{1}{I^2}\sum_{i=1}^{I} Cov(X_{i1}, X_{i2}) > 0$이며, 효율적으로 짝(또는 블록)이 이루어진 경우 $Var(\overline{D}) = Var(\overline{X}_{.1} - \overline{X}_{.2}) < Var(\overline{X}_{.1}) + Var(\overline{X}_{.2})$가 되어 두 개의 독립인 표본을 사용하는 경우보다 표준편차를 작게 함으로써 자유도의 감소에 의한 손실을 보상할 수 있다(참조: 연습문제 6.18). 실제 자료를 다룰 때 짝 비교를 해야 하는 경우

는 흔히 찾아볼 수 있는데, 가장 대표적인 것이 '전후'(before-after) 실험이다. 다이어트 프로그램 전과 후의 체중 비교나, 특정 교육 프로그램을 이수하기 전후의 학업성취도 비교, 또는 중간시험과 기말시험의 성적 비교 등의 실험에서는 같은 실험대상에게서 두 개의 관찰값을 얻게 되므로 독립표본을 가정한 분석은 적절하지 않다. 이때 짝 비교를 할 수 있으며, $Cov(\overline{X}_{.1}, \overline{X}_{.2})$는 양수일 것이므로 위에서 설명한 바와 같이 표준편차에서 자유도의 감소에 의한 손실이 보상될 것이다. 그런데 짝 비교가 독립이 아닌 표본에만 쓰이는 것은 아니다. 예를 들어, 특정 브랜드 타이어에 대하여 위치에 따른 마모도를 비교하기 위해 10개의 자동차 브랜드(예: 현대 소나타, 기아 K5 등)로부터 2대씩의 자동차를 준비하여 한 대로부터 왼쪽 앞바퀴, 다른 한 대로부터 오른쪽 앞바퀴의 마모도를 얻었다고 하자. 이 경우, 왼쪽을 조사한 표본과 오른쪽을 조사한 표본은 독립이라고 가정할 수 있으므로, 독립 이표본 t 검정을 사용해도 무방하다. 그러나 실제 우리가 관심 있는 것이 브랜드 간의 차이가 아니라 왼쪽과 오른쪽의 차이이므로, 같은 브랜드의 차들끼리 짝을 지워 짝 비교를 하는 것이 더욱 타당하다고 할 것이다. 독립 이표본 검정의 경우에는 브랜드 간의 변동이 크면 이 변동이 실제로 관심이 없는 것임에도 불구하고 평균의 차이를 가릴 수 있으나, 짝 비교의 경우에는 오로지 왼쪽과 오른쪽 차이의 변동만을 고려하기 때문이다.

6.2.2 요인실험에 대한 분산분석

6.1절에서는 한 가지 요인(factor)에 대하여 여러 가지 처리수준(또는 처리방법)을 고려한 모형을 다루었다. 이러한 모형은 요인이 두 개 이상인 경우로 확장될 수 있다. 가령, 몇 가지 자동차연료의 효율을 단위량에 대한 주행거리를 이용하여 비교하는 경우 효율에 영향을 미칠 것으로 생각되는 여러 가지 요인들이 있을 수 있다. 연료의 종류뿐만 아니라 기온, 엔진의 크기, 도로 상태 등 다른 변수들을 포함시켜 모형을 만들면 요인이 여러 개인 분산분석이 필요하게 된다. 여기에서는 요인이 두 개인 경우만을 다루기로 한다(세 개 이상의 일반적인 경우로의 확장은 자연스럽게 될 수 있다). 편의상 두 개의 요인을 각각 요인 A, 요인 B라고 표기하자. 요인 A에는 I개의 처리방법이 있고 요인 B에는 J개의 처리방법이 있을 때, 모든 개체들이 균일하다는 가정이 타당하면 완전임의배치법에 의한 분산분석을 사용할 수 있을 것이다. 요인 A의 i 번째 처리방법과 요인 B의 j 번째 처리방법에서의 k 번째 관찰값을 X_{ijk}라고 표기하면, 다음 표와 같은 결과를 얻는다($i = 1, 2, \cdots, I$; $j = 1, 2, \cdots, J$; $k = 1, 2, \cdots, K$). 계산

산의 편의상 각 처리방법에 대한 관찰값의 개수는 K로 일정하다고 가정한다.

구분		요인 B			
		1	2	$\cdots$	J
요인 A	1	X_{111} X_{112} $\vdots$ X_{11K}	X_{121} X_{122} $\vdots$ X_{12K}	$\cdots$ $\cdots$ $\cdots$ $\cdots$	X_{1J1} X_{2J2} $\vdots$ X_{1JK}
	$\vdots$	$\vdots$	$\vdots$	$\cdots$	$\vdots$
	I	X_{I11} X_{I12} $\vdots$ X_{I1K}	X_{I21} X_{I22} $\vdots$ X_{I2K}	$\cdots$ $\cdots$ $\cdots$ $\cdots$	X_{IJ1} X_{IJ2} $\vdots$ X_{IJK}

위의 결과에 대하여 다음의 두 모형을 고려하기로 한다. 편의상,

$$\overline{X}_{i..} = (1/JK)\sum_{j=1}^{J}\sum_{k=1}^{K} X_{ijk}$$

$$\overline{X}_{.j.} = (1/IK)\sum_{i=1}^{I}\sum_{k=1}^{K} X_{ijk}$$

$$\overline{X}_{ij.} = (1/K)\sum_{k=1}^{K} X_{ijk}$$

$$\overline{X}_{...} = (1/IJK)\sum_{i=1}^{I}\sum_{j=1}^{J}\sum_{k=1}^{K} X_{ijk}$$

로 표기하고, 이에 대한 모형을 생각해 보자.

■ 모형 Ⅰ:

$$X_{ijk} = \mu_{ij} + \epsilon_{ijk}$$

$$(i=1,\ 2,\ \cdots,\ I;\ \ j=1,\ 2,\ \cdots,\ J;\ \ k=1,\ 2,\ \cdots,\ K) \qquad (6.26)$$

단, μ_{ij}는 알려져 있지 않은 상수이며 ϵ_{ijk}는 서로 독립인 $N(0,\ \sigma^2)$을 따르는 확률변수이다. 이제, 위 모형에서 $\mu_{ij} = \mu + \alpha_i + \beta_j + \gamma_{ij}$라 놓으면, 모형 Ⅰ은 다음 모형 Ⅱ와 같이 변형된다.

■ 모형 II :

$$X_{ijk} = \mu + \alpha_i + \beta_j + \gamma_{ij} + \varepsilon_{ijk} \tag{6.27}$$

단, $\mu = (1/IJ)\sum_i \sum_i \mu_{ij}$, $\mu_{i.} = (1/J)\sum_j \mu_{ij}$, $\mu_{.j} = (1/I)\sum_i \mu_{ij}$, $\sum_{i=1}^{I} \alpha_i = \sum_{j=1}^{J} \beta_j = \sum_{i=1}^{I} \gamma_{ij} = \sum_{j=1}^{J} \gamma_{ij} = 0$이며, $\alpha_i = \mu_{i.} - \mu$, $\beta_j = \mu_{.j} - \mu$, $\gamma_{ij} = \mu_{ij} - \mu_{i.} - \mu_{.j} + \mu$이다 $(i = 1, 2, \cdots, I;\ j = 1, 2, \cdots, J;\ k = 1, 2, \cdots, K)$. 또 랜덤오차 ε_{ijk}는 서로 독립이며 $N(0, \sigma^2)$ 분포를 따른다.

모형 Ⅱ에서 μ는 전체평균을, α_i는 요인 A의 i 번째 처리방법의 순수처리효과를, β_j는 요인 B의 j 번째 처리방법의 순수처리효과를, 그리고 γ_{ij}는 요인 A의 i 번째와 요인 B의 j 번째 처리방법의 상호작용(interaction)효과를 각각 나타낸다.

주 모형 II의 의미는 관찰값 X_{ijk}가 전체적인 처리효과 μ, 요인 A의 i 번째 처리방법의 순수효과 α_i, 요인 B의 j 번째 처리방법의 순수효과 β_j, 요인 A의 i 번째와 요인 B의 j 번째 처리방법의 상호작용효과 γ_{ij}, 랜덤오차 ε_{ijk}의 합으로 나타내진다는 것이다. 단, $K = 1$인 경우에는 모형 II는 포화상태가 되며, 상호작용효과 γ_{ij}를 모형에 포함하는 것은 의미가 없다.

이제 요인 A의 i 번째, 요인 B의 j 번째 처리방법에 대한 k 번째 관찰값 X_{ijk}와 전체 평균의 편차는 다음과 같이 분해될 수 있다.

$$\begin{aligned} X_{ijk} - \overline{X}_{...} &= (\overline{X}_{i..} - \overline{X}_{...}) \\ &\quad + (\overline{X}_{.j.} - \overline{X}_{...}) \\ &\quad + (\overline{X}_{ij.} - \overline{X}_{i..} - \overline{X}_{.j.} + \overline{X}_{...}) \\ &\quad + (X_{ijk} - \overline{X}_{ij.}) \end{aligned} \tag{6.28}$$

식 (6.28)의 표현은 모형 Ⅱ의 모수의 최소제곱 추정량에 대한 아래의 정리 6.6을 이해하는 데 도움이 된다.

정리 6.6

식 (6.27)의 모형 $X_{ijk}=\mu+\alpha_i+\beta_j+\gamma_{ij}+\varepsilon_{ijk}$에서의 모수 μ, α_i, β_j, γ_{ij}에 대한 최소제곱 추정량은

$$\begin{aligned}\hat{\mu}&=\overline{X}_{...}\\ \hat{\alpha}_i&=\overline{X}_{i..}-\overline{X}_{...}\\ \hat{\beta}_j&=\overline{X}_{.j.}-\overline{X}_{...}\\ \hat{\gamma}_{ij}&=\overline{X}_{ij.}-\overline{X}_{i..}-\overline{X}_{.j.}+\overline{X}_{...}\end{aligned}$$

가 된다.

증명 오차제곱의 합

$$SS(\mu,\ \alpha_i,\ \beta_j,\ \gamma_{ij})=\sum_{i=1}^{I}\sum_{j=1}^{J}\sum_{k=1}^{K}(X_{ijk}-\mu-\alpha_i-\beta_j-\gamma_{ij})^2$$

을 최소화하는 μ, α_i, β_j, γ_{ij}의 값들은 미분을 통해 구할 수 있으며, 정리 6.4의 증명과 동일하므로 생략한다. ■

나아가 자료 전체의 흩어진 정도는 요인 A, 요인 B, 두 요인 사이의 상호작용에 의한 것, 그리고 오차에 의한 부분으로, 아래 (6.29)와 같이 구성된다.

$$\begin{aligned}\sum_{i=1}^{I}\sum_{j=1}^{J}\sum_{k=1}^{K}(X_{ijk}-\overline{X}_{...})^2&=JK\sum_{i=1}^{I}(\overline{X}_{i..}-\overline{X}_{...})^2 && \text{요인 } A \quad (6.29)\\ &+IK\sum_{j=1}^{J}(\overline{X}_{.j.}-\overline{X}_{...})^2 && \text{요인 } B\\ &+K\sum_{i=1}^{I}\sum_{j=1}^{J}(\overline{X}_{ij.}-\overline{X}_{i..}-\overline{X}_{.j.}+\overline{X}_{...})^2 && \text{상호작용}\\ &+\sum_{i=1}^{I}\sum_{j=1}^{J}\sum_{k=1}^{K}(X_{ijk}-\overline{X}_{ij.})^2 && \text{오차}\end{aligned}$$

이제

$$TSS=\sum_{i=1}^{I}\sum_{j=1}^{J}\sum_{k=1}^{K}(X_{ijk}-\overline{X}_{...})^2$$

$$SSA = JK\sum_{i=1}^{I}(\overline{X}_{i..} - \overline{X}_{...})^2$$
$$SSB = IK\sum_{j=1}^{J}(\overline{X}_{.j.} - \overline{X}_{...})^2$$
$$SSAB = K\sum_{i=1}^{I}\sum_{j=1}^{J}(\overline{X}_{ij.} - \overline{X}_{i..} - \overline{X}_{.j.} + \overline{X}_{...})^2 \qquad (6.30)$$
$$SSE = \sum_{i=1}^{I}\sum_{j=1}^{J}\sum_{k=1}^{K}(X_{ijk} - \overline{X}_{ij.})^2$$

으로 나타내면

$$TSS = SSA + SSB + SSAB + SSE$$

이며, TSS(Total Sum of Squares)는 전체 제곱합, SSA(Sum of Squares factor A)는 요인 A의 처리방법간 제곱합, SSB(Sum of Squares factor B)는 요인 B의 처리방법간 제곱합, $SSAB$(Sum of Squares due to interaction of factors A and B)는 두 요인 사이의 상호작용에 의한 제곱합, 그리고 SSE(Sum of Squares Error)는 오차제곱합이라 한다. 제곱합들을 해당하는 자유도로 나눈 평균제곱합을 구하고 결과를 요약하면 다음과 같은 이원분류 분산분석표를 얻을 수 있다.

이원분류 분산분석표(Two-way ANOVA Table)

요인	제곱합	자유도	평균제곱합
요인A	$JK\sum_{i=1}^{I}(\overline{X}_{i..} - \overline{X}_{...})^2$	$I-1$	$MSA = SSA/(I-1)$
요인B	$IK\sum_{j=1}^{J}(\overline{X}_{.j.} - \overline{X}_{...})^2$	$J-1$	$MSB = SSB/(J-1)$
상호작용	$K\sum_{i=1}^{I}\sum_{j=1}^{J}(\overline{X}_{ij.} - \overline{X}_{i..} - \overline{X}_{.j.} + \overline{X}_{...})^2$	$(I-1)(J-1)$	$MSAB = SSAB/(I-1)(J-1)$
오차	$\sum_{i=1}^{I}\sum_{j=1}^{J}\sum_{k=1}^{K}(X_{ijk} - \overline{X}_{ij.})^2$	$IJ(K-1)$	$MSE = SSE/IJ(K-1)$
합	$\sum_{i=1}^{I}\sum_{j=1}^{J}\sum_{k=1}^{K}(X_{ijk} - \overline{X}_{...})^2$	$IJK-1$	

F 검정

요인 A 또는 B의 처리효과 또는 상호작용의 여부에 관한 가설에 대한 검정통계량으로 오차제곱합에 대한 해당요인의 제곱합의 비를 고려할 수 있다. 요인 A의 처리효과간에 차이가 없다는 가설은 $H_0 : \alpha_1 = \cdots = \alpha_I = 0$으로, 요인 B의 처리효과간에 차이가 없다는 가설은 $H_0 : \beta_1 = \cdots = \beta_J = 0$으로, 그리고 두 요인간에 상호작용이 없다는 가설은 $H_0 : \gamma_{ij} = 0(i = 1, 2, \cdots, I \ ; \ j = 1,2\cdots, J)$으로 표현된다. 이제 검정에 필요한 분포이론은 다음 정리 6.7과 같다.

정리 6.7

식 (6.27)의 모형 $X_{ijk} = \mu + \alpha_i + \beta_j + \gamma_{ij} + \varepsilon_{ijk}$에서

(1) 귀무가설 $H_0 : \alpha_1 = \cdots = \alpha_I = 0$이 참이면, 통계량

$$SSA/\sigma^2$$

는 자유도가 $I-1$인 카이제곱분포를 따르며

$$E[SSA/(I-1)] = \sigma^2$$

이다.

(2) 귀무가설 $H_0 : \beta_1 = \cdots = \beta_J = 0$이 참이면, 통계량

$$SSB/\sigma^2$$

는 자유도가 $J-1$인 카이제곱분포를 따르며

$$E[SSB/(J-1)] = \sigma^2$$

이다.

(3) 귀무가설 $H_0 : \gamma_{ij} = 0$이 참이면($i = 1, 2, \cdots, I \ ; \ j = 1, 2, \cdots, J$), 통계량

$$SSAB/\sigma^2$$

는 자유도가 $(I-1)(J-1)$인 카이제곱분포를 따르며

$$E[SSAB/(I-1)(J-1)] = \sigma^2$$

이다.

(4) α_i 또는 β_j, γ_{ij}의 값에 관계없이 SSE/σ^2는 자유도가 $IJ(K-1)$인 카이제곱분포를 가지며 $E[SSE/IJ(K-1)] = \sigma^2$를 만족한다.

(5) SSA, SSB, $SSAB$, 그리고 SSE는 서로 독립이다.

증명 정리 6.2의 증명과 대동소이하므로 생략한다. ■

이제 각 요인의 효과 및 상호작용에 대한 F 검정은 정리 6.7에 의해 다음과 같이 주어진다. SSA/σ^2와 SSE/σ^2는 서로 독립이므로 귀무가설 $H_0 : \alpha_1 = \cdots = \alpha_I = 0$이 참일 때, 통계량

$$F = \frac{JK\sum_{i=1}^{I}(\overline{X}_{i..} - \overline{X}_{...})^2/(I-1)}{\sum_{i=1}^{I}\sum_{j=1}^{J}\sum_{k=1}^{K}(X_{ijk} - \overline{X}_{ij.})^2/IJ(K-1)}$$

은 자유도가 $((I-1),\ IJ(K-1))$인 F 분포를 따른다. 따라서,

$$F \geq F_\alpha(I-1,\ IJ(K-1))$$

이면 유의수준 α에서 귀무가설 $H_0 : \alpha_1 = \cdots = \alpha_I = 0$을 기각한다.

마찬가지로, SSB/σ^2와 SSE/σ^2도 서로 독립이므로 귀무가설 $H_0 : \beta_1 = \cdots = \beta_J = 0$이 참일 때, 통계량

$$F = \frac{IK\sum_{j=1}^{J}(\overline{X}_{.j.} - \overline{X}_{...})^2/(J-1)}{\sum_{i=1}^{I}\sum_{j=1}^{J}\sum_{k=1}^{K}(X_{ijk} - \overline{X}_{ij.})^2/IJ(K-1)}$$

은 자유도가 $((J-1),\ IJ(K-1))$인 F 분포를 따른다. 그러므로,

$$F \geq F_\alpha(J-1,\ IJ(K-1))$$

이면 유의수준 α에서 귀무가설 $H_0 : \beta_1 = \cdots = \beta_J = 0$을 기각한다.

또한 $SSAB/\sigma^2$와 SSE/σ^2도 서로 독립이므로 귀무가설 $H_0 : \gamma_{ij} = 0,\ i = 1,\ 2,\ \cdots,\ I\ ;\ j = 1, 2, \cdots, J$가 참일 때, 통계량

$$F = \frac{K\sum_{i=1}^{I}\sum_{j=1}^{J}(\overline{X}_{ij.} - \overline{X}_{i..} - \overline{X}_{.j.} + \overline{X}_{...})^2/(I-1)(J-1)}{\sum_{i=1}^{I}\sum_{j=1}^{J}\sum_{k=1}^{K}(X_{ijk} - \overline{X}_{ij.})^2/IJ(K-1)}$$

은 자유도가 $((I-1)(J-1),\ IJ(K-1))$인 F 분포를 따른다. 따라서

$$F \geq F_{\alpha}((I-1)(J-1),\ IJ(K-1))$$

이면 유의수준 α에서 귀무가설 $H_0 : \gamma_{ij} = 0$, $i = 1, 2, \cdots, I$; $j = 1, 2, \cdots, J$를 기각한다.

상호작용의 의미

요인 A의 처리수준(또는 방법)에 따라 요인 B의 효과가 차이가 있거나, 요인 B의 수준에 따라 요인 A의 효과가 차이가 있을 때, 두 요인 사이에는 상호작용(interaction)이 있다고 한다. 이를 처리수준이 2개인 경우에 대해 그림으로 나타내면 다음과 같다.

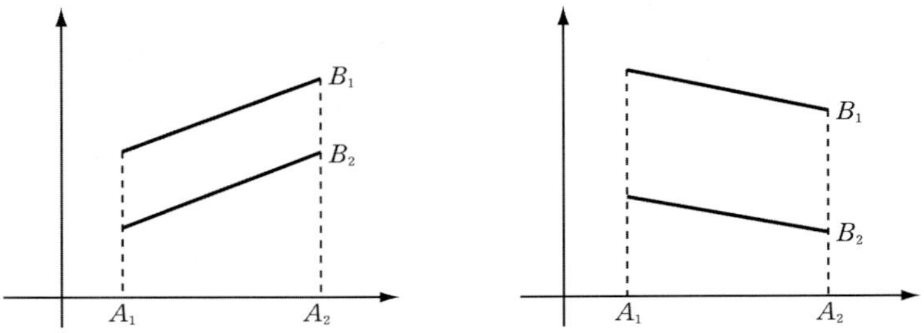

〈상호작용이 없는 경우〉

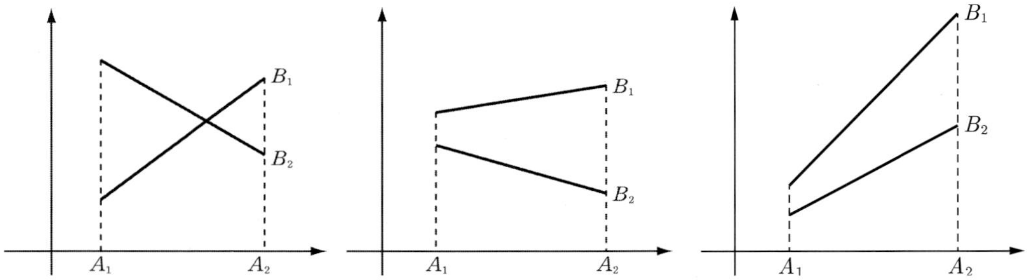

〈상호작용이 있는 경우〉

그림에서, 상호작용이 없는 경우 두 선분은 평행하다. 요인 B의 수준이 달라져도 요인 A의 효과에는 변화가 없음을 볼 수 있다. 반면, 상호작용이 있는 경우 두 선분은 다른 기울기를 가진다. 첫 번째 그림에서 요인 A의 수준이 1일 때는 요인 B의 수준 2가 큰 평균값을 갖지만 요인 A의 수준이 2가 되면 요인 B의 수준 1이 더 큰 평균값을 갖는다. 요인 B의 수준을 고정하고 요인 A의 효과를 비교해도 마찬가지이다. 그림에 따르면, 요인 A의 수준이 1일 때와 2일 때 그 평균값은 큰 차이가 없어 보이므로 요인 A의 주효과(main effect)는 유의하지 않을 수도 있으나, 요인 B와의 상호작용은 유의해 보인다. 두 번째 그림에서는, 요인 A의 수준에 상관없이 요인 B의 수준 1이 수준 2보다 큰 값을 갖지만, 요인 B의 수준이 1일 때는 요인 A의 수준을 2로 하는 것이 더 큰 값을 주고 요인 B의 수준이 2일 때는 요인 A의 수준을 1로 하는 것이 더 큰 평균값을 준다는 점에서 두 요인 간에 상호작용이 있다고 볼 수 있다. 세 번째 그림에서는 두 선분이 모두 양의 기울기를 갖지만 기울기의 크기가 다르다. 요인 B의 수준이 1인 경우 2일 때보다 평균값이 항상 더 크고 기울기도 더 크므로 요인 A의 수준이 1일 때는 B의 수준 간에 차이가 작지만 요인 A의 수준이 2일 때는 B의 수준 간에 차이가 커지는 효과가 있다. 이런 경우에도 상호작용은 유의하게 나타날 수 있다.

그런데 가설 $H_0: \gamma_{ij} = 0$을 기각하면, 즉 상호작용이 있으면 요인 A, B의 효과에 대한 검정은 의미가 없을 수 있다. 왜냐하면, $X_{ijk} = \mu + \alpha_i + \beta_j + \gamma_{ij} + \varepsilon_{ijk}$라는 모형에서 가설 $\beta_1 = \cdots = \beta_J = 0$을 받아들여서 $X_{ijk} = \mu + \alpha_i + \gamma_{ij} + \varepsilon_{ijk}$라는 모형을 사용해도 요인 B의 j 번째 처리효과는 요인 A와의 상호작용인 γ_{ij}에 의해 표현되기 때문이다. 따라서 요인 A와 B를 동시에 고려하는 것이 통계적으로 의미가 있다. 한편, 가설 $H_0: \gamma_{ij} = 0$을 채택하면 상호작용에 의한 제곱합을 오차제곱합에 합쳐서(pooling) 만든 새로운 오차제곱합을 통상적으로 사용한다.

예 6.5

요인 A에 3개의 수준이 있고, 요인 B에 4개의 수준이 있을 때, 각각의 반복수가 3개인 2요인 실험에 대한 결과를 아래와 같이 구했다. 이에 대한 분산분석을 하고 상호작용이 있는지를 검정하여 보자.

구분		요인 B			
		1	2	3	4
요인 A	1	22.2 24.1 29.1	19.6 19.6 17.1	15.3 22.8 18.3	29.8 28.3 26.8
	2	23.5 24.5 11.5	16.9 17.4 20.4	15.7 19.2 19.0	15.1 16.5 13.1
	3	29.0 22.0 20.0	16.4 14.4 21.4	19.5 16.0 12.5	11.8 14.3 21.3

요인 A의 3가지 수준들 간에 효과의 차이가 없다는 가설은 이원분류 분산분석에 대한 모형 (6.27)을 사용했을 때,

$$H_0 : \alpha_1 = \alpha_2 = \alpha_3 = 0 \quad \text{대} \quad H_1 : \alpha_i \text{들 중 적어도 하나는 0이 아님}$$

으로 쓸 수 있다. 또 요인 B의 4가지 수준들 간에 효과의 차이가 없다는 가설은

$$H_0 : \beta_1 = \cdots = \beta_4 = 0 \quad \text{대} \quad H_1 : \beta_j \text{들 중 적어도 하나는 0이 아님}$$

으로 표현되며, 두 요인 A와 B 사이에 상호작용이 없다는 가설은

$$H_0 : \gamma_{ij} = 0 \qquad (i = 1,\ 2,\ 3\ ;\ j = 1,\ 2,\ 3,\ 4) \quad \text{대} \quad H_1 : H_0\text{가 아님}$$

으로 표현된다. 이에 대한 분산분석 결과는 다음 표와 같다.

요인	자유도	제곱합	평균제곱합	F값	유의확률
A	2	183.807	91.903	6.65	0.0050
B	3	152.456	50.819	3.68	0.0261
상호작용	6	212.998	35.500	2.57	0.0458
오차	24	331.640	13.818		
전체	35	880.900			

상호작용에 의한 분산비(F)의 값이 $2.57 > F_{0.05}(6.24) = 2.51$이므로 유의수준 $\alpha = 0.05$에서 요인 A와 B 사이에 상호작용이 없다는 귀무가설을 기각한다. 상호작용이 유의하므로 요인 A와 요인 B에 대한 가설검정의 결과에 관계없이 요인의 주효과와 상호작용을 모두 포함하는 (6.27)의 모형을 사용하게 된다. 두 요인의 주효과에 대한 검정도 살펴보면, 요인 A에 의한 분산비(F)의 값이 $6.65 > F_{0.05}(2.24) = 3.40$이므로 요인 A의 처리방법간에 차이가 없다는 귀무가설을 유의수준 $\alpha = 0.05$에서 기각한다. 또한, 요인 B에 의한 분산비(F)의 값이 $3.68 > F_{0.05}(3.24) = 3.01$이므로 유의수준 $\alpha = 0.05$에서 요인 B의 처리방법간에 차이가 없다는 귀무가설을 기각하게 됨을 알 수 있다.

주 귀무가설을 기각하였을 경우 고려될 수 있는 부분가설에 대한 검정은 일원분류 분산분석에서 설명된 방법들을 활용할 수 있다. 또한, 요인실험에 대한 이원분류 분산분석에서는 개체들이 균일하다는 가정을 전제로 완전임의배치법에 의한 관찰값을 대상으로 하였으

나 이들이 균일하지 않을 때는 균일한 개체들끼리 블록을 구성하는 랜덤화 블록 설계를 고려할 수 있다. 이러한 경우에는 요인들의 효과, 상호작용효과 외에 블록효과를 고려하는 모형을 사용하게 된다.

연습문제 6장

01 식 (6.2)의 모형에서 모수 μ와 α_i에 대한 최대가능도 추정량과 최소분산 비편향 추정량은 $\hat{\mu}=\overline{X}_{..}$, $\hat{\alpha}_i=\overline{X}_{i.}-\overline{X}_{..}(i=1, 2, \cdots, I)$로 모두 최소제곱 추정량과 같음을 보여라.

02 식 (6.4)가 성립함을 보여라.

03 식 (6.9)와 (6.10)을 증명하라.

04 5가지 종류(Type)의 옥수수가 3지역에서 재배되고 있다. 에이커당 생산량은 아래와 같다.

Type1	Type2	Type3	Type4	Type5
46.2	49.2	60.3	48.9	52.5
51.9	58.6	58.7	51.4	54.0
48.7	57.4	60.4	44.6	49.3

분산분석표를 작성하고, 평균생산량 간에 통계적으로 유의한 차이가 있는지를 유의수준 0.05에서 검정하라.

05 어떤 집단의 학생들을 4가지 교육방법에 랜덤배치하여, 일정기간 동안 교육을 시행한 후 '표준학력고사'를 치른 성적이 아래와 같이 주어졌다고 하자.

교육방법			
1	2	3	4
69	75	59	82.5
79	83	78	88
82	72	62	89
86	81	67	95
81.5	78.5	84	
		76	

(1) 일원분류 분산분석에 맞는 모형을 제시하고 각 교육방법의 순수효과에 대한 최소제곱 추정량을 구하라.

(2) 4가지 교육방법들 사이에 차이가 없다는 귀무가설에 대한 검정을 유의수준 5%에서 실시하라.

(3) 4번째 교육방법은 최근 새롭게 제시된 이론을 바탕으로 한 교육이어서, 이 방법의 평균과 다른 방법들의 평균값을 비교하는 것이 관심의 대상이 된다고 한다. 적절한 부분가설을 세우고 이를 검정하라.

06 다음의 자료는 3가지 처리수준에 대한 완전임의배치법에 의하여 구한 자료이다.

처리수준		
1	2	3
23	25	18
22	23	18
24	22	22
23	31	27
22	29	23
18		

식 (6.2)의 모형 $X_{ij} = \mu + \alpha_i + \varepsilon_{ij}$를 사용했을 때,

(1) 모수 μ, $\alpha_i(i=1, 2, 3)$의 최대가능도 추정량의 값을 구하라.

(2) 분산분석표를 작성하고, 그에 근거하여 가설 $H_0 : \alpha_1 = \alpha_2 = \alpha_3$를 유의수준 5%에서 검정하라.

(3) 모평균 $\mu_i = \mu + \alpha_i(i=1, 2, 3)$의 대비에 관한 부분가설 H_0: $(\mu_1 + \mu_2)/2 = \mu_3$을 유의수준 5%에서 검정하라.

(4) 튜키의 다중비교를 사용하여 모평균 $\mu_i = \mu + \alpha_i(i=1, 2, 3)$들의 모든 가능한 짝의 차이에 대한 95% 동시신뢰구간을 구하라.

07 대비 $C = \sum_{i=1}^{I} c_i \mu_i$의 최소분산 비편향추정량은 $\sum_{i=1}^{I} c_i \overline{X}_{i.}$가 됨을 보여라.

08 식 (6.2)의 모형 $X_{ij} = \mu + \alpha_i + \varepsilon_{ij}$를 사용할 때, $\sum_{i=1}^{I} a_i \mu_i = \sum_{i=1}^{I} a_i(\mu + \alpha_i)$에 대한 추정량으로 $\sum_{i=1}^{I} a_i \overline{X}_{i.}$를 사용하여 $\sum_{i=1}^{I} a_i \mu_i$에 대한 $100(1-\alpha)\%$ 신뢰구간을 구하라 (σ^2은 알려지지 않음).

09 확률변수 X가 비중심모수 γ 와 자유도 k를 갖는 비중심 카이제곱분포를 따른다고 할 때, X의 적률생성함수가

$$M_X(t) = \frac{1}{(1-2t)^{k/2}} \exp[t\gamma/(1-2t)] \qquad (t < 1/2)$$

로 주어짐을 보여라. 이로부터, $E(X)$와 $Var(X)$를 구하라.

10 확률변수 X_i가 비중심모수가 γ_i이고 자유도가 k_i인 비중심 카이제곱분포를 따르고 $(i = 1, 2, \cdots, n)$ 이들이 서로 독립일 때, $\sum_{i=1}^{n} X_i$의 분포를 구하라.

11 식 (6.19)의 모형 $X_{ij} = \mu + \alpha_i + \beta_j + \varepsilon_{ij}$에서의 모수 μ, α_i, β_j에 대한 최대가능도 추정량과 최소분산 비편향추정량은 모두 정리 6.4에서 구한 최소제곱 추정량과 같음을 보여라.

12 식 (6.23)이 성립함을 보여라.

13 정리 6.5에 근거한 이원분류 분산분석의 F 검정법이 일반화 가능도비에 의한 검정법과 동일함을 보여라.

14 랜덤화 블록 설계에 있어서 처리방법이 두 종류인($J = 2$) 경우 F 검정법이 대응짝 t 검정법(paired t test)과 동일함을 보여라.

15 어떤 과자회사에서 신제품의 포장디자인을 결정하기 위해 각각 4개의 디자인으로 포장한 신제품을 시범적으로 판매해 보았다. 각 디자인당 5개의 상점에서 하루 동안 팔린 제품의 개수는 다음과 같다.

디자인			
1	2	3	4
21	22	33	37
27	20	30	43
26	25	28	32
24	29	27	36
25	21	26	38

(1) 디자인의 종류가 판매에 다른 영향을 끼치는지 유의수준 $\alpha = 0.05$에서 검정하라.

(2) H_0: $\frac{\mu_1+\mu_2}{2} = \frac{\mu_3+\mu_4}{2}$를 검정하기 위한 대비 C를 정의하고 유의수준 $\alpha = 0.05$에서 검정하라. 또한, C에 대한 95% 신뢰구간을 구하라.

(3) 튜키와 본페로니 방법으로 모평균 $\mu_1, \mu_2, \mu_3, \mu_4$의 모든 가능한 짝비교에 대한 95% 동시신뢰구간을 구하라.

16 연습문제 4번의 옥수수 자료에 대해 첫 번째 행은 지역 1, 두 번째 행은 지역 2, 세 번째 행은 지역 3에서 나온 자료라고 할 때, 옥수수의 종류와 지역을 요인으로 하는 이원분류 분산분석을 시행하고 어떤 요인 간에 유의한 차이가 있는지 $\alpha = 0.05$에서 검정하라.

17 3개의 블록과 4가지 처리방법 A, B, C, D에 대하여 랜덤화 블록 설계를 사용한 실험으로부터 얻은 자료가 아래와 같이 구해졌다.

구분		처리방법			
		A	B	C	D
블록	1	16	20	18	17
	2	14	19	15	19
	3	22	25	24	25

(1) 이원분류 분산분석에 맞는 모형을 제시하고, 각 처리방법에 대한 순수효과와 블록효과에 대한 최소제곱 추정량을 구하라.

(2) 3가지 블록효과들 사이에 차이가 없다는 귀무가설에 대한 검정을 유의수준 5%에서 실시하라.

18 제약회사에서 새로 출시될 혈압약에 대한 효과를 알아보기 위하여 실험을 실시하였다. 5명의 대상자에게 약을 복용한 전후의 최고 혈압을 잰 결과가 다음과 같다(단, 모집단에 대한 정규성을 가정).

구분	참가자				
	1	2	3	4	5
복용 전	141.8	143.9	136.3	138.2	129.6
복용 후	140.1	142.5	135.8	137.1	128.9

(1) 신약의 효과를 유의수준 5%에서 검정하고 신뢰구간을 구하라.

(2) 복용 전 표본과 복용 후 표본이 서로 다른 두 집단에 대한 독립 표본이라고 가정하고 신약의 효과에 대해서 유의수준 5%에서 검정하여, 그 결과를 (1)의 그것과 비교하라.

19 어떤 두 가지 처리방법에 대한 비교조사를 위하여, 과학자 A는 사회경제적 지위(socioeconomic status)에 의하여 다른 과학자 B는 성(gender)에 의하여 블록화한 실험을 통하여 다음과 같은 표를 구하였다. 두 과학자가 얻은 결과에서, 각 블록에 대한 처리방법의 평균이 같음을 주시하라.

블록	과학자 A		과학자 B	
	처리방법 1	처리방법 2	처리방법 1	처리방법 2
블록 1	19, 21	28, 32	10, 30	20, 40
블록 2	38, 42	49, 51	30, 50	40, 60

(1) 각 과학자의 실험결과에 대한 분산분석표를 만들고, 과학자 A의 블록화가 과학자 B의 그것보다 더 효율적임을 설명하라.

(2) 다른 과학자 C가 블록화를 하지 않고 완전임의배치법에 의해 과학자 A와 같은 결과를 아래와 같이 구하였다고 하자(물론 같은 결과를 얻을 확률은 현실적으로 매우 작다).

(과학자 C) 처리방법 1: 19, 21, 38, 42 처리방법 2: 28, 32, 49, 51

일원분류 분산분석에 의한 처리방법들 사이에 차이 여부를 검정하고, 그 결과를 (2)의 분산분석표로부터 구한 과학자 A의 실험결과분석과 비교하라.

20 3종류의 자동차 연료 A, B, C와 4가지의 서로 다른 모형의 자동차를 대상으로 자동차 모형에 의해 블록을 구성한 랜덤화 블록 설계를 활용하여 얻은 연비(km/l)의 실험에 대한 결과가 다음과 같았다.

구분		자동차 모형			
		1	2	3	4
연료	A	17.5	16.3	15.5	17.0
	B	17.9	17.6	17.2	18.1
	C	17.0	17.8	16.1	17.4

식 (6.19)의 모형 $X_{ij} = \mu + \alpha_i + \beta_j + \varepsilon_{ij}$를 사용했을 때,

(1) 모수 μ, α_i, $\beta_j(i=1, 2, 3\ ;\ j=1, 2, 3, 4)$의 최대가능도 추정량을 구하라.

(2) 분산분석표를 작성하고, 그에 근거하여 가설 $H_0 : \alpha_1 = \alpha_2 = \alpha_3 = \alpha_4 = 0$을 유의수준 5%에서 검정하라.

(3) (2)에서 작성한 표에 근거하여, 가설 $H_0 : \beta_1 = \beta_2 = \beta_3 = 0$을 유의수준 5%에서 검정하라.

(4) 만일, 자동차의 모형이 모두 같았으면 이에 대한 분석의 결과가 어떻게 달라지는가?

21 정리 6.2의 증명방법을 이용하여 정리 6.7을 증명하라.

22 다음의 자료는 요인 A의 3가지 처리수준과 요인 B의 4가지 처리수준에 대해 완전임의배치법을 적용하여 구한 자료이다.

구분		요인 B			
		1	2	3	4
요인 A	1	22,24,26	13,15,17	12,15,18	17,18,19
	2	15,17,19	14,16,18	13,17,21	16,18,20
	3	11,14,17	13,16,19	15,18,21	12,15,18

식 (6.26)의 모형 $X_{ijk} = \mu + \alpha_i + \beta_j + \gamma_{ij} + \varepsilon_{ijk}$를 사용했을 때,

(1) 모수 μ, α_i, β_j, γ_{ij}에 대한 최대가능도 추정량을 구하라.

(2) 분산분석표를 작성하고, 그에 근거하여 가설 $H_0 : \alpha_1 = \alpha_2 = \alpha_3 = 0$ 대 $H_1 : \alpha_i$들 중 적어도 하나는 0이 아님을 유의수준 5%에서 검정하라. 만약 요인 A의 수준이 유의한 차이를 보인다면 어느 수준에서 차이를 보이는지 찾아보라.

(3) (2)에서 작성한 분산분석표에 근거해 가설 $H_0 : \gamma_{ij} = 0(i=1, 2, 3\ ;\ j=1, 2, 3, 4)$ 대 $H_1 : H_0$가 아님을 유의수준 5%에서 검정하라. 요인 A의 효과가 요인 B의 수준에 따라 달라지는가? 결과를 해석하라.

23 어떤 서비스센터에서 브랜드에 따른 하드디스크 수리시간을 비교하였다. 수리시간은 기술자에 따라서도 크게 달라질 수 있으므로 기술자에 따른 블록을 구성하여 랜덤화 블록 설계를 사용하고자 한다. 하드디스크 브랜드는 A, B, C가 있고, 3명의 기술자에 대해 수리시간을 측정한 결과가 다음과 같다(단위: 분).

구분		브랜드		
		A	B	C
기술자	1	52, 40, 53	47, 41, 29	49, 46, 57
	2	41, 47, 35	30, 51, 48	50, 48, 42
	3	50, 55, 45	48, 53, 60	37, 46, 43

(1) 하드디스크 수리시간은 브랜드에 따라 다른가? 다르다면, 각 수준의 평균을 비교하고, 모든 가능한 짝비교에 대해 신뢰구간을 구하라.

(2) 하드디스크 수리시간은 기술자에 따라 다른가? 다르다면, 각 수준의 평균을 비교하고, 모든 가능한 짝비교에 대해 신뢰구간을 구하라.

24 반응변수에 영향을 끼칠 것으로 생각되는 두 요인 A와 B의 각 수준에 대해 세 개씩의 관찰값을 얻은 결과가 다음과 같다.

구분		요인 B			
		1	2	3	4
요인 A	1	9, 12, 12	11, 13, 15	10, 9, 12	15, 11, 14
	2	16, 15, 17	10, 13, 12	11, 12, 13	13, 15, 13
	3	12, 13, 14	12, 17, 18	8, 10, 9	14, 10, 11

(1) 요인 A의 세 가지 수준들 간에 효과의 차이가 있는가?

(2) 요인 B의 네 가지 수준들 간에 효과의 차이가 있는가?

(3) 요인 A와 B 사이에 상호작용이 유의한가? 결과를 해석하라.

7장 선형 회귀분석

과학적 실험이나 자연 또는 사회현상의 관찰결과에 대한 분석의 중요한 목적 중 하나는 연구대상을 구성하는 변수들 사이의 관계를 규명하는 일이다. 화학실험에서 실험온도(X)와 화학반응 속도(Y) 사이의 관계라든가, 수학능력시험성적(X)과 대학평점(Y)과의 관계라든가, 또는 부모의 키(X)와 자녀의 키(Y) 사이의 관계 등 여러 분야에 걸쳐 변수들 간의 관계규명에 대한 많은 예를 찾아볼 수 있다. 이에 대한 통계적 분석방법인 회귀분석은 단순히 변수들 사이의 연관관계를 보이는 것 이상으로 변수들 간에 어떤 함수관계가 있는지를 살펴봄으로써 미래의 관측값에 대한 예측이나 조절 등의 문제에 효율적으로 대처하게 하는 방법이다. 7장에서는 확률변수들 사이의 관계를 설명하는 데 있어서 가장 기본이 되는 선형 회귀분석을 다루기로 한다. 선형 회귀분석에서는 변수들 간에 선형함수 관계를 가정하게 된다. 이러한 과정에는 일반적으로 두 개 이상의 변수들이 관련되지만, 여기에서는 두 개의 변수 사이의 관계를 다루는 단순선형 회귀분석을 중점적으로 살펴보겠다. 다행스럽게도, 두 개의 변수에 대한 이론이나 개념들은 세 개 이상의 변수들의 관계를 설명하는 데도 별 무리없이 확장될 수 있다.

7.1 상관계수

변수 사이의 선형함수식을 추정하기 이전에, 두 변수 사이의 선형관계가 유의한지, 어느 정도의 선형관계가 존재하는지 등을 상관계수를 통해 알아볼 수 있다. 상관계수의 추정과 검정은 **상관분석**(correlation analysis)이라고 한다.

2.4절에서 두 확률변수 X와 Y 사이의 흩어진 관계를 측정하는 통계량으로 공분산을 고려했었다. 그런데 공분산은 변수의 측정단위(measurement unit)에 의존하게 되는 단점이 있다. 즉, X와 Y의 측정단위를 바꾸면 변수 사이의 관계가 변하는 것이 아닌 데도 공분산의 값은 바뀐다는 것이다. 그렇기 때문에 공분산의 값만으로 관계의 정도를 가늠하는 것이 어려워진다. 그래서 단위에 의존하지 않도록, 공분산을 두 변수의 표준편차의 곱으로 나누어 이를 **상관계수**(correlation coefficient)라고 정의하고, 이것을 두 변수 사이의 선형관계를 측정하는 단위로 주로 사용한다.

정의 7.1

두 변수 X와 Y 사이의 선형관계를 측정하는 **상관계수**는

$$\rho(X, Y) = \frac{Cov(X, Y)}{SD(X) \cdot SD(Y)}$$

로 정의된다.

주 $X^* = (X - \mu_X)/SD(X)$, $Y^* = (Y - \mu_Y)/SD(Y)$라고 하면 $\rho(X, Y) = Cov(X^*, Y^*)$가 성립한다. 즉, 두 변수 사이의 상관계수는 표준화된 두 변수 사이의 공분산과 같다.

이렇게 정의된 상관계수는 다음과 같은 성질들을 가지고 있다.

정리 7.1

두 확률변수 X와 Y 사이의 상관계수 $\rho(X, Y)$는 다음과 같은 성질들을 만족한다.

(1) $\rho(X, Y) = \rho(Y, X)$

(2) $\rho(X, Y) = \rho(aX + b,\ cY + d)$ (a와 c는 0이 아닌 동부호이며, b와 d는 임의의 상수)

(3) $|\rho(X, Y)| \le 1$

(4) $|\rho(X, Y)| = 1$의 필요충분조건은 $Y = aX + b$이다($a \ne 0$, b는 임의의 상수)

(5) 확률변수 X와 Y가 서로 독립이면 $\rho(X, Y) = 0$이다(단, 역은 성립하지 않는다).

증명 (1) $Cov(X, Y) = Cov(Y, X)$이므로 정의에 의해서 자명하다.

(2)
$$\begin{aligned}\rho(aX + b,\ cY + d) &= \frac{Cov(aX + b,\ cY + d)}{SD(aX + b) \cdot SD(cY + d)} \\ &= \frac{ac\,Cov(X, Y)}{|a|\,SD(X) \cdot |c|\,SD(Y)} \\ &= \rho(X, Y)\end{aligned}$$

여기에서, a와 c가 동부호이므로 $ac = |ac|$이다.

(3) X와 Y를 표준화하여 $X^* = (X - \mu_X)/\sigma_X$, $Y^* = (Y - \mu_Y)/\sigma_Y$라 하자. 그러면,

$$\begin{aligned}0 \le Var(X^* \pm Y^*) &= Var(X^*) \pm 2Cov(X^*, Y^*) + Var(Y^*) \\ &= 1 \pm 2\rho(X, Y) + 1 \\ &= 2[1 \pm \rho(X, Y)]\end{aligned}$$

이 성립한다. 그런데 $1 \pm \rho(X, Y) \geq 0$이므로 $|\rho(X, Y)| \leq 1$이 성립한다.

(4) (3)의 증명에서, $\rho(X, Y) = 1$이면 $Var(X^* - Y^*) = 0$이다. 따라서 $X^* - Y^*$는 1의 확률로 상수이며, Y는 X의 선형함수가 된다. 역은 (2)에 의해 성립한다.

(5) X와 Y가 서로 독립이면 $Cov(X, Y) = 0$이므로 $\rho(X, Y) = 0$이 성립한다.

■

예 7.1

이차원 평면상에서의 이산형 확률벡터 (X, Y)는 5개의 점 $\{(-2,2), (-1,1), (0,0), (1,1), (2,2)\}$에서 동일한 확률 1/5을 가진다고 한다. 이때 두 확률변수 X와 Y 사이의 관계를 살펴보면

$$\frac{1}{5} = P(X=1,\ Y=1) \neq P(X=1)\,P(Y=1) = \frac{1}{5} \cdot \frac{2}{5} = \frac{2}{25}$$

이므로 X와 Y가 서로 독립이 아닌 것은 분명하다. 그러나

$$E(XY) = (-4-1+0+1+4)/5 = 0, \quad E(X) = 0$$

이므로 $Cov(X, Y) = E(XY) - E(X)E(Y) = 0$은 성립한다. 즉, 정리 7.1에서 (5)의 역이 성립하지 않음을 확인할 수 있다.

$Cov(X, Y) = E(XY) - E(X)E(Y)$이므로 상관계수는

$$\rho(X, Y) = \frac{E(XY) - E(X)\,E(Y)}{SD(X)\,SD(Y)} \tag{7.1}$$

로 나타낼 수도 있다.

예 7.2

확률변수 X, Y의 결합 확률밀도함수가

$$f_{X,Y}(x, y) = \begin{cases} x + y, & 0 < x,\ y < 1\text{인 경우} \\ 0, & \text{그 외의 경우} \end{cases}$$

으로 주어질 때, X와 Y 사이의 상관계수를 구해 보자. 먼저 X, Y의 주변 확률밀도함수는

$$f_X(x) = \int_0^1 f_{X,Y}(x, y)\,dy = \int_0^1 (x+y)\,dy = x + \frac{1}{2}$$
$$f_Y(y) = \int_0^1 f_{X,Y}(x, y)\,dx = \int_0^1 (x+y)\,dx = y + \frac{1}{2}$$

로 구해진다. 따라서,

$$E(X) = \int_0^1 x\left(x + \frac{1}{2}\right)dx = \frac{7}{12}$$
$$E(X^2) = \int_0^1 x^2\left(x + \frac{1}{2}\right)dx = \frac{5}{12}$$

이며, $Var(X) = E(X^2) - [E(X)]^2 = \dfrac{11}{144}$ 이다. 마찬가지 방법으로 $Var(Y) = \dfrac{11}{144}$ 이고,

$$E(XY) = \int_0^1\int_0^1 xy\, f_{X,Y}(x, y)\,dxdy = \int_0^1\int_0^1 xy\,(x+y)\,dxdy = \frac{1}{3}$$

이다. 그러므로 두 변수 X, Y 사이의 상관계수는

$$\rho(X, Y) = \frac{Cov(X, Y)}{SD(X)\cdot SD(Y)} = \frac{E(XY) - E(X)E(Y)}{\sqrt{11/144}\cdot\sqrt{11/144}} = -\frac{1}{11}$$

이 된다.

이제 표본상관계수를 통한 상관계수의 추론에 대해 간단히 살펴보자. 크기가 n인 이변량 랜덤표본 $(X_1, Y_1), (X_2, Y_2), \cdots, (X_n, Y_n)$에 대한 **표본상관계수**(sample correlation coefficient)는

$$R = \frac{\sum_{i=1}^{n}\{(X_i - \overline{X}_n)(Y_i - \overline{Y}_n)/n\}}{\sqrt{\sum_{i=1}^{n}(X_i - \overline{X}_n)^2/n}\cdot\sqrt{\sum_{i=1}^{n}(Y_i - \overline{Y}_n)^2/n}} \tag{7.2}$$

$$= \frac{\sum_{i=1}^{n}(X_iY_i)/n - \overline{X}_n\overline{Y}_n}{\sqrt{\sum_{i=1}^{n}(X_i-\overline{X}_n)^2/n} \cdot \sqrt{\sum_{i=1}^{n}(Y_i-\overline{Y}_n)^2/n}}$$

$$= \frac{\sum_{i=1}^{n}X_iY_i - n\overline{X}_n\overline{Y}_n}{\sqrt{\sum_{i=1}^{n}(X_i-\overline{X}_n)^2\sum_{i=1}^{n}(Y_i-\overline{Y}_n)^2}}$$

로 표현된다. 이변량 정규성(2.6.4절 참조)하에서 표본상관계수 R의 분포이론은 다음과 같다.

정리 7.2

랜덤표본 $(X_1, Y_1), (X_2, Y_2), \cdots, (X_n, Y_n)$의 모분포를 모수벡터가 $(\mu_X,\ \mu_Y,\ \sigma_X^2,\ \sigma_Y^2,\ \rho)$인 이변량 정규분포라고 하자. 이때 $\rho(X, Y)=0$이면 표본상관계수 R의 함수인 통계량

$$T = \frac{R\sqrt{n-2}}{\sqrt{1-R^2}}$$

는 자유도가 $(n-2)$인 t 분포를 따른다.

증명 먼저,

$$S_X^2 = \sum_{i=1}^{n}(X_i-\overline{X}_n)^2/(n-1)$$

$$S_Y^2 = \sum_{i=1}^{n}(Y_i-\overline{Y}_n)^2/(n-1)$$

$$S_{XY} = \sum_{i=1}^{n}(X_i-\overline{X}_n)(Y_i-\overline{Y}_n)/(n-1)$$

이라고 하면, $R = S_{XY}/S_XS_Y$이며

$$T = \frac{R\sqrt{n-2}}{\sqrt{1-R^2}} = \frac{\dfrac{S_Y}{\sigma_Y} R}{\sqrt{\dfrac{1}{n-2}\left[\dfrac{S_Y^2}{\sigma_Y^2}(1-R^2)\right]}}$$

$$= \frac{\dfrac{RS_Y/S_X}{\sigma_Y/(\sqrt{n-1}\,S_X)}}{\sqrt{\dfrac{1}{n-2}\left[(n-1)S_Y^2(1-R^2)/\sigma_Y^2\right]}}$$

로 쓸 수 있다. 그런데 두 정규확률변수 X와 Y는 $\rho(X, Y) = 0$이면 서로 독립이므로 $X_1 = x_1$, $\cdots$, $X_n = x_n$이 주어졌을 때, Y의 조건부 확률분포는 주변확률분포와 동일한 $N(\mu_Y, \sigma_Y^2)$이고,

$$RS_Y/S_X = \frac{\sum_{i=1}^{n}(x_i - \overline{x}_n)Y_i}{\sum_{i=1}^{n}(x_i - \overline{x}_n)^2} \sim N(0,\ \sigma_Y^2/(n-1)S_X^2)$$

이며, 또한

$$\frac{(n-1)S_Y^2(1-R^2)}{\sigma_Y^2} = \frac{1}{\sigma_Y^2}\sum_{i=1}^{n}[(Y_i - \overline{Y}_n) - (S_{XY}/S_X^2)(x_i - \overline{x}_n)]^2$$

는 $RS_Y/S_X = S_{XY}/S_X^2$와 서로 독립이며 자유도가 $(n-2)$인 카이제곱분포를 따른다(연습문제 7.4). 따라서 T의 조건부 확률분포는 자유도가 $(n-2)$인 t 분포이다. 그런데 $X_1 = x_1$, $X_2 = x_2$, $\cdots$, $X_n = x_n$이 주어졌을 때 T의 조건부 확률분포가 $x_1, x_2, \cdots, x_n$에 의존하지 않으므로 $T \sim t(n-2)$가 성립한다. ■

위 정리 7.2는 이변량 정규성하에서 상관계수에 관한 가설 $\rho(X, Y) = 0$의 검정에 활용될 수 있다. 즉, $H_0: \rho = 0$ 대 $H_1: \rho \neq 0$의 검정에서, $|T| \geq t_{\alpha/2}(n-2)$가 관측되었을 때 귀무가설을 유의수준 α에서 기각하는 것이다. 그러나 $\rho(X, Y) \neq 0$인 경우 표본상관계수 R의 분포는 그리 간단하지 않기 때문에, $H_0: \rho = \rho_0 (\neq 0)$와 같은 귀무가설을 검정할 경우에는 다른 방법을 사용해야 한다. 이런 경우에 이용될 수 있는 근사적인 분포이론으로, 피셔(Fisher)에 의해 제안된 아래의 Z−변환을 생각할 수 있다.

즉,

$$Z = \frac{1}{2}\log\frac{(1+R)}{(1-R)}$$

이라고 할 때, Z 통계량은 표본의 크기가 충분히 클 경우에 평균과 분산이 각각

$$E(Z) = \frac{1}{2}\log\frac{(1+\rho)}{(1-\rho)}, \quad Var(Z) = \frac{1}{(n-3)}$$

인 정규분포를 근사적으로 따른다. 이에 근거하여 모상관계수 ρ에 관한 근사검정법과 근사신뢰구간을 구축할 수 있다.

7.2 선형 회귀모형

두 확률변수 X와 Y 사이의 관계를 알아보고자 할 때, 선형관계의 정도를 측정하는 상관계수를 구하는 것에서 한 단계 더 나아가서 두 변수 사이의 함수관계를 파악할 수 있다면 매우 유용할 것이다. 이 절에서는 X와 Y 사이에 선형 함수관계가 있는지, 있다면 그 함수를 어떻게 찾을 것인지 살펴보기로 한다. 우선, 두 변수 사이의 관계를 알기 위해서는 그들의 결합분포 형태를 통한 이해가 필요하다. $X=x$가 주어졌을 때 $Y|x$의 조건부 확률밀도함수 $f_{Y|x}(\cdot|x)$는 x에 대한 함수이며, 두 변수 사이의 관계를 설명하는 데에 유용하게 사용된다. 나아가, 조건부분포인 $Y|x$가 x의 값이 변함에 따라 어떻게 변하는지를 x에 대한 함수로 표현하고자 한다면, 조건부분포의 대푯값으로서 그 평균인 $E[Y|x] = \int_{-\infty}^{\infty} y f_{Y|x}(y|x)\,dy$(연속형인 경우)를 고려할 수 있다. 이 조건부 기댓값 $E(Y|x)$는 조건부 확률변수 $Y|x$의 평균제곱오차를 최소화하게 되는데, 이는 $E[(Y-a)^2|X=x]$를 a에 대한 함수로 생각했을 때, $a = E[Y|x] = \int_{-\infty}^{\infty} y f_{Y|x}(y|x)\,dy$에서 이 함수가 최솟값을 취한다는 뜻이다. 이와 같이 주어진 변수 X의 값에 의해 변수 Y를 설명 또는 예측하고자 할 때 X를 **설명변수**(explanatory variable), **독립변수**(independent variable) 또는 **예측변수**(predictor), 그리고 Y를 **반응변수**(response variable) 또는 **종속변수**(dependent variable)라고 한다.

예 7.3

(예 2.11 참조) 두 확률변수 X와 Y의 결합 확률밀도함수가

$$f_{X,Y}(x,y) = x^2 e^{-x(y+1)}, \qquad x > 0, \quad y > 0$$

으로 주어졌다고 하자. 이때 조건부 확률밀도함수는

$$\begin{aligned} f_{Y|x}(y|x) &= \frac{x^2 e^{-x(y+1)}}{\int_0^\infty x^2 e^{-x(y+1)} dy} \\ &= xe^{-xy} \end{aligned}$$

으로 계산되며, 따라서 조건부 기댓값은

$$\begin{aligned} E(Y|x) &= \int_0^\infty yxe^{-xy} dy \\ &= \frac{1}{x} \end{aligned}$$

이 된다.

일반적으로 조건부 기댓값 $E(Y|x)$와 x의 관계를 회귀문제라 일컬으며, $E(Y|x)$를 x에 대한 Y의 **회귀함수**(regression function)라고 한다. 여기에서 우리가 고려할 회귀함수는 조건부 기댓값 $E(Y|x)$가 독립변수의 주어진 값 x에 대해 선형인 경우, 즉

$$E(Y|x) = \beta_0 + \beta_1 x \tag{7.3}$$

인 경우로 제한하기로 한다. 물론 상당히 제한적인 모형이지만 많은 실제 자료들의 처리에 활용될 수 있으며, 당장 보기에는 부적합한 자료도 적절한 변환을 통하여 선형관계로 바꿀 수 있는 경우가 많다(7.4절 참조).

예 7.4

(**갈톤**(Galton)**의 자료**) 아래 표에 주어진 자료는 19세기 후반 갈톤(Sir Francis Galton)에 의해 다루어진 부모의 키와 자녀의 키에 대한 것으로, 회귀분석에 있어서 역사적으로 유명한 자료이다. 이를 살펴봄으로써 선형 회귀모형에 대한 동기를 찾아보기로 한다. 이 자료는 해당하는 경우에 대한 도수(frequency)를 나타낸 것으로,

예를 들어 부모의 키가 72.5인치이고 자녀의 키가 72.2인치인 경우는 7개 있었다. 실제 자료는 좀 더 자세한 키를 다루고 있으나 여기에서는 도수분포표만 제공하도록 한다. 도수의 합은 928(205쌍의 부모와 928명의 자녀가 있음)이었으며, 부모의 키는 아버지의 키와 어머니의 키를 대표할 수 있는 하나의 값(아버지의 키와 1.08×어머니의 키의 평균)으로 주어졌다.

부모의 키 (단위: 인치)	성인 자녀의 키(단위: 인치)														도수의 합
	이하	62.2	63.2	64.2	65.2	66.2	67.2	68.2	69.2	70.2	71.2	72.2	73.2	이상	
72.5	–	–	–	–	–	–	–	–	–	–	–	1	3	–	4
72.5	–	–	–	–	–	–	–	1	2	1	2	7	2	4	19
71.5	–	–	–	–	1	3	4	3	5	10	4	9	2	2	43
70.5	1	–	1	–	1	1	3	12	18	14	7	4	3	3	68
69.5	–	–	1	16	4	17	27	20	33	25	20	11	4	5	183
68.5	1	–	7	11	16	25	31	34	48	21	18	4	3	–	219
67.5	–	3	5	14	15	36	38	28	38	19	11	4	–	–	211
66.5	–	3	3	5	2	17	17	14	13	4	–	–	–	–	78
65.5	1	–	9	5	7	11	11	7		5	2	1	–	–	66
64.5	1	1	4	4	1	5	5	–	2	–	–	–	–	–	23
64.5	1	–	2	4	1	2	2	1	1	–	–	–	–	–	14
합	5	7	32	59	48	117	138	120	167	99	64	41	17	14	928

도수분포표를 통한 두 변수의 분포를 살펴보면, X를 부모의 키 그리고 Y를 성인이 된 자녀의 키라고 할 때, 다음과 같은 가정들을 무리없이 받아들일 수 있다.

1. 두 변수 X, Y의 결합 확률밀도함수가 이변량 정규분포를 따른다.
2. 조건부 기댓값 $E(Y|x)$는 선형꼴이다(참조: 그림 7.1).
3. 조건부 분산 $Var(Y|x)$가 x값에 대해 상수이다.

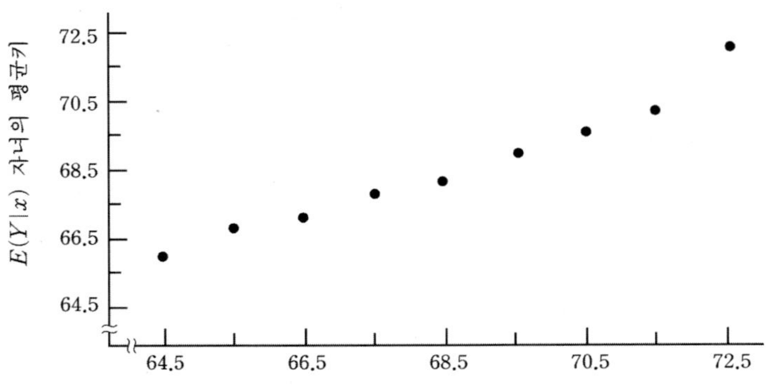

▸ **그림 7.1** ◂ 조건부 기댓값 $E(Y|X=x)$

단순선형 회귀모형

갈톤의 자료에서 고려한 가정들을 도입하여, 설명변수 X의 값이 x일 때 반응변수 Y에 대해 다음과 같은 **단순선형 회귀모형**(simple linear regression model)을 정의하기로 한다. 용어 '단순'은 설명변수가 하나 있음을 의미한다.

$$Y = \beta_0 + \beta_1 x + \varepsilon \tag{7.4}$$

여기에서 β_0와 β_1은 알려져 있지 않은 상수로 **회귀모수**(또는 **회귀계수**)라고 하며, ε는 확률변수로서 평균이 0이고 분산이 σ^2인 정규분포를 따른다.

주 위의 모형 (7.4)는 조건부 기댓값 $E(Y|X=x)$가 절편이 β_0이고 기울기는 β_1인 x에 대한 선형함수가 되게 한다. 여기에서 x에 대한 Y의 회귀함수인 $E(Y|X=x)$를 선형 회귀직선이라고 한다. 그리고 랜덤오차 ε의 분산 σ^2이 x에 의존하지 않음을 등분산성(homoscedasticity)이라고 한다. 또한, 위 모형은 $X=x$일 때 조건부 확률변수 $Y|x$의 분포가 $N(\beta_0+\beta_1 x, \sigma^2)$인 것과 동등하다.

주 X와 Y 사이의 상관계수에 대한 추론에서는 X와 Y의 역할이 대칭적이지만, 회귀모형에서는 두 변수의 역할이 다르다. X는 설명변수로서 주로 그 값이 미리 주어지고, X의 값이 고정되었을 때 Y의 조건부 분포가 고려된다.

이제 X와 Y 사이의 선형관계를 측정하는 상관계수 ρ의 선형 회귀모형에서의 역할은 다음 정리 7.3에서 뚜렷이 드러난다.

정리 7.3

두 확률변수 X, Y에 대하여, 모든 $X=x$에서 $E(Y|x)=\beta_0+\beta_1 x$이면,

$$E(Y|X=x) = \mu_Y + \frac{\rho\sigma_Y}{\sigma_X}(x-\mu_X)$$

가 성립한다(단, 모수 μ_X, σ_X, μ_Y, σ_Y는 각각 X, Y의 평균과 표준편차이고 ρ는 X와 Y의 상관계수이다).

증명 $\displaystyle\int_{-\infty}^{\infty} E(Y|x)f_X(x)\,dx = \int_{-\infty}^{\infty}\left[\int_{-\infty}^{\infty} y\,\frac{f_{X,Y}(x,y)}{f_X(x)}dy\right]f_X(x)\,dx$

$$= \int_{-\infty}^{\infty} y \left[\int_{-\infty}^{\infty} f_{X,Y}(x, y)\, dx \right] dy$$
$$= \int_{-\infty}^{\infty} y f_Y(y)\, dy$$

이므로,

$$\int_{-\infty}^{\infty} E(Y|x) f_X(x)\, dx = \mu_Y \tag{7.5}$$

가 성립한다. 또, $E(Y|x) = \beta_0 + \beta_1 x$의 양변에 $f_X(x)$를 곱한 다음 적분하면

$$\int_{-\infty}^{\infty} E(Y|x) f_X(x)\, dx = \int_{-\infty}^{\infty} \beta_0 f_X(x) dx + \int_{-\infty}^{\infty} \beta_1 x f_X(x)\, dx$$

이므로

$$\mu_Y = \beta_0 + \beta_1 \mu_X$$

를 얻는다. 따라서 $E(Y|x) = \beta_0 + \beta_1 x$에 $\beta_0 = \mu_Y - \beta_1 \mu_X$를 대입하면

$$E(Y|x) - \mu_Y = \beta_1 (x - \mu_X)$$

를 얻게 된다. 양변에 $(x - \mu_X) f_X(x)$를 곱하면

$$[E(Y|x) - \mu_Y](x - \mu_X) f_X(x) = \beta_1 (x - \mu_X)^2 f_X(x)$$

이며, 이는

$$\int_{-\infty}^{\infty} (y - \mu_Y)(x - \mu_X) f_{X,Y}(x, y)\, dy = \beta_1 (x - \mu_X)^2 f_X(x)$$

와 동등하다. 이제 양변을 x에 대해 적분하면

$$Cov(X, Y) = \beta_1 \sigma_X^2$$
$$\beta_1 = \frac{Cov(X, Y)}{\sigma_X^2} = \frac{\rho \sigma_Y}{\sigma_X}$$

를 구할 수 있다. ■

정리 7.3으로부터, 회귀선이 직선이면 이 직선은 (X, Y)의 평균점 (μ_X, μ_Y)를 통과하며 기울기는 $\rho\sigma_Y/\sigma_X$임을 알 수 있다. 이를 그림을 통해 표현하면 다음과 같다(단, $\rho > 0$인 경우이며 $\rho < 0$이면 회귀직선의 기울기는 음이 된다.)

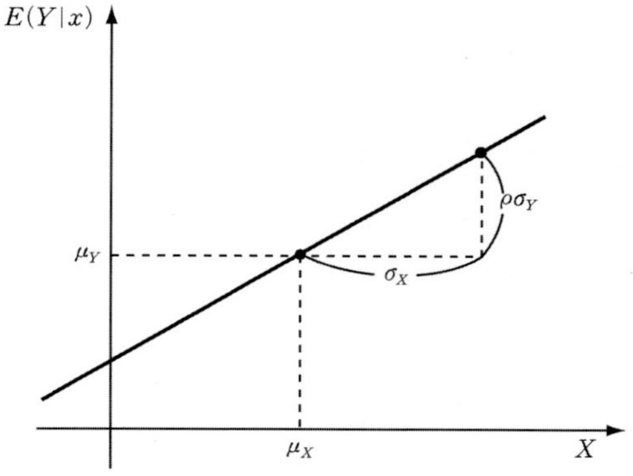

▸ **그림 7.2** ◂ 회귀직선 방정식 $E(Y|X=x) = \mu_Y + \frac{\rho\sigma_Y}{\sigma_X}(x - \mu_X)$

따라서 $E(Y|x) = \beta_0 + \beta_1 x$라고 할 때 회귀모수를 μ_X, μ_Y, σ_X, σ_Y, ρ를 사용하여 나타내면

$$\beta_0 = \mu_Y - \frac{\rho\mu_X\sigma_Y}{\sigma_X}, \quad \beta_1 = \frac{\rho\sigma_Y}{\sigma_X} \tag{7.6}$$

가 된다.

그림 7.2로부터 회귀(regression)라는 용어의 의미를 살펴보자. 예 7.4의 자료를 통해 갈톤(Galton)이 '평균으로의 회귀(regression towards the mean)'라는 표현을 씀으로써 이 용어가 사용되기 시작하였는데, 이는 평균적으로 보았을 때, 부모의 키가 아주 큰 경우 자녀의 키는 큰 편이긴 하지만 부모만큼 크지는 않고 부모의 키가 아주 작은 경우 자녀의 키는 작은 편이지만 부모만큼 작지는 않다는 관찰에서 나온 것이었다. 실제로 키는 완전히 유전으로만 결정되는 것이 아니기 때문에, 부모의 키가 매우 큰 경우에도 다른 환경적 요인들의 효과에 의해 자녀의 키는 좀 더 평균에 가까워질 가능성이 높게 된다. 다른 예로, 어떤 대규모 집단의 학생들에게 공인영어시험을 치르게 한 후에 상위 1% 안에 드는 학생들의 집단과 하위 1% 안에 드는 학생들의 집단을 따로 뽑아 비슷한 시험을 다시 치르게 한다고 해 보자. 이 경우 평균적으로 상위 1% 학생들의 성적은 낮아지고, 하위 1% 학생들의 성적은 높아질 것으로 예상된다. 시험

성적에는 지식적인 요인뿐 아니라 운과 같은 다른 요인도 함께 작용하기 때문에, 첫 번째 시험에서 아주 좋은 성적이 나온 것이 모든 요인이 좋은 방향으로 작용한 결과라면, 두 번째 시험에서는 처음보다 약간 낮은 성적이 나올 것으로 예상하는 것이 합리적이다. 이러한 현상을 평균으로의 회귀현상이라고 한다. 이제 그림 7.2에서 상관계수가 양수라고 가정해 보자. $|\rho|< 1$이므로 ρ는 1보다 작은 값을 가진다. 그림으로부터, 설명변수의 값이 $1SD$(표준편차)만큼 커질 때, 반응변수의 기댓값은 $\rho\times 1SD< 1SD$ 만큼 커져서 평균으로의 회귀현상을 보여줌을 알 수 있다. 다시 말해, 설명변수의 값을 μ_X에서 $\mu_X+\sigma_X$로 1 표준편차만큼 증가시켰다면 반응변수의 기댓값은 μ_Y에서 $\mu_Y+\rho\sigma_Y$로 변하여 1 표준편차보다 작은 만큼 증가한다는 것이다. 예를 들어, 갈톤의 자료에서 부모의 키가 매우 커서 $\mu_X+3\sigma_X$의 값을 가지는 경우 자녀의 키의 기댓값은 $\mu_Y+3\rho\sigma_Y$로 부모의 키에 비해 평균 쪽에 좀 더 가까이 있게 된다. 만약 $\rho=0$이라면 회귀직선이 X축과 평행하게 되며, 이때는 X의 주어진 값이 Y의 값을 예측하는 데에 전혀 도움이 되지 않는다. 이 경우 Y의 조건부 분포가 주변분포와 동일하게 됨을 알 수 있다.

한편, 모수벡터가 $(\mu_X,\ \mu_Y,\ \sigma_X,\ \sigma_Y,\ \rho)$인 이변량 정규확률벡터 (X, Y)가 있을 때, 조건부 확률변수 $Y|x$의 확률밀도함수 $f_{Y|x}(y|x)$는 다음과 같이 주어진다(2.6.4절 참조).

$$f_{Y|x}(y|x)=\frac{1}{\sqrt{2\pi}\,\sigma_Y\sqrt{1-\rho^2}}\exp\left\{\frac{-1}{2\sigma_Y^2(1-\rho^2)}\left[y-\mu_Y-\frac{\rho\sigma_Y}{\sigma_X}(x-\mu_X)\right]^2\right\}$$

이로부터 $Y|x$의 기댓값과 분산은

$$E(Y|x)=\mu_Y+\frac{\rho\sigma_Y}{\sigma_X}(x-\mu_X) \tag{7.7}$$

$$Var(Y|x)=(1-\rho^2)\sigma_Y^2$$

으로 주어짐을 알 수 있다. ρ가 0이 아니면 X와 Y의 선형관계에 의해 조건부 분포의 평균과 분산이 주변분포의 그것과 같지 않게 된다. 즉, X의 주어진 값이 Y를 예측하는 데에 영향을 끼치게 된다는 것이다. 특히, 선형관계가 강하여 $|\rho|$의 값이 매우 크면 Y의 조건부 분산이 매우 작아져서 Y값을 예측하는 것이 훨씬 쉬워진다. 또한 위 식에서 $Y|x$의 조건부 기댓값이 x에 대한 선형함수로 표현됨을 볼 수 있는데, 이에 따

라 두 변수 (X, Y)가 이변량 정규분포를 따르는 경우 선형 회귀모형 (7.4)가 타당한 모형임을 알 수 있다.

7.3 회귀모수의 추정

이 절에서는 주어진 이변량 자료 (X_i, Y_i) $i = 1, 2, \cdots, n$에 대해 선형모형 (7.4)를 고려하여, 회귀모수 β_0, β_1과 Y의 분산 σ^2을 추정하는 문제를 살펴보도록 한다. 추정방법으로는 크게 최소제곱 추정방법과 정규성 가정하에서의 최대가능도 추정방법의 두 가지가 있다.

7.3.1 최소제곱 추정방법

이 방법은 $X = x_i$에서의 반응변수의 값 Y_i와 회귀함수의 값 $\beta_0 + \beta_1 x_i$의 차이로 표현되는 오차(error)의 제곱합을 최소화하는 β_0와 β_1을 구하여 모수를 추정하는 방법이다. $\beta_0 + \beta_1 x_i$가 Y_i의 조건부 기댓값이므로 이것이 주어진 x_i값에서 Y_i에 대한 예측값이라 볼 수 있고, 관측된 Y_i값과 예측된 값 사이의 차이 $Y_i - \beta_0 - \beta_1 x_i$가 오차로 정의된다. 오차는 부호에 상관없이 그 절댓값이 작은 것이 중요하므로 오차를 제곱하고, 모든 관찰값에서 작은 오차의 값을 갖는 추정치를 찾아야 하므로 모든 오차의 제곱을 더하여, 이 제곱합을 최소화하는 β_0와 β_1을 찾게 된다. 이와 같이 β_0와 β_1에 관한 식

$$SSE(\beta_0, \beta_1) = \sum_{i=1}^{n} (Y_i - \beta_0 - \beta_1 x_i)^2 \tag{7.8}$$

을 최소화하는 β_0와 β_1을 회귀모수 β_0와 β_1의 **최소제곱 추정량**(least square estimator)이라고 한다. 이는 그림 7.3에서 $\varepsilon_i^2 = (Y_i - \beta_0 - \beta_1 x_i)^2$ $(i = 1, 2, \cdots, n)$의 합을 최소화하는 β_0와 β_1을 의미한다.

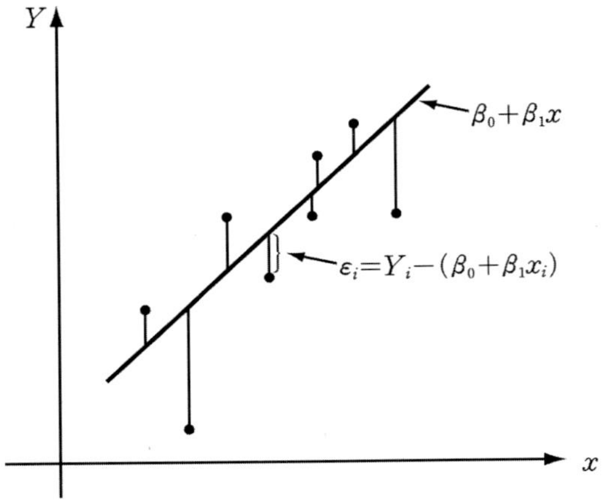

▸ **그림 7.3** ◂ 회귀직선과 오차

이제 최소제곱 추정량은 정리 7.4와 같이 주어진다.

정리 7.4

오차제곱합 $SSE(\beta_0, \beta_1)=\sum_{i=1}^{n}(Y_i-\beta_0-\beta_1 x_i)^2$을 최소화하는 β_0와 β_1의 최소제곱 추정량은 다음과 같다.

$$\hat{\beta}_1=\frac{\sum_{i=1}^{n}(x_i-\overline{x}_n)(Y_i-\overline{Y}_n)}{\sum_{i=1}^{n}(x_i-\overline{x}_n)^2}$$

$$\hat{\beta}_0=\overline{Y}_n-\hat{\beta}_1\overline{x}_n$$

증명 오차제곱합 $SSE(\beta_0, \beta_1)$을 β_0와 β_1에 대하여 미분한 식을 0으로 놓으면

$$\frac{\partial SSE}{\partial \beta_0}=-2\sum_{i=1}^{n}(Y_i-\beta_0-\beta_1 x_i)=0$$

$$\frac{\partial SSE}{\partial \beta_1}=-2\sum_{i=1}^{n}(Y_i-\beta_0-\beta_1 x_i)x_i=0$$

을 얻게 되는데, 이는 다음의 두 식과 동등하다.

$$\beta_0 n+\beta_1\sum_{i=1}^{n}x_i=\sum_{i=1}^{n}Y_i$$

$$\beta_0 \sum_{i=1}^{n} x_i + \beta_1 \sum_{i=1}^{n} x_i^2 = \sum_{i=1}^{n} x_i Y_i$$

이제, β_0와 β_1에 대한 위의 두 연립방정식을 풀어 구한 해

$$\hat{\beta}_1 = \frac{\sum_{i=1}^{n} (x_i - \overline{x}_n)(Y_i - \overline{Y}_n)}{\sum_{i=1}^{n} (x_i - \overline{x}_n)^2}$$

$$\hat{\beta}_0 = \overline{Y}_n - \hat{\beta}_1 \overline{x}_n$$

가 $SSE(\beta_0, \beta_1)$을 최소화함을 확인할 수 있다. 따라서 $\hat{\beta}_0$와 $\hat{\beta}_1$는 최소제곱 추정량이다. ■

최소제곱 추정방법은 랜덤오차 ε에 대한 분포가정이 없어도 사용할 수 있는 방법으로 분산분석 등에서도 활용된다. 그런데 위의 최소제곱 추정량 $\hat{\beta}_0$과 $\hat{\beta}_1$은 식 (7.6)에서 모수벡터 (μ_X, σ_X, μ_Y, σ_Y, ρ)를 해당하는 표본값 ($\overline{x}_n$, S_X, $\overline{Y}_n$, S_Y, R)로 대치한 것과 동일하다.

예 7.5

어떤 화학실험에 있어서 실험온도 x_i에서의 결과량 $Y_i (i = 1, 2, \cdots, 10)$가 다음 표와 같이 관찰되었다.

x_i	30	35	40	45	50	55	60	65	70	75
Y_i	25	32	34	43	42	48	55	56	72	70

주어진 자료에 대해 회귀모형 $E(Y|x) = \beta_0 + \beta_1 x$를 고려했을 때 회귀모수 β_0와 β_1의 최소제곱 추정량을 구하면 다음과 같다.

$$\hat{\beta}_1 = \frac{\sum_{i=1}^{10} (x_i - \overline{x}_{10})(Y_i - \overline{Y}_{10})}{\sum_{i=1}^{10} (x_i - \overline{x}_{10})^2} = \frac{\sum_{i=1}^{10} x_i Y_i - 10\overline{x}_{10}\overline{Y}_{10}}{\sum_{i=1}^{10} x_i^2 - 10\overline{x}_{10}^{\,2}} = 1.015$$

$$\hat{\beta}_0 = \overline{Y}_{10} - \hat{\beta}_1 \overline{x}_{10} = -5.564$$

따라서 추정된 회귀직선은

$$y = -5.564 + 1.015x$$

이다.

7.3.2 최대가능도 추정방법

선형 회귀모형 (7.4)는 $X = x$가 주어질 때 반응변수 Y가 $N(\beta_0 + \beta_1 x, \sigma^2)$ 분포를 따른다는 것과 동일하다. 이제, 서로 독립인 조건부 확률변수 $Y_i | x_i$가 각각 $N(\beta_0 + \beta_1 x_i, \sigma^2)$ 분포를 따른다고 할 때 $(i = 1, 2, \cdots, n)$, 모수 β_0, β_1, σ^2에 대한 최대가능도 추정량을 구해 보자.

정리 7.5

서로 독립인 확률변수 Y_1, Y_2, $\cdots$, Y_n이 각각 $N(\beta_0 + \beta_1 x_i, \sigma^2)$ 분포를 따른다고 하자. 이때 모수 β_0, β_1, σ^2에 대한 최대가능도 추정량은

$$\hat{\beta}_1 = \frac{\sum_{i=1}^{n} (x_i - \overline{x}_n)(Y_i - \overline{Y}_n)}{\sum_{i=1}^{n} (x_i - \overline{x}_n)^2}$$

$$\hat{\beta}_0 = \overline{Y}_n - \hat{\beta}_1 \overline{x}_n$$

$$\hat{\sigma}^2 = \frac{1}{n} \sum_{i=1}^{n} (Y_i - \hat{\beta}_0 - \hat{\beta}_1 x_i)^2$$

이다.

증명 모수 β_0, β_1, σ^2의 최대가능도 추정량을 구하기 위한 로그 가능도함수는

$$\log\left[\prod_{i=1}^{n} f(y_i | x_i)\right] = (-n/2)\log(2\pi\sigma^2) - (1/2\sigma^2)\sum_{i=1}^{n}(y_i - \beta_0 - \beta_1 x_i)^2$$

으로 주어진다. 위 가능도함수를 β_0, β_1, σ^2에 대하여 미분한 결과를 0으로 놓

으면,

$$\frac{1}{\sigma^2}\sum_{i=1}^{n}(y_i-\beta_0-\beta_1 x_i)=0$$

$$\frac{1}{\sigma^2}\sum_{i=1}^{n}(y_i-\beta_0-\beta_1 x_i)x_i=0$$

$$\frac{n}{\sigma^2}-\frac{1}{(\sigma^2)^2}\sum_{i=1}^{n}(y_i-\beta_0-\beta_1 x_i)^2=0$$

이다. 그런데 위의 세 개의 식 중에서 처음 두 개의 식은 정리 7.4에서 β_0와 β_1의 최소제곱 추정량을 구할 때와 같은 형태이며, 따라서 동일한 해를 구할 수 있다. 세 번째 식에 대한 해를 마저 구하여 가능도함수를 최대화함을 2차 미분을 통하여 확인하면, 모수 β_0, β_1, σ^2의 최대가능도 추정량은

$$\hat{\beta}_1=\frac{\sum_{i=1}^{n}(x_i-\overline{x}_n)(Y_i-\overline{Y}_n)}{\sum_{i=1}^{n}(x_i-\overline{x}_n)^2}$$

$$\hat{\beta}_0=\overline{Y}_n-\hat{\beta}_1\overline{x}_n$$

$$\hat{\sigma}^2=\frac{1}{n}\sum_{i=1}^{n}(Y_i-\hat{\beta}_0-\hat{\beta}_1 x_i)^2$$

으로 주어진다. ■

예 7.6

(예 7.5 계속) 앞의 예 7.5의 자료를 사용하면, 회귀모수 β_0, β_1의 최대가능도 추정량은 최소제곱 추정량과 동일하다. 또한 σ^2의 최대가능도 추정량의 값은

$$\begin{aligned}\hat{\sigma}^2&=\frac{1}{10}\sum_{i=1}^{10}(Y_i-\hat{\beta}_0-\hat{\beta}_1 x_i)^2\\&=\frac{1}{10}\sum_{i=1}^{10}(Y_i-\overline{Y}_{10}+\hat{\beta}_1\overline{x}_{10}-\hat{\beta}_1 x_i)^2\\&=\frac{1}{10}\sum_{i=1}^{10}\left\{(Y_i-\overline{Y}_{10})-\hat{\beta}_1(x_i-\overline{x}_{10})\right\}^2\end{aligned}$$

$$= 9.116$$

으로 계산된다.

7.3.3 추정량의 성질

이제, 회귀모형의 성능을 가늠하는 데 필요한 회귀모수 추정량들의 성질과 분포이론을 살펴보자. 이는 앞으로 다룰 회귀모수에 대한 가설검정 및 신뢰구간의 추정에 중요하게 활용될 것이다.

정리 7.6

서로 독립인 확률변수 $Y_i\,(i=1, 2, \cdots, n)$가 각각 $N(\beta_0 + \beta_1 x_i, \sigma^2)$ 분포를 따른다고 하자. 이때 β_0과 β_1에 대한 최대가능도 추정량 $\hat{\beta}_0$와 $\hat{\beta}_1$의 분포는 각각 다음과 같다.

$$\hat{\beta}_0 \sim N\left[\beta_0, \frac{\sigma^2 \sum_{i=1}^{n} x_i^2}{n \sum_{i=1}^{n} (x_i - \overline{x}_n)^2}\right]$$

$$\hat{\beta}_1 \sim N\left[\beta_1, \frac{\sigma^2}{\sum_{i=1}^{n} (x_i - \overline{x}_n)^2}\right]$$

증명 정리 7.5로부터 모수 β_1의 최대가능도 추정량은

$$\hat{\beta}_1 = \frac{\sum_{i=1}^{n} (x_i - \overline{x}_n)(Y_i - \overline{Y}_n)}{\sum_{i=1}^{n} (x_i - \overline{x}_n)^2} = \frac{\sum_{i=1}^{n} (x_i - \overline{x}_n) Y_i}{\sum_{i=1}^{n} (x_i - \overline{x}_n)^2}$$

이고, 이는 서로 독립인 정규확률변수 Y_i들의 선형결합이기에, $\hat{\beta}_1$은 정규분포를 따른다. 나아가,

$$
\begin{aligned}
E(\hat{\beta}_1) &= E\left(\frac{\sum_{i=1}^{n} (x_i - \overline{x}_n) Y_i}{\sum_{i=1}^{n} (x_i - \overline{x}_n)^2} \right) \\
&= \frac{\sum_{i=1}^{n} (x_i - \overline{x}_n)(\beta_0 + \beta_1 x_i)}{\sum_{i=1}^{n} (x_i - \overline{x}_n)^2} \\
&= \frac{\beta_1 \sum_{i=1}^{n} (x_i - \overline{x}_n) x_i}{\sum_{i=1}^{n} (x_i - \overline{x}_n)^2} \\
&= \beta_1
\end{aligned}
$$

이고,

$$
\begin{aligned}
Var(\hat{\beta}_1) &= \frac{\sum_{i=1}^{n} (x_i - \overline{x}_n)^2 \, Var(Y_i)}{\left(\sum_{i=1}^{n} (x_i - \overline{x}_n)^2 \right)^2} \\
&= \frac{\sigma^2}{\sum_{i=1}^{n} (x_i - \overline{x}_n)^2}
\end{aligned}
$$

이다. 또한, $\hat{\beta}_0 = \sum_{i=1}^{n} \left(\frac{1}{n} - \frac{\overline{x}_n (x_i - \overline{x}_n)}{\sum_{i=1}^{n} (x_i - \overline{x}_n)^2} \right) Y_i$도 Y_i들의 선형결합으로 표현되므로 정규분포를 따르며

$$
\begin{aligned}
E(\hat{\beta}_0) &= E(\overline{Y}_n) - \overline{x}_n \cdot E(\hat{\beta}_1) \\
&= \beta_0 + \beta_1 \overline{x}_n - \beta_1 \overline{x}_n \\
&= \beta_0
\end{aligned}
$$

이 성립한다. $Var(\hat{\beta}_0)$를 구하기 위해서는 약간의 준비가 필요하다. 먼저,

$$Cov(\hat{\beta}_1, Y_i) = Cov\left(\frac{\sum_{i=1}^{n} (x_i - \overline{x}_n) Y_i}{\sum_{i=1}^{n} (x_i - \overline{x}_n)^2}, Y_i \right)$$

$$= \frac{\sum_{i=1}^{n} (x_i - \overline{x}_n)\sigma^2}{\sum_{i=1}^{n} (x_i - \overline{x}_n)^2} = 0$$

이므로,

$$Cov(\hat{\beta}_1, \overline{Y}_n) = \frac{1}{n} \sum_{i=1}^{n} Cov(\hat{\beta}_1, Y_i)$$
$$= 0$$

이 성립한다. 이제,

$$\begin{aligned} Var(\hat{\beta}_0) &= Var(\overline{Y}_n - \hat{\beta}_1 \overline{x}_n) \\ &= Var(\overline{Y}_n) + Var(\hat{\beta}_1 \overline{x}_n) + 2\,Cov(\overline{Y}_n, -\hat{\beta}_1 \overline{x}_n) \\ &= \frac{\sigma^2}{n} + \frac{\overline{x}_n^2 \sigma^2}{\sum_{i=1}^{n} (x_i - \overline{x}_n)^2} \\ &= \frac{\sigma^2 \sum_{i=1}^{n} x_i^2}{n \sum_{i=1}^{n} (x_i - \overline{x}_n)^2} \end{aligned}$$

을 구할 수 있다. ■

주 7.5절에서 다루어질 가우스-마코프(Gauss-Markov) 정리에 의하면, 최소제곱 추정량 $\hat{\beta}_0$과 $\hat{\beta}_1$은 최적 선형 비편향추정량(Best Linear Unbiased Estimator)의 성질을 가진다. 즉, 회귀모수 β_0와 β_1에 대해, Y_i들의 선형결합꼴로 된 비편향추정량들만을 고려하면, $\hat{\beta}_0$과 $\hat{\beta}_1$이 그 가운데 분산을 최소로 하는 추정량이라는 것이다.

다음의 정리 7.7은 회귀모수에 대한 통계적 가설검정 등의 추론을 할 때 사용되는 추정량의 성질을 포함하고 있다.

정리 7.7

서로 독립인 확률변수 $Y_i (i=1, 2, \cdots, n)$가 각각 $N(\beta_0 + \beta_1 x_i, \sigma^2)$ 분포를 따른다고 하자. 이때,

(1) $\hat{\beta}_1$, $\overline{Y}_n$와 $\hat{\sigma}^2$은 서로 독립이다.

(2) $\dfrac{n\hat{\sigma}^2}{\sigma^2}$은 자유도가 $(n-2)$인 카이제곱분포를 따른다.

증명 편의상 $W_i = Y_i - \beta_0 - \beta_1 x_i (i=1, 2, \cdots, n)$, 그리고

$$\overline{W}_n = \frac{1}{n}\sum_{i=1}^{n} W_i = \overline{Y}_n - \beta_0 - \beta_1 \overline{x}_n$$

라 놓기로 한다. 그러면,

$$\begin{aligned}
\hat{\beta}_1 - \beta_1 &= \frac{\sum_{i=1}^{n}(x_i - \overline{x}_n)(Y_i - \overline{Y}_n)}{\sum_{i=1}^{n}(x_i - \overline{x}_n)^2} - \beta_1 \\
&= \frac{\sum_{i=1}^{n}(x_i - \overline{x}_n)(Y_i - \overline{Y}_n) - \beta_1 \sum_{i=1}^{n}(x_i - \overline{x}_n)^2}{\sum_{i=1}^{n}(x_i - \overline{x}_n)^2} \\
&= \frac{\sum_{i=1}^{n}(x_i - \overline{x}_n)(Y_i - \overline{Y}_n) - \beta_1 \sum_{i=1}^{n}(x_i - \overline{x}_n)(x_i - \overline{x}_n)}{\sum_{i=1}^{n}(x_i - \overline{x}_n)^2} \\
&= \frac{\sum_{i=1}^{n}(x_i - \overline{x}_n)[(Y_i - \beta_0 - \beta_1 x_i) - (\overline{Y}_n - \beta_0 - \beta_1 \overline{x}_n)]}{\sum_{i=1}^{n}(x_i - \overline{x}_n)^2}
\end{aligned}$$

$$= \frac{\sum_{i=1}^{n}(x_i - \overline{x}_n)(W_i - \overline{W}_n)}{\sum_{i=1}^{n}(x_i - \overline{x}_n)^2} \tag{7.9}$$

가 성립한다. 나아가,

$$\begin{aligned} Y_i - \hat{Y}_i &= Y_i - \hat{\beta}_0 - \hat{\beta}_1 x_i = Y_i - \overline{Y}_n + \hat{\beta}_1 \overline{x}_n - \hat{\beta}_1 x_i \\ &= (Y_i - \beta_0 - \beta_1 x_i) - (\overline{Y}_n - \beta_0 - \beta_1 \overline{x}_n) - (x_i - \overline{x}_n)(\hat{\beta}_1 - \beta_1) \\ &= (W_i - \overline{W}_n) - (x_i - \overline{x}_n)(\hat{\beta}_1 - \beta_1) \end{aligned}$$

이 성립하므로

$$\begin{aligned} n\hat{\sigma}^2 &= \sum_{i=1}^{n}(Y_i - \hat{Y}_i)^2 = \sum_{i=1}^{n}[(W_i - \overline{W}_n) - (x_i - \overline{x}_n)(\hat{\beta}_1 - \beta_1)]^2 \\ &= \sum_{i=1}^{n}(W_i - \overline{W}_n)^2 + \sum_{i=1}^{n}(x_i - \overline{x}_n)^2(\hat{\beta}_1 - \beta_1)^2 \\ &\quad - 2\sum_{i=1}^{n}(W_i - \overline{W}_n)(x_i - \overline{x}_n)(\hat{\beta}_1 - \beta_1) \end{aligned}$$

이다. 이제 앞에서 구한 $(\hat{\beta}_1 - \beta_1)$에 관한 식 (7.9)를 이용하면,

$$\begin{aligned} -2\sum_{i=1}^{n}(W_i - \overline{W}_n)(x_i - \overline{x}_n)(\hat{\beta}_1 - \beta_1) &= -2(\hat{\beta}_1 - \beta_1)\sum_{i=1}^{n}(x_i - \overline{x}_n)(W_i - \overline{W}_n) \\ &= -2(\hat{\beta}_1 - \beta_1)(\hat{\beta}_1 - \beta_1)\sum_{i=1}^{n}(x_i - \overline{x}_n)^2 \\ &= -2\sum_{i=1}^{n}(x_i - \overline{x}_n)^2(\hat{\beta}_1 - \beta_1)^2 \end{aligned}$$

이며, 따라서

$$\begin{aligned} n\hat{\sigma}^2 &= \sum_{i=1}^{n}(W_i - \overline{W}_n)^2 - \sum_{i=1}^{n}(x_i - \overline{x}_n)^2(\hat{\beta}_1 - \beta_1)^2 \\ &= \sum_{i=1}^{n}W_i^2 - n\overline{W}_n^2 - \sum_{i=1}^{n}(x_i - \overline{x}_n)^2(\hat{\beta}_1 - \beta_1)^2 \end{aligned}$$

이 성립된다. 여기에서, 첫 번째 행과 두 번째 행이 각각

$$\left(\frac{x_1-\overline{x}_n}{\sqrt{\sum_{i=1}^{n}(x_i-\overline{x}_n)^2}},\ \cdots,\ \frac{x_n-\overline{x}_n}{\sqrt{\sum_{i=1}^{n}(x_i-\overline{x}_n)^2}}\right)$$

$$\left(\frac{1}{\sqrt{n}},\ \cdots,\ \frac{1}{\sqrt{n}}\right)$$

인 $(n\times n)$ 정규직교행렬(orthonormal matrix) M에 의한 $W=(W_1,\cdots,W_n)$의 변환을 $Z=(Z_1,\cdots,Z_n)$이라 하자.

$$\begin{pmatrix} Z_1 \\ \vdots \\ Z_n \end{pmatrix} = M\begin{pmatrix} W_1 \\ \vdots \\ W_n \end{pmatrix}$$

그러면 정리 2.25와 직교변환의 성질을 활용하면 증명될 수 있는, 직교행렬에 의해 변환된 서로 독립인 n개의 정규확률변수도 역시 서로 독립인 정규확률변수라는 사실에 의하여 Z_i들은 서로 독립이고, 각각이 $N(0,\sigma^2)$ 분포를 따르며,

$$\sum_{i=1}^{n} Z_i^2 = \sum_{i=1}^{n} W_i^2$$

을 만족한다. 그런데 $Z_1^2 = \sum_{i=1}^{n}(x_i-\overline{x}_n)^2(\hat{\beta}_1-\beta_1)^2$, $Z_2^2 = n\overline{W}_n^{\,2}$이므로

$$n\hat{\sigma}^2 = \sum_{i=1}^{n} Z_i^2 - Z_1^2 - Z_2^2 = \sum_{i=3}^{n} Z_i^2$$

이다. 그러므로 $\hat{\beta}_1$은 Z_1의 함수이며, $\overline{Y}_n$는 Z_2의 함수이고, $\hat{\sigma}^2$은 $Z_3,\cdots,Z_n$의 함수임을 알 수 있다. 따라서 $\hat{\beta}_1$, $\overline{Y}_n$와 $\hat{\sigma}^2$은 서로 독립이다. 마지막으로

$$\frac{n\hat{\sigma}^2}{\sigma^2} = \sum_{i=3}^{n}\left(\frac{Z_i}{\sigma}\right)^2$$

이므로 $\frac{n\hat{\sigma}^2}{\sigma^2}$는 자유도가 $(n-2)$인 카이제곱분포를 따른다. ■

위의 정리 7.7로부터 $n\hat{\sigma}^2/\sigma^2 \sim \chi^2(n-2)$이므로, $E(n\hat{\sigma}^2/\sigma^2)=n-2$이다. 따라서 $E(\hat{\sigma}^2)=\frac{(n-2)\sigma^2}{n}$이 되어 최대가능도 추정량 $\hat{\sigma}^2$은 편향되어 있음을 알 수 있으며,

$\hat{\sigma}^2$의 최소분산 비편향추정량은

$$\tilde{\sigma}^2 = \frac{1}{n-2}\sum_{i=1}^{n}(Y_i - \hat{\beta}_0 - \hat{\beta}_1 x_i)^2 \tag{7.10}$$

이다. 한편, 정리 7.6과 7.7의 결과로부터 회귀모수 β_1에 대한 가설검정 및 신뢰구간에 활용되는 $\hat{\beta}_1$의 스튜던트화 확률변량의 분포는 다음과 같다.

정리 7.8

서로 독립인 확률변수 $Y_i (i = 1, 2, \cdots, n)$가 각각 $N(\beta_0 + \beta_1 x_i, \sigma^2)$ 분포를 따른다고 하자. 이때 확률변량

$$\frac{(\hat{\beta}_1 - \beta_1)\sqrt{\sum_{i=1}^{n}(x_i - \overline{x}_n)^2}}{\tilde{\sigma}}$$

는 자유도가 $(n-2)$인 t 분포를 따른다.

증명 여기에서 분모에 사용되는 σ의 추정량은 최대가능도 추정량 $\hat{\sigma}^2$의 제곱근이 아닌 최소분산 비편향추정량 $\tilde{\sigma}^2$의 제곱근임을 유의하자. $\hat{\beta}_1 - \beta_1$은 $N(0, \sigma^2/\sum_{i=1}^{n}(x_i - \overline{x}_n)^2)$ 분포를 따르며 $\tilde{\sigma}^2$과 서로 독립이다. 또한, $\frac{n\hat{\sigma}^2}{\sigma^2} = \frac{(n-2)\tilde{\sigma}^2}{\sigma^2}$은 자유도가 $(n-2)$인 카이제곱분포를 따르므로 t 분포의 정의에 의하여 자명하다. ■

7.4 가설검정 및 신뢰구간

앞 절에서는 $\beta_0, \beta_1, \sigma^2$의 추정량들의 분포와 그들 간의 관계를 살펴보았다. 여기에서는 이 결과들을 활용하여 회귀모수에 대한 가설검정과 신뢰구간 추정의 문제를 다루기로 한다.

먼저, 모수 β_1에 대한 가설

$$H_0 : \beta_1 = \beta_{10} \quad \text{대} \quad H_1 : \beta_1 \neq \beta_{10} \tag{7.11}$$

을 고려하여 보자. 정리 7.8로부터, 확률변량

$$\frac{(\hat{\beta}_1-\beta_{10})\sqrt{\sum_{i=1}^{n}(x_i-\overline{x}_n)^2}}{\tilde{\sigma}}$$

은 귀무가설하에서 자유도가 $(n-2)$인 t 분포를 따른다. 따라서,

$$\frac{(\hat{\beta}_1-\beta_{10})\sqrt{\sum_{i=1}^{n}(x_i-\overline{x}_n)^2}}{\tilde{\sigma}} \le -t_{\alpha/2}(n-2) \quad \text{또는} \quad \ge t_{\alpha/2}(n-2) \tag{7.12}$$

는 가설 (7.11)에 대한 유의수준 α인 검정방법의 기각영역이 된다.

한편, 모수 β_1에 대한 가설이

$$H_0 : \beta_1 = \beta_{10} \quad \text{대} \quad H_1 : \beta_1 > \beta_{10} \tag{7.13}$$

으로 대립가설이 단측인 경우에는, 마찬가지 방법으로 유의수준 α인 기각영역이

$$\frac{1}{\tilde{\sigma}}(\hat{\beta}_1-\beta_{10})\sqrt{\sum_{i=1}^{n}(x_i-\overline{x}_n)^2} \ge t_{\alpha}(n-2) \tag{7.14}$$

로 주어진다. 흔히, 선형 회귀모형에서 가장 관심 있는 가설검정은 $H_0 : \beta_1 = 0$ 대 $H_1 : \beta_1 \ne 0$이 된다. 왜냐하면 β_1이 0이면 X와 Y 사이에 아무런 선형관계가 성립하지 않기 때문이다. 이에 비해 β_0에 대한 검정은 현실적으로 큰 관심사가 아닌 경우가 많다.

다음으로 모수 β_1에 대한 $100(1-\alpha)\%$ 신뢰구간은

$$P\left[-t_{\alpha/2}(n-2) \le \frac{1}{\tilde{\sigma}}(\hat{\beta}_1-\beta_1)\sqrt{\sum_{i=1}^{n}(x_i-\overline{x}_n)^2} \le t_{\alpha/2}(n-2)\right] = 1-\alpha$$

로부터

$$\left[\hat{\beta}_1 - t_{\alpha/2}(n-2)\cdot\frac{\tilde{\sigma}}{\sqrt{\sum_{i=1}^{n}(x_i-\overline{x}_n)^2}},\ \hat{\beta}_1 + t_{\alpha/2}(n-2)\cdot\frac{\tilde{\sigma}}{\sqrt{\sum_{i=1}^{n}(x_i-\overline{x}_n)^2}}\right] \tag{7.15}$$

로 주어진다. β_0에 대한 가설검정 방법 및 신뢰구간 추정도 같은 방법으로 쉽게 구할 수 있으며, 연습문제로 남기도록 한다.

(7.11)에 주어진 가설검정에서 $H_1 : \beta_1 \neq \beta_{10}$에 대한 유의수준 α인 t 검정법의 검정력을 살펴보자. 검정력함수는

$$\begin{aligned}\pi(\beta_1) &= P\left(\frac{1}{\tilde{\sigma}}\left|(\hat{\beta}_1 - \beta_{10})\sqrt{\sum_{i=1}^{n}(x_i - \overline{x}_n)^2}\right| \geq t_{\alpha/2}(n-2) | \beta_1\right) \\ &= P\left(\frac{1}{\tilde{\sigma}}\left|(\hat{\beta}_1 - \beta_1)\sqrt{\sum_{i=1}^{n}(x_i - \overline{x}_n)^2} + (\beta_1 - \beta_{10})\sqrt{\sum_{i=1}^{n}(x_i - \overline{x}_n)^2}\right| \geq t_{\alpha/2}(n-2) | \beta_1\right)\end{aligned}$$

이 되고 회귀모수의 참값이 β_1일 때 $\frac{1}{\tilde{\sigma}}(\hat{\beta}_1 - \beta_{10})\sqrt{\sum_{i=1}^{n}(x_i - \overline{x}_n)^2}$의 분포는 5.3절에서 살펴본 바와 같이 비중심모수가 $\delta = \frac{1}{\sigma}(\beta_1 - \beta_{10})\sqrt{\sum_{i=1}^{n}(x_i - \overline{x}_n)^2}$인 비중심 t 분포를 따른다. 즉, 검정력의 계산을 위해 비중심 t 분포가 필요하며, 실제 계산은 복잡하므로 생략하기로 한다. 물론, σ의 추정을 통해 δ를 추정한 후 컴퓨터를 이용하여 계산하면 쉽게 검정력의 추정값과 추정곡선을 얻을 수 있다.

예 7.7

다음은 미국의 천문학자 허블(Hubble)이 사용한 11개의 은하계에 대한 거리(X)와 후퇴속도(Y: recession velocity)에 관한 자료이다. 이 자료에 대한 선형 회귀모형 $Y = \beta_0 + \beta_1 x + \varepsilon,\ \varepsilon \sim N(0, \sigma^2)$을 고려했을 때, 회귀모수 β_1에 대한 가설

$$H_0 : \beta_1 = 0 \quad \text{대} \quad H_1 : \beta_1 > 0$$

을 검정하여 보면 다음과 같다. 우선, 회귀모수의 최소제곱 추정량은

은하계	거리(백만광년)	속도(마일/초)
1	22	750
2	68	2400
3	108	3200
4	137	4700
5	255	9300
6	315	12000
7	390	13400
8	405	14400
9	685	24500
10	700	26000
11	1100	38000

$$\hat{\beta}_1 = \frac{\sum_{i=1}^{11}(x_i - \overline{x}_{11})(Y_i - \overline{Y}_{11})}{\sum_{i=1}^{11}(x_i - \overline{x}_{11})^2} = \frac{\sum_{i=1}^{11} x_i Y_i - 11 \times \overline{x}_{11}\overline{Y}_{11}}{\sum_{i=1}^{11} x_i^2 - 11 \times \overline{x}_{11}^2} = 35.324$$

$$\hat{\beta}_0 = \overline{Y}_{11} - \hat{\beta}_1 \overline{x}_{11} = 13513.636 - 35.324 \times 380.455 = 74.444$$

가 되며, 분산 σ^2의 최소분산 비편향추정량은

$$\tilde{\sigma}^2 = \frac{1}{11-2}\sum_{i=1}^{11}(Y_i - \hat{\beta}_0 - \hat{\beta}_1 x_i)^2 = 420183.7$$

이 된다. 따라서,

$$\widehat{Var(\hat{\beta}_1)} = \frac{\tilde{\sigma}^2}{\sum_{i=1}^{11}(x_i - \overline{x}_{11})^2} = 0.3844$$

로부터

$$\frac{(\hat{\beta}_1 - 0)\sqrt{\sum_{i=1}^{11}(x_i - \overline{x}_{11})^2}}{\tilde{\sigma}} = 56.974 \geq t_{0.05}(9) = 1.833$$

을 얻게 되며, 유의수준 0.05에서 귀무가설 $H_0 : \beta_1 = 0$을 기각한다. 나아가, 회귀모수 β_1에 대한 90% 신뢰구간은

$$\begin{aligned}&[35.324 - 1.833 \times \sqrt{0.3844}, \quad 35.324 + 1.883 \times \sqrt{0.3844}\,] \\ &= [34.188, \quad 36.460]\end{aligned}$$

으로 계산된다.

선형 회귀모형 (7.4)를 사용하는 경우, 독립변수의 값이 $X = x^*$가 주어졌을 때, 조건부 기댓값 $E(Y \mid x^*) = \beta_0 + \beta_1 x^*$의 추정량으로

$$\begin{aligned}\hat{\mu}_{Y|x^*} &= \hat{\beta}_0 + \hat{\beta}_1 x^* \\ &= \overline{Y}_n - \hat{\beta}_1 \overline{x}_n + \hat{\beta}_1 x^* \\ &= \sum_{i=1}^{n}\left[\frac{1}{n} + \frac{(x^* - \overline{x}_n)(x_i - \overline{x}_n)}{\sum_{i=1}^{n}(x_i - \overline{x}_n)^2}\right] Y_i\end{aligned}$$

를 사용할 수 있다. 이 추정량 $\hat{\mu}_{Y|x^*}$은 서로 독립인 정규확률변수 Y_i들의 선형결합꼴이므로 정규분포를 따른다. 평균과 분산을 구해 보면,

$$\begin{aligned} E(\hat{\mu}_{Y|x^*}) &= E(\hat{\beta}_0 + \hat{\beta}_1 x^*) \\ &= \beta_0 + \beta_1 x^* \end{aligned}$$

이고, 정리 7.6에 의하여

$$\begin{aligned} Var(\hat{\mu}_{Y|x^*}) &= Var(\hat{\beta}_0 + \hat{\beta}_1 x^*) \\ &= Var(\overline{Y}_n - \hat{\beta}_1 \overline{x}_n + \hat{\beta}_1 x^*) \\ &= Var(\overline{Y}_n) + (x^* - \overline{x}_n)^2\, Var(\hat{\beta}_1) \quad (\because \overline{Y}_n\text{와 } \hat{\beta}_1\text{이 독립이므로}) \\ &= \sigma^2 \left[\frac{1}{n} + \frac{(x^* - \overline{x}_n)^2}{\sum_{i=1}^{n} (x_i - \overline{x}_n)^2} \right] \end{aligned}$$

이다. 따라서

$$\begin{aligned} \hat{\mu}_{Y|x^*} &= \hat{\beta}_0 + \hat{\beta}_1 x^* \\ &\sim N\left(\beta_0 + \beta_1 x^*,\ \sigma^2 \left[\frac{1}{n} + \frac{(x^* - \overline{x}_n)^2}{\sum_{i=1}^{n} (x_i - \overline{x}_n)^2} \right] \right) \end{aligned} \tag{7.16}$$

이 성립한다. 나아가,

$$S^{*2} = \tilde{\sigma}^2 \left[\frac{1}{n} + \frac{(x^* - \overline{x}_n)^2}{\sum_{i=1}^{n} (x_i - \overline{x}_n)^2} \right]$$

으로 표기하면, 확률변량

$$T = \frac{\hat{\beta}_0 + \hat{\beta}_1 x^* - (\beta_0 + \beta_1 x^*)}{S^*}$$

는 자유도가 $(n-2)$인 t 분포를 가지므로 $E(Y|x^*) = \beta_0 + \beta_1 x^*$에 대한 신뢰수준 $100(1-\alpha)\%$ 신뢰구간을

$$\left[\hat{\beta}_0+\hat{\beta}_1 x^*-t_{\alpha/2}(n-2)\cdot S^*,\ \ \hat{\beta}_0+\hat{\beta}_1 x^*+t_{\alpha/2}(n-2)\cdot S^*\right] \tag{7.17}$$

로 구할 수 있다.

예 7.8

다음 자료는 어떤 연령계층 집단에서 랜덤추출한 16명의 몸무게(X)와 수축기 혈압(Y)의 측정값이다.

개체	몸무게	혈압	개체	몸무게	혈압
1	74.5	150	9	58.0	128
2	75.0	148	10	65.2	130
3	76.3	151	11	67.3	135
4	68.2	145	12	69.6	136
5	76.8	146	13	80.3	152
6	80.5	160	14	75.6	158
7	72.1	149	15	85.8	170
8	67.2	133	16	59.1	124

위 자료에 대해 선형 회귀모형 (7.4)를 고려했을 때, 회귀모수의 최소제곱 추정량은

$$\hat{\beta}_1=\frac{\sum_{i=1}^{16}(x_i-\overline{x}_{16})(Y_i-\overline{Y}_{16})}{\sum_{i=1}^{16}(x_i-\overline{x}_{16})^2}=\frac{\sum_{i=1}^{16}x_i Y_i-16\times\overline{x}_{16}\overline{Y}_{16}}{\sum_{i=1}^{16}x_i^2-16\times\overline{x}_{16}^{\,2}}=1.56$$

$$\hat{\beta}_0=\overline{Y}_{16}-\hat{\beta}_1\overline{x}_{16}=32.302$$

가 되며, 분산 σ^2의 최소분산 비편향추정량은

$$\tilde{\sigma}^2=\frac{1}{16-2}\sum_{i=1}^{16}(Y_i-\hat{\beta}_0-\hat{\beta}_1\overline{x}_{16})^2=21.357$$

이 된다. 이제 설명변수의 값이 $X=75$일 때, 조건부 기댓값 $E(Y|X=75)=\beta_0+75\beta_1$의 95% 신뢰구간을 구해 보면 다음과 같다. $E(Y|X=75)$의 추정값은

$$\hat{\mu}_{Y|X=75}=\hat{\beta}_0+75\hat{\beta}_1=149.452$$

가 되고, $t_{0.025}(14)=2.145$,

$$S^{*2} = 21.357\left[\frac{1}{16} + \frac{(75-\bar{x}_{16})^2}{\sum_{i=1}^{n}(x_i - \bar{x}_{16})^2}\right] = 1.559$$

이므로 $E(Y|X=75)$의 95% 신뢰구간은

$$[32.302 + 1.562\times 75 - 2.145\times S^*,\quad 32.302 + 1.562\times 75 + 2.145\times S^*]$$
$$= [146.774,\ 152.130]$$

으로 주어진다.

예측구간

선형모형 (7.4)에서, 주어진 이변량 자료 $(x_i,\ Y_i)(i=1,\ 2,\cdots,\ n)$와 독립인 새로운 관찰값 $(x^*,\ Y)$에 대하여 Y의 **예측구간**(prediction interval)을 구해 보기로 한다. 이는 추후에 관측될 자료에 대한 예측을 위한 것이므로 (x^*, Y)가 기존의 자료에 독립임을 가정하는 것은 타당하다고 할 수 있다. 예측구간은 $X=x^*$가 주어졌을 때 그에 상응하는 반응변수 Y값 자체에 대한 확률구간을 의미하는 것으로, 조건부 기댓값 $E(Y|x^*)$에 대한 신뢰구간과는 다르다. 조건부 기댓값의 경우에는 추정량으로 $\hat{\mu}_{Y|x^*} = \hat{\beta}_0 + \hat{\beta}_1 x^*$를 고려하고, 추정값과 참값의 차이인 $\hat{\mu}_{Y|x^*} - (\beta_0 + \beta_1 x^*)$의 분포를 이용하여 신뢰구간을 구하지만, 이 경우에는 $\hat{Y} = \hat{\beta}_0 + \hat{\beta}_1 x^*$가 반응변수 Y의 예측값으로 사용되고, $\hat{Y} - Y$의 분포를 이용하여 예측구간을 구하게 된다. 물론, $\hat{\mu}_{Y|x^*} = \hat{Y}$이다. 우선, $E(\hat{Y} - Y) = E(\hat{\beta}_0 + \hat{\beta}_1 x^*) - (\beta_0 + \beta_1 x^*) = 0$이며, $\hat{Y}$과 Y는 독립이므로

$$\begin{aligned} Var(\hat{Y} - Y) &= Var(\hat{Y}) + Var(Y) \\ &= \sigma^2\left[\frac{1}{n} + \frac{(x^* - \bar{x}_n)^2}{\sum_{i=1}^{n}(x_i - \bar{x}_n)^2}\right] + \sigma^2 \\ &= \sigma^2\left[1 + \frac{1}{n} + \frac{(x^* - \bar{x}_n)^2}{\sum_{i=1}^{n}(x_i - \bar{x}_n)^2}\right] \end{aligned}$$

이 된다.

$$S^2(Y)=\tilde{\sigma}^2\left[1+\frac{1}{n}+\frac{(x^*-\bar{x}_n)^2}{\sum_{i=1}^{n}(x_i-\bar{x}_n)^2}\right]$$

으로 표기하면, 설명변수의 값이 x^*일 때 새로운 관찰값 Y에 대한 $100(1-\alpha)\%$ 예측구간은

$$\left[\hat{\beta}_0+\hat{\beta}_1x^*-t_{\alpha/2}(n-2)\cdot S(Y),\ \ \hat{\beta}_0+\hat{\beta}_1x^*+t_{\alpha/2}(n-2)\cdot S(Y)\right] \tag{7.18}$$

로 주어진다. x^*가 주어졌을 때 조건부 기댓값의 신뢰구간과 Y값에 대한 예측구간을 비교해 보면, 구간의 중앙은 $\hat{\beta}_0+\hat{\beta}_1x^*$로 같지만 $S^2(Y)$가 S^{*2}에 비해 $\tilde{\sigma}^2$만큼 항상 크기 때문에 예측구간이 신뢰구간보다 길어진다. 이는 확률분포의 평균을 추정하는 것에 비해 확률변수의 값 자체를 예측하는 것이 더 어렵다는 것을 보여 준다. 실제로 조건부 기댓값을 추정하는 데에는 $Y|x^*$의 분포의 중심위치(평균)에 대한 변동만이 관련되나, 예측에 있어서는 그 변동에 더하여 평균이 주어졌을 때 Y값이 가질 수 있는 변동 또한 관련된다.

예 7.9

(**예 7.7의 계속**) 예 7.7의 자료에 대하여, 거리가 5000만 광년($X=50$) 되는 곳에 어떤 은하계가 발견되었다고 가정하고, 속도(Y)에 대한 95% 예측구간을 구해 보자. 회귀모수의 최소제곱 추정량은 $\hat{\beta}_0=74.444$, $\hat{\beta}_1=35.324$, 그리고 분산 σ^2의 최소분산 비편향추정량은 $\tilde{\sigma}^2=420183.7$로 구해졌으므로,

$$S^2(Y)=\tilde{\sigma}^2\left[1+\frac{1}{11}+\frac{(x^*-\bar{x}_{11})^2}{\sum_{i=1}^{11}(x_i-\bar{x}_{11})^2}\right]=500364.7$$

로부터,

$$\begin{aligned}&\left[\hat{\beta}_0+\hat{\beta}_1x^*-t_{0.025}(11-2)\cdot S(Y),\ \ \hat{\beta}_0+\hat{\beta}_1x^*+t_{0.025}(11-2)\cdot S(Y)\right]\\&=[1840.644-2.262\times707.365,\ \ 1840.644+2.262\times707.365]\\&=[240.585,\ \ 3440.703]\end{aligned}$$

으로 주어진다.

변환에 의한 선형모형

여태까지 다루어 온 선형 회귀모형은 두 변수 X와 Y 사이에 선형관계가 있는 경우 효율적으로 사용될 수 있다. 그러나 두 변수 X와 Y 사이에 직접적인 선형관계가 없더라도 적절한 변환을 통하여 선형관계로 바꿀 수 있는 경우가 있으며, 이런 경우 변환된 자료에 대해 선형 회귀모형을 활용할 수 있다. 몇 가지 예를 들면 다음과 같다.

예 7.10

회귀선이 $y=\beta_0 x^{\beta_1}$인 경우 로그(log)변환을 하면

$$\log y = \log \beta_0 + \beta_1 \log x$$

를 얻게 된다. 이제 $y'=\log y$, $\beta_0{}'=\log\beta_0$, $\beta_1{}'=\beta_1$, $x'=\log x$ 라고 놓으면, 회귀직선

$$y'=\beta_0{}'+\beta_1{}'x'$$

을 얻게 된다.

예 7.11

회귀선이 $y=1/\{1+\exp(\beta_0+\beta_1 x)\}$의 형태일 때는 $(1-y)/y=\exp(\beta_0+\beta_1 x)$를 만족하므로 양변에 로그(log)를 취하여

$$\log\left(\frac{1-y}{y}\right)=\beta_0+\beta_1 x$$

를 얻게 된다. 이제 $y'=\log\{(1-y)/y\}$ 라고 놓으면, 회귀직선

$$y'=\beta_0+\beta_1 x$$

를 얻게 된다.

앞의 예들을 살펴보면, '선형'이라는 표현의 의미는 설명변수에 대해 선형이라기보다 회귀계수들에 대해 선형인 것을 알 수 있다. 그런데 때로는 $y=\beta_0+e^{\beta_1 x}$ 처럼 선형관계로의 변환이 가능치 않으며 이런 경우에 비선형(nonlinear) 모형을 사용할 수 있

으나, 그 내용은 이 책에서는 다루지 않기로 한다.

선형 회귀모형 $Y=\beta_0+\beta_1 x+\varepsilon$에서 랜덤오차 ε의 분산이 설명변수의 값에 의존하지 않는다는 등분산성의 가정은 회귀모수의 추정 등에 있어서 결정적인 역할을 한다. 여기에서는 이러한 등분산성의 가정이 성립하지 않는 경우에 적절한 변환에 의해 선형 회귀모형을 활용할 수 있음을 보이고자 한다. $X=x_i$에서 랜덤오차 ε_i의 분산을

$$Var(\varepsilon_i)=\sigma_i{}^2$$

이라고 하자(이는 $Var(Y_i)=\sigma_i{}^2$과 동일하다). 이제 표준편차의 역수 $w_i=1/\sigma_i$를 각 Y_i값에 곱하여 $Y_i{}'=w_i Y_i$라고 변환하면 $Var(Y_i{}')=Var(w_i Y_i)=1$ $(i=1,\ 2,\ \cdots,\ n)$이 된다. 그러므로 변환된 모형

$$Y_i{}'=w_i Y_i=w_i\beta_0+w_i(\beta_1 x_i)+w_i\varepsilon_i \tag{7.19}$$

는 $Var(w_i\varepsilon_i)=1$로서 등분산성을 만족하며, 회귀모수 β_0와 β_1의 최소제곱 추정량은 가중 오차제곱합

$$\begin{aligned}&\sum_{i=1}^{n}\{w_i Y_i-w_i\beta_0-w_i(\beta_1 x_i)\}^2\\ =&\sum_{i=1}^{n}w_i{}^2(Y_i-\beta_0-\beta_1 x_i)^2\end{aligned}$$

을 최소화하여

$$\begin{aligned}\hat{\beta}_1&=\frac{\sum_{i=1}^{n}u_i(x_i-\overline{x}_u)(Y_i-\overline{Y}_u)}{\sum_{i=1}^{n}u_i(x_i-\overline{x}_u)^2}\\ \hat{\beta}_0&=\sum_{i=1}^{n}u_i Y_i-\hat{\beta}_1\sum_{i=1}^{n}u_i x_i,\quad \text{단, } u_i=\frac{w_i^2}{\sum w_i^2}\end{aligned} \tag{7.20}$$

으로 구할 수 있다(연습문제 7.15 참조). 여기에서 $\overline{x}_u=\sum_{i=1}^{n}u_i x_i$이고 $\overline{Y}_u=\sum_{i=1}^{n}u_i Y_i$이다. 위와 같은 추정량 $\hat{\beta}_0$과 $\hat{\beta}_1$을 **가중 최소제곱 추정량**(weighted least square estimator)이라고 한다.

주 7.3절부터 7.5절에서 살펴본 추정과 검정의 방법들은 선형 회귀모형 (7.4)에 기반한 것이고, 모형 (7.4)는 오차에 몇 가지 가정을 포함한다. 정규성과 등분산성, 그리고 평균이 0이기에 조건부 기댓값 $E(Y|X=x)$가 x에 대한 선형함수라는 것이다. 회귀분석의 유효성을 위하여 사용한 자료가 이러한 가정들을 만족하는지 살펴볼 필요가 있으며, 이러한 과정을 회귀진단(regression diagnostics)이라고 한다. 회귀진단을 통해 가정에 맞지 않는 점이 발견되면 여러 가지 방법으로 가정에 맞도록 수정하거나, 다른 모형을 고려하게 된다. 앞서 살펴본 자료의 변환이나 가중 최소제곱법 등은 모형의 가정을 만족시키기 위한 몇 가지 처방이라고 할 수 있다.

회귀모형에 대한 분산분석

회귀모형에 대한 분산분석은 회귀선의 적합정도를 아는 데 도움을 줄 수 있다. 총변동은

$$\begin{aligned}\sum_{i=1}^{n}(Y_i-\overline{Y}_n)^2 &= \sum_{i=1}^{n}\left\{(Y_i-\hat{Y}_i)+(\hat{Y}_i-\overline{Y}_n)\right\}^2\\ &= \sum_{i=1}^{n}(Y_i-\hat{Y}_i)^2+\sum_{i=1}^{n}(\hat{Y}_i-\overline{Y}_n)^2+2\sum_{i=1}^{n}(Y_i-\hat{Y}_i)(\hat{Y}_i-\overline{Y}_n)\\ &= \sum_{i=1}^{n}(Y_i-\hat{Y}_i)^2+\sum_{i=1}^{n}(\hat{Y}_i-\overline{Y}_n)^2 \qquad (7.21)\end{aligned}$$

로 분해된다. 세 번째 등식에는 $\overline{Y}_n=\frac{1}{n}\sum_{i=1}^{n}Y_i=\frac{1}{n}\sum_{i=1}^{n}\hat{Y}_i$임과 $\sum_{i=1}^{n}(Y_i-\hat{Y}_i)x_i$ $=\sum_{i=1}^{n}(x_i-\overline{x}_n)(Y_i-\overline{Y}_n)-\hat{\beta}_1\sum_{i=1}^{n}(x_i-\overline{x}_n)^2=0$임을 이용하였다. 이러한 분해는, 변수 Y의 총변동 $\sum_{i=1}^{n}(Y_i-\overline{Y}_n)^2$이 오차에 의한 변동인 $\sum_{i=1}^{n}(Y_i-\hat{Y}_i)^2=\sum_{i=1}^{n}(Y_i-\hat{\beta}_0-\hat{\beta}_1x_i)^2$과 회귀직선 자체에 의한 변동인 $\sum_{i=1}^{n}(\hat{Y}_i-\overline{Y}_n)^2=\hat{\beta}_1\sum_{i=1}^{n}(x_i-\overline{x}_n)^2$으로 구성된다는 것을 보여 준다. $\sum_{i=1}^{n}(\hat{Y}_i-\overline{Y}_n)^2$은 x의 변동과 $\hat{\beta}_1$으로 표현되므로 회귀직선에 의한 변동임을 알 수 있다. 특히 $\hat{\beta}_1=0$으로 회귀모형이 의미가 없으면 이 변동은 0이 된다. 이를 다음과 같이 표로 요약할 수 있다.

요인	제곱합	자유도	평균제곱합
회귀	$\sum_{i=1}^{n}(\hat{Y}_i-\overline{Y}_n)^2$	1	$\sum_{i=1}^{n}(\hat{Y}_i-\overline{Y}_n)^2$
오차	$\sum_{i=1}^{n}(Y_i-\hat{Y}_i)^2$	$n-2$	$\sum_{i=1}^{n}(Y_i-\hat{Y}_i)^2/(n-2)$
합	$\sum_{i=1}^{n}(Y_i-\overline{Y}_n)^2$	$n-1$	

이때 회귀제곱합의 전체제곱합에 대한 비

$$R^2=\frac{\sum_{i=1}^{n}(\hat{Y}_i-\overline{Y}_n)^2}{\sum_{i=1}^{n}(Y_i-\overline{Y}_n)^2} \tag{7.22}$$

을 **결정계수**(coefficient of determination)라고 하는데, 이는 전체 변동에 대한 회귀직선의 설명비율을 의미하며 회귀직선의 성능을 가늠하는 지표(index)가 되기도 한다. 즉, 결정계수 R^2의 값이 1에 가까울수록 회귀모형의 설명비율이 커진다. 만약 결정계수가 0.27이라면 $Y_1, \cdots, Y_n$에서 나타나는 변동의 27%가 회귀직선, 즉 X와의 선형관계에 의해 설명되고 나머지는 모형에 포함되지 않은 다른 요인들에 의해 설명된다는 뜻이다. R^2은 Y와 $\hat{Y}$의 표본 상관계수의 제곱이고, 단순선형 회귀모형의 경우 반응변수와 설명변수 간 표본 상관계수의 제곱과 같다. 단순선형 회귀모형에서 이 관계를 살펴보면,

$$\begin{aligned}\sum_{i=1}^{n}(Y_i-\hat{Y}_i)(\hat{Y}_i-\overline{Y}_n)&=\hat{\beta}_1\sum_{i=1}^{n}(Y_i-\hat{Y}_i)(x_i-\overline{x}_n)\\&=\hat{\beta}_1\sum_{i=1}^{n}(Y_i-\overline{Y}_n+\overline{Y}_n-\hat{Y}_i)(x_i-\overline{x}_n)\\&=\hat{\beta}_1\sum_{i=1}^{n}(Y_i-\overline{Y}_n)(x_i-\overline{x}_n)-\hat{\beta}_1^2\sum_{i=1}^{n}(x_i-\overline{x}_n)^2\\&=0\end{aligned}$$

이므로

$$\sum_{i=1}^{n}(\hat{Y}_i-\overline{Y}_n)^2=\sum_{i=1}^{n}(\hat{Y}_i-Y_i+Y_i-\overline{Y}_n)(\hat{Y}_i-\overline{Y}_n)=\sum_{i=1}^{n}(Y_i-\overline{Y}_n)(\hat{Y}_i-\overline{Y}_n)$$

이고,

$$R^2 = \frac{\sum_{i=1}^{n}(\widehat{Y}_i - \overline{Y}_n)^2}{\sum_{i=1}^{n}(Y_i - \overline{Y}_n)^2}$$

$$= \frac{[\sum_{i=1}^{n}(\widehat{Y}_i - \overline{Y}_n)^2]^2}{\sum_{i=1}^{n}(Y_i - \overline{Y}_n)^2 \sum_{i=1}^{n}(\widehat{Y}_i - \overline{Y}_n)^2}$$

$$= \frac{[\sum_{i=1}^{n}(Y_i - \overline{Y}_n)(\widehat{Y}_i - \overline{Y}_n)]^2}{\sum_{i=1}^{n}(Y_i - \overline{Y}_n)^2 \sum_{i=1}^{n}(\widehat{Y}_i - \overline{Y}_n)^2}$$

이다. $\frac{1}{n}\sum_{i=1}^{n}\widehat{Y}_i = \overline{Y}_n$의 성질을 이용하면 결정계수가 Y와 $\widehat{Y}$의 표본 상관계수의 제곱임을 쉽게 알 수 있다. 또,

$$R^2 = \frac{\sum_{i=1}^{n}(\widehat{Y}_i - \overline{Y}_n)^2}{\sum_{i=1}^{n}(Y_i - \overline{Y}_n)^2} = \frac{\widehat{\beta}_1^2 \sum_{i=1}^{n}(x_i - \overline{x}_n)^2}{\sum_{i=1}^{n}(Y_i - \overline{Y}_n)^2}$$

$$= \frac{\left([\sum_{i=1}^{n}(x_i - \overline{x}_n)(Y_i - \overline{Y}_n)]^2 / [\sum_{i=1}^{n}(x_i - \overline{x}_n)^2]^2\right)\sum_{i=1}^{n}(x_i - \overline{x}_n)^2}{\sum_{i=1}^{n}(Y_i - \overline{Y}_n)^2}$$

$$= \frac{[\sum_{i=1}^{n}(x_i - \overline{x}_n)(Y_i - \overline{Y}_n)]^2}{\sum_{i=1}^{n}(x_i - \overline{x}_n)^2 \sum_{i=1}^{n}(Y_i - \overline{Y}_n)^2}$$

이므로 이는 X와 Y의 표본 상관계수의 제곱과 같다.

주 위의 표에서 회귀제곱합(Sum of Squares Regression, SSR)과 오차제곱합(Sum of Squares Error, SSE)을 해당하는 자유도 1과 $n-2$로 나누어 각각 MSR, MSE라고 하면 통계량 $F = MSR/MSE$는 회귀모수 β_1이 0이라는 가설, 즉, 회귀모형이 Y를 설명하는 데에 의미가 없다는 가설하에서 자유도가 $(1,\ n-2)$인 F 분포를 따른다. 이 F 통계량은 모형의 적합에 대한 검정통계량으로 사용될 수 있다. 가령, 관찰된 F의 값이 F 분포의 임계값인 $F_\alpha(1, n-2)$보다 크면 가설이 기각되어 회귀모형이 Y를 설명하는 데에 도움이 된다

고 할 수 있다. 이러한 방법은 앞에서 다룬 가설 $H_0: \beta_1 = 0$ 대 $H_1: \beta_1 \neq 0$대한 t 검정법과 동일한 결과를 제공한다. 이는 t 분포와 F분포의 관계로부터 유래된다(3.2절 참조).

예 7.12

(예 7.8의 계속) 예 7.8의 몸무게와 혈압의 자료에 대한 선형 회귀모형의 분산분석은 다음 표와 같다.

요인	제곱합	자유도	평균제곱합	F값
회귀	2134.438	1	2134.438	99.94
오차	298.999	14	21.357	
합	2433.438	15		

전체제곱합과 회귀제곱합의 비인 결정계수는

$$R^2 = 2134.438/2433.438 = 0.877$$

로 회귀직선의 비교적 높은 설명력을 말해주고 있다. 또한, $F = 99.94 > F_{0.01}(1,14) = 8.862$이므로 유의수준 0.01에서 X와 Y 사이의 선형관계가 유의하다.

7.5 다중선형 회귀모형

앞서 고려한 선형모형은 설명변수가 하나인 경우였으나, 일반적으로 설명변수가 두 개 이상인 경우에도 그 이론이 자연스럽게 연장될 수 있다. 설명변수가 하나인 경우를 단순선형 회귀모형, 그리고 두 개 이상인 경우를 **다중선형 회귀모형**(multiple linear regression)이라고 한다. 이제 k개의 설명변수의 값 $x_1, x_2, \cdots, x_k$에 대한 회귀함수를

$$E(Y \mid x_1, x_2, \cdots, x_k) = \beta_0 + \beta_1 x_1 + \cdots \beta_k x_k \tag{7.23}$$

라 가정하고 $Var(Y \mid x_1, x_2, \cdots, x_k) = \sigma^2$이라고 했을 때 n개의 서로 독립인 관찰값 $\{(x_{i1}, x_{i2}, \cdots, x_{ik}, Y_i); i = 1, \cdots, n\}$에 대하여 다중선형 회귀모형을 고려해 보자. 다중선형 회귀모형은 행렬(matrix)을 활용하면 간편한 꼴로 표현된다.

행렬에 의한 표현

이제 식 (7.23)의 다중 회귀함수에 대해

$$\boldsymbol{Y} = \begin{bmatrix} Y_1 \\ \vdots \\ Y_n \end{bmatrix} \qquad \boldsymbol{\beta} = \begin{bmatrix} \beta_0 \\ \vdots \\ \beta_k \end{bmatrix} \qquad \boldsymbol{X} = \begin{bmatrix} 1 & x_{11} \cdots & x_{1k} \\ \cdots & \cdots \;\cdots & \cdots \\ 1 & x_{n1} \cdots & x_{nk} \end{bmatrix}$$

와 같은 행렬을 고려하자. 이때 회귀모형에 함축된 $E(Y_i) = \sum_{j=0}^{k} \beta_j x_{ij}$, $Var(Y_i) = \sigma^2$, 그리고 $i \neq j$에 대해 $Cov(Y_i, Y_j) = 0$이라는 사실은 (모든 i에서 $x_{i0} = 1$이라 하자) 행렬을 이용하여

$$E(\boldsymbol{Y}) = \boldsymbol{X}\boldsymbol{\beta}, \qquad \boldsymbol{V} = \{Cov(Y_i, Y_j)\}_{1 \le i \le n, 1 \le j \le n} = \sigma^2 \boldsymbol{I} \tag{7.24}$$

와 같이 간단하게 표현된다(단, I는 $n \times n$ 단위행렬). 이제, 오차제곱합은

$$\begin{aligned} &SSE(\beta_0, \beta_1, \beta_2, \cdots, \beta_k) \\ &\qquad = \sum_{i=1}^{n} (Y_i - \beta_0 - \beta_1 x_{i1} - \cdots - \beta_k x_{ik})^2 \\ &\qquad = (\boldsymbol{Y} - \boldsymbol{X}\boldsymbol{\beta})'(\boldsymbol{Y} - \boldsymbol{X}\boldsymbol{\beta}) \end{aligned} \tag{7.25}$$

로 표현되며, 행렬의 미분을 이용하면 최소제곱 추정량은 정규방정식

$$(\boldsymbol{Y} - \boldsymbol{X}\boldsymbol{\beta})'\boldsymbol{X} = 0$$

의 해로

$$\hat{\boldsymbol{\beta}} = (\boldsymbol{X}'\boldsymbol{X})^{-1}\boldsymbol{X}'\boldsymbol{Y} \tag{7.26}$$

와 같이 주어진다. $\boldsymbol{Y}'$는 $\boldsymbol{Y}$의 전치행렬(transpose matrix)을 의미한다. 랜덤오차 ϵ이 $N(0, \sigma^2)$ 분포를 따르는 경우 회귀모수에 대한 최소제곱 추정량은 $\hat{\boldsymbol{\beta}} \sim N(\boldsymbol{\beta}, (\boldsymbol{X}'\boldsymbol{X})^{-1}\sigma^2)$를 따르게 된다. 나아가, 이 최소제곱 추정량 $\hat{\boldsymbol{\beta}}$은 다음의 가우스-마코프 정리에 설명되는 바와 같이 선형추정량 가운데 최적 비편향의 성질을 갖는다. 다음의 정리는 증명 없이 받아들이기로 한다. 여기에서 선형추정량이란 Y_i들의 선형결합으로 표현되는 추정량을 의미하고, 최적이란 임의의 상수 $r_0, \cdots, r_k$로 $\sum_{i=0}^{k} r_i \beta_i$의 추정을 고려했을 때 임의의 선형 비편향추정량 $\tilde{\boldsymbol{\beta}}$에 대하여 $\sum_{i=0}^{k} r_i \hat{\beta}_i$의 분산이 항상 $\sum_{i=0}^{k} r_i \tilde{\beta}_i$의 분산보다 작거나 같다는 것을 의미한다. 즉, $\sum_{i=0}^{k} r_i \hat{\beta}_i$이 $\sum_{i=0}^{k} r_i \beta_i$의 최소분산 선형 비

편향추정량이 된다는 것이다. 이때 $\boldsymbol{V}$를 분산-공분산행렬이라 하면, $\boldsymbol{V}(\tilde{\beta}) - \boldsymbol{V}(\hat{\beta})$가 양정치행렬이 된다.

정리 7.9

(가우스-마코프 정리)

선형모형 $E(\boldsymbol{Y}|\boldsymbol{X}) = \boldsymbol{X}\boldsymbol{\beta}$, $\boldsymbol{V} = \{Cov(Y_i, Y_j)\} = \sigma^2\boldsymbol{I}$가 성립하면, 임의의 상수벡터 $\boldsymbol{r}$에 대하여 $\boldsymbol{r}'\hat{\boldsymbol{\beta}}$이 $\boldsymbol{r}'\boldsymbol{\beta}$의 최적 비편향 선형추정량이다. 즉, 회귀계수 β_i의 선형결합에 대한 최적 비편향 선형추정량은 β_i를 그의 최소제곱 추정량으로 대체함으로써 구할 수 있다.

예 7.13

아래의 자료

x_1	1	2	3	4	5	6	7
x_2	0	0	1	1	2	2	2
Y	10.3	9.5	8.0	11.0	14.0	13.5	15.2

에 대해 회귀모형

$$E(Y|x_1, x_2) = \beta_0 + \beta_1 x_1 + \beta_2 x_2 \tag{7.27}$$

를 고려할 때 회귀모수의 최소제곱 추정량을 구하는 과정을 행렬을 이용하여 살펴보기로 하자.

우선,

$$\boldsymbol{X}' = \begin{bmatrix} 1 & 1 & 1 & 1 & 1 & 1 & 1 \\ 1 & 2 & 3 & 4 & 5 & 6 & 7 \\ 0 & 0 & 1 & 1 & 2 & 2 & 2 \end{bmatrix}$$

이므로

$$\boldsymbol{X}'\boldsymbol{X} = \begin{bmatrix} 7 & 28 & 8 \\ 28 & 140 & 43 \\ 8 & 43 & 14 \end{bmatrix}$$

이고

$$(\boldsymbol{X}'\boldsymbol{X})^{-1} = \begin{bmatrix} 37/35 & -16/35 & 4/5 \\ -16/35 & 34/105 & -11/15 \\ 4/5 & -11/15 & 28/15 \end{bmatrix}, \quad \boldsymbol{X}'\boldsymbol{Y} = \begin{bmatrix} 81.5 \\ 354.7 \\ 104.4 \end{bmatrix}$$

의 계산을 통하여 회귀모수벡터는

$$\hat{\boldsymbol{\beta}} = \begin{bmatrix} \hat{\beta}_0 \\ \hat{\beta}_1 \\ \hat{\beta}_2 \end{bmatrix} = (\boldsymbol{X}'\boldsymbol{X})^{-1}\boldsymbol{X}'\boldsymbol{Y} = \begin{bmatrix} 7.529 \\ 1.038 \\ -0.033 \end{bmatrix}$$

으로 구해진다.

분산분석표

이제, 최소제곱 추정량 $\hat{\boldsymbol{\beta}}$을 사용하여 예측값

$$\hat{\boldsymbol{Y}} = \boldsymbol{X}\hat{\boldsymbol{\beta}} = \begin{bmatrix} \hat{\beta}_0 + \hat{\beta}_1 x_{11} + \cdots + \hat{\beta}_k x_{1k} \\ \vdots \\ \hat{\beta}_0 + \hat{\beta}_1 x_{n1} + \cdots + \hat{\beta}_k x_{nk} \end{bmatrix}$$

를 구하고,

$$SSE = \sum_{i=1}^{n} (Y_i - \hat{Y}_i)^2$$

$$SSR = \sum_{i=1}^{n} (\hat{Y}_i - \overline{Y}_n)^2$$

$$SST = \sum_{i=1}^{n} (Y_i - \overline{Y}_n)^2$$

라고 하면, 분산분석표를 다음과 같이 작성하여 다중 회귀직선의 적합도를 살펴볼 수 있다.

요인	제곱합	자유도	평균제곱합
회귀	SSR	k	$MSR = SSR/k$
오차	SSE	$n-k-1$	$MSE = SSE/(n-k-1)$
합	SST	$n-1$	

나아가 모형의 적합도(goodness of fit)를 재는 척도로, 전체제곱합과 회귀제곱합의 비인 결정계수

$$R^2 = \frac{SSR}{SST} = 1 - \frac{SSE}{SST}$$

를 고려할 수 있다. 단순회귀모형에서처럼 결정계수는 Y와 $\widehat{Y}$의 표본 상관계수의 제곱임을 보일 수 있고, 이에 대한 통계적 의미는 단순회귀모형에서와 같다.

모형에 대한 가설검정

여기에서는 다중선형모형에서 회귀모수 β_j 에 대한 일반적인 검정방법을 설명하기로 한다. 우선 식 (7.23)과 같은 원래의 다중선형 회귀모형을 완전모형(FM: Full Model)이라고 하고, 귀무가설에 가정된 내용을 완전모형에 대입해서 얻은 모형을 축소모형(RM: Reduced Model)이라고 하자. 물론 축소모형에서 추정해야 되는 회귀모수들의 개수는 완전모형에서의 그것보다 적을 것이다. 예를 들어, 다섯 개의 설명변수가 있는 다중 선형모형에서 첫 번째와 두 번째 설명변수가 의미 없다고 의심되는 경우, $H_0: \beta_1 = \beta_2 = 0$ 대 H_1 : 둘 중 적어도 하나는 0이 아님의 가설을 검정할 수 있다. 이때 완전모형은 $E(Y|x_1, \cdots, x_5) = \beta_0 + \beta_1 x_1 + \cdots + \beta_5 x_5$가 되고 축소모형은 $E(Y|x_3, x_4, x_5) = \beta_0 + \beta_3 x_3 + \beta_4 x_4 + \beta_5 x_5$가 된다. 이때 검정방법은 완전모형을 사용했을 때의 적합도와 축소모형에서의 적합도를 비교하는 것에 근간을 둔다. 즉, 완전모형이 더 많은 모수를 사용하므로 적합도가 더 높겠지만, 축소모형에서의 적합도가 완전모형에 비해 상대적으로 많이 떨어지지 않는 경우에는 축소모형을 가정하는 귀무가설을 기각할 수 없게 된다. 이에 대한 구체적인 처리과정은 다음과 같다.

$\widehat{Y}_i$과 $\widehat{Y}_i^*$ 를 각각 완전모형과 축소모형에서의 Y_i 에 대한 예측값이라고 하자. 그러면 완전모형하에서의 오차제곱합은

$$SSE(FM) = \sum_{i=1}^{n} (Y_i - \widehat{Y}_i)^2 \tag{7.28}$$

이며, 축소모형에서의 오차제곱합은

$$SSE(RM) = \sum_{i=1}^{n} (Y_i - \widehat{Y}_i^*)^2 \tag{7.29}$$

으로 쓸 수 있다. 완전모형에는 $(p+1)$ 개의 회귀계수 $(\beta_0, \beta_1, \beta_2, \cdots, \beta_p)$가 있는 반면,

축소모형에는 $k+1(<p+1)$개의 회귀계수가 있다고 하자. 이때 축소모형이 적절한지의(즉, 축소모형이 참모형이라는 귀무가설이 지지되는지의) 여부는 $[SSE(RM)-SSE(FM)]$과 $SSE(FM)$의 비교를 통해 이루어진다. $SSE(RM)$과 $SSE(FM)$의 차이가 $SSE(FM)$에 비해 상대적으로 크다면 축소모형이 적합하다고 볼 수 없고, 그러기에 귀무가설은 기각될 것이다. 보다 자세하게는, 이 두 변량이 가지는 분포관계를 감안하여 이들을 각각에 대응되는 자유도로 나눈 다음($SSE(RM)-SSE(FM)$의 자유도는 $SSE(RM)$의 자유도에서 $SSE(FM)$의 자유도를 뺀 것, 즉 완전모형과 축소모형의 설명변수 개수의 차이와 같다.) 통계량

$$\frac{SSE(RM)-SSE(FM)}{p-k} \text{와} \quad \frac{SSE(FM)}{n-p-1}$$

의 비인 검정통계량

$$F=\frac{[SSE(RM)-SSE(FM)]/(p-k)}{SSE(FM)/(n-p-1)} \tag{7.30}$$

은 검정하고자 하는 귀무가설이 참일 때 자유도가 $(p-k, n-p-1)$ 인 F분포를 따른다는 사실을 이용하게 된다. 따라서 관측된 F값이 $F>F_{\alpha}(p-k, n-p-1)$이면 유의수준 α에서 해당하는 귀무가설을 기각한다. 이러한 모형의 적합도에 관한 가설검정은 변수선택을 위한 일련의 과정에도 사용된다.

변수선택 방법

주어진 자료에 근거하여 모형을 구축함에 있어, 일반적으로 모형의 간결성 및 효율성 등을 보장하기 위하여 필요한 변수들만 선택하여 사용하는 것이 매우 바람직하다. 이제 다중선형회귀모형에서 반응변수 Y에 영향을 미칠 것으로 예상되는 p개의 설명변수 $x_1, x_2, \cdots, x_p$들 중에서 k개의 설명변수를 선택하는 방법을 살펴보자.

앞서 설명한 완전모형과 축소모형에 대한 가설검정 과정의 한 형태로서 변수선택을 다룰 수 있다. 설명변수들 중에 $j-1$개와 j개의 설명변수를 사용하였을 때의 분산분석의 결과는, 편의상 첨자를 사용하여 제곱합을 표기하면,

$$SST_{j-1}=SSR_{j-1}+SSE_{j-1}$$
$$SST_j=SSR_j+SSE_j$$

가 성립하며 전체제곱합 SST는 사용한 설명변수의 개수와 상관없이 동일하기에

$SST_{j-1} = SST_j$를 만족하므로

$$SSE_{j-1} - SSE_j = SSR_j - SSR_{j-1} \tag{7.31}$$

이 된다. 식 (7.31)의 좌변 $SSE_{j-1} - SSE_j$은 j개에서 하나의 설명변수를 제거하여 $j-1$개 설명변수를 사용했을 때 오차제곱합의 증가분을, 그리고 우변 $SSR_j - SSR_{j-1}$은 $j-1$개 설명변수에 하나의 설명변수를 추가하여 j개의 설명변수를 사용했을 때의 회귀제곱합의 증가분을 의미한다. 따라서, 충분히 큰

$$SSE_{j-1} - SSE_j = SSR_j - SSR_{j-1}$$

는 $j-1$개 설명변수에 하나의 설명변수를 추가하여 j개의 설명변수를 사용하기로 결정하는 근거가 되며, 이러한 결과의 통계적 유의성 여부는 검정통계량

$$F = \frac{SSR_j - SSR_{j-1}}{MSE_j} \sim F(1, n-j-1)$$

을 바탕으로 구할 수 있다. 즉, 관측된 F값이 $F > F_\alpha(1, n-j-1)$이면 $j-1$개 설명변수에 하나의 설명변수를 추가할 필요가 없다는 가설을 유의수준 α에서 기각한다[4]. 이러한 방법을 사용하여 실제 변수를 선택하는 데에는 다음과 같은 방법들이 있다.

- **전진적 도입**(forward selection): 설명변수들 중 가장 유의한 것으로 판단되는 변수부터 하나씩 선택해 가면서 더 이상 유의한 변수가 없을 때 변수선택을 중단한다.
- **후진적 제거**(backward elimination): 설명변수들 중에서 가장 유의하지 않은 변수를 하나씩 제거하면서 더 이상 유의하지 않은 변수가 없을 때 변수제거를 중단하는 방법이다.
- **단계적 선택**(stepwise): 전진적 도입에 후진적 제거 방법을 가미한 것으로서, 전진적 도입을 통해 변수를 선택한 후, 다음 변수가 선택되었을 때 후진적 제거를 적용한다. 즉 새로운 변수가 추가되면서 이미 선택된 변수가 유의성을 상실하여 제거될 수 있는지를 단계별로 검토한다.

4) 실제 통계 패키지를 통해 모형을 선택할 때는 F검정 대신 AIC(Akaike information criterion)나 BIC(Bayesian information criterion) 등이 사용되기도 한다.

연습문제 7장

01 X와 Y가 다음과 같은 결합 확률밀도함수를 가질 때, X와 Y의 공분산을 구하라. 또한 X와 Y의 상관계수 $\rho(X, Y)$를 구하라.

$$f_{X,Y}(x,y) = \begin{cases} 8xy, & 0 \le x \le y \le 1 \\ 0, & \text{그 외의 경우} \end{cases}$$

02 X와 Y가 다음과 같은 결합 확률밀도함수를 따르는 이산형 확률변수라 했을 때, X와 Y의 상관계수를 구하라.

(x,y)	$f_{X,Y}(x,y)$
(1, 2)	1/2
(1, 3)	1/4
(2, 1)	1/8
(2, 4)	1/8

03 아래의 (x,y)의 자료에 대하여,

x	0	0	0	1	1	1	2	2	2
y	0	1	2	0	1	2	0	1	2

(1) 표본상관계수를 계산하라.

(2) 회귀직선 $E(Y|x) = \beta_0 + \beta_1 x$를 추정하라.

(3) (2)에서 구한 회귀직선의 타당성을 상관계수를 사용하여 설명하라.

(4) 정리 7.2를 이용하여 상관계수 $\rho(X, Y)$가 0인지 아닌지를 유의수준 0.05에서 검정하라.

04 정리 7.7의 증명을 참조하여 정리 7.2의 증명 가운데 나오는 $\dfrac{(n-1)S_Y^2(1-R^2)}{\sigma_Y^2}$이 RS_Y/S_X와 서로 독립이며 자유도가 $(n-2)$인 카이제곱분포를 따름을 증명하라.

05 X와 Y가 삼항분포를 따를 때, 즉, 음이 아닌 정수 $x, y, n-x-y$와 양수 p_X, p_Y, $1-p_X-p_Y$에 대해 (X, Y)의 결합 확률밀도함수가

$$f_{X,Y}(x, y) = \frac{n!}{x!\,y!(n-x-y)!} p_X^x p_Y^y (1-p_X-p_Y)^{n-x-y}$$

일 때 X에 대한 Y의 회귀직선을 구하라.

06 X와 Y가 다음과 같은 결합 확률밀도함수를 가질 때,

$$f_{X,Y}(x, y) = \begin{cases} 2, & 0 < x < y, \quad 0 < y < 1 \\ 0, & \text{그 외의 경우} \end{cases}$$

$E(Y|x)$를 구하라.

07 X와 Y가 $\mu_X = 3$, $\mu_Y = 5$, $\sigma_X^2 = 5$, $\sigma_Y^2 = 9$, $\rho = 3/4$인 이변량 정규분포를 따를 때,

(1) $\mathrm{P}(4 < Y < 6)$을 구하라.

(2) $\mathrm{P}(4 < Y < 6 \mid X = 4)$를 구하라.

08 다음과 같은 (x, y)의 자료에 대하여,

x	42	39	36	40	41	34	37	39	40	37
y	39	29	31	43	42	30	35	34	35	38

식 (7.4)에 있는 선형 회귀모형을 고려할 때,

(1) 모수 β_0, β_1, σ^2의 최대가능도 추정량을 각각 구하라.

(2) $\beta_0 + 35\beta_1$의 최소분산 비편향추정량을 구하라.

(3) 모수 β_0, β_1, σ^2의 90% 신뢰구간을 각각 구하라.

(4) $\beta_1 + \sigma^2$의 최대가능도 추정량을 구하라.

09 다음의 자료는 8개국의 저축률(x)과 투자이익부담률(y)에 관한 자료이다. 식 (7.4)에 있는 선형 회귀모형을 고려할 때 가설 $H_0: \beta_1 = -1$ 대 $H_1: \beta_1 \neq -1$을 유의수준 5%에서 검정하라.

국 가	저축률	이익부담률
이탈리아	23.1	6.4
일 본	21.5	14.4
프 랑 스	17.2	7.3
서 독	14.5	11.8
영 국	12.2	32.5
캐 나 다	10.3	30.0
스 웨 덴	9.1	52.7
미 국	6.3	33.5

10 서로 독립인 확률변수 $Y_i\ (i=1, 2, \cdots, n)$가 각각 $N(\beta_0+\beta_1 x_i, \sigma^2)$ 분포를 따른다고 하자. 이때 β_0에 대한 $100(1-\alpha)\%$ 신뢰구간을 구하라.

11 다음은 어떤 교육 프로그램에서 14명의 교육대상을 무작위 추출하여 얻은 중간 성적과 마지막 성적에 관한 자료이다. 중간 성적과 마지막 성적 사이의 상관계수를 구하고, 가설 $H_0: \rho = 0$ 대 $H_1: \rho > 0$에 대한 검정을 유의수준 5%에서 시행하라. 중간 성적과 마지막 성적은 이변량 정규분포를 따른다고 가정한다.

개체	중간 성적	마지막 성적
1	142	280
2	146	283
3	141	287
4	140	288
5	141	288
6	143	289
7	149	289
8	146	290
9	144	290
10	149	290
11	144	292
12	147	293
13	145	293
14	149	293

12 음주가 신체적 반응에 미치는 영향을 조사하기 위하여 음주량(x)과 반응시간(y)을 10명을 대상으로 측정한 결과가 다음과 같다.

대상	1	2	3	4	5	6	7	8	9	10
음주량	2	2	2	3	3	4	4	4	5	5
반응시간	3	4	4	4	5	6	6	7	6	8

(1) 음주량과 반응시간 사이의 상관계수를 구하라.

(2) 식 (7.4)의 회귀모형을 이용하여, 음주량이 많아짐에 따라 반응속도가 늘어난다는 가설에 대한 검정을 5% 유의수준에서 시행하라.

(3) 선형 회귀모형에 대한 분산분석을 시행하고 결정계수의 값을 구하라.

13 다음은 부동산 판매광고의 길이(y = 사용단어의 수)와 부동산매출가격(x)에 대한 자료이다. 식 (7.4)에 있는 선형 회귀모형을 고려할 때,

(1) $E(Y \mid x = 100)$을 구하고, 그에 대한 90% 신뢰구간을 구하라.

(2) $x = 100$일 때 Y값에 대한 90% 예측구간을 구하고, 그 결과를 (1)과 비교하라.

매출가격(x)	광고의 길이(y)
50	24
65	29
120	42
30	20
48	30
76	36
84	40
140	54
58	32
63	25

14 $H_0 : \beta_1 = 0$ 대 $H_1 : \beta_1 \neq 0$에 대한 식 (7.11)의 검정이 정리 7.2를 이용한 X와 Y의 상관계수에 대한 $H_0 : \rho = 0$의 검정과 동치임을 보여라.

15 식 (7.19)의 변환된 회귀모형으로부터 식 (7.20)에 주어진 회귀모수의 가중 최소제곱 추정량을 유도하라.

16 식 (7.21)의 계산을 확인하라.

17 다음의 자료는 1960년도 20개 OECD 회원국의 농업취업률(X)과 개인소득(Y) 자료에 대하여 3가지 회귀모형을 고려한 결과이다. 3가지 회귀모형에는 각각 Linear, SQRT, Expon이라는 이름이 붙어 있는데, Linear는 $E(Y|x)=\beta_0+\beta_1 x$, SQRT은 $E(Y|x)=\beta_0+\beta_1\sqrt{x}$, Expon은 $E(Y|x)=\beta_0\cdot\beta_1^x$의 회귀함수를 사용하였고, Linear, SQRT, Expon 열의 값들은 주어진 X값에 대한 Y의 예측값들이다. 분석의 결과에 대하여 세 가지 회귀모형을 비교 검토하라.

국가	Y	X	Linear	SQRT	Expon
캐나다	1536	13	1073	1078	1048
스웨덴	1644	14	1054	1050	1016
스위스	1361	11	1110	1138	1117
룩셈부르크	1242	15	1035	1023	984
영국	1105	4	1242	1410	1396
덴마크	1059	18	978	946	894
서독	1035	15	1035	1023	984
프랑스	1013	20	941	899	839
벨기에	1005	6	1205	1317	1310
노르웨이	977	20	941	899	839
아이슬랜드	839	25	846	790	716
네덜란드	810	11	1110	1138	1117
오스트리아	681	23	884	832	763
아일랜드	529	36	639	583	505
이탈리아	504	27	809	749	672
일본	344	33	696	636	555
그리스	324	56	262	276	267
스페인	290	42	526	483	417
포르투갈	238	44	488	452	391
터키	177	79	−172	−15	129
$\hat{\beta}_0$			1317.9	1823.6	1584.7
$\hat{\beta}_1$			−18.8576	−206.816	0.96872
결정계수(R^2)			0.6315	0.6477	0.6579

18 다음의 등식을 증명하라. 둘째 줄의 식은 특히 계산상의 목적에 유용하다.

$$\begin{aligned} n\hat{\sigma}^2 &= \sum_{i=1}^{n}(Y_i-\overline{Y}_n)^2-\hat{\beta}_1\sum_{i=1}^{n}(x-\overline{x}_n)(Y_i-\overline{Y}_n) \\ &= \sum_{i=1}^{n}Y_i^2-\frac{\left(\sum_{i=1}^{n}Y_i\right)^2}{n}-\hat{\beta}_1\left[\sum_{i=1}^{n}x_iY_i-\frac{\left(\sum_{i=1}^{n}x_i\right)\left(\sum_{i=1}^{n}Y_i\right)}{n}\right] \\ &= \sum_{i=1}^{n}Y_i^2-\hat{\beta}_0\sum_{i=1}^{n}Y_i-\hat{\beta}_1\sum_{i=1}^{n}x_iY_i \end{aligned}$$

19 식 (7.4)의 선형모형에서 회귀모수를 추정하고자 한다. 10개의 x값이 $[-1,\ 1]$ 사이에서 선택된다고 할 때, $Var(\hat{\beta}_1)$를 최소화하기 위해서 어떤 방법으로 x가 뽑혀야 하는가?

20 서로 독립인 확률변수 $Y_i(i=1,2,\cdots,n)$가 각각 $N(\beta_0+\beta_1 x_i,\sigma^2)$ 분포를 따르며 또 다른 서로 독립인 확률변수 $V_i(i=1,2,\cdots,m)$가 각각 $N(\gamma_0+\gamma_1 u_i,\sigma^2)$ 분포를 따른다고 하자. 이때 $H_0:\beta_1=\gamma_1$ 대 $H_1:\beta_1\neq\gamma_1$에 대한 검정법을 제시하라.

21 서로 독립인 확률변수 $Y_i(i=1,2,\cdots,n)$가 각각 $N(\beta_0+\beta_1 x_i,\sigma^2)$ 분포를 따를 때, $S_1=\sum_{i=1}^{n}Y_i$, $S_2=\sum_{i=1}^{n}Y_i^2$, $S_3=\sum_{i=1}^{n}x_iY_i$가 $(\beta_0,\beta_1,\sigma^2)$에 대한 결합 충분통계량임을 보여라.

22 두 변수 x와 y에 대한 관계가 $y=x/(a+bx)$라는 함수로 주어졌다고 하자. 이때 두 변수 사이의 선형변환을 유도하라.

23 자료 $(x_i,y_i)\ (i=1,2,\cdots,n)$이 주어졌을 때,

$$E(Y\,|\,x)=\beta_0+\beta_1x+\beta_2x^2+\beta_3x^3$$

으로 표현된 '일반 선형모형'에 대하여 행렬을 활용하여 모수 β_0, β_1, β_2, β_3의 최소제곱 추정량을 구하라.

24 관측된 $n=20$개의 자료, $\{(x_i,y_i);i=1,\cdots,n\}$에서 얻은 요약통계량의 값이 $\sum_{i=1}^{n}x_i=320$, $\sum_{i=1}^{n}y_i=640$, $\sum_{i=1}^{n}x_i^2=6600$, $\sum_{i=1}^{n}y_i^2=26200$, $\sum_{i=1}^{n}x_iy_i=13100$으로 주어졌다고 하자.

(1) $E(Y|x)=\beta_0+\beta_1x$의 선형모형을 고려할 때 β_0와 β_1의 최소제곱 추정량을 구하라.

(2) 결정계수의 값은 얼마인가? 그 의미는 무엇인가?

(3) σ^2의 비편향추정량 $\tilde{\sigma}^2$의 값을 구하라.

25 설명변수가 세 개인 다중선형 회귀함수 $E(Y|x_1, x_2, x_3) = \beta_0 + \beta_1 x_1 + \beta_2 x_2 + \beta_3 x_3$을 생각해 보자. 이때 귀무가설 $H_0: \beta_2 = \beta_3 = 0$을 검정하는 방법을 제시하라.

26 다음 내용은 'Quick-R by DataCamp'로부터의 사례이다. 주어진 자료는 반응변수로 Y=주가지수 그리고 설명변수로는 X_1=이자율과 X_2=실업률을 고려하였다.

(1) 다중회귀 모형을 구축하라.

(2) $X_1 = 0.5$, $X_2 = 5.8$로 주어졌을 때, Y=주가지수를 예측하라.

연도	월	이자율	실업률	주가지수
2017	12	2.75	5.3	1464
2017	11	2.5	5.3	1394
2017	10	2.5	5.3	1357
2017	9	2.5	5.3	1293
2017	8	2.5	5.4	1256
2017	7	2.5	5.6	1254
2017	6	2.5	5.5	1234
2017	5	2.25	5.5	1195
2017	4	2.25	5.5	1159
2017	3	2.25	5.6	1167
2017	2	2	5.7	1130
2017	1	2	5.9	1075
2016	12	2	6	1047
2016	11	1.75	5.9	965
2016	10	1.75	5.8	943
2016	9	1.75	6.1	958
2016	8	1.75	6.2	971
2016	7	1.75	6.1	949
2016	6	1.75	6.1	884
2016	5	1.75	6.1	866
2016	4	1.75	5.9	876
2016	3	1.75	6.2	822
2016	2	1.75	6.2	704
2016	1	1.75	6.1	719

8장 비모수 통계방법

지금까지 다룬 점추정, 구간추정 또는 가설검정 등의 통계적 추론방법은 표본이 얻어진 모집단의 분포에 대한 구체적인 가정을 바탕으로 하였다. 이와 같이 모집단의 분포가 몇 개의 모수를 포함하는 특정한 형태를 가진다고 가정하는 모형을 모수모형(parametric model)이라고 하고, 이때 분포를 특정짓는 모수 또는 모수벡터에 대한 추정이나 검정의 방법 등을 모수적 통계방법이라고 한다. 예를 들어, 표본이 추출된 모집단의 분포가 정규분포를 따른다고 가정하고 그 평균과 분산을 추정하는 경우는 두 개의 모수를 포함하는 모수모형을 사용하는 것이 된다.

이러한 모수적 통계방법을 사용하는 경우, '만일 모분포의 형태가 가정한 것과 다르다면 어떻게 될까?'라는 질문이 자연스럽게 발생할 수 있다. 구체적인 예를 들면, '일표본 t 검정에서 모분포가 정규성으로부터 이탈했을 경우 검정통계량 $T=\sqrt{n}(\overline{X}_n-\mu)/S_n$의 분포에 어떤 변화가 일어날까?'하는 질문이 그와 같은 것이다. 일반적으로, 모분포가 정규분포를 따르지 않을 경우 검정통계량 T는 더 이상 자유도가 $(n-1)$인 t 분포를 따르지 않을 것이고, 따라서 제 1 종 오류를 범할 확률은 원하는 유의수준 α에서 벗어나게 될 것이다. 그렇다면 모분포가 정규분포를 따르지 않을 경우 원하는 유의수준을 보장할 수 있도록 하기 위해 어떻게 해야 할까? 한 가지 접근방법은 모수적 통계방법의 **로버스트성**(robustness)을 고려하는 것이다. 통계방법 또는 통계량의 로버스트성이란, 모집단의 분포가 변화할 때(특히, 모분포가 정규분포에서 멀어질 때) 통계방법 또는 통계량의 성능이 크게 떨어지지 않는 것을 의미한다. 즉, 모분포가 정규성 가정을 만족하지 않을 때 검정통계량 T의 분포에 어느 정도의 변화가 생기는가를 알아보는 것이다. 만일 그 변화가 충분히 작다면, 모분포가 정규분포를 따르지 않는 경우에도 t 검정법을 사용할 수 있을 것이고, 이 검정법은 정규성 가정에 대하여 로버스트하다고 말할 수 있다. 또, 통계량의 로버스트성의 예를 모평균을 추정하는 경우에 대하여 찾아본다면, 표본중위수는 표본평균에 비해 로버스트한 성질을 가지고 있다고 볼 수 있는데, 이는 모분포가 정규분포에 가까운 경우에는 표본평균의 성능이 더 좋지만 정규분포에서 멀어지는 경우 표본중위수의 성능이 표본평균의 그것보다 훨씬 더 좋을 수 있기 때문이다. 실제로, 모분포의 꼬리가 두꺼워서 주어진 표본자료에 다른 값들에 비해 지나치게 크거나 작은 특이점(outlier)들이 존재한다고 하면, 표본평균은 이들의 영향을 '지나치게' 많이 받기 때문에 모평균의 추정량으로서 바람직하지 않게 된다. 따라서 표본평균을 활용한 모평균의 추론 결과는 왜곡될 가능성이 있다. 두 번째 접근방법은 모분포에 대해 정규성을 가정하지 않고도 사용할 수 있는 통계방법을 고려하는 것이다. 예를 들어 모분포의 누적분포함수가 연속이라든가 하는 약한 가정을 전제로 만들어진 통계방법들이 그것인데, 이러한 통계방법은 **비모수적** (nonparametric) **통계방법**이라고 하며 그 성능이 모분포의 형태에 의존하지 않는 장점이 있게 된다.

여러 가지 추론에 대한 많은 비모수적 통계방법들이 개발되어 있으나, 이 장에서는 경험적 확률분포와 순서통계량에 의한 백분위수의 신뢰구간 추정을 간략히 설명하겠으며, 검정으로는 주로 순위(rank)에 의존하는 방법에 대해 알아보기로 한다.

8.1 비모수 추정방법

모수적 통계방법에서는 미지의 모수에 대한 통계적 추론을 하게 되지만, 비모수적 통계방법에서는 확률변수 X의 누적분포함수 $F(x)=P(X \le x)$ (또는 확률밀도함수 $f(x)$)에 대한 모수적 가정이 없기 때문에, $F(x)$ 자체에 대한 추정이 관심 있는 문제가 된다. 이제, 랜덤표본 $X_1, X_2, \cdots, X_n$에 근거한 $F(x)$의 추정량으로 경험적 확률분포함수(empirical distribution function) $F_n(x)$를 다음과 같이 정의한다.

정의 8.1

$F(x)$로부터 구한 랜덤표본 $X_1, X_2, \cdots, X_n$의 순서통계량을 $X_{(1)}, X_{(2)}, \cdots, X_{(n)}$이라고 했을 때, **경험적 확률분포함수** $F_n(x)$는

$$F_n(x) = \begin{cases} 0 & x < X_{(1)} \\ i/n & X_{(i)} \le x < X_{(i+1)} \qquad (i=1, 2, \cdots, n-1) \\ 1 & X_{(n)} \le x \end{cases}$$

로 정의된다.

이와 같은 경험적 확률분포는 n개의 관찰값 $x_1, x_2, \cdots, x_n$ 각각에 확률질량 $1/n$씩을 놓은 결과와 같으며,

$$F_n(x) = \frac{\{x\text{보다 작거나 같은 관찰값 } X_i\text{의 개수}\}}{n} \tag{8.1}$$

로도 표현할 수 있다.

예 8.1

어떤 전자제품의 수명을 알아보기 위한 실험에서 다음과 같은 9개의 관찰값으로 구성된 표본자료를 얻었다.

14.5 20.5 44.5 50.3 62.9 71.6 83.1 92.7 95.6

위 표본자료에 대한 경험적 확률분포함수를 그려보면 다음과 같다.

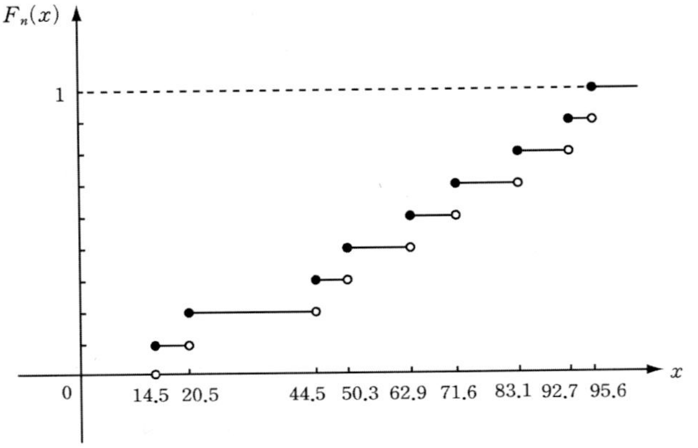

다음으로, $F(x)$의 추정량으로 사용되는 $F_n(x)$의 성질을 살펴보기로 한다. 확률분포 $F(x)$로부터 구한 랜덤표본 $X_1, \cdots, X_n$과 주어진 상수값 x를 고려해보자. $F_n(x)$는 $X_1, \cdots, X_n$의 함수로서 그 자체가 확률변수가 되며 그 확률분포는 정리 8.1에 주어진 바와 같다.

정리 8.1

$F_n(x)$의 확률분포는

$$P\left[\, F_n(x) = \frac{k}{n} \,\right] = \binom{n}{k} [F(x)]^k [1 - F(x)]^{n-k}, \qquad k = 0, 1, \cdots, n$$

로 주어진다.

증명 지시함수를 사용하여 $Y_i = I(-\infty < X_i \leq x)$라고 놓으면, $Y_i\ (i = 1, 2,$

$\cdots, n$)는 '성공' 확률이 $F(x)$인 서로 독립인 베르누이 확률변수가 된다. 그런데 식 (8.1)로부터 $nF_n(x) = \sum_{i=1}^{n} Y_i \sim B(n, F(x))$이므로 정리의 결과를 얻을 수 있다. ■

정리 8.1로부터, $nF_n(x) \sim B(n, F(x))$이므로, 2.5절에서 살펴본 이항분포의 기댓값과 분산식에 의해 $F_n(x)$의 기댓값과 분산을 다음과 같이 구할 수 있다.

$$\begin{aligned} E[F_n(x)] &= \frac{1}{n}E[nF_n(x)] = F(x) \\ Var[F_n(x)] &= \frac{1}{n^2}Var[nF_n(x)] = \frac{1}{n}F(x)[1-F(x)] \end{aligned} \tag{8.2}$$

위 결과로부터, 경험적 분포 $F_n(x)$는 모분포 $F(x)$의 비편향추정량이며 분산은 표본의 크기가 커짐에 따라 0으로 접근함을 알 수 있다. 따라서 정리 4.9에 의하여 고정된 점 x에서 $F_n(x)$는 $F(x)$에 수렴하는 일치성이 있다.

나아가, 확률변량

$$D_n = \sup_{-\infty < x < \infty} | F_n(x) - F(x) | \tag{8.3}$$

는 확률변수 X가 갖는 값의 전체영역에서 경험적분포 $F_n(x)$와 모분포 $F(x)$ 사이의 '거리'를 측정하는 데 활용될 수 있다. 특정한 분포함수 $F_0(x)$에서부터 경험적 분포함수가 어느 정도 떨어져 있는지를 검정하고자 하는 경우 이 확률변량은 미지의 모수에 의존하지 않게 되어 통계량이 된다. 이를 제안자의 이름을 따서 **콜모고로프-스미르노프 통계량**(Kolmogorov-Smirnov statistic)이라고 하고, 이 통계량을 사용하여 $H_0: F(x) = F_0(x)$의 가설을 검정하는 적합도 검정을 **콜모고로프-스미르노프 검정**(Kolmogorov-Smirnov test)이라고 한다. 콜모고로프-스미르노프 통계량은 미지의 모분포에 대한 신뢰대를 구하는 데에도 사용될 수 있는데, 그 내용은 다음과 같다. D_n은 표본의 크기 n이 커짐에 따라 0으로 수렴하며, 임의의 $0 < \alpha < 1$에 대하여

$$\begin{aligned} & P\left[\sqrt{n}\, D_n \le k(\alpha)\right] \\ &= P\left[\sqrt{n} \sup_{-\infty < x < \infty} | F_n(x) - F(x) | \le k(\alpha)\right] \\ &= 1 - \alpha \end{aligned} \tag{8.4}$$

를 만족하는 값 $k(\alpha)$를 찾을 수 있다. 또,

$$
\begin{aligned}
&P\left[\sqrt{n}\sup_{-\infty<x<\infty}|F_n(x)-F(x)|\le k(\alpha)\right]\\
&=P\left[\sup_{-\infty<x<\infty}|F_n(x)-F(x)|\le k(\alpha)/\sqrt{n}\right]\\
&=P\left[\text{모든 실수 } x\text{에 대하여 } F_n(x)-\frac{k(\alpha)}{\sqrt{n}}\le F(x)\le F_n(x)+\frac{k(\alpha)}{\sqrt{n}}\right]\\
&=1-\alpha
\end{aligned}
$$

이므로, 모분포 $F(x)$에 대한 $100(1-\alpha)\%$ **신뢰대**(confidence band)를

$$\left[F_n(x)-\frac{k(\alpha)}{\sqrt{n}},\quad F_n(x)+\frac{k(\alpha)}{\sqrt{n}}\right] \tag{8.5}$$

로 구할 수 있다. 부록 〈표 10〉에는 표본의 크기 n에 따른 $k(\alpha)/\sqrt{n}$의 값이 주어져 있다. 이때 누적분포함수는 항상 0과 1 사이의 값을 가지므로 하한의 값이 0보다 작으면 0으로, 상한의 값이 1보다 크면 1로 대체한다.

예 8.2

(예 8.1 계속) 예 8.1의 자료에 대해 모분포의 90% 신뢰대를 구해 보기로 하자. 표본의 크기가 $n=9$인 경우 부록 〈표 10〉으로부터 $k(0.1)/\sqrt{n}=0.39$이므로, 신뢰대는 0과 1 사이의 값을 가진다는 제약하에서 $F_n(x)\pm 0.39$로 주어진다. 이를 그림으로 나타내면 다음과 같다.

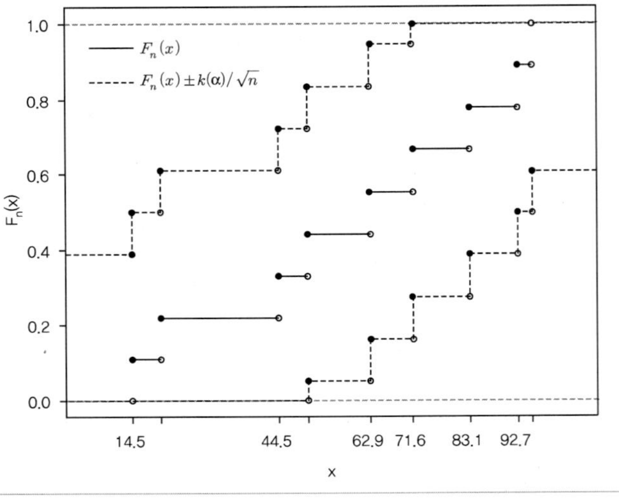

한편, 순서통계량은 모분포의 백분위수에 대한 비모수적 신뢰구간을 추정하는 데에 다음과 같이 활용될 수 있다. $X_{(1)}, X_{(2)}, \cdots, X_{(n)}$을 연속형 확률분포 $F(x)$로부터 얻은 크기가 n인 랜덤표본의 순서통계량이라고 하자. 이때 k번째 순서통계량이 $100q$−백분위수 ξ_q보다 작거나 같을 확률은

$$P(X_{(k)} \le \xi_q) = \sum_{i=k}^{n} \frac{n!}{i!(n-i)!} q^i (1-q)^{n-i}$$

으로 계산된다. 왜냐하면 $X_{(k)} \le \xi_q$인 사건은 '성공' 확률이 q인 n회의 독립 베르누이 시행에서 최소한 k번의 '성공'이 발생할 사건과 동등하기 때문이다. 위 식에 근거하여 $100q$−백분위수 ξ_q를 포함하는 확률구간을 다음과 같이 생각할 수 있다. 순서통계량 $X_{(i)} < X_{(j)}$에 대하여

$$P(X_{(i)} \le \xi_q < X_{(j)}) = P(X_{(i)} \le \xi_q) - P(X_{(j)} \le \xi_q)$$

이므로 $P(X_{(i)} \le \xi_q < X_{(j)}) = 1-\alpha$가 만족되는 $X_{(i)}$와 $X_{(j)}$를 찾는다면 구간 $[X_{(i)}, X_{(j)}]$는 ξ_q에 대한 신뢰도 $100(1-\alpha)\%$인 신뢰구간이 된다.

8.2 비모수 검정방법

이 절에서는 비모수적 검정방법으로 콜모고로프-스미르노프 검정, 일표본 위치문제에 사용될 수 있는 부호검정과 부호순위검정, 그리고 이표본 위치문제에 사용될 수 있는 순위합 검정을 다루도록 하겠다. 정규분포를 가정하는 모수적 검정에서는 주로 평균에 대한 검정을 다루었으나, 비모수적 검정에서는 중위수에 대한 검정을 주로 다루게 된다. 물론, 정규가정하에서는 평균과 중위수가 동일하다.

8.2.1 콜모고로프-스미르노프 검정

적합도에 대한 가설

$$H_0: F(x) = F_0(x) \quad \text{대} \quad H_1: F(x) \ne F_0(x)$$

의 검정에는 경험적 분포를 사용한 검정통계량 $D_n = \sup_{-\infty < x < \infty} |F_n(x) - F_0(x)|$

의 값이 충분히 큰 경우 $H_0 : F(x) = F_0(x)$를 기각하는 콜모고로프-스미르노프 검정방법이 많이 사용된다. 이때 주어진 유의수준에 필요한 기각영역은 부록에 있는 〈표 10〉의 분포를 사용할 수 있다. 한편, 검정통계량 D_n은 다음과 같은 **분포무관**(distribution-free) 성질을 갖는다.

정리 8.2

귀무가설 H_0하에서 통계량 $D_n = \sup_{-\infty < x < \infty} |F_n(x) - F_0(x)|$의 분포는 모든 연속형 분포 F_0에 대하여 동일하다.

증명 편의상 F_0이 단조증가인 경우만을 고려하기로 하자. F_0의 역함수 $F_0^{-1}(u)$는 u가 (0, 1) 상에 있을 때 x의 모든 가능한 값을 가지게 된다. 따라서 귀무가설 $H_0 : F(x) = F_0(x)$하에서

$$\begin{aligned} D_n &= \sup_{-\infty < x < \infty} | F_n(x) - F_0(x) | \\ &= \sup_{0 < u < 1} | F_n(F_0^{-1}(u)) - F_0(F_0^{-1}(u)) | \\ &= \sup_{0 < u < 1} | F_n(F_0^{-1}(u)) - u | \end{aligned}$$

가 성립한다. 그런데 F_0이 단조증가이므로 $F_n(F_0^{-1}(u)) = \{F_0^{-1}(u)$보다 작거나 같은 X_i의 개수$\}/n = \{u$보다 작거나 같은 $F_0(X_i)$의 개수 $\}/n$이다. 이제 $U_i = F_0(X_i)$라고 하면 귀무가설하에서, $P[U_i \le u] = P[X_i \le F_0^{-1}(u)] = F_0(F_0^{-1}(u)) = u$, $0 < u < 1$이므로 $U_i (i = 1, \cdots, n)$들은 서로 독립인 균일분포 $U(0, 1)$을 따름을 알 수 있다. $F_n{}^*(u)$를 $U_i (i = 1, \cdots, n)$들의 경험적 확률분포함수라 하면, $F_n^*(u) = \frac{1}{n}\sum_{i=1}^{n} I(U_i \le u) = \frac{1}{n}\sum_{i=1}^{n} I(X_i \le F_0^{-1}(u)) = F_n(F_0^{-1}(u))$ 이므로

$$D_n = \sup_{0 < u < 1} | F_n^*(u) - u |$$

로 표현된다. 그러므로 검정통계량 D_n의 귀무가설하에서의 분포는 모분포 F_0에 의존하지 않는다. ■

위와 같이 검정통계량의 귀무가설하에서의 분포가 표본이 추출된 모분포 F_0에 무관한 경우 이 검정을 **분포무관**(distribution-free) **검정**이라고 한다. 콜모고로프-스미르노프 검정도 분포무관 검정이며, 적합성을 검정하고자 하는 분포 F_0에 관계없이 하나의 귀무분포만 있으면 주어진 유의수준에 맞는 기각영역을 찾을 수 있기 때문에 이 성질은 통계적으로 매우 바람직한 성질이다.

8.2.2 부호검정

랜덤표본 $X_1, X_2, \cdots, X_n$의 모분포가 $N(\mu, \sigma^2)$인 경우 가설

$$H_0 : \mu = \mu_0 \quad \text{대} \quad H_1 : \mu > \mu_0$$

에 대한 유의수준 α인 균일 최강력검정법은, 5장에서 이미 다루었듯이, 모분산 σ^2이 알려지지 않은 경우 $T = \sqrt{n}(\overline{X}_n - \mu_0)/S \geq t_\alpha(n-1)$일 때 귀무가설 $H_0 : \mu = \mu_0$을 기각하는 것이다. 또한 5장에서 살펴보았듯이 모분포에 대한 정규성의 가정이 없더라도 표본의 크기가 충분히 크다면 중심극한정리의 사용이 가능하다.

여기에서는, 모분포 $F(x)$에 대한 가정이 정규성보다 훨씬 약한 경우에도 사용될 수 있는, 비모수적 검정방법들 중에서 가장 간단한 부호검정(sign test)을 다루기로 한다. 랜덤 표본 $X_1, X_2, \cdots, X_n$의 모분포 $F(x)$가 연속이며 중위수가 μ라고 할 때, 가설

$$H_0 : \mu = \mu_0 \quad \text{대} \quad H_1 : \mu \neq \mu_0 \tag{8.6}$$

에 대한 검정법을 고려해 보자. 귀무가설 $H_0 : \mu = \mu_0$이 참이면,

$$P(X_i - \mu_0 \geq 0 \mid \mu = \mu_0) = P(X_i - \mu_0 \leq 0 \mid \mu = \mu_0) = 1/2$$

이므로, 랜덤표본 $X_1, X_2, \cdots, X_n$ 중에서 반 정도는 μ_0보다 크고 나머지 반 정도는 μ_0보다 작을 것으로 기대된다. 여기에서 지시함수를 사용하여

$$\begin{aligned} R &= \sum_{i=1}^{n} I\{X_i - \mu_0 \geq 0\} \\ &= \{X_i - \mu_0 \geq 0\}\text{을 만족하는 } X_i\text{의 개수} \end{aligned} \tag{8.7}$$

라고 하면, 귀무가설 $H_0 : \mu = \mu_0$하에서 통계량 R은 성공확률이 $1/2$인 n개의 독립

베르누이 확률변수들의 합이 되므로 이항분포 $B(n, 1/2)$을 따른다. 즉,

$$P(R=r \mid H_0)=\binom{n}{r}\left(\frac{1}{2}\right)^n, \qquad r=0, 1, \cdots, n$$

이다. 그런데 가설 (8.6)을 고려할 때, 통계량 R의 값이 0에 가깝거나 n에 가까울수록 유의하므로 기각영역이 $\{R \le c_1$ 또는 $R \ge c_2\}$의 형태가 되는 것이 합리적이다. 따라서 유의수준이 α인 양측 기각영역은

$$\{R \le c_1 \text{ 또는 } R \ge c_2\}, \quad \text{단, } P\{R \le c_1 \text{ 또는 } R \ge c_2 \mid H_0\}=\alpha$$

로 주어질 것이다. 그러나 이 경우 유의수준을 α로 만드는 c_1과 c_2의 쌍이 여러 개 존재할 수 있으므로 흔히 유의수준을 양쪽 꼬리에 똑같이 나누어

$$\{R \le c_1 \text{ 또는 } R \ge c_2\}, \text{ 단, } P\{R \le c_1 \mid H_0\}=P\{R \ge c_2 \mid H_0\}=\alpha/2 \tag{8.8}$$

를 사용한다. 물론, (8.6)의 대립가설이 단측인 경우에는 기각영역 또한 단측이 된다.

이와 같은 부호검정법은 짝지어진 자료에 대해서도 다음과 같이 활용될 수 있다. 크기가 n인 이변량 랜덤표본 $(X_1, Y_1), (X_2, Y_2), \cdots, (X_n, Y_n)$에 대하여 $p=P(X_i \ge Y_i)$라고 하자. 이제,

$$H_0 : p=1/2 \quad \text{대} \quad H_1 : p \ne 1/2 \tag{8.9}$$

에 대한 검정방법을 고려하자. 그런데 $P(X_i \ge Y_i)$는 $P(X_i - Y_i \ge 0)$과 같으므로 귀무가설 $H_0 : p=1/2$하에서 통계량

$$\begin{aligned} R &= \sum_{i=1}^{n} I\{X_i - Y_i \ge 0\} \\ &= \{X_i - Y_i \ge 0\}\text{를 만족하는 } (X_i, Y_i)\text{의 개수} \end{aligned} \tag{8.10}$$

는 이항분포 $B(n, 1/2)$을 따른다. 즉,

$$P(R=r \mid H_0)=\binom{n}{r}\left(\frac{1}{2}\right)^n, \qquad r=0, 1, \cdots, n$$

이다. 따라서 앞의 경우와 마찬가지 논리에 의하여 유의수준이 α인 양측 기각영역은

$$\{R \le c_1 \text{ 또는 } R \ge c_2\}, \text{ 단, } P\{R \le c_1 \mid H_0\}=P\{R \ge c_2 \mid H_0\}=\alpha/2 \tag{8.11}$$

로 주어진다.

예 8.3

다음은 어떤 혈압약의 효과를 알아보기 위하여 12명의 환자의 투약 전 혈압과 투약 후 일정 시간이 지난 다음의 혈압을 측정한 자료이다. 이 약의 효과여부에 관한 부호검정을 해 보자.

환자	투약 전	투약 후
1	133	117
2	135	126
3	124	125
4	125	118
5	127	120
6	133	135
7	115	110
8	120	116
9	129	124
10	129	132
11	135	127
12	131	125

i 번째 환자의 투약 전의 혈압을 X_i, 투약 후의 혈압을 Y_i라고 하고, 그 차이를 $D_i = X_i - Y_i$라고 하자. 혈압약의 효과가 있다면 대부분의 D_i의 값이 양수가 될 것이고, $p = P(X_i \geq Y_i)$가 $1/2$보다 클 것이 기대된다. 이제 투약효과에 대한 가설

$$H_0 : p = 1/2 \quad \text{대} \quad H_1 : p > 1/2$$

에 대한 검정방법을 고려하자. 자료로부터 부호검정 통계량의 관찰값은

$$R = \sum_{i=1}^{12} I\{X_i - Y_i \geq 0\} = 9$$

가 된다. 그런데 대립가설이 단측이므로 기각영역은 $\{R \geq c\}$의 꼴이며, 유의확률은

$$P(R \geq 9 \mid H_0) = \sum_{r=9}^{12} \binom{12}{r} \left(\frac{1}{2}\right)^{12} = 0.073$$

이다. 따라서 유의수준 $\alpha = 0.05$에서 귀무가설 H_0는 기각되지 않는다.

식 (8.7)에서 본 바와 같이, 귀무가설 H_0하에서 검정통계량 $R = \sum_{i=1}^{n} I(X_i \geq \mu_0)$은 $B(n, 1/2)$을 따르므로 평균과 분산은 각각

$$E(R) = \frac{n}{2}, \qquad Var(R) = \frac{n}{4} \tag{8.12}$$

으로 주어진다. 그런데 표본의 크기가 큰 경우 검정통계량 R의 분포를 이용한 정확한 확률의 계산 등은 복잡하므로, 중심극한정리에 의해 통계량

$$Z = \frac{R - n/2}{\sqrt{n/4}} \tag{8.13}$$

의 분포를 표준정규분포 $N(0, 1)$로 근사하여 검정에 활용할 수 있다.

주 단측 대립가설의 경우, 기각영역 식 (8.8)과 식 (8. 11)은 마찬가지 방법에 의하여 단측 기각영역으로 구할 수 있다. 또한 식 (8. 13)과 같은 표준 정규분포에 의한 근사방법은 짝지어진 이변량 랜덤표본 $(X_1, Y_1), \cdots, (X_n, Y_n)$에 대해서도 $R = \sum_{i=1}^{n} I(X_i - Y_i > 0)$의 표준화를 통하여 활용될 수 있다.

8.2.3 윌콕슨 부호순위검정

식 (8.6)과 같은 일표본 가설에 대한 부호검정은 $X_i - \mu_0$의 부호만을 이용하기 때문에 매우 간단하다는 장점이 있는 반면 $X_i - \mu_0$의 크기에 관한 정보는 이용하지 않는다는 단점이 있다. 예를 들어 $\mu < \mu_0$인 분포로부터 얻은 랜덤표본에 μ_0보다 크면서 $X_i - \mu_0$의 절댓값이 매우 작은 X_i들이 몇 개 포함되어 있다고 해 보자. 이런 경우 다른 X_i들이 모두 μ_0보다 훨씬 더 작은 값을 가진다고 하더라도 부호검정에서는 $\mu = \mu_0$의 가설을 기각하지 못할 수가 있다. 즉, $X_i - \mu_0$의 부호만을 이용하면 검정력이 떨어지는 결과를 가져올 수 있다는 것이다. 이제 이러한 단점에 대한 개선책으로, 부호와 더불어 자료가 갖고 있는 순위의 정보를 같이 이용하는 **윌콕슨 부호순위검정**(Wilcoxon signed rank test)에 대해 살펴보자. 앞의 경우와 마찬가지로, 랜덤표본 $X_1, X_2, \cdots, X_n$의 모분포 $F(x)$가 연속이며 중위수가 μ라고 할 때, 가설

$$H_0 : \mu = \mu_0 \quad \text{대} \quad H_1 : \mu > \mu_0 \tag{8.14}$$

을 고려하고, 편의상 예제를 통하여 부호검정의 단점과 보완책을 설명하기로 한다.

예 8.4

연속인 모분포 $F(x)$로부터 구한 랜덤표본 $X_1,\ X_2,\ \cdots,\ X_{10}$에 근거하여 $H_0 : \mu = 0$ 대 $H_1 : \mu > 0$에 대한 부호검정법의 기각영역을

$$R = \sum_{i=1}^{10} I(X_i \geq 0) \geq 8$$

로 택하면 이때 제1종 오류를 범할 확률은

$$P(R \geq 8 | \mu = 0) = \binom{10}{8}\left(\frac{1}{2}\right)^{10} + \binom{10}{9}\left(\frac{1}{2}\right)^{10} + \binom{10}{10}\left(\frac{1}{2}\right)^{10} = 0.055$$

이다. 실제로 관찰된 X_i의 값들이

$$\begin{array}{lllll} x_1 = -0.19 & x_2 = 2.17 & x_3 = 2.68 & x_4 = -0.57 & x_5 = 2.02 \\ x_6 = 2.46 & x_7 = 3.02 & x_8 = -0.05 & x_9 = 0.76 & x_{10} = 1.30 \end{array}$$

이라면, $R = 7$이므로 유의수준 $\alpha = 0.05$에서 귀무가설 $H_0 : \mu = 0$을 기각하지 않는다.

위의 예 8.4를 자세히 살펴보면, 10개의 관찰값들 중에서 음의 부호를 가진 관찰값들은 양의 부호를 가진 관찰값들에 비교하여 그 절댓값이 훨씬 작은 것을 볼 수 있으며, 부호검정은 관찰값의 크기는 활용하지 못하고 단지 음양(> 0 또는 < 0)의 여부만 사용하기 때문에 자료에 포함된 정보를 충분히 활용하지 못하는 단점이 있음을 알 수 있다. 이러한 부호검정의 단점을 보완하는 방법으로 관찰값들의 절댓값 순위를 이용하는 윌콕슨 부호순위 검정법은 다음과 같다. 편의상 그 과정을 두 단계로 나누어 설명하기로 한다.

- **단계 1** : 각 관찰값 X_i로부터 귀무가설에서 주어진 중위수 μ_0까지의 거리를 $|X_i - \mu_0|$ $(i = 1, \cdots, n)$으로 측정한 다음 이들의 크기에 따라 작은 것부터 순위를 정한다. $|X_i - \mu_0|$의 순위를 편의상 R_i로 표기하자(가장 작은 것의 순위가 1이며, 그 다음으로 작은 것의 순위는 2가 되는 식으로 순위 n까지 정한다. 만일 크기가 같은 관찰값이 있는 경우에는 평균순위를 적용한다).
- **단계 2** : 이제 각 순위 R_i에 대하여 부호 지시함수

$$Z_i = \begin{cases} 0, & X_i - \mu_0 < 0\text{인 경우} \\ 1, & X_i - \mu_0 \geq 0\text{인 경우} \end{cases}$$

를 계산하여, 윌콕슨 부호순위통계량을

$$W = \sum_{i=1}^{n} Z_i R_i$$

와 같이 정의한다. 이 통계량은 $X_i - \mu_0$의 값이 음이 아닌 것들의 순위합이다. 한편, 귀무가설 H_0하에서 n개의 관찰값의 순위에 대한 가능한 부호 배열의 가지수는 2^n이며(예 8.5 참조), 각 배열이 일어날 확률은 $1/2^n$으로 동일하다. 따라서 유의수준이 $\alpha = k/2^n$인 기각영역은 특정한 k개의 배열을 선택함으로써 결정할 수 있다. 여기에서 우리가 원하는 바는 제 2 종 오류를 범할 확률을 최소화하는, 즉 검정력을 최대화하는 기각영역이며, 이는 유의순위(significance ordering)에 의해 결정된다. 가설 (8.14)를 고려하면, W의 값이 클수록 유의하므로 기각영역은 $\{W \geq c\}$꼴이 되며, 이때의 유의수준은 $\alpha = P(W \geq c \mid H_0)$이다(대립가설이 $H_1 : \mu < \mu_0$이면 기각영역은 $W \leq c$의 꼴이 된다).

주 때로 윌콕슨 부호순위 검정통계량을 $t_i = \begin{cases} -1, & X_i - \mu_0 < 0\text{인 경우} \\ 1, & X_i - \mu_0 \geq 0\text{인 경우} \end{cases}$ 를 써서 $T = \sum_{i=1}^{n} t_i R_i$로 정의하기도 한다. 즉, 검정통계량의 값이 $X_i - \mu_0$이 음이 아닌 것들의 순위합에서 음인 것들의 순위합을 뺀 값과 같아진다. 그런데 음이 아닌 것들의 순위합과 음인 것들의 순위합을 더하면 $n(n+1)/2$로 상수가 되므로 두 검정의 결과는 동일하게 된다.

예 8.5

이제 귀무가설 H_0하에서의 검정통계량 W의 분포를 $n=5$에 대해 살펴보면 다음과 같다. 우선 가능한 순위에 그에 대응하는 통계량 W의 값을 살펴보면 아래 표와 같다. 연속형 분포를 가정하므로 크기가 같은 관찰값(tie)이 없다고 가정하고 이론을 전개해도 무방할 것이다. 표에서 0과 1은 부호지시함수인 Z_i의 값을 나타낸다.

R_i					$W = \sum_{i=1}^{5} Z_i R_i$
1	2	3	4	5	
0	0	0	0	0	0
1	0	0	0	0	1
0	1	0	0	0	2
0	0	1	0	0	3
1	1	0	0	0	3
⋮	⋮	⋮	⋮	⋮	⋮
1	0	1	1	1	13
0	1	1	1	1	14
1	1	1	1	1	15

그런데 귀무가설하에서 위의 가능한 $2^5 = 32$개의 배열은 동등한 확률 1/32을 가지게 되므로 통계량 W에 대한 확률밀도함수는 다음과 같이 계산된다.

W	0	1	2	3	$\cdots$	13	14	15
$P(W)$	1/32	1/32	1/32	2/32	$\cdots$	1/32	1/32	1/32

이제 만일 $W = 13$이 주어졌다면, 유의확률은

$$\begin{aligned} & P(W = 13,\ 14 \text{ 또는 } 15) \\ & = 1/32 + 1/32 + 1/32 \\ & = 0.094 \end{aligned}$$

로 계산된다.

그런데 윌콕슨 부호순위 통계량 W의 귀무가설하에서의 일반적인 분포는 다음 정리 8.3과 같으며, 표본의 크기에 따라 부록 〈표 8〉에 주어져 있다.

정리 8.3

$H_0 : \mu = \mu_0$이 참인 경우, W의 확률분포는

$$P(W = w) = \frac{1}{2^n} c(w), \quad w = 0, 1, \cdots, \frac{n(n+1)}{2}$$

이다(단, $c(w)$는 $\prod_{i=1}^{n}(1 + e^{it})$의 전개식에서 e^{wt}의 계수임).

증명 서로 독립인 확률변수 U_i의 확률밀도함수가

$$P(U_i = 0) = P(U_i = i) = \frac{1}{2} \quad (i = 1, \cdots, n)$$

이라고 할 때 $U = \sum_{i=1}^{n} U_i$라고 표기하자. 귀무가설이 참일 때는 $X_i - \mu_0$의 부호가 양이 될 확률과 음이 될 확률이 1/2로 같으므로, 귀무가설하에서 $W = \sum_{i=1}^{n} Z_i R_i$의 확률분포는 U의 그것과 동일하다. 따라서 W와 U의 적률생성함

수는 같다. 즉,

$$\begin{aligned} M_W(t) &= M_U(t) \\ &= \prod_{i=1}^{n} M_{U_i}(t) \\ &= \prod_{i=1}^{n} E(e^{U_i t}) \\ &= \prod_{i=1}^{n} \left(\frac{1}{2} e^{0t} + \frac{1}{2} e^{it} \right) \\ &= \frac{1}{2^n} \prod_{i=1}^{n} (1 + e^{it}) \end{aligned}$$

가 성립한다. 한편, W의 확률분포 형태를 고려하면 귀무가설 H_0하에서 주어진 관찰순위에 대한 부호 배열의 가짓수는 2^n이며, 각 배열이 일어날 확률은 $1/2^n$으로 동일하다. 따라서 W의 확률밀도함수는

$$P(W = w) = \frac{c(w)}{2^n}$$

의 형태를 가지며, 이때 $c(w)$는 $\sum_{i=1}^{n} Z_i R_i = w$가 되도록 하는 배열의 가짓수이다. 그런데

$$\begin{aligned} M_W(t) = E(e^{Wt}) &= \sum_{w=0}^{n(n+1)/2} e^{wt} f_W(w) \\ &= \sum_{w=0}^{n(n+1)/2} e^{wt} \frac{c(w)}{2^n} \\ &= \frac{1}{2^n} \prod_{i=1}^{n} (1 + e^{it}) \end{aligned}$$

이므로 $c(w)$는 $\prod_{i=1}^{n} (1 + e^{it})$의 전개식에서 e^{wt}의 계수가 됨을 알 수 있다. ■

예 8.6

앞의 예 8.5의 경우에 정리 8.3을 적용해 보자. $n = 5$이므로, W의 적률생성함수는

$$M_W(t) = \left(\frac{1 + e^t}{2} \right) \left(\frac{1 + e^{2t}}{2} \right) \left(\frac{1 + e^{3t}}{2} \right) \left(\frac{1 + e^{4t}}{2} \right) \left(\frac{1 + e^{5t}}{2} \right)$$

$$= \frac{1}{32}(1 + e^{t} + e^{2t} + 2e^{3t} + 2e^{4t} + \cdots + e^{13t} + e^{14t} + e^{15t})$$

이 된다. 따라서 $W = 3$일 확률은 e^{3t}의 계수가 2/32이므로 2/32이고, 마찬가지 방법으로 $W = 13$일 확률은 1/32 등으로 구해진다.

예 8.7

앞의 예 8.4의 자료에 대해 윌콕슨 부호순위 검정법을 적용해 보자. 검정하고자 하는 가설은

$$H_0 : \mu = 0 \quad \text{대} \quad H_1 : \mu > 0$$

이다. $\mu_0 = 0$이므로 관찰값들의 절댓값 크기에 따라 작은 것부터 순위를 정하고 원래의 부호에 따라 다음의 표를 만든다.

절댓값	0.05	0.19	0.57	0.76	1.30	2.02	2.17	2.46	2.68	3.02
R_i(순위)	1	2	3	4	5	6	7	8	9	10
Z_i	0	0	0	1	1	1	1	1	1	1
$Z_i R_i$	0	0	0	4	5	6	7	8	9	10

다음으로 양의 부호를 가진 관찰값들의 순위를 더하면, 윌콕슨 부호순위 통계량 W의 관찰값은

$$W = 4 + 5 + 6 + 7 + 8 + 9 + 10 = 49$$

가 된다. 부록 〈표 8〉로부터

$$P(W \geq 49 \mid H_0) = 0.014$$

이므로 유의확률 0.014로 유의수준 $\alpha = 0.05$에서 귀무가설 $H_0 : \mu = 0$을 기각한다. 이와 같이 순위정보를 사용하여 예 8.4의 부호검정과는 다른 결과를 얻었다.

한편, $P(U_i = 0) = P(U_i = i) = 1/2$이고 U_i들이 독립일 때, 정리 8.3의 증명에서 본 것과 같이, 귀무가설하에서 검정통계량 W는 $U = \sum_{i=1}^{n} U_i$와 같은 분포를 가진다. 따라서 귀무가설이 참인 경우 검정통계량 W의 평균과 분산은 각각

$$\begin{aligned} E(W) &= E(U) \\ &= \sum_{i=1}^{n}\left(0\times\frac{1}{2}+i\times\frac{1}{2}\right) \\ &= \sum_{i=1}^{n}\frac{i}{2} \\ &= \frac{n(n+1)}{4}, \\ Var(W) &= Var(U) \\ &= \sum_{i=1}^{n} Var(U_i) \\ &= \sum_{i=1}^{n}\{i^2/2-(i/2)^2\} \\ &= \frac{n(n+1)(2n+1)}{24} \end{aligned} \tag{8.15}$$

로 구해진다. 그런데 표본의 크기가 큰 경우 검정통계량 W의 분포는 계산이 매우 복잡하기 때문에, 넓은 의미의 중심극한정리의 활용에 의하여 통계량

$$Z=\frac{W-n(n+1)/4}{\sqrt{n(n+1)(2n+1)/24}} \tag{8.16}$$

의 분포를 표준 정규분포로 근사하여 검정에 사용할 수 있다.

이와 같은 윌콕슨 부호순위 검정방법은 짝지어진 자료 $(X_1, Y_1), (X_2, Y_2), \cdots, (X_n, Y_n)$에 대해서도 활용될 수 있다. i 번째 짝의 차이를 $D_i = Y_i - X_i$ $(i=1, \cdots, n)$라고 할 때 D_i의 값들의 순위에 근거하여 D_i의 중위수 μ_D에 관한 가설

$$H_0 : \mu_D = 0 \quad \text{대} \quad H_1 : \mu_D > 0$$

에 대한 기각영역은 양의 부호를 가진 D_i들의 순위를 더한 값을 W_D로 표기하고 기각영역을 $\{W_D \geq c\}$의 꼴로 택한다. 물론 상수 c는 유의수준이 α일 때 $P(W_D \geq c \mid H_0) = \alpha$를 만족해야 한다(물론, 대립가설이 $H_1 : \mu_D < 0$이면 기각영역은 $W_D \leq c$, 또 $H_1 : \mu_D \neq 0$이면 $|W_D| \geq c$의 꼴이 된다).

주 순위에 근거한 추론을 하는 경우 발생하는 문제로 두 개 또는 그 이상의 관찰값이 같은 경우를 생각할 수 있다. 물론, 기저분포가 연속형인 경우 이런 사건이 발생할 확률은 0

이며, 실제로 자주 생기는 일은 아니다. 이런 경우의 해결책으로 같은 값을 갖는 관찰값들에 그들의 평균순위를 부여하는 방법이 많이 사용된다. 그런데 평균순위를 사용하면 순위합이 가질 수 있는 값에 변화가 있으며, 논리의 전개는 마찬가지이나, 귀무분포도 앞서 구한 결과와는 다르게 되어 약간의 수정을 필요로 한다.

점근 상대효율

일반적으로 표본의 크기가 커짐에 따라 검정법의 검정력도 커진다. 따라서 검정법의 효율성을 비교하는 방법으로 두 검정법이 같은 검정력을 갖기 위한 표본크기의 비를 고려할 수 있으며, 두 표본크기의 비의 극한값을 **점근 상대효율**(asymptotic relative efficiency)이라고 한다. 점근 상대효율의 계산은 이 책의 수준을 넘으므로 여기에서는 생략하고, 단지 중요한 몇 가지 결과만을 제시하기로 한다.

1. 모집단이 정규분포를 따를 때, 모평균 μ에 대한 최강력검정법인 t 검정에 대한 윌콕슨 부호순위 검정법의 점근 상대효율은 $3/\pi(\fallingdotseq 0.95)$이다.
2. 윌콕슨 부호순위 검정법의 t 검정에 대한 점근 상대효율은 어떤 모분포에 대해서도 0.86 이상이다.
3. 윌콕슨 부호순위 검정법의 t 검정에 대한 점근 상대효율은 모집단이 로지스틱 분포, 이중 지수분포, 지수분포 등 꼬리가 두꺼운 분포를 따를 때 1보다 커지고, 그 상한이 존재하지 않는다.

윌콕슨 부호순위 검정은 모집단이 정규분포를 따를 때 t 검정에 비해 효율이 낮지만, 모집단이 정규분포에서 멀리 떨어져 있는 경우에는 t 검정에 비해 훨씬 높은 효율을 보여준다.

8.2.4 윌콕슨 순위합 검정

앞 절에서 설명된 부호순위 검정법은 일표본 문제에 대해 사용되었다. 여기에서는 이표본 문제에 사용될 수 있는 순위합 검정을 다루도록 한다. 독립인 랜덤표본 $X_1,\ X_2,\ \cdots,\ X_n$과 $Y_1,\ Y_2,\ \cdots,\ Y_m$의 모분포가 각각 $F(x)$와 $G(x)$라고 하자. 고려할 가설은 두 모분포 사이의 위치이동 여부에 관한 것으로, 상수 $a(>0)$에 대하여

$$H_0 : F(x) = G(x) \quad \text{대} \quad H_1 : F(x-a) = G(x) \tag{8.17}$$

로 표현된다고 하자. 대립가설을 그림으로 표현하면 다음과 같다.

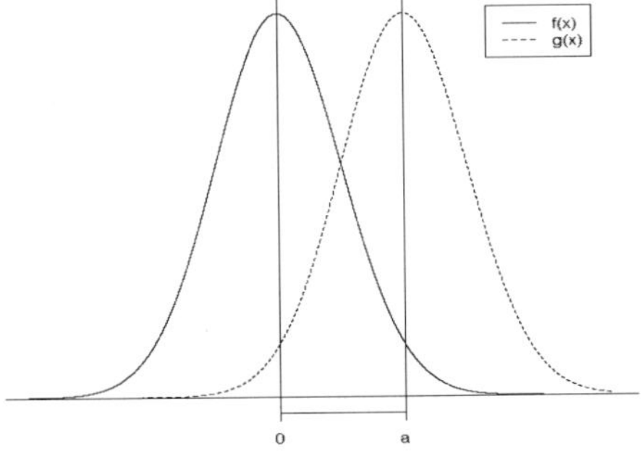

(단, $f(x)$와 $g(x)$는 각각 $F(x)$와 $G(x)$의 확률밀도함수임)

주 위의 가설의 특별한 꼴로 μ_F와 μ_G를 두 모분포 F와 G의 중위수라고 할 때, $H_0: \mu_F = \mu_G$ 대 $H_1: \mu_F < \mu_G$를 생각할 수 있다.

앞 절에서 다룬 부호순위 검정은 이표본의 경우 다음과 같이 확장될 수 있다. 귀무가설하에서는 $F(x)$로부터 얻은 n개의 X값과 $G(y)$로부터 얻은 m개의 Y값에 대해 $N = \dfrac{(n+m)!}{n!\,m!}$가지 배열이 가능하며, 각 배열이 일어날 확률은 $1/N$으로 동일하다. 따라서 유의수준이 $\alpha = k/N$인 기각영역은 이 가운데 k개의 배열을 선택함으로써 결정될 수 있다. 이제, 필요한 관찰값의 순위에 근거한 검정통계량을 고려해 보자. 편의상,

$W_X = X$와 Y를 합한 $(n+m)$개의 합동표본 내에서 n개의 X값들의 순위합

$W_Y = X$와 Y를 합한 $(n+m)$개의 합동표본 내에서 m개의 Y값들의 순위합

으로 표기하기로 한다. 이때 W_X가 가지는 최솟값은 $n(n+1)/2$이며 $W_X + W_Y = (n+m)(n+m+1)/2$로 고정되어 있다. 한편, 고정된 유의수준에서 우리가 원하는 바는 검정력을 최대화하는 기각영역이며, 이는 유의순위에 의해 결정된다. 그런데 가설 (8.17)의 경우$(a>0)$ W_X의 값이 작을수록 유의하므로 기각영역은 $\{W_X \le c\}$의 꼴이 되며, 이때 유의수준은 $P(W_X \le c \mid H_0)$이다. 상수 c를 구하는 데에 필요한 검정통계량의 분포는 부록 〈표 9〉에 $n \le m \le 10$인 경우에 대하여 구해져 있다. 그런데 귀무가설 $H_0: F(x) = G(x)$하에서 W_X는 평균 $n(n+m+1)/2$에 대하여 대칭인 분포를 따른다. 따라서

$$P(W_X \le c) = P(W_X \ge n(n+m+1) - c)$$

의 관계가 성립한다. 이러한 관계를 부록 〈표 9〉에서도 확인할 수 있다. 한편, $W_X + W_Y$의 값이 고정되어 있으므로 작은 W_X의 값은 큰 W_Y의 값에 해당되며, 위 가설 (8.17)에 대하여 기각영역을 $\{W_Y \geq c^*\}$의 꼴로 택하여도 무방하다. 이와 같은 검정법을 **윌콕슨 순위합 검정법**(Wilcoxon rank sum test) 또는 **맨-휘트니 검정법**(Mann-Whitney test)이라고 한다(가설 (8.17)에서 $a<0$이면 같은 논리에 의해 기각영역의 방향이 반대로 된다).

이제, 부록 〈표 9〉에 주어진 귀무가설하에서의 순위합 분포가 구해지는 과정을 예를 들어 설명하면 다음과 같다.

예 8.8

편의상 $n=3$, $m=4$로 비교적 표본의 크기가 작은 경우를 들어 설명하기로 한다. 이때 3개의 X값에 가능한 순위와 순위합 W_X는 다음 표와 같이 주어진다.

가능한 순위			W_X
1	2	3	6
1	2	4	7
1	2	5	8
1	3	4	8
⋮	⋮	⋮	⋮
4	6	7	17
5	6	7	18

그런데 가능한 순위들은 귀무가설하에서 발생확률이 동일하고 그 가짓수가 $\frac{(3+4)!}{3!4!}=35$이므로 각 순위에 1/35씩의 동일한 확률을 부여하면 다음과 같은 W_X의 분포를 얻게 된다.

w_X	6	7	8	⋯	17	18
$P(W_X=w_X)$	1/35	1/35	2/35	⋯	1/35	1/35

이제, 윌콕슨 순위합 검정과정을 예를 통해 살펴보자. 일표본인 경우와 기본적인 접근방법은 같다.

예 8.9

어떤 인체에 해로운 화학성분의 검출량을 7군데의 공해 지역과 5군데의 비공해 지역에서 측정한 결과가 다음과 같다.

공해 지역	21.3	18.7	23.0	17.1	16.8	20.9	19.7
비공해 지역	14.2	18.3	17.2	18.4	20.0		

먼저, 공해 지역과 비공해 지역을 합친 자료를 관찰값이 작은 것부터 큰 순으로 나열한다[공해(polluted) 지역을 p로 비공해(unpolluted) 지역을 u로 표시하기로 한다.]

관찰값	14.2	16.8	17.1	17.2	18.3	18.4	18.7	19.7	20.0	20.9	21.3	23.0
순위	1	2	3	4	5	6	7	8	9	10	11	12
u/p	u	p	p	u	u	u	p	p	u	p	p	p

다음에는 두 표본을 합쳐서 순위를 주었을 때 비공해 지역 (u)에 해당되는 순위의 합 W를 구한다.

$$W = 1 + 4 + 5 + 6 + 9 = 25$$

충분히 작은 통계량 W의 값은 화학성분의 검출량의 차이가 없다는 귀무가설을 기각하고 공해 지역에 화학성분의 검출량이 더 많다는 대립가설을 받아들이는 증거가 될 것이다. 귀무가설하에서의 검정통계량 W의 분포 $P(W \le c \mid H_0)$는 부록 〈표 9〉에 주어져 있다. 그런데 유의확률이 $P\left(W \le 25 \mid H_0\right) > 0.101$이므로, 유의수준 $\alpha = 0.05$에서 두 지역의 화학성분의 분포가 같다는 귀무가설을 기각하지 않는다.

부록 〈표 9〉에 주어진 분포표는 표본의 크기가 $n \le m \le 10$인 경우에만 사용할 수 있으므로 표본의 크기가 큰 경우 활용할 수 있는 근사방법을 생각해 보자. 우선, 검정통계량의 귀무가설하에서의 근사분포를 아래와 같이 구할 수 있다.

$$Z_{ij} = \begin{cases} 0, & X_i \le Y_j \text{인 경우} \\ 1, & X_i > Y_j \text{인 경우} \ (i = 1, \cdots, n, \ j = 1, \cdots, m) \end{cases}$$

그리고

$$U = \sum_{i=1}^{n} \sum_{j=1}^{m} Z_{ij}$$

라고 놓으면, U는 모든 i와 j에서($i=1,\cdots,n$, $j=1,\cdots,m$) X_i가 Y_j보다 큰 횟수를 나타내며

$$U = W_X - \frac{n(n+1)}{2} \tag{8.18}$$

의 관계를 만족한다(참조: 연습문제 8.11). 따라서 U의 평균과 분산을 계산함으로써 W_X(= X값들의 순위합)의 평균과 분산을 구할 수 있다. 먼저, 귀무가설 $F=G$하에서

$$E(Z_{ij}) = 1 \times P(Z_{ij}=1) = \frac{1}{2}$$

이므로

$$E(U) = \frac{nm}{2}$$

이며, 나아가 $j \neq k$이면

$$\begin{aligned} E(Z_{ij}Z_{ik}) &= 1 \times 1 \times P(Z_{ij}=1,\ Z_{ik}=1) \\ &= P(X_i > Y_j,\ X_i > Y_k) \\ &= \frac{2}{3!} = \frac{1}{3} \end{aligned}$$

를 이용하여

$$Var(U) = \frac{nm(n+m+1)}{12}$$

을 구할 수 있다. 따라서 귀무가설이 참인 경우 검정통계량 W_X의 평균과 분산은 각각

$$\begin{aligned} E(W_X) &= \frac{n(n+m+1)}{2} \\ Var(W_X) &= \frac{nm(n+m+1)}{12} \end{aligned} \tag{8.19}$$

로 구해진다. 표본의 크기 n과 m이 충분히 큰 경우 검정통계량 W_X를 표준화한

$$Z = \frac{W_X - n(n+m+1)/2}{\sqrt{nm(n+m+1)/12}} \tag{8.20}$$

의 분포가 표준정규분포 $N(0, 1)$로 근사될 수 있음이 알려져 있으므로, 이를 가설 (8.17)에 대한 검정에 사용할 수 있다.

한편, 두 모집단의 위치모수 μ_F와 μ_G의 차이 $\Delta = \mu_F - \mu_G$에 대한 추정량은 순서통계량을 이용하여 다음과 같이 구할 수 있다. 먼저 Δ에 대한 추정량은 모든 $i, j(i=1, \cdots, n,\ j=1,\cdots, m)$에 대하여 nm개의 $D_{ij} = X_i - Y_j$를 계산하여 그들의 순서통계량인 $D_{(1)}$, $D_{(2)}$, $\cdots$, $D_{(nm)}$들의 중위수

$$\hat{\Delta} = \text{med}\{D_{ij}\,;\, i=1, \cdots, n,\ j=i, \cdots, m\}$$

으로 구한다. 이는 $X_i - \hat{\Delta}\ (i=1,\cdots, n)$과 $Y_j(j=1,\cdots, m)$들을 사용하여 구한 W_X의 평균값이 $n(n+m+1)/2$가 되도록 하는 방법으로, 이는 두 모집단의 차이가 단지 위치모수의 차이이며, $\Delta = 0$인 경우 W_X의 평균이 $n(n+m+1)/2$이라는 점에 비추어 타당하게 생각된다. 나아가, 양측가설 $H_0: \Delta = \Delta_0$ 대 $H_1: \Delta \neq \Delta_0$에 대한 유의수준 α인 순위합 검정을 이용하여 H_0을 채택하는 모든 가능한 Δ_0값의 집합으로 신뢰계수가 $100(1-\alpha)\%$인 Δ의 신뢰구간을 만들 수도 있다.

8.3 순위에 의한 분산분석

여기에서는 $I(>2)$개의 모집단의 위치에 대한 가설검정을 다루기로 한다. 모집단이 정규분포를 따르는 경우의 가설검정은 6장의 일원분류 분산분석을 통해 이미 다루었다. 그러나 모집단이 정규분포를 따르지 않는 경우 관찰값의 순위를 활용하는 비모수적인 방법으로 **크루스칼-왈리스**(Kruskal–Wallis) **검정법**을 다음과 같이 고려할 수 있다. 먼저, 검정대상이 되는 가설은 다음과 같다.

$$\begin{gathered} H_0: I\text{개 모분포의 중위수가 모두 같다.} \\ \text{대} \\ H_1: \text{중위수들이 다 같지는 않다.} \end{gathered} \tag{8.21}$$

아래 표와 같이 $I(>2)$개의 표본을 구했다고 하자. 여기에서, X_{ij}는 i번째 표본의 j번째 관찰값을$(i=1, 2, \cdots, I,\ j=1, 2, \cdots, n_i)$, 그리고 $n = \sum_{i=1}^{I} n_i$는 전체 표본의 크

기를 나타낸다.

표본 1	X_{11}	X_{12}	$\cdots$	X_{1n_1}
표본 2	X_{21}	X_{22}	$\cdots$	X_{2n_2}
$\vdots$	$\vdots$	$\vdots$	$\vdots$	$\vdots$
표본 I	X_{I1}	X_{I2}	$\cdots$	X_{In_I}

이제 전체표본 내에서 각 관찰값의 순위를 준다. i번째 표본의 j번째 관찰값 X_{ij}에 해당하는 순위를 R_{ij}로 나타내면, i번째 표본에 해당하는 순위의 합은 $R_{i.} = \sum_{j=1}^{n_i} R_{ij}$가 된다.

표본 1	R_{11}	R_{12}	$\cdots$	R_{1n_1}	$R_{1.}$
표본 2	R_{21}	R_{22}	$\cdots$	R_{2n_2}	$R_{2.}$
$\vdots$	$\vdots$	$\vdots$	$\vdots$	$\vdots$	$\vdots$
표본 I	R_{I1}	R_{I2}		R_{In_I}	$R_{I.}$

일원분류 분산분석에서 사용했던 논리를 그대로 이용하되, 관찰값 자체 대신 순위를 사용해 보자. 일원분류 분산분석에서 집단 간의 차이를 측정하는 제곱합이 $SSB = \sum_{i=1}^{I} n_i(\overline{X}_{i.} - \overline{X}_{..})^2$이었으므로 관찰값 X_{ij} 대신에 순위 R_{ij}를 사용하면 이는 $\sum_{i=1}^{I} n_i(\overline{R}_{i.} - \overline{R}_{..})^2$이 된다. 여기에서, $\overline{R}_{i.} = \sum_{j=1}^{n_i} R_{ij}/n_i = R_{i.}/n_i$는 i번째 표본의 평균순위이고 $\overline{R}_{..} = \sum_{i=1}^{I}\sum_{j=1}^{n_i} R_{ij}/n = (n+1)/2$은 전체표본의 평균순위이다. 그러므로 순위에 의한 집단 간의 차이는 SSB에서 $\overline{X}_{i.}$와 $\overline{X}_{..}$ 대신에 $\overline{R}_{i.}$와 $(n+1)/2$를 사용한

$$SSB_R = \sum_{i=1}^{I} n_i \left[\overline{R}_{i.} - \frac{n+1}{2} \right]^2$$

을 사용하여 측정한다. 또한, 집단내의 흩어짐은 $SSW_R = \sum_{i=1}^{I}\sum_{j=1}^{n_i} (R_{ij} - \overline{R}_{i.})^2$으로 측정되며 합리적인 검정통계량으로

$$SSB_R / SSW_R \tag{8.22}$$

을 고려할 수 있다. 이제 SSB_R / SSW_R이 클 경우 귀무가설을 기각하는 것은 다음의 크루스칼-왈리스 검정통계량

$$\begin{aligned} KW &= \frac{SSB_R}{n(n+1)/12} \\ &= \frac{12}{n(n+1)} \sum_{i=1}^{I} \frac{R_{i.}^2}{n_i} - 3(n+1) \end{aligned} \tag{8.23}$$

이 충분히 클 때 귀무가설 H_0를 기각하는 것과 동등하다. 이는 SSB_R과 SSW_R의 합이

$$\begin{aligned} SSB_R + SSW_R &= \sum_{i=1}^{I} \sum_{j=1}^{n_i} (R_{ij} - \frac{n+1}{2})^2 \\ &= \sum_{i=1}^{I} \sum_{j=1}^{n_i} (\overline{R}_{i}. - \frac{n+1}{2})^2 + \sum_{i=1}^{I} \sum_{j=1}^{n_i} (R_{ij} - \overline{R}_{i}.)^2 \\ &= \frac{n(n^2-1)}{12} \end{aligned}$$

로 상수이므로 SSB_R/SSW_R이 SSB_R의 단조증가함수이기 때문이다. 위의 식 (8.23)에서 SSB_R을 $n(n+1)/12$로 나눈 것은 검정통계량 KW의 점근분포가 자유도가 $(I-1)$인 카이제곱분포를 따르도록 하기 위한 것이다. 다음의 정리는 검정통계량 KW의 근사분포에 대한 것으로, 증명없이 받아들이기로 한다.

정리 8.4

크루스칼-왈리스 검정통계량

$$KW = \frac{12}{n(n+1)} \sum_{i=1}^{I} \frac{R_{i.}^2}{n_i} - 3(n+1)$$

은 I개 모분포의 중위수가 같다는 귀무가설하에서 $\min(n_1, \cdots, n_I)$가 충분히 클 때 자유도가 $(I-1)$인 카이제곱분포를 근사적으로 따른다.

따라서 가설 (8.21)에 대한 유의수준 α인 근사기각영역은

$$KW \geq \chi^2_\alpha(I-1) \tag{8.24}$$

로 구할 수 있다. $I=2$인 경우에는 크루스칼-왈리스 검정과 윌콕슨 순위합검정이 동등함을 쉽게 보일 수 있다.

예 8.10

세 가지 교육방법을 비교하고자 한다. 랜덤추출한 학생 15명을 5명씩 세 교육 방법에 다시 랜덤배치하여 표준고사를 치르도록 한 성적이 다음과 같다.

교육방법		
1	2	3
86	55	58
54	80	66
76	61	57
78	65	70
90	60	75

이에 대해 전체순위와 방법별 순위합을 구하면

교육방법		
1	2	3
14	2	4
1	13	8
11	6	3
12	7	9
15	5	10
53	33	34

와 같이 된다. 따라서 크루스칼-왈리스 검정통계량의 값은

$$KW = \frac{12}{n(n+1)} \sum_{i=1}^{3} \frac{R_{i.}^2}{n_i} - 3(n+1) = 2.54$$

로 계산되며, $KW = 2.54 < \chi^2_{0.05}(2) = 5.99$이므로 세 가지 교육방법에 대한 모분포의 중위수가 같다는 귀무가설은 유의수준 0.05에서 기각되지 않는다. 그러나 n_i가 충분히 크지 않으므로 근사방법의 사용에는 한계가 있어 보인다.

크루스칼-왈리스 검정법이 일원분류 분산분석과 논리상의 연관이 있는 것처럼, 랜덤화 블록 설계에 의한 이원분류 분산분석에 해당되는 순위에 의한 검정방법으로 **프리드만**(Friedman) 검정법이 있다. 이는 블럭내의 순위에 기초한다. R_{ij}를 i번째 블럭의 j번째 처리방법에 해당하는 관찰값의 블럭내 순위라고 하자($i=1, 2, \cdots, I$; $j=1, 2, \cdots, J$). 그러면 크루스칼-왈리스의 경우와 비슷한 논리의 전개에 의해 다음의 정리 8.5를 얻게 된다. 여기에서도 증명은 생략하기로 한다.

정리 8.5

j 번째 처리방법에 해당하는 관찰값들의 순위합을 $\sum_{i=1}^{I} R_{ij} = R_{.j}$라고 하면, 검정 통계량

$$Fr = \frac{12}{IJ(J+1)} \sum_{j=1}^{J} R_{.j}^2 - 3I(J+1)$$

은 J개 처리방법에 대한 모분포의 중위수가 같다는 귀무가설 H_0하에서 I가 충분히 클 때 자유도가 $(J-1)$인 카이제곱분포를 근사적으로 따른다.

따라서 J개 처리방법에 대한 모분포의 중위수가 같다는 귀무가설에 대한 유의수준 α의 근사 기각영역은

$$Fr \geq \chi_{\alpha}^2(J-1) \tag{8.25}$$

로 구할 수 있다. ■

8.4 순위 상관계수

윌콕슨 순위합 검정이나 크루스칼-왈리스 검정, 프리드만 검정 등 앞에서 살펴본 비모수적 검정방법에서는 관찰값 자체가 아닌 관찰값의 순위를 이용하였다. 마찬가지의 방법을 상관계수의 계산에 사용하여 상관관계를 비모수적으로 추정, 검정할 수 있다. 크기가 n인 이변량 랜덤표본 $(X_1, Y_1), (X_2, Y_2), \cdots, (X_n, Y_n)$에 대하여, 표본 상관계수의 정의에서 X_i와 Y_i를 각각의 순위 R_i^X와 R_i^Y로 대체하여 다음과 같이 스

피어만 순위 상관계수(Spearman's rank correlation coefficient)를 정의한다.

$$R_S = \frac{\sum_{i=1}^{n}(R_i^X - \overline{R}^X)(R_i^Y - \overline{R}^Y)}{\sqrt{\sum_{i=1}^{n}(R_i^X - \overline{R}^X)^2} \cdot \sqrt{\sum_{i=1}^{n}(R_i^Y - \overline{R}^Y)^2}} = \frac{\sum_{i=1}^{n}(R_i^X - (n+1)/2)(R_i^Y - (n+1)/2)}{n(n^2-1)/12} \tag{8.26}$$

스피어만 순위 상관계수는 두 분포의 연관관계에 대한 검정에 사용될 수 있다. 고려하는 귀무가설은 X와 Y 사이에 연관관계가 없다는 것이고, 귀무가설하에서는 X와 Y의 순위가 각 표본 내에서 랜덤하게 주어진다고 볼 수 있으므로 같은 크기의 관찰값이 없다면 $(R_1^X, \cdots, R_n^X, R_1^Y, \cdots, R_n^Y)$는 $(i_1, \cdots, i_n)$과 $(j_1, \cdots, j_n)$이 $(1, \cdots, n)$의 순열일 때 가능한 모든 $(n!)^2$개 $(i_1, \cdots, i_n, j_1, \cdots, j_n)$의 배열을 같은 확률로 갖게 될 것이다. 즉, 스피어만 순위 상관계수의 귀무가설하에서의 분포는 모분포에 무관하게 되어 분포무관 통계량이 된다. 실제 분포는 이산형으로서 검정에 사용가능한 확률분포표들이 있기는 하지만, 여기에서는 근사적인 방법만을 언급하도록 한다.

정리 8.6

X와 Y가 독립이라는 귀무가설하에서 검정통계량

$$\sqrt{n-1}\,R_S$$

는 n이 클 때 근사적으로 표준 정규분포를 따른다.

따라서 X와 Y가 독립이라는 귀무가설에 대한 유의수준 α의 근사 기각영역은

$$|\sqrt{n-1}\,R_S| \ge z_{\alpha/2}$$

로 구할 수 있다.

예 8.11

어떤 입사시험에서 10명의 지원자에 대해 인터뷰 성적(높은 성적을 1로 하여 순위로 표현)과 공인시험성적의 자료를 얻었다. 이때 스피어만 순위 상관계수를 이용하여 인터뷰 성적과 공인시험성적이 독립인지 검정해 보자.

인터뷰순위	8	5	10	3	6	1	4	7	2	9
시험성적	75	83	65	82	66	95	97	72	87	64

위와 같은 원래의 자료에 대해 순위(최하를 1, 최고를 10으로 표현)를 구해 보면

R_i^X	3	6	1	8	5	10	7	4	9	2
R_i^Y	5	7	2	6	3	9	10	4	8	1

의 표와 같다. R_S의 값은 0.8424이고 $\sqrt{n-1}\,R_S$는 2.5273으로 근사적 유의확률 0.0115로 X와 Y는 독립이라는 귀무가설을 유의수준 0.05에서 기각한다.

연습문제 8장

01 $X_1, X_2, \cdots, X_n$이 어떤 모분포로부터의 랜덤표본이라고 하자. 이때 실직선상 임의의 구간 B에 대하여 $T(X_1, \cdots, X_n) = (1/n)\sum_{i=1}^{n} I_B(X_i)$가 $P[X \in B]$의 비편향 추정량임을 보여라.

02 $X_1, X_2, \cdots, X_n$이 어떤 모분포로부터의 랜덤표본이라고 하자. 실직선상의 구간 B_j, $j=1,2$에 대하여 $F_n(B_j) = (1/n)\sum_{i=1}^{n} I_{Bj}(X_i)$일 때, 두 확률변수 $F_n(B_1)$와 $F_n(B_2)$의 공분산을 계산하라.

03 $X_{(1)}, X_{(2)}, \cdots, X_{(25)}$를 연속형 분포에서 추출한 크기가 $n=25$인 표본의 순서통계량이라고 하자. 이때 다음 확률을 계산하라.

$$P[X_{(10)} < \xi_{0.5} < X_{(16)}]$$

(단, 여기에서 $\xi_{0.5}$는 X의 확률분포의 중위수이다.)

04 어떤 연속형 분포에서 크기가 $n=31$인 표본을 추출했을 때, $P[X_{(4)} < \xi_{0.25} < X_{(10)}]$을 계산하라. 단, $\xi_{0.25}$는 X의 확률분포의 25백분위수이다.

05 $X_{(1)}, X_{(2)}, \cdots, X_{(n)}$을 연속형 분포로부터 뽑은 크기 n인 랜덤표본의 순서통계량이라고 할 때, $P[X_{(1)} < \xi_{0.5} < X_{(n)}] \geq 0.99$가 되는 n의 최솟값을 구하라.

06 $X_{(1)}, X_{(2)}$를 중위수가 μ인 연속형 분포로부터의 크기 2인 랜덤표본의 순서통계량이라고 할 때, $P[X_{(1)} < \mu < X_{(2)}] = 1/2$임을 보여라.

07 $X_1, \cdots, X_{10}$을 누적확률분포함수가 $F(x)$인 연속형 분포에서 추출한 $n=10$인 랜덤표본이라고 하자. $H_0 : F(8) = 1/4$ 대 $H_1 : F(8) < 1/4$을 검정하기 위해 8보다 작거나 같은 표본수인 통계량 Y를 사용한다. 이제 Y의 관찰값이 $Y \le 2$이면 H_0를 기각한다고 할 때 검정력함수 $\pi(p)$, $0 < p < 1/4$를 구하라. 단, p는 대립가설하에서 $F(8)$의 참값을 나타낸다.

08 중위수 $\xi_{0.5}$에 대하여 대칭인 분포로부터 추출한 크기 10인 랜덤표본의 관찰값이

10.1 15.1 9.0 10.3 8.2 8.9 6.5 12.8 7.8 10.9

이라고 할 때, 윌콕슨 통계량을 사용하여 $\alpha = 0.05$일 때 $H_0 : \xi_{0.5} = 8$ 대 $H_1 : \xi_{0.5} > 8$을 검정하라(정규근사를 사용하라).

09 10마리의 쥐에게 각각 2가지의 약, A와 B를 주입했을 때 몸무게 증감 정도를 조사한 결과가 다음 표와 같다. 이 둘 사이에 차이가 있는가? 중위수가 0인지 아닌지에 대한 부호검정, 윌콕슨 부호순위 검정을 각각 유의수준 0.05에 대하여 시행하라.

쥐	1	2	3	4	5	6	7	8	9	10
A	1.8	0.7	1.0	0.1	−0.1	3.5	5.6	1.8	4.0	2.5
B	0.8	−1.7	−0.3	−1.2	0.0	4.0	3.8	0.8	0.0	3.2

10 윌콕슨 부호순위 검정법의 정의에서 W^+를 양인 표본의 항목의 순위합이라고 하고 W^-를 음인 항목의 순위합이라고 하자. 즉, $W = W^+$이다. 이때 $W^* = W^+ - W^-$로 정의하자.

(1) $W^* = 2W^+ - n(n+1)/2$이고 $W^* = n(n+1)/2 - 2W^-$임을 보여라.

(2) $n=4$일 때와 $n=5$일 때 W^*의 분포를 각각 구하라.

(3) $n=4$일 때와 $n=5$일 때 W^*, W^-의 평균과 분산을 각각 구하라.

11 식 (8.18)이 성립함을 보여라.

12 식 (8.19)에서 $Var(W_X)$를 구하기 위해 $Var(U)$가 $\dfrac{nm(n+m+1)}{12}$임을 보여라.

13 10명의 학생에게 공을 차게 했을 때, 왼발로 공을 찬 것이 멀리 나가는지 오른발로 공을 찬 것이 멀리 나가는지 측정하였다. 오른발 힘이 왼발 힘보다 센지의 여부를 윌콕슨 부호순위 검정법에 의하여 유의수준 0.05에서 시행하라.

학생	1	2	3	4	5	6	7	8	9	10
오른발	25	35	50	15	45	55	26	35	40	25
왼발	22	45	22	20	50	25	20	33	41	19

14 흔히 남성은 여성에 비해 더위를 많이 느낀다고 알려져 있는데, 다음과 같은 여성과 남성의 기초체온의 자료로부터 이를 살펴보려고 한다(단위: ℃). 비모수적 방법으로 남성과 여성의 체온의 중위수가 다른지 검정하라.

남성	36.0	36.0	36.4	36.5	36.5	36.5	36.6	36.7	37.0	37.1
여성	36.5	36.6	36.7	36.7	36.7	37.0	37.1	37.3	37.4	37.4

15 $F(x)$로부터 $n=10$의 관찰값

4.3, 5.9, 4.9, 3.1, 5.3, 6.4, 6.2, 3.8, 7.5, 5.8

과 $G(y)$로부터 $m=9$의 관찰값

5.5, 7.9, 6.8, 9.0, 5.6, 6.3, 8.5, 4.6, 7.1

을 얻었다. 귀무가설 $F=G$의 검정을 비모수방법 하나를 택하여 유의수준 0.05에서 시행하라. 왜 그 방법을 택하였는지 그 이유를 설명하라.

16 다음의 0과 1 사이의 20개의 관찰값

0.47, 0.20, 0.29, 0.81, 0.16, 0.92, 0.80, 0.93, 0.26, 0.22
0.31, 0.49, 0.29, 0.57, 0.74, 0.81, 0.97, 0.51, 0.69, 0.71

에 대하여

(1) $H_0 : \xi_{0.5} = 0.5$ 대 $H_1 : \xi_{0.5} > 0.5$에 대한 유의수준 0.10의 윌콕슨 부호순위 검정을 시행하라.

(2) $H_0 : \xi_{0.5} = 0.25$ 대 $H_1 : \xi_{0.5} > 0.25$에 대한 유의수준 0.10의 윌콕슨 부호순위 검정을 시행하라.

17 모분포의 개수가 $I = 2$일 때 크루스칼-왈리스 검정이 윌콕슨 순위합검정과 동등함을 보여라.

18 식 (8.23)이 성립함을 보여라.

19 다음의 자료는 6장의 연습문제 5번 문제이다. 비모수적인 방법(크루스칼-왈리스 방법)에 의하여 4가지 교육방법들 사이에 차이가 없다는 귀무가설에 대한 검정을 유의수준 5%에서 실시하라. 또, 그 결과를 6장의 모수적 방법의 결과와 비교하라.

교육방법			
1	2	3	4
69	75	59	82.5
79	83	78	88
82	72	62	89
86	81	67	95
81.5	78.5	84	
		76	

20 전구의 수명을 알아보기 위하여 세 종류 제품의 전구에 대해 수명실험한 결과가 다음과 같다.

제품	수명				
A	73	64	67	62	70
B	84	80	81	77	
C	82	79	71	75	

비모수적인 방법에 의하여 세 가지 제품들 사이에 평균수명의 차이가 없다는 귀무가설에 대한 검정을 유의수준 5%에서 실시하라.

21 5가지 종류의 자극 A, B, C, D, E에 대한 반응속도를 4명의 실험대상에 대하여 조사하였다. 사람에 따른 반응속도의 차이를 고려하여 랜덤화 블록 설계를 사용한 실험계획에 의한 결과가 다음과 같다.

구분		A	B	C	D	E
실험대상	1	0.6	0.9	0.8	0.7	0.5
	2	0.7	1.1	0.7	0.8	0.5
	3	0.9	1.3	1.0	1.0	0.7
	4	0.5	0.7	0.8	0.6	0.4

(1) 비모수적 검정법에 의하여 5종류의 자극 사이의 차이 여부에 대한 검정을 유의수준 0.05에서 시행하라.

(2) 6장에서 다룬 이원분류 분산분석에 의해 5종류의 자극 사이의 차이 여부에 대한 검정을 유의수준 0.05에서 시행하라.

(3) (1)과 (2)의 결과를 비교하고, 유의확률의 차이를 구하라.

22 다음은 화장품 판매량에 대한 시장조사 자료로서 6군데의 화장품대리점에서 3종류 브랜드의 유사한 화장품에 대한 일평균 판매량을 나타낸 표이다. 여기에서 화장품대리점은 블록으로 취급할 수 있으며, 3종류 브랜드는 처리방법으로 볼 수 있다. 3가지 브랜드의 판매량에는 차이가 없다는 가설을 프리드만 검정방법으로 검정하라.

대리점	브랜드		
	A	B	C
1	12	10	7
2	3	1	2
3	22	16	16
4	5	1	3
5	13	9	7
6	23	15	17

23 연습문제 7.11의 중간 성적과 마지막 성적에 관한 자료에서, 스피어만 순위 상관계수를 계산하라.

24 스피어만 순위 상관계수가 식 (8.26)로 표현됨을 보여라.

25 크기가 같은 관찰값이 없다는 가정하에, 스피어만 순위 상관계수는

$$R_S = 1 - \frac{6\sum_{i=1}^{n}(R_i^X - R_i^Y)^2}{n(n^2-1)}$$

으로 표현될 수 있음을 보여라. R_i^X는 X 표본 내에서 X_i의 순위이고 R_i^Y는 Y 표본 내에서 Y_i의 순위를 나타낸다.

9장 범주형 자료의 분석

1장에서 살펴본 바와 같이 어떤 현상의 관찰결과를 얻기 위한 실험에서 얻어지는 모든 관찰 가능한 결과의 집합을 표본공간이라고 하고, 이 표본공간은 수치적으로 또는 비수치적으로 표현될 수 있다. 즉, 어떤 실험에서 얻어지는 자료는 수치로서의 양적 개념을 가질 수도 있지만 때로는 실험결과가 몇 가지 범주 가운데 어떤 범주에 속하는지를 표현하여 양적 개념을 가지지 않을 수도 있다. 자료가 사칙연산이 가능하도록 수치적으로 표현되는 경우 양적(quantitative) 자료라고 하고, 몇 가지 범주 가운데 어느 범주에 속하는지를 표현하는 경우 범주형(categorical) 자료라고 한다. 자료의 종류에 따라 요약하는 방법이나 분석하는 방법이 달라지는데, 범주형 자료는 주로 각각의 범주에 속하는 관측치의 개수를 표나 그림을 통해 나타내는 방법으로 요약하게 된다. 양적 자료는 크게 연속형과 이산형으로 나뉘고, 범주형 자료는 범주 간에 순서가 있는 순서형과 순서가 없는 명목형 자료로 나뉜다. 6장의 분산분석이나 7장의 회귀분석 등은 양적 자료에 대한 분석이었고, 이제 이 장에서는 자료가 범주형으로 주어졌을 때의 분석방법에 대해 카이제곱검정을 중심으로 다루도록 한다. 우선, 카이제곱검정으로 할 수 있는 분포의 적합도 검정에 대해 다루고, 다음에는 범주형 자료가 분할표로 주어졌을 때의 검정에 대해 다루어 보도록 하겠다.

9.1 적합도 검정

지금까지 다루어 온 통계적 추론방법은 주로 모분포의 확률밀도함수 $f(x;\theta)$의 형태가 알려진 경우이다. 더욱이 앞서 다룬 통계방법들(예를 들면, 최대가능도 추정량 또는 최강력검정법 등)의 대부분은 정규분포, 이항분포 등의 특정한 확률모형하에서 유도된 것들이다. 그런데 이러한 특정한 확률모형의 가정이 맞지 않다면 그것을 근거로 개발된 추론방법이 정확하지 않을 것이고 그에 따라 추론의 결과를 신뢰할 수 없을 것이므로, 주어진 표본자료가 어떤 특정모형(예를 들면 정규분포)에 얼마나 잘 부합하는가를 검정하여 보는 것은 중요하고도 의미있는 일이라고 하겠다. 이와 같은 검정방법을 **적합도 검정**(goodness-of-fit test)이라고 한다.

적합도 검정에서 우선 생각할 수 있는 가장 간단한 경우는 표본자료 $X_1, X_2, \cdots, X_n$이 완전히 결정지어진 어떤 확률모형으로부터 왔는지 아닌지를 검정하는 경우이다. 예를 들면, 자료 X_i들이 평균이 6인 포아송 분포로부터 얻어졌다든지, 또는 평균이 100이고 분산이 25인 정규분포로부터 얻어졌다든지 하는 등이다. 이 경우 검정대상이 되

는 가설은

$$H_0 : f_X(x) = f_0(x) \quad \text{대} \quad H_1 : f_X(x) \neq f_0(x) \tag{9.1}$$

로 표현된다(단, $f_X(x)$와 $f_0(x)$는 각각 모확률밀도함수와 가정된 확률밀도함수를 각각 의미한다). 이는 앞서 8장에서 다룬 비모수 통계방법의 콜모고로프-스미르노프 검정법의 가설과 동일하다. 콜모고로프-스미르노프 검정에서는 연속형 누적 확률분포함수와 경험적 누적 확률분포함수의 차이의 최댓값을 검정통계량으로 하여 적합도를 검정하였다. 그러나 많은 경우, 변수가 가질 수 있는 값의 영역을 k개의 겹치지 않는 구간으로 나누어 그에 대한 확률을 고려하는 다항분포로써 적합도를 검정하는 것이 편리하다. 즉, 연속형 확률변수 X에 대해서는 $(-\infty, a_1)$, $[a_1, a_2)$, $\cdots$, $[a_{k-1}, \infty)$의 k개 구간을 고려하는데, $a_0 = -\infty$, $a_k = \infty$, 그리고 $p_i = \int_{a_{i-1}}^{a_i} f_X(x)\,dx$, $i = 1, 2, \cdots, k$ (또는 이산형 확률변수에 대해서는 $p_i = P\{X \in [a_{i-1}, a_i)\}$)라고 놓으면, 위의 가설 (9.1)을 검정하기 위해

$$H_0 : p_1 = p_{10}, \cdots, p_k = p_{k0} \quad \text{대} \quad H_1 : H_0\text{가 아님} \tag{9.2}$$

을 사용할 수 있다.

2장에서 소개한 이항확률변수는 '성공' 또는 '실패' 중의 하나로 귀결되는 독립된 베르누이 시행을 반복했을 때 성공이 나오는 횟수로 표현되었다. 이와 같은 이항확률변수는 다음과 같이 k개의 다른 결과를 가질 수 있는 경우로 일반화될 수 있다(2.5.2절 참조). 이제, $a_1, a_2, \cdots, a_k$의 $k(>2)$가지 다른 값을 가질 수 있는 변수 Y에 대해 $P(Y = a_j) = p_j$, $j = 1, \cdots, k$, $\sum_{j=1}^{k} p_j = 1$이라고 하자. 이러한 시행을 n회 독립적으로 반복하여 $Y_1, Y_2, \cdots, Y_n$을 얻었을 때

$$X_j = \text{확률변수 } Y\text{의 값이 } a_j\text{인 경우의 수 } (j = 1, \cdots, k)$$

라고 하면, 확률벡터 $(X_1, X_2, \cdots, X_k)$의 결합 확률밀도함수는

$$f(x_1, x_2, \cdots, x_k) = \frac{n!}{x_1!\, x_2! \cdots x_k!} p_1^{x_1} p_2^{x_2} \cdots p_k^{x_k}$$

$$(\text{단, } x_j = 0, 1, \cdots, n;\ j = 1, \cdots, k;\ \sum_{j=1}^{k} x_i = n)$$

으로 주어지며, 이때 $(X_1, X_2, \cdots, X_k)$는 모수가 $n, p_1, p_2, \cdots, p_k$인 **다항분포**

(multinomial distribution)를 따른다고 한다. 이때 편의상 $(X_1, X_2, \cdots, X_k) \sim$ MULT$(n;\ p_1, p_2, \cdots, p_k)$로 표기하도록 하자. 이제, 다음의 정리 9.1을 통해 다항분포에 근거한 적합도 검정을 볼 수 있다.

정리 9.1

확률벡터 $(X_1, X_2, \cdots, X_k)$가 모수가 $(n, p_1, p_2, \cdots, p_k)$인 다항분포를 따른다고 하자. 그러면,

(1) 확률변량

$$\sum_{i=1}^{k} \frac{(X_i - np_i)^2}{np_i}$$

는 자유도가 $(k-1)$인 카이제곱분포를 근사적으로 따른다.

(2) 귀무가설 $H_0 : p_1 = p_{10}, \cdots, p_k = p_{k0}$ 대 대립가설 $H_1 : H_0$이 아님에 대한 유의수준 α인 근사 기각영역은

$$\sum_{i=1}^{k} \frac{(X_i - np_{i0})^2}{np_{i0}} \ge \chi^2_\alpha(k-1)$$

로 주어진다.

증명 (1) 여기에서는 $k=2$인 경우만 증명하기로 한다. k가 더 큰 경우의 증명은 복잡하므로 생략한다. $k=2$이면,

$$\begin{aligned}
&\frac{(X_1 - np_1)^2}{np_1} + \frac{(X_2 - np_2)^2}{np_2} \\
&= \frac{(X_1 - np_1)^2}{np_1} + \frac{(n - X_1 - n(1-p_1))^2}{n(1-p_1)} \\
&= \frac{(X_1 - np_1)^2(1-p_1) + (-X_1 + np_1)^2 p_1}{np_1(1-p_1)} \\
&= \frac{(X_1 - np_1)^2}{np_1(1-p_1)}
\end{aligned}$$

이 성립하며, $(X_1 - np_1) / \sqrt{np_1(1-p_1)}$의 분포는 중심극한정리에 의해

표본의 크기가 커짐에 따라 표준정규분포로 수렴한다. 따라서 확률변량 $\sum_{i=1}^{2}\frac{(X_i-np_i)^2}{np_i}$은 자유도가 $1(=k-1)$인 카이제곱분포를 따른다.

(2) (1)의 결과에 의해 자명하다. ■

위 정리 9.1에서 검정통계량

$$\sum_{i=1}^{k}\frac{(X_i-np_{i0})^2}{np_{i0}} \tag{9.3}$$

은 관찰값(X_i)과 귀무가설하에서 기대하는 바(np_{i0})의 차이를 측정한 것으로, 그 차이가 크면 관찰값이 귀무가설을 뒷받침하지 않는 것을 의미한다. 이와 같은 검정법을 **카이제곱 적합도 검정법**(chi-square goodness-of-fit test)이라고 하는데 이는 매우 직관적인 검정법이라고 하겠다. 정리 9.1의 증명에서 보듯이 이는 중심극한정리를 활용하는 것이기 때문에 근사적인 검정이며 np_{i0}와 $n(1-p_{i0})$의 값이 어느 정도 클 때(보통 적어도 5 이상이 필요) 사용할 수 있다.

같은 가설검정에 대해, 앞서 다룬 일반화 가능도비 검정통계량을 구해 보고 통계량 (9.3)과의 관계를 살펴보자. 먼저, 관찰값이 $Y_1=y_1$, $Y_2=y_2$, $\cdots$, $Y_n=y_n$으로 주어졌을 때의 가능도함수는, $x_i=\sum_{j=1}^{n}I_{\{y_j=a_i\}}$, $i=1,\cdots,k$일 때

$$L(p_1,p_2,\cdots,p_k;y_1,\cdots,y_n)=p_1^{x_1}p_2^{x_2}\cdots p_k^{x_k} \tag{9.4}$$

이 된다. 여기에서 $I_{\{y_j=a_i\}}$는 y_j가 a_i라는 값을 가질 때에만 1이고 아니면 0의 값을 갖는 지시함수이고, 따라서 x_i는 n개의 관찰값 가운데 a_i가 나온 횟수이다. 만약 $X_1=x_1,\cdots,X_k=x_k$를 관찰값으로 하여 가능도함수를 구하면,

$$L(p_1,p_2,\cdots,p_k;x_1,\cdots,x_k)=\left(\frac{n!}{x_1!\cdots x_k!}\right)p_1^{x_1}p_2^{x_2}\cdots p_k^{x_k}$$

으로 쓸 수 있고, 이것은 (9.4)의 가능도함수에 상수를 곱한 형태이다. 즉, 로그를 취한 후 p_i들에 대해 미분하게 되면 식 (9.4)와 같은 결과를 주게 된다. $\sum_{i=1}^{k}p_i=1$이므로, $k-1$개의 모수 p_i들만이 서로 독립이기 때문에, 최대가능도 추정량을 구함에 있어 $p_k=1-\sum_{i=1}^{k-1}p_i$로 치환하기로 한다. 가능도함수 (9.4)에 로그를 취하고 p_i에 대하

여 편미분하면

$$\log L = \sum_{i=1}^{k-1} x_i \log p_i + x_k \log\left(1 - \sum_{i=1}^{k-1} p_i\right)$$

$$\frac{\partial \log L}{\partial p_i} = \frac{x_i}{p_i} - \frac{x_k}{1 - \sum_{i=1}^{k-1} p_i} = \frac{x_i}{p_i} - \frac{x_k}{p_k},\ i = 1, 2, \cdots, k-1$$

로 계산된다. 이제 미분한 값들을 0이라고 놓으면,

$$p_i = \frac{p_k}{x_k} x_i,\ i = 1, \cdots, k \tag{9.5}$$

가 구해지며, 양변을 i에 대하여 합하면 좌변은 1이 되고 우변은 np_k / x_k가 되므로 $p_k = x_k / n$을 구할 수 있다. 그러므로 모수 $(p_1, p_2, \cdots, p_k)$의 최대가능도 추정량은 $\left(\frac{X_1}{n}, \frac{X_2}{n}, \cdots, \frac{X_k}{n}\right)$가 된다. 따라서 일반화 가능도비는

$$\Lambda(X_1, X_2, \cdots, X_k) = \frac{p_{10}^{X_1} \cdots p_{k0}^{X_k}}{\left(\frac{X_1}{n}\right)^{X_1} \cdots \left(\frac{X_k}{n}\right)^{X_k}} = \left(\frac{np_{10}}{X_1}\right)^{X_1} \cdots \left(\frac{np_{k0}}{X_k}\right)^{X_k}$$

이다. 정리 5.3에 의하면

$$-2 \log \Lambda(X_1, X_2, \cdots, X_n) = -2 \sum_{i=1}^{k} X_i \log(np_{i0} / X_i)$$

가 자유도 $(k-1)$인 카이제곱분포를 근사적으로 따르게 되므로, 유의수준 α인 일반화 가능도비 검정법의 근사 기각영역은 $-2\sum_{i=1}^{k} X_i \log(np_{i0} / X_i) \geq \chi_{\alpha}^2(k-1)$로 주어진다. 그런데 테일러 전개를 이용하면 x가 x_0에 가까울 때 근사관계 $x \log\left(\frac{x}{x_0}\right) \approx 0 + (x - x_0) + \frac{1}{2}(x - x_0)^2 \frac{1}{x_0}$ 이 성립함을 알 수 있다. 이 관계를 이용하면 n이 커질 때 귀무가설하에서 X_i/n이 p_{i0}로 확률적으로 수렴하므로,

$$X_i \log(X_i / np_{i0}) \approx (X_i - np_{i0}) + \frac{1}{2} \frac{(X_i - np_{i0})^2}{np_{i0}}$$

으로 쓸 수 있다. 따라서

$$-2\log\Lambda(X_1,\ X_2,\ \cdots,\ X_n)=2\sum_{i=1}^{k}X_i\log(X_i/np_{i0})$$

$$\approx 2\sum_{i=1}^{k}(X_i-np_{i0})+\sum_{i=1}^{k}\frac{(X_i-np_{i0})^2}{np_{i0}}\approx\sum_{i=1}^{k}\frac{(X_i-np_{i0})^2}{np_{i0}}$$

와 같은 근사관계를 구할 수 있다. 마지막 근사는 $X_i/n\xrightarrow{p}p_{i0}$로부터 나온다. 따라서 $-2\log\Lambda(X_1,\cdots,X_n)$이 $\chi^2_\alpha(k-1)$보다 클 때 귀무가설을 기각하는 일반화 가능도비 검정방법과 $\sum_{i=1}^{k}\frac{(X_i-np_{i0})^2}{np_{i0}}$이 $\chi^2_\alpha(k-1)$보다 클 때 귀무가설을 기각하는 카이제곱 적합도 검정법은 근사적으로 동등하다고 말할 수 있다. 수렴속도 등을 고려한 보다 엄밀한 증명은 여기서 다루지 않기로 한다.

예 9.1

주사위를 60회 던졌을 때 나오는 눈의 횟수가 다음 표와 같았다.

눈	1	2	3	4	5	6
관찰횟수	12	10	9	8	13	8
기대횟수	10	10	10	10	10	10

(단, 기대횟수는 이 주사위의 각 눈이 나올 확률이 동일하다는 귀무가설하에서의 것임)

이제 주어진 자료에 근거하여 주사위가 '공정(fair)'한가 여부에 대한 검정을 하고자 한다. 이에 대한 통계적 모형은 다음과 같다. 주사위를 1회 던졌을 때 주사위 눈의 수를 Y라고 하고, $P(Y=i)=p_i\ (i=1,2,3,4,5,6)$라면, 우리가 관심 있는 통계적 가설은

$$H_0:\ p_1=\cdots=p_6=\frac{1}{6}\qquad \text{대}\qquad H_1:\ H_0\text{가 아님}\tag{9.6}$$

으로 표현할 수 있다. 이제, X_i ='60회의 독립반복시행에서 주사위 눈의 개수가 i인 횟수'$(i=1,2,\cdots,6)$라고 하면 확률벡터 $(X_1,\ X_2,\ \cdots,\ X_6)$는 다항분포를 따르며, 앞의 정리 9.1을 아래와 같이 사용할 수 있다. 주어진 자료에 대한 카이제곱 검정통계량의 값은

$$\frac{(12-10)^2}{10}+\frac{(10-10)^2}{10}+\frac{(9-10)^2}{10}+\frac{(8-10)^2}{10}+\frac{(13-10)^2}{10}+\frac{(8-10)^2}{10}$$

$$=2.2<\chi^2_{0.05}(6-1)=11.07$$

이므로, 유의수준 0.05에서 주사위의 모든 눈이 나올 확률이 동일하다는 위 귀무가설 H_0는 기각되지 않는다.

실제자료에 대한 적합도 검정에 있어서는, 확률모형이 완전히 결정된 경우보다는 일부만이 결정된 경우를 다룰 때가 많다. 가령, 모분포가 정규분포를 따르는지를 검정하는 경우에 모수의 값은 정하지 않고 단지 정규성의 여부만을 고려하는, 복합(composite) 귀무가설을 생각할 수 있다. 이때의 적합도 검정은 모든 미지의 모수가 최대가능도 추정량으로 대치된 카이제곱 검정통계량의 사용이 다음 정리 9.2와 같이 제안되고 있다. 모르는 모수를 추정하는 대신 자유도의 감소를 통해 그 값을 치르게 된다.

정리 9.2

확률밀도함수 $f_0(x)$가 r개의 알려져 있지 않은 모수를 가지고 있다고 하자. 이때

$$\text{귀무가설 } H_0: f_X(x)=f_0(x) \quad \text{대} \quad \text{대립가설 } H_1: f_X(x)\neq f_0(x)$$

에 대한 다항분포를 이용한 유의수준 α인 근사 기각영역은

$$\sum_{i=1}^{k}(X_i-n\hat{p}_{i0})^2/n\hat{p}_{i0}\geq \chi^2_\alpha(k-1-r)$$

로 주어진다. 단, 여기에서 확률변수 $X_i(i=1,\cdots,k)$는 f_X에서 크기가 n인 표본을 얻었을 때 관찰값이 i번째 범주에 들어가는 횟수이며, $n\hat{p}_{i0}$는 미지의 r개 모수를 귀무가설하에서의 최대가능도 추정량으로 추정하여 구한 X_i의 기댓값이다.

예 9.2

시간이 지남에 따라 일어난 어떤 특정사건의 발생건수에 대한 결과가 다음과 같이 주어졌다고 하자.

발생건수	0	1	2	3	4	5	6	7	8	≥9
관찰횟수	6	20	36	50	52	40	25	12	4	5
기대횟수	5.4	20.6	39.5	50.7	48.7	37.4	24.0	13.2	6.3	9.6

(단, 총 관찰횟수는 $n = 250$이며 기대횟수는 다음 식 (9.8)에서 주어진 $\hat{p}_{i0}$을 사용하여 $n\hat{p}_{i0}$으로 계산한 것임.)

이제 이 사건의 발생건수가 POI(λ)를 따르는지에 대한 통계적 가설검정을 고려하기로 한다. 이에 대한 통계적 모형은 다음과 같다. $Y_j =$발생건수, $j = 1, \cdots, 250$, $P(Y_j = i) = p_i$로 표기하고, X_i, $i = 0, 1, \cdots, 9$를 발생건수가 i인 Y의 관찰횟수라고 하자. 검정하고자 하는 통계적 가설은

$$H_0 : p_i = \exp(-\lambda)\lambda^i / i! \quad \text{대} \quad H_1 : H_0\text{가 아님} \tag{9.7}$$

으로 놓을 수 있다. 그런데 위의 가설에서는 모수 λ의 값이 주어져 있지 않으며, 이는 귀무가설하에서의 최대가능도 추정량인 평균발생건수 $\hat{\lambda} = (0 \times 6 + 1 \times 20 + \cdots + 9 \times 5)/250 = 3.844$로 대치된다. 따라서

$$\hat{p}_{i0} = \frac{\exp(-\hat{\lambda})(\hat{\lambda})^i}{i!} = \frac{\exp(-3.844) \cdot (3.844)^i}{i!} \tag{9.8}$$

을 사용한 카이제곱 검정통계량의 값은

$$\sum_{i=0}^{9} \frac{(X_i - n\hat{p}_{i0})^2}{n\hat{p}_{i0}} = 4.044 < \chi^2_{0.05}(10-1-1) = 15.51$$

이므로 유의수준 $\alpha = 0.05$에서 위 귀무가설 H_0는 기각되지 않는다.

주 예 9.2에서 실제로 가능한 발생건수는 이론적으로 무한개이나 편의상 발생건수가 9회 이상인 것들을 하나로 묶었으며, 평균발생건수 $\hat{\lambda}$의 계산에서도 9회로 간주하였다. 이는 각 방 (cell)에 해당하는 관찰횟수가 4~5회 이상인 경우라야 카이제곱 검정의 성능이 믿을 만하다는 사실에 근거한 것이다. 또한, 자유도의 계산에서 한 개의 모수 λ를 추정한 것이 고려되었음을 유의할 필요가 있다.

9.2 분할표에 의한 독립성 검정

여기에서는 두 개의 범주형 변수, 변수 Ⅰ과 변수 Ⅱ의 관계에 대한 통계적 가설검정을 살펴보기로 한다. 랜덤표본 $Y_1,\ Y_2,\ \cdots,\ Y_n$에 대해, X_{ij}를 변수 Ⅰ의 i번째와 변수 Ⅱ의 j번째 범주에 해당하는 Y의 개수(또는 발생횟수)라고 하자($i=1,2,\cdots,r$; $j=1,2,\cdots,c$). 이때 우리가 얻을 수 있는 다음과 같은 이원표(two-way table)를 통상적으로 **분할표**(contingency table)라고 한다. 이제, 분할표의 형태로 주어진 자료에 대해 많이 응용되는 통계적 추론인 범주형 변수 사이의 독립에 대한 가설검정(test of independence)을 고려하기로 한다.

		변수 Ⅱ				
		1	2	……	c	합
변수 Ⅰ	1	X_{11}	X_{12}	……	X_{1c}	$X_{1\cdot}$
	2	X_{21}	X_{22}	……	X_{2c}	$X_{2\cdot}$
	⋮	⋮	⋮	……	⋮	⋮
	r	X_{r1}	X_{r2}	……	X_{rc}	$X_{r\cdot}$
	합	$X_{\cdot 1}$	$X_{\cdot 2}$	……	$X_{\cdot c}$	n

여기에서 $X_{i\cdot}=\sum_{j=1}^{c}X_{ij},\ X_{\cdot j}=\sum_{i=1}^{r}X_{ij},\ n=\sum_{i=1}^{r}\sum_{j=1}^{c}X_{ij}$이다. 이제,

$$p_{ij}=P[Y\text{가 변수 Ⅰ의 } i\text{번째와 변수 Ⅱ의 } j\text{번째 범주에 속함}]$$

이라고 하면 이는 $n,p_{11},p_{12},\cdots,p_{1c},p_{21},\cdots,p_{rc}$인 다항분포로 생각할 수 있으며, 정리 9.1에 의해 확률변량

$$\sum_{i=1}^{r}\sum_{j=1}^{c}\frac{(X_{ij}-np_{ij})^2}{np_{ij}}$$

는 자유도가 $(rc-1)$인 카이제곱분포를 근사적으로 따른다. 편의상

$$p_{i\cdot}=\sum_{j=1}^{c}p_{ij}=P[\text{변수 Ⅰ의 } i\text{번째 범주에 해당하는 사건의 발생}]$$

$$p_{\cdot j}=\sum_{i=1}^{r}p_{ij}=P[\text{변수 Ⅱ의 } j\text{번째 범주에 해당하는 사건의 발생}]$$

이라고 표기하면, 두 변수의 독립여부는

$$H_0: p_{ij} = p_{i.}p_{.j} \quad i=1,\cdots,r;\ j=1,\cdots,c \quad \text{대} \quad H_1: H_0\text{가 아님} \tag{9.9}$$

과 같은 통계적 가설로 표현할 수 있다. 이제 $p_{i.}$과 $p_{.j}$의 최대가능도 추정량은 $i=1,\cdots,r, j=1,\cdots,c$에 대해 각각

$$\hat{p}_{i.} = \frac{\sum_{j=1}^{c} X_{ij}}{n}, \quad \hat{p}_{.j} = \frac{\sum_{i=1}^{r} X_{ij}}{n} \tag{9.10}$$

으로 주어진다(참조: 연습문제 9.10). 여기에서 정리 9.2를 이용하면,

$$\sum_{i=1}^{r}\sum_{j=1}^{c} \frac{(X_{ij} - n\hat{p}_{i.}\hat{p}_{.j})^2}{n\hat{p}_{i.}\hat{p}_{.j}} \tag{9.11}$$

을 검정통계량으로 사용할 수 있다. 이를 위해 $\hat{p}_{i.}$과 $\hat{p}_{.j}$을 추정해야 하는데,

$$\sum_{i=1}^{r} \hat{p}_{i.} = \sum_{j=1}^{c} \hat{p}_{.j} = 1$$

이라는 제한조건이 있으므로 $(r-1)+(c-1)$개의 모수의 추정이 필요하기에, 검정통계량 (9.11)은 자유도가

$$(rc-1) - \{(r-1)+(c-1)\} = (r-1)(c-1)$$

인 카이제곱 분포를 따른다. 그러므로 가설 (9.9)에 대한 유의수준 α인 근사 기각영역은

$$\sum_{i=1}^{r}\sum_{j=1}^{c} \frac{(X_{ij} - n\hat{p}_{i.}\hat{p}_{.j})^2}{n\hat{p}_{i.}\hat{p}_{.j}} \geq \chi_{\alpha}^2((r-1)(c-1))$$

로 구할 수 있다.

예 9.3

어떤 도시에서 500명의 고등학생을 랜덤하게 뽑아 이 학생들의 학교가 속한 학군과 대학입학 성적의 자료를 분할표로 다음과 같이 나타내었다. 자료에 근거하여 범주형 변수인 학군과 성적 사이의 독립여부를 검정하고자 한다.

구분		고등학교 학군					
		1	2	3	4	5	합
성적	상	23	33	50	20	24	150
	중	18	35	45	39	63	200
	하	19	37	45	21	28	150
	합	60	105	140	80	115	500

주어진 자료에 대해, $p_{i.}$과 $p_{.j}(i=1,\ 2,\ 3,\ \ j=1,\ 2,\ 3,\ 4,\ 5)$의 최대가능도 추정량은 각각

$$\hat{p}_{1.}=150/500,\ \hat{p}_{2.}=200/500,\ \hat{p}_{3.}=150/500$$
$$\hat{p}_{.1}=60/500,\ \hat{p}_{.2}=105/500,\ \hat{p}_{.3}=140/500,\ \hat{p}_{.4}=80/500,\ \hat{p}_{.5}=115/500$$

로 계산된다. 이제, 식 (9.11)에 의한 카이제곱 검정통계량에 대하여

$$\sum_{i=1}^{3}\sum_{j=1}^{5}\frac{(X_{ij}-500\,\hat{p}_{i.}\hat{p}_{.j})^2}{500\,\hat{p}_{i.}\hat{p}_{.j}}=\ 22.327\geq\chi^2_{0.05}(8)=15.51$$

이 성립하므로, 유의수준 $\alpha=0.05$에서 귀무가설을 기각하고, 주어진 자료로부터 학군과 성적이 서로 독립이 아니라는 증거가 있다고 결론내릴 수 있다.

9.3 다항분포의 동질성 검정

여기에서는 c개의 범주를 가진 하나의 분류변수에 대한 r개의 모집단의 동질성에 관한 검정법(test of homogeneity)을 고려하기로 한다. r개의 모집단으로부터 각각 랜덤표본을 구했을 때, X_{ij}를 i번째 표본에 대한 분류변수의 j 번째 범주에 해당하는 개체의 개수(또는 발생횟수)라고 하자($i=1,\ 2,\cdots,\ r\,;j=1,\ 2,\cdots,\ c$). 이에 대한 결과를 다음 표와 같이 표현한다(9.2절의 독립성 검정의 경우에는 하나의 랜덤표본에 근거하였으나, 여기에서는 r개의 독립인 랜덤표본에 근거한 표임을 주지할 필요가 있다).

표본	범주				
	1	2	……	c	합
1	X_{11}	X_{12}	……	X_{1c}	n_1
2	X_{21}	X_{22}	……	X_{2c}	n_2
· · ·	· · ·	· · ·	…… …… ……	· · ·	· · ·
r	X_{r1}	X_{r2}	……	X_{rc}	n_r
합	$X_{\cdot 1}$	$X_{\cdot 2}$	……	$X_{\cdot c}$	$n=\sum_{i=1}^{r} n_i$

여기에서 $P(Y=j)$를 임의의 개체 Y가 분류변수의 j 번째 범주에 속할 확률, $P(Y=j \mid \text{표본 } i)$를 임의의 개체 Y가 표본 i(즉, 모집단 i)로부터 왔을 때 j 번째 범주에 속할 조건부 확률이라고 하고,

$$p_j = P(Y=j),\ \ p_{j\mid i} = P(Y=j \mid \text{표본 } i) \qquad (i=1,2,\cdots,r\,;\ j=1,2,\cdots,c)$$

이라 표기하자. 그러면,

$$\begin{gathered}(X_{11},\cdots,X_{1c}) \sim \mathrm{MULT}(n_1; p_{1|1},\cdots,p_{c|1})\\ \vdots \\ (X_{i1},\cdots,X_{ic}) \sim \mathrm{MULT}(n_i; p_{1|i},\cdots,p_{c|i})\\ \vdots \\ (X_{r1},\cdots,X_{rc}) \sim \mathrm{MULT}(n_r; p_{1|r},\cdots,p_{c|r})\end{gathered}$$

가 되고, 각 표본이 독립이므로, 정리 9.1로부터 $\sum_{i=1}^{r}\sum_{j=1}^{c}\frac{(X_{ij}-n_i p_{j|i})^2}{n_i p_{j|i}}$가 자유도가 $r(c-1)$인 카이제곱 분포를 근사적으로 따른다. 이제 r개의 모집단의 동질성에 대한 통계적 가설은

$$H_0: \text{임의의 } i, j\text{에 대하여 } p_{j\mid i}=p_j \quad \text{대} \quad H_1: H_0\text{가 아님} \tag{9.12}$$

으로 표현되고, 이는 표본에 관계없이 분류변수에 대한 분포가 동일하다는 것을 뜻한다. 그러므로 귀무가설하에서는 $(X_{\cdot 1},\cdots,X_{\cdot c}) \sim \mathrm{MULT}(n; p_1,\cdots,p_c)$가 되고, $\sum_{i=1}^{r}\sum_{j=1}^{c}\frac{(X_{ij}-n_i p_j)^2}{n_i p_j}$가 자유도가 $r(c-1)$인 카이제곱분포를 근사적으로 따르게 된다. 귀무가설하에서 모수 p_j의 최대가능도 추정량이

$$\hat{p}_j = \frac{\sum_{i=1}^{r} X_{ij}}{n} = \frac{X_{\cdot j}}{n} \tag{9.13}$$

로 주어지므로, 정리 9.2에 따라, 검정통계량

$$\sum_{i=1}^{r}\sum_{j=1}^{c} \frac{(X_{ij} - n_i \hat{p}_j)^2}{n_i \hat{p}_j} \tag{9.14}$$

이 귀무가설하에서 카이제곱분포를 가진다는 사실을 활용할 수 있다. X_{ij}는 i번째 표본에서 범주 j에 들어가는 개체수의 관찰값이고 $n_i\hat{p}_j$는 귀무가설하에서 X_{ij}의 기댓값의 최대가능도 추정량이다. 즉, 식 (9.14)는 표본에서의 관찰값과 귀무가설하에서의 기댓값과의 차이를 측정한 것이라고 할 수 있다. 이 값이 크면 관찰값과 기댓값과의 차이가 커서 귀무가설에 대한 반증이 되므로 귀무가설을 기각하게 된다. 그런데 $\sum_{j=1}^{c} p_j = 1$이므로 $(c-1)$개 모수의 추정이 필요하므로 검정통계량 (9.14)의 자유도는

$$r(c-1) - (c-1) = (r-1)(c-1)$$

이 된다. 그러므로 가설 (9.12)에 대한 유의수준 α인 근사 기각영역은

$$\sum_{i=1}^{r}\sum_{j=1}^{c} \frac{(X_{ij} - n_i \hat{p}_j)^2}{n_i \hat{p}_j} \geq \chi^2_{\alpha}((r-1)(c-1))$$

로 구할 수 있다.

예 9.4

흙에서 사는 네 종류의 벌레에 대한 생태를 조사하기 위하여, 모래, 찰흙, 진흙의 세 종류의 흙에서 각각 100마리의 벌레를 채취한 결과가 아래 표와 같다.

구분	종류1	종류2	종류3	종류4	합
모래	27	24	23	26	100
찰흙	20	32	18	30	100
진흙	13	37	16	34	100
합	60	93	57	90	300

이제, 주어진 자료에 근거하여 흙의 종류에 따라 벌레의 분포가 같은가에 대한 검정을 살펴보기로 한다. 이를 통계적 가설로 바꾸면,

$$H_0 : p_{j|i} = p_j \quad i = 1, 2, 3\,;\; j = 1, 2, 3, 4 \qquad \text{대} \qquad H_1 : H_0\text{가 아님}$$

이 된다. 여기에서 p_j의 최대가능도 추정량은 식 (9.13)에 의하여

$$\hat{p}_1 = \frac{60}{300}, \quad \hat{p}_2 = \frac{93}{300}, \quad \hat{p}_3 = \frac{57}{300}, \quad \hat{p}_4 = \frac{90}{300}$$

이며, 이에 따른 카이제곱 검정통계량이

$$\sum_{i=1}^{3} \sum_{j=1}^{4} \frac{(X_{ij} - n_i \hat{p}_j)^2}{n_i \hat{p}_j} = 10.11 < \chi^2_{0.05}(6) = 12.59$$

이므로 유의수준 $\alpha = 0.05$에서 귀무가설을 기각하지 않는다. 즉, 유의수준 0.05에서 흙의 종류에 따라 벌레의 분포가 같지 않다고 할 수 없다.

연습문제 9장

01 주사위를 600회 던졌을 때 나오는 눈의 횟수가 다음 표와 같았다.

눈	1	2	3	4	5	6
관찰횟수	120	100	90	80	130	80

예 9.1과 비교하면 시행횟수는 10배가 늘었지만 각 눈이 나온 상대비율은 같다. 유의수준 0.05에서 주사위의 공정성을 검정하고, 그 결과를 예 9.1과 비교하라.

02 유전법칙에 의하면 어떤 식물의 품종이 4종류로 나타나는데 그 비가 9 : 3 : 3 : 1로 된다고 한다. 어떤 실험에서 4가지 품종이 각각 150, 80, 70, 20으로 나타났을 때, 이 실험결과가 유전법칙에 부합되는지를 결정하라.

03 이항확률변수 $Y \sim B(4, p)$에 대하여 아래와 같은 자료를 구하였다. 이항모형의 적합도를 검정하라.

Y	0	1	2	3	4
관찰횟수	12	44	60	40	14

04 다음의 자료가 표준정규분포에서 나왔는지 유의수준 0.05에서 적합도 검정을 행하라.

X	$(-\infty,-2)$	$[-2,-1)$	$[-1,0)$	$[0,1)$	$[1,2)$	$[2,\infty)$
관찰횟수	1	33	118	195	121	32

05 다음의 자료가 평균이 3인 지수분포에서 나왔는지 유의수준 0.05에서 적합도 검정을 행하라.

X	$(0,1)$	$[1,2)$	$[2,4)$	$[4,7)$	$[7,10)$	$[10,\infty)$
관찰횟수	16	16	20	23	14	11

06 다음의 자료가 지수분포에서 뽑힌 랜덤표본인지 알아보려고 한다. 아래 표에서와 같은 그룹화를 이용하여 유의수준 0.05에서 지수분포의 적합도를 검정하라.

0.36 0.01 0.18 1.10 0.08 0.33 0.04 0.30 0.41 0.14
0.03 1.01 1.78 1.07 0.22 0.88 0.53 0.08 1.73 0.25
0.68 0.07 0.13 1.24 0.75 0.20 0.24 0.97 0.83 0.85

X	$(0,0.1)$	$[0.1,0.3)$	$[0.3,0.7)$	$[0.7,1)$	$[1,\infty)$
관찰횟수					

07 다음의 자료는 1500년부터 1931년까지 432년 동안의 전쟁발발횟수(Y)에 관한 것이다. 이 자료가 평균이 0.6921인 포아송 분포를 따르는지 적합도를 검정하라(발발횟수 5 이상은 관찰값이 없으므로 4회 이상을 묶어서 관찰값 4 이상의 한 범주로 간주할 것).

1500~1931년 사이의 전쟁발발

발발횟수	연도 수	포아송 분포	
		확률	기대횟수
0	223	0.5005	216.2160
1	142	0.3464	149.6448
2	48	0.1200	51.8400
3	15	0.0277	11.9664
4	4	0.0048	2.0736
5		0.0007	0.3024
6			
7			
합계	432	1.0001	432.0432
평균	0.6921		

08 어떤 질병에 대한 약품의 효력을 알아보기 위하여 다음과 같은 실험을 하였다. 400명의 환자를 200명씩 무작위로 두 집단으로 나누어 그중 한 집단에는 투약을 하고 다른 한 집단에는 위약(placebo)을 주었다. 일정한 투약기간이 지난 후 질병의 상태에 대하여 다음과 같은 결과를 얻었다.

구분	투약 환자집단	위약 환자집단
호전됨	118	75
변화없음	82	125

(1) 투약효과여부에 대하여 카이제곱검정을 유의수준 5%에서 실시하라.

(2) 두 모집단의 비율에 대한 근사검정법을 사용하여, 투약효과여부에 대한 검정을 유의수준 5%에서 실시하고 유의확률의 값을 (1)의 결과와 비교하라.

09 다음은 자동차 사고와 연령에 대한 분할표이다.

연령	사고횟수		
	0	1 또는 2	3 이상
20 이하	10	20	18
21~30	18	24	32
31~50	21	18	15
50 이상	11	8	5

이 자료에 근거하여 자동차 사고횟수와 연령 간의 독립여부를 $\alpha = 0.05$에서 결정하라.

10 이원분할표에서, $p_{i.}$과 $p_{.j}$의 최대가능도 추정량은 식 (9.10)에 주어진 바와 같이 각각

$$\hat{p}_{i.} = \frac{\sum_{j=1}^{c} X_{ij}}{n}, \quad \hat{p}_{.j} = \frac{\sum_{i=1}^{r} X_{ij}}{n} \qquad (i = 1, \cdots, r; \quad j = 1, \cdots, c)$$

로 주어짐을 보여라.

11 다음의 자료는 최종학교 졸업 후 일정기간이 지난 후의 월수입과 학력의 관계를 알아보기 위하여 구한 750명으로 이루어진 표본에 근거한 것이다.

학력	재산정도		
	상	중	하
고졸	50	50	100
전문대졸	70	200	50
대졸	120	60	50

이제 월수입과 학력 사이의 독립성 여부에 관해 유의수준 $\alpha = 0.10$인 검정방법을 제시하라.

12 다음 자료는 호흡기 질환에 관한 치료방법의 효과에 대한 것이다. 특정한 호흡기 질환을 앓고 있는 환자 100명을 50명씩 두 집단으로 나누어 한 집단에는 새로운 치료약을

주고 다른 집단에는 위약(placebo)을 주었다. 이때 증상이 완화되었다고 느끼는 환자의 수와 그렇지 않은 환자의 수를 조사하여 다음의 표에 나타내었다.

구분	증상완화	완화되지 않음	합
위약	14	36	50
신약	33	17	50

이제 위약을 받은 집단과 신약을 받은 집단의 분포가 동질적인지 유의수준 $\alpha = 0.05$ 에서 검정하라.

13 어떤 학교에서 농촌출신과 도시출신 학생의 전공선택의 차이에 대해 알아보기 위하여 200명으로 이루어진 표본에 근거한 다음과 같은 분할표를 구하였다.

구분	사회과학계	자연과학계	인문과학계
도시	40	30	30
농촌	40	20	40

이제, 도시와 농촌 간에 전공선택에 대하여 독립성이 있는지 여부를 유의수준 α에서 검정하는 방법을 상세히 제시하라.

14 어떤 서비스에 대한 만족도가 연령별로 차이가 있는지 조사한 자료가 다음과 같다. 20대, 30대, 40대 이상의 세 집단에서 만족도의 분포가 동질적인지 유의수준 $\alpha = 0.05$ 에서 검정하라.

연령대	만족도				
	매우 만족	만족	보통	불만족	매우 불만족
20대	10	20	30	30	10
30대	15	30	25	20	10
40대 이상	10	15	35	20	20

부록

〈**표 1**〉 이항확률변수의 누적분포표

$X \sim B(n,\, p)$일 때 $P(X \le x) = \sum_{y=0}^{x} \binom{n}{y} p^{y}(1-p)^{n-y}$의 값을 표시함.

$n=5$ p

x	.01	.05	.10	.20	.25	.30	.40	.50	.60	.70	.75	.80	.90	.95	.99
0	.9510	.7738	.5905	.3277	.2373	.1681	.0778	.0313	.0102	.0024	.0010	.0003	.0000		
1	.9990	.9774	.9185	.7373	.6328	.5282	.3370	.1875	.0870	.0308	.0156	.0067	.0005	.0000	
2	1.0000	.9988	.9914	.9421	.8965	.8369	.6826	.5000	.3174	.1631	.1035	.0579	.0086	.0012	.0000
3		1.0000	.9995	.9933	.9844	.9692	.9130	.8125	.6630	.4718	.3672	.2627	.0815	.0226	.0010
4			1.0000	.9999	.9990	.9976	.9898	.9688	.9222	.8319	.7627	.6723	.4095	.2262	.0490

$n=10$ p

x	.01	.05	.10	.20	.25	.30	.40	.50	.60	.70	.75	.80	.90	.95	.99
0	.9044	.5987	.3487	.1074	.0563	.0282	.0060	.0010	.0001	.0000					
1	.9957	.9139	.7361	.3758	.2440	.1493	.0464	.0107	0017	.0001	.0000	.0000			
2	.9999	.9885	.9298	.6778	.5256	.3828	.1673	.0547	.0123	.0016	.0004	.0001	.0000		
3	1.0000	.9990	.9872	.8791	.7759	.6496	.3823	.1719	.0584	.0106	.0035	.0009	.0000		
4		.9999	.9984	.9672	.9219	.8497	.6331	.3770	.1662	.0473	.0197	.0064	.0001	.0000	
5		1.0000	.9999	.9936	.9803	.9527	.8338	.6230	.3669	.1503	.0781	.0328	.0016	.0001	
6			1.0000	.9991	.9965	.9894	.9452	.8281	.6177	.3504	.2241	.1209	.0128	.0010	.0000
7				.9999	.9996	.9984	.9877	.9453	.8327	.6172	.4744	.3222	.0702	.0115	.0001
8				1.0000	1.0000	.9999	.9983	.9893	.9536	.8507	.7560	.6242	.2639	.0861	.0043
9						1.0000	.9999	.9990	.9940	.9718	.9437	.8926	.6513	.4013	.0956

$n=15$ p

x	.01	.05	.10	.20	.25	.30	.40	.50	.60	.70	.75	.80	.90	.95	.99
0	.8601	.4633	.2059	.0352	.0134	.0047	.0005	.0000							
1	.9904	.8290	.5490	.1671	.0802	.0353	.0052	.0005	.0000						
2	.9996	.9638	.8159	.3980	.2361	.1268	.0271	.0037	.0003	.0000					
3	1.0000	.9945	.9444	.6482	.4613	.2969	.0905	.0176	.0019	.0001	.0000				
4		.9994	.9873	.8358	.6865	.5155	.2173	.0592	.0093	.0007	.0001	.0000			
5		.9999	.9978	.9389	.8516	.7216	.4032	.1509	.0338	.0037	.0008	.0001			
6		1.0000	.9997	.9819	.9434	.8689	.6098	.3036	.0950	.0152	.0042	.0008			
7			1.0000	.9958	.9827	.9500	.7869	.5000	.2131	.0500	.0173	.0042	.0000		
8				.9992	.9958	.9848	.9050	.6964	.3902	.1211	.0566	.0181	.0003	.0000	
9				.9999	.9992	.9963	.9662	.8491	.5968	.2784	.1484	.0611	.0022	.0001	
10				1.0000	.9999	.9993	.9907	.9408	.7827	.4845	.3135	.1642	.0127	.0006	
11					1.0000	.9999	.9981	.9824	.9095	.7031	.5387	3518	.0556	.0055	.0000
12						1.0000	.9997	.9963	.9729	.8732	.7639	.6020	.1841	.0362	.0004
13							1.0000	.9995	.9948	.9647	.9198	.8329	.4510	.1710	.0096
14								1.0000	.9995	.9953	.9866	.9648	.7941	.5367	.1399

표 1. (계속)

$n=20$

x	.01	.05	.10	.20	.25	.30	.40	.50	.60	.70	.75	.80	.90	.95	.99
0	.8179	.3585	.1216	.0115	.0032	.0008	.0000								
1	.9831	.7358	.3917	.0692	.0243	.0076	.0005	.0000							
2	.9990	.9245	.6769	.2061	.0913	.0355	.0036	.0002							
3	1.0000	.9841	.8670	.4114	.2252	.1071	.0160	.0013	.0000						
4		.9974	.9568	.9296	.4148	.2375	.0510	.0059	.0003						
5		.9997	.9887	.8042	.6172	.4164	.1256	.0207	.0016	.0000					
6		1.0000	.9976	.9133	.7858	.6080	.2500	.0577	.0065	.0003	.0000				
7			.9996	.9679	.8982	.7723	.4159	.1316	.0210	.0013	.0002	.0000			
8			.9999	.9900	.9591	.8867	.5956	.2517	.0565	.0051	.0009	.0001			
9			1.0000	.9974	.9861	.9520	.7553	.4119	.1275	.0171	.0039	.0006			
10				.9994	.9961	.9829	.8725	.5881	.2447	.0480	.0139	.0026	.0000		
11				.9999	.9991	.9949	.9435	.7438	.4044	.1133	.0409	.0100	.0001		
12				1.0000	.9998	.9987	.9790	.8684	.5841	.2277	.1018	.0321	.0004		
13					1.0000	.9997	.9935	.9423	.7500	.3920	.2142	.0867	.0024	.0000	
14						1.0000	.9984	.9793	.8744	.5836	.3828	.1958	.0113	.0003	
15							.9997	.9941	.9490	.7625	.5852	.3704	.0432	.0026	
16							1.0000	.9987	.9840	.8629	.7748	.5886	.1330	.0159	.0000
17								.9998	.9964	.9645	.9087	.7939	.3231	.0755	.0000
18								1.0000	.9995	.9924	.9757	.9308	.6083	.2642	.0169
19									1.0000	.9992	.9968	.9885	.8784	.6415	.1821

$n=25$

x	.01	.05	.10	.20	.25	.30	.40	.50	.60	.70	.75	.80	.90	.95	.99
0	.7778	.2774	.0718	.0038	.0008	.0001	.0000								
1	.9742	.6424	.2712	.0274	.0070	.0016	.0001								
2	.9980	.8729	.5371	.0982	.0321	.0090	.0004	.0000							
3	.9999	.9659	.7636	.2340	.0962	.0332	.0024	.0001							
4	1.0000	.9928	.9020	.4207	.2137	.0905	.0095	.0005	.0000						
5		.9988	.9666	.6167	.3783	.1935	.0294	.0020	.0001						
6		.9988	.9905	.7890	.5611	.3407	.0736	.0073	.0003						
7		1.0000	.9977	.8909	.7265	.5118	.1536	.0216	.0012	.0000					
8			.9995	.9532	.8506	.6869	.2735	.0539	.0043	.0001					
9			.9999	.9827	.9287	.8106	.4246	.1148	.0132	.0005	.0000				
10			1.0000	.9944	.9703	.9022	.5858	.2122	.0344	.0018	.0002	.0000			
11				.9985	.9893	.9558	.7323	.3450	.0778	.0060	.0009	.0001			
12				.9996	.9966	.9825	.8462	.5000	.1538	.0175	.0034	.0004			
13				.9999	.9991	.9940	.9222	.6550	.2677	.0442	.0107	.0015			
14				1.0000	.9998	.9982	.9656	.7878	.4142	.0978	.0297	.0056	.0000		
15					1.0000	.9995	.9868	.8852	.5754	.1894	.0713	.0173	.0001		
16						.9999	.9957	.9461	.7265	.3231	.1494	.0468	.0005		
17						1.0000	.9988	.9784	.8464	.4882	.2735	.1091	.0023	.0000	
18							.9997	.9927	.9264	.6593	.4389	.2200	.0095	.0002	
19							.9999	.9980	.9706	.8065	.6217	.3833	.0334	.0012	
20							1.0000	.9995	.9905	.9095	.7863	.5793	.0980	.0072	.0000
21								.9999	.9976	.9668	.9038	.7660	.2364	.0341	.0001
22								1.0000	.9996	.9910	.9679	.9018	.4629	.1271	.0020
23									.9999	.9984	.9930	.9726	.7288	.3576	.0258
24									1.0000	.9999	.9992	.9962	.9282	.7226	.2222

〈표 2〉 포아송 확률변수의 누적분포표

$X \sim \mathrm{POI}(\lambda)$일 때, $P(X \le x) = \sum_{y=0}^{x} \frac{\exp(-\lambda)\lambda^y}{y!}$의 값을 표시함.

λ

x	.05	.10	.15	.20	.25	.30	.35	.40	45	.50
0	.9512	.9048	.8607	.8187	.7788	.7408	.7047	.6703	.6376	.6065
1	.9988	.9953	.9898	.9825	.9735	.9631	.9513	.9384	.9246	.9098
2	1.0000	.9998	.9995	.9989	.9978	.9964	.9945	.9921	.9891	.9856
3		1.0000	1.0000	.9999	.9999	.9997	.9995	.9992	.9988	.9982
4				1.0000	1.0000	1.0000	1.0000	.9999	.9999	.9998
5								1.0000	1.0000	1.0000

λ

x	.55	.60	.65	.70	.75	.80	.85	.90	.95	1.00
0	.5769	.5488	.5220	.4966	.4724	.4493	.4274	.4066	.3867	.3679
1	.8943	.8781	.8614	.8442	.8266	.8088	.7907	.7725	.7541	.7358
2	.9815	.9769	.9717	.9659	.9595	.9526	.9451	.9371	.9287	.9197
3	.9975	.9966	.9956	.9942	.9927	.9909	.9889	.9865	.9839	.9810
4	.9997	.9996	.9994	.9992	.9989	.9986	.9982	.9977	.9971	.9963
5	1.0000	1.0000	.9999	.9999	.9999	.9998	.9997	.9997	.9995	.9994
6		1.0000	1.0000	1.0000	1.0000	1.0000	1.0000	1.0000	.9999	.9999
7									1.0000	1.0000

λ

x	1.1	1.2	1.3	1.4	1.5	1.6	1.7	1.8	1.9	2.0
0	.3329	.3012	.2725	.2466	.2231	.2019	.1827	.1653	.1496	.1353
1	.6990	.6626	.6268	.5918	.5578	.5249	.4932	.4628	.4337	.4060
2	.9004	.8795	.8571	.8335	.8088	.7834	.7572	.7306	.7037	.6767
3	.9743	.9662	.9569	.9463	.9344	.9212	.9068	.8913	.8748	.8571
4	.9946	.9923	.9893	.9857	.9814	.9763	.9704	.9636	.9559	.9473
5	.9990	.9985	.9978	.9968	.9955	.9940	.9920	.9896	.9868	.9834
6	.9999	.9997	.9996	.9994	.9991	.9987	.9981	.9974	.9966	.9955
7	1.0000	1.0000	.9999	.9999	.9998	.9997	.9996	.9994	.9992	.9989
8			1.0000	1.0000	1.0000	1.0000	.9999	.9999	.9998	.9998
9						1.0000	1.0000	1.0000	1.0000	1.0000

표 2. (계속)

x	λ 2.1	2.2	2.3	2.4	2.5	2.6	2.7	2.8	2.9	3.0
0	.1225	.1108	.1003	.0907	.0821	.0743	.0672	.0608	.0550	.0498
1	.3796	.3546	.3309	.3084	.2873	.2674	.2487	.2311	.2146	.1991
2	.6496	.6227	.5960	.5697	.5438	.5184	.4936	.4695	.4460	.4323
3	.8386	.8194	.7993	.7787	.7576	.7360	.7141	.6919	.6696	.6472
4	.9379	.9275	.9162	.9041	.8912	.8774	.8629	.8477	.8318	.8153
5	.9796	.9751	.9700	.9643	.9580	.9510	.9433	.9349	.9258	.9161
6	.9941	.9925	.9906	.9884	.9858	.9828	.9794	.9756	.9713	.9665
7	.9985	.9980	.9974	.9967	.9958	.9947	.9934	.9919	.9901	.9881
8	.9997	.9995	.9994	.9991	.9989	.9985	.9981	.9976	.9969	.9962
9	.9999	.9999	.9999	.9998	.9997	.9996	.9995	.9993	.9991	.9989
10	1.0000	1.0000	1.0000	1.0000	.9999	.9999	.9999	.9998	.9998	9977
11				1.0000	1.0000	1.0000	1.0000	1.0000	.9999	.9999
12									1.0000	1.0000

x	λ 3.1	3.2	3.3	3.4	3.5	3.6	3.7	3.8	3.9	4.0
0	.0450	.0408	.0369	.0334	.0302	.0273	.0247	.0224	.0202	.0183
1	.1847	.1712	.1586	.1468	.1359	.1257	.1162	.1074	.0992	.0916
2	.4012	.3799	.3594	.3397	.3208	.3027	.2854	.2689	.2531	.2381
3	.6248	.6025	.5803	.5584	.5366	.5152	.4942	.4735	.4532	.4335
4	.7982	.7806	.7626	.7442	.7254	.7064	.6872	.6678	.6484	.6288
5	.9057	.8946	.8829	.8705	.8576	.8441	.8301	.8156	.8006	.7851
6	.9612	.9554	.9490	.9421	.9347	.9267	.9182	.9091	.8995	.8893
7	.9858	.9832	.9802	.9769	.9733	.9692	.9648	.9599	.9546	.9489
8	.9953	.9943	.9931	.9917	.9901	.9883	.9863	.9840	.9815	.9786
9	.9986	.9982	.9978	.9973	.9967	.9960	.9952	.9942	.9931	.9919
10	.9996	.9995	.9994	.9992	.9990	.9987	.9984	.9981	.9977	.9972
11	.9999	.9999	.9998	.9998	.9997	.9996	.9995	.9994	.9993	.9991
12	1.0000	1.0000	1.0000	.9999	.9999	.9999	.9999	.9998	.9998	.9997
13				1.0000	1.0000	1.0000	1.0000	1.0000	.9999	.9999
14									1.0000	1.0000

표 2. (계속)

x	λ 5	6	7	8	9	10	15	20	25	30
0	.0067	.0025	.0009	.0003	.0001	.0000				
1	.0404	.0174	.0073	.0030	.0012	.0005				
2	.1247	.0620	.0296	.0138	.0062	.0028	.0000			
3	.2650	.1512	.0818	.0424	.0212	.0103	.0002			
4	.4405	.2851	.1730	.0996	.0550	.0293	.0009	.0000		
5	.6160	.4457	.3007	.1912	.1157	.0671	.0028	.0001		
6	.7622	.6063	.4497	.3134	.2068	.1301	.0076	.0003		
7	.8666	.7440	.5987	.4530	.3239	.2202	.0180	.0008	.0000	
8	.9319	.8472	.7291	.5925	.4557	.3328	.0374	.0021	.0001	
9	.9682	.9161	.8305	.7166	.5874	.4597	.0699	.0050	.0002	
10	.9863	.9574	.9015	.8159	.7060	.5830	.1185	.0108	.0006	.0000
11	.9945	.9799	.9467	.8881	.9030.	6968	.1848	.0214	.0014	.0001
12	.9980	.9912	.9730	.9362	.8758	.7916	.2676	.0390	.0031	.0002
13	.9993	.9964	.9872	.9658	.9261	.8645	.3632	.0661	.0065	.0004
14	.9998	.9986	.9943	.9827	.9585	.9165	.4657	.1049	.0124	.0009
15	.9999	.9995	.9976	.9918	.9870	.9513	.5681	.1565	.0223	.0019
16	1.0000	.9998	.9990	.9963	.9889	.9730	.6641	.2211	.0377	.0039
17		.9999	.9996	.9984	.9947	.9857	.7489	.2970	.0605	.0073
18		1.0000	.9999	.9993	.9976	.9928	.8195	.3814	.0920	.0129
19			1.0000	.9997	.9989	.9965	.8752	.4703	.1336	.0219
20				.9999	.9996	.9984	.9170	.5597	.1855	.0353
21				1.0000	.9998	.9993	.9469	.6437	.2473	.0544
22					.9999	.9997	.9673	.7206	.3175	.0806
23					1.0000	.9999	.9805	.7875	.3939	.1146
24						1.0000	.98888	.8432	.4734	.1572
25							.9938	.8878	.5592	.2084
26							.9967	.9221	.6294	.2673
27							.9983	.9475	.7002	.3329
28							.9991	.9657	.7634	.4031
29							.9996	.9782	.8179	.4757
30							.9998	.9865	.8633	.5484
31							.9999	.9919	.8999	.6186
32							1.0000	.9953	.9285	.6845
33								.9973	.9502	.7444
34								.9985	.9962	.7973
35								.9992	.9775	.8426
36								.9996	.9854	.8804
37								.9998	.9908	.9110
38								.9999	.9943	.9352
39								.9999	.9966	.9537
40								1.0000	.9980	.9677
41									.9988	.9779
42									.9993	.9852
43									.9996	.9903
44									.9998	.9937

〈**표 3**〉 표준정규확률변수의 누적분포표

$Z \sim N(0,\ 1)$일 때, $P(Z \le z) = \int_{-\infty}^{z} \frac{1}{\sqrt{2\pi}} \exp(-x^2/2)\,dx$의 값을 표시함.

z	.00	.01	.02	.03	.04	.05	.06	.07	.08	.09
−3.4	.0003	.0003	.0003	.0003	.0003	.0003	.0003	.0003	.0003	.0002
−3.3	.0005	.0005	.0005	.0004	.0004	.0004	.0004	.0004	.0004	.0003
−3.2	.0007	.0007	.0006	.0006	.0006	.0006	.0006	.0005	.0005	.0005
−3.1	.0010	.0009	.0009	.0009	.0008	.0008	.0008	.0008	.0007	.0007
−3.0	.0013	.0013	.0013	.0012	.0012	.0011	.0011	.0011	.0010	.0010
−2.9	.0019	.0018	.0018	.0017	.0016	.0016	.0015	.0015	.0014	.0014
−2.8	.0026	.0025	.0024	.0023	.0023	.0022	.0021	.0021	.0020	.0019
−2.7	.0035	.0034	.0033	.0032	.0031	.0030	.0029	.0028	.0027	.0026
−2.6	.0047	.0045	.0044	.0043	.0041	.0040	.0039	.0038	.0037	.0036
−2.5	.0062	.0060	.0059	.0057	.0055	.0054	.0052	.0051	.0049	.0048
−2.4	.0082	.0080	.0078	.0075	.0073	.0071	.0069	.0068	.0066	.0064
−2.3	.0107	.0104	.0102	.0099	.0096	.0094	.0091	.0089	.0087	.0084
−2.2	.0139	.0136	.0132	.0129	.0125	.0122	.0119	.0116	.0113	.0110
−2.1	.0179	.0174	.0170	.0166	.0162	.0158	.0154	.0150	.0146	.0143
−2.0	.0228	.0222	.0217	.0212	.0207	.0202	.0197	.0192	.0188	.0183
−1.9	.0287	.0281	.0274	.0268	.0262	.0256	.0250	.0244	.0239	.0233
−1.8	.0359	.0351	.0344	.0336	.0329	.0322	.0314	.0307	.0301	.0294
−1.7	.0446	.0436	.0427	.0418	.0409	.0401	.0392	.0384	.0375	.0367
−1.6	.0548	.0537	.0526	.0516	.0505	.0495	.0485	.0475	.0465	.0455
−1.5	.0668	.0655	.0643	.0630	.0618	.0606	.0594	.0582	.0571	.0559
−1.4	.0808	.0793	.0778	.0764	.0749	.0735	.0721	.0708	.0694	.0681
−1.3	.0968	.0951	.0934	.0918	.0901	.0885	.0869	.0853	.0838	.0833
−1.2	.1151	.1131	.1112	.1093	.1075	.1056	.1038	.1020	.1003	.0985
−1.1	.1357	.1335	.1314	.1292	.1271	.1251	.1230	.1210	.1190	.1170
−1.0	.1587	.1562	.1539	.1515	.1492	.1469	.1446	.1423	.1401	.1379
−0.9	.1841	.1814	.1788	.1762	.1736	.1711	.1685	.1660	.1635	.1661
−0.8	.2119	.2090	.2061	.2033	.2005	.1977	.1949	.1922	.1894	.1867
−0.7	.2420	.2389	.2358	.2327	.2296	.2266	.2236	.2206	.2177	.2148
−0.6	.2743	.2709	.2676	.2643	.2611	.2578	.2546	.25114	.2483	.2451
−0.5	.3085	.3050	.3015	.2981	.2946	.2912	.2877	.2843	.2810	.2776
−0.4	.3446	.3409	.3372	.3336	.3300	.3264	.3228	.3192	.3156	.3121
−0.3	.3821	.3783	.3745	.3707	.3669	.3632	.3594	.3557	.3520	.3483
−0.2	.4207	.4168	.4129	.4090	.4052	.413	.3974	.3936	.3897	.3859
−0.1	.4602	.4562	.4522	.4483	.4443	.4404	.4364	.4325	.4286	.4247
−0.0	.5000	.4960	.4920	.4880	.4840	.4801	.4761	.4721	.4681	.4641

표 3. (계속)

z	.00	.01	.02	.03	.04	.05	.06	.07	.08	.09
0.0	.5000	.5040	.5080	.5120	.5160	.5199	.5239	.5279	.5319	.5359
0.1	.5398	.5438	.5478	.5517	.5557	.5596	.5636	.5675	.5714	.5753
0.2	.5793	.5832	.5871	.5910	.5948	.5987	.6026	.6064	.6103	.6141
0.3	.6179	.6217	.6255	.6293	.6331	.6368	.6406	.6443	.6480	.6517
0.4	.6554	.6591	.6628	.6664	.6700	.6736	.6772	.6808	.6844	.6879
0.5	.6915	.6950	.6985	.7019	.8054	.0788	.7123	.7157	.7190	.7224
0.6	.7257	.7291	.7324	.7357	.7389	.7422	.7454	.7486	.7517	.7549
0.7	.7580	.7611	.7642	.7673	.7704	.7734	.7764	.7794	.7823	.7852
0.8	.7881	.7910	.7939	.7967	.7995	.8023	.8051	.8078	.8106	.8133
0.9	.8159	.8186	.8212	.8238	.8264	.8289	.8315	.8340	.8365	.8389
1.0	.8413	.8438	.8461	.8485	.8508	.8531	.8554	.8577	.8599	.8621
1.1	.8643	.8665	.8686	.8708	.8729	.8749	.8770	.8790	.8810	.8830
1.2	.8849	.8869	.8888	.8907	.8925	.8944	8962	.8980	.8997	.9015
1.3	.9032	.9049	.9066	.9082	.9099	.9115	.9131	.9147	.9162	.9177
1.4	.9192	.9207	.9222	.9236	.9251	.9265	.9279	.9292	.9306	.9319
1.5	.9332	.9345	.9357	.9370	.9382	.9394	.9406	.9418	.9429	.9411
1.6	.9452	.9463	.9474	.9484	.9495	.9505	.9515	.9525	.9535	.9545
1.7	.9554	.9564	.9573	.9582	.9691	.9599	.9608	.9616	.9625	.9633
1.8	.9641	.9649	.9656	.9664	.9671	.9678	.9686	.9693	.9699	.9706
1.9	.9713	.9719	.9726	.9732	.9738	.9744	.9750	.9756	.9761	.9767
2.0	.9772	.9778	.9783	.9788	.9793	.9798	.9803	.9808	.9812	.9817
2.1	.9821	.9826	.9830	.9834	.9838	.9842	.9846	.9850	.9854	.9857
2.2	.9861	.9864	.9868	.9871	.9875	.9878	.9881	.9884	.9887	.9870
2.3	.9893	.9896	.9898	.9901	.9904	.9906	.9909	.9911	.9913	.9916
2.4	.9918	.9920	.9922	.9925	.9927	.9929	.9931	.9932	.9934	.9936
2.5	.9938	.9940	.9941	.9943	.9945	.9946	.9948	.9949	.9951	.9952
2.6	.9953	.9955	.9956	.9957	.9959	.9970	.9971	.9972	.9973	.9974
2.7	.9965	.9966	.9967	.9968	.9969	.9970	.9971	.9972	.9973	.9974
2.8	.9974	.9975	.9976	.9977	.9977	.9978	.9979	.9979	.9980	.9981
2.9	.9981	.9982	.9982	.9983	.9984	.9984	.9985	.9985	.9986	.9986
3.0	.9987	.9987	.9987	.9988	.9988	.9989	.9989	.9989	.9990	.9990
3.1	.9990	.9991	.9991	.9991	.9992	.9992	.9992	.9992	.9993	.9993
3.2	.9993	.9993	.9994	.9994	.9994	.9994	.9994	.9995	.9995	.9995
3.3	.9995	.9995	.9995	.9996	.9996	.9996	.9996	.9996	.9996	.9997
3.4	.9997	.9997	.9997	.9997	.9997	.9997	.9997	.9997	.9997	.9998

Critical Values, $P(Z \geq z_\alpha) = \alpha$

α	.10	.05	.025	.01	.005	.001	.0005	.0001
z_α	1.2816	1.6449	1.9600	2.3263	2.5758	3.0902	3.2905	3.7190

α	.00009	.00008	.00007	.00006	.00005	.00004	.00003	.00002	.00001
z_α	3.7455	3.7550	3.8082	3.8461	3.8906	3.9444	4.0128	4.1075	4.2649

〈표 4〉 t 확률변수의 주요 백분위수

$T \sim t(n)$일 때, $P[T > t_\alpha(n)] = \alpha$를 만족하는 $t_\alpha(n)$의 값을 표시함.

n	α								
	0.40	0.30	0.20	0.10	0.05	0.025	0.01	0.005	0.0005
1	0.325	0.727	1.376	3.078	6.314	12.706	31.821	63.657	636.619
2	0.289	0.617	1.061	1.886	2.920	4.303	6.965	9.925	31.598
3	0.277	0.584	0.978	1.638	2.532	3.182	4.541	5.841	12.924
4	0.271	0.569	0.941	1.533	2.132	2.776	3.747	4.604	8.610
5	0.267	0.559	0.920	1.476	2.015	2.571	3.365	4.032	6.869
6	0.265	0.553	0.906	1.440	1.943	2.447	.3143	3.707	5.959
7	0.263	0.549	0.896	1.415	1.895	2.365	2.998	3.499	5.408
8	0.262	0.546	0.889	1.397	1.860	2.306	2.896	3.355	5.041
9	0.261	0.543	0.883	1.383	1.833	2.262	2.821	3.250	4.781
10	0.260	0.542	0.879	1.372	1.812	2.228	2.764	3.169	4.587
11	0.260	0.540	0.876	1.363	1.796	2.201	2.718	3.106	4.437
12	0.259	0.539	0.873	1.356	1.782	2.179	2.681	3.055	4.318
13	0.259	0.538	0.870	1.350	1.771	2.160	2.650	3.012	4.221
14	0.258	0.537	0.868	1.354	1.761	2.145	2.624	2.977	4.140
15	0.258	0.536	0.866	1.341	1.753	2.131	2.602	2.947	4.073
16	0.258	0.535	0.865	1.337	1.746	2.120	2.583	2.921	4.015
17	0.257	0.534	0.863	1.333	1.740	2.110	2.567	2.898	3.965
18	0.257	0.534	0.862	1.330	1.734	2.101	2.552	2.878	3.992
19	0.257	0.533	0.861	1.328	1.729	2.093	2.539	2.861	3.883
20	0.257	0.533	0.860	1.325	1.725	2.086	2.528	2.845	3.850
21	0.257	0.532	0.859	1.323	1.721	2.080	2.518	2.831	3.819
22	0.256	0.532	0.858	1.321	1.717	2.074	2.508	2.819	3.792
23	0.256	0.532	0.858	1.319	1.714	2.069	2.500	2.807	3.762
24	0.256	0.531	0.857	1.318	1.711	2.064	2.492	2.797	3.745
25	0.256	0.531	0.856	1.316	1.708	2.060	2.485	2.787	3.725
26	0.256	0.531	0.856	1.315	1.706	2.056	2.479	2.779	3.707
27	0.256	0.531	0.855	1.314	1.703	2.052	2.473	2.771	3.690
28	0.256	0.530	0.855	1.313	1.701	2.048	2.467	2.763	3.674
29	0.256	0.530	0.854	1.311	1.699	2.045	2.462	2.756	3.659
30	0.256	0.530	0.854	1.310	1.697	2.042	2.457	2.750	3.646
40	0.255	0.529	0.851	1.303	1.684	2.021	2.423	2.704	3.551
60	0.254	0.527	0.848	1.296	1.671	2.000	2.390	2.660	3.460
120	0.254	0.526	0.845	1.289	1.658	1.980	2.358	2.617	3.373
∞	0.253	0.524	0.842	1.282	1.645	1.960	2.326	2.576	3.291

〈표 5〉 $\chi^2(n)$ 확률변수의 주요 백분위수

$X \sim \chi^2(n)$일 때, $P[X > \chi^2_\alpha(n)] = \alpha$를 만족하는 $\chi^2_\alpha(n)$의 값을 표시함.

n	α													
	0.995	0.990	0.975	0.950	0.900	0.750	0.500	0.250	0.100	0.050	0.025	0.010	0.005	0.001
1					0.02	0.10	0.45	1.32	2.71	3.84	5.02	6.63	7.88	10.83
2	0.01	0.02	0.05	0.10	0.21	0.58	1.39	2.77	4.61	5.99	7.38	9.21	10.60	13.82
3	0.07	0.11	0.22	0.36	0.58	1.21	2.37	4.11	6.25	7.81	9.35	11.34	12.84	16.27
4	0.21	0.30	0.48	0.71	1.06	1.92	3.36	5.39	7.78	9.49	11.14	13.28	14.86	18.47
5	0.41	0.55	0.83	1.15	1.61	2.67	4.35	6.63	9.24	11.07	12.83	15.09	16.75	20.52
6	0.68	0.87	1.24	1.64	2.20	3.45	5.35	7.84	10.64	12.59	14.45	16.81	18.55	22.46
7	0.99	1.24	1.69	2.17	2.83	4.25	6.35	9.04	12.02	14.07	16.01	18.48	20.28	24.32
8	1.34	1.65	2.18	2.73	3.49	5.07	7.34	10.22	13.36	15.51	17.53	20.09	21.96	26.12
9	1.73	2.09	2.70	3.33	4.17	5.90	8.34	11.39	14.68	16.92	19.02	21.67	23.59	27.88
10	2.16	2.56	3.25	3.94	4.87	6.74	9.34	12.55	15.99	18.31	20.48	23.21	25.19	29.59
11	2.60	3.05	3.82	4.57	5.58	7.58	10.34	13.70	17.28	19.68	21.92	24.72	26.76	31.26
12	3.07	3.57	4.40	5.23	6.30	8.44	11.34	14.85	18.55	21.03	23.34	26.22	28.30	32.91
13	3.57	4.11	5.01	5.89	7.04	9.30	12.34	15.98	19.81	22.36	24.74	27.69	29.82	34.53
14	4.07	4.66	5.63	6.57	7.79	10.17	13.34	17.12	21.06	23.68	26.12	29.14	31.32	36.12
15	4.60	5.23	6.26	7.26	8.55	11.04	14.34	18.25	22.31	25.00	27.49	30.58	32.80	37.70
16	5.14	5.81	6.91	7.96	9.31	11.91	15.34	19.37	23.54	26.30	28.85	32.00	34.27	39.25
17	5.70	6.41	7.56	8.67	10.09	12.79	16.34	20.49	24.77	27.59	30.19	33.41	35.73	40.79
18	6.26	7.01	8.23	9.39	10.86	13.68	17.34	21.60	25.99	28.87	31.53	34.81	37.16	42.31
19	6.84	7.63	8.91	10.12	11.65	14.56	18.34	22.72	27.20	30.14	32.85	36.19	38.58	43.82
20	7.43	8.26	9.59	10.85	12.44	15.45	19.34	23.83	28.41	31.41	34.17	37.57	40.00	45.32
21	8.03	8.90	10.28	11.59	13.24	16.34	20.34	24.93	29.62	32.67	35.48	38.93	41.40	46.80
22	8.64	9.54	10.98	12.34	14.04	17.24	21.34	26.04	30.81	33.92	36.78	40.29	42.80	48.27
23	9.26	10.20	11.69	13.09	14.85	18.14	22.34	27.14	32.01	35.17	38.08	41.64	44.18	49.73
24	9.89	10.86	12.40	13.85	15.66	19.04	23.34	28.24	33.20	36.42	39.36	42.98	45.56	52.62
25	10.52	11.52	13.12	14.61	16.47	19.94	24.34	29.34	34.38	37.65	40.65	44.31	46.93	52.62
30	13.79	14.95	16.79	18.49	20.60	24.48	29.34	34.80	40.26	43.77	46.98	50.89	53.67	59.70
40	20.71	22.16	24.43	26.51	29.05	33.66	39.34	45.62	51.80	55.76	59.34	63.69	66.77	73.40
50	27.99	29.71	32.36	34.76	37.69	42.94	49.33	56.33	63.17	67.50	71.42	76.15	79.49	86.66
60	35.53	37.48	40.48	43.19	46.46	52.29	59.33	66.98	74.40	79.08	83.30	88.38	91.95	99.61
70	43.28	45.44	48.76	54.74	55.33	61.70	69.33	77.58	85.53	90.53	95.02	100.42	104.22	112.32
80	51.17	53.54	57.15	60.39	64.28	71.14	79.33	88.13	96.58	101.88	106.63	112.33	116.32	124.84
90	59.20	61.75	65.65	69.13	73.29	80.62	89.33	98.64	107.56	113.14	118.14	124.12	128.30	137.21
100	67.33	70.06	74.22	77.93	82.36	90.13	99.33	109.14	118.50	124.34	129.56	135.81	140.17	149.45

〈표 6〉 ***F*** 확률변수의 주요 백분위수

$F \sim F(n, m)$ 일 때, $P[F > F_\alpha(n, m)] = \alpha$ 를 만족하는 $F_\alpha(n, m)$의 값을 표시함.

α	m \ n	1	2	3	4	5	6	7	8	9	10	12	15	20	30	60	120	∞
0.10	1	39.9	49.5	53.6	55.8	57.2	58.2	58.9	59.4	59.9	60.2	60.7	61.2	61.7	62.3	62.8	63.1	63.3
0.05	1	161	200	216	225	230	234	238	239	241	242	244	246	248	250	252	253	254
0.025	1	648	800	864	900	922	937	948	957	963	969	977	985	993	1,000	1,010	1,010	1,020
0.01	1	4,050	5,000	5,400	5,620	5,760	5,860	5,930	5,980	6,020	6,060	6,110	6,160	6,210	6,260	6,310	6,340	6,370
0.005	1	16,200	20,000	21,600	22,500	23,100	23,400	23,700	23,900	24,100	24,200	24,400	24,600	24,800	.25,000	25,200	25,400	25,500
0.10	2	8.53	9.00	9.16	9.24	9.29	9.33	9.35	9.37	9.38	9.39	9.41	9.42	9.44	9.46	9.47	9.48	9.49
0.05	2	18.5	19.0	19.2	19.2	19.3	19.3	19.4	19.4	19.4	19.4	19.4	19.4	19.5	19.5	19.5	19.5	19.5
0.025	2	38.5	39.0	39.2	39.2	39.3	39.3	39.4	39.4	39.4	39.4	39.4	39.4	39.4	39.5	39.5	39.5	39.5
0.01	2	98.5	99.0	99.2	99.2	99.3	99.3	99.4	99.4	99.4	99.4	99.4	99.4	99.4	99.5	99.5	99.5	99.5
0.005	2	199	199	199	199	199	199	199	199	199	199	199	199	199	199	199	199	199
0.10	3	5.54	5.46	5.39	5.34	5.31	5.28	5.27	5.25	5.24	5.23	5.22	5.20	5.18	5.17	5.15	5.14	5.13
0.05	3	10.4	9.55	9.28	9.12	9.01	8.94	8.89	8.85	8.81	8.79	8.74	8.70	8.66	8.62	8.57	8.55	8.53
0.025	3	17.4	16.0	15.4	15.1	14.9	14.7	14.6	14.5	14.5	14.4	14.3	14.3	14.2	14.1	14.0	13.9	13.9
0.01	3	34.1	30.8	29.5	28.7	28.2	27.9	27.7	27.5	27.3	27.2	27.1	26.9	26.7	26.5	26.3	262.2	26.1
0.005	3	55.6	49.8	47.5	46.2	45.4	44.8	44.4	44.1	43.9	43.7	43.4	43.1	42.8	42.5	42.1	42.0	41.8
0.10	4	4.54	4.32	4.19	4.11	4.05	4.01	3.98	3.95	3.93	3.92	3.90	3.87	3.84	3.82	3.79	3.78	3.76
0.05	4	7.71	6.94	6.59	6.39	6.26	6.16	6.09	6.04	6.00	5.96	5.91	5.86	5.80	5.75	5.69	5.66	5.63
0.025	4	12.2	10.6	9.98	9.60	9.36	9.20	9.07	8.98	8.90	8.84	8.75	8.66	8.56	8.46	8.36	8.31	8.26
0.01	4	21.2	18.0	16.7	16.0	15.5	15.2	15.0	14.8	14.7	14.5	14.4	14.2	14.0	13.8	13.7	13.6	13.5
0.005	4	31.3	26.3	24.3	23.2	22.5	22.0	21.6	21.4	21.1	21.0	20.7	20.4	20.2	19.9	19.6	19.5	19.3
0.10	5	4.06	3.78	3.62	3.52	3.45	3.40	3.37	3.34	3.32	3.30	3.27	3.24	3.21	3.17	3.14	3.12	3.11
0.05	5	6.61	5.79	5.41	5.19	5.05	4.95	4.88	4.82	4.77	4.74	4.68	4.62	4.56	4.50	4.43	4.40	4.37
0.025	5	10.0	8.43	7.76	7.39	7.15	6.98	6.85	6.76	6.68	6.62	6.52	6.43	6.33	6.23	6.12	6.07	6.02
0.01	5	16.3	13.3	12.1	11.4	11.0	10.7	10.5	10.3	10.2	10.1	9.89	9.72	9.55	9.38	9.20	9.11	9.02
0.005	5	22.8	18.3	16.5	15.6	14.9	14.5	14.2	14.0	13.8	13.6	13.4	13.1	12.9	12.7	12.4	12.3	12.1
0.10	6	3.78	3.46	3.29	3.18	3.11	3.05	3.01	2.98	2.96	2.94	2.90	2.87	2.84	2.80	2.76	2.74	2.72
0.05	6	5.99	5.14	4.76	4.53	4.39	4.28	4.21	4.15	4.10	4.06	4.00	3.94	3.87	3.81	3.74	3.70	3.67
0.025	6	8.81	7.26	6.60	6.23	5.99	5.82	5.70	5.60	5.52	5.46	5.37	5.27	5.17	5.07	4.96	4.90	4.85
0.01	6	13.7	10.9	9.78	9.15	8.75	8.47	8.26	8.10	7.98	7.87	7.72	7.56	7.40	7.23	7.06	6.97	6.88
0.005	6	18.6	14.5	12.9	12.0	11.5	11.1	10.8	10.6	10.4	10.2	10.0	9.81	9.59	9.36	9.12	9.00	8.88
0.10	7	3.59	3.26	3.07	2.96	2.88	2.83	2.78	2.75	2.72	2.70	2.67	2.63	2.59	2.56	2.51	2.49	2.47
0.05	7	5.59	4.74	4.35	4.12	3.97	3.87	3.79	3.73	3.68	3.64	3.57	3.51	3.44	3.38	3.30	3.27	3.23
0.025	7	8.07	6.54	5.89	5.52	5.29	5.12	4.99	4.90	4.82	4.76	4.67	4.57	4.47	4.36	4.25	4.20	4.14
0.01	7	12.2	9.55	8.45	7.85	7.46	7.19	6.99	6.84	6.72	6.62	6.47	6.31	6.16	5.99	5.82	5.74	5.65
0.005	7	16.2	12.4	10.9	10.1	9.52	9.16	8.89	8.68	8.51	8.38	8.18	7.97	7.75	7.53	7.31	7.19	7.08

표 6. (계속)

α \ m	n	1	2	3	4	5	6	7	8	9	10	12	15	20	30	60	120	∞
0.10		3.46	3.11	2.92	2.81	2.73	2.67	2.62	2.59	2.56	2.54	2.50	2.46	2.42	2.38	2.34	2.31	2.29
0.05		5.32	4.46	4.07	3.84	3.69	3.58	3.50	3.44	3.39	3.35	3.28	3.22	3.15	3.08	3.01	2.97	2.93
0.025	8	7.57	6.06	5.42	5.05	4.82	4.65	4.53	4.43	4.36	4.30	4.20	4.10	4.00	3.89	3.78	3.73	3.67
0.01		11.3	8.65	7.59	7.01	6.63	6.37	6.18	6.03	5.91	5.81	5.67	5.52	5.36	5.20	5.03	4.95	4.86
0.005		14.7	11.0	9.60	8.81	8.30	7.95	7.69	7.50	7.34	7.21	7.01	6.81	6.61	6.40	6.18	6.06	5.95
0.10		3.36	3.01	2.81	2.69	2.61	2.55	2.51	2.47	2.44	2.42	2.38	2.34	2.30	2.25	2.21	2.18	2.16
0.05		5.12	4.26	3.86	3.63	3.48	3.37	3.29	3.23	3.18	3.14	3.07	3.01	2.94	2.86	2.79	2.75	2.71
0.025	9	7.21	5.71	5.08	4.72	4.48	4.32	4.20	4.10	4.03	3.96	3.87	3.77	3.67	3.56	3.45	3.39	3.33
0.01		10.6	8.02	6.99	6.42	6.06	5.80	5.61	5.47	5.35	5.26	5.11	4.96	4.81	4.65	4.48	4.40	4.31
0.005		13.6	10.1	8.72	7.96	7.47	7.13	6.88	6.69	6.54	6.42	6.23	6.03	5.83	5.62	5.41	5.30	5.19
0.10		3.29	2.29	2.73	2.61	2.52	2.46	2.41	2.38	2.35	2.32	2.28	2.24	2.20	2.15	2.11	2.08	2.06
0.05		4.96	4.10	3.71	3.48	3.33	3.22	3.14	3.07	3.02	2.98	2.91	2.84	2.77	2.70	2.62	2.58	2.54
0.025	10	6.94	5.46	4.83	4.47	4.24	4.07	3.95	3.85	3.78	3.72	3.62	3.52	3.42	3.31	3.20	3.14	3.08
0.01		10.0	7.59	6.55	5.99	5.64	5.39	5.20	5.06	4.94	4.85	4.71	4.56	4.41	4.25	4.08	4.00	3.91
0.005		12.8	9.43	8.08	7.34	6.87	6.54	6.30	6.12	5.97	5.85	5.66	5.47	5.27	5.07	4.86	4.75	4.64
0.10		3.18	2.81	2.61	2.48	2.39	2.33	2.28	2.24	2.21	2.19	2.15	2.10	2.06	2.01	1.96	1.93	1.90
0.05		4.75	3.89	3.49	3.26	3.11	3.00	2.91	2.85	2.80	2.75	2.69	2.62	2.54	2.47	2.38	2.34	2.30
0.025	12	6.55	5.10	4.47	4.12	3.89	3.73	3.61	3.51	3.44	3.37	3.28	3.18	3.07	2.96	2.85	2.79	2.72
0.01		9.33	6.93	5.95	5.41	5.06	4.82	4.64	4.50	4.39	4.30	4.16	4.01	3.86	3.70	3.54	3.45	3.36
0.005		11.8	8.51	7.23	6.52	6.07	5.76	5.52	5.35	5.20	5.09	4.91	4.72	4.53	4.33	4.12	4.01	3.90
0.10		3.07	2.70	2.49	2.36	2.27	2.21	2.16	2.12	2.09	2.06	2.02	1.97	1.92	1.87	1.82	1.79	1.76
0.05		4.54	3.68	3.29	3.06	2.90	2.79	2.71	2.64	2.59	2.54	2.48	2.40	2.33	2.25	2.16	2.11	2.07
0.025	15	6.20	4.77	4.15	3.80	3.58	3.41	3.29	3.20	3.12	3.06	2.96	2.86	2.76	2.64	2.52	2.46	2.40
0.01		8.68	6.36	5.42	4.89	4.56	4.32	4.14	4.00	3.89	3.80	3.67	3.52	3.37	3.21	3.05	2.96	2.87
0.005		10.8	7.70	6.48	5.80	5.37	5.07	4.85	4.67	4.54	4.42	4.25	4.07	3.88	3.69	3.48	3.37	3.26
0.10		2.97	2.59	2.38	2.25	2.16	2.09	2.04	2.00	1.96	1.94	1.89	1.84	1.79	1.74	1.68	1.64	1.61
0.05		4.35	3.49	3.10	2.87	2.71	2.60	2.51	2.45	2.39	2.35	2.28	2.20	2.12	2.04	1.95	1.90	1.84
0.025	20	5.87	4.46	3.86	3.51	3.29	3.13	3.01	2.91	2.84	2.77	2.68	2.57	2.46	2.35	2.22	2.16	2.09
0.01		8.10	5.85	4.94	4.43	4.10	3.87	3.70	3.56	3.46	3.37	3.23	3.09	2.94	2.78	2.61	2.52	2.42
0.005		9.94	6.99	5.82	5.17	4.76	4.47	4.26	4.09	3.96	3.85	3.68	3.50	3.32	3.12	2.92	2.81	2.69
0.10		2.88	2.49	2.28	2.14	2.05	1.98	1.93	1.88	1.85	1.82	1.77	1.72	1.67	1.61	1.54	1.50	1.46
0.05		4.17	3.32	2.92	2.69	2.53	2.42	2.33	2.27	2.21	2.16	2.09	2.01	1.93	1.84	1.74	1.68	1.62
0.025		5.57	4.18	3.59	3.25	3.03	2.87	2.75	2.65	2.57	2.51	2.41	2.31	2.20	2.07	1.94	1.87	1.79
0.01		7.56	5.39	4.51	4.02	3.70	3.47	3.30	3.17	3.07	2.98	2.84	2.70	2.55	2.39	2.21	2.11	2.01
0.005		9.18	6.35	5.24	4.62	4.23	3.95	3.74	3.58	3.45	3.34	3.18	3.01	2.82	2.63	2.42	2.30	2.18

표 6. (계속)

α	m \ n	1	2	3	4	5	6	7	8	9	10	12	15	20	30	60	120	∞
0.10		2.79	2.39	2.18	2.04	1.95	1.87	1.82	1.77	1.74	1.71	1.66	1.60	1.54	1.48	1.40	1.35	1.29
0.05		4.00	3.15	2.76	2.53	2.37	2.25	2.17	2.10	2.04	1.99	1.92	1.84	1.75	1.65	1.53	1.47	1.39
0.025	60	5.29	3.93	3.34	3.01	2.79	2.63	2.51	2.41	2.33	2.27	2.17	2.06	1.94	1.82	1.67	1.58	1.48
0.01		7.08	4.98	4.13	3.65	3.34	3.12	2.95	2.82	2.72	2.63	2.50	2.35	2.20	2.03	1.84	1.73	1.60
0.005		8.49	5.80	4.73	4.14	3.76	3.49	3.29	3.13	3.01	2.90	2.74	2.57	2.39	2.19	1.96	1.83	1.69
0.10		2.75	2.35	2.13	1.99	1.90	1.82	1.77	1.72	1.68	1.65	1.60	1.54	1.48	1.41	1.32	1.26	1.19
0.05		3.92	3.07	2.68	2.45	2.29	2.18	2.09	2.02	1.96	1.91	1.83	1.75	1.66	1.55	1.43	1.35	1.25
0.025	120	5.15	3.80	3.23	2.89	2.67	2.52	2.39	2.30	2.22	2.16	2.05	1.94	1.82	1.69	1.53	1.43	1.31
0.01		6.85	4.79	3.95	3.48	3.17	2.96	2.79	2.66	2.56	2.47	2.34	2.19	2.03	1.86	1.66	1.53	1.38
0.005		8.18	5.54	4.50	3.92	3.55	3.28	3.09	2.93	2.81	2.71	2.54	2.37	2.19	1.98	1.75	1.61	1.43
0.10		2.71	2.30	2.08	1.94	1.85	1.77	1.72	1.6	1.63	1.60	1.55	1.49	1.42	1.34	1.24	1.17	1.00
0.05		3.84	3.00	2.60	2.37	2.21	2.10	2.01	1.94	1.88	1.83	1.75	1.67	1.57	1.46	1.32	1.22	1.00
0.025	∞	5.02	3.69	3.12	2.79	2.57	2.41	2.29	2.19	2.11	2.05	1.94	1.83	1.71	1.57	1.39	1.27	1.00
0.01		6.63	4.61	3.78	3.32	3.02	2.80	2.64	2.51	2.41	2.32	2.18	2.04	1.88	1.70	1.47	1.32	1.00
0.005		7.88	5.30	4.28	3.72	3.35	3.09	2.90	2.74	2.62	2.52	2.36	2.19	2.00	1.79	1.53	1.36	1.00

〈표 7〉 스튜던트화 범위의 백분위수

$Q \sim Q(n, \nu)$일 때, $P[Q \geq q(\alpha)] = \alpha$를 만족하는 $q(\alpha)$의 값을 표시함.

$\alpha = .05$

ν \ n	2	3	4	5	6	7	8	9	10	11	12	13	14	15	16	17	18	19	20
1	17.97	26.98	32.82	37.08	40.41	43.12	45.40	47.36	49.07	50.59	51.96	53.20	54.33	55.36	56.32	57.22	58.04	58.83	59.56
2	6.085	8.331	9.798	10.88	11.74	12.44	13.03	13.54	13.99	14.39	14.75	15.08	15.38	15.65	15.91	16.14	16.37	16.57	16.77
3	4.501	5.901	6.825	7.502	8.037	8.478	8.853	9.177	9.462	9.171	9.946	10.15	10.35	10.53	10.69	10.84	10.98	11.11	11.24
4	3.927	5.040	5.757	6.287	6.707	7.053	7.347	7.602	7.826	8.027	8.208	8.373	8.525	8.664	8.794	8.914	9.028	9.134	9.233
5	3.635	4.602	5.218	5.673	6.033	6.330	6.582	6.802	6.995	7.168	7.324	7.466	7.596	7.717	7.828	7.932	8.030	8.122	8.208
6	3.461	4.339	4.896	5.305	5.628	5.895	6.122	6.139	6.493	6.649	6.789	6.917	7.034	7.143	7.244	7.338	7.426	7.508	7.587
7	3.344	4.165	4.681	5.060	5.359	5.606	5.815	5.998	6.158	6.302	6.431	6.550	6.658	6.759	6.852	6.939	7.020	7.097	7.170
8	3.261	4.041	4.529	4.886	5.167	5.399	5.597	5.767	5.918	6.054	6.157	6.287	6.389	6.483	6.571	6.653	6.729	6.802	6.870
9	3.199	3.949	4.415	4.756	5.024	5.244	5.432	5.595	5.739	5.867	5.983	6.089	6.186	6.276	6.359	6.437	6.510	6.579	6.644
10	3.151	3.877	4.327	4.654	4.912	5.124	5.305	5.461	5.599	5.722	5.833	5.935	6.028	6.114	6.194	6.269	6.339	6.405	6.467
11	3.113	3.820	4.256	4.574	4.823	5.028	5.020	5.353	5.487	5.605	5.713	5.811	5.901	5.984	6.062	6.134	6.202	6.265	6.326
12	3.082	3.773	4.199	4.508	4.751	4.950	5.119	5.265	5.395	5.511	5.615	5.710	5.798	5.878	5.953	6.023	6.089	6.151	6.209
13	3.055	3.735	4.151	4.453	4.690	4.885	5.049	5.192	5.318	5.431	5.533	5.625	5.711	5.789	5.862	5.931	5.995	6.055	6.112
14	3.033	3.702	4.111	4.407	4.639	4.829	4.990	5.131	5.254	5.364	5.463	5.554	5.637	5.714	5.786	5.852	5.915	5.974	6.029
15	3.014	3.674	4.076	4.367	4.595	4.782	4.940	5.077	5.198	5.306	5.404	5.493	5.574	5.649	5.720	5.785	5.846	5.904	5.958
16	2.998	3.649	4.046	4.333	4.557	4.741	4.897	5.031	5.150	5.256	5.352	5.439	5.520	5.593	5.662	5.727	5.786	5.843	5.897
17	2.984	3.628	4.020	4.303	4.524	4.705	4.858	4.991	5.108	5.212	5.307	5.392	5.471	5.544	5.612	5.675	5.734	5.790	5.842
18	2.971	3.609	3.997	4.277	4.495	4.673	4.824	4.956	5.071	5.174	5.267	5.352	5.429	5.501	5.568	5.630	5.688	5.743	5.794
19	2.960	3.593	3.977	4.253	4.469	4.645	4.794	4.924	5.038	5.140	5.231	5.315	5.391	5.462	5.528	5.589	5.647	5.701	5.752
20	2.950	3.578	3.958	4.232	4.445	4.620	4.768	4.896	5.008	5.108	5.199	5.282	5.357	5.427	5.493	5.553	5.610	5.663	5.714
24	2.919	3.532	3.901	4.166	4.373	4.541	4.684	4.807	4.915	5.012	5.099	5.179	5.251	5.319	5.381	5.439	5.494	5.545	5.594
30	2.888	3.486	3.845	4.102	4.302	4.464	4.602	4.720	4.824	4.917	5.001	5.077	5.147	5.211	5.271	5.327	5.379	5.429	5.475
40	2.858	3.442	3.791	4.039	4.232	4.389	4.521	4.635	4.735	4.824	4.904	4.977	5.044	5.106	5.163	5.216	5.266	5.313	5.358
60	2.829	3.399	3.737	3.977	4.163	4.314	4.441	4.550	4.646	4.732	4.808	4.878	4.942	5.001	5.056	5.107	5.154	5.199	5.241
120	2.800	3.356	3.685	3.971	4.096	4.241	4.363	4.468	4.560	4.641	4.714	4.781	4.842	4.898	4.950	4.998	5.044	5.086	5.126
∞	2.772	3.314	3.633	3.858	4.030	4.170	4.286	4.387	4.474	4.552	4.622	4.685	4.743	4.796	4.845	4.891	4.934	4.974	5.012

표 7. (계속)

$\alpha = .05$

ν	2	3	4	5	6	7	8	9	10	11	12	13	14	15	16	17	18	19	20
1	90.03	135.0	164.3	185.6	202.2	215.8	227.2	237.0	245.6	253.2	260.0	266.2	271.8	277.0	281.8	286.3	290.4	294.3	298.0
2	14.04	19.02	22.29	24.72	26.63	28.20	29.53	30.68	31.69	32.59	33.40	34.13	34.81	35.43	36.00	36.53	37.03	37.50	37.95
3	8.261	10.62	12.17	13.33	14.24	15.00	15.64	16.20	16.69	17.13	17.53	17.89	18.22	18.52	18.81	19.07	19.32	19.55	19.77
4	6.512	8.120	9.173	9.958	10.58	11.10	11.55	11.93	12.27	12.57	12.84	13.09	13.32	13.53	13.73	13.91	14.08	14.24	14.40
5	5.702	6.976	7.804	8.421	8.913	9.321	9.669	9.972	10.24	10.48	10.70	10.89	11.08	11.24	11.40	11.55	11.68	11.81	11.93
6	5.243	6.331	7.033	7.556	7.973	8.318	8.613	8.869	9.097	9.301	9.485	9.653	9.808	9.951	10.08	10.21	10.32	10.43	10.54
7	4.949	5.919	6.543	7.005	7.373	7.679	8.166	8.368	8.548	8.711	8.860	8.997	9.124	9.242	9.353	9.456	9.554	9.646	
8	4.596	5.428	5.957	6.348	6.658	6.915	7.134	7.325	7.495	7.647	7.784	7.910	8.025	8.132	8.232	8.325	8.412	8.495	8.573
9	4.596	5.428	5.957	6.348	6.658	6.915	7.134	7.325	7.495	7.647	7.784	7.910	8.025	8.132	8.232	8.325	8.412	8.495	8.573
10	4.482	5.270	5.736	6.136	6.428	6.669	6.875	7.055	7.213	7.356	7.485	7.603	7.712	7.812	7.906	7.993	8.076	8.153	8.226
11	4.392	5.146	5.621	5.970	6.247	6.476	6.672	6.842	6.992	7.128	7.250	7.362	7.465	7.560	7.649	7.732	7.809	7.883	7.952
12	4.320	5.046	5.502	5.836	6.101	6.321	6.507	6.670	6.814	6.943	7.060	7.167	7.265	7.356	7.441	7.520	7.594	7.665	7.731
13	4.260	4.964	5.404	5.727	5.981	6.192	6.372	6.528	6.667	6.791	6.903	7.006	7.101	7.188	7.269	7.345	7.417	7.485	7.548
14	4.210	4.895	5.322	5.634	5.881	6.085	6.258	6.409	6.543	6.664	6.772	6.871	6.962	7.047	7.126	7.199	7.268	7.333	7.395
15	4.168	4.836	5.252	5.556	5.796	5.994	6.612	6.309	6.439	6.555	6.660	6.757	6.845	6.927	7.003	7.047	7.142	7.204	7.264
16	4.131	4.786	5.192	5.489	5.722	5.915	6.079	6.222	6.349	6.462	6.564	6.658	6.744	6.823	6.898	6.967	7.032	7.093	7.152
17	4.099	4.742	5.140	5.430	5.659	5.847	6.007	6.147	6.270	6.381	6.480	6.572	6.656	6.734	6.806	6.873	6.937	6.997	7.053
18	4.071	4.703	5.094	5.379	5.603	5.788	5.944	6.081	6.201	6.310	6.407	6.497	6.579	6.655	5.725	6.792	6.854	6.912	6.968
19	4.046	4.670	5.054	5.334	5.554	5.735	5.889	6.022	6.141	6.247	6.342	6.430	6.510	6.585	6.654	6.719	6.780	6.837	6.891
20	4.024	4.639	5.018	5.294	5.510	5.688	5.839	5.970	6.087	6.161	6.285	6.371	6.450	6.523	6.591	6.654	6.714	6.771	6.823
24	3.956	4.546	4.907	5.168	5.374	5.542	5.685	5.809	5.919	6.017	6.106	6.186	6.261	6.330	6.394	6.453	6.510	6.563	6.612
30	3.889	4.455	4.799	5.048	5.242	5.401	5.536	5.653	5.756	5.849	5.932	6.008	6.078	6.143	6.203	6.259	6.311	6.361	6.407
40	3.825	4.367	4.696	4.931	5.114	5.265	5.392	5.502	5.599	5.686	5.764	5.835	5.900	5.961	6.017	6.069	6.119	6.165	6.209
60	3.762	4.282	4.595	4.818	4.991	5.133	5.253	5.356	5.447	5.528	5.601	5.667	5.728	5.785	5.837	5.886	5.931	5.974	6.015
120	3.702	4.200	4.497	4.709	4.872	5.005	5.118	5.214	5.299	5.375	5.443	5.505	5.562	6.725	5.662	5.708	5.750	5.790	5.827
∞	3.643	4.120	4.403	4.603	4.757	4.882	4.987	5.078	5.157	5.227	5.290	5.348	5.400	5.448	5.493	5.535	5.574	5.611	5.645

〈표 8〉 윌콕슨 부호순위 통계량의 분포표

표본의 크기가 n인 경우 $0<\alpha<1$에 대하여, 윌콕슨 부호순위 통계량 W가 $P(W \le c_1)=\alpha$와 $P(W \ge c_2)=\alpha$을 만족하는 c_1, c_2의 값을 표시함.

n	c_1	c_2	α
1	0	1	.500
2	0	3	.250
3	0	6	.125
4	0	10	.062
	1	9	.125
5	0	15	.031
	1	14	0.62
	2	13	.094
	3	12	.156
6	0	21	.016
	1	20	0.31
	2	19	0.47
	3	18	.078
	4	17	.109
7	0	28	.008
	1	27	.016
	2	26	.023
	3	25	.039
	4	24	.055
	5	23	.078
	6	22	.107
8	0	36	.004
	1	35	.008
	2	34	.012
	3	33	.020
	4	32	.027
	5	31	.039
	6	30	.055
	7	29	.074
	8	28	.098
	9	27	.125
9	1	44	.004
	2	43	.006
	3	42	.010
	4	41	.014
	5	40	.020
	6	39	.027
	7	38	.037
	8	37	.049
	9	36	.064
	10	35	.082
	11	34	.102
10	3	52	.005
	4	51	.007
	5	50	.010
	6	49	.014
	7	48	.019
	8	47	.024
	9	46	.032
	10	45	.042
	11	44	.053
	12	43	.065
	13	42	.080
	14	41	.097
	15	40	.116
11	5	61	.005
	6	60	.007
	7	59	.009
	8	58	.012
	9	57	.016
	10	56	.021
	11	55	.027
	12	54	.034
	13	53	.042
	14	52	.051
	15	51	.062
	16	50	.074
	17	49	.087
	18	48	.103
12	7	71	.005
	8	70	.006
	9	69	.008
	10	68	.010
	11	67	.013
	12	66	.017
	13	65	.021
	14	64	.026
	15	63	.032
	16	62	.039
	17	61	.046
	18	60	.055
	19	59	.065
	20	58	.076
	21	57	.088
	22	56	.102
13	9	82	.004
	10	81	.005
	11	80	.007
	12	79	.009
	13	78	.001
	14	77	.013
	15	76	.016
	16	75	.020
	17	74	.024
	18	73	.029
	19	72	.034
	20	71	.040
	21	70	.047
	22	69	.055
	23	68	.064
	24	67	.073
	25	66	.084
	26	65	.095
	27	64	.108
14	12	93	.004
	13	92	.005
	14	91	.007
	15	90	.008
	16	89	.010
	17	88	.012
	18	87	.015
	19	86	.018
	20	85	.021
	21	84	.025
	22	83	.029
	23	82	.034
	24	81	.039
	25	80	.045
	26	79	.052
	27	78	.059
	28	77	.068
	29	76	.077
	30	75	.086
	31	74	.097
	32	73	.108
15	15	105	.004
	16	104	.005
	17	103	.006
	18	102	.008
	19	101	.009
	20	100	.011
	21	99	.013
	22	98	.015
	23	97	.018
	24	96	.021
	25	95	.024
	26	94	.028
	27	93	.032
	28	92	.036
	29	91	.042
	30	90	.047
	31	89	.053
	32	88	.060
	33	87	.068
	34	86	.076
	35	85	.084
	36	84	.094
	37	83	.104
16	19	117	.005
	20	116	.005
	21	115	.007
	22	114	.008
	23	113	.009
	24	112	.011
	25	111	.012
	26	110	.014
	27	109	.017
	28	108	.019
	29	107	.022
	30	106	.025
	31	105	.029
	32	104	.033
	33	103	.037
	34	102	.042
	35	101	.047
	36	100	.052
	37	99	.058
	38	98	.065
	39	97	.072
	40	96	.080
	41	95	.088
	42	94	.086
	43	93	.106

표 8. (계속)

n	c_1	c_2	α
17	23	130	.005
	24	129	.005
	25	128	.006
	26	127	.007
	27	126	.009
	28	125	.010
	29	124	.012
	30	123	.013
	31	122	.015
	32	121	.017
	33	120	.020
	34	119	.022
	35	118	.025
	36	117	.028
	37	116	.032
	38	115	.036
	39	114	.040
	40	113	.044
	41	112	.049
	42	111	.054
	43	110	.060
	44	109	.066
	45	108	.073
	46	107	.080
	47	106	.087
	48	105	0.95
	49	104	.103

n	c_1	c_2	α
18	27	144	.004
	28	143	.005
	29	142	.006
	30	141	.007
	31	140	.008
	32	139	.009
	33	138	.101
	34	137	.012
	35	136	.013
	36	135	.015
	37	134	.017
	38	133	.019
	39	132	.022
	40	131	.024
	41	130	.027
	42	129	.030
	43	128	.033
	44	127	.037
	45	126	.041
	46	125	.045
	47	124	.049
	48	123	.054
	49	122	.059
	50	121	.065
	51	120	.071
	52	119	.077
	53	118	.084
	54	117	.091
	55	116	.098
	56	115	.106

n	c_1	c_2	α
19	32	158	.005
	33	157	.005
	34	156	.006
	35	155	.007
	36	154	.008
	37	153	.009
	38	152	.010
	39	151	.011
	40	150	.013
	42	148	.016
	43	147	.018
	44	146	.020
	45	145	.022
	46	144	.025
	47	143	.027
	48	142	.030
	49	141	.033
	50	140	.036
	51	139	.040
	52	138	.044
	53	137	.048
	54	136	.052
	55	135	.057
	56	134	.062
	57	133	.067
	58	132	.072
	59	131	.078
	60	130	.084
	61	129	.091
	62	128	.098
	63	127	.105

n	c_1	c_2	α
20	37	173	.005
	38	172	.005
	39	171	.006
	40	170	.007
	41	169	.008
	42	168	.009
	43	167	.010
	44	166	.011
	45	165	.012
	46	164	.013
	47	163	.015
	48	162	.016
	49	161	.018
	50	160	.20
	51	159	.022
	52	158	.024
	53	157	.027
	54	156	.029
	55	155	.032
	56	154	.035
	57	153	.038
	58	152	.041
	59	151	.045
	60	150	.049
	61	149	.053
	62	148	.057
	63	147	.062
	64	146	.066
	65	145	.071
	66	144	.077
	67	143	.082
	68	142	.088
	69	141	.095
	70	140	.101

〈표 9〉 월콕슨 순위합 통계량의 분포표

크기가 n, m인 두 개의 표본 중에서 크기가 작은 표본에 포함된 n개의 관찰값의 순위합을 W라고 할 때, $0<\alpha<1$에 대하여, $P(W \le c_1)=\alpha$와 $P(W \ge c_2)=\alpha$을 만족하는 c_1, c_2의 값을 표시함.

n	m	c_1	c_2	α
2	4	3	11	.067
2	5	3	13	.047
		4	12	.095
2	6	3	15	.036
		4	14	.071
		5	13	.143
2	7	3	17	.028
		4	16	.044
		5	15	.111
2	8	3	19	.022
		4	18	.044
		5	17	.089
		6	16	.133
2	9	3	21	.018
		4	20	.036
		5	19	.073
		6	18	.109
2	10	3	23	.015
		4	22	.030
		5	21	.061
		6	20	.091
		7	19	.136
3	3	6	15	.050
		7	14	.100
3	4	6	18	.028
		7	17	.057
		8	16	.114
3	5	6	21	.018
		7	20	.036
		8	19	.071
		9	18	.125
3	6	6	24	.012
		7	23	.024
		8	22	.048
		9	21	.083
		10	20	.131
3	7	6	27	.008
		7	26	.017
		8	25	.033
		9	24	.058
		10	23	.092
		11	22	.133
3	8	6	30	.006
		7	29	.012
		8	28	.024
		9	27	.042
		10	26	.067
		11	25	.097
		12	26	.139
3	9	6	33	.005
		7	32	.009
		8	31	.018
		9	30	.032
		10	29	.050
		11	28	.073
		12	27	.105
3	10	6	36	.003
		7	35	.007
		8	34	.014
		9	33	.024
		10	32	.038
		11	31	.056
		12	30	.080
		13	29	.108
4	4	10	26	.014
		11	25	.029
		12	24	.057
		13	23	.100
4	5	10	30	.008
		11	29	.016
		12	28	.032
		13	27	.056
		14	26	.095
		15	25	.143
4	6	10	34	.005
		11	33	.010
		12	32	.109
		13	31	.033
		14	30	.057
		15	29	.086
		16	28	.129
4	7	10	38	.003
		11	37	.006
		12	36	.012
		13	35	.021
		14	34	.036
		15	33	.055
		16	32	.082
		17	31	.115
4	8	10	42	.002
		11	41	.004
		12	40	.008
		13	39	.014
		14	38	.024
		15	37	.036
		16	36	.055
		17	35	.077
		18	34	.107
4	9	10	46	.001
		11	45	.003
		12	44	.006
		13	43	.010
		14	42	.017
		15	41	.025
		16	40	.038
		17	39	.053
		18	38	.074
		19	37	.099
		20	36	.130
4	10	10	50	.001
		11	49	.002
		12	48	.004
		13	47	.007
		14	46	.012
		15	45	.018
		16	44	.026
		17	43	.038
		18	42	.053
		19	41	.071
		20	40	.094
		21	39	.120

표 9. (계속)

n	m	c_1	c_2	α
5	5	15	40	.004
		16	39	.008
		17	38	.016
		18	37	.028
		19	36	.048
		20	35	.075
		21	34	.111
5	6	15	45	.002
		16	44	.004
		17	43	.009
		18	42	.015
		19	41	.026
		20	40	.041
		21	39	.063
		22	38	.089
		23	37	.123
5	7	15	50	.001
		16	49	.003
		17	48	.005
		18	47	.009
		19	46	.015
		20	45	.024
		21	44	.037
		22	43	.053
		23	42	.074
		24	41	.101
5	8	15	55	.001
		16	54	.002
		17	53	.003
		18	52	.005
		19	51	.009
		20	50	.015
		21	49	.023
		22	48	.033
		23	47	.047
		24	46	.064
		25	45	.085
		26	44	.111

n	m	c_1	c_2	α
5	9	16	59	.001
		17	58	.002
		18	57	.003
		19	56	.006
		20	55	.009
		21	54	.014
		22	53	.021
		23	52	.030
		24	51	.041
		25	50	.056
		26	49	.073
		27	48	.095
		28	47	.120
5	10	16	64	.001
		17	63	.001
		18	62	.002
		19	61	.004
		20	60	.006
		21	59	.010
		22	58	.014
		23	57	.020
		24	56	.028
		25	55	.038
		26	54	.050
		27	53	.065
		28	52	.082
		29	51	.103
6	6	21	57	.001
		22	56	.002
		23	55	.004
		24	54	.008
		25	53	.013
		26	52	.021
		27	51	.032
		28	50	.047
		29	49	.066
		30	48	.090
		31	47	.120

n	m	c_1	c_2	α
6	7	21	63	.001
		22	62	.001
		23	61	.002
		24	60	.004
		25	59	.007
		26	58	.011
		27	57	.017
		28	56	.026
		29	55	.037
		30	54	.051
		31	53	.069
		32	52	.090
		33	51	.117
6	8	22	68	.001
		23	67	.001
		24	66	.002
		25	65	.004
		26	64	.006
		27	63	.010
		28	62	.015
		29	61	.021
		30	60	.030
		31	59	.041
		32	58	.054
		33	57	.071
		34	56	.091
		35	55	.114
6	9	23	73	.001
		24	72	.001
		25	71	.002
		26	70	.004
		27	69	.006
		28	68	.009
		29	67	.013
		30	66	.018
		31	65	.025
		32	64	.033
		33	63	.044
		34	62	.057
		35	61	.072
		36	60	.091
		37	59	.112

표 9. (계속)

n	m	c_1	c_2	α
8	9	41	103	.001
		42	102	.001
		43	101	.002
		44	100	.003
		45	99	.004
		46	98	.006
		47	97	.008
		48	96	.101
		49	95	.014
		50	94	.08
		51	93	.023
		52	92	.030
		53	91	.037
		54	90	.046
		55	89	.057
		56	88	.069
		57	87	.084
		58	86	.100
8	10	42	110	.001
		43	109	.001
		44	108	.002
		45	107	.002
		46	106	.003
		47	105	.004
		48	104	.006
		49	103	.008
		50	102	.101
		51	101	.013
		52	100	.017
		53	99	.022
		54	98	.027
		55	97	.034
		56	96	.042
		57	95	.051
		58	94	.061
		59	93	.073
		60	92	.086
		61	91	.012
9	9	51	120	.001
		52	119	.001
		53	118	.001
		54	117	.002
		55	116	.003
		56	115	.004
		57	114	.005
		58	113	.007
		59	112	.009
		60	111	.012
		61	110	.016
		62	109	.020
		63	108	.025
		64	107	.031
		65	106	.039
		66	105	.047
		67	104	.057
		68	103	.068
		69	102	.081
		70	101	.095
		71	100	.111
9	10	53	127	.001
		54	126	.001
		55	125	.001
		56	124	.002
		57	123	.003
		58	122	.004
		59	121	.005
		60	120	.007
		61	119	.009
		62	118	.011
		63	117	.014
		64	116	.017
		65	115	.022
		66	114	.027
		67	113	.033
		68	112	.039
		69	111	.047
		70	110	.056
		71	109	.067
		72	108	.078
		73	107	.091
		74	106	.106
10	10	64	146	.001
		65	145	.001
		66	144	.001
		67	143	.001
		68	142	.002
		69	141	.003
		70	140	.003
		71	139	.004
		72	138	.006
		73	137	.007
		74	136	.009
		75	135	.012
		76	134	.014
		77	133	.018
		78	132	.022
		79	131	.026
		80	130	.032
		81	129	.038
		82	128	.045
		83	127	.053
		84	126	.062
		85	125	.072
		86	124	.083
		87	123	.095
		88	122	.109

〈표 10〉 콜모고로프-스미르노프 통계량의 분포표

$$D_n = \sup_{-\infty < x < \infty} |F_n(x) - F(x)|$$

n	α			
	0.20	0.10	0.05	0.01
1	0.90	0.95	0.98	0.99
2	0.68	0.78	0.84	0.93
3	0.56	0.64	0.71	0.83
4	0.49	0.56	0.62	0.73
5	0.45	0.51	0.56	0.67
6	0.41	0.47	0.52	0.62
7	0.38	0.44	0.49	0.58
8	0.36	0.41	0.46	0.54
9	0.34	0.39	0.43	0.51
10	0.32	0.37	0.41	0.49
11	0.31	0.35	0.39	0.47
12	0.30	0.34	0.38	0.45
13	0.28	0.32	0.36	0.43
14	0.27	0.31	0.35	0.42
15	0.27	0.30	0.34	0.40
16	0.26	0.30	0.33	0.39
17	0.25	0.29	0.32	0.38
18	0.24	0.28	0.31	0.37
19	0.24	0.27	0.30	0.36
20	0.23	0.26	0.29	0.35
25	0.21	0.24	0.26	0.32
30	0.19	0.22	0.24	0.29
35	0.18	0.21	0.23	0.27
40	0.17	0.19	0.21	0.25
45	0.16	0.18	0.20	0.24
Large n	$\frac{1.07}{\sqrt{n}}$	$\frac{1.22}{\sqrt{n}}$	$\frac{1.36}{\sqrt{n}}$	$\frac{1.63}{\sqrt{n}}$

연습문제 풀이

1장

1. $P(A \cup B) = P(A) + P(B) - P(A \cap B) = 2/5 + 2/5 - 3/5 = 1/5$

3 $B_1 = A_1, B_2 = A_2 \cap A_1^c$, 그리고 $B_1 = A_1 \cap (\bigcap_{j=1}^{i-1} A_j)^c$라고 하자. 그러면 $\cup A_i = \cup B_i$임을 알 수 있다. 그런데 B_i와 $B_j (i \neq j)$는 서로 배반이고, $B_i \subset A_i$이므로

$P(\cup A_i) = P(\cup B_i) = \sum P(B_i) \leq \sum P(A_i)$가 성립한다.

5. 표본공간 S는 아래와 같이 $2^4 = 16$ 개의 원소로 구성되어 있으며 각 원소는 모두 같은 확률 질량 1/16을 갖고 있다.

$S = \{(HHHH), (HHHT), (HHTH), (HHTT), (HTHH), (HTHT), (HTTH), (HTTT), (THHH), (THHT), (THTH), (THTT), (TTHH), (TTHT), (TTTH), (TTTT)\}$

(1) P(꼭 세 개의 앞면이 나올 사건) = 4/16 = 1/4

(2) P(최소한 한 번의 앞면이 나올 사건) = 1 − P(앞면이 한 번도 안 나올 사건)
= 1 − 1/16 = 15/16

(3) P(앞면이 나오는 횟수가 뒷면이 나오는 횟수보다 많을 사건)
= P(앞면이 3번 나올 사건) + P(앞면이 4번이 나올 사건) = 4/16 + 1/16 = 5/16

(4) P(최소한 1번의 앞면이 나왔다고 했을 때, 꼭 2번의 앞면이 나왔을 사건)
= (6/16)/(15/16) = 6/15

7. 네 번째 공이 검은색일 확률
= ① 네 번째 처음으로 검은 공이 나올 확률
+ ② 검은 공이 한 번 나오고 네 번째 검은 공이 나올 확률
+ ③ 검은 공이 두 번 나오고 네 번째 검은 공이 나올 확률이므로,

① (7/10 × 6/9 × 5/8 × 3/7) × 1 = 630/5040
② (7/10 × 6/9 × 3/8 × 2/7) × 3 = 756/5040
③ (7/10 × 3/9 × 2/8 × 1/7) × 3 = 126/5040

로부터 ①+ ②+ ③=3/10

9. (1) $P(A^c \cap B) = P\{(S \setminus A) \cap B\} = P(B) - P(A \cap B) = P(B) - P(A) \cdot P(B)$

$$= (1 - P(A)) \cdot P(B) = P(A^c) \cdot P(B)$$

(2) (1)과 마찬가지 방법에 의해 자명함.

(3) (1)과 (2)를 사용하면 자명함.

11. (1) P(첫 번째 주사위가 4인 사건 $\cap A$) = 1/36과

P(첫 번째 주사위가 4인 사건) · $P(A)$ = 1/6 · 6/36 = 1/36로 같으므로 서로 독립이다.

(2) P(두 번째 주사위가 3인 사건 $\cap A$) = 1/36과

P(두 번째 주사위가 3인 사건) · $P(A)$ = 1/6 · 6/36 = 1/36로 같으므로 서로 독립이다.

13. (1) P(불량품) = P(불량품 | A) · $P(A)$ + P(불량품 | B) · $P(B)$

$= 2/100 \times 80/100 + 5/100 \times 20/100$

$= 260/10000 = 13/500$

(2) $P(A|\text{불량품}) = \dfrac{P(\text{불량품}|A) \cdot P(A)}{P(\text{불량품}|A) \cdot P(A) + P(\text{불량품}|B) \cdot P(B)}$

$$= \frac{2/100 \times 80/100}{2/100 \times 80/100 + 5/100 \times 20/100}$$

$$= 160/260 = 8/13$$

15. (1) $\dfrac{5! \times 2}{6!} = \dfrac{1}{3}$ (2) $\dfrac{4! \times 2}{6!} = \dfrac{1}{15}$

17. (1) 순열과 조합의 정의로부터 자명함.

(2) $\dbinom{n}{r} = \dbinom{n-1}{r-1} + \dbinom{n-1}{r}$

$$= \frac{{}_{n-1}P_{r-1}}{(r-1)!} + \frac{{}_{n-1}P_r}{r!} = \frac{(n-1)!}{(r-1)!(n-r)!} + \frac{(n-1)!}{(n-r-1)!r!}$$

$$= \frac{(n-1)!n}{(r-1)!(n-r)!r}\frac{r}{n} + \frac{(n-1)!n}{(n-r-1)!r!(n-r)}\frac{(n-r)}{n}$$

$$= \frac{n!}{(n-r)!r!}\frac{r}{n} + \frac{n!}{(n-r)!r!}\frac{(n-r)}{n} = \frac{n!r + n!n - n!r}{(n-r)!r!n}$$

$$= \frac{n!n}{(n-r)!r!n} = \frac{n!}{(n-r)r!} = \binom{n}{r}$$

19. 각 부품의 고장 확률을 각각 $P(A)$, $P(B)$, $P(C)$, $P(D)$라고 하면 회로가 작동할 확률은 $1 - P(A \cap B \cap C \cap D)$이다. 그런데, 각 부품이 고장날 사건이 서로 독립이므로 $P(A \cap B \cap C \cap D) = P(A) \times P(B) \times P(C) \times P(D)$이며, 따라서 회로가 작동할 확률은 $1 - 0.1 \times$

$0.2\times0.3\times0.4=0.9976$이 된다.

21. $\dfrac{\binom{10}{0}\binom{90}{20}+\binom{10}{1}\binom{90}{19}+\binom{10}{2}\binom{90}{18}}{\binom{100}{20}}$

23. 세 개의 주사위를 던졌을 때 나올 수 있는 경우의 수=6^3=216이며 각 사건이 일어나는 가지 수를 고려하면, 눈의 합이 9일 확률은 25/216 그리고 눈의 합이 10일 확률은 27/216으로 계산된다.

25. 계산의 편의를 위해 다음과 같이 사건을 정의하자. 출연자가 1번을 선택했다는 가정하에,
B1 = 1번 문에 경품이 있는 사건
B2 = 2번 문에 경품이 있는 사건
B3 = 3번 문에 경품이 있는 사건
C = 사회자가 2번 문을 연 사건
1번 문을 고수하는 경우 경품을 탈 확률은 $P(B1|C)=\dfrac{P(B1\cap C)}{P(C)}$이고 출연자가 마음을 바꾸어 3번 문을 선택하여 경품을 탈 확률은 $P(B3|C)=\dfrac{P(B3\cap C)}{P(C)}$인데,
$P(C)=P(B1\cap C)+P(B2\cap C)+P(B3\cap C)$이며

$$P(B1\cap C)=P(B1)P(C|B1)=\frac{1}{3}\times\frac{1}{2}=\frac{1}{6},$$
$$P(B2\cap C)=P(B2)P(C|B2)=\frac{1}{3}\times 0=0,$$
$$P(B3\cap C)=P(B3)P(C|B3)=\frac{1}{3}\times 1=\frac{1}{3}$$

이므로, $P(B1|C)=\dfrac{1}{3}$이고 $P(B3|C)=\dfrac{2}{3}$가 되어 출연자가 마음을 바꾸는 경우 경품을 탈 확률을 높인다고 할 수 있다.

27. 가능한 모든 경우를 따져보면 3일 후에 가능한 주식의 가격은 1300원, 1120원, 940원, 760원이다. 1000원에 주식을 구입하였으므로 손해를 보지 않으려면 1300원이나 1120원으로 마감되는 경우의 확률을 구해야 하는데, 1300원이 되려면 3일 동안 계속해서 주식의 값이 올라야 하고, 1120원이 되려면 2일은 주식의 값이 오르고 1일은 내려야 한다. 3일 후의 주식 가격을 S라고 하면, 손해를 보지 않는 확률은 다음과 같게 된다.

$$\begin{aligned}P(S-1000\geq 0)&=P(S=1300)+P(S=1120)\\&=\left(\frac{2}{5}\right)^3+3\times\left(\frac{3}{5}\right)\times\left(\frac{2}{5}\right)^2\\&=0.352\end{aligned}$$

2장

1. $f(x)=P(X=x)=\binom{5}{x}(1/6)^x(5/6)^{5-x} \qquad x=0,1,\cdots,5$

$F_X(x)=P(X\le x)=\sum_{i=0}^{x}\binom{5}{i}(1/6)^i(5/6)^{5-i} \qquad x=0,1,\cdots,5$

3. $\sum_{x=1}^{n}f(x)=\sum_{x=1}^{n}c2^x=c\cdot\frac{2(2^n-1)}{2-1}=1$을 만족하는 상수 c는 $c=\frac{1}{2(2^n-1)}$이다.

5. (1) 확률밀도함수는 $f_X(x)=3x^2, \qquad 0\le x<1$

$=0, \qquad$ 그 외의 경우

(2) i) $P(1/3<X<2/3)=F_X(2/3)-F_X(1/3)=8/27-1/27=7/27$

ii) $P(1/3<X<2/3)=\int_{1/3}^{2/3}3x^2dx=\left[x^3\right]_{1/3}^{2/3}=7/27$

7. $P(-a<X<a)=F_X(a)-F_X(-a)=F_X(a)-(1-F_X(a))=2F_X(a)-1$

9. $c(1+2+3+1+2)=9c=1$ 로부터 $c=1/9$

11. (1) $P(X=1\mid X+Y\le 5)$

$=\frac{P(X=1,\ X+Y\le 5)}{P(X+Y\le 5)}$

$=\frac{P(X=1,\ Y\le 4)}{1/12+1/6+1/12+1/6}=\frac{1/12+1/16}{6/12}=\frac{1}{2}$

(2) $P(X=2\mid Y=2)=\frac{P(X=2,\ Y=2)}{P(Y=2)}=\frac{1/6}{1/12+1/6+1/12}=\frac{1}{2}$

(3) $P(X=2\mid X>1)=\frac{P(X=2,\ X>1)}{P(X>1)}=\frac{P(X=2)}{P(X>1)}=\frac{2}{3}$

13. (1) $1/2\cdot 1\cdot 1\cdot c=1$로부터 $c=2$

(2) $f_X(x)=\int_0^{1-x}2dy=2(1-x)$

(3) $P(0<X<1/2,\ 0<Y<1/4)=2\cdot(1/2)\cdot(1/4)=1/4$

15. (1) $f_{Y|X}(y|x)=\frac{f_{X,Y}(x,y)}{f_X(x)}=\frac{2e^{-(x+y)}}{2e^{-2x}}=e^{x-y}$

(2) $P(Y<1\mid X<1)=\frac{P(Y<1,\ X<1)}{P(X<1)}$

$$= \frac{\int_0^1 \int_0^y 2e^{-(x+y)}\,dx\,dy}{\int_0^1 2e^{-2x}\,dx} = \frac{1-2e^{-1}+e^{-2}}{1-e^{-2}}$$

17. (i) $f(x) \geq 0,\ 0 \leq F(x) \leq 1,\ 0 \leq 1-F(x_0) \leq 1$이므로

$f(x \mid X > x_0) = f(x)/[1-F(x_0)] \geq 0$가 성립한다.

(ii) $\int_{x_0}^{\infty} f(x)/[1-F(x_0)]\,dx = \int_{x_0}^{\infty} f(x)dx/[1-F(x_0)]$

$$= [1-F(x_0)]/[1-F(x_0)]$$
$$= 1$$

19. (1) $X = (Y-2)/3,\ dy = 3dx,\ |J| = \left|\frac{dx}{dy}\right| = \frac{1}{3}$이므로

$f_Y(y) = \left|\frac{dx}{dy}\right| f_X((y-2)/3) = \frac{1}{3} 2((y-2)/3) = \frac{2}{9}(y-2),\ 2 < y < 5$

(2) $X = \sqrt{Y},\ |J| = 1/2\sqrt{y}$이므로,

$f_Y(y) = |J|\, f_X(\sqrt{y}) = \frac{1}{2\sqrt{y}} 2\sqrt{y} = 1,\ 0 < y < 1$

21. $X \geq 0,\ X = Y,\ J_1 = 1$; $X < 0,\ X = -Y,\ J_2 = -1$

$f_Y(y) = |J_1|\, f_X(y) + |J_2|\, f_X(-y) = f_X(y) + f_X(-y)$

23. $U = F(X) = P(X \leq x)$

$F_U(u) = P(U \leq u) = P(F(X) \leq u) = P(X \leq F^{-1}(u)) = F(F^{-1}(u)) = u$

따라서, $f_U(u) = 1, 0 < u < 1$, 즉 $F(X) \sim U(0,1)$이다.

25. $E(X) = \sum_{x=1}^{6} x \cdot \frac{1}{6} = \frac{1}{6} \cdot \frac{6 \cdot 7}{2} = \frac{7}{2}$

$$E(2X+5)^2 = \sum_{x=1}^{6} (2x+5)^2 \cdot \frac{1}{6}$$
$$= \sum_{x=1}^{6} (4x^2+20x+25) \cdot \frac{1}{6}$$
$$= \frac{467}{3}$$

$E[X-E(X)]^2 = E\left(X - \frac{7}{2}\right)^2 = \sum_{x=1}^{6}\left(x - \frac{7}{2}\right)^2 \frac{1}{6} = \frac{35}{12}$

27. $E[2^X]=\sum_{x=1}^{\infty}2^x\cdot 2^{-x}=\sum_{x=1}^{\infty}1=\infty$

29. (i) $X=c \Rightarrow \int_x c^2 f_X(x)dx = c^2\int_x f_X(x)dx = c^2 = E(X^2)$

$[E(X)]^2=c^2$

$\therefore Var(X)=E(X^2)-[E(X)]^2=0$

(ii) $Var(X)=E[(X-E(X))^2]=0 \Rightarrow (X-E(X))=0$

$\therefore X=E(X)=c$

31. $f_X(x)=\int_0^1(x+y)dy=\left[xy+\frac{1}{2}y^2\right]_0^1=x+\frac{1}{2},\ 0<x<1$

$f_Y(y)=\int_0^1(x+y)dx=\left[\frac{1}{2}x^2+yx\right]_0^1=\frac{1}{2}+y,\ 0<y<1$

$f(x,y)\neq f_X(x)f_Y(y)$이므로, X와 Y는 독립이 아니다.

33. $f_Y(y)=\int_0^1 12y(1-y)xdx=\left[6y(1-y)x^2\right]_0^1=6y(1-y),\ 0<y<1$

$f_X(x)=\int_0^1(12xy-12xy^2)dy=\left[6xy^2-4xy^3\right]_0^1=6x-4x=2x,\ 0<x<1$

$f_X(x)f_Y(y)=2x\cdot 6y(1-y)=12xy(1-y)=f_{X,Y}(x,y)$이므로 독립이다.

35. $X^2+Y^2=1$의 관계가 있어 두 확률변수는 독립이 아니다.

37. X를 A가 도착하는 시간, Y를 B가 도착하는 시간이라고 하면 분을 시간단위로 표현하여 두 확률변수는 $U(0,20)$을 따른다고 할 수 있다. 구하는 확률은 다음과 같다.

$$P(|X-Y|>5)=1-\int_0^5\int_0^{y+5}\frac{1}{20^2}dxdy-\int_5^{15}\int_{y-5}^{y+5}\frac{1}{20^2}dxdy-\int_{15}^{20}\int_{y-5}^{20}\frac{1}{20^2}dxdy$$

$$=9/16$$

39. (1) $E(Y|X=2)=\Sigma yP(Y|X=2)=2P(2|X=2)+3P(3|X=2)+4P(4|X=2)=10/3$

(2) $E[Y-E(Y|x)|X=2]^2$

$=\Sigma(y-10/3)^2P(Y|X=2)$

$=(2-10/3)^2P(2|X=2)+(3-10/3)^2P(3|X=2)+(4-10/3)^2P(4|X=2)$

$=8/9$

41. $E(X)=2,\ Var(X)=1/9$이므로 $\delta=1$에서 $P(|X-2|\geq 1)=1/9$가 성립한다.

43. $EX=2,\ Var(X)=1$

$$
\begin{aligned}
E(\sin(\pi X/2)) &= \sum_{x=0}^{4} \sin(\pi x/2) P(X=x) \\
&= \sin(\pi/2) P(x=1) + \sin(3\pi/2) P(X=3) \\
&= (1/2)\left[\binom{4}{1}(1/2)^4 - \binom{4}{3}(1/2)^4\right] \\
&= 0
\end{aligned}
$$

45. $f(x) = \exp(-\lambda) \cdot \lambda^x / x\,!$

$$\sum_{x=0}^{\infty} f(x) = \sum_{x=0}^{\infty} \exp(-\lambda) \cdot \lambda^x / x\,! = \exp(-\lambda) \sum_{x=0}^{\infty} \lambda^x / x\,! = \exp(-\lambda)\exp(\lambda) = 1$$

47. $P(X \le 3) = P(X=0) + P(X=1) + P(X=2) + P(X=3)$

$$= e^{-3}\, 3^0/0\,! + \cdots + e^{-3}\, 3^3/3\,! = 13e^{-3}$$

49. (1) $f(x) = (1-p)^{x-4} p^4 \binom{x-1}{3} \quad x = 4, \cdots, 7$

(2) $(1-p)^3 p^4 \binom{6}{3} + (1-p)^4 p^3 \binom{6}{3} = (1-p)^3 p^3 \binom{6}{3}$

51.

$$
\begin{aligned}
&\lim_{N\to\infty} \frac{\binom{r}{x}\binom{N-r}{n-x}}{\binom{N}{n}} \\
&= \lim_{N\to\infty} \frac{n!}{x!(n-x)!} \times \frac{r(r-1)\cdots(r-x+1)}{N(N-1)\cdots(N-x+1)} \times \frac{(N-r)\cdots(N-r-n+x+1)\times(N-n)!}{(N-x)\cdots 2\cdot 1} \\
&= \frac{n!}{x!(n-x)!} p^x (1-p)^{n-x}
\end{aligned}
$$

53. (1) $\mu^3 + 3\mu\sigma^2$ (2) 0 (3) $\mu^4 + 6\mu^2\sigma^2 + 3\sigma^4$ (4) $3\sigma^4$

55. $Z_1 = X - Y,\ Z_2 = Y$로부터 $X = Z_1 + Z_2,\ Y = Z_2$이며

$g(z_1, z_2) = |J| f(x, y) = f_X(z_1 + z_2) f_Y(z_2) = 1$, 따라서

$$
g(z_1) = \begin{cases} \displaystyle\int_{-z_1}^{1} dz_2 = 1 + z_1 & -1 < z_1 < 0 \\ \displaystyle\int_{0}^{1-z_1} 1\, dz_2 = 1 - z_1 & 0 \le z_1 < 1 \end{cases}
$$

57. $t = \dfrac{y_2}{1-y_1}$ 으로 놓고 치환하면,

(1) $\displaystyle\int_0^{1-y_1} y_2^{\alpha_2 - 1} (1 - y_1 - y_2)^{\alpha_3 - 1} dy_2$

$$= \int_0^1 [t(1-y_1)]^{\alpha_2-1}(1-y_1)^{\alpha_3-1}(1-t)^{\alpha_3-1}(1-y_1)dt$$
$$= (1-y_1)^{\alpha_2+\alpha_3-1}\int_0^1 t^{\alpha_2-1}(1-t)^{\alpha_3-1}dt$$
$$= (1-y_1)^{\alpha_2+\alpha_3-1}B(\alpha_2, \alpha_3)$$
$$= \frac{\Gamma(\alpha_2)\Gamma(\alpha_3)}{\Gamma(\alpha_2+\alpha_3)}(1-y_1)^{\alpha_2+\alpha_3-1}$$

(2) (i) $f(y_1, y_2) \geq 0 \qquad \forall\, y_1, y_2$

(ii) $\int_{-\infty}^{\infty}\int_{-\infty}^{\infty} f(y_1, y_2)dy_2dy_1$

$$= \int_0^1\int_0^{1-y_1} \frac{\Gamma(\alpha_1+\alpha_2+\alpha_3)}{\Gamma(\alpha_1)\Gamma(\alpha_2)\Gamma(\alpha_3)} y_1^{\alpha_1-1}y_2^{\alpha_2-1}(1-y_1-y_2)^{\alpha_3-1}dy_2dy_1$$
$$= \frac{\Gamma(\alpha_1+\alpha_2+\alpha_3)}{\Gamma(\alpha_1)\Gamma(\alpha_2)\Gamma(\alpha_3)}\int_0^1 y_1^{\alpha_1-1}\int_0^{1-y_1} y_2^{\alpha_2-1}(1-y_1-y_2)^{\alpha_3-1}dy_2dy_1$$
$$= \frac{\Gamma(\alpha_1+\alpha_2+\alpha_3)}{\Gamma(\alpha_1)\Gamma(\alpha_2)\Gamma(\alpha_3)}\int_0^1 y_1^{\alpha_1-1}\frac{\Gamma(\alpha_2)\Gamma(\alpha_3)}{\Gamma(\alpha_2+\alpha_3)}(1-y_1)^{\alpha_2+\alpha_3-1}dy_1$$
$$= \frac{\Gamma(\alpha_1+\alpha_2+\alpha_3)}{\Gamma(\alpha_1)\Gamma(\alpha_2+\alpha_3)}\int_0^1 y_1^{\alpha_1-1}(1-y_1)^{\alpha_2+\alpha_3-1}dy_1$$
$$= \frac{\Gamma(\alpha_1+\alpha_2+\alpha_3)}{\Gamma(\alpha_1+\alpha_2+\alpha_3)} = 1$$

59. (1) $Z_1 = X+Y,\ Z_2 = Y$로부터 $X = Z_1 - Z_2,\ Y = Z_2$

$g(z_1, z_2) = |1| f(z_1 - z_2,\ z_2) = 4e^{-2z_1}$, 따라서

$g(z_1) = \int_0^{z_1} 4e^{-2z_1}dz_2 = 4z_1e^{-2z_1}$, $0 < z_1 < \infty$

(2) $U = X/Y,\ V = X$로부터 $Y = V/U,\ X = V \qquad U, V > 0$

$$g(u, v) = |J|\, f(v, v/u)$$
$$= \frac{v}{u^2}4e^{-2(v+v/u)}$$

(3) $g(u) = \int_0^{\infty} g(u, v)dv$

$$= \int_0^{\infty}(4v/u^2)\, e^{-2v(1+1/u)}dv$$
$$= \frac{4}{u^2}\left(\left.\frac{-ve^{-2v(1+1/u)}}{2(1+u^{-1})}\right|_0^{\infty} + \int_0^{\infty}\frac{e^{-2v(1+1/u)}}{2(1+u^{-1})}dv\right)$$

$$= \frac{1}{(1+u)^2}$$

61. $M(t) = \sum_{x=1}^{\infty} e^{tx} p(1-p)^{x-1} = \frac{pe^t}{1-(1-p)e^t}$

63. $\int_{-\infty}^{\infty} \frac{1}{x} dx$가 존재하지 않으므로 코시확률변수의 기댓값은 존재하지 않음.

65. $Y = \sum_{i=1}^{k} X_i$라고 하면, $M_Y(t) = E(e^{tY}) = \prod_{i=1}^{k} E(e^{tXi}) = \prod_{i=1}^{k} ((1-p)+pe^t)^n = ((1-p)+pe^t)^{nk}$인데 이는 $B(nk, p)$의 적률생성함수와 같다.

67.
$$\begin{aligned}
M(s,t) = E(e^{sX+tY}) &= \int_0^{\infty} \int_x^{\infty} e^{sx} e^{(t-1)y} dy dx \\
&= \int_0^{\infty} e^{sx} \left[\frac{1}{t-1} e^{(t-1)y} \right]_x^{\infty} dx \\
&= \int_0^{\infty} e^{sx} \frac{1}{t-1} (0 - e^{(t-1)x}) dx,\ t-1<0 \\
&= -\frac{1}{t-1} \int_0^{\infty} e^{(t+s-1)x} dx \\
&= \frac{1}{(1-t)(1-s-t)},\ t+s<1, t<1
\end{aligned}$$

69. $X \sim POI(\lambda)$이므로 확률생성함수는

$G_X(s) = e^{\lambda(s-1)}$이고

$G'_X(1) = \lambda,\ G''_X(1) = \lambda^2,\ G_X^{(3)}(1) = \lambda^3$이므로

$$\begin{aligned}
&E(X) = \lambda,\ E(X^2) = G''_X(1) + EX = \lambda^2 + \lambda, \\
&E(X^3) = G_X^{(3)}(1) + 3E(X^2) - 2E(X) = \lambda^3 + 3\lambda^2 + \lambda, \\
&E(X-\lambda)^3 = E(X^3) - 3\lambda E(X^2) + 3\lambda^2 E(X) - \lambda^3 = \lambda
\end{aligned}$$

그러므로 왜도는 $\frac{E(X-\lambda)^3}{(\sqrt{E(X-\lambda)^2})^3} = \frac{\lambda}{(\sqrt{\lambda})^3} = \frac{1}{\sqrt{\lambda}}$.

3장

1. $E(S_n^2)$는 정리 3.1을 참조.

$Z_i = X_i - \mu,\ i = 1,2,...,n$이라고 하자.

$Var(S_n^2) = E(S_n^4) - \sigma^4$이므로 우선 $E(S_n^4)$를 유도하여야 한다.

$$S_n^2 = \frac{n\sum_{i=1}^{n} Z_i^2 - (\sum_{i=1}^{n} Z_i)^2}{n(n-1)}$$ 이고, 이를 제곱하여

$$S_n^4 = \frac{n^2(\sum_{i=1}^{n} Z_i^2)^2 - 2n(\sum_{i=1}^{n} Z_i^2)(\sum_{i=1}^{n} Z_i)^2 + (\sum_{i=1}^{n} Z_i)^4}{n^2(n-1)^2}$$ 를 얻는다.

$$E(S_n^4) = \frac{n^2 E(\sum_{i=1}^{n} Z_i^2)^2 - 2nE((\sum_{i=1}^{n} Z_i^2)(\sum_{i=1}^{n} Z_i)^2) + E(\sum_{i=1}^{n} Z_i)^4}{n^2(n-1)^2},$$

Z_i들이 독립이기에 $E(Z_iZ_j)=0, E(Z_i^3Z_j)=0, E(Z_i^2Z_jZ_k)=0, E(Z_i^2Z_j^2)=\sigma^4, E(Z_i^4)=\mu_4$ 임을 이용하여 기댓값을 구하고,

$$E(\sum_{i=1}^{n} Z_i^2)^2 = n\mu_4 + n(n-1)\mu_2^2,$$

$$E((\sum_{i=1}^{n} Z_i^2)(\sum_{i=1}^{n} Z_i)^2) = n\mu_4 + n(n-1)\mu_2^2,$$

$$E(\sum_{i=1}^{n} Z_i)^4 = n\mu_4 + 3n(n-1)\mu_2^2 \ .$$

이를 이용하여 $E(S_n^4)$를 정리하면 $E(S_n^4) = \dfrac{(n-1)\mu_4 + (n^2-2n+3)\sigma^4}{n(n-1)}$ 이다.

$$\begin{aligned} Var(S_n^2) &= E(S_n^4) - \sigma^4 \\ &= \frac{(n-1)\mu_4 + (n^2-2n+3)\sigma^4}{n(n-1)} - \sigma^4 \\ &= \frac{1}{n}(\mu_4 - \frac{n-3}{n-1}\sigma^4) \end{aligned}$$

3. $\epsilon > \theta$이라면 $P(|X_{(n)} - \theta| < \epsilon) = 1$이고,

$0 < \epsilon < \theta$이라면 $P(|X_{(n)} - \theta| < \epsilon) = P(\theta - \epsilon < X_{(n)} < \theta + \epsilon) = P(X_{(n)} > \theta - \epsilon)$ 이다.

$X_{(n)}$의 확률밀도함수는 $f_{X_{(n)}}(x) = \dfrac{nx^{n-1}}{\theta^n}$, $0 < x < \theta$이므로

$$P(X_{(n)} > \theta - \epsilon) = \int_{\theta-\epsilon}^{\theta} \frac{nx^{n-1}}{\theta^n} dx = (\frac{x}{\theta})^n \Big|_{\theta-\epsilon}^{\theta} = 1 - (\frac{\theta-\epsilon}{\theta})^n \xrightarrow[n\to\infty]{} 1$$

$\therefore$ 정의 3.5에 의해 $X_{(n)} \xrightarrow{p} \theta$

5. $P[1 < (X-5)^2 < 10] = P\left[1/9 < \left(\dfrac{X-5}{3}\right)^2 < 10/9\right]$

$$= P(Y < 10/9) - P(Y < 1/9) = 0.347$$

7. $X_1, \cdots, X_n$이 정규분포로부터 구한 랜덤표본일 때, $\dfrac{(n-1)S_n^2}{\sigma^2} \sim \chi^2(n-1)$이다. 카이제곱분포의 분산은 자유도의 두 배와 같으므로,

$Var(\dfrac{(n-1)S_n^2}{n}) = \dfrac{\sigma^4}{n^2} Var(\dfrac{(n-1)S_n^2}{\sigma^2}) = \dfrac{\sigma^4}{n^2} \times 2(n-1) = \dfrac{2(n-1)\sigma^4}{n^2}$이다.

9. $M_n(t) = (pe^{t/n} + q)^n$이므로 (참조 : 예 2.56)

$$\begin{aligned}
\lim_{n\to\infty} M_n(t) &= \lim_{n\to\infty} (pe^{t/n} + q)^n \\
&= \lim_{n\to\infty} (pe^{t/n} + 1 - p)^n \\
&= \lim_{n\to\infty} [1 + p(e^{t/n} - 1)]^n \\
&= \lim_{n\to\infty} [1 + p(1 + t/n + (t/n)^2/2! + \cdots - 1)]^n \\
&= \lim_{n\to\infty} [1 + pt/n]^n \\
&= e^{pt}
\end{aligned}$$

이며 e^{pt}는 모비율 p의 적률생성함수이다. 그러므로 표본비율 $\hat{p}$는 p로 분포수렴하게 되는데, 극한이 상수(p)이기 때문에 분포수렴은 확률적 수렴을 함축한다. 즉, $P(|\hat{p} - p| > \epsilon)$이 n이 무한대로 갈 때 0으로 수렴함을 분포수렴으로부터 쉽게 보일 수 있다.

11.
$$\begin{aligned}
f_X(x) &= \frac{\Gamma((k+1)/2)}{\Gamma(k/2)} \cdot \frac{1}{\sqrt{k\pi}} \cdot \frac{1}{(1+x^2)^{(k+1)/2}} \Bigg|_{k=1} \\
&= \frac{\Gamma(1)}{\Gamma(1/2)} \cdot \frac{1}{\sqrt{\pi}} \cdot \frac{1}{(1+x^2)} \\
&= \frac{1}{\pi(1+x^2)}, \quad -\infty < x < \infty
\end{aligned}$$

13. $\overline{X}_{16} \sim N(5, 25/16)$이므로

$P(0 < \overline{X}_{16} < 6) = P(-4 < \dfrac{\overline{X}_{16} - 5}{5/4} < \dfrac{4}{5}) = P(-4 < Z < \dfrac{4}{5}) \fallingdotseq 0.7881 \ (Z \sim N(0,1))$

이다.

또, $\dfrac{\sum_{i=1}^{16} (X_i - \overline{X}_{16})^2}{25} \sim \chi^2(15)$이므로,

$$P\left(20 < \frac{\sum_{i=1}^{16}(X_i-\overline{X}_{16})^2}{16} < 30\right) = P\left(20\times\frac{16}{25} < \frac{\sum_{i=1}^{16}(X_i-\overline{X}_{16})^2}{25} < 30\times\frac{16}{25}\right)$$
$$= P(12.8 < \chi^2(15) < 19.2)$$
$$\fallingdotseq 0.4129$$

따라서 $\overline{X}$와 $\sum(X_i-\overline{X})^2$가 독립이므로,

$$P\left(0 < \overline{X}_{16} < 6,\ 20 < \sum_{i=1}^{16}(X_i-\overline{X}_{16})^2/16 < 30\right) \fallingdotseq 0.9772\times 0.4129 = 0.4035$$

15. $T=\frac{Z}{\sqrt{U/n}} \sim t(n)$, $Z\sim N(0,1)$, $U\sim\chi^2(n)$ 그리고 Z와 U는 서로 독립이므로

$$T^2=\frac{Z^2}{U/n}\sim F(1,n)$$

17. (1) $P(X_1-X_2<2)$

$$=P\left[\frac{X_1-X_2}{\sqrt{2}} < \sqrt{2}\right] \qquad \text{단, } X_1-X_2\sim N(0,2)$$
$$=P[Z<\sqrt{2}]$$

(2) $P[Z<\sqrt{2}]$ $\quad(\because X_1+X_2\sim N(0,2))$

(3) $P(X_1^2+\cdots+X_{50}^2<60)=P(Y<60)=0.83,\quad \therefore Y=\sum_{i=1}^{50}X_i^2\sim X^2(50)$

(4) $P(40<Y<60)=P(Y<60)-P(Y<40)=0.65$

(5) $P(Y<50+c)=0.9$로부터, $50+c=63.17$이므로 $c=13.17$

19. $P(\overline{X}_{30}<4)$

$$=P\left[\frac{\overline{X}_{30}-3}{\sqrt{9/30}} < \frac{4-3}{\sqrt{9/30}}\right] \fallingdotseq P[Z<1.83]=0.9964$$

21. $P(X>30)$

$$=P\left[\frac{X-25}{\sqrt{25\cdot 3/4}} > \frac{30-25}{\sqrt{25\cdot 3/4}}\right]=P(Z>1.1547)=0.1251$$

(연속성 수정)

$P(X>30)=P(X>30.5)$

$$=P\left[\frac{X-25}{\sqrt{25\cdot 3/4}} > \frac{30.5-25}{\sqrt{25\cdot 3/4}}\right]=P(Z>1.2702)=0.102$$

이항분포를 이용한 정확한 확률은 0.1038이므로 연속성 수정의 결과가 더 나은 근삿값을 제공한다.

23. $E(\overline{X}_n - \overline{Y}_n) = \mu_1 - \mu_2$, $Var(\overline{X}_n - \overline{Y}_n) = \sigma^2/n + \sigma^2/n = 2\sigma^2/n$이므로, 중심극한정리에 의해 $\dfrac{(\overline{X}_n - \overline{Y}_n) - (\mu_1 - \mu_2)}{\sigma\sqrt{2/n}} \sim N(0, 1)$

25.

$X_{(1)}$	$X_{(2)}$
1	2
1	3
1	4
2	3
2	4
3	4

(1) $f_{X(1),X(2)}(x_{(1)}, x_{(2)}) = 1/6, \quad (x_{(1)}, x_{(2)}) = (1,2), (1,3), \cdots, (3,4)$

(2) $Y = X_{(2)} - X_{(1)}$, $g_Y(y) = (4-y)/6$, $y = 1, 2, 3$

(3) $Z = (X_1 + X_2)/2$, $h_Z(z) = \begin{cases} 1/6, & z = 1.5, 2, 3, 3.5 \\ 2/6, & z = 2.5 \end{cases}$

27. (1) $f(x_{(1)}, x_{(n)}) = n(n-1)\left[\dfrac{x_{(n)} - x_{(1)}}{\theta}\right]^{n-2} \dfrac{1}{\theta^2} = n(n-1)\theta^{-n}[x_{(n)} - x_{(1)}]^{n-2}$

(2) $Z_1 = X_{(n)} - X_{(1)}$, $Z_2 = X_{(1)}$으로부터 $X_{(n)} = Z_1 + Z_2$, $X_{(1)} = Z_2$

$0 < X_{(1)} < X_{(n)} < \theta$. 따라서,

$g(z_1, z_2) = |J| f(z_2, z_1 + z_2) = n(n-1)\theta^n z_1^{n-2}$, $0 < z_2 < z_1 + z_2 < \theta$

$g(z_1) = n(n-1)\theta^n z_1^{n-2} \displaystyle\int_0^{\theta - z_1} dz_2 = n(n-1)\theta^{-n} z_1^{n-2}(\theta - z_1)$, $0 < z_2 < \theta$

29. X_i들이 $\mathrm{EXP}(\lambda)$를 따르므로 $f(x) = \dfrac{1}{\lambda} e^{-\frac{x}{\lambda}}, x > 0$이고 $F(x) = 1 - e^{-\frac{x}{\lambda}}, x > 0$이다.

(1) $F_{X_{(1)}}(x) = P(X_{(1)} \le x) = 1 - P(X_{(1)} > x) = 1 - (1 - P(X_i \le x))^n = 1 - (1 - F_X(x))^n$ 이다.

따라서 $f_{X_{(1)}}(x) = \dfrac{d}{dx} F_{X_{(1)}}(x) = -n(1 - F_X(x))^{n-1}(-f_X(x))$

$$
\begin{aligned}
&= n(1 - (1 - e^{-\frac{x}{\lambda}}))^{n-1} \frac{1}{\lambda} e^{-\frac{x}{\lambda}} \\
&= \frac{n}{\lambda}(e^{-\frac{x}{\lambda}})^n \\
&= \frac{n}{\lambda} e^{-\frac{x}{\lambda}n}, x > 0
\end{aligned}
$$

(2) $F_{X_{(n)}}(x) = P(X_{(n)} \le x) = P(X_i \le x)^n = F_{X_i}(x)^n$이다.

따라서 $f_{X_{(n)}}(x) = \dfrac{d}{dx} F_{X_{(n)}}(x) = nF_X(x)^{n-1} f_X(x)$

$$= n(1-e^{-\frac{x}{\lambda}})^{n-1} \frac{1}{\lambda} e^{-\frac{x}{\lambda}} \quad , x > 0$$

(3) $$f_{X_{(r)}}(x) = \frac{(2r+1)!}{(r-1)!1!(r+1)!}(1-e^{-\frac{x}{\lambda}})^{r-1} \times (\frac{1}{\lambda}e^{-\frac{x}{\lambda}}) \times (e^{-\frac{x}{\lambda}})^{r+1}$$
$$= \frac{(2r+1)!}{(r-1)!(r+1)!\lambda}(1-e^{-\frac{x}{\lambda}})^{r-1} e^{-\frac{x}{\lambda}(r+2)} \quad , x > 0$$

31. $y < 0$일 때 $P(Y \le y) = 0$

$y > 0$일 때 $$P(Y \le y) = P(X_{(1)} \le \frac{y}{n}) = 1 - P(X_{(1)} > \frac{y}{n})$$
$$= 1 - [P(X > \frac{y}{n})]^n = 1 - [\int_{\frac{y}{n}}^{\infty} \frac{1}{(x+1)^2} dx]^n$$
$$= 1 - \left(\frac{1}{1+\frac{y}{n}} \right)^n \xrightarrow[n \to \infty]{} 1 - e^{-y}$$

$P(Y \le y)$가 $n \to \infty$ 일 때 $\mathrm{Exp}(1)$의 누적분포함수로 수렴하므로 Y는 $\mathrm{Exp}(1)$로 분포 수렴.

33. 중심극한정리에 의해 $\sqrt{n}(\overline{X}_n - 1) \xrightarrow{d} N(0, 1)$이고 정리 3.16에 의해 $g(x) = \sqrt{x}$에서

$\sqrt{n}(g(\overline{X}_n) - g(1)) \xrightarrow{d} N(0, (g'(1))^2)$이다. 즉, $\sqrt{n}(\sqrt{\overline{X}_n} - 1) \xrightarrow{d} N(0, \frac{1}{4})$이다.

4장

1. 2차 표본적률과 모수벡터 (μ, σ)에 대한 두 개의 방정식

$$m_1{}' = \frac{\sum_{i=1}^{n} X_i}{n} = \mu_1(\mu, \sigma) = \mu$$

$$m_2{}' = \frac{\sum_{i=1}^{n} X_i^2}{n} = \mu_2(\mu, \sigma) = \sigma^2 + \mu^2$$

을 풀면 다음과 같은 추정량을 구할 수 있다.

$$\hat{\mu} = \frac{\sum_{i=1}^{n} X_i}{n}, \quad \hat{\sigma} = \sqrt{\frac{\sum_{i=1}^{n} (X_i - \overline{X}_n)^2}{n}}$$

3. 일차적률을 사용하면,

$$m_1{}' = \frac{\sum_{i=1}^{n} X_i}{n} = \mu_1(\lambda) = \lambda$$

으로부터 $\hat{\lambda} = \overline{X}_n$가 구해지며, 또한 이차적률을 사용하면

$$m_2{}' = \frac{\sum_{i=1}^{n} X_i^2}{n} = \mu_2(\lambda) = \lambda + \lambda^2$$

으로부터 또 다른 λ의 추정량을 구하게 된다.

5. (1) 일차적률을 사용하면

$$m_1{}' = \frac{\sum_{i=1}^{n} X_i}{n} = \mu_1(\lambda) = \lambda$$

부터 $\widehat{(1/\lambda)} = 1/\overline{X}_n$가 계산된다(물론 3번 문제에서 다루었듯이 적률에 의한 추정방법은 유일하지 않다.)

(2) 예 4.6으로부터 $\hat{\lambda} = \overline{X}_n$은 λ의 최대가능도 추정량이다. 따라서 최대가능도 추정량의 불변성에 의하면 $g(\lambda) = 1/\lambda$의 최대가능도 추정량은 $1/\overline{X}_n$이 된다.

7. 관찰값에 대한 가능도함수는
$L(\theta\,; 2, 2, 3) = \{2\theta(1-\theta)\}^2(1-\theta)^2$이며,
따라서 $(d/d\theta)\, L(\theta\,; 2, 2, 3) = (d/d\theta)\, 4\theta^2(1-\theta)^4 = 8\theta(1-\theta)^3(1-3\theta) = 0$의 근 중에서 $\theta = 1/3$이 가능도함수를 최대화하므로 모수 θ의 최대가능도 추정값이 된다.

9. $\log L(x,y;p) = (x+y)\log p + \{(n+m) - (x+y)\}\log(1-p) +$ 상수

$(d/dp)\log L(x,y;p) = (x+y)/p - \{(n+m)-(x+y)\}/(1-p) = 0$

로그가능도함수를 모수 p에 대해 미분한 값을 0으로 하는 $p = (X+Y)/(n+m)$이 가능도를 최대화하는 최대가능도 추정량이다.

11. $E(X-a)^2$은 a에 대한 이차항의 계수가 +1인 이차함수이므로

$(d/da)E(X-a)^2 = -2E(X-a) = 0$을 만족하는 $a = E(X)$에서 최솟값을 가진다.

13. $E[T(X)\,;\theta]=\theta_0\neq\theta$ 이므로 자명하다.

15. $E(X^2)=\theta^2/3$이므로 $T(X)=3X^2$은 θ^2의 비편향추정량이다.

17. $E(cX)=cE(X)=c\int_0^\theta x/\theta\,dx=\theta$ 를 만족하는 상수는 $c=2$이다.

19. (1) $E(X-p)=0,\ E(1/2-p)\neq 0$ 이므로 $T_1(X)$는 비편향추정량이나 $T_2(X)$는 비편향추정량이 아니다.

(2) $E(X-p)^2=p(1-p)$와 $E(1/2-p)^2=(p-1/2)^2$를 비교하면 $p=1/2$ 부근에서는 $T_2(X)$의 평균제곱오차가 $T_1(X)$의 그것보다 작으며 그 외의 경우에는 반대의 현상이 일어남을 볼 수 있다.

21. (1) $E\left(\sum_{i=1}^n a_i\hat{\theta}_i\right)=\sum_{i=1}^n a_i E(\hat{\theta}_i)=\theta\sum_{i=1}^n a_i=\theta$

(2) $Var\left(\sum_{i=1}^2 a_i\hat{\theta}_i\right)=a_1^2\,Var(\hat{\theta}_1)+a_2^2\,Var(\hat{\theta}_2)=a_1^2\sigma_1^2+a_2^2\sigma_2^2$이므로, $a_1+a_2=1$이라는 제약 하에서, a_i에 대한 미분을 통해 $a_i=(1/\sigma_i^2)/\sum_{j=1}^2(1/\sigma_j^2)\quad(i=1,2)$가 구해진다.

23. 우선 $(X_1+2X_2+X_3)/4$와 $\overline{X}_3$는 모두 θ의 비편향추정량이다. 이제
$Var[(X_1+2X_2+X_3)/4]=$
$\{Var(X_1)+4\,Var(X_2)+Var(X_3)\}/16=3\,Var(X_1)/8$, 그리고 $Var(\overline{X}_3)=Var(X_1)/3$
이므로 $(X_1+2X_2+X_3)/4$의 $\overline{X}_3$에 대한 효율은 8/9이다.

25. (1) 예 4.22로부터 $I(p)=1/p(1-p)$ 이므로 크래머-라오 하한값은
$\dfrac{(g'(p))^2}{nI(p)}=\dfrac{p(1-p)(1-2p)^2}{n}$이 된다.

(2) $E(\overline{X}_n-\overline{X}_n^2)=(n-1)p(1-p)/n$이므로, $n\overline{X}_n(1-\overline{X}_n)/(n-1)$

(3) $\overline{X}_n-n\overline{X}_n(1-\overline{X}_n)/(n-1)$

27. (1) $L(\theta)=\dfrac{1}{\theta^2}e^{\frac{-(x_1+x_2)}{\theta}}=\dfrac{1}{\theta^2}e^{\frac{-y_1}{\theta}}$ 이므로 인수분해 정리에 의해 $Y_1=X_1+X_2$ 는 θ에 대한 충분통계량이다.

(2) $Y_1=X_1+X_2,\ Y_2=X_2\Rightarrow x_1=y_1-y_2,\ x_2=y_2$

$$J = \begin{vmatrix} 1 & -1 \\ 0 & 1 \end{vmatrix} = 1$$

이므로 $f_{Y1,\,Y2}(y_1,\, y_2) = f_{X1,\,X2}(y_1 - y_2,\, y_2)\,|J| = (1/\theta^2)\exp(-y_1/\theta)$

$(0 < y_2 < y_1 < \infty)$이다. 그러므로 Y_1과 Y_2의 주변 확률밀도함수는

$$f_{Y_1}(y_1) = \int_0^{y_1} (1/\theta^2)\exp(-y_1/\theta)\,dy_2 = (1/\theta^2)\,y_1 \exp(-y_1/\theta) \qquad y_1 > 0$$

$$f_{Y_2}(y_2) = \int_{y_2}^{\infty} (1/\theta^2)\exp(-y_1/\theta)\,dy_1 = (1/\theta)\exp(-y_2/\theta) \qquad y_2 > 0$$

가 된다.

(3) (2)에서 $Y_2 \sim \mathrm{EXP}(\theta)$이므로 자명함.

(4) $f_{Y_2|y_1}(y_2|y_1) = 1/y_1 \quad 0 < y_2 < y_1$

29. (1) X^2

(2) $E(X^2) = \sigma^2$이므로, X^2

(3) $\log L(\sigma^2\,;x) = -\log(2\pi\sigma^2)/2 - x^2/2\sigma^2$ 로부터

$\dfrac{\partial \log L}{\partial \sigma^2} = -\dfrac{1}{2\sigma^2} + \dfrac{x^2}{2\sigma^4} = 0$ 의 근 $\hat{\sigma}^2 = X^2$이 σ^2의 최대가능도 추정량이다.

따라서 최대가능도 추정량의 불변성에 의하여, $\sigma(>0)$의 최대가능도 추정량은 $|X|$가 된다.

31. (1) 예 4.27와 예 4.32로부터 $X_{(n)}$의 충분성과 완비성은 각각 보여졌다.

(2) 직접적인 계산도 가능하나, $X_{(n)} < \theta$이므로 직관적으로 자명하다.

(3) $E(X_{(n)}) = \displaystyle\int_0^{\theta} x \times \frac{nx^{n-1}}{\theta^n}dx = \frac{n\theta}{n+1}$ 로부터, $\dfrac{n+1}{n}X_{(n)}$이 θ의 비편향추정량이면서

완비충분통계량의 함수이므로, θ의 최소분산 비편향추정량이다.

33. $E\left[\displaystyle\sum_{i=1}^{n}(X_i - \overline{X}_n)^2/(n-1) - (n/n+1)\overline{X}_n^2\right] = \mu^2 - \mu^2 = 0$이다. 그러나

$\displaystyle\sum_{i=1}^{n}(X_i - \overline{X}_n)^2/(n-1) - (n/n+1)\,\overline{X}_n^2 \neq 0$이므로 $\left(\overline{X}_n,\ \displaystyle\sum_{i=1}^{n}(X_i - \overline{X}_n)^2\right)$은 완비성이 없다.

35. (1) 일차적률을 사용하면,

$$m_1{}' = \frac{\sum_{i=1}^{n} X_i}{n} = \mu_1(p) = \frac{1}{p}$$

으로부터 $\hat{p} = 1/\overline{X}_n$ 가 구해진다.

(2) $\log L(p; x_1, x_2, \cdots, x_n) = \log\left[p^n(1-p)^{\sum_{i=1}^{n} x_i - n}\right]$

$$= n\log p + \left(\sum_{i=1}^{n} x_i - n\right)\log(1-p)$$

$\dfrac{d}{dp}\log L(p; x_1, x_2, \cdots, x_n) = \dfrac{n}{p} - \dfrac{\sum_{i=1}^{n} x_i - n}{1-p} = 0$ 으로부터 $\hat{p} = 1/\overline{X}_n$ 가 구해진다.

(3) 최대가능도 추정량의 불변성에 의하여 $\widehat{(1/p)} = \overline{X}_n$ 를 구할 수 있다.

(4) $\log f_X(X; p) = \log p + (X-1)\log(1-p)$

$I(p) = E\left[\dfrac{\partial \log f_X(X;p)}{\partial p}\right]^2 = \dfrac{E(1-pX)^2}{p^2(1-p)^2} = \dfrac{1}{p^2(1-p)}$ 이므로

$$\frac{1}{nI(p)} = \frac{p^2(1-p)}{n}$$

37. 인수분해 정리에 의하면 $f(x_1, x_2, \cdots, x_n; \theta_1, \cdots, \theta_k) = g(s; \theta_1, \cdots \theta_k) \cdot h(x_1, x_2, \cdots, x_n)$이 성립하므로 자명하다.

39. (1) $L(\theta) = \prod_{i=1}^{n} e^{-(x_i - \theta)} I_{(\theta, \infty)}(x_i)$

$$= e^{-\Sigma x_i + n\theta} I_{(-\infty, x_{(1)})}(\theta)$$

$\theta = x_{(1)}$에서 가능도 함수가 최대가 되므로 θ의 최대가능도 추정량은 $X_{(1)}$이다.

(2) $\int_\theta^q e^{-(x-\theta)}dx = 0.95$라 놓으면 $q = \theta - \ln 0.05$이므로 95백분위수의 MLE는 $X_{(1)} - \ln 0.05 = X_{(1)} + 2.9957$

41. $\hat{p} = \overline{X}_n$ 로부터 $\overline{X}_n - 0.02 \le p \le \overline{X}_n + 0.02$

$2.575\sqrt{p(1-p)/n} = 0.02 \quad \Rightarrow \quad n = \left(\dfrac{2.575}{0.02}\right)^2 p(1-p)$

43. (1) $\left[\overline{X}_{16} - 1.64 \times 3/\sqrt{16},\ \overline{X}_{16} + 1.64 \cdot 3/\sqrt{16}\right]$

(2) $\overline{X}_{16} + 1.28 \cdot 3/\sqrt{16}$

45. (1) $P[X_{(1)} \le \theta \le X_{(n)}] = 1 - \{P[\theta < X_{(1)}] + P[X_{(n)} < \theta]\}$

$= 1 - \{P[$모든 $X_i > \theta] + P[$모든 $X_i < \theta]\} = 1 - (1/2)^{n-1}$

(2) $E(X_i) = \theta,\ Var(X_i) = 1/12$

$$\left[\overline{X}_n - 1.96\sqrt{(1/12)/n},\ \overline{X}_n + 1.96\sqrt{(1/12)/n}\right]$$

47. (1) $2n\overline{X}_n/\theta_1 \sim \chi^2(2n)$, $2m\overline{Y}_m/\theta_2 \sim \chi^2(2m)$이고 $\overline{X}_n$와 $\overline{Y}_m$가 독립이므로

$$\frac{\dfrac{2n\overline{X}_n}{\theta_1}/(2n)}{\dfrac{2m\overline{Y}_m}{\theta_2}/(2m)} = \frac{\theta_2\overline{X}_n}{\theta_1\overline{Y}_m} \sim F(2n, 2m)\text{이 된다.}$$

(2) $F_{0.95}(2n, 2m) \le (\theta_2/\theta_1)(\overline{X}_n/\overline{Y}_m) \le F_{0.05}(2n, 2m)$으로부터

$$\left[(\overline{Y}_m/\overline{X}_n)F_{0.95}(2n, 2m),\ (\overline{Y}_m/\overline{X}_n)F_{0.05}(2n, 2m)\right]$$

49. $T = X_{(n)}$이라고 하면 그의 확률밀도함수는 $f_T(t;\theta) = n(t/\theta)^{n-1}(1/\theta)\ \ 0 < t < \theta$이 된다. 이제, 임의의 α_1, α_2(단, $\alpha_1 + \alpha_2 = \alpha$)에 대하여

$$\alpha_1 = \int_0^{h_1(\theta)} nt^{n-1}\theta^n dt \ \Rightarrow\ h_1(\theta) = \theta\,\alpha_1^{1/n}$$

$$\alpha_2 = \int_{h_2(\theta)}^{0} nt^{n-1}\theta^n dt \ \Rightarrow\ h_2(\theta) = \theta\,(1-\alpha_2)^{1/n}$$

로부터 θ에 대한 $(1-\alpha)\times 100\%$ 신뢰구간 $\left[X_{(n)}(1-\alpha_2)^{-1/n},\ X_{(n)}\alpha_1^{-1/n}\right]$으로 계산된다.

51. 적분과 미분의 순서를 바꿀 수 있다고 가정하면,

$$E\left(\frac{d}{d\theta}\log f(X;\theta)\Big|_{\theta=\theta_0}\right) = \int_{-\infty}^{\infty}\left(\frac{d}{d\theta}\log f(x;\theta)\Big|_{\theta=\theta_0}\right) f(x;\theta_0)dx$$

$$= \int_{-\infty}^{\infty}\frac{\dfrac{d}{d\theta}f(x;\theta)\Big|_{\theta=\theta_0}}{f(x;\theta_0)} f(x;\theta_0)dx = \int_{-\infty}^{\infty}\left(\frac{d}{d\theta}f(x;\theta)\Big|_{\theta=\theta_0}\right)dx$$

$$= \frac{d}{d\theta}\left(\int_{-\infty}^{\infty} f(x;\theta)dx\right)\Big|_{\theta=\theta_0} = \frac{d}{d\theta}(1)\Big|_{\theta=\theta_0} = 0$$

임을 알 수 있다. 따라서 θ_0는 $E\left(\dfrac{d}{d\theta}\log f(X;\theta)\right) = 0$의 해가 된다.

53. $l(\theta) = \sum_{i=1}^{n}\log f(X_i;\theta)$이므로 $l'(\theta_0) = \sum_{i=1}^{n}\dfrac{d}{d\theta}\log f(X_i;\theta)\Big|_{\theta=\theta_0}$이다. 이제,

$Y_i = \dfrac{d}{d\theta}\log f(X_i;\theta)\Big|_{\theta=\theta_0}$ 라고 하면,

$$E(Y_i) = \int_{-\infty}^{\infty}\left(\frac{d}{d\theta}\log f(x;\theta)\Big|_{\theta=\theta_0}\right) f(x;\theta_0)dx$$

$$= \int_{-\infty}^{\infty} \frac{\left.\frac{d}{d\theta} f(x;\theta)\right|_{\theta=\theta_0}}{f(x;\theta_0)} f(x|\theta_0)dx = \int_{-\infty}^{\infty} \left.\frac{d}{d\theta} f(x;\theta)\right|_{\theta=\theta_0} dx$$

$$= \frac{d}{d\theta}\left(\int_{-\infty}^{\infty} f(x;\theta)dx\right)\Big|_{\theta=\theta_0} = \frac{d}{d\theta}(1)\Big|_{\theta=\theta_0} = 0$$

이며 $Var(Y_i) = E(Y_i^2) = E\left(\left.\frac{d}{d\theta}\log f(X;\theta)\right|_{\theta=\theta_0}\right)^2 = I(\theta_0)$이다. 그런데, Y_i들은 서로 독립이며 같은 분포를 가지므로 중심극한정리에 의하여 $\frac{1}{\sqrt{n}} l'(\theta_0) = \sqrt{n}\ \overline{Y_n} \xrightarrow{d} N(0, I(\theta_0))$ 임을 알 수 있다.

55. θ의 분포가 이산형이므로 $g(\theta \mid x_1, x_2, \cdots, x_n) = \dfrac{\pi(\theta)\prod_{i=1}^{n} f(x_i \mid \theta)}{\sum_{\theta}\left[\prod_{i=1}^{n} f(x_i \mid \theta)\right]\pi(\theta)}$이고,

$f(x_1, \cdots, x_n|\theta) = \theta^{\sum_{i=1}^{n} x_i}(1-\theta)^{n-\sum_{i=1}^{n} x_i}$, $\quad x \in \{0, 1\}$과 θ의 사전분포에 의하여 사후분포는 다음과 같이 구해진다. $C = 3^{n-\sum x_i} + 2^{n+1} + 3^{\sum x_i}$일 때,

θ	0.25	0.5	0.75
$g(\theta\|x_1, \cdots, x_n)$	$3^{n-\sum x_i}/C$	$2^{n+1}/C$	$3^{\sum x_i}/C$

57. $k(\theta \mid x_1, \cdots, x_n) \propto \theta^n e^{-(\Sigma x_i + \beta)\theta}$, $\theta > 0$이므로

θ의 사후 확률분포는 $GAM(n+1, \frac{1}{\Sigma x_i + \beta})$임을 알 수 있다.

제곱오차를 사용한 베이즈 추정량은 사후 확률분포의 평균이므로 $\frac{n+1}{\Sigma X_i + \beta}$가 된다.

5장

1. $\alpha = P(X > 0.7 \mid \theta = 1) = \int_{0.7}^{1} 1dx = 0.3$

$\beta = P(X \le 0.7 \mid \theta = 2) = \int_{0}^{0.7} \frac{1}{2} dx = 0.35$

3. (1) $\alpha = 0.05$인 기각영역은 $C_1 = \{x : x = 1,2\}$와 $C_2 = \{x : x = 3\}$이 있다.

(2) C_1이 제2종 오류를 범할 확률은 0.88이고 C_2가 제2종 오류를 범할 확률은 0.9이므로 C_1이 제2종 오류 확률을 가장 작게 한다.

(3)

x	1	2	3	4	5	6
$\dfrac{f(x;\theta_0)}{f(x;\theta_1)}$	$\dfrac{2}{5}$	$\dfrac{3}{7}$	$\dfrac{1}{2}$	$\dfrac{1}{2}$	1	$\dfrac{25}{14}$

C_1은 $\dfrac{f(x;\theta_0)}{f(x;\theta_1)} \le k$ $(\dfrac{3}{7} \le k < \dfrac{1}{2})$일 때 귀무가설을 기각하고 $\dfrac{f(x;\theta_0)}{f(x;\theta_1)} \ge k$일 때 기각하지 않으므로 네이만-피어슨 정리를 만족한다.

(4) $x = 3$에서 $\dfrac{f(x;\theta_0)}{f(x;\theta_1)} = 0.5$이므로 유의확률이 $\dfrac{f(x;\theta_0)}{f(x;\theta_1)} \le 0.5$인 값들을 귀무가설에서 관측할 확률은 $P(\{1,2,3,4\}|H_0) = 0.2$이다.

5. (1) $\dfrac{\overline{X}_{16} - 110}{10/\sqrt{16}} \ge 1.64 \;\Rightarrow\; \overline{X}_{16} \ge 110 + 2.5 \times 1.64 = 114.1$

(2) $\dfrac{\overline{X}_{16} - 110}{10/\sqrt{16}} \ge 1.28 \;\Rightarrow\; \overline{X}_{16} \ge 110 + 2.5 \times 1.28 = 113.2$

(3) $P(\overline{X}_{16} \ge 113.5) = P\left[\sqrt{16}(\overline{X}_{16} - 110)/10 \ge \sqrt{16}(113.5 - 110)/10\right]$

$= 1 - \Phi(1.4) = 0.0808$

7. (1) 가능도비는

$$LR(x_1, x_2, \cdots, x_n; \sigma_0^2, \sigma_1^2) = \frac{(2\pi\sigma_0^2)^{-n/2}\exp\left(-\sum_{i=1}^{n} x_i^2/2\sigma_0^2\right)}{(2\pi\sigma_1^2)^{-n/2}\exp\left(-\sum_{i=1}^{n} x_i^2/2\sigma_1^2\right)}$$

$$= \text{상수} \times \exp\left[\sum_{i=1}^{n} x_i^2(1/(2\sigma_1^2) - 1/(2\sigma_0^2))\right]$$

$$= \text{상수} \times \exp\left[-(5/72)\sum_{i=1}^{n} x_i^2\right] \le k$$

$$\Longleftrightarrow \sum_{i=1}^{n} x_i^2 \ge c$$

(2) $\dfrac{\sum_{i=1}^{20} X_i^2}{\sigma^2} \sim \chi^2(20)$, $P\left[\dfrac{\sum_{i=1}^{20} X_i^2}{4} \ge c_1 \,\middle|\, H_0\right] = 0.05$

$$\Rightarrow \quad c = 4c_1 = 4 \times \chi^2_{0.05}(20) = 125.64$$

(3) $p\left[\dfrac{\sum_{i=1}^{20} X_i^2}{9} \le \dfrac{c}{9} \,\middle|\, \sigma^2 = 9\right] = p\,[\chi^2(20) \le 13.96] = 0.20$

9. $LR(\theta_0, \theta_1) \le k$일 때 귀무가설을 기각하는 최강력 검정법에서 $\frac{2}{5} \le k < \frac{3}{7}$이면 기각영역 $C = \{X = 1\}$이고 이 기각영역에 대하여 유의수준은 $\alpha = 0.02$가 된다.

$\frac{3}{7} \le k < \frac{1}{2}$이면 기각영역 $C = \{X = 1,2\}$이고 이 기각영역에 대하여 유의수준은 $\alpha = 0.05$가 된다.

$\frac{1}{2} \le k < 1$이면 기각영역 $C = \{X = 1,2,3,4\}$이고 이 기각영역에 대하여 유의수준은 $\alpha = 0.2$가 된다.

$1 \le k < \frac{25}{14}$이면 기각영역 $C = \{X = 1,2,3,4,5\}$이고 이 기각영역에 대하여 유의수준은 $\alpha = 0.5$가 된다.

$k \ge \frac{25}{14}$이면 기각영역 $C = \{X = 1,2,3,4,5,6\}$이고 이 기각영역에 대하여 유의수준은 $\alpha = 1$이 된다.

11.
$$LR(x_1, \ldots, x_{20}; \sigma^2 = 8, \sigma^2 = 11) = \frac{\left(\dfrac{1}{\sqrt{2\pi\sigma_0^2}}\right)^{20} \exp\left(-\dfrac{1}{2\sigma_0^2}\sum X_i^2\right)}{\left(\dfrac{1}{\sqrt{2\pi\sigma_1^2}}\right)^{20} \exp\left(-\dfrac{1}{2\sigma_1^2}\sum X_i^2\right)}$$
$$= \left(\frac{11}{8}\right)^{10} \exp\left(-\frac{\sum X_i^2}{16} + \frac{\sum X_i^2}{22}\right)$$
$$= \left(\frac{11}{8}\right)^{10} \exp\left(-\sum X_i^2\left(\frac{1}{16} - \frac{1}{22}\right)\right) \le k$$

일 때 귀무가설을 기각한다.

이때 가능도비가 $\sum_{i=1}^{20} X_i^2$에 대한 감소함수이므로 기각영역 $C = \left\{\sum X_i^2 \ge c\right\}$이다.

$X_1, \ldots, X_{20} \sim N(0, \sigma^2)$이므로 $\dfrac{\sum X_i^2}{\sigma^2} \sim \chi(20)^2$을 따른다.

$P\left(\dfrac{\sum X_i^2}{8} \ge \dfrac{c}{8} | H_0\right) = P(\chi(20)^2 \ge \dfrac{c}{8})$이고, $\alpha = 0.05$이기 위해서는

$\dfrac{c}{8} = \chi_{0.05}(20)^2 = 31.41$이어야 하므로 $c = 251.28$이다.

즉, 기각영역은 $\left\{\sum X_i^2 \ge 251.28\right\}$이다. $\sum X_i^2 = 2000 > 31.41 \times 8 = 251.28$이므로 귀무가

설을 기각한다.

13. 성공인 경우 1, 실패인 경우 0을 가지는 확률변수 $X_1,...,X_{100}$이 동일한 베르누이(p) 분포를 따르는 임의의 표본이고 이는 유한한 평균과 분산을 가지므로 중심극한정리를 사용할 수 있다. 중심극한을 이용하여 귀무가설하에서 $\overline{X} \sim N\left(\frac{1}{2}, \frac{1}{400}\right)$을 대략적으로 따른다는 사실을 알 수 있다.

$$LR(p_0,p_1) = \frac{(\frac{1}{2})^{\sum X_i}(1-\frac{1}{2})^{100-\sum X_i}}{\overline{X}^{\sum X_i}(1-\overline{X})^{100-\sum X_i}} = \left(\frac{\frac{1}{2}}{\overline{X}}\right)^{100\overline{X}}\left(\frac{1-\frac{1}{2}}{1-\overline{X}}\right)^{100(1-\overline{X})}$$
$$= \left(\frac{1}{2}\right)^{100}\left(\frac{1}{1-\overline{X}}\right)^{100}\left(\frac{1-\overline{X}}{\overline{X}}\right)^{100\overline{X}} \le k$$

일 때 귀무가설을 기각한다. 이때 가능도비가 $\overline{X}$에 대한 감소함수이므로 기각영역은 $C = \{\overline{X} \ge c\}$가 된다.

유의수준 $\alpha = P((X_1, X_2, ..., X_n) \in C|H_0) = P\left(\frac{(\overline{X}-\frac{1}{2})}{\frac{1}{20}} \ge \frac{(c-\frac{1}{2})}{\frac{1}{20}}\right)$이므로 $c = \frac{1}{20}z_{0.05} + \frac{1}{2} = 0.582$이다. $\overline{X} = 0.60$이므로 유의수준 0.05에서 이 근사검정은 귀무가설을 기각한다.

15. $LR(p_0,p_1) = \frac{p_0^{\Sigma X_i}(1-p_0)^{n-\Sigma X_i}}{p_1^{\Sigma X_i}(1-p_1)^{n-\Sigma X_i}} = \left(\frac{p_0(1-p_1)}{p_1(1-p_0)}\right)^{\Sigma X_i}\left(\frac{1-p_0}{1-p_1}\right)^n \le k$일 때 귀무가설을 기각한다. $p_0 = \frac{1}{2} > p_1 = \frac{1}{3}$이므로 가능도비가 ΣX_i에 대한 증가함수이다. 따라서 기각영역은 $C = \{\Sigma X_i \le c\}$이다.

귀무가설하에서 중심극한정리에 의해 대략적으로 $\frac{\sum X_i - \frac{n}{2}}{\frac{\sqrt{n}}{2}} \sim N(0,1)$을 따르므로 $P(\sum_{i=1}^{n} X_i \le c|H_0) = 0.1$을 만족하는 $c = n\left(-\frac{1}{2\sqrt{n}}z_{0.10} + \frac{1}{2}\right)$이다.

대립가설하에서는 중심극한정리에 의해 대략적으로 $\frac{\sum X_i - \frac{n}{3}}{\frac{\sqrt{2n}}{3}} \sim N(0,1)$을 따르므로 $P(\sum_{i=1}^{n} X_i \le c|H_1) = 0.8$을 만족하는 $c = n\left(\frac{\sqrt{2}}{3\sqrt{n}}z_{0.20} + \frac{1}{3}\right)$이다. 따라서 $c = n\left(-\frac{1}{2\sqrt{n}}z_{0.10} + \frac{1}{2}\right) = n\left(\frac{\sqrt{2}}{3\sqrt{n}}z_{0.20} + \frac{1}{3}\right)$을 만족하기 위해서는 $n = 39$, $c = 15.50$이다.

17. $LR(\lambda_0,\lambda_1)=\dfrac{\exp(-n\lambda_0)\lambda_0^{\Sigma X_i}}{\exp(-n\lambda_1)\lambda_1^{\Sigma X_i}}=e^n\left(\dfrac{10}{11}\right)^{\Sigma X_i}\le k$ 일 때 귀무가설을 기각한다.

(1) 가능도비는 $\sum X_i$에 대하여 감소함수이므로 기각영역은 $C=\{\Sigma X_i \ge c\}$이다. 이때 귀무가설하에서 $\sum X_i \sim POI(10n)$를 따른다.

(2) $X_1,\cdots,X_n$이 동일한 포아송 분포를 따르는 랜덤표본이므로 중심극한정리를 적용할 수 있다. 중심극한정리에 의해, 대립가설하에서 $\dfrac{(\overline{X}_n-11)}{\sqrt{11/n}}\xrightarrow{d}N(0,1)$를 따른다.

유의수준 α에서 $P(\sum X_i \ge c|H_0)=\alpha$로부터 근사적으로 $c=n(\sqrt{10/n}\,z_\alpha+10)$를 구할 수 있고, 이에 따른 검정력은

$$\begin{aligned}P(\textstyle\sum X_i \ge n(\sqrt{10/n}\,z_\alpha+10)|H_1) &= P\left(\dfrac{\frac{1}{n}\sum X_i-11}{\sqrt{11/n}}\ge\dfrac{z_\alpha\sqrt{10/n}-1}{\sqrt{11/n}}\middle|H_1\right)\\ &=1-\Phi\left(\dfrac{\sqrt{10}\,z_\alpha-\sqrt{n}}{\sqrt{11}}\right)\end{aligned}$$

이다.

19. $H_0:\theta=\theta_0\ vs.\ H_1:\theta=\theta_1(\theta_1<\theta_0)$을 검정한다고 하면 $LR(\theta_0,\theta_1)=\left(\dfrac{\theta_1}{\theta_0}\right)^n\dfrac{I_{(X_{(n)},\infty)}(\theta_0)}{I_{(X_{(n)},\infty)}(\theta_1)}\le k$일 때 귀무가설을 기각한다.

$X_{(n)}\le\theta_1$일 때 $LR(\theta_0,\theta_1)=\left(\dfrac{\theta_1}{\theta_0}\right)^n$이고 $\theta_1<X_{(n)}\le\theta_0$일 때 $LR(\theta_0,\theta_1)=\infty$ 이다.

즉, 가능도비는 $X_{(n)}$에 대하여 증가함수이므로 기각영역은 $C=\{X_{(n)}\le c\}$이다.

$f_{X_{(n)}}(x)=\dfrac{n}{\theta}\left(\dfrac{x}{\theta}\right)^{n-1}$이므로 유의수준 $\alpha=P((X_1,X_2,\dots,X_n)\in C|H_0)=\left(\dfrac{c}{\theta_0}\right)^n$이다.

따라서 $c=\theta_0\alpha^{1/n}$이 된다. 위의 기각영역은 $\theta_1<\theta_0$이 유지되는 경우 항상 동일하게 유지된다. 따라서 대립가설과 무관하게 기각영역이 동일하므로 균일최강력 검정법이 된다. 귀무가설이 $H_0:\theta\ge\theta_0$으로 변하는 경우

$$P(X_{(n)}\le\theta_0\alpha^{1/n}|H_0)=P(X_{(n)}\le\theta_0\alpha^{1/n}|\theta^*\ge\theta_0)=\left(\dfrac{\theta_0}{\theta^*}\right)^n\alpha\le\alpha$$

이므로 유의수준이 α인 검정이다. 또한 이 검정은 $H_1:\theta<\theta_0$에서 균일최강력 검정이므로 $H_0:\theta\ge\theta_0$인 경우에도 역시 균일최강력 검정법이 된다.

21. $H_0:\theta=0\ vs.\ H_1:\theta=\theta_1(\theta_1>0)$의 검정을 고려하자.

$$LR(\theta_0,\theta_1)=\dfrac{\exp(-\Sigma(X_i-\theta_0))I_{(-\infty,X_{(1)})}(\theta_0)}{\exp(-\Sigma(X_i-\theta_1))I_{(-\infty,X_{(1)})}(\theta_1)}=\exp(-n\theta_1)\dfrac{I_{(-\infty,X_{(1)})}(0)}{I_{(-\infty,X_{(1)})}(\theta_1)}\le k \text{ 일 때}$$

귀무가설을 기각한다. $X_{(1)}\ge\theta_1$인 경우 $LR(\theta_0,\theta_1)=e^{-n\theta_1}$이고 $0\le X_{(1)}\le\theta_1$인 경우

$LR(\theta_0,\theta_1)=\infty$이다. 즉, 가능도비는 $X_{(1)}$에 대하여 감소함수이므로 기각영역은 $C=\{X_{(1)} \geq c\}$가 된다. 이때 $\theta_1 > 0$이기만 하면 위의 기각영역이 동일하게 유지된다. 따라서 대립가설의 θ_1에 기각영역이 의존하지 않으므로 균일최강력 검정법이다.

23. 22번에서, $H_0: \theta=\theta_0$ 대 $H_1: \theta > \theta_0$ 에 대한 균일 최강력 검정의 기각영역은 $\{(x_1, \cdots ,x_n): -\sum_{i=1}^n \ln x_i \leq c\}$임을 보였다. 이제 $H_0: \theta=\theta_0$ 대 $H_1: \theta < \theta_0$ 을 고려하자. $H_0: \theta=\theta_0$ 대 $H_1: \theta=\theta_1(<\theta_0)$ 에서

$\dfrac{L(\theta_0)}{L(\theta_1)}=(\dfrac{\theta_0}{\theta_1})^n(\Pi x_i)^{\theta_0-\theta_1} \leq k \iff -\sum_{i=1}^n \ln x_i \geq c$이므로

$H_1: \theta=\theta_1(<\theta_0)$ 일 때의 최강력 검정은 $H_1: \theta=\theta_1(>\theta_0)$ 일 때의 최강력 검정과 같을 수 없다. 즉, 균일 최강력 검정이 존재하지 않는다.

25. (1) 아무런 제약조건이 없는 전체 모수공간 $\{(\mu,\sigma^2): \mu \in R, \sigma^2 > 0\}$에서의 최대가능도 추정량은 $\hat{\mu}^{MLE}=\overline{X}_n$, $\hat{\sigma}^{2\,MLE}=\dfrac{1}{n}\Sigma(X_i-\overline{X}_n)^2$이다. 귀무가설 $H_0: \mu \leq \mu_0$ 하에서는 평균 모수범위에 제약이 생겨 최대가능도 추정량이 $\hat{\mu}_0=Min\{\mu_0,\overline{X}_n\}, \hat{\sigma}^2=\dfrac{1}{n}\Sigma(X_i-\hat{\mu}_0)^2$이 된다. $\mu_0 \geq \overline{X}_n$인 경우 $\Lambda=1$, $\mu_0 < \overline{X}_n$인 경우 $\Lambda=\left[\dfrac{\sum(X_i-\overline{X}_n)^2}{\sum(X_i-\mu_0)^2}\right]^{n/2}<1$이다.

$\Lambda \leq k < 1$일 때 귀무가설을 기각하므로 기각영역은

$\left\{(x_1, \cdots ,x_n): \overline{x}_n > \mu_0 \cap \dfrac{\sum(x_i-\overline{x}_n)^2}{\sum(x_i-\mu_0)^2} \leq k\right\}$ 이고, 이는

$\left\{(x_1, \cdots ,x_n): \overline{x}_n > \mu_0 \cap (\dfrac{\sqrt{n}(\overline{x}_n-\mu_0)}{s_n})^2 > c\right\}$ 와 동치이므로

$\left\{(x_1, \cdots ,x_n): \overline{x}_n > \mu_0+\sqrt{c}\dfrac{s_n}{\sqrt{n}}\right\}$ 으로 쓸 수 있다.

귀무가설하에서 유의수준을 최대로 하는 값은 $\mu=\mu_0$일 때이다. 따라서, $P(\overline{X}_n > \mu_0+\sqrt{c}\dfrac{S_n}{\sqrt{n}} \mid \mu=\mu_0)=\alpha$로 놓고 c를 구하면, $\sqrt{c}=t_\alpha(n-1)$이다. $\mu=\mu_0$일 때 $\dfrac{\sqrt{n}(\overline{X}_n-\mu_0)}{S_n} \sim t(n-1)$임은 이미 본문에서 다루어졌다.

(2) $H_0: \sigma^2=\sigma_0^2$, $H_1: \sigma^2 > \sigma_0^2$이므로 모수공간은 $\Omega=\{(\mu,\sigma^2): \mu \in R, \sigma^2 \geq \sigma_0^2\}$이다. 모수공간 Ω에서 $\hat{\mu}^{MLE}=\overline{X}_n$, $\hat{\sigma}^{2\,MLE}=Max\left\{\sigma_0^2, \dfrac{1}{n}\Sigma(X_i-\overline{X}_n)^2\right\}$이다. $\sigma_0^2 \geq \dfrac{1}{n}\Sigma(X_i-$

$\overline{X}_n)^2$인 경우 $\Lambda=1$, $\sigma_0^2 < \frac{1}{n}\Sigma(X_i-\overline{X}_n)^2=\hat{\sigma}^2$인 경우 $\Lambda=\left(\frac{\hat{\sigma}^2}{\sigma_0^2}\right)^{\frac{n}{2}}\exp\left[\frac{n}{2}\left(1-\frac{\hat{\sigma}^2}{\sigma_0^2}\right)\right]$

이다. $\Lambda \le k < 1$일 때 귀무가설을 기각하므로 예 5.24를 참고하면 기각영역은 $\left\{x_1,\cdots,x_n : \frac{1}{n}\sum(x_i-\overline{x}_n)^2 \ge c\right\}$이다. 귀무가설하에서 $\frac{\sum(X_i-\overline{X}_n)^2}{\sigma_0^2} \sim \chi^2(n-1)$을 따르므로 $c=\frac{\chi_\alpha^2(n-1)\,\sigma_0^2}{n}$이다.

27. $\hat{\sigma}^{2\,MLE}=\frac{1}{n}\sum(X_i-\mu)^2$.

$\Lambda=\left(\frac{\hat{\sigma}}{\sigma_0}\right)^n\exp\left(\frac{n}{2}\right)\exp\left(-\frac{\sum(X_i-\mu)^2}{2\sigma_0^2}\right)\le k$ 일 때 귀무가설을 기각한다. $\hat{\sigma}^2>\sigma_0^2$일 때 Λ는 $\hat{\sigma}^2$에 대한 감소함수이고 $\hat{\sigma}^2<\sigma_0^2$일 때 Λ는 $\hat{\sigma}^2$에 대한 증가함수이므로 기각영역은 $c_1<c_2$ 일 때 $\left\{(x_1,\cdots,x_n): \frac{\sum(x_i-\mu)^2}{\sigma_0^2}\ge c_2 \text{ or } \frac{\sum(x_i-\mu)^2}{\sigma_0^2}\le c_1\right\}$ 가 된다. 귀무가설하에서 $\frac{\sum(X_i-\mu)^2}{\sigma_0^2}\sim\chi^2(n)$을 따른다.

따라서 유의수준 $\alpha=P\left(\frac{\sum(X_i-\mu)^2}{\sigma_0^2}\ge\chi^2_{\alpha/2}(n) \text{ or } \frac{\sum(X_i-\mu)^2}{\sigma_0^2}\le\chi^2_{1-\alpha/2}(n)\right)$이다.

예 5.24에서는 모평균이 알려지지 않았으므로 평균을 추정하는 데 자료를 써야 하므로 자유도가 $n-1$이 된다.

29. $H_0:\lambda=\lambda_0$, $H_1:\lambda>\lambda_0$이므로 고려하는 모수공간은 $\Omega=\{\lambda:\lambda\ge\lambda_0\}$이다.

$\hat{\lambda}=\frac{X_1+X_2+X_3}{6}$이라 할 때, 모수공간 Ω에서 $\lambda^{MLE}=Max\{\lambda_0,\hat{\lambda}\}$이다.

$\lambda_0\ge\hat{\lambda}$인 경우, $\Lambda=1$,

$\lambda_0<\hat{\lambda}$인 경우 $\Lambda=\exp(6(\hat{\lambda}-\lambda_0))\left(\frac{\lambda_0}{\hat{\lambda}}\right)^{6\hat{\lambda}}$ 이다.

$\Lambda\le k<1$일 때 귀무가설을 기각하며 $\lambda_0<\hat{\lambda}$인 경우 Λ는 $\hat{\lambda}$에 대한 감소함수이므로 $\left\{X_1,X_2,X_3:\frac{X_1+X_2+X_3}{6}\ge c\right\}$일 때 귀무가설을 기각한다.

귀무가설하에서 $X_1+X_2+X_3\sim POI(6\lambda_0)$이므로 유의수준 α를 만족하기 위해 $P(X_1+X_2+X_3\ge 6c)=\alpha$인 c를 고르면 된다.

31. 예 5.28로부터, $\Lambda = \dfrac{(\frac{n-1}{n})^{n/2}(\frac{m-1}{m})^{m/2}(S_X^2)^{n/2}(S_Y^2)^{m/2}}{[((n-1)S_X^2+(m-1)S_Y^2)/(n+m)]^{(n+m)/2}}$ 이고, $F=\dfrac{S_Y^2}{S_X^2}$ 이므로

$\Lambda = \dfrac{(\frac{n-1}{n})^{n/2}(\frac{m-1}{m})^{m/2}}{(\frac{1}{n+m})^{(n+m)/2}} \dfrac{F^{m/2}}{((n-1)+(m-1)F)^{(n+m)/2}}$ 로 표현된다. 로그를 취한 후 미분을 통해 $F<\dfrac{m(n-1)}{n(m-1)}$ 에서 Λ가 증가하고 $F>\dfrac{m(n-1)}{n(m-1)}$ 에서 Λ가 감소함을 알 수 있다. 즉, Λ가 작을 때 귀무가설을 기각하는 것은 F가 크거나 작은 경우 귀무가설을 기각하는 것과 동등하게 된다.

33. 두 표본의 가능도함수는 $L(\lambda_1,\lambda_2)=e^{-n\lambda_1-n\lambda_2}\lambda_1^{\sum x_i}\lambda_2^{\sum y_i}/(\prod x_i!y_i!)$ 이고, 전체 모수공간에서의 최대가능도 추정량은 $\hat{\lambda}_1=\overline{X}_n$, $\hat{\lambda}_2=\overline{Y}_n$ 이다. 귀무가설하에서의 최대가능도 추정량은 $\lambda_1=\lambda_2=\lambda$라 했을 때, $L(\lambda)=e^{-2n\lambda}\lambda^{\sum x_i+\sum y_i}/(\prod x_i!y_i!)$ 로부터 $\hat{\lambda}=\dfrac{\overline{X}_n+\overline{Y}_n}{2}$ 가 된다. 일반화 가능도비는 $\Lambda=(\dfrac{\overline{X}_n+\overline{Y}_n}{2})^{n(\overline{X}_n+\overline{Y}_n)}/(\overline{X}_n^{n\overline{X}_n}\overline{Y}_n^{n\overline{Y}_n})$ 이고, 정리 5.3으로부터 표본의 크기가 클 때 $-2\ln\Lambda \approx \chi^2(1)$ 이 됨을 이용하여 근사 기각영역을 구할 수 있다. $\chi^2_{0.01}(1)=6.635$ 이므로 $-2\ln\Lambda \geq 6.635$ 일 때 귀무가설을 기각하게 되고, $\overline{X}=15$, $\overline{Y}=18$ 을 얻었으므로 $-2\ln\Lambda=13.6552$ 로 귀무가설을 기각한다. 즉, 유의수준 1%에서 λ_1과 λ_2가 같지 않다고 할 수 있다.

$$P(X=x\mid X+Y=s)=\frac{\left[\exp(-\lambda_1)\lambda_1^x/x!\right]\left[\exp(-\lambda_2)\lambda_2^{s-x}/(s-x)!\right]}{\exp(-\lambda_1-\lambda_2)(\lambda_1+\lambda_2)^{x+y}/(x+y)!}$$

6장

1. 로그가능도함수는 $\log L=-n/2\log(2\pi\sigma^2)-1/2\sigma^2\sum\sum(X_{ij}-\mu-\alpha_i)^2$ 이므로

$\partial\log L/\partial\mu=\sigma^2\sum\sum(X_{ij}-\mu-\alpha_i)$

$\partial\log L/\partial\alpha_i=\sigma^2\sum_{j=1}^{n_i}(X_{ij}-\mu-\alpha_i),\quad i=1,\cdots,I$

으로부터 $\partial\log L/\partial\mu=0$, $\partial\log L/\partial\alpha_i=0$ 의 해를 구하면 최대가능도 추정량은 $\mu=\overline{X}_{..}$, $\alpha_i=\overline{X}_{i.}-\overline{X}_{..}$ 이 된다. 한편 결합 확률밀도함수는

$$f(x;\mu,\alpha_1,\cdots,\alpha_I,\sigma^2)=\{1/2\pi\sigma^2\}^{n/2}\exp\left[-1/2\sigma^2\Sigma\Sigma(X_{ij}-\mu-\alpha_i)^2\right]$$
$$=\{1/2\pi\sigma^2\}^{n/2}\exp\left[-1/2\sigma^2\left(\Sigma\Sigma X_{ij}^2+n\mu^2+\Sigma n_i\alpha_i^2\right.\right.$$
$$\left.\left.-2\mu\Sigma\Sigma X_{ij}+2\mu\Sigma n_i\alpha_i-2\Sigma\alpha_i\Sigma X_{ij}\right)\right]$$

의 형태로 지수족이므로 $\sum\sum X_{ij}^2$, $\sum\sum X_{ij}$, $\sum_j X_{ij}$는 결합 완비 충분통계량이다. 그런데 이들의 함수인 $\overline{X}_{..}$, $\overline{X}_{i.}-\overline{X}_{..}$는 $E(\overline{X}_{..})=\mu$, $E(\overline{X}_{i.}-\overline{X}_{..})=\mu_i-\mu=\alpha_i$로부터 각각 μ와 α_i의 비편향 추정량이므로 레만-쉐페 정리에 의해 각각 최소분산 비편향추정량이다.

3. 귀무가설 H_0하에서 $\log L=(-n/2)\log(\sqrt{2\pi}\sigma^2)-(1/2\sigma^2)\sum_{i=1}^{I}\sum_{j=1}^{n_i}(X_{ij}-\mu)^2$ 이고 공통평균 μ와 σ^2의 최대가능도 추정량은 $\partial\log L/\partial\mu=0$, $\partial\log L/\partial\sigma^2=0$ 에서

$$1/\sigma^2\sum_{i=1}^{I}\sum_{j=1}^{n_i}(X_{ij}-\mu)=0 \quad\Rightarrow\quad \hat{\mu}=\overline{X}_{..}$$

$$1/\sigma^2\sum_{i=1}^{I}\sum_{j=1}^{n_i}(X_{ij}-\mu)^2=n \quad\Rightarrow\quad \hat{\sigma}^2=1/n\sum_{i=1}^{I}\sum_{j=1}^{n_i}(X_{ij}-\overline{X}_{..})^2$$

이 된다. 또한 전체 모수공간 Ω 내에서 로그가능도함수는

$\log L=(-n/2)\log(\sqrt{2\pi}\sigma^2)\ -(1/2\sigma^2)\sum_{i=1}^{I}\sum_{j=1}^{n_i}(X_{ij}-\mu)^2$이고

$\partial\log L/\partial\mu=0$, $\partial\log L/\partial\sigma^2=0$ 에서 $\hat{\mu}_i=\overline{X}_{i.}$,

$\hat{\sigma}^2=(1/n)\sum_{i=1}^{I}\sum_{j=1}^{n_i}(X_{ij}-X_{i.})^2$이 최대가능도 추정량이 된다.

5. (1) $X_{ij}=\mu+\alpha_i+\varepsilon_{ij}$, $\hat{\alpha}_1=1.125$, $\hat{\alpha}_2=-0.475$, $\hat{\alpha}_3=-7.3875$, $\hat{\alpha}_4=10.225$

(2) $H_0:\alpha_1=\alpha_2=\alpha_3=\alpha_4=0$ 에서 $F=4.996$에 대한 유의확률이 0.0124이므로 유의수준 0.05에서 귀무가설을 기각한다.

(3) $H_0:\mu_4=\dfrac{\mu_1+\mu_2+\mu_3}{3}$ 대 $H_1:\mu_4\neq\dfrac{\mu_1+\mu_2+\mu_3}{3}$ 의 가설은

대비 $C=\frac{1}{3}\mu_1+\frac{1}{3}\mu_2+\frac{1}{3}\mu_3-\mu_4$에 대한 검정과 동일하다.

$$\hat{C}=\frac{1}{3}\overline{X}_{1.}+\frac{1}{3}\overline{X}_{2.}+\frac{1}{3}\overline{X}_{3.}-\overline{X}_{4.}=-12.4917$$

$$SS_c=\frac{(-12.4917)^2}{\frac{1}{9\times5}+\frac{1}{9\times5}+\frac{1}{9\times6}+\frac{(-1)^2}{4}}=498.5976,\ SSW=804.9\text{이므로}$$

$F = \dfrac{498.5976}{804.9/16} = 9.9112$이다. 유의확률이 0.0061이므로 귀무가설을 기각한다.

즉, 새롭게 제시된 교육방법에 의한 평균이 기존 방법들의 평균과 같지 않다고 할 수 있다.

7. $C = \sum_{i=1}^{I} c_i \mu_i$, $\hat{C} = \sum_{i=1}^{I} c_i \overline{X}_{i.}$ 이므로

$$E(\hat{C}) = E\left(\sum_{i=1}^{I} c_i \overline{X}_{i.}\right) = \sum_{i=1}^{I} c_i E(\overline{X}_{i.}) = \sum_{i=1}^{I} c_i (1/n_i)\left(\sum_{j=1}^{n_i} E(X_{ij})\right)$$
$$= \sum_{i=1}^{I} c_i \left((1/n_i)\sum_{j=1}^{n_i} \mu_i\right) = \sum_{i=1}^{I} c_i \mu_i$$

이다. 한편 $\overline{X}_{i.}$는 1번 문제에서 완비 충분통계량임을 알고 있으므로 레만-쉐페 정리에 의해 $\hat{C} = \sum_{i=1}^{I} c_i \overline{X}_{i.}$ 는 $\sum_{i=1}^{I} c_i \mu_i$의 최소분산 비편향추정량이다.

9. 확률변수 X가 비중심모수가 γ이고 자유도가 k인 비중심 카이제곱분포를 따른다고 할 때 X는 다음과 같이 재표현할 수 있다.

$X = \sum_{i=1}^{k} X_i^2/\sigma^2$, 여기에서 X_i는 서로 독립이며 평균 μ_i, 분산 σ^2인 정규확률분포를 따른다.

이제 X의 적률생성함수는 다음과 같이 유도된다.

$$M_X(t) = E[\exp(tX)]$$
$$= E\left[\exp\left(t\sum_{i=1}^{k} X_i^2/\sigma^2\right)\right] = \prod_{i=1}^{k} E\left[\exp(tX_i^2/\sigma^2)\right]$$

한편 $E\left(\exp(tX_i^2/\sigma^2)\right) = \int \exp(tx_i^2/\sigma^2)(1/\sqrt{2\pi\sigma^2})\exp\left[-(x_i-\mu_i)^2/2\sigma^2\right]dx_i$

$$= (1/\sqrt{1-2t})\exp(t\mu_i^2/(1-2t)\sigma^2)$$

이므로 구하는 적률생성함수는 $M_X(t) = [1/(1-2t)]^{k/2}\exp(t\gamma/(1-2t))$,

기에서 $\gamma = \sum \mu_i^2/\sigma^2$이다.

11. $X_{ij} = \mu + \alpha_i + \beta_j + \varepsilon_{ij},\ i = 1, \cdots, I,\ j = 1, \cdots, J$

가능도함수는 $L = \{1/2\pi\sigma^2\}^{n/2}\exp\left[-1/2\sigma^2 \sum\sum (X_{ij} - \mu - \alpha_i - \beta_j)^2\right]$ 이고, 여기에서 L을 최대화하는 문제는 $G = \sum\sum (X_{ij} - \mu - \alpha_i - \beta_j)^2$ 을 최소화하는 문제와 같으므로 이는 최소제곱 추정량과 최대가능도 추정량이 같음을 의미한다.

즉 $\hat{\mu} = \overline{X}_{..}$, $\hat{\alpha}_i = \overline{X}_{i.} - \overline{X}_{..}$, $\hat{\beta}_i = \overline{X}_{.j} - \overline{X}_{..}$이다.

한편 $(x; \mu, \alpha_i, \beta_j, \sigma^2) = \{1/2\pi\sigma^2\}^{n/2}\exp\left[-1/2\sigma^2 \sum\sum (X_{ij} - \mu - \alpha_i - \beta_j)^2\right]$

$$= \{1/2\pi\sigma^2\}^{n/2} \exp\Big[-1/2\sigma^2 \Big(\Sigma\Sigma X_{ij}^2 + n\mu^2 + \Sigma n_i \alpha_i^2$$
$$+ I\Sigma\beta_j^2 - 2\mu\Sigma\Sigma X_{ij} - 2\Sigma\alpha_i \overline{X_{i.}} - 2\Sigma\beta_i \overline{X_{.j}} + 2\mu\Sigma n\alpha_i$$
$$+ 2\mu I \Sigma_{\beta_j} + 2\Sigma\Sigma\alpha_i\beta_i\Big)\Big]$$

는 지수족이므로 $\Sigma\Sigma X_{ij}^2$, $\Sigma\Sigma X_{ij}$, $X_{i.}$, $X_{.j}$는 결합 완비 충분통계량이다.

그리고 $E(\overline{X}_{..}) = \mu$, $E(\overline{X}_{i.} - \overline{X}_{..}) = \alpha_i$, $E(\overline{X}_{.j} - \overline{X}_{..}) = \beta_j$이므로 레만-쉐페 정리에 의해 각각 최소분산 비편향추정량이다.

13. (1) $H_0: \alpha_1 = \cdots = \alpha_I = 0$ 하에서 최대가능도 추정량은

$\hat{\mu}_0 = \overline{X}_{..}$, $\hat{\sigma}^2 = \sum_{i=1}^{I}\sum_{j=1}^{J}(X_{ij} - \overline{X}_{.j})^2/n$ 이며, 전체모수공간에서 최대가능도 추정량은

$\hat{\mu}_{ij} = \overline{X}_{i.} + \overline{X}_{.j} - \overline{X}_{..}$, $\hat{\sigma}^2 = \sum_{i=1}^{I}\sum_{j=1}^{J}(X_{ij} - \overline{X}_{i.} - \overline{X}_{.j} + \overline{X}_{..})^2/n$ 이 된다.

따라서 일반화 가능도비는

$$\Lambda = f(x;\hat{\mu}_0, \hat{\sigma}_0{}^2) \,/\, f(x;\hat{\mu}_{ij}, \hat{\sigma}^2)$$
$$= \left\{ \sum_{i=1}^{I}\sum_{j=1}^{J}(X_{ij} - \overline{X}_{i.} - \overline{X}_{.j} + \overline{X}_{..})^2 / \sum_{i=1}^{I}\sum_{j=1}^{J}(X_{ij} - \overline{X}_{.j})^2 \right\}^{n/2}$$

이다. 이제 일반화 가능도비 검정법에 의한 $\Lambda < \Lambda_0$이라는 기각영역은 $\Lambda^{-2/n} < \Lambda_0^{-2/n}$과 동등하다. 그런데 $\Lambda^{-2/n} = \left\{ \sum_{i=1}^{I}\sum_{j=1}^{J}(X_{ij} - \overline{X}_{.j})^2 / \sum_{i=1}^{I}\sum_{j=1}^{J}(X_{ij} - \overline{X}_{i.} - \overline{X}_{.j} + \overline{X}_{..})^2 \right\}$

$$= 1 + \sum_{i=1}^{I}\sum_{j=1}^{J}(\overline{X}_{i.} - \overline{X}_{..})^2 / \sum_{i=1}^{I}\sum_{j=1}^{J}(X_{ij} - \overline{X}_{i.} - \overline{X}_{.j} + \overline{X}_{..})^2$$

이므로 F 검정법과 일치한다.

(2) $H_0: \beta_1 = \cdots = \beta_J = 0$의 경우도 위와 비슷하므로 생략함.

15. (1) 분산분석표는 다음과 같다.

요인	자유도	제곱합	평균제곱합	F값	유의확률
처리간	3	585	195	18.571	〈.0001
처리내	16	168	10.5		
전체	19	753			

디자인의 종류가 판매에 다른 영향을 끼치는지에 대한 검정은

$H_0: \alpha_1 = ... = \alpha_I = 0$ 대 H_1: 모든 α_i가 0인 것은 아니다.

F값이 18.571이고 이 값이 $F_{0.05}(3, 16) = 3.2389$보다 크므로 유의수준 $\alpha = 0.05$에서 귀무가설 H_0을 기각한다.

(2) H_0: $\frac{\mu_1+\mu_2}{2}=\frac{\mu_3+\mu_4}{2}$ 은 대비 $C=\frac{1}{2}\mu_1+\frac{1}{2}\mu_2-\frac{1}{2}\mu_3-\frac{1}{2}\mu_4$에 대한 검정과 동일하다.

$$\hat{C}=\frac{1}{2}\overline{X}_{1.}+\frac{1}{2}\overline{X}_{2.}-\frac{1}{2}\overline{X}_{3.}-\frac{1}{2}\overline{X}_{4.}=\frac{1}{2}(24.6)+\frac{1}{2}(23.4)-\frac{1}{2}(28.8)-\frac{1}{2}(37.2)=-9$$

$$SSc=\frac{\hat{C}^2}{\sum_{i=1}^{I}c_i^2/n_i}=\frac{(-9)^2}{(0.5)^2/5+(0.5)^2/5+(-0.5)^2/5+(-0.5)^2/5}=405,\ SSW=168$$

이므로 $F=\frac{SSc}{SSW/(n-I)}=38.5714$이다.

$F=38.5714>F_{0.05}(1,16)=4.4940$이므로 유의수준 $\alpha=0.05$에서 귀무가설 H_0을 기각할 수 있다.

C에 대한 신뢰구간은 $\frac{\hat{C}-C}{\sqrt{\hat{\sigma}^2\sum_{i=1}^{I}c_i^2/n_i}}\sim t(n-I)$를 이용해 구한다.

$$P\left(-t_{\alpha/2}(n-I)<\frac{\hat{C}-C}{\sqrt{\hat{\sigma}^2\sum_{i=1}^{I}c_i^2/n_i}}<t_{\alpha/2}(n-I)\right)$$

$$=P\left(\hat{C}-t_{\alpha/2}(n-I)\sqrt{\hat{\sigma}^2\sum_{i=1}^{I}c_i^2/n_i}<C<\hat{C}+t_{\alpha/2}(n-I)\sqrt{\hat{\sigma}^2\sum_{i=1}^{I}c_i^2/n_i}\right)=1-\alpha$$

$\hat{C}=-9,\ t_{0.025}(13)=2.1604,\ \sum_{i=1}^{I}c_i^2/n_i=0.2,\ \hat{\sigma}^2=10.5$ 이므로 C에 대한 95% 신뢰구간은 [-12.1307, -5.8693]이다.

(3) $D=Q_{0.05}(4,16)/\sqrt{5}=1.8094,\ D\times\sqrt{MSW}=5.8632.$

$c={}_4C_2=6,\ t_{\alpha/2c}(n-I)\sqrt{MSW}(1/n_i+1/n_j)^{1/2}=t_{0.05/12}(16)\sqrt{10.5}(2/5)^{1/2}=6.1653$

이를 이용해 튜키와 본페로니 방법을 이용한 동시신뢰구간을 구하면 다음과 같다.

짝	튜키	본페로니
$\mu_2-\mu_1$	[−7.0633, 4.6633]	[−7.3653, 4.9653]
$\mu_3-\mu_1$	[−1.6633, 10.0633]	[−1.9653, 10.3653]
$\mu_4-\mu_1$	[6.7367, 18.4633]	[6.4347, 18.7653]
$\mu_3-\mu_2$	[−0.4633, 11.2633]	[−0.7653, 11.5653]
$\mu_4-\mu_2$	[7.9367, 19.6633]	[7.6347, 19.9653]
$\mu_4-\mu_3$	[2.5367, 14.2633]	[2.2347, 14.5653]

17. (1) $X_{ij}=\mu+\alpha_i+\beta_j+\varepsilon_{ij},\ i=1,\cdots,3,\ j=1,\cdots,4$

처리효과: $\hat{\beta}_1=-2.16,\ \hat{\beta}_2=1.83,\ \hat{\beta}_3=-0.5,\ \hat{\beta}_4=0.83$

블록효과: $\hat{\alpha}_1=-1.75,\ \hat{\alpha}_2=-2.75,\ \hat{\alpha}_3=4.5$

(2) $H_0: \alpha_1 = \alpha_2 = \alpha_3 = 0$ 의 경우 $F = 43.59 > F_{0.05}(2, 6) = 5.14$이므로 유의수준 0.05에서 귀무가설을 기각한다.

19. (1) 과학자 A의 실험결과에 대한 분산분석표는 다음과 같다.

요인	자유도	제곱합	평균제곱합	F값	유의확률
블록	1	800	800	200	3.18E-05
처리	1	200	200	50	0.000875
잔차	5	20	4		
전체	7	1020			

과학자 B의 실험결과에 대한 분산분석표는 다음과 같다.

요인	자유도	제곱합	평균제곱합	F값	유의확률
블록	1	800	800	5	0.07559
처리	1	200	200	1.25	0.31437
잔차	5	800	160		
전체	7	1800			

성질이 유사한 실험단위들끼리 묶어서 블록을 만들어야, 즉 블록 내 분산은 작고 블록 간 분산은 크게 하여야 랜덤화 블록 설계가 효율적이다. A의 잔차제곱합이 B의 잔차제곱합보다 월등히 작다. 따라서 과학자 A의 블록화가 더 효율적이다.

(2) 과학자 C의 실험결과에 대한 분산분석표는 다음과 같다.

요인	자유도	제곱합	평균제곱합	F값	유의확률
처리	1	200	200	1.4634	0.2719
잔차	6	820	136.67		
전체	7	1020			

$H_0: \alpha_1 = \ldots = \alpha_I = 0$ 대 H_1: 모든 α_i들이 다 0은 아니다.

F값이 1.4634이고 이 값이 $F_{0.05}(1, 6) = 5.9874$보다 작으므로 유의수준 $\alpha = 0.05$에서 귀무가설 H_0을 기각할 수 없다. 즉 처리 효과가 존재하지 않는다. (1)에서의 과학자 A의 실험결과의 경우, 처리 효과가 통계적으로 유의하게 존재하므로 반대의 결과가 나온다. 블록의 효과를 고려하여야 처리방법의 효과가 유의해짐을 알 수 있다.

21. 우선, SSA, SSB, SSAB는 $\overline{X}_{ij.}$의 함수이고 SSE는 $S_{ij}^2 = \frac{1}{K-1}\sum_{k=1}^{K}(X_{ijk} - \overline{X}_{ij.})^2$의 함수이므로 SSA, SSB, SSAB와 SSE는 독립이다.

$$SSA = JK\sum_{i=1}^{I}(\overline{X}_{i..} - \overline{X}_{...})^2$$
$$= \sum_{i=1}^{I} JK((\overline{X}_{i..} - \mu) - (\overline{X}_{...} - \mu))^2$$
$$= \sum_{i=1}^{I} JK(\overline{X}_{i..} - \mu)^2 - 2\sum_{i=1}^{I} JK(\overline{X}_{i..} - \mu)(\overline{X}_{...} - \mu) + \sum_{i=1}^{I} JK(\overline{X}_{...} - \mu)^2$$
$$= \sum_{i=1}^{I} JK(\overline{X}_{i..} - \mu)^2 - IJK(\overline{X}_{...} - \mu)^2$$

즉, $\sum_{i=1}^{I}\left(\frac{\overline{X}_{i..} - \mu}{\sigma/\sqrt{JK}}\right)^2 = \frac{SSA}{\sigma^2} + \left(\frac{\overline{X}_{...} - \mu}{\sigma/\sqrt{n}}\right)^2$ 이다.

$H_0 : \alpha_1 = ... = \alpha_I = 0$ 하에서 $\sum_{i=1}^{I}\left(\frac{\overline{X}_{i..} - \mu}{\sigma/\sqrt{JK}}\right)^2 \sim \chi^2(I)$, $\left(\frac{\overline{X}_{...} - \mu}{\sigma/\sqrt{n}}\right)^2 \sim \chi^2(1)$이고 $\overline{X}_{i..}$과 $S_i^2 = \sum_{i=1}^{I}(\overline{X}_{i..} - \overline{X}_{...})^2$는 독립이므로 $\frac{SSA}{\sigma^2} \sim \chi^2(I-1)$이다. 또한 $\frac{SSA}{\sigma^2} \sim \chi^2(I-1)$임을 이용하면 $E(\frac{SSA}{\sigma^2}) = I-1$임을 알 수 있고, 이에 따라 $E(\frac{SSA}{I-1}) = \sigma^2$이다. 나머지 증명 또한 이와 마찬가지로 보인다.

23.

요인	자유도	제곱합	평균제곱합	F값	유의확률
브랜드	2	8.96	4.481	0.0931	0.91156
기술자	2	112.52	56.259	1.1685	0.33334
상호작용	4	482.81	120.704	2.5069	0.07843
잔차	18	866.67	48.148		
전체	26	1470.96			

(1) 브랜드 간에 통계적으로 유의한 차이가 있는지에 대한 검정은

$H_0 : \alpha_1 = ... = \alpha_I = 0$ 대 H_1: 모든 α_i가 다 0인 것은 아니다.

로 귀착된다. F값이 0.0931이고 이 값이 $F_{0.05}(2, 18) = 3.5546$보다 작으므로 유의수준 $\alpha = 0.05$에서 귀무가설 H_0을 기각하지 못한다. 즉 브랜드 간에 유의한 차이가 없다.

짝	튜키
$\alpha_2 - \alpha_1$	[−9.5704, 7.1260]
$\alpha_3 - \alpha_1$	[−8.3482, 8.3482]
$\alpha_3 - \alpha_2$	[−7.1259, 9.5704]

(2) 기술자 간에 통계적으로 유의한 차이가 있는지에 대한 검정은

$H_0 : \beta_1 = ... = \beta_J = 0$ 대 $H_1 : \beta_i$ 들 중 적어도 하나는 0이 아니다.

F값이 1.1685이고 이 값이 $F_{0.05}(2, 18) = 3.5546$보다 작으므로 유의수준 $\alpha = 0.05$에서 귀무가설 H_0을 기각하지 못한다. 즉 기술자 간에 유의한 차이가 없다.

짝	튜키
$\beta_2-\beta_1$	[−10.7926, 5.9037]
$\beta_3-\beta_1$	[−5.7926, 10.9037]
$\beta_3-\beta_2$	[−3.3482, 13.3482]

7장

1. $f(x)=4x(1-x^2)$, $f(y)=4y^3$, $E(X)=8/15$, $E(Y)=4/5$, $E(XY)=4/9$,

$E(X^2)=1/3$, $E(Y^2)=2/3$

$Cov(X, Y)=E(XY)-E(X)E(Y)=4/9-32/75=0.0178$

$$\rho(X,Y)=\frac{Cov(X,Y)}{\sqrt{Var(X)\,Var(Y)}}=\frac{0.0178}{\sqrt{0.0489\times 0.0267}}=0.4926$$

3. (1) $R=0$ (2) $E(Y|x)=1.0-0\times x$

(3) $R^2=0$, 즉 회귀의 설명력이 0%이므로 구한 회귀직선은 의미가 없다.

(4) $T=\dfrac{R\sqrt{n-2}}{\sqrt{1-R^2}}\sim t_{(n-2)}$. $R=0$이므로 $T=0$이고 t분포가 0보다 클 확률은 0.5로 0.05보다 크므로 유의수준 0.05에서 $\rho(X,Y)=0$이라고 할 수 있다.

5.
$$\begin{aligned}
f_X(x)&=\sum_{y=0}^{n-x}\frac{n!}{x!y!(n-x-y)!}p_X^x p_Y^y(1-p_X-p_Y)^{n-x-y}\\
&=\sum_{y=0}^{n-x}\frac{(n-x)!}{y!(n-x-y)!}\left(\frac{p_Y}{1-p_X}\right)^y\left(\frac{1-p_X-p_Y}{1-p_X}\right)^{n-x-y}\times\frac{n!}{x!(n-x)!}p_X^x(1-p_X)^{n-x}\\
&=\frac{n!}{x!(n-x)!}p_X^x(1-p_X)^{n-x}\\
&\sim B(n,p_X)
\end{aligned}$$

$$\begin{aligned}
\therefore f_{Y|x}(y|x)&=\frac{\dfrac{n!}{x!y!(n-x-y)!}p_X^x p_Y^y(1-p_X-p_Y)^{n-x-y}}{\dfrac{n!}{x!(n-x)!}p_X^x(1-p_X)^{n-x}}\\
&=\frac{(n-x)!}{y!(n-x-y)!}\left(\frac{p_Y}{1-p_X}\right)^y\left(\frac{1-p_X-p_Y}{1-p_X}\right)^{n-x-y}
\end{aligned}$$

$p_X+p_Y<1$이므로 $\dfrac{p_Y}{1-p_X}<1$이다. 따라서 $y=0,1,\cdots,n-x$에 대하여

$f_{Y|x}(y|x)\sim B(n-x,\dfrac{p_Y}{1-p_X})$를 따른다. $\therefore E(Y|x)=\dfrac{p_Y}{1-p_X}(n-x)$가 회귀직선이다.

7. (1) $Y\sim N(\mu_Y,\sigma_Y^2)=N(5,9)$ 이므로 $Z\sim N(0,1)$일 때, $P(4<Y<6)=P\left(-\dfrac{1}{3}<Z<\dfrac{1}{3}\right)$

이다. 따라서 $\Phi(1/3) - \Phi(-1/3) = 2\Phi(1/3) - 1 = 0.2611$ 이다.

(2) $Y|X \sim N(\mu_Y + \rho\frac{\sigma_Y}{\sigma_X}(X-\mu_X), \sigma_Y^2(1-\rho^2)) = N(5 + \frac{3}{4}\sqrt{\frac{9}{5}}(X-3), 9(1-\frac{9}{16}))$

$Y|X=4 \sim N(5+\frac{9}{4\sqrt{5}}, \frac{63}{16})$

$Z \sim N(0,1)$ 일 때, $P(4 < Y < 6|X=4) = P\left(\frac{-1-\frac{9}{4\sqrt{5}}}{\frac{3\sqrt{7}}{4}} < Z < \frac{1-\frac{9}{4\sqrt{5}}}{\frac{3\sqrt{7}}{4}}\right) = 0.34275$

이다.

9. $\hat{\beta}_1 = -2.18$, $\hat{\beta}_0 = 54.63$ 이다. $t = -1.76 > -2.45 = -t_{0.975}(6)$ 이므로 유의수준 5%에서 귀무가설을 기각할 수 없다.

11. $R = 0.415$. $T = 1.58 < 1.78 = t_{0.05}(12)$ 이므로 유의수준 5%에서 귀무가설을 기각할 수 없다. 즉, 중간 성적과 마지막 성적 사이에 양의 상관관계가 있다고 할 수 없다.

13. (1) $E(Y|X=100) = 40.71$, 90% CI: $(37.92, 43.49)$

(2) $X=100$ 일 때 Y값에 대한 90% 예측구간은 $(33.38, 48.03)$ 이다. 예측구간과 신뢰구간 모두 $E(Y|X=100)$ 을 중심으로 하지만, 예측구간을 구할 때 사용하는 분산이 신뢰구간에서 사용하는 분산보다 더 크므로 예측구간의 길이가 (1)보다 더 길다.

15. $Y = \begin{pmatrix} w_1 Y_1 \\ \vdots \\ w_n Y_n \end{pmatrix}$, $\beta = \begin{pmatrix} \beta_0 \\ \beta_1 \end{pmatrix}$, $X = \begin{pmatrix} w_1 & w_1 x_1 \\ \vdots & \vdots \\ w_n & w_n x_n \end{pmatrix}$ 라 하자. 즉

$\min(Y - X\beta)'(Y - X\beta) = \min(Y'Y - 2\beta'X'Y + \beta'X'X\beta)$ 를 구하기 위해 β 에 대하여 미분한 값이 0이 되는 $\hat{\beta}$ 를 구한다. 그 결과 $\hat{\beta} = (X'X)^{-1}(X'Y)$ 이다. 여기서는 7.5절의 행렬 표기를 이용하였다. (식 (7.26) 참조)

$X'X = \begin{pmatrix} \sum w_i^2 & \sum w_i^2 x_i \\ \sum w_i^2 x_i & \sum w_i^2 x_i^2 \end{pmatrix}$,

$(X'X)^{-1} = \frac{1}{\sum w_i^2 \sum w_i^2 x_i^2 - (\sum w_i^2 x_i)^2} \begin{pmatrix} \sum w_i^2 x_i^2 & -\sum w_i^2 x_i \\ -\sum w_i^2 x_i & \sum w_i^2 \end{pmatrix}$,

$X'Y = \begin{pmatrix} \sum w_i^2 Y_i \\ \sum w_i^2 x_i Y_i \end{pmatrix}$

$u_i = \frac{\omega_i^2}{\sum \omega_i^2}$, $\bar{x}_u = \sum_{i=1}^{n} u_i x_i$, $\bar{Y}_u = \sum_{i=1}^{n} u_i Y_i$ 라 할 때,

$$\hat{\beta}=\begin{pmatrix}\hat{\beta}_0\\ \hat{\beta}_1\end{pmatrix}=\frac{1}{(\sum w_i^2)^2\sum u_i x_i^2-(\sum w_i^2\overline{x}_u)^2}\begin{pmatrix}\sum w_i^2\sum u_i x_i^2-\sum w_i^2\overline{x}_u \\ -\sum w_i^2\overline{x}_u & \sum w_i^2\end{pmatrix}\begin{pmatrix}\sum w_i^2\overline{Y}_u \\ \sum w_i^2\sum u_i x_i Y_i\end{pmatrix}$$

$$=\frac{1}{\sum u_i x_i^2-(\overline{x}_u)^2}\left(\overline{Y}_u\sum u_i x_i^2-\overline{x}_u\sum\right)$$

$$\therefore\ \hat{\beta}_1=\frac{\sum u_i(x_i-\overline{x}_u)(Y_i-\overline{Y}_u)}{\sum u_i(x_i-\overline{x}_u)^2},$$

$$\hat{\beta}_0=\frac{[\sum u_i x_i^2-(\overline{x}_u)^2]\overline{Y}_u-[\sum u_i x_i Y_i-\overline{x}_u\overline{Y}_u]\overline{x}_u}{\sum u_i(x_i-\overline{x}_u)^2}=\overline{Y}_u-\hat{\beta}_1\overline{x}_u \text{ 이다.}$$

17. Expon 함수의 결정계수가 0.6579로 가장 높으므로 이 함수가 자료를 가장 잘 설명한다고 볼 수 있다. 하지만 해석의 측면에서는 선형함수가 가장 간단하다. 특히 0.6315와 0.6579는 큰 차이가 나지 않으므로 간단한 해석이 중요한 경우 linear 함수를 선택해도 무방할 것이라 예상할 수 있다. 그러나 산점도를 살펴보면 자료가 곡선의 형태를 띄고 있음을 알 수 있다. 그러므로 자료의 형태를 고려하면 linear보다는 Expon이 더 적절해 보인다. 잔차분석 등을 통해 더 살펴볼 필요가 있다.

19. $Var(\hat{\beta}_1)=\dfrac{\sigma^2}{\sum(x_i-\overline{x}_n)^2}$으로 이를 최소화하기 위해서는 $\sum(x_i-\overline{x}_n)^2$이 최대화되도록 x를 뽑아야 한다. 따라서 5개의 −1, 5개의 1을 뽑으면 분산이 최소화될 것이다.

21. $$L(\beta_0,\beta_1,\sigma^2)=\left(\frac{1}{\sqrt{2\pi\sigma^2}}\right)^n e^{-\sum_{i=1}^n\frac{(y_i-\beta_0-\beta_1x_i)^2}{2\sigma^2}}$$

$$=\left(\frac{1}{\sqrt{2\pi\sigma^2}}\right)^n e^{-\frac{1}{2\sigma^2}(\Sigma y_i^2-2\Sigma(\beta_0+\beta_1x_i)y_i+\Sigma(\beta_0+\beta_1x_i)^2)}$$

$$=\left(\frac{1}{\sqrt{2\pi\sigma^2}}\right)^n e^{-\frac{1}{2\sigma^2}\Sigma y_i^2+\frac{\beta_0\Sigma y_i}{\sigma^2}+\frac{\beta_1\Sigma x_iy_i}{\sigma^2}}e^{-\frac{1}{2\sigma^2}\Sigma(\beta_0+\beta_1x_i)^2}$$

인수분해 정리에 의해, $S_1=\Sigma Y_i,\ S_2=\Sigma Y_i^2,\ S_3=\Sigma x_iY_i$가 $(\beta_0,\beta_1,\sigma^2)$에 대한 결합 충분통계량이 된다.

23. $Y=\begin{pmatrix}Y_1\\ \vdots\\ Y_n\end{pmatrix},\ \beta=\begin{pmatrix}\beta_0\\ \beta_1\\ \beta_2\\ \beta_3\end{pmatrix},\ X=\begin{pmatrix}1 & x_1 & x_1^2 & x_1^3\\ \vdots & \vdots & \vdots & \vdots\\ 1 & x_n & x_n^2 & x_n^3\end{pmatrix}$이라 하자.

$\min(Y-X\beta)'(Y-X\beta)=\min(Y'Y-2\beta'X'Y+\beta'X'X\beta)$를 구하기 위해 β에 대하여 미분한 값이 0이 되는 $\hat{\beta}$를 구한다. 그 결과 $\hat{\beta}=(X'X)^{-1}(X'Y)$이다.

25. 완전모형 (FM): $E(Y|x_1, x_2, x_3) = \beta_0 + \beta_1 x_1 + \beta_2 x_2 + \beta_3 x_3$, 귀무가설하 축소모형 (RM): $E(Y|x_1) = \beta_0 + \beta_1 x_1$이다. $\widehat{Y}_i$, $\widehat{Y}_i^*$를 각각 완전모형과 축소모형에서의 Y_i에 대한 예측값이라고 하자. 그러면 완전모형하에서의 오차제곱합은 $SSE(FM) = \sum_{i=1}^{n}(Y_i - \widehat{Y}_i)^2$이며 축소모형에서의 오차제곱합은 $SSE(RM) = \sum_{i=1}^{n}(Y_i - \widehat{Y}_i^*)^2$으로 쓸 수 있다. FM에는 4개의 회귀계수가 있고 RM에는 2개의 회귀계수가 있다.

$F = \dfrac{[SSE(RM) - SSE(FM)]/2}{SSE(FM)/(n-4)}$는 검정하고자 하는 귀무가설이 참일 때 자유도가 $(2, n-4)$인 F분포를 따른다는 사실을 이용하여 $F > F_\alpha(2, n-4)$이면 유의수준 α에서 귀무가설을 기각한다.

8장

1. $E[T(X)] = (1/n)\sum_{i=1}^{n} E[I_B(X_i)] = (1/n)\sum_{i=1}^{n} P(X_i \in B) = P(X \in B)$ 이므로 $T(X)$는 $P(X \in B)$의 비편향추정량이다.

3. $P(X_{(10)} < \xi_{0.5} < X_{(16)}) = {}_{25}C_{10} 0.5^{25} + {}_{25}C_{11} 0.5^{25} + \dots + {}_{25}C_{15} 0.5^{25} = 0.7705$

5. $P[X_{(1)} < \xi_{0.5} < X_{(n)}] = 1 - P[X_{(1)} = \xi_{0.5}] - P[X_{(n)} = \xi_{0.5}] \geq 0.99$

$\Rightarrow \ (0.5)^n \leq 0.005$

$\Rightarrow \ n \log 0.5 \leq \log 0.005$

$\Rightarrow \ n \geq 8$

7. $\pi(p) = \sum_{x=0}^{2}\binom{10}{x} p^x (1-p)^{10-x}, \ 0 < p \leq 1/4$

$= (1-p)^8 (36p^2 + 8p + 1)$

9.

쥐	1	2	3	4	5	6	7	8	9	10
$A_i - B_i$	1.0	2.4	1.3	1.3	−0.1	−0.5	1.8	1.0	4.0	−0.7
순위	4.5	9	6.5	6.5	1	2	8	4.5	10	3

$H_0 : P[A_i > B_i] = 1/2$ 대 $H_1 : P[A_i > B_i] > 1/2$

부호검정통계량 $R = \sum_{i=1}^{10} I[A_i - B_i \geq 0] = 7$에 대한 유의확률

$$= P[R \geq 7 \mid H_0] = \sum_{r=7}^{10} \binom{10}{r} (1/2)^r (1/2)^{10-r} = 0.17 \text{이므로}$$

유의수준 0.05에서 A약품과 B약품의 효과가 같다는 귀무가설은 채택된다.

윌콕슨 부호순위 검정통계량의 관찰값은 $W = \sum_{i=1}^{10} Z_i R_i = 49$, $Z_i = \begin{cases} 0 & A_i - B_i < 0 \\ 1 & A_i - B_i > 0 \end{cases}$

이며 대립가설이 단측이므로 기각영역은 $\{W \geq C\}$의 꼴이므로,

유의확률$= P[W \geq 49 \mid H_0] = 0.014$

이 된다. 따라서, 유의수준 0.05에서 A약품과 B 약품의 효과가 같다는 귀무가설은 기각된다.

11. $X_{(i)}$, $i = 1, 2, 3, \cdots, n$ 을 X_i의 순위통계량이라고 하면 $X_{(i)}$의 순위 R_i는 i개의 X와 $(R_i - i)$개의 Y의 개수의 합이다. 따라서 윌콕슨 순위합 검정통계량 W는 $\frac{n(n+1)}{2} + X_i$ 보다 작은 Y_i들의 개수의 합이 된다. 즉

$$U = \sum_{i=1}^{n} (R_i - i) = \sum_{I=1}^{n} R_i - n(n+1)/2 = W_X - n(n+1)/2$$

13. 오른발의 측정치를 X_i라 하고 왼발의 측정치를 Y_i라고 할 때, $D_i = X_i - Y_i$라 하면 검정할 가설은 $H_0 : \mu_D = 0$ 대 $H_1 : \mu_D > 0$ 이다.

$W = 37$, $Z = \dfrac{37 - 10*11/4}{\sqrt{10*11*21/24}} = 0.9683$이므로 $Z = 0.9683 < z_{0.05} = 1.645$라 유의수준 0.05에서 H_0을 기각할 수 없다. 즉 두 발의 힘에는 차이가 없다.

15. 대응짝이 아닌 이표본 문제이므로 윌콕슨 순위합 검정법으로 $H_0 : F(x) = G(y)$ 대 $H_1 : F(x-a) = G(y)$에 대한 검정을 진행한다. 전체 관측치 중 X의 순위합인 $W_X = 76$으로 부록 <표 9>에서 $P(W_Y \geqq 114) = 0.027$이고 $W_X = 190 - W_Y$이므로 $P(W_X \leqq 76) = 0.027$이다. 따라서 유의수준 0.05하에서 H_0을 기각할 수 없다. 정규근사의 경우에도 $P(W_X \leqq 76) = P(Z \leqq \dfrac{76 - 10(10+9+1)/2}{\sqrt{10 \times 9(10+9+1)/12}}) = P(Z \leqq -1.96) = 0.025$이므로 유의수준 0.05하에서 H_0을 기각할 수 없다. 즉 두 확률분포는 다르다고 할 수 없다.

17. W_X가 전체 관측치의 순위 중 X_i들의 순위합이고 W_Y가 Y_j들의 순위합이라 할 때, I번째 그룹의 순위합을 의미하는 $R_{i.}$와 $R_{1.} = W_X$이고 $R_{2.} = W_Y$의 관계가 있다.

크루스칼-왈리스 검정의 대립가설은 분포의 중위수가 모두 같지는 않다는 것이므로 순위

합 검정에서의 양쪽 대립가설을 고려해야 한다. $W_X + W_Y = \frac{n(n+1)}{2}$를 이용하면,

$$KW = \frac{12}{n(n+1)}\left(\frac{W_X^2}{n_X} + \frac{W_Y^2}{n_Y}\right) - 3(n+1)$$
$$= \frac{12}{n(n+1)n_X n_Y}\left(n\left(W_X - \frac{n_X(n+1)}{2}\right)^2 + \frac{n(n+1)^2 n_X n_Y}{4}\right) - 3(n+1)$$
$$= \frac{12}{(n+1)n_X n_Y}\left(W_X - \frac{n_X(n+1)}{2}\right)^2$$

KW는 2차계수가 양수인 W_X인 이차함수이므로 $\{KW \geq c^*\}$는 $\{W_X \leq c_1$ 또는 $W_X \geq c_2\}$ $(c_1 < c_2)$로 바꿔 쓸 수 있다. 즉, 양측 순위합 검정과 KW검정은 동등하다.

19. H_0 : 4가지 교육방법의 모분포의 중위수는 같다. 대 H_1 : H_0가 아님. 전체에서 각 관찰값 (X_{ij})의 순위(R_{ij})를 주면 다음과 같다.

I	II	III	IV
4	6	1	14
10	15	8	18
13	5	2	19
17	11	3	20
12	9	16	
		7	

그런데, 크루스칼-왈리스 검정통계량의 관찰값은

$$KW = \frac{12}{n(n+1)}\sum_{i=1}^{I}\frac{R_{i.}^2}{n_i} - 3(n+1) = 9.538 > \chi_{0.05}^2(3) = 7.81$$

이므로, 귀무가설은 유의수준 0.05에서 기각된다. 이제, 일원분류 분산분석의 결과가

요인	자유도	제곱합	평균제곱합	F 값	유의확률
처리	3	754.05	251.35	5.00	0.0124

으로 주어지며 유의확률 0.0124이므로 이 방법도 역시 유의수준 0.05에서 귀무가설을 기각한다. 위의 2가지 방법의 분석결과 비모수적 방법보다는 모수적 방법의 유의확률이 작지만 그 차이는 크지 않다.

21. (1) H_0 : 5가지 반응속도의 모분포의 중위수는 같다. 대 H_1 : H_0가 아님.
전체표본의 각 관찰값(X_{ij})의 블록내의 순위(R_{ij})를 주면 다음과 같다.

	A	B	C	D	E
I	2	5	4	3	1
II	2.5	5	2.5	4	1
III	2	5	3.5	3.5	1
IV	2	4	5	3	1

프리드만 검정의 검정통계량 Fr은

$$Fr = \frac{12}{IJ(J+1)} \sum_{i=1}^{J} R_{.j}^{2} - 3I(J+1) = 13.65 > \chi^2_{0.05}(4) = 9.49$$

이므로, 귀무가설은 유의수준 0.05에서 기각된다.

(2) 이원분류 분산분석의 결과는 다음과 같다.

요인	자유도	제곱합	평균제곱합	F 값	유의확률
반응속도	4	0.4980	0.1245	18.22	0.0001
블록	3	0.3880	0.1293	18.93	0.0001

위의 표를 보면 5종류의 자극의 차이가 없다는 귀무가설이 유의수준 0.05에서 기각됨을 알 수 있다.

(3) 비모수적 방법의 유의확률은 약 0.0088로 모수적 방법의 그것과 미세한 차이를 보인다.

23. 중간 성적의 순위와 마지막 성적의 순위를 계산하여

$$\frac{\sum_{i=1}^{n}(R_i^X - \overline{R}^X)(R_i^Y - \overline{R}^Y)}{\sqrt{\sum_{i=1}^{n}(R_i^X - \overline{R}^X)^2 \sum_{i=1}^{n}(R_i^Y - \overline{R}^Y)^2}}$$

를 계산하면 0.55655이므로, 스피어만 순위 상관계수의 값은 0.55655이다.

25.
$$\begin{aligned} R_S &= 1 - \frac{6\sum_{i=1}^{n}(R_i^X - R_i^Y)^2}{n(n^2-1)} \\ &= 1 - \frac{6\sum(R_i^{X^2} + R_i^{Y^2} - 2R_i^X R_i^Y)}{n(n^2-1)} \\ &= 1 - \frac{6\left[\frac{n(n+1)(2n+1)}{3} - 2\sum R_i^X R_i^Y\right]}{n(n^2-1)} \\ &= -3\frac{n+1}{n-1} + 12\frac{\sum R_i^X R_i^Y}{n(n+1)(n-1)} \end{aligned}$$

$$R_S = \frac{\sum_{i=1}^{n}(R_i^X - \frac{n+1}{2})(R_i^Y - \frac{n+1}{2})}{n(n^2-1)/12}$$
$$= \frac{\sum R_i^X R_i^Y - \frac{n+1}{2}n(n+1) + n\frac{(n+1)^2}{4}}{n(n+1)(n-1)/12}$$
$$= 12\frac{\sum R_i^X R_i^Y}{n(n+1)(n-1)} - 3\frac{n+1}{n-1}$$

9장

1. $\sum_{i=1}^{6}\frac{(X_i - np_{i0})^2}{np_{i0}} = 22 > \chi^2_{0.05}(5) = 11.07$이므로 유의수준 0.05에서 주사위가 공정하다는 귀무가설을 기각할 수 있다. 이를 통해 상대비율이 동일하더라도 시행횟수가 증가하는 경우 다른 결과를 얻을 수 있다는 사실을 확인할 수 있다.

3. $L \propto \prod_{i=1}^{170} p^{X_i}(1-p)^{4-X_i}$

$\log L \propto \sum X_i \log p + (680 - \sum X_i)\log(1-p)$

$\hat{p} = \frac{\sum X_i}{680}$일 때, $\frac{d}{dp}logL = \sum\frac{X_i}{p} - \frac{680 - \sum X_i}{1-p} = 0$이다.

$\widehat{p_{i0}} = \binom{4}{i}\hat{p}^{\,i}(1-\hat{p})^{4-i}$, $n = 170$을 사용하였을 때 $\sum_{i=1}^{5}\frac{(X_i - n\widehat{p_{i0}})^2}{n\widehat{p_{i0}}} = 1.67 < \chi^2_{0.05}(3) = 7.8147$

이므로 유의수준 0.05에서 자료가 이항분포를 따른다는 귀무가설을 기각할 수 없다.
따라서 자료가 $n = 4$인 이항분포에서 추출되지 않은 자료라고 할 수 없다.

5. 귀무가설하에서 각 구간의 확률을 계산하면 $X \sim \mathrm{EXP}(3)$일 때

$p_1 = P(X < 1) = 0.2835$, $p_2 = P(1 \le X < 2) = 0.2031$,

$p_3 = P(2 \le X < 4) = 0.2498$, $p_4 = P(4 \le X < 7) = 0.1666$,

$p_5 = P(7 \le X < 10) = 0.0613$, $p_6 = P(X \ge 10) = 0.0357$이다.

$n = 100$이므로 검정통계량의 값을 계산하면

$$\frac{(16-28.35)^2}{28.35} + \frac{(16-20.31)^2}{20.31} + \frac{(20-24.98)^2}{24.98} + \frac{(23-16.66)^2}{16.66}$$
$$+ \frac{(14-6.13)^2}{6.13} + \frac{(11-3.57)^2}{3.57} = 35.2676$$이고,

$\chi^2_{0.05}(5) = 11.0705$이므로 유의수준 5%에서 귀무가설을 기각한다. 즉, 유의수준 5%에서 이 분포가 평균이 3인 지수분포를 따르지 않는다고 할 수 있다.

7. $H_0: p_i = p_{i0}$, $i = 0, 1, 2, 3, 4$ 대 $H_1: H_0$ 가 아님

(단, $p_{00} = 0.5005, p_{01} = 0.3464, p_{02} = 0.12, p_{03} = 0.0277, p_{04} = 0.0055$)

검정통계량 $\sum_{i=0}^{4} \frac{(X_i - np_{i0})^2}{np_{i0}}$ 은 귀무가설하에서 근사적으로 자유도가 4인 카이제곱분포를 따른다. 그런데,

$$\sum_{i=0}^{4} \frac{(X_i - np_{i0})^2}{np_{i0}} = 0.2129 + 0.3905 + 0.2844 + 0.7690 + 1.1100$$
$$= 2.7668 < \chi^2_{0.05}(4) = 9.49$$

이므로 전쟁발발횟수가 포아송 확률 모형을 따른다는 귀무가설은 유의수준 0.05에서 채택된다.(위의 검정법은 귀무가설 Poisson($\lambda = 0.692$)인 경우이며 귀무가설이 Poisson(λ)로 λ 가 미지인 경우 검정통계량 $\sum_{i=0}^{4} \frac{(X_i - np_{i0})^2}{np_{i0}}$ 은 귀무가설하에서 근사적으로 자유도가 3인 카이제곱분포를 따른다.)

9. $\sum_{i=1}^{4}\sum_{j=1}^{3} \frac{(X_{ij} - n\hat{p}_{i.}\hat{p}_{.j})^2}{n\hat{p}_{i.}\hat{p}_{.j}} = 10.08 < \chi^2_{0.05}(6) = 12.59$ 이므로 유의수준 0.05에서 자동차 사고와 연령이 서로 독립이라는 귀무가설을 기각할 수 없다. 따라서 유의수준 0.05에서 자동차 사고와 연령은 서로 독립이 아니라고 할 수 없다.

11. $\sum_{i=1}^{3}\sum_{j=1}^{3} \frac{(X_{ij} - n\hat{p}_{i.}\hat{p}_{.j})^2}{n\hat{p}_{i.}\hat{p}_{.j}} = 160.65 > \chi^2_{0.10}(4) = 7.78$ 이므로 유의수준 0.10에서 월수입과 학력이 서로 독립이라는 귀무가설을 기각할 증거가 강하다. 따라서 유의수준 0.10에서 월수입과 학력이 서로 독립이라고 할 수 없다.

13. $H_0: p_{ij} = p_i p_j$, $i = 1,\ 2,\ j = 1,\ 2,\ 3$ 대 $H_1: H_0$ 가 아님

검정통계량 $T = \sum_{i=1}^{2}\sum_{j=1}^{3} \frac{(X_{ij} - n\hat{p}_{i.}\hat{p}_{.j})^2}{n\hat{p}_{i.}\hat{p}_{.j}}$ $\left(단,\ \hat{p}_{i.} = \sum_{j=1}^{3} \frac{X_{ij}}{n},\ \hat{p}_{.j} = \sum_{i=1}^{2} \frac{X_{ij}}{n}\right)$ 은 귀무가설하에서 근사적으로 자유도가 2인 카이제곱분포를 따른다. 그러므로 $T = 3.43 > \chi^2_{\alpha}(2)$ 일 때, 학생의 출신지역과 전공선택이 독립이라는 귀무가설은 유의수순 α에 기각된다.

찾아보기

저자 소개

송성주

서울대학교 자연과학대학 계산통계학과 졸업
서울대학교 대학원 통계학과 석사
University of Chicago 통계학 박사
Purdue University 통계학과 조교수
서울시립대학교 통계학과 조교수
현) 고려대학교 통계학과 교수
E-mail: sjsong@korea.ac.kr

전명식

서울대학교 자연과학대학 수학과 졸업
Michigan State University 통계학 석사
UC Berkeley 통계학 박사
University of Michigan at Ann Arbor 통계학과 조교수
고려대학교 통계학과 교수
현) SUNY Korea 응용수학통계학과 교수
E-mail: myoungshic.jhun@stonybrook.edu

수리통계학 -제5판-

저 자 송성주 · 전명식
발 행 인 김지영
발 행 처 자유아카데미
주 소 경기도 파주시 회동길 37-42
파주출판도시
전 화 031-955-1321
팩 스 031-955-1322
홈페이지 www.freeaca.com
전자우편 main@freeaca.com (대표)
editor@freeaca.com (편집)
crm@freeaca.com (영업)
등 록 제406-2003-017호, 1980. 7. 12
제5판1쇄 2020년 2월 20일 발행
제5판7쇄 2025년 1월 10일 발행
정 가 37,000원

저자와의 협의하에 인지생략

ISBN 979-11-5808-240-6 93310